微積分
觀念與解析

莊紹容 楊精松 編著

東華書局

國家圖書館出版品預行編目資料

微積分：觀念與解析 / 莊紹容, 楊精松編著. --
1 版. -- 臺北市 : 臺北市 : 臺灣東華, 2015.06

560 面 ; 19x26 公分.

ISBN 978-957-483-822-6（平裝）

1.微積分

314.1　　　　　　　　　　　104010679

微積分　觀念與解析

編 著 者	莊紹容・楊精松
發 行 人	卓劉慶弟
出 版 者	臺灣東華書局股份有限公司
地　　址	臺北市重慶南路一段一四七號三樓
電　　話	(02) 2311-4027
傳　　眞	(02) 2311-6615
劃撥帳號	00064813
網　　址	www.tunghua.com.tw
讀者服務	service@tunghua.com.tw
直營門市	臺北市重慶南路一段一四七號一樓
電　　話	(02) 2382-1762
出版日期	2016 年 5 月 1 版

ISBN　978-957-483-822-6

版權所有・翻印必究

編輯大意

　　編者從事微積分教學工作多年，頗具有教學心得，乃憑著多年累積的教學經驗編寫這本教科書，而希望此書能夠對讀者有所助益．

一、本書內容可供大學生作微積分的教材．

二、本書內容以實用為主，微分在前，積分在後，其中取材豐富、條理簡潔分明、循序漸近．習題與例題相互配合，俾使讀者能夠加深觀念，觸類旁通，從而收到「事半功倍」的學習效果．

三、東華書局網站可下載第 0 章 (預備數學) 作為修習微積分前的數學教材，而各章的末尾皆有綜合習題，可讓讀者自我檢視對該章的觀念是否清楚．

四、本書全部習題的答案 (證明題除外) 可於東華書局網站下載供讀者參考，藉以鑑定讀者本身的學習能力．

目　次

▌第 1 章　函數的極限與連續　1

　　1.1　極　限　　　　　　　　　　　　　　　　　　1
　　1.2　連續性　　　　　　　　　　　　　　　　　　21
　　1.3　漸近線　　　　　　　　　　　　　　　　　　33

▌第 2 章　導函數　53

　　2.1　導函數　　　　　　　　　　　　　　　　　　53
　　2.2　微分的法則　　　　　　　　　　　　　　　　64
　　2.3　變化率　　　　　　　　　　　　　　　　　　74
　　2.4　連鎖法則　　　　　　　　　　　　　　　　　78
　　2.5　隱微分法　　　　　　　　　　　　　　　　　82
　　2.6　相關變化率　　　　　　　　　　　　　　　　86
　　2.7　微　分　　　　　　　　　　　　　　　　　　92
　　2.8　反函數的導函數　　　　　　　　　　　　　　102
　　2.9　三角函數與反三角函數的導函數　　　　　　　107
　　2.10　對數函數與指數函數的導函數　　　　　　　　122
　　2.11　雙曲線函數的導函數　　　　　　　　　　　　135

▌第 3 章　微分的應用　143

　　3.1　函數的極值　　　　　　　　　　　　　　　　143

3.2　均值定理 … 149
3.3　單調函數 … 157
3.4　凹　性 … 164
3.5　函數圖形的描繪 … 172
3.6　極值的應用問題 … 179
3.7　不定型 … 188
3.8　牛頓法 … 201

第 4 章　積　分　209

4.1　面　積 … 209
4.2　定積分 … 216
4.3　微積分基本定理 … 233
4.4　不定積分 … 240
4.5　利用代換求積分 … 254
4.6　近似積分 … 262

第 5 章　積分的方法　269

5.1　基本的積分公式 … 269
5.2　分部積分法 … 273
5.3　三角函數乘冪的積分 … 281
5.4　三角代換法 … 288
5.5　部分分式法 … 292
5.6　其它的代換 … 299
5.7　瑕積分 … 302

第 6 章　積分的應用　313

6.1　平面區域的面積 … 313
6.2　體　積 … 321

6.3	平面曲線的長度	335
6.4	旋轉曲面的面積	339
6.5	平面區域的力矩與形心	343

第 7 章　參數方程式與極坐標　353

7.1	平面曲線的參數方程式	353
7.2	極坐標	365
7.3	利用極坐標求面積與弧長	378

第 8 章　無窮級數　385

8.1	無窮數列	385
8.2	無窮級數	396
8.3	正項級數	402
8.4	交錯級數	406
8.5	冪級數	411
8.6	泰勒級數與麥克勞林級數	418

第 9 章　偏導函數　431

9.1	多變數函數	431
9.2	極限與連續	443
9.3	偏導函數	451
9.4	全微分	465
9.5	連鎖法則	471
9.6	極大值與極小值	482

第 10 章　重積分　493

10.1	二重積分	493
10.2	用極坐標表二重積分	511

10.3	曲面面積	517
10.4	三重積分	521
10.5	用柱面坐標與球面坐標表三重積分	527
10.6	重積分的應用	536

積分表 545

索 引 549

※ 讀者可於東華書局網站 (www.tunghua.com.tw) 下載第 0 章預備數學及習題答案.

函數的極限與連續

1.1 極限

  微積分學 (Calculus) 通常分成兩個主要的部分：**微分學** (Differential Calculus) 與 **積分學** (Integral Calculus). 幾乎所有微積分的觀念及應用，皆圍繞著非常容易瞭解的兩個幾何問題打轉，這兩個幾何問題就是切線問題與面積問題. 微分學是在處理切線問題，積分學則在處理面積問題.

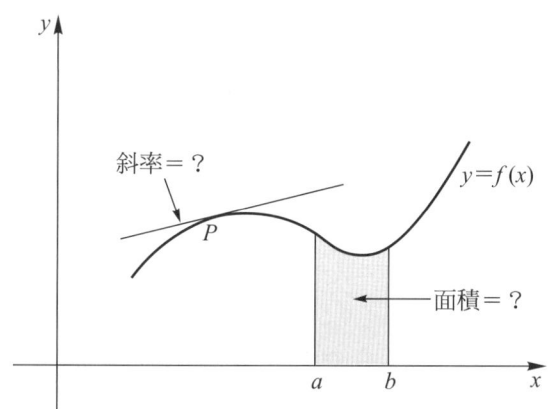

圖 1.1　微積分的精髓

  為了簡單說明起見，假設函數 $y=f(x)$ 的圖形完完全全位於 x-軸上方，如圖 1.1 所示. 那麼，兩個幾何問題就如同下面所述：

面積問題　計算位於圖形下方且在區間 $[a, b]$ 上方的區域的面積.
切線問題　計算圖形在已知點 P 的切線的斜率.

事實上，切線與面積等問題的關係相當密切．為了求解切線問題與面積問題，需要對"切線"與"面積"的觀念有更正確的瞭解，而這兩個觀念必須仰賴極限．極限是微積分的基礎，沒有極限，哪來的微積分？

函數的極限是學習微積分的基本觀念之一，其在描述當函數的自變數朝某一個值漸漸靠近時，函數值會如何改變．現在，我們以直觀的方式來介紹函數的極限的觀念．

設 $f(x)=x+2$，$x\in \mathbb{R}$ (實數系)．我們選取 x 為接近 2 的數值，作成下表：

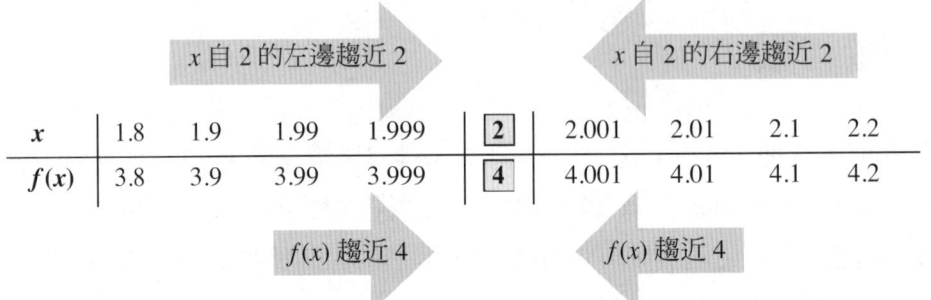

函數 f 的圖形如圖 1.2 所示．

由上表與圖 1.2 可以看出，若 x 愈接近 2，則函數值 $f(x)$ 愈接近 4．此時，我們說，"當 x 趨近 2 時，$f(x)$ 的極限為 4"，記為

$$當\ x\to 2\ 時,\ f(x)\to 4$$

或

$$\lim_{x\to 2} f(x)=4.$$

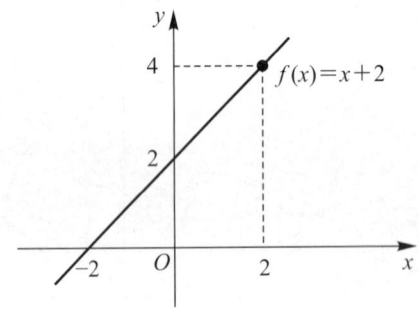

圖 1.2　$f(x)=x+2$

其次，考慮函數 $g(x)=\dfrac{x^2-4}{x-2}$，$x\neq 2$．因為 2 不在 g 的定義域內，所以 $g(2)$ 不存在，但 g 在 $x=2$ 之近旁的值皆存在．若 $x\neq 2$，則

$$g(x)=\frac{x^2-4}{x-2}=\frac{(x+2)(x-2)}{x-2}=x+2$$

故 g 的圖形，除了在 $x=2$ 外，與 f 的圖形相同．g 的圖形如圖 1.3 所示．

當 x 趨近 2 ($x \neq 2$) 時，$g(x)$ 的極限為 4，即，

$$\lim_{x \to 2} g(x) = 4.$$

最後，定義函數 h 如下：

$$h(x) = \begin{cases} \dfrac{x^2-4}{x-2}, & x \neq 2 \\ 2, & x = 2 \end{cases}$$

函數 h 的圖形如圖 1.4 所示．

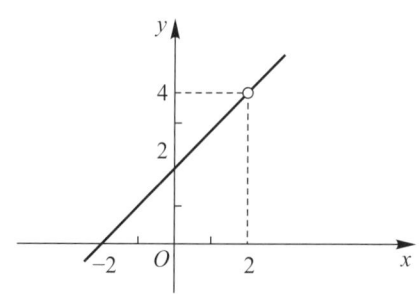

圖 1.3　$g(x) = \dfrac{x^2-4}{x-2},\ x \neq 2$

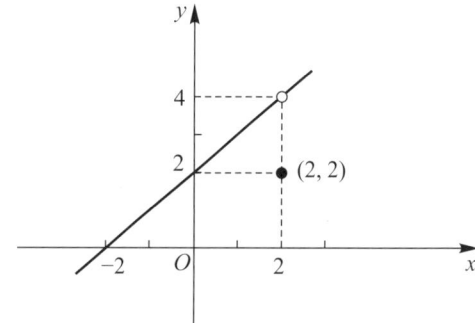

圖 1.4　$h(x) = \begin{cases} \dfrac{x^2-4}{x-2}, & x \neq 2 \\ 2, & x = 2 \end{cases}$

由上面的討論，$f(x)$、$g(x)$ 與 $h(x)$ 除了在 $x=2$ 處有所不同外，在其他地方皆完全相同，即，

$$f(x) = g(x) = h(x) = x+2,\ x \neq 2$$

當 x 趨近 2 時，這三個函數的極限皆為 4. 因此，我們可以給出下面的結論：

當 x 趨近 2 時，函數的極限僅與函數在 $x=2$ 之近旁的定義有關，至於 2 是否屬於函數的定義域，或者其函數值為何，完全沒有關係．

在一般函數的極限裡，此結論依然成立，它是函數極限裡一個非常重要的觀念．現在，我們看看幾個以直觀的方式來計算函數極限的例子．

▶▶ **例題 1**：求 $\lim\limits_{x\to 0}\dfrac{\sin x}{x}$. [提示：數值計算.]

解：我們作出下表：

x	$\dfrac{\sin x}{x}$	x	$\dfrac{\sin x}{x}$
0.5	0.95885108	-0.5	0.95885108
0.1	0.99833417	-0.1	0.99833417
0.05	0.99958339	-0.05	0.99958339
0.01	0.99998333	-0.01	0.99998333
0.005	0.99999583	-0.005	0.99999583
0.001	0.99999983	-0.001	0.99999983

當 $x \to 0$ 時，$\dfrac{\sin x}{x} \to 1$. 所以，

$$\lim_{x\to 0}\dfrac{\sin x}{x}=1.$$

▶▶ **例題 2**：求 $\lim\limits_{x\to 1}\dfrac{3x^2-2x-1}{x-1}$. [提示：約分.]

解：若 $x \neq 1$, 則

$$\dfrac{3x^2-2x-1}{x-1}=\dfrac{(3x+1)(x-1)}{x-1}=3x+1$$

當 $x \to 1$ 時，$3x+1 \to 4$. 所以，

$$\lim_{x\to 1}\dfrac{3x^2-2x-1}{x-1}=4.$$

▶▶ **例題 3**：求 $\lim\limits_{x\to 0}\dfrac{\sqrt{x+9}-3}{x}$. [提示：有理化分子.]

解：若 $x \neq 0$, 則

$$\dfrac{\sqrt{x+9}-3}{x}=\dfrac{(\sqrt{x+9}-3)(\sqrt{x+9}+3)}{x(\sqrt{x+9}+3)}=\dfrac{x}{x(\sqrt{x+9}+3)}$$

$$=\dfrac{1}{\sqrt{x+9}+3}$$

當 $x \to 0$ 時, $\sqrt{x+9} \to 3$. 所以,

$$\lim_{x \to 0} \frac{\sqrt{x+9}-3}{x} = \lim_{x \to 0} \frac{1}{\sqrt{x+9}+3} = \frac{1}{6}.$$

▶▶ 例題 4：令 $f(x) = \sin \frac{1}{x}$, 其圖形如圖 1.5 所示.

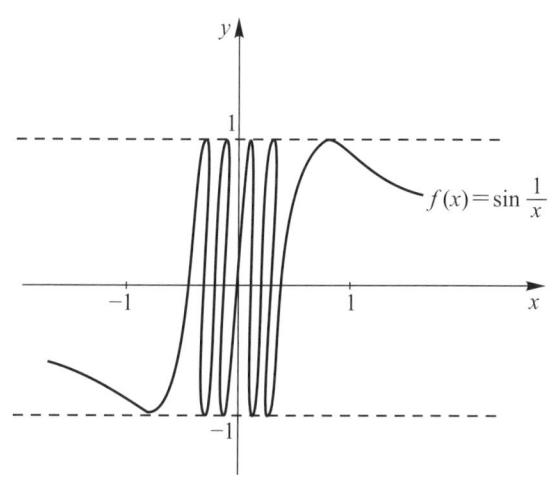

圖 1.5　$\lim_{x \to 0} f(x)$ 不存在

當 $x \to 0$ 時, $f(x)$ 的值在 -1 與 1 之間不斷地變動, 而每一個值會無限次地出現. 事實上, 若 $\frac{1}{x} = \frac{\pi}{2} + 2n\pi$ (n 為任意整數), 即 $x = \frac{2}{(4n+1)\pi}$, 則 $\sin \frac{1}{x} = 1$; 若 $x = \frac{2}{(4n+3)\pi}$ (n 為任意整數), 則 $\sin \frac{1}{x} = -1$. 當 n 夠大時, x 會愈趨近 0, 但 $f(x)$ 的值無法任意地靠近某定值. 所以,

$$\lim_{x \to 0} f(x) = \lim_{x \to 0} \sin \frac{1}{x} \text{ 不存在}.$$

以上對函數極限的討論, 都是建立在直觀的基礎上. 當然, 這種直觀的極限顯然不夠嚴謹, 所以, 我們要用嚴密的數學方法來定義函數的極限.

定義 1.1 ε-δ 定義

設函數 f 定義在包含 a 的某開區間，但可能在 a 除外，L 為一實數. 當 x 趨近 a 時，$f(x)$ 的極限 (limit) [或稱雙邊極限 (two-sided limit)] 為 L，即，f 在 a 的極限為 L，記為：

$$\lim_{x \to a} f(x) = L$$

其意義如下：對每一 $\varepsilon > 0$，存在一 $\delta > 0$ 使得若 $0 < |x-a| < \delta$，則 $|f(x)-L| < \varepsilon$ 恆成立.

在此定義中，$|f(x)-L|$ 表示 $f(x)$ 與 L 的接近程度，其大小由 ε 來決定，而 ε 是事先予以給定者. δ 表示 x 趨近 a 的程度，其值乃是根據我們事先給定的 ε 值，以確保 $|f(x)-L| < \varepsilon$ 而決定的. 該定義強調，若是對 "每一" ε 值 (注意：不是 "某些")，皆可找到對應的 δ 值，使得

$$\text{若 } 0 < |x-a| < \delta, \text{ 則 } |f(x)-L| < \varepsilon$$

恆成立的話，我們就說，當 x 趨近 a 時，$f(x)$ 的極限為 L.

定義 1.1 中有三點必須特別注意：

1. δ 可視為 ε 的函數.
2. 不考慮 a 是否在 f 的定義域內.
3. δ 不是唯一的.

註：往後，在本中書中，式子 $\lim\limits_{x \to a} f(x) = L$ 蘊涵極限存在且極限為 L.

下面兩個例子應該會讓你對極限的 $\varepsilon - \delta$ 定義有更進一步的瞭解.

▶ **例題 5**：已知 $\lim\limits_{x \to 2}(2x-3) = 1$，試找出 δ 使得若 $0 < |x-2| < \delta$，則 $|(2x-3)-1| < 0.02$. [提示：解不等式.]

解：依題意，$\varepsilon = 0.02$.

$$|(2x-3)-1| < 0.02 \Leftrightarrow |2x-4| < 0.02$$
$$\Leftrightarrow |x-2| < 0.01$$

取 $\delta=0.01$, 可得當 $0<|x-2|<0.01$ 時, $|(2x-3)-1|<0.02$.
當然, 比 0.01 小的任何正數也適合.

▶▶ 例題 6：利用定義 1.1 證明：$\lim\limits_{x\to 2}(2x+1)=5$.

解：令 $f(x)=2x+1$, $a=2$, $L=5$, 我們必須證明對每一 $\varepsilon>0$, 存在一 $\delta>0$ 使得

若 $0<|x-2|<\delta$, 則 $|(2x+1)-5|<\varepsilon$ 成立.

$$|(2x+1)-5|<\varepsilon \Leftrightarrow |2(x-2)|<\varepsilon$$

$$\Leftrightarrow |x-2|<\frac{\varepsilon}{2}$$

若令 $\delta=\dfrac{\varepsilon}{2}$, 則當 $0<|x-2|<\delta$ 時, $|(2x+1)-5|<\varepsilon$.

因此, 證得

$$\lim_{x\to 2}(2x+1)=5.$$

因為上例中的函數 f 是一次函數，故應用極限定義也很簡單. 比較複雜的函數之極限也可直接應用定義來驗證，但是，在證明 "對每一 $\varepsilon>0$, 存在一 $\delta>0$" 的過程中常常會需要用到很多的技巧. 我們將介紹一些定理，而利用這些定理，不需要借助 ε 與 δ, 便能求出極限.

註：定義 1.1 也可敘述如下：

$\lim\limits_{x\to a}f(x)=L$ 意指：對每一 $\varepsilon>0$, 存在一 $\delta>0$ 使得若 $x\in(a-\delta, a+\delta)$, $x\neq a$, 則 $f(x)\in(L-\varepsilon, L+\varepsilon)$.

為使大家對極限的定義有進一步的瞭解，我們現在利用函數的圖形給出極限的幾何說明.

假設 $\lim\limits_{x\to a}f(x)=L$, a 是否屬於函數 f 的定義域或 $f(a)$ 為何，皆不予考慮.

給定任意 $\varepsilon>0$, 考慮 y-軸上的開區間 $(L-\varepsilon, L+\varepsilon)$ 與兩條水平線 $y=L\pm\varepsilon$, 如圖 1.6 所示，若對開區間 $(a-\delta, a+\delta)$ 中所有 x, $x\neq a$, 可使點 $P(x, f(x))$ 落在兩條水平線之間，則 $L-\varepsilon<f(x)<L+\varepsilon$.

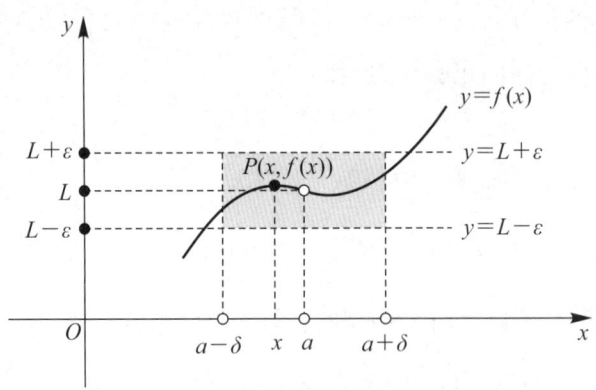

圖 1.6 $\lim_{x \to a} f(x) = L$

▶▶ 例題 7：令 $f(x) = \begin{cases} 1, & x > 0 \\ -1, & x < 0 \end{cases}$，試證：$\lim_{x \to 0} f(x)$ 不存在. [提示：利用反證法.]

解：假設存在一數 L 使得 $\lim_{x \to 0} f(x) = L$，則給予任一 $\varepsilon > 0$，存在一 $\delta > 0$ 使得當

$$0 < |x - 0| < \delta \text{ 時}, \quad |f(x) - L| < \varepsilon$$

尤其，若取 $\varepsilon = 1$，則存在一 $\delta > 0$，使得

$$|f(x) - L| < 1$$

但 $x = \dfrac{\delta}{2}$ 與 $x = -\dfrac{\delta}{2}$ 皆滿足 $0 < |x - 0| < \delta$，故

$$\left| f\left(\frac{\delta}{2}\right) - L \right| < 1 \quad \text{且} \quad \left| f\left(-\frac{\delta}{2}\right) - L \right| < 1$$

即，$\quad |1 - L| < 1 \quad$ 且 $\quad |-1 - L| < 1$

可得 $\quad 0 < L < 2 \quad$ 且 $\quad -2 < L < 0$

這是不可能的. 所以，$\lim_{x \to 0} f(x) = L$ 存在的假設不成立，因而，$\lim_{x \to 0} f(x)$ 不存在.

▶▶ 例題 8：設 $f(x) = \begin{cases} 1, & x \text{ 為有理數} \\ 0, & x \text{ 為無理數} \end{cases}$，則 $\lim_{x \to a} f(x)$ 對每一實數 a 皆不存在.

[提示：利用反證法.]

解：先假設 $\lim_{x \to a} f(x) = L$ 存在而證明此假設導致矛盾. 令 $\varepsilon \leq \dfrac{1}{4}$ 且 δ 滿足定義 1.1, 則區間 $(a-\delta, a+\delta)$ 包含有理數與無理數. 又令 x_1 與 x_2 分別為此區間中的有理數與無理數, 則

$$1 = |f(x_1) - f(x_2)| = |(f(x_1) - L) - (f(x_2) - L)| \leq |f(x_1) - L| + |f(x_2) - L|$$
$$< \varepsilon + \varepsilon \leq \dfrac{1}{2}.$$

上式為矛盾, 故 $\lim_{x \to a} f(x) = L$ 存在的假設不成立. 因此,

$$\lim_{x \to a} f(x) \text{ 不存在}.$$

我們在利用定義 1.1 去驗證函數的極限時, 即使是很簡單的函數, 其過程也有可能相當繁複. 對於比較複雜的函數, 其困難程度也相對增加. 現在, 介紹一些定理用來求出函數的極限.

定理 1.1 唯一性

若 $\lim_{x \to a} f(x) = L_1$, $\lim_{x \to a} f(x) = L_2$, L_1 與 L_2 皆為實數, 則 $L_1 = L_2$.

定理 1.2

設 k 與 c 皆為常數, $\lim_{x \to a} f(x) = L$, $\lim_{x \to a} g(x) = M$, 此處 L 與 M 皆為實數, 則

(1) $\lim_{x \to a} k = k$ 　　　　　　　　　(2) $\lim_{x \to a} x = a$

(3) $\lim_{x \to a} [c f(x)] = cL$ 　　　　　　(4) $\lim_{x \to a} [f(x) + g(x)] = L + M$

(5) $\lim_{x \to a} [f(x) - g(x)] = L - M$ 　(6) $\lim_{x \to a} [f(x) g(x)] = LM$

(7) $\lim_{x \to a} \dfrac{f(x)}{g(x)} = \dfrac{L}{M}$ $(M \neq 0)$

定理 1.2 可以推廣為：若 $\lim_{x \to a} f_i(x)$ 存在，$i = 1, 2, \cdots, n$，則

1. $\lim_{x \to a} [c_1 f_1(x) + c_2 f_2(x) + \cdots + c_n f_n(x)] = c_1 \lim_{x \to a} f_1(x) + c_2 \lim_{x \to a} f_2(x) + \cdots + c_n \lim_{x \to a} f_n(x)$

    其中 $c_1, c_2, \cdots, c_n$ 皆為任意常數。

2. $\lim_{x \to a} [f_1(x) \cdot f_2(x) \cdots f_n(x)] = [\lim_{x \to a} f_1(x)][\lim_{x \to a} f_2(x)] \cdots [\lim_{x \to a} f_n(x)]$

    尤其，$\lim_{x \to a} [f(x)]^n = [\lim_{x \to a} f(x)]^n$。

定理 1.3

(1) 設 $P(x)$ 為 n 次多項式函數，則對任意實數 a，$\lim_{x \to a} P(x) = P(a)$。

(2) 設 $R(x)$ 為有理函數且 a 在 $R(x)$ 的定義域內，則 $\lim_{x \to a} R(x) = R(a)$。

▶▶ **例題 9**：求 $\lim_{x \to 3} \dfrac{2x^2 - 5x - 3}{x^3 - 27}$。[提示：先約分.]

解：$\lim_{x \to 3} \dfrac{2x^2 - 5x - 3}{x^3 - 27} = \lim_{x \to 3} \dfrac{(x-3)(2x+1)}{(x-3)(x^2 + 3x + 9)} = \lim_{x \to 3} \dfrac{2x+1}{x^2 + 3x + 9}$

$= \dfrac{6+1}{9+9+9} = \dfrac{7}{27}$。

▶▶ **例題 10**：求 a 的值，使得 $\lim_{x \to -2} \dfrac{3x^2 + ax + a + 3}{x^2 + x - 2}$ 存在，並求此極限.

[提示：分子與分母同時趨近 0.]

解：
$$\lim_{x \to -2} (x^2 + x - 2) = (-2)^2 + (-2) - 2 = 0$$

若此極限存在，則分子的極限也應等於 0，

即，
$$\lim_{x \to -2} (3x^2 + ax + a + 3) = 0$$

故
$$3(-2)^2 + a(-2) + a + 3 = 0$$

得
$$a = 15$$

$$\lim_{x \to -2} \frac{3x^2+15x+15+3}{x^2+x-2} = \lim_{x \to -2} \frac{3(x^2+5x+6)}{x^2+x-2} = 3\lim_{x \to -2} \frac{(x+2)(x+3)}{(x+2)(x-1)}$$

$$= 3\lim_{x \to -2} \frac{x+3}{x-1} = -1.$$

定理 1.4

若兩函數 f 與 g 的合成函數 $f(g(x))$ 存在，且

(i) $\lim\limits_{x \to a} g(x) = b$, (ii) $\lim\limits_{x \to b} f(x) = f(b)$, 則

$$\lim_{x \to a} f(g(x)) = f(\lim_{x \to a} g(x)) = f(b).$$

▶ **例題 11**：設 $f(x) = x^3$, $g(x) = 3-x$, 求 $\lim\limits_{x \to 2} f(g(x))$. [提示：利用定理 1.4.]

解：因
$$\lim_{x \to 2} g(x) = \lim_{x \to 2}(3-x) = 1,$$

故
$$\lim_{x \to 2} f(g(x)) = f(\lim_{x \to 2} g(x)) = f(1) = 1.$$

另解：
$$f(g(x)) = [g(x)]^3 = (3-x)^3$$

$$\lim_{x \to 2} f(g(x)) = \lim_{x \to 2}(3-x)^3 = 1.$$

在定理 1.4 中，條件 (ii) 非常重要，如果不成立，可能有 $\lim\limits_{x \to a} f(g(x)) \neq f(\lim\limits_{x \to a} g(x))$ 的結果，請看下面的例子.

▶ **例題 12**：設 $f(x) = \begin{cases} 1, & x \neq 1 \\ 0, & x = 1 \end{cases}$, $g(x) = x$, 則

$$\lim_{x \to 1} f(g(x)) = \lim_{x \to 1} f(x) = 1,$$

但是
$$f(\lim_{x \to 1} g(x)) = f(1) = 0,$$

故
$$\lim_{x \to 1} f(g(x)) \neq f(\lim_{x \to 1} g(x)).$$

定理 1.5

(1) 若 n 為正奇數，則 $\lim_{x \to a} \sqrt[n]{x} = \sqrt[n]{a}$.

(2) 若 n 為正偶數，且 $a > 0$，則 $\lim_{x \to a} \sqrt[n]{x} = \sqrt[n]{a}$.

若 m 與 n 皆為正整數，且 $a > 0$，則可得

$$\lim_{x \to a} (\sqrt[n]{x})^m = (\lim_{x \to a} \sqrt[n]{x})^m = (\sqrt[n]{a})^m$$

利用分數指數，上式可表示成

$$\lim_{x \to a} x^{m/n} = a^{m/n}$$

定理 1.5 的結果可推廣到負指數.

定理 1.6

設 $\lim_{x \to a} f(x)$ 存在.

(1) 若 n 為正奇數，則 $\lim_{x \to a} \sqrt[n]{f(x)} = \sqrt[n]{\lim_{x \to a} f(x)}$.

(2) 若 n 為正偶數，且 $\lim_{x \to a} f(x) > 0$，則 $\lim_{x \to a} \sqrt[n]{f(x)} = \sqrt[n]{\lim_{x \to a} f(x)}$.

▶ 例題 13： (1) $\lim_{x \to 2} \sqrt[3]{\dfrac{-x^2+3x-2}{x^2+4x-12}} = \sqrt[3]{\lim_{x \to 2} \dfrac{-x^2+3x-2}{x^2+4x-12}}$

$$= \sqrt[3]{\lim_{x \to 2} \dfrac{(x-2)(1-x)}{(x-2)(x+6)}} = \sqrt[3]{\lim_{x \to 2} \dfrac{1-x}{x+6}}$$

$$= \sqrt[3]{-\dfrac{1}{8}} = -\dfrac{1}{2}$$

(2) $\lim_{x \to -2} \sqrt[4]{\dfrac{2x^2-3x+2}{x^2-3}} = \sqrt[4]{\lim_{x \to -2} \dfrac{2x^2-3x+2}{x^2-3}}$

$$= \sqrt[4]{8+6+2} = 2.$$

▶▶ **例題 14**：求 a 與 b 的值使得 $\lim_{x \to 0} \dfrac{\sqrt{ax+b}-2}{x} = 1$.

[提示：分子與分母同時趨近 0.]

解：首先將分子有理化，可得

$$\lim_{x \to 0} \frac{\sqrt{ax+b}-2}{x} = \lim_{x \to 0} \frac{ax+b-4}{x(\sqrt{ax+b}+2)}$$

因分母的極限為 0 且全式極限為 1，故分子的極限也應等於 0，

即， $$\lim_{x \to 0} (ax+b-4) = 0$$

可得 $$b = 4.$$

所以， $$\lim_{x \to 0} \frac{\sqrt{ax+b}-2}{x} = \lim_{x \to 0} \frac{ax}{x(\sqrt{ax+4}+2)}$$

$$= \lim_{x \to 0} \frac{a}{\sqrt{ax+4}+2}$$

因而 $$\frac{a}{\sqrt{4}+2} = 1$$

可得 $$a = 4$$

故 $$a = b = 4.$$

當直接求函數的極限很困難時，有時候，間接地在極限為已知的兩個比較簡單的函數之間"夾擠"該函數以便求得極限是可能的．下面的定理稱為**夾擠定理** (squeeze theorem 或 pinching theorem) 或**三明治定理** (sandwich theorem)，在證明極限時常常會用到，是一個非常有用的定理.

定理 1.7 夾擠定理

設在一包含 a 的開區間中所有 x (可能在 a 除外) 恆有 $f(x) \leq h(x) \leq g(x)$.

若 $$\lim_{x \to a} f(x) = \lim_{x \to a} g(x) = L$$

則 $$\lim_{x \to a} h(x) = L.$$

夾擠定理的幾何說明如圖 1.7 所示.

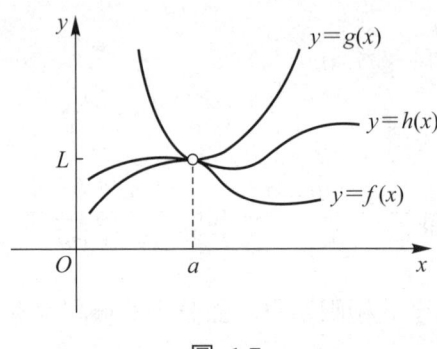

圖 1.7

▶▶ 例題 15：利用夾擠定理證明 $\lim\limits_{x \to 0} x \sin \dfrac{1}{x} = 0$.

解：首先特別注意，因為 $\lim\limits_{x \to 0} \sin \dfrac{1}{x}$ 不存在，所以我們不可寫成

$$\lim_{x \to 0} x \sin \frac{1}{x} = \left(\lim_{x \to 0} x \right) \left(\lim_{x \to 0} \sin \frac{1}{x} \right)$$

若 $x \neq 0$，則 $\left| \sin \dfrac{1}{x} \right| \leq 1$，可得

$$\left| x \sin \frac{1}{x} \right| = |x| \left| \sin \frac{1}{x} \right| \leq |x|$$

$$-|x| \leq x \sin \frac{1}{x} \leq |x|$$

因 $\lim\limits_{x \to 0} |x| = \lim\limits_{x \to 0} \sqrt{x^2} = \sqrt{\lim\limits_{x \to 0} x^2} = 0$，故

$$\lim_{x \to 0} x \sin \frac{1}{x} = 0.$$

當我們在定義函數 f 在 a 的極限時，我們很謹慎地將 x 限制在包含 a 的開區間內 (a 可能除外)，但是函數 f 在點 a 的極限存在與否，與函數 f 在點 a 兩旁的定義有關，而與函數 f 在點 a 的值無關.

如果我們找不到一個定數 L 為 $f(x)$ 所趨近者，那麼我們就稱 f 在點 a 的極限不存在，或者說當 x 趨近 a 時，$f(x)$ 沒有極限.

▶ **例題 16**：若 $f(x) = \dfrac{|x|}{x}$，則 $\lim_{x \to 0} f(x)$ 是否存在？[提示：分別自 0 的兩邊趨近].

解：因 (1) 若 $x > 0$，則 $|x| = x$.
　　　(2) 若 $x < 0$，則 $|x| = -x$.

故　　$f(x) = \dfrac{|x|}{x} = \begin{cases} 1, & \text{若 } x > 0 \\ -1, & \text{若 } x < 0 \end{cases}$

f 的圖形如圖 1.8 所示. 因此，當 x 分別自 0 的右邊及 0 的左邊趨近 0 時，$f(x)$ 不能趨近某一定數，所以 $\lim_{x \to 0} f(x)$ 不存在.

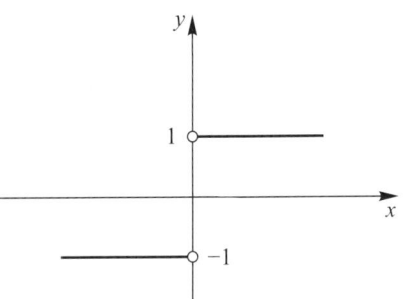

圖 1.8　$f(x) = \dfrac{|x|}{x}$, $x \neq 0$

由上面的例題，我們引進了單邊極限的觀念.

定義 1.2

(1) 設函數 f 定義在開區間 (a, b)，L 為一實數. 當 x 自 a 的右邊趨近 a 時，$f(x)$ 的**右極限** (right-hand limit) 為 L，即，f 在 a 的右極限為 L，記為：

$$\lim_{x \to a^+} f(x) = L$$

其意義為對每一 $\varepsilon > 0$，存在一 $\delta > 0$，使得若 $a < x < a + \delta$，則 $|f(x) - L| < \varepsilon$.

(2) 設函數 f 定義在開區間 (b, a)，L 為一實數，當 x 自 a 的左邊趨近 a 時，$f(x)$ 的**左極限** (left-hand limit) 為 L，即，f 在 a 的左極限為 L，記為：

$$\lim_{x \to a^-} f(x) = L$$

其意義為對每一 $\varepsilon > 0$，存在一 $\delta > 0$，使得若 $a - \delta < x < a$，則 $|f(x) - L| < \varepsilon$.

右極限與左極限皆稱為**單邊極限** (one-sided limit).

如圖 1.8 所示，$\lim_{x \to 0^+} f(x) = 1$，$\lim_{x \to 0^-} f(x) = -1$，在定義 1.2 中，符號 $x \to a^+$ 用

來表示 x 的值恆比 a 大，而符號 $x \to a^-$ 用來表示 x 的值恆比 a 小．

註：上述所有定理對單邊極限的情形仍然成立．

依極限的定義可知，若 $\lim\limits_{x \to a} f(x)$ 存在，則右極限與左極限皆存在，且

$$\lim_{x \to a^+} f(x) = \lim_{x \to a^-} f(x) = \lim_{x \to a} f(x)$$

反之，若右極限與左極限皆存在，並不能保證極限存在．例如，$\lim\limits_{x \to n} [\![x]\!]$ 不存在，其中 n 為任意整數．

下面定理談到單邊極限與 (雙邊) 極限之間的關係．

定理 1.8

$$\lim_{x \to a} f(x) = L \Leftrightarrow \lim_{x \to a^+} f(x) = \lim_{x \to a^-} f(x) = L.$$

▶ **例題 17**：求 $\lim\limits_{x \to 3} \dfrac{\sqrt{(x-3)^2}}{x-3}$．[提示：利用絕對值定義．]

解：(i) 當 $x \to 3^+$ 時，$\sqrt{(x-3)^2} = |x-3| = x-3$，故

$$\lim_{x \to 3^+} \frac{\sqrt{(x-3)^2}}{x-3} = \lim_{x \to 3^+} \frac{x-3}{x-3} = 1$$

(ii) 當 $x \to 3^-$ 時，$\sqrt{(x-3)^2} = |x-3| = 3-x$，故

$$\lim_{x \to 3^-} \frac{\sqrt{(x-3)^2}}{x-3} = \lim_{x \to 3^-} \frac{3-x}{x-3} = -1$$

所以，$\lim\limits_{x \to 3} \dfrac{\sqrt{(x-3)^2}}{x-3}$ 不存在．

▶ **例題 18**：求 $\lim\limits_{x \to 2^+} \dfrac{x-2}{x - [\![x]\!]}$．[提示：利用高斯函數值．]

解：當 $x \to 2^+$ 時，$[\![x]\!] = 2$，故

$$\lim_{x \to 2^+} \frac{x-2}{x - [\![x]\!]} = \lim_{x \to 2^+} \frac{x-2}{x-2} = 1.$$

▶ **例題 19**：求 $\lim\limits_{x \to 0^+} x \left[\!\!\left[\dfrac{1}{x} \right]\!\!\right]$. [提示：利用夾擠定理.]

解：若 $x \neq 0$，則
$$\frac{1}{x} - 1 < \left[\!\!\left[\frac{1}{x} \right]\!\!\right] \leq \frac{1}{x}$$

當 $x \to 0^+$ 時，
$$x\left(\frac{1}{x} - 1\right) < x\left[\!\!\left[\frac{1}{x} \right]\!\!\right] \leq \frac{x}{x}$$

即，
$$1 - x < x\left[\!\!\left[\frac{1}{x} \right]\!\!\right] \leq 1$$

因 $\lim\limits_{x \to 0^+} (1-x) = 1$，故依夾擠定理可得
$$\lim_{x \to 0^+} x \left[\!\!\left[\frac{1}{x} \right]\!\!\right] = 1.$$

習題 ▶ 1.1

在 1～4 題，已知 $\lim\limits_{x \to a} f(x) = L$ 與 ε 的值，當 $0 < |x-a| < \delta$ 時，求一數 δ 使得 $|f(x) - L| < \varepsilon$.

1. $\lim\limits_{x \to 4} 2x = 8$, $\varepsilon = 0.1$
2. $\lim\limits_{x \to 3} (5x-3) = 12$, $\varepsilon = 0.05$
3. $\lim\limits_{x \to -1} (4x+3) = -1$, $\varepsilon = 0.04$
4. $\lim\limits_{x \to -1} \dfrac{x^2-1}{x+1} = -2$, $\varepsilon = 0.01$

5. 設 a、b 為兩實數，若對任意正數 ε 恆有 $|a-b| < \varepsilon$，試證 $a = b$.

6. 試證：若 $\lim\limits_{x \to a} f(x) = L > 0$，則存在開區間 $(a-\delta, a+\delta)$ 使得當 $x \in (a-\delta, a+\delta)$ $(x \neq a)$ 時，$f(x) > 0$.

7. 試舉例說明：

   (1) 若 $\lim\limits_{x \to a} [f(x) + g(x)]$ 存在，但並不表示 $\lim\limits_{x \to a} f(x)$ 或 $\lim\limits_{x \to a} g(x)$ 存在.

(2) 若 $\lim\limits_{x\to a}[f(x)g(x)]$ 存在，但並不表示 $\lim\limits_{x\to a}f(x)$ 或 $\lim\limits_{x\to a}g(x)$ 存在.

求 8～37 題的極限.

8. $\lim\limits_{x\to 3}\dfrac{3x^2-11x+6}{2x^2-5x-3}$

9. $\lim\limits_{x\to -2}\dfrac{x^3+3x^2+2x}{x^2-x-6}$

10. $\lim\limits_{x\to 0}\dfrac{6x^3+x^2-x}{3x^3+5x^2-2x}$

11. $\lim\limits_{x\to 1}\dfrac{x^3-6x^2+3x+2}{x^3+x^2-3x+1}$

12. $\lim\limits_{x\to 1}\dfrac{(x^2+3x-4)^2}{x^2-7x+6}$

13. $\lim\limits_{x\to 2}\dfrac{(x^3-12x+16)^3}{(x^2-x-2)^6}$

14. $\lim\limits_{x\to 1}\dfrac{x^5-1}{x^4-1}$

15. $\lim\limits_{x\to 3}\dfrac{1}{x-3}\left(\dfrac{1}{x-1}+\dfrac{1}{x-5}\right)$

16. $\lim\limits_{x\to 1}\dfrac{1}{x-1}\left(\dfrac{1}{3x+2}-\dfrac{1}{2x+3}\right)$

17. $\lim\limits_{x\to -1}\dfrac{1}{x+1}\left(\dfrac{1}{x+2}-\dfrac{2}{3x+5}\right)$

18. $\lim\limits_{x\to 1}\left(\dfrac{1}{1-x}-\dfrac{3}{1-x^3}\right)$

19. $\lim\limits_{x\to 1}\left[\dfrac{x^{10}-1}{(x-1)^2}-\dfrac{10}{x-1}\right]$

20. $\lim\limits_{x\to 1}\dfrac{x+x^2+\cdots+x^{10}-10}{x-1}$

21. $\lim\limits_{x\to 1}\dfrac{1}{1-x}\left(\dfrac{1-x^{10}}{1-x}-10\right)$

22. $\lim\limits_{x\to 2}\sqrt[3]{x^2+\sqrt{3x^2+3x-2}}$

23. $\lim\limits_{x\to 3}\dfrac{\sqrt{x+1}+3}{\sqrt{x+6}-3}$

24. $\lim\limits_{x\to 2}\dfrac{\sqrt{2x-2}-\sqrt{x}}{x^2-4}$

25. $\lim\limits_{x\to 3}\dfrac{\sqrt{x^2+16}-5}{x^2-3x}$

26. $\lim\limits_{x\to 1}\dfrac{(x-1)\sqrt{5-x}}{x^4-1}$

27. $\lim\limits_{x\to 2}\dfrac{4-x^2}{3-\sqrt{x^2+5}}$

28. $\lim\limits_{x\to 1}\dfrac{x-1}{\sqrt{x^2+3}-2}$

29. $\lim\limits_{x\to 1}\dfrac{1-\sqrt{x}}{1-\sqrt[3]{x}}$

30. $\lim\limits_{x\to 0}\dfrac{x}{\sqrt[3]{1+x}-\sqrt[3]{1-x}}$

31. $\lim\limits_{x\to 1}\dfrac{x+\sqrt{x}-2}{x^3-1}$

32. $\lim\limits_{x\to 4}\dfrac{x-4}{x-\sqrt{x}-2}$

33. $\lim\limits_{x\to 2}\dfrac{\sqrt{x+2}-\sqrt{3x-2}}{\sqrt{4x+1}-\sqrt{5x-1}}$

34. $\lim\limits_{x\to 0} \dfrac{|2x-1|-|2x+1|}{|x+2|-|x-2|}$

35. $\lim\limits_{x\to 0} \dfrac{|x-3|-|2x+3|}{|3x+2|-|x-2|}$

36. $\lim\limits_{x\to 0} x\cos\dfrac{1}{x}$

37. $\lim\limits_{x\to 0} x^2 \left[\!\!\left[\dfrac{1}{x}\right]\!\!\right]$

38. 若 $\lim\limits_{x\to 2} \dfrac{f(x)-5}{x-2}=3$, 求 $\lim\limits_{x\to 2} f(x)$.

39. 設 $\lim\limits_{x\to 1} \dfrac{x^2+ax+b}{x-1}=3$, 求 a 與 b 的值.

40. 設 $\lim\limits_{x\to -2} \dfrac{ax^2+x+b}{x+2}=-3$, 求 a 與 b 的值.

41. 設 $\lim\limits_{x\to 2} \dfrac{x^2-3x+a}{2-x}=b$, 求 a 與 b 的值.

42. 設 $f(x)=\begin{cases} 0, & x \text{ 為有理數} \\ x, & x \text{ 為無理數} \end{cases}$, 求 $\lim\limits_{x\to 0} f(x)$.

43. 求 $\lim\limits_{x\to 0} x^2\sin\dfrac{1}{x}$.

44. 試證：$\lim\limits_{x\to a} f(x)=L \Leftrightarrow \lim\limits_{x\to a}[f(x)-L]=0$.

45. 試證：$\lim\limits_{x\to a} f(x)=0 \Leftrightarrow \lim\limits_{x\to a}|f(x)|=0$.

46. (1) 試證：若 $\lim\limits_{x\to a} f(x)=L$, 則 $\lim\limits_{x\to a}|f(x)|=|L|$.

[提示：利用 $||f(x)|-|L||\leq|f(x)-L|$.]

(2) 試舉例說明 $\lim\limits_{x\to a}|f(x)|=|L|$, 則 $\lim\limits_{x\to a} f(x)$ 不存在.

求 47～54 題的極限.

47. $\lim\limits_{x\to 1^+} \dfrac{[\![x^2]\!]-[\![x]\!]^2}{x^2-1}$

48. $\lim\limits_{x\to 1^-} \dfrac{x^2+[\![-x]\!]}{x^2-1}$

49. $\lim\limits_{x\to 2^+} \dfrac{\sqrt{x-2}+\sqrt{x}-\sqrt{2}}{\sqrt{x^2-4}}$

50. $\lim\limits_{x\to -1^+} \dfrac{\sqrt{(x+1)^2}}{x^2+x}$

51. $\lim\limits_{x\to -1^-} \dfrac{\sqrt{(x+1)^2}}{x^2+x}$

52. $\lim\limits_{x\to 2^+} \dfrac{x^2-2x}{\sqrt{(x-2)^2}}$

53. $\lim\limits_{x \to 2^-} \dfrac{x^2 - 2x}{\sqrt{(x-2)^2}}$

54. $\lim\limits_{x \to 1} \dfrac{\left[\!\left[1 - \dfrac{x}{2}\right]\!\right]}{|x - 1|}$

55. 求 $\lim\limits_{x \to 0^+} \dfrac{x}{\sqrt{x^3 + x^2}}$ 與 $\lim\limits_{x \to 0^-} \dfrac{x}{\sqrt{x^3 + x^2}}$. $\lim\limits_{x \to 0} \dfrac{x}{\sqrt{x^3 + x^2}}$ 是否存在？

56. $\lim\limits_{x \to \frac{3}{2}} \dfrac{2x^2 - 3x}{|2x - 3|}$ 是否存在？試說明之.

57. $\lim\limits_{x \to 0} x\sqrt{1 + \dfrac{1}{x^2}}$ 是否存在？

58. 設 $f(x) = \begin{cases} x^2 + 4, & x \leq 2 \\ x + 2, & x > 2 \end{cases}$, $g(x) = \begin{cases} x^2, & x \leq 2 \\ 8, & x > 2 \end{cases}$, 則

$\lim\limits_{x \to 2} f(x)$ 與 $\lim\limits_{x \to 2} g(x)$ 是否存在？又 $\lim\limits_{x \to 2} [f(x)\, g(x)]$ 是否存在？

59. 若 $f(x) = [\![x - [\![x]\!]]\!]$, 求 $\lim\limits_{x \to n} f(x)$.

60. 設 $f(x) = \begin{cases} x^2 - 2x, & x < 2 \\ 1, & x = 2 \\ x^2 - 6x + 8, & x > 2 \end{cases}$, 求 $\lim\limits_{x \to 2} f(x)$, 並繪 f 的圖形.

61. 設 $f(x) = \begin{cases} \dfrac{[\![x]\!]}{2}, & 0 \leq x < 5 \\ \sqrt{x - 1}, & x \geq 5 \end{cases}$, 求 $\lim\limits_{x \to 5} f(x)$, 並繪 f 的圖形.

62. 設 $f(x)$ 為三次多項式函數且 $\lim\limits_{x \to 1} \dfrac{f(x)}{x - 1} = 1$, $\lim\limits_{x \to 2} \dfrac{f(x)}{x - 2} = 2$, 求 $f(x)$.

63. 設 $f(x)$ 為三次多項式函數且 $\lim\limits_{x \to -1} \dfrac{f(x)}{x + 1} = -6$, $\lim\limits_{x \to 2} \dfrac{f(x)}{x - 2} = -3$, 求 $f(x)$.

64. 求最低次多項式函數 $f(x)$ 使其滿足下列各式：

$\lim\limits_{x \to 1} \dfrac{f(x)}{x - 1} = 5$, $\lim\limits_{x \to 2} \dfrac{f(x)}{x - 2} = -4$.

65. 求最低次多項式函數 $f(x)$ 使其滿足下列各式：

$\lim\limits_{x \to 1} \dfrac{f(x)}{x - 1} = 4$, $\lim\limits_{x \to 2} \dfrac{f(x)}{x - 2} = -3$, $\lim\limits_{x \to 3} \dfrac{f(x)}{x - 3} = 12$.

1.2 連續性

在介紹極限 $\lim_{x \to a} f(x)$ 的定義時,並不考慮 a 是否在 f 的定義域內;即使 f 在 a 沒有定義,$\lim_{x \to a} f(x)$ 仍可能存在. 何況,若 f 在 a 有定義且 $\lim_{x \to a} f(x)$ 存在,此極限可能等於也可能不等於 $f(a)$.

現在,我們用極限的方法來定義函數的連續.

> **定義 1.3**
>
> 若下列條件:
>
> (i) $f(a)$ 有定義 (ii) $\lim_{x \to a} f(x)$ 存在 (iii) $\lim_{x \to a} f(x) = f(a)$
>
> 皆滿足,則稱函數 f 在 a 為**連續** (continuous).

定義 1.3 中的三項通常又歸納成一項,即,

$$\lim_{x \to a} f(x) = f(a)$$

(其意義為:對每一 $\varepsilon > 0$ 存在一 $\delta > 0$ 使得若 $|x-a| < \delta$,則 $|f(x)-f(a)| < \varepsilon$ 恆成立.)

或

$$\lim_{h \to 0} f(a+h) = f(a)$$

函數 f 在 a 為連續的意思,也就是

$$\lim_{x \to a} f(x) = f(\lim_{x \to a} x) = f(a).$$

若在此定義中有任何條件不成立,則稱 f 在 a 為**不連續** (discontinuous),或稱 f 在 a 有一個**間斷點** (discontinuity).

圖 1.9 給出三種具有代表性的不連續型;在 (i) 與 (ii) 中的不連續稱為**可除去的不連續** (removable discontinuity) (因為重新定義 $f(a) = L$ 可除去不連續);在 (iii) 中的不連續稱為**跳躍不連續** (jump discontinuity) (因為 $\lim_{x \to a^+} f(x) \neq \lim_{x \to a^-} f(x)$);而在 (iv)、(v) 與 (vi) 中的不連續稱為**無窮不連續** (infinite discontinuity) (因為 $f(x)$ 的值在 $x \to a^+$ 與 $x \to a^-$ 當中的一個情形時,變成任意的大或任意的小).

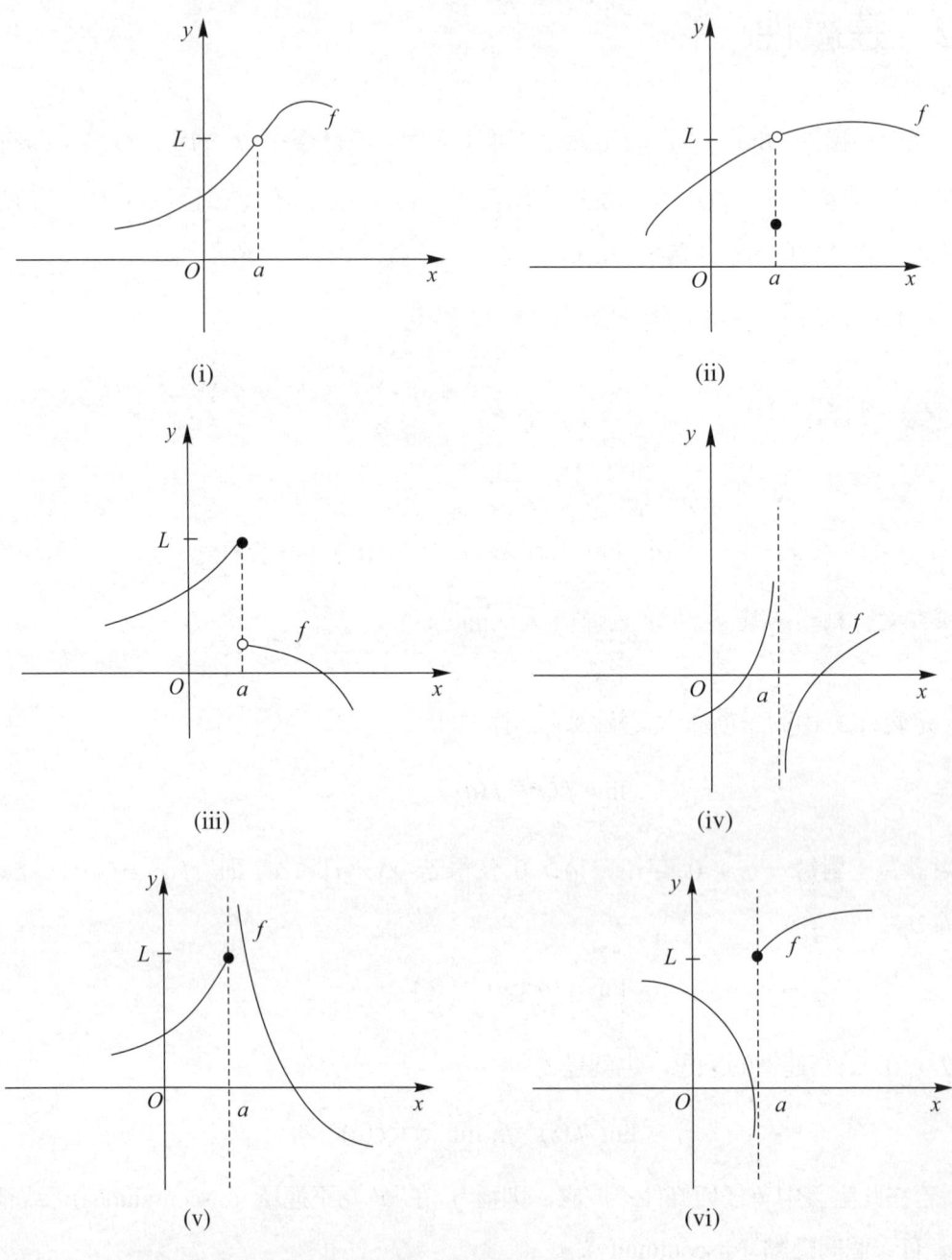

圖 1.9

　　如果函數 f 在開區間 (a, b) 中各處皆為連續，則稱 f 在 (a, b) 為連續，在 $(-\infty, \infty)$ 為連續的函數稱為**處處連續** (continuous ererywhere)。

定理 1.9

(1) 常數函數為處處連續.

(2) 恆等函數為處處連續.

(3) 多項式函數為處處連續.

(4) 有理函數在除了使分母為零的點以外皆為連續.

▶▶ 例題 1：函數 $f(x)=\dfrac{x^2-4}{x^2-x-6}$ 在何處連續？[提示：將分母分解因式.]

解：因 $x^2-x-6=(x+2)(x-3)=0$ 的解為 $x=-2$ 與 $x=3$，故 f 在這些點以外皆為連續.

▶▶ 例題 2：設 $f(x)=\dfrac{x^2-9}{x-3}$, $g(x)=\begin{cases}\dfrac{x^2-9}{x-3}, & x\neq 3\\ 6, & x=3\end{cases}$

因 $f(3)$ 無定義，故 $f(x)$ 在 $x=3$ 為不連續.

又 $\displaystyle\lim_{x\to 3} g(x)=\lim_{x\to 3}\dfrac{x^2-9}{x-3}=\lim_{x\to 3}(x+3)=6=g(3)$

故 $g(x)$ 在 $x=3$ 為連續.

▶▶ 例題 3：高斯函數 $f(x)=[\![x]\!]$ 在所有整數點不連續.

▶▶ 例題 4：設 $f(x)=|x|$，試證：f 在所有實數 a 皆為連續.

[提示：利用定理 1.6(2).]

解：
$$\lim_{x\to a} f(x)=\lim_{x\to a}|x|=\lim_{x\to a}\sqrt{x^2}$$
$$=\sqrt{\lim_{x\to a} x^2}=\sqrt{a^2}$$
$$=|a|=f(a)$$

故 f 在 a 為連續.

我們可將例題 4 推廣如下：

若函數 f 在 a 為連續，則 $|f|$ 在 a 為連續，即，

$$\lim_{x\to a}|f(x)|=\left|\lim_{x\to a}f(x)\right|=|f(a)|.$$

註：若 $|f|$ 在 a 為連續，則 f 在 a 不一定連續．例如，設

$$f(x)=\begin{cases}\dfrac{|x|}{x},&x\neq 0,\\ 1,&x=0\end{cases}$$

則 $|f(x)|=1$，可知 $|f|$ 在 0 為連續．然而，$\lim\limits_{x\to 0}f(x)=\lim\limits_{x\to 0}\dfrac{|x|}{x}$ 不存在 (見 1.1 節例題 16)，所以 f 在 0 為不連續．

▶▶ **例題 5**：(1) $\lim\limits_{x\to 2}|x^2-5x+8|=\left|\lim\limits_{x\to 2}(x^2-5x+8)\right|$
$$=|2|=2.$$

(2) $\lim\limits_{x\to -3}\left|\dfrac{2x^2+6x-7}{x^2-2}\right|=\left|\lim\limits_{x\to -3}\dfrac{2x^2+6x-7}{x^2-2}\right|$
$$=\left|\dfrac{-7}{7}\right|=1.$$

定理 1.2 可用來建立下面的基本結果．

定理 1.10

若兩函數 f 與 g 在 a 皆為連續，則 cf、$f+g$、$f-g$、fg 與 $\dfrac{f}{g}$ ($g(a)\neq 0$) 在 a 也為連續．

上面的定理可以推廣為：若 f_1, f_2, $\cdots$, f_n 在 a 為連續，則

1. $c_1f_1+c_2f_2+\cdots+c_nf_n$ 在 a 也為連續，其中 c_1, c_2, $\cdots$, c_n 皆為任意常數．
2. $f_1\cdot f_2\cdot\cdots\cdot f_n$ 在 a 也為連續．

定理 1.11

若函數 g 在 a 為連續，且函數 f 在 $g(a)$ 為連續，則合成函數 $f \circ g$ 在 a 也為連續，即，

$$\lim_{x \to a} f(g(x)) = f(\lim_{x \to a} g(x)) = f(g(a)).$$

▶▶ **例題 6**：若 $f(x) = \sqrt{x}$，$g(x) = \dfrac{x^2+7}{(x-2)^3}$，則 $f(g(x)) = \sqrt{g(x)} = \sqrt{\dfrac{x^2+7}{(x-2)^3}}$.

因 g 在 3 為連續，f 在 $g(3)=4$ 為連續，故 $f \circ g$ 在 3 為連續. 所以，

$$\lim_{x \to 3} f(g(x)) = f(\lim_{x \to 3} g(x)) = f(g(3)).$$

事實上，$f \circ g$ 在大於 2 的所有正數皆為連續.

定義 1.4

若下列條件：

(i) $f(a)$ 有定義　　(ii) $\lim\limits_{x \to a^+} f(x)$ 存在　　(iii) $\lim\limits_{x \to a^+} f(x) = f(a)$

皆滿足，則稱函數 f 在 a 為**右連續** (right-continuous).

若下列條件：

(i) $f(a)$ 有定義　　(ii) $\lim\limits_{x \to a^-} f(x)$ 存在　　(iii) $\lim\limits_{x \to a^-} f(x) = f(a)$

皆滿足，則稱函數 f 在 a 為**左連續** (left-continuous).

右連續與左連續皆稱為**單邊連續** (one-sided continuous).

設 $f(x) = \sqrt{x}$，由定義可知，函數 f 在 0 為右連續，因

$$\lim_{x \to 0^+} \sqrt{x} = 0$$

另外，我們也可得知，高斯函數 $f(x) = [\![x]\!]$ 在所有整數點為右連續.

如同定理 1.8，我們可得到下面的定理.

定理 1.12

函數 f 在 a 為連續 $\Leftrightarrow \lim_{x \to a^+} f(x) = \lim_{x \to a^-} f(x) = f(a)$.

▶▶ 例題 7：函數

$$f(x) = \begin{cases} x^2, & x < 2 \\ 3, & x = 2 \\ -x+6, & x > 2 \end{cases}$$ 在 $x=2$ 是否連續？

[提示：利用定理 1.12.]

解：$f(2) = 3$，$\lim_{x \to 2^+} f(x) = \lim_{x \to 2^+} (-x+6) = 4$.

因 $\lim_{x \to 2^+} f(x) \neq f(2)$，故 $f(x)$ 在 $x=2$ 為不連續，

其圖形如圖 1.10 所示.

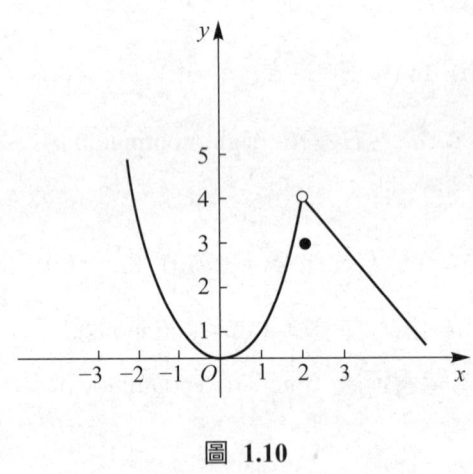

圖 1.10

▶▶ 例題 8：試決定 a 與 b 的值使得函數

$$f(x) = \begin{cases} 2ax-b, & x < 1 \\ 3, & x = 1 \\ ax+b, & x > 1 \end{cases}$$ 在 $x=1$ 為連續.

[提示：利用定理 1.12.]

解：依題意，$\lim_{x \to 1^+}(ax+b) = \lim_{x \to 1^-}(2ax-b) = 3$，

可得方程組 $\begin{cases} a+b=3 \\ 2a-b=3 \end{cases}$，解得 $a=2$，$b=1$.

單邊極限的概念能使我們將連續定義推廣到閉區間．基本上，若函數在閉區間的內部為連續且在兩端點為單邊連續，則該函數在該閉區間為連續，如下面定義所述．

定義 1.5

若下列條件：
(i) f 在開區間 (a, b) 為連續
(ii) f 在 a 為右連續
(iii) f 在 b 為左連續

皆滿足，則稱函數 f 在閉區間 $[a, b]$ 為連續．

類似的定義可推廣到半開（或半閉）區間與無限區間．例如，$f(x) = \sqrt{x}$ 在區間 $[0, \infty)$ 為連續，$g(x) = \sqrt{3-x}$ 在區間 $(-\infty, 3]$ 為連續．

若函數在其定義域（可能是開區間或閉區間或半開區間）內各處皆為連續，則稱該函數為**連續函數** (continuous function)．連續函數不一定在每一個區間是連續．例如，函數 $f(x) = \dfrac{1}{x}$ 是連續函數（因它在定義域內各處皆為連續），但它在 $[-1, 1]$ 為不連續（因它在 $x=0$ 無定義）．

許多我們所熟悉的函數在它們的定義域內各處皆為連續．例如，前面所提到的多項式函數、有理函數與根式函數即是．

在幾何上，$y = \sin x$ 與 $y = \cos x$ 的圖形為連續的曲線．我們現在要說明 $\sin x$ 與 $\cos x$ 的確為處處連續．為了此目的，考慮圖 1.11，它指出點 P 的坐標為 $(\cos \theta, \sin \theta)$．顯然，當 $\theta \to 0$ 時，P 趨近點 $(1, 0)$．（雖然所畫的 θ 是正角，但是對負角 θ 有相同的結論．）所以，$\cos \theta \to 1$ 且 $\sin \theta \to 0$，即，

$$\lim_{\theta \to 0} \cos \theta = 1$$

$$\lim_{\theta \to 0} \sin \theta = 0$$

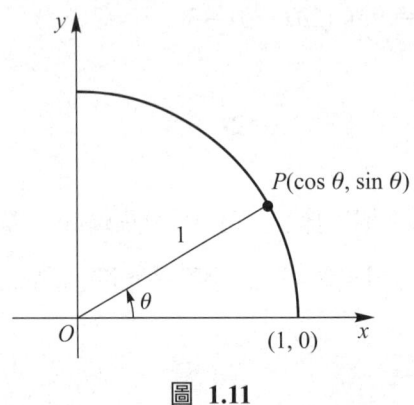

圖 **1.11**

因 $\cos 0 = 1$，$\sin 0 = 0$，故 $\cos x$ 與 $\sin x$ 在 0 皆為連續。$\sin x$ 的加法公式與 $\cos x$ 的加法公式可分別用來推導出它們是處處連續。我們證明 $\sin x$ 是處處連續，如下：

證：對任意實數 a，

$$\lim_{h \to 0} \sin(a+h) = \lim_{h \to 0} (\sin a \cos h + \cos a \sin h)$$

$$= \lim_{h \to 0} (\sin a \cos h) + \lim_{h \to 0} (\cos a \sin h)$$

因 $\sin a$ 與 $\cos a$ 皆不含 h，故它們在 $h \to 0$ 時保持一定。這允許我們將它們移到極限外面，而寫成

$$\lim_{h \to 0} \sin(a+h) = \sin a \lim_{h \to 0} \cos h + \cos a \lim_{h \to 0} \sin h$$

$$= (\sin a)(1) + (\cos a)(0) = \sin a$$

$\cos x$ 是處處連續的證明類似。

用 $\sin x$ 與 $\cos x$ 來表示 $\tan x$、$\cot x$、$\sec x$ 與 $\csc x$ 等函數，可推導出這四種函數的連續性質。例如，$\tan x = \dfrac{\sin x}{\cos x}$ 在除了使 $\cos x = 0$ 的點以外皆為連續，其中不連續點為 $x = \pm \dfrac{\pi}{2}$，$\pm \dfrac{3\pi}{2}$，$\pm \dfrac{5\pi}{2}$，…。

若函數 f 在其定義域為連續，且 f^{-1} 存在，則 f^{-1} 為連續（f^{-1} 的圖形是藉由 f 的圖形對直線 $y = x$ 作鏡射而獲得。）因此，反三角函數在其定義域為連續。

指數函數 $y = a^x$ 為處處連續，所以它的反函數（即，對數函數）$y = \log_a x$ 在定義

域 $(0, \infty)$ 為連續.

下列的函數類型在它們的定義域內各處皆為連續：

1. 多項式函數　　**2.** 有理函數　　**3.** 根式函數　　**4.** 三角函數
5. 反三角函數　　**6.** 指數函數　　**7.** 對數函數

▶▶ **例題 9**：下列各函數在何處為連續？[提示：找出定義域.]

(1) $f(x)=\dfrac{x^2}{2x-\sqrt{x}}$　　(2) $f(x)=\sin\left(\dfrac{3x}{x-2}\right)$　　(3) $f(x)=\dfrac{\tan^{-1}x}{x^2-4}$

解：(1) 函數 $y=2x$ 在 $I\!R=(-\infty, \infty)$ 為連續，而 $y=\sqrt{x}$ 在 $[0, \infty)$ 為連續，於是，$y=2x-\sqrt{x}$ 在 $[0, \infty)$ 為連續. 又，$y=x^2$ 在 $I\!R=(-\infty, \infty)$ 為連續，故 f 在 $(0, \infty)$ 為連續.

(2) f 在 $\{x\,|\,x\neq 2\}=(-\infty, 2)\cup(2, \infty)$ 為連續.

(3) $y=\tan^{-1}x$ 在 $(-\infty, \infty)$ 為連續，$y=x^2-4$ 在 $(-\infty, \infty)$ 為連續，所以 f 在 $\{x\,|\,x\neq\pm 2\}=(-\infty, -2)\cup(-2, 2)\cup(2, \infty)$ 為連續. ⏮

▶▶ **例題 10**：(1) $\lim\limits_{x\to\pi}\left[\cos\left(\dfrac{2x^2}{x+\pi}\right)\right]=\cos\left[\lim\limits_{x\to\pi}\left(\dfrac{2x^2}{x+\pi}\right)\right]$

$$=\cos\dfrac{2\pi^2}{2\pi}=\cos\pi=-1.$$

(2) $\lim\limits_{x\to 1}\sin^{-1}\left(\dfrac{1-\sqrt{x}}{1-x}\right)=\sin^{-1}\left(\lim\limits_{x\to 1}\dfrac{1-\sqrt{x}}{1-x}\right)$

$$=\sin^{-1}\left[\lim\limits_{x\to 1}\dfrac{1-\sqrt{x}}{(1-\sqrt{x})(1+\sqrt{x})}\right]$$

$$=\sin^{-1}\left(\lim\limits_{x\to 1}\dfrac{1}{1+\sqrt{x}}\right)$$

$$=\sin^{-1}\dfrac{1}{2}=\dfrac{\pi}{6}.$$ ⏮

在閉區間連續的函數有一個重要的性質，如下面定理所述.

定理 1.13　介值定理

若函數 f 在閉區間 $[a, b]$ 為連續，k 為介於 $f(a)$ 與 $f(b)$ 之間的一數，則在開區間 (a, b) 中至少存在一數 c 使得 $f(c)=k$．

此定理雖然直觀上很顯然，但是不太容易證明，其證明可在高等微積分書本中找到．

設函數 f 在閉區間 $[a, b]$ 為連續，即，f 的圖形在 $[a, b]$ 中沒有斷點．若 $f(a)<f(b)$，則定理 1.13 告訴我們，在 $f(a)$ 與 $f(b)$ 之間任取一數 k，應有一條 y-截距為 k 的水平線，它與 f 的圖形至少相交於一點 P，而 P 點的 x-坐標就是使 $f(c)=k$ 的實數，如圖 1.12 所示．

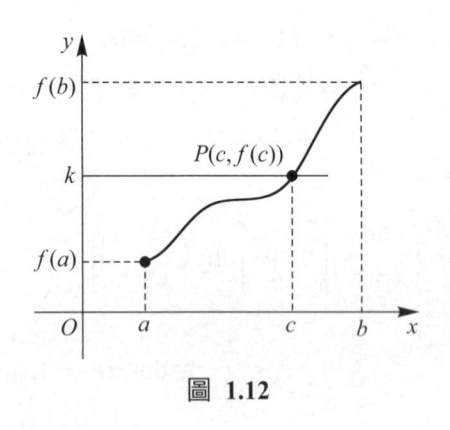

圖 1.12

▶ **例題 11**：設 $f(x)=x^3-x^2+x+2$，利用介值定理證明存在一數 c 使得 $f(c)=5$．

解：我們可知 f 在 $[0, 2]$ 為連續，$f(0)=2$，$f(2)=8$．因 $2<5<8$，故在 $(0, 2)$ 中存在一數 c 使得 $f(c)=5$．

下面的定理很有用，它是介值定理的直接結果．

定理 1.14　勘根定理

若函數 f 在閉區間 $[a, b]$ 為連續且 $f(a)f(b)<0$，則方程式 $f(x)=0$ 在開區間 (a, b) 中至少有一解．

▶▶ **例題 12**：試證：方程式 $2x^3-x-2=0$ 在開區間 $(1, 2)$ 中有解. [提示：利用勘根定理.]

解：設 $f(x)=2x^3-x-2$，則 f 在閉區間 $[1, 2]$ 為連續. 又

$$f(1)f(2)=-12<0$$

故方程式 $f(x)=0$ 在開區間 $(1, 2)$ 中至少有一解，即，方程式 $2x^3-x-2=0$ 在 $(1, 2)$ 中有解.

習題 ▶ 1.2

1～22 題的函數在何處不連續？

1. $f(x)=\dfrac{x^2-1}{x+1}$

2. $f(x)=\dfrac{x-2}{3x^2-5x-2}$

3. $f(x)=\dfrac{2x}{x^2-x}$

4. $f(x)=\dfrac{x}{x^2-1}$

5. $f(x)=\dfrac{x+3}{x^2-9}$

6. $f(x)=\dfrac{x^2+2}{x^2-3x-10}$

7. $f(x)=\dfrac{x^2-2x+1}{3x^2-x-4}$

8. $f(x)=\dfrac{x^3-1}{x^2+2x-8}$

9. $f(x)=\dfrac{3x-5}{2x^2-x-3}$

10. $f(x)=\dfrac{x+2}{|x^2-4|}$

11. $f(x)=x-[\![x]\!]$

12. $f(x)=\sin\left(\dfrac{\pi x}{2-3x}\right)$

13. $f(x)=\cos\left(\dfrac{x^2}{3x+1}\right)$

14. $f(x)=\dfrac{1}{e^x-e^{-x}}$

15. $f(x)=\dfrac{1}{1+\sin x}$

16. $f(x)=\dfrac{x}{1-\sin x}$

17. $f(x)=\dfrac{2}{1+\cos x}$

18. $f(x)=\dfrac{\sin x}{1-\cos x}$

19. $f(x) = \begin{cases} \dfrac{x^2-1}{x+1}, & x \neq -1 \\ 6, & x = -1 \end{cases}$

20. $f(x) = \begin{cases} -2x, & x < 2 \\ x^2-4x+1, & x \geq 2 \end{cases}$

21. $f(x) = \begin{cases} \sin\dfrac{1}{x}, & x \neq 0 \\ 0, & x = 0 \end{cases}$

22. $f(x) = \begin{cases} x\sin\dfrac{1}{x}, & x \neq 0 \\ 1, & x = 0 \end{cases}$

23. 設 $f(x) = \begin{cases} \dfrac{kx^2+x-4k-2}{x-2}, & x \neq 2 \\ 3, & x = 2 \end{cases}$，若 $f(x)$ 在 $x=2$ 為連續，則 k 的值為何？

24. 設 $f(x) = \begin{cases} \dfrac{x-2}{\sqrt{x+2}-2}, & x \neq 2 \\ k, & x = 2 \end{cases}$，若 $f(x)$ 在 $x=2$ 為連續，試求 k 的值．

25. 設 $f(x) = \dfrac{9x^2-4}{3x+2}, x \neq -\dfrac{2}{3}$，若要使 $f(x)$ 在 $x = -\dfrac{2}{3}$ 為連續，則 $f\left(-\dfrac{2}{3}\right)$ 應為何值？

求 26～34 題的極限．

26. $\lim\limits_{x \to 2} |x^3 - 2x + 3|$

27. $\lim\limits_{x \to -2} \sqrt{|x^3 - x + 2|}$

28. $\lim\limits_{x \to \pi} \cos(x + \sin x)$

29. $\lim\limits_{x \to 1} \cos\left(\dfrac{\pi x^2}{x^2+5}\right)$

30. $\lim\limits_{x \to \pi} \tan^2\left(\dfrac{x^2}{4\pi}\right)$

31. $\lim\limits_{x \to 0} \sin\left(\dfrac{\pi}{2}\cos x\right)$

32. $\lim\limits_{x \to \frac{\pi}{6}} \tan^2\left(\dfrac{\pi}{2}\sin x\right)$

33. $\lim\limits_{x \to 1} \sin^{-1}\left(\dfrac{x}{x^2+1}\right)$

34. $\lim\limits_{x \to 1} \cos^{-1}\left(\dfrac{1-\sqrt{x}}{1-x}\right)$

35. 設 $f(x) = \begin{cases} 0, & x \text{ 是有理數} \\ x, & x \text{ 是無理數} \end{cases}$，則 f 在 0 是否為連續？

36. 設 $f(x) = \begin{cases} 1, & x \text{ 是有理數} \\ 0, & x \text{ 是無理數} \end{cases}$，則 f 在何處不連續？

37. 試決定 c 的值使得函數

$$f(x)=\begin{cases} c^2x & , x<1 \\ 3cx-2 & , x\geq 1 \end{cases}$$

在 $x=1$ 為連續.

38. 試決定 a 與 b 的值使得函數

$$f(x)=\begin{cases} 4x & , x\leq -1 \\ ax+b & , -1<x\leq 2 \\ -5x & , x\geq 2 \end{cases}$$

為處處連續.

39. 試決定 a 與 b 的值使得函數

$$f(x)=\begin{cases} ax-b & , x<1 \\ 5 & , x=1 \\ 2ax+b & , x>1 \end{cases}$$

在 $x=1$ 為連續.

40. 試證：若 $f(x)=x^3+3x-2$，則存在一數 c 使得 $f(c)=10$.

41. 試證：若 $f(x)=x^3-8x+10$，則存在一數 c 使得 $f(c)=\pi$.

42. 試證：方程式 $x^3+3x-1=0$ 在區間 $(0, 1)$ 中有解.

43. 試證：方程式 $x^4-4x^3+12=0$ 在區間 $[1, 2]$ 中有解.

44. 試證：方程式 $x+\sin x=1$ 在區間 $\left(0, \dfrac{\pi}{6}\right)$ 中有解.

45. 試證：方程式 $x^2-\cos x=2$ 在區間 $(0, \pi)$ 中有解.

1.3 漸近線

在微積分中，除了所涉及的數是實數之外，常採用兩個符號 ∞ 與 $-\infty$，分別讀作 (正) 無限大與 (負) 無限大，但它們並不是數.

首先，我們考慮函數 $f(x)=\dfrac{1}{(x-1)^2}$. 若 x 趨近 1 (但 $x\neq 1$)，則分母 $(x-1)^2$ 趨近 0，故 $f(x)$ 會變得非常大. 的確，藉選取充分接近 1 的 x，可使 $f(x)$ 大到所

需的程度，$f(x)$ 的這種變化以符號記為

$$\lim_{x \to 1} \frac{1}{(x-1)^2} = \infty.$$

一、無窮極限

定義 1.6

設函數 f 定義在包含 a 的開區間，但可能在 a 除外．$\lim_{x \to a} f(x) = \infty$ 的意義如下：對每一 $M > 0$，存在一 $\delta > 0$ 使得若 $0 < |x - a| < \delta$，則 $f(x) > M$．

$\lim_{x \to a} f(x) = \infty$ 也可記為："當 $x \to a$ 時，$f(x) \to \infty$"．

$\lim_{x \to a} f(x) = \infty$ 常唸成：

"當 x 趨近 a 時，$f(x)$ 的極限為無限大"．或"當 x 趨近 a 時，$f(x)$ 的值變成無限大"．或"當 x 趨近 a 時，$f(x)$ 的值無限遞增"．

此定義的幾何說明如圖 1.13 所示．

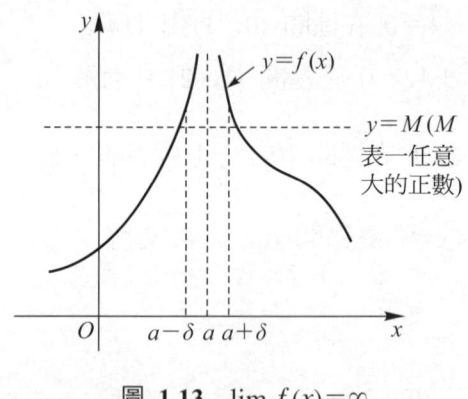

圖 1.13　$\lim_{x \to a} f(x) = \infty$

定義 1.7

設函數 f 定義在包含 a 的開區間，但可能在 a 除外．$\lim_{x \to a} f(x) = -\infty$ 的意義如下：對每一 $M < 0$，存在一 $\delta > 0$ 使得若 $0 < |x - a| < \delta$，則 $f(x) < M$．

$\lim\limits_{x\to a}f(x)=-\infty$ 也可記為:"當 $x\to a$ 時,$f(x)\to -\infty$".

$\lim\limits_{x\to a}f(x)=-\infty$ 常唸成:

"當 x 趨近 a 時,$f(x)$ 的極限為負無限大". 或"當 x 趨近 a 時,$f(x)$ 的值變成負無限大". 或"當 x 趨近 a 時,$f(x)$ 的值無限遞減".

此定義的幾何說明如圖 1.14 所示.

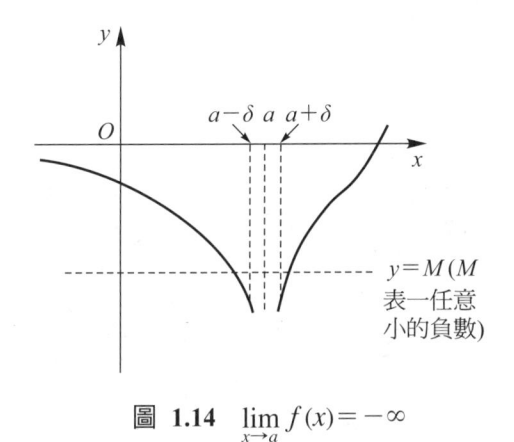

圖 1.14　$\lim\limits_{x\to a}f(x)=-\infty$

依照單邊極限的意義,讀者不難瞭解下列單邊極限的意義.

$$\lim_{x\to a^+}f(x)=\infty,\quad \lim_{x\to a^+}f(x)=-\infty,$$

$$\lim_{x\to a^-}f(x)=\infty,\quad \lim_{x\to a^-}f(x)=-\infty.$$

下面定理在求某些極限時相當好用,我們僅敘述而不加以證明.

定理 1.15

(1) 若 n 為正偶數,則

$$\lim_{x\to a}\frac{1}{(x-a)^n}=\infty.$$

(2) 若 n 為正奇數,則

$$\lim_{x\to a^+}\frac{1}{(x-a)^n}=\infty,\quad \lim_{x\to a^-}\frac{1}{(x-a)^n}=-\infty.$$

例如,

$$\lim_{x \to 1^+} f(x) = \lim_{x \to 1^+} \frac{1}{(x-1)^3} = \infty$$

$$\lim_{x \to 1^-} f(x) = \lim_{x \to 1^-} \frac{1}{(x-1)^3} = -\infty.$$

定理 1.16

若 $\lim_{x \to a} f(x) = \infty$, $\lim_{x \to a} g(x) = M$, 則

(1) $\lim_{x \to a} [f(x) \pm g(x)] = \infty$

(2) $\lim_{x \to a} [f(x) g(x)] = \infty$, $\lim_{x \to a} \frac{f(x)}{g(x)} = \infty$ (若 $M > 0$)

(3) $\lim_{x \to a} [f(x) g(x)] = -\infty$, $\lim_{x \to a} \frac{f(x)}{g(x)} = -\infty$ (若 $M < 0$)

(4) $\lim_{x \to a} \frac{g(x)}{f(x)} = 0.$

上面定理中的 $x \to a$ 改成 $x \to a^+$ 或 $x \to a^-$ 時, 仍可成立. 對於 $\lim_{x \to a} f(x) = -\infty$, 也可得出類似的定理.

▶▶ 例題 1:設 $f(x) = \frac{5x+3}{x^2-4}$, 試討論 $\lim_{x \to 2^+} f(x)$ 與 $\lim_{x \to 2^-} f(x)$. [提示:利用定理 1.16.]

解:首先將 $f(x)$ 寫成

$$f(x) = \frac{5x+3}{(x-2)(x+2)} = \frac{1}{x-2} \cdot \frac{5x+3}{x+2}$$

因

$$\lim_{x \to 2^+} \frac{1}{x-2} = \infty, \quad \lim_{x \to 2^+} \frac{5x+3}{x+2} = \frac{13}{4}$$

故由定理 1.16(2) 可知

$$\lim_{x \to 2^+} f(x) = \lim_{x \to 2^+} \left(\frac{1}{x-2} \cdot \frac{5x+3}{x+2} \right) = \infty$$

因 $$\lim_{x \to 2^-} \frac{1}{x-2} = -\infty, \quad \lim_{x \to 2^-} \frac{5x+3}{x+2} = \frac{13}{4}$$

故 $$\lim_{x \to 2^-} f(x) = \lim_{x \to 2^-} \left(\frac{1}{x-2} \cdot \frac{5x+3}{x+2} \right) = -\infty.$$

定義 1.8

若

(i) $\lim_{x \to a^+} f(x) = \infty$ (ii) $\lim_{x \to a^-} f(x) = \infty$

(iii) $\lim_{x \to a^+} f(x) = -\infty$ (iv) $\lim_{x \to a^-} f(x) = -\infty$

中有一者成立，則稱直線 $x = a$ 為函數 f 之圖形的**垂直漸近線** (vertical asymptote).

▶▶ **例題 2**：求函數 $f(x) = \dfrac{2x^2+5}{x^2+x-2}$ 之圖形的垂直漸近線. [提示：利用定義 1.8.]

解：$f(x) = \dfrac{2x^2+5}{x^2+x-2} = \dfrac{2x^2+5}{(x-1)(x+2)}$

因 $\lim_{x \to 1^+} f(x) = \infty$，故 $x = 1$ 為垂直漸近線.

又因 $\lim_{x \to -2^+} f(x) = -\infty$，故 $x = -2$ 為垂直漸近線.

我們從函數 $y = \tan x$ 的圖形可知，當 $x \to \left(\dfrac{\pi}{2}\right)^-$ 時，$\tan x \to \infty$；即，

$$\lim_{x \to \left(\frac{\pi}{2}\right)^-} \tan x = \infty$$

或當 $x \to \left(\dfrac{\pi}{2}\right)^+$ 時，$\tan x \to -\infty$；即，

$$\lim_{x \to \left(\frac{\pi}{2}\right)^+} \tan x = -\infty$$

這說明了直線 $x=\dfrac{\pi}{2}$ 是一條垂直漸近線. 同理, 直線 $x=\dfrac{(2n+1)\pi}{2}$ (n 為整數) 是所有的垂直漸近線.

另外, 自然對數函數 $y=\ln x$ 有一條垂直漸近線, 我們可從其圖形得知

$$\lim_{x\to 0^+}\ln x=-\infty$$

故直線 $x=0$ (即, y-軸) 是一條垂直漸近線. 事實上, 一般對數函數 $y=\log_a x\,(a>1)$ 的圖形有一條垂直漸近線 $x=0$ (即, y-軸).

▶ **例題 3**:求 $\lim\limits_{x\to 0^+}\dfrac{2\ln x}{5+(\ln x)^2}$. [提示:以 $(\ln x)^2$ 同時除分子與分母.]

解:
$$\lim_{x\to 0^+}\dfrac{2\ln x}{5+(\ln x)^2}=\lim_{x\to 0^+}\dfrac{\dfrac{2}{\ln x}}{\dfrac{5}{(\ln x)^2}+1}$$

$$=\dfrac{\lim\limits_{x\to 0^+}\dfrac{2}{\ln x}}{\lim\limits_{x\to 0^+}\left[\dfrac{5}{(\ln x)^2}+1\right]}=0.$$

二、在正或負無限大處的極限

現在, 考慮 $f(x)=\dfrac{1}{x}$, 可知

$$f(100)=0.01$$
$$f(1000)=0.001$$
$$f(10000)=0.0001$$
$$f(100000)=0.00001$$
$$\vdots \qquad \vdots$$

同理，

$$f(-100) = -0.01$$
$$f(-1000) = -0.001$$
$$f(-10000) = -0.0001$$
$$f(-100000) = -0.00001$$
$$\vdots \qquad \vdots$$

定義 1.9

設函數 f 定義在開區間 (a, ∞) 且 L 為一實數．$\lim_{x \to \infty} f(x) = L$ 的意義為對每一 $\varepsilon > 0$，存在一 $N > 0$ 使得若 $x > N$，則 $|f(x) - L| < \varepsilon$．

$\lim_{x \to \infty} f(x) = L$ 也可記為："當 $x \to \infty$ 時，$f(x) \to L$"．

$\lim_{x \to \infty} f(x) = L$ 常唸成：

"當 x 趨近無限大時，$f(x)$ 的極限為 L"．或"當 x 變成無限大時，$f(x)$ 的極限為 L"．或"當 x 無限遞增時，$f(x)$ 的極限為 L"．

此定義的幾何說明如圖 1.15 所示．

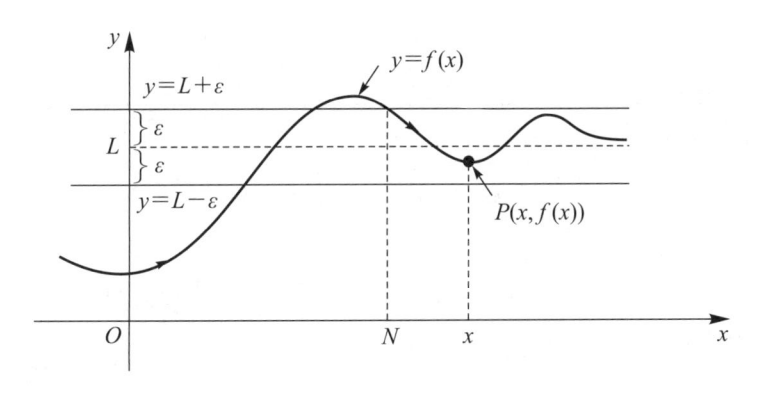

圖 1.15 $\lim_{x \to \infty} f(x) = L$

定義 1.10

設函數 f 定義在開區間 $(-\infty, a)$ 且 L 為一實數. 當 x 變成負無限大 (或無限遞減) 時, $f(x)$ 的極限為 L, 記為 $\lim\limits_{x \to -\infty} f(x) = L$, 其意義為對每一 $\varepsilon > 0$, 存在一 $N < 0$ 使得若 $x < N$, 則 $|f(x) - L| < \varepsilon$.

$\lim\limits_{x \to -\infty} f(x) = L$ 也可記為："當 $x \to -\infty$ 時, $f(x) \to L$".

$\lim\limits_{x \to -\infty} f(x) = L$ 常唸成：

"當 x 趨近負無限大時, $f(x)$ 的極限為 L". 或 "當 x 變成負無限大時, $f(x)$ 的極限為 L". 或 "當 x 無限遞減時, $f(x)$ 的極限為 L".

此定義的幾何說明如圖 1.16 所示.

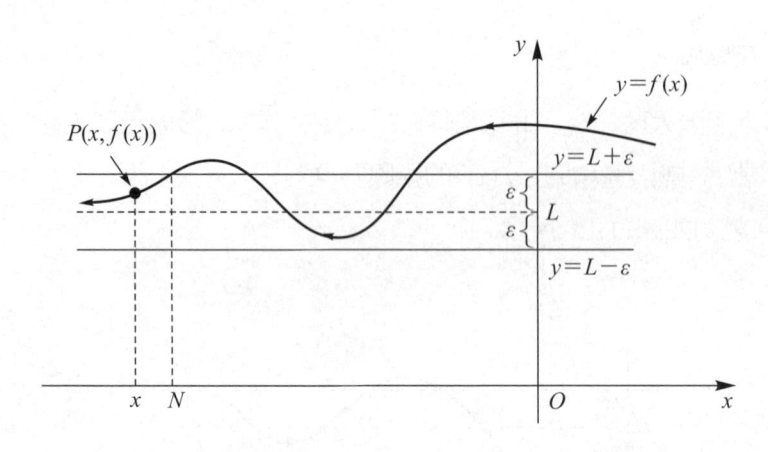

圖 1.16 $\lim\limits_{x \to -\infty} f(x) = L$

定理 1.2 對 $x \to \infty$ 或 $x \to -\infty$ 的情形仍然成立, 夾擠定理對 $x \to \infty$ 或 $x \to -\infty$ 的情形也成立. 我們不用證明也可得知

$$\lim_{x \to \infty} c = c, \quad \lim_{x \to -\infty} c = c$$

此處 c 為常數.

定理 1.17

若 r 為正有理數，c 為任意實數，則

(1) $\lim\limits_{x \to \infty} \dfrac{c}{x^r} = 0$ (2) $\lim\limits_{x \to -\infty} \dfrac{c}{x^r} = 0$

此處假設 x^r 有定義．

▶▶ **例題 4**：求 $\lim\limits_{x \to \infty} \dfrac{2x^2 - x - 6}{3x^2 + 4x + 5}$．［提示：以 x^2 同除分子與分母．］

解：$\lim\limits_{x \to \infty} \dfrac{2x^2 - x - 6}{3x^2 + 4x + 5} = \lim\limits_{x \to \infty} \dfrac{2 - \dfrac{1}{x} - \dfrac{6}{x^2}}{3 + \dfrac{4}{x} + \dfrac{5}{x^2}} = \dfrac{\lim\limits_{x \to \infty} \left(2 - \dfrac{1}{x} - \dfrac{6}{x^2}\right)}{\lim\limits_{x \to \infty} \left(3 + \dfrac{4}{x} + \dfrac{5}{x^2}\right)}$

$= \dfrac{2}{3}$．

▶▶ **例題 5**：求 $\lim\limits_{x \to \infty} \dfrac{1 - \sqrt{x}}{1 + \sqrt{x}}$．［提示：以 $\sqrt{x}$ 同除分子與分母．］

解：$\lim\limits_{x \to \infty} \dfrac{1 - \sqrt{x}}{1 + \sqrt{x}} = \lim\limits_{x \to \infty} \dfrac{\dfrac{1}{\sqrt{x}} - 1}{\dfrac{1}{\sqrt{x}} + 1} = \dfrac{\lim\limits_{x \to \infty} \left(\dfrac{1}{\sqrt{x}} - 1\right)}{\lim\limits_{x \to \infty} \left(\dfrac{1}{\sqrt{x}} + 1\right)} = -1$．

▶▶ **例題 6**：求 $\lim\limits_{x \to \infty} (\sqrt{x^2 + x} - x)$．［提示：有理化分子．］

解：$\lim\limits_{x \to \infty} (\sqrt{x^2 + x} - x) = \lim\limits_{x \to \infty} \dfrac{(\sqrt{x^2 + x} - x)(\sqrt{x^2 + x} + x)}{\sqrt{x^2 + x} + x}$

$= \lim\limits_{x \to \infty} \dfrac{(x^2 + x) - x^2}{\sqrt{x^2 + x} + x} = \lim\limits_{x \to \infty} \dfrac{x}{\sqrt{x^2 + x} + x}$

$$= \lim_{x \to \infty} \frac{1}{\sqrt{1+\frac{1}{x}}+1} = \frac{1}{2}.$$

▶▶ **例題 7**：求 $\lim\limits_{x \to \infty} \dfrac{\sqrt{x^2-2}}{3x+5}$. [提示：以 x 同除分子與分母.]

解：
$$\lim_{x \to \infty} \frac{\sqrt{x^2-2}}{3x+5} = \lim_{x \to \infty} \frac{\frac{\sqrt{x^2-2}}{\sqrt{x^2}}}{\frac{3x+5}{x}} = \lim_{x \to \infty} \frac{\sqrt{1-\frac{2}{x^2}}}{3+\frac{5}{x}}$$

$$= \frac{\lim\limits_{x \to \infty} \sqrt{1-\frac{2}{x^2}}}{\lim\limits_{x \to \infty} \left(3+\frac{5}{x}\right)} = \frac{1}{3}.$$

▶▶ **例題 8**：求 $\lim\limits_{x \to -\infty} \dfrac{\sqrt{x^2-2}}{3x+5}$. [提示：以 x 同除分子與分母或利用代換.]

解：
$$\lim_{x \to -\infty} \frac{\sqrt{x^2-2}}{3x+5} = \lim_{x \to -\infty} \frac{\frac{\sqrt{x^2-2}}{x}}{\frac{3x+5}{x}} = \lim_{x \to -\infty} \frac{\frac{\sqrt{x^2-2}}{-\sqrt{x^2}}}{\frac{3x+5}{x}} \quad (\text{因 } x = -\sqrt{x^2})$$

$$= \lim_{x \to -\infty} \frac{-\sqrt{1-\frac{2}{x^2}}}{3+\frac{5}{x}} = -\frac{1}{3}.$$

另解：令 $y = -x$，當 $x \to -\infty$ 時，則 $y \to \infty$

$$\lim_{x \to -\infty} \frac{\sqrt{x^2-2}}{3x+5} = \lim_{y \to \infty} \frac{\sqrt{y^2-2}}{-3y+5}$$

$$= \lim_{y \to \infty} \frac{\sqrt{1-\frac{2}{y^2}}}{-3+\frac{5}{y}} = -\frac{1}{3}.$$

▶▶ **例題 9**：求 (1) $\lim\limits_{x \to \infty} \dfrac{[\![x]\!]}{x}$　　(2) $\lim\limits_{x \to \infty} \dfrac{\sin x}{x}$．[提示：利用夾擠定理.]

解：(1) 依高斯函數的定義，可知 $x - 1 < [\![x]\!] \leq x$，故

$$\frac{x-1}{x} < \frac{[\![x]\!]}{x} \leq \frac{x}{x} = 1$$

又 $\lim\limits_{x \to \infty} \dfrac{x-1}{x} = 1$，故 $\lim\limits_{x \to \infty} \dfrac{[\![x]\!]}{x} = 1$．

(2) 因 $-1 \leq \sin x \leq 1$，可知 $-\dfrac{1}{x} \leq \dfrac{\sin x}{x} \leq \dfrac{1}{x}$ $(x > 0)$，又 $\lim\limits_{x \to \infty} \dfrac{1}{x} = 0$，故

$$\lim\limits_{x \to \infty} \frac{\sin x}{x} = 0.$$

▶▶ **例題 10**：求 $\lim\limits_{x \to \infty} \cos\left(\dfrac{\pi x}{2 - 3x}\right)$．[提示：作代換.]

解：令 $t = \dfrac{1}{x}$，則

$$\lim\limits_{x \to \infty} \cos\left(\frac{\pi x}{2 - 3x}\right) = \lim\limits_{t \to 0^+} \cos\left(\frac{\dfrac{\pi}{t}}{2 - \dfrac{3}{t}}\right) = \lim\limits_{t \to 0^+} \cos\left(\frac{\pi}{2t - 3}\right)$$

$$= \cos\left(\lim\limits_{t \to 0^+} \frac{\pi}{2t - 3}\right) = \cos\left(-\frac{\pi}{3}\right) = \frac{1}{2}.$$

定理 1.18

若
$$f(x) = a_n x^n + a_{n-1} x^{n-1} + a_{n-2} x^{n-2} + \cdots + a_1 x + a_0 \ (a_n \neq 0)$$
$$g(x) = b_m x^m + b_{m-1} x^{m-1} + b_{m-2} x^{m-2} + \cdots + b_1 x + b_0 \ (b_m \neq 0)$$

則

$$\lim\limits_{x \to \infty} \frac{f(x)}{g(x)} = \begin{cases} \infty & \left(\text{若 } n > m \text{ 且 } \dfrac{a_n}{b_m} > 0\right) \\ -\infty & \left(\text{若 } n > m \text{ 且 } \dfrac{a_n}{b_m} < 0\right) \\ \dfrac{a_n}{b_m} & (\text{若 } n = m) \\ 0 & (\text{若 } n < m) \end{cases}$$

▶ **例題 11**：(1) $\lim_{x \to \infty} \dfrac{3x^2+x-1}{2x+3} = \infty$.

(2) $\lim_{x \to \infty} \dfrac{5x^3+3x^2+5}{2x^3-x^2-2x+1} = \dfrac{5}{2}$.

(3) $\lim_{x \to \infty} \dfrac{x^3-6x^2+2}{3x^4+x^3+2x-2} = 0$.

定義 1.11

若 $\lim_{x \to \infty} f(x) = L$ 與 $\lim_{x \to -\infty} f(x) = L$ 中有一者成立，則稱直線 $y=L$ 為函數 f 之圖形的水平漸近線 (horizontal asymptote).

▶ **例題 12**：$f(x) = \dfrac{3x^2-x+3}{x^2+2}$ 之圖形的水平漸近線為直線 $y=3$，因為

$$\lim_{x \to \infty} f(x) = \lim_{x \to \infty} \dfrac{3x^2-x+3}{x^2+2} = 3.$$

▶ **例題 13**：$f(x) = \dfrac{2x+1}{\sqrt{x^2-3}}$ 之圖形的水平漸近線. [提示：以 x 同除分子與分母.]

解：(1) 因 $\lim_{x \to \infty} f(x) = \lim_{x \to \infty} \dfrac{2x+1}{\sqrt{x^2-3}} = \lim_{x \to \infty} \dfrac{2+\dfrac{1}{x}}{\sqrt{1-\dfrac{3}{x^2}}} = 2$,

故直線 $y=2$ 為 f 之圖形的水平漸近線.

(2) 因 $\lim_{x \to -\infty} f(x) = \lim_{x \to -\infty} \dfrac{2x+1}{\sqrt{x^2-3}} = \lim_{x \to -\infty} \dfrac{2+\dfrac{1}{x}}{-\sqrt{1-\dfrac{3}{x^2}}} = -2$

故直線 $y=-2$ 為 f 之圖形的水平漸近線.

我們從自然指數函數 $y=e^x$ 的圖形可知 $\lim\limits_{x\to-\infty} e^x=0$，故其圖形有一條水平漸近線 $y=0$ (即，x-軸). 事實上，一般指數函數 $y=a^x\,(a>0)$ 的圖形有一條水平漸近線 $y=0$ (即，x-軸). 所以，函數 $y=e^{-x}=\left(\dfrac{1}{e}\right)^x$ 的圖形同樣有一條水平漸近線 $y=0$.

▶▶ <u>例題 14</u>：(1) $\lim\limits_{x\to\infty}\dfrac{e^x+e^{-x}}{e^x-e^{-x}}=\lim\limits_{x\to\infty}\dfrac{1+e^{-2x}}{1-e^{-2x}}$

$$=\dfrac{\lim\limits_{x\to\infty}(1+e^{-2x})}{\lim\limits_{x\to\infty}(1-e^{-2x})}=1.$$

(2) $\lim\limits_{x\to-\infty}\dfrac{e^x+e^{-x}}{e^x-e^{-x}}=\lim\limits_{x\to-\infty}\dfrac{e^{2x}+1}{e^{2x}-1}$

$$=-1\,.$$

很多函數 $f(x)$ 在 x 無限遞增或遞減時，並不趨近有限極限，而是趨近正無限大或負無限大.

符號 $\lim\limits_{x\to\infty} f(x)=\infty$ 的意義為：對每一 $M>0$，存在一 $N>0$ 使得當 $x>N$ 時，$f(x)>M$. 其他的符號還有：

$$\lim\limits_{x\to-\infty} f(x)=\infty,\ \lim\limits_{x\to\infty} f(x)=-\infty,\ \lim\limits_{x\to-\infty} f(x)=-\infty$$

例如：$\lim\limits_{x\to\infty} x^3=\infty,\quad \lim\limits_{x\to-\infty} x^3=-\infty,\quad \lim\limits_{x\to\infty}\sqrt{x}=\infty,\quad \lim\limits_{x\to\infty}(x+\sqrt{x})=\infty,$

$\lim\limits_{x\to-\infty}\sqrt[3]{x}=-\infty,\quad \lim\limits_{x\to\infty} e^x=\infty,\quad \lim\limits_{x\to\infty}\ln x=\infty.$

▶▶ <u>例題 15</u>：(1) $\lim\limits_{x\to\infty}(x^2-x)=\lim\limits_{x\to\infty} x(x-1)=\infty.$

[注意：我們不可寫成 $\lim\limits_{x\to\infty}(x^2-x)=\lim\limits_{x\to\infty} x^2-\lim\limits_{x\to\infty} x=\infty-\infty.$]

(2) $\lim\limits_{x\to\infty}(x-\sqrt{x})=\lim\limits_{x\to\infty}\sqrt{x}(\sqrt{x}-1)=\infty.$

定義 1.12

若 $\lim\limits_{x\to\infty}[f(x)-(mx+b)]=0$ 或 $\lim\limits_{x\to-\infty}[f(x)-(mx+b)]=0$ $(m\neq 0)$ 有一者成立，則稱直線 $y=mx+b$ 為 f 之圖形的**斜漸近線** (oblique asymptote).

此定義的幾何意義，即，當 $x\to\infty$ 或 $x\to-\infty$ 時，介於圖形上點 $(x,f(x))$ 與直線上點 $(x,mx+b)$ 之間的垂直距離趨近零，如圖 1.17 所示.

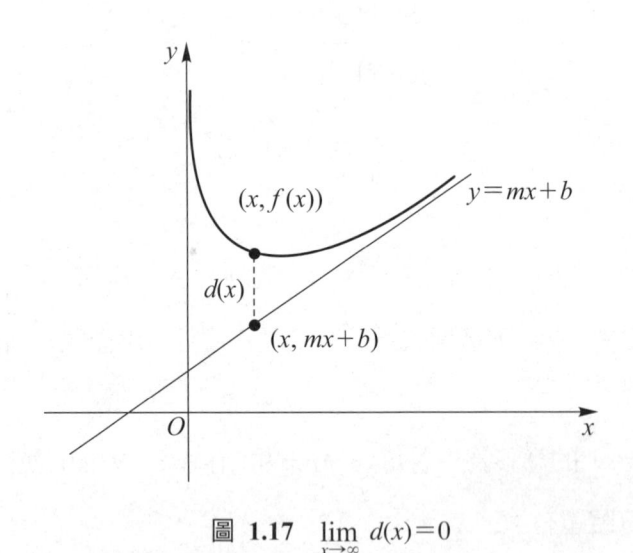

圖 1.17 $\lim\limits_{x\to\infty}d(x)=0$

若 $f(x)=\dfrac{P(x)}{Q(x)}$ 為有理函數且 $P(x)$ 的次數較 $Q(x)$ 的次數多 1，則 f 之圖形有一條斜漸近線. 欲知理由，我們可利用長除法得到

$$f(x)=\frac{P(x)}{Q(x)}=mx+b+\frac{G(x)}{Q(x)}$$

此處餘式 $G(x)$ 的次數小於 $Q(x)$ 的次數. 又 $\lim\limits_{x\to\infty}\dfrac{G(x)}{Q(x)}=0$，$\lim\limits_{x\to-\infty}\dfrac{G(x)}{Q(x)}=0$，此告訴我們，當 $x\to\infty$ 或 $x\to-\infty$ 時，$f(x)=\dfrac{P(x)}{Q(x)}$ 的圖形接近斜漸近線 $y=mx+b$.

▶▶ **例題 16**：求函數 $f(x)=\dfrac{2x^2+5x-3}{x+2}$ 之圖形的斜漸近線. [提示：化成帶分式.]

解：因 $f(x)=\dfrac{2x^2+5x-3}{x+2}=2x+1-\dfrac{5}{x+2}$，

$$\lim_{x\to\infty} f(x)=\lim_{x\to\infty}\left[2x+1-\dfrac{5}{x+2}\right]$$

因 $\lim\limits_{x\to\infty}\dfrac{5}{x+2}=0$

故斜漸近線為 $y=2x+1$.

通常，斜漸近線比較不容易準確地預判. 例如，函數 $f(x)=\sqrt{x^2-x+6}$ 的圖形是否有漸近線？如果有的話，其方程式為何？現在，我們就一般的情形作分析. 首先，假設 $y=mx+b$ 為曲線 $y=f(x)$ 的一條非垂直漸近線，而我們想看一看此漸近線的斜率 m 與 y-截距 b 是如何由 $f(x)$ 來決定. 若 $\lim\limits_{x\to\infty}[f(x)-(mx+b)]=0$，則

$$\lim_{x\to\infty}\dfrac{f(x)-(mx+b)}{x}=0$$

即，
$$\lim_{x\to\infty}\left[\dfrac{f(x)}{x}-m-\dfrac{b}{x}\right]=0$$

故
$$m=\lim_{x\to\infty}\dfrac{f(x)}{x}.$$

又由 $\lim\limits_{x\to\infty}[f(x)-(mx+b)]=0$，可得

$$b=\lim_{x\to\infty}[f(x)-mx]$$

反之，若 $m=\lim\limits_{x\to\infty}\dfrac{f(x)}{x}$，$b=\lim\limits_{x\to\infty}[f(x)-mx]$，則

$$\lim_{x\to\infty}[f(x)-(mx+b)]=0$$

可知直線 $y=mx+b$ 為曲線 $y=f(x)$ 的漸近線. 同理，對 $\lim\limits_{x\to-\infty}[f(x)-(mx+b)]=0$ 的情形，可得

$$m=\lim_{x\to-\infty}\dfrac{f(x)}{x},\ b=\lim_{x\to-\infty}[f(x)-mx].$$

▶▶ **例題 17**：求函數 $f(x)=\sqrt{x^2-x+6}$ 之圖形的斜漸近線. [提示：利用上述的 m 與 b.]

解：設 $y=mx+b$ 為斜漸近線，則

$$m=\lim_{x\to\infty}\frac{f(x)}{x}=\lim_{x\to\infty}\frac{\sqrt{x^2-x+6}}{x}=1$$

$$b=\lim_{x\to\infty}[f(x)-mx]=\lim_{x\to\infty}(\sqrt{x^2-x+6}-x)$$

$$=\lim_{x\to\infty}\frac{-x+6}{\sqrt{x^2-x+6}+x}=\lim_{x\to\infty}\frac{-1+\frac{6}{x}}{\sqrt{1-\frac{1}{x}+\frac{6}{x^2}}+1}$$

$$=-\frac{1}{2}$$

故斜漸近線為 $y=x-\dfrac{1}{2}$.

同理，另一條斜漸近線為 $y=-x+\dfrac{1}{2}$.

習題 ▶ 1.3

求 1～34 題的極限.

1. $\lim\limits_{x\to\infty}\dfrac{3x^2-3x+2}{5x^2+x-3}$

2. $\lim\limits_{x\to\infty}\dfrac{3x^3-x+1}{6x^3+2x^2-7}$

3. $\lim\limits_{x\to\infty}\left(\dfrac{x^3}{2x^2-1}-\dfrac{x^2}{2x+1}\right)$

4. $\lim\limits_{x\to-\infty}\dfrac{2x^2+5}{3x^2-4x+1}$

5. $\lim\limits_{x\to-\infty}\dfrac{(2x-5)(3x+1)}{(x+7)(4x-9)}$

6. $\lim\limits_{x\to\infty}\sqrt[3]{\dfrac{8x^2-x+2}{3x-x^2}}$

7. $\lim\limits_{x\to\infty}\sqrt[3]{\dfrac{8x^5-3x^4}{x^5+2}}$

8. $\lim\limits_{x\to\infty}\dfrac{2-x}{\sqrt{7+4x^2}}$

9. $\lim\limits_{x\to-\infty}\dfrac{2-x}{\sqrt{7+4x^2}}$

10. $\lim\limits_{x\to-\infty}\dfrac{4x-3}{\sqrt{x^2+1}}$

11. $\lim\limits_{x\to\infty}\dfrac{\sqrt{4x^4+x}}{x^2-3}$

12. $\lim\limits_{x\to-\infty}\dfrac{\sqrt{4x^4+x}}{x^2-3}$

13. $\lim\limits_{x\to-\infty}\dfrac{1+\sqrt[5]{x}}{1-\sqrt[5]{x}}$

14. $\lim\limits_{x\to\infty}\dfrac{3x-4}{[\![x]\!]+7}$

15. $\lim\limits_{x\to\infty}\dfrac{[\![x]\!]-2}{2x+1}$

16. $\lim\limits_{x\to\infty}(\sqrt{x^2+x}-x)$

17. $\lim\limits_{x\to\infty}(x-\sqrt{x^2-3x})$

18. $\lim\limits_{x\to\infty}(2x-\sqrt{4x^2+1})$

19. $\lim\limits_{x\to-\infty}(x+\sqrt{x^2+3})$

20. $\lim\limits_{x\to\infty}(x-\sqrt{x^2+x})$

21. $\lim\limits_{x\to\infty}(\sqrt{x+\sqrt{x}}-\sqrt{x})$

22. $\lim\limits_{x\to\infty}(\sqrt{x^2+1}-\sqrt{x^2-1})$

23. $\lim\limits_{x\to\infty}(\sqrt{x^2+2x}-\sqrt{x^2+x})$

24. $\lim\limits_{x\to\infty}(\sqrt{x^2+3x-2}-\sqrt{x^2-5x+6})$

25. $\lim\limits_{x\to\infty}\sqrt{x}(\sqrt{x+1}-\sqrt{x})$

26. $\lim\limits_{x\to\infty}\left(x\sqrt{\dfrac{x-2}{x+2}}-x\right)$

27. $\lim\limits_{x\to\infty}x\left[\!\!\left[\dfrac{1}{x}\right]\!\!\right]$

28. $\lim\limits_{x\to\infty}x^2\left[\!\!\left[\dfrac{1}{x}\right]\!\!\right]$

29. $\lim\limits_{x\to\infty}\dfrac{2x+\sin 2x}{x}$

30. $\lim\limits_{x\to-\infty}\dfrac{2-x}{x+\cos x}$

31. $\lim\limits_{x\to\infty}\dfrac{\sin^2 x}{x^2}$

32. $\lim\limits_{x\to-\infty}\cos\left(\dfrac{\pi x^2}{3+2x^2}\right)$

33. $\lim\limits_{x\to\infty}\dfrac{3^x-3^{-x}}{3^x+3^{-x}}$

34. $\lim\limits_{x\to-\infty}\dfrac{3^x-3^{-x}}{3^x+3^{-x}}$

35. 設 $f(x)=\dfrac{ax^3+bx^2+cx+d}{x^2+x-2}$，若 $\lim\limits_{x\to-2}f(x)=0$ 且 $\lim\limits_{x\to\infty}f(x)=1$，求 a、b、c 與 d 的值.

36. 設 $\lim\limits_{x\to\infty}(\sqrt{ax^2+bx+2}-x)=4$，求 a 與 b 的值.

求 37～47 題各函數圖形的所有漸近線.

37. $f(x)=\dfrac{2x}{(x+2)^2}$

38. $f(x)=\dfrac{2x^2}{9-x^2}$

39. $f(x) = \dfrac{2x^2-5}{x^2-1}$

40. $f(x) = \dfrac{x^2+3x+2}{x^2+2x-3}$

41. $f(x) = \dfrac{2x^2-x+3}{x-2}$

42. $f(x) = \dfrac{8-x^3}{2x^2}$

43. $f(x) = \dfrac{x}{\sqrt{x^2-4}}$

44. $f(x) = \dfrac{2x+\sin x}{x}$

45. $f(x) = \dfrac{x+\sin 2x}{x}$

46. $f(x) = \dfrac{e^x+e^{-x}}{e^x-e^{-x}}$

47. $f(x) = 3 - 2^x$

48. (1) 下列的計算為何不正確？

$$\lim_{x\to 0^+}\left(\dfrac{1}{x}-\dfrac{1}{x^2}\right) = \lim_{x\to 0^+}\dfrac{1}{x} - \lim_{x\to 0^+}\dfrac{1}{x^2} = \infty - \infty = 0.$$

(2) 計算 $\displaystyle\lim_{x\to 0^+}\left(\dfrac{1}{x}-\dfrac{1}{x^2}\right)$.

49. 試證：直線 $bx-ay=0$ 為雙曲線 $\dfrac{x^2}{a^2}-\dfrac{y^2}{b^2}=1$ 的斜漸近線.

50. 試證：一函數的圖形最多有兩條相異的水平漸近線.

綜合 ▶ 習題

1. 求 $\displaystyle\lim_{x\to a}\dfrac{\sqrt[3]{x}-\sqrt[3]{a}}{\sqrt[3]{x-a}}$.

2. 求 $\displaystyle\lim_{x\to 27}\dfrac{\sqrt{1+\sqrt[3]{x}}-2}{x-27}$.

3. 求 $\displaystyle\lim_{x\to n}[\![x]\!]-x]\ (x\in Z)$.

4. 求 $\displaystyle\lim_{x\to 3}\dfrac{\sqrt{6x-2}-\sqrt{3x+7}}{\sqrt{4x-3}-\sqrt{2x+3}}$.

5. 設 $\displaystyle\lim_{x\to 1}\dfrac{ax+b}{\sqrt{3x+1}-\sqrt{x+3}}=4$, 求 a 與 b 的值.

6. 設 $\lim_{x \to 0} \dfrac{\sqrt{1+x+x^2}-(1+ax)}{x^2}=b$，求 a 與 b 的值.

7. 令 $f(x)=\begin{cases} [\![2x+1]\!]+a, & x<1 \\ x, & x=1 \\ [\![1-2x]\!]+1, & x>1 \end{cases}$.

   (1) 若 $\lim_{x \to 1} f(x)$ 存在，則 a 的值為何？

   (2) 若 $f(x)$ 在 $x=1$ 為連續，則 b 的值為何？

8. 令 $f(x)=\begin{cases} x, & x \text{ 是有理數} \\ 1-x, & x \text{ 是無理數} \end{cases}$，則 f 在何處連續？

9. 設 $f(x)=\dfrac{ax^3+bx^2+cx+d}{x^2-3x+2}$ 滿足 $\lim_{x \to 1}f(x)=2$，$\lim_{x \to \infty}f(x)=3$，求 a、b、c 與 d 的值.

10. 下列各函數在何處不連續？

    (1) $f(x)=3x-1$ 　　　　　(2) $f(x)=\left|\!\left[x+\dfrac{1}{2}\right]\!\right|$

11. 在第一象限內取拋物線 $y=x^2$ 上一點 P，令原點為 O，而點 Q 在 x-軸的正方向上，$\overline{OP}=\overline{OQ}$，直線 PQ 交 y-軸於點 R. 若 P 趨近原點，則 R 將趨近哪一點？

12. 設 $f(x)=\begin{cases} 2x-1, & x \text{ 是有理數} \\ 5-x, & x \text{ 是無理數} \end{cases}$，試證 $\lim_{x \to 2} f(x)=3$.

13. 試證：方程式 $x\sin x=\cos x$ 在區間 $(0,1)$ 有實根.

14. 試證：任何實係數奇次方程式 $a_n x^n+a_{n-1}x^{n-1}+\cdots+a_1 x+a_0=0$ 必定有實根.

15. 試證：直線 $bx+ay=0$ 為雙曲線 $\dfrac{x^2}{a^2}-\dfrac{y^2}{b^2}=1$ 的斜漸近線.

導函數

2.1 導函數

在介紹過極限與連續的觀念之後，從本章開始，正式進入微分學的範疇．微分學是以導函數作基礎，而導函數是一種特殊的極限型，它是研究變化率的基本數學工具．

首先，我們探討如何求在曲線上一點之切線的斜率．若 $P(a, f(a))$ 與 $Q(x, f(x))$ 為函數 f 之圖形上的相異兩點，則連接 P 與 Q 之割線的斜率為

$$m_{\overleftrightarrow{PQ}} = \frac{f(x)-f(a)}{x-a} \tag{2.1}$$

(見圖 2.1(i))．若令 x 趨近 a，則 Q 將沿著 f 的圖形趨近 P，而通過 P 與 Q 的

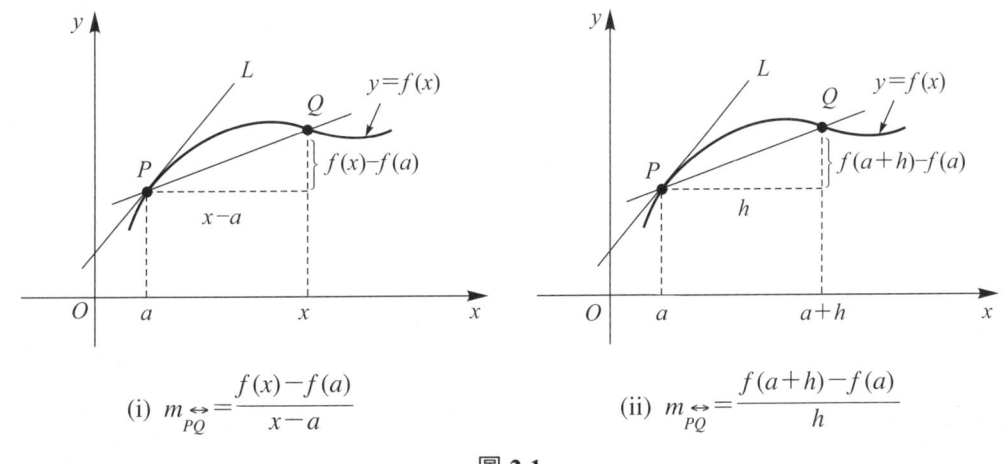

(i) $m_{\overleftrightarrow{PQ}} = \dfrac{f(x)-f(a)}{x-a}$ (ii) $m_{\overleftrightarrow{PQ}} = \dfrac{f(a+h)-f(a)}{h}$

圖 2.1

割線將趨近在 P 的切線 L. 於是，當 x 趨近 a 時，割線的斜率將趨近切線的斜率 m，所以，由 (2.1) 式，

$$m=\lim_{x\to a}\frac{f(x)-f(a)}{x-a} \tag{2.2}$$

另外，若令 $h=x-a$，則 $x=a+h$，而當 $x\to a$ 時，$h\to 0$. 於是，(2.2) 式又可寫成

$$m=\lim_{h\to 0}\frac{f(a+h)-f(a)}{h} \tag{2.3}$$

(見圖 2.1(ii).)

定義 2.1

若 $P(a, f(a))$ 為函數 f 的圖形上一點，則在點 P 之切線的斜率 (slope) 為

$$m=\lim_{x\to a}\frac{f(x)-f(a)}{x-a}$$

或

$$m=\lim_{h\to 0}\frac{f(a+h)-f(a)}{h}$$

倘若極限存在.

由點斜式知，曲線 $y=f(x)$ 在點 $(a, f(a))$ 的切線方程式為

$$y-f(a)=m(x-a)$$

或

$$y=f(a)+m(x-a)$$

而法線方程式為

$$y=f(a)-\frac{1}{m}(x-a)$$

▶ **例題 1**：求拋物線 $y=f(x)=x^2+2x+2$ 在點 $(1, 5)$ 的切線與法線的方程式.

[提示：利用定義2.1.]

解：切線斜率為

$$m = \lim_{x \to 1} \frac{f(x)-f(1)}{x-1} = \lim_{x \to 1} \frac{x^2+2x+2-5}{x-1}$$

$$= \lim_{x \to 1} \frac{(x-1)(x+3)}{x-1} = \lim_{x \to 1} (x+3) = 4$$

可得切線方程式

$$y-5 = 4(x-1),$$

即, $$4x-y+1=0.$$

而法線方程式為

$$y-5 = -\frac{1}{4}(x-1),$$

即, $$x+4y-21=0.$$

▶▶ **例題 2**：利用定義 2.1 證明 n 次多項式函數 $f(x) = a_n x^n + a_{n-1} x^{n-1} + \cdots + a_1 x + a_0$ 在 $x=0$ 處的切線方程式為 $y = a_1 x + a_0$.

解：切線的斜率為

$$m = \lim_{x \to 0} \frac{f(x)-f(0)}{x-0} = \lim_{x \to 0} \frac{1}{x}(a_n x^n + a_{n-1} x^{n-1} + \cdots + a_1 x)$$

$$= \lim_{x \to 0} (a_n x^{n-1} + a_{n-1} x^{n-2} + \cdots + a_2 x + a_1)$$

$$= a_1$$

切點為 $(0, a_0)$，故切線方程式為

$$y - a_0 = a_1(x-0),$$

即, $$y = a_1 x + a_0.$$

> **定義 2.2**
>
> 函數 f 在 a 的**導數** (derivative)，記為 $f'(a)$，定義如下：
>
> $$f'(a)=\lim_{x\to a}\frac{f(x)-f(a)}{x-a}$$
>
> 或
>
> $$f'(a)=\lim_{h\to 0}\frac{f(a+h)-f(a)}{h}$$
>
> 倘若極限存在.

在此定義中，$\dfrac{f(x)-f(a)}{x-a}$ ($x\neq a$) 或 $\dfrac{f(a+h)-f(a)}{h}$ ($h\neq 0$) 稱為**差商** (difference quotient).

其實，由定義 2.2 可知 $f'(a)$ 可以表成：

$$f'(a)=\lim_{\square\to 0}\frac{f(a+\square)-f(a)}{\square}$$

於是，

$$f'(a)=\lim_{h\to 0}\frac{f(a+2h)-f(a)}{2h}$$

$$f'(a)=\lim_{x\to 0}\frac{f(a+x^2)-f(a)}{x^2}$$

$$f'(a)=\lim_{h\to 0}\frac{f(a-2h)-f(a)}{-2h}, \quad \cdots 等等.$$

若 $f'(a)$ 存在，則稱函數 f 在 a 為**可微分** (differentiable) 或有**導數**. 若在開區間 (a, b) [或 (a, ∞) 或 $(-\infty, a)$ 或 $(-\infty, \infty)$] 中各處皆為可微分，則稱在該區間為可微分.

特別注意，若函數 f 在 a 為可微分，則由定義 2.1 與定義 2.2 可知

$$f'(a)=\lim_{h\to 0}\frac{f(a+h)-f(a)}{h}=m$$

換句話說，$f'(a)$ 為曲線 $y=f(x)$ 在點 $(a, f(a))$ 之切線的斜率.

▶▶ **例題 3**：設 $f(x) = \dfrac{x(1-x)(2-x)(3-x)}{(1+x)(2+x)(3+x)}$，利用定義 2.2 求 $f'(0)$.

解：
$$f'(0) = \lim_{x \to 0} \frac{f(x)-f(0)}{x-0} = \lim_{x \to 0} \frac{\dfrac{x(1-x)(2-x)(3-x)}{(1+x)(2+x)(3+x)}}{x}$$

$$= \lim_{x \to 0} \frac{(1-x)(2-x)(3-x)}{(1+x)(2+x)(3+x)} = \frac{1 \cdot 2 \cdot 3}{1 \cdot 2 \cdot 3}$$

$$= 1.$$

▶▶ **例題 4**： 若 $f'(a)$ 存在，求

(1) $\displaystyle\lim_{h \to 0} \frac{f(a+2h)-f(a)}{h}$ (2) $\displaystyle\lim_{h \to 0} \frac{f(a-h)-f(a)}{h}$.

[提示：調整分母.]

解：(1) $\displaystyle\lim_{h \to 0} \frac{f(a+2h)-f(a)}{h} = 2 \lim_{h \to 0} \frac{f(a+2h)-f(a)}{2h}$

$$= 2f'(a).$$

(2) $\displaystyle\lim_{h \to 0} \frac{f(a-h)-f(a)}{h} = -\lim_{h \to 0} \frac{f(a-h)-f(a)}{-h}$

$$= -f'(a).$$

定義 2.3

函數 f' 稱為函數 f 的**導函數** (derivative)，定義如下：

$$f'(x) = \lim_{h \to 0} \frac{f(x+h)-f(x)}{h}$$

倘若上面的極限存在.

在定義 2.3 中，f' 的定義域是由使得該極限存在之所有 x 組成的集合，但與 f 的定義域不一定相同.

▶▶ 例題 5：若 $f(x)=\sqrt{x-1}$，求 $f'(x)$，並比較 f 與 f' 的定義域. [提示：利用定義 2.3.]

解：
$$\begin{aligned}f'(x) &= \lim_{h\to 0}\frac{f(x+h)-f(x)}{h}=\lim_{h\to 0}\frac{\sqrt{x+h-1}-\sqrt{x-1}}{h}\\ &=\lim_{h\to 0}\frac{(\sqrt{x+h-1}-\sqrt{x-1})(\sqrt{x+h-1}+\sqrt{x-1})}{h(\sqrt{x+h-1}+\sqrt{x-1})}\\ &=\lim_{h\to 0}\frac{x+h-1-(x-1)}{h(\sqrt{x+h-1}+\sqrt{x-1})}\\ &=\lim_{h\to 0}\frac{1}{\sqrt{x+h-1}+\sqrt{x-1}}\\ &=\frac{1}{2\sqrt{x-1}}\end{aligned}$$

f 的定義域為 $[1,\infty)$，而 f' 的定義域為 $(1,\infty)$，兩者顯然不同.

▶▶ 例題 6：我們從幾何觀點顯然可知，在直線 $y=mx+b$ 上每一點的切線與該直線本身一致，因而斜率為 m. 所以，若 $f(x)=mx+b$，則

$$\begin{aligned}f'(x)&=\lim_{h\to 0}\frac{f(x+h)-f(x)}{h}\\ &=\lim_{h\to 0}\frac{[m(x+h)+b]-(mx+b)}{h}\\ &=\lim_{h\to 0}\frac{mh}{h}=m.\end{aligned}$$

求函數的導函數稱為對該函數微分 (differentiate)，其過程稱為微分 (differentiation). 通常，在自變數為 x 的情形下，常用的微分算子 (differentiation operator) 有 D_x 與 $\dfrac{d}{dx}$，當它作用到函數 f 上時，就產生了新函數 f'. 因而常用的導函數符號如下：

$$f'(x)=\frac{d}{dx}f(x)=\frac{df(x)}{dx}=D_x f(x)$$

$D_x f(x)$ 或 $\dfrac{d}{dx} f(x)$ 唸成 " f 對 x 的導函數" 或 " f 對 x 微分"。若 $y=f(x)$，則 $f'(x)$ 又可寫成 y' 或 $\dfrac{dy}{dx}$ 或 $D_x y$.

註：符號 $\dfrac{dy}{dx}$ 是由萊布尼茲 (Leibniz) 所提出.

又，我們對函數 f 在 a 的導數 $f'(a)$ 常常寫成如下：

$$f'(a)=f'(x)|_{x=a}=D_x f(x)|_{x=a}=\dfrac{d}{dx} f(x)|_{x=a}.$$

依定義 2.3，函數 f 在 a 的導數 $f'(a)$ 即為導函數 f' 在 a 的值.

我們在前面曾討論到，若 $\lim\limits_{x \to a} \dfrac{f(x)-f(a)}{x-a}$ 存在，則定義此極限為 $f'(a)$. 如果我們只限制 $h \to a^+$ 或 $h \to a^-$，此時就產生**單邊導數** (one-sided derivative) 的觀念了.

定義 2.4

(1) 若 $\lim\limits_{x \to a^+} \dfrac{f(x)-f(a)}{x-a}$ 或 $\lim\limits_{h \to 0^+} \dfrac{f(a+h)-f(a)}{h}$ 存在，則稱此極限為 f 在 a 的**右導數** (right-hand derivative)，記為：

$$f'_+(a)=\lim_{x \to a^+} \dfrac{f(x)-f(a)}{x-a} \quad 或 \quad f'_+(a)=\lim_{h \to 0^+} \dfrac{f(a+h)-f(a)}{h}.$$

(2) 若 $\lim\limits_{x \to a^-} \dfrac{f(x)-f(a)}{x-a}$ 或 $\lim\limits_{h \to 0^-} \dfrac{f(a+h)-f(a)}{h}$ 存在，則稱此極限為 f 在 a 的**左導數** (left-hand derivative)，記為：

$$f'_-(a)=\lim_{x \to a^-} \dfrac{f(x)-f(a)}{x-a} \quad 或 \quad f'_-(a)=\lim_{h \to 0^-} \dfrac{f(a+h)-f(a)}{h}.$$

由定義 2.4，讀者應注意到，若函數 f 在 (a, ∞) 為可微分且 $f'_+(a)$ 存在，則稱函數 f 在 $[a, \infty)$ 為可微分．若函數 f 在 $(-\infty, a)$ 為可微分且 $f'_-(a)$ 存在，則稱函數 f 在 $(-\infty, a]$ 為可微分．又，若函數 f 在 (a, b) 為可微分且 $f'_+(a)$ 與 $f'_-(b)$ 皆存在，則稱 f 在 $[a, b]$ 為可微分．很明顯地，

$$f'(c) \text{ 存在} \Leftrightarrow f'_+(c) \text{ 與 } f'_-(c) \text{ 皆存在且 } f'_+(c)=f'_-(c)$$

若函數在其定義域內各處皆為可微分，則稱該函數為**可微分函數** (differentiable function).

▶ <u>例題 7</u>：設函數 f 定義如下：

$$f(x)=\begin{cases} -2x^2+4, & x<1 \\ x^2+1, & x \geq 1 \end{cases},$$

求 $f'_-(1)$ 與 $f'_+(1)$. f 在 $x=1$ 是否可微分？[提示：利用定義 2.4.]

解：$f'_-(1)=\lim\limits_{x \to 1^-} \dfrac{f(x)-f(1)}{x-1} = \lim\limits_{x \to 1^-} \dfrac{-2x^2+4-2}{x-1} = \lim\limits_{x \to 1^-} \dfrac{-2(x^2-1)}{x-1} = -4$

$f'_+(1)=\lim\limits_{x \to 1^+} \dfrac{f(x)-f(1)}{x-1} = \lim\limits_{x \to 1^+} \dfrac{x^2+1-2}{x-1} = \lim\limits_{x \to 1^+} (x+1) = 2$

由於 $f'_-(1) \neq f'_+(1)$，故 $f'(1)$ 不存在，即，$f(x)$ 在 $x=1$ 不可微分．

下面定理說明可微分性蘊涵連續性的關係．

定理 2.1

若函數 f 在 a 為可微分，則 f 在 a 為連續．

證：設 $x \neq a$，則

$$f(x)=\dfrac{f(x)-f(a)}{x-a}(x-a)+f(a)$$

對上式等號兩邊取極限可得

$$\lim_{x \to a} f(x) = \left[\lim_{x \to a} \frac{f(x)-f(a)}{x-a}\right][\lim_{x \to a}(x-a)] + \lim_{x \to a} f(a)$$

$$= f'(a) \cdot 0 + f(a) = f(a)$$

因此，f 在 a 為連續．

定理 2.1 的逆敘述不一定成立，即，雖然函數 f 在 a 為連續，但不能保證 f 在 a 為可微分（見例題 7）．又如，函數 $f(x)=|x|$ 在 $x=0$ 為連續但不可微分．（何故？）

讀者應注意下列的性質：

$$\text{函數 } f \text{ 在 } a \text{ 為可微分} \Rightarrow f \text{ 在 } a \text{ 為連續} \Rightarrow \lim_{x \to a} f(x) \text{ 存在．}$$

▶▶ **例題 8**：設 $f(x) = \begin{cases} x^2, & x \leq 1 \\ ax+b, & x > 1 \end{cases}$，且 $f'(1)$ 存在，求 a 與 b 的值．

[提示：利用定理 2.1．]

解：因 $f'(1)$ 存在，可知 $f(x)$ 在 $x=1$ 必連續，故 $\lim_{x \to 1^+} f(x) = f(1)$．於是，$a+b=1$．

又 $f'_+(1) = \lim_{x \to 1^+} \frac{f(x)-f(1)}{x-1} = \lim_{x \to 1^+} \frac{ax+b-1}{x-1} = \lim_{x \to 1^+} \frac{ax-a}{x-1} = a$

$f'_-(1) = \lim_{x \to 1^-} \frac{f(x)-f(1)}{x-1} = \lim_{x \to 1^-} \frac{x^2-1}{x-1} = \lim_{x \to 1^-}(x+1) = 2$

因 $f'_+(1) = f'_-(1)$，故 $a=2$，而 $b=-1$．

定義 2.5

若函數 f 在 a 為連續且 $\lim_{x \to a} f'(x) = \infty$（或 $-\infty$），則曲線 $y=f(x)$ 在點 $(a, f(a))$ 具有一條**垂直切線** (vertical tangent line)．

例如，設 $f(x) = x^{1/3}$，則依定義，$f'(x) = \frac{1}{3} x^{-2/3}$，可得

$$\lim_{x \to 0} f'(x) = \frac{1}{3} \lim_{x \to 0} x^{-2/3} = \infty$$

因此，曲線在原點有一條垂直切線 $x=0$ (即，y-軸)，如圖 2.2 所示.

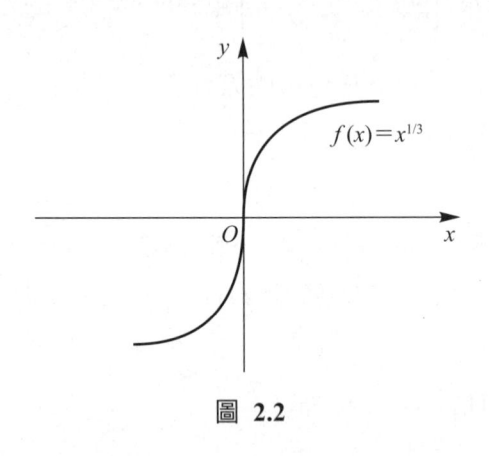

圖 2.2

一般，我們所遇到函數 f 的不可微分之處 a 所對應的點 $(a, f(a))$ 可以分類成：

1. 折點 (含尖點)
2. 具有垂直切線的點
3. 斷點

圖 2.3 的四個函數在 a 的導數皆不存在，所以它們在 a 當然不可微分.

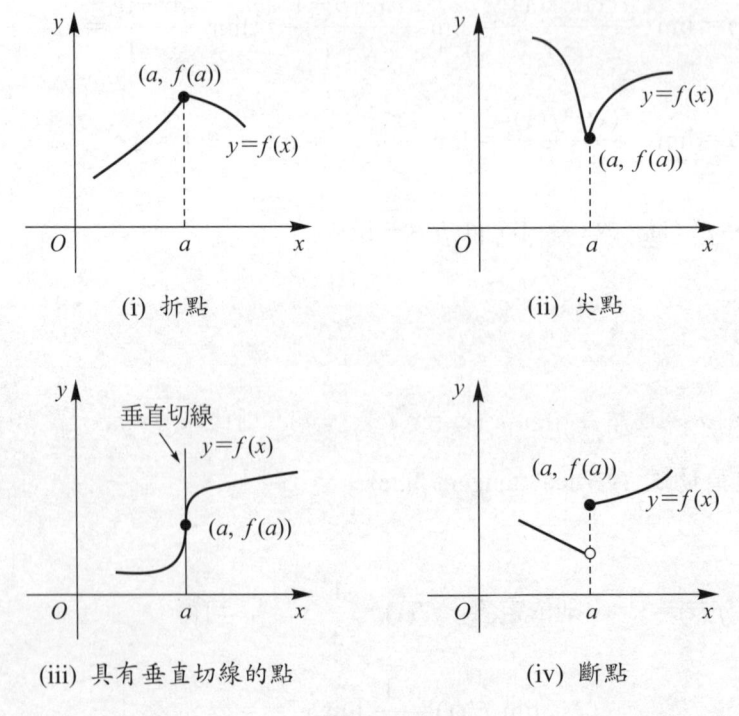

(i) 折點

(ii) 尖點

(iii) 具有垂直切線的點

(iv) 斷點

圖 2.3

函數 $f(x)=|x|$ 在 $x=0$ 不可微分，此結果在幾何上很顯然，因為它的圖形在原點有一個折點 (圖 2.4).

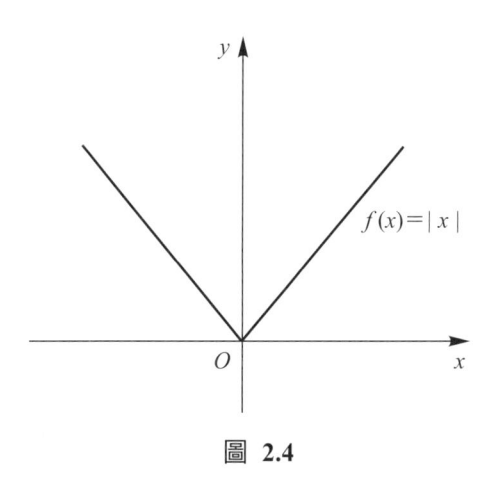

圖 2.4

習題 2.1

1. 求拋物線 $y=2x^2-3x$ 在點 $(2, 2)$ 之切線與法線的方程式.

2. 求 $f(x)=\dfrac{2}{x-2}$ 的圖形在點 $(0, -1)$ 之切線與法線的方程式.

3. 求曲線 $y=\dfrac{1}{x^2}$ 在點 $(1, 1)$ 之切線與法線的方程式.

4. 求曲線 $y=\dfrac{1}{\sqrt{x}}$ 在點 $\left(\dfrac{1}{2}, \sqrt{2}\right)$ 之切線與法線的方程式.

5. 求曲線 $y=\sqrt{x-1}$ 上切線斜角為 $\dfrac{\pi}{4}$ 之點的坐標.

6. 在曲線 $y=x^2-2x+5$ 上哪一點的切線垂直於直線 $y=x$？

7. 設 $f(x)=\dfrac{(x-1)(x-2)(x-3)(x-5)}{x-4}$，求 $f'(1)$.

8. 設 $f(x)=\dfrac{x(1+x)(2+x)\cdots(n+x)}{(1-x)(2-x)\cdots(n-x)}$，求 $f'(0)$.

9. 若 $f'(a)$ 存在，求 $\lim\limits_{x\to a}\dfrac{xf(a)-af(x)}{x-a}$.

10. 若 $f'(a)$ 存在，求 $\lim\limits_{h\to 0} \dfrac{f(a+2h)-f(a-h)}{h}$.

11. 函數 $f(x)=|x-2|^3$ 在 $x=2$ 是否可微分？

12. 函數 $f(x)=|x^2-4|$ 在 $x=2$ 是否可微分？

13. 函數 $f(x)=x|x|$ 在 $x=0$ 是否可微分？

14. 函數 $f(x)=\begin{cases} -2x^2+4, & x<1 \\ x^2+1, & x\geq 1 \end{cases}$ 在 $x=1$ 是否可微分？

15. 函數 $f(x)=\begin{cases} x[\![x]\!], & x<2 \\ 2x-2, & x\geq 2 \end{cases}$ 在 $x=2$ 是否可微分？

16. 若 $f(x)=[\![|x|]\!]$，求 $f'\left(\dfrac{3}{2}\right)$.

17. 設 $f(x)=\begin{cases} x^3, & x\leq 1 \\ x^2+ax+b, & x>1 \end{cases}$ 在 $x=1$ 為可微分，求 a 與 b 的值.

18. 設 $f(x)=\dfrac{(3x^2-4x+1)^5}{(2x^4+3x^2-6)^7}$，求 $f'(1)$.

19. 函數 $f(x)=\begin{cases} x^2-2x+2, & x<1 \\ -x^2+2x+5, & x\geq 1 \end{cases}$ 在 $x=1$ 是否連續？是否可微分？

20. 函數 $f(x)=\begin{cases} (x-1)^3, & x\leq 1 \\ (x-1)^2, & x>1 \end{cases}$ 在 $x=1$ 是否可微分？

2.2 微分的法則

在求一個函數的導函數時，若依導函數的定義去做，則相當繁雜. 在本節中，我們利用微分法則，可以很容易地將導函數求出來.

定理 2.2

若 f 為常數函數，即 $f(x)=k$，則 $\dfrac{d}{dx}f(x)=\dfrac{d}{dx}k=0$.

此定理的幾何意義為：常數函數的圖形是一條水平線，斜率為零.

定理 2.3 冪法則

若 n 為正整數，則 $\dfrac{d}{dx}x^n = nx^{n-1}$.

在定理 2.3 中，若 n 為任意實數時，結論仍可成立，即，

$$\frac{d}{dx}x^n = nx^{n-1}, \quad n \in I\!R.$$

定理 2.4 常數倍法則

若 f 為可微分函數，c 為常數，則 cf 也為可微分函數，且

$$\frac{d}{dx}[cf(x)] = c\frac{d}{dx}f(x)$$

或 $$(cf)' = cf'.$$

定理 2.5 加法法則

若 f 與 g 皆為可微分函數，則 $f+g$ 也為可微分函數，且

$$\frac{d}{dx}[f(x)+g(x)] = \frac{d}{dx}f(x) + \frac{d}{dx}g(x)$$

或 $$(f+g)' = f'+g'.$$

利用定理 2.4 與定理 2.5 可得下面的定理：

定理 2.6 減法法則

若 f 與 g 皆為可微分函數，則 $f-g$ 也為可微分函數，且

$$\frac{d}{dx}[f(x)-g(x)] = \frac{d}{dx}f(x) - \frac{d}{dx}g(x).$$

利用定理 2.4 與定理 2.5 可得下面的結果：

若 $f_1, f_2, \cdots, f_n$ 皆為可微分函數，$c_1, c_2, \cdots, c_n$ 皆為常數，則 $c_1 f_1 + c_2 f_2 + \cdots + c_n f_n$ 也為可微分函數，且

$$\frac{d}{dx}[c_1 f_1(x) + c_2 f_2(x) + \cdots + c_n f_n(x)]$$

$$= c_1 \frac{d}{dx} f_1(x) + c_2 \frac{d}{dx} f_2(x) + \cdots + c_n \frac{d}{dx} f_n(x).$$

▶▶ **例題 1**：若 $f(x) = |x^3|$，求 $f'(x)$。[提示：去掉絕對值符號。]

解：(i) 當 $x > 0$ 時，$f(x) = |x^3| = x^3$，$f'(x) = 3x^2$。

(ii) 當 $x < 0$ 時，$f(x) = |x^3| = -x^3$，$f'(x) = -3x^2$。

(iii) 當 $x = 0$ 時，依定義，

$$\lim_{x \to 0^+} \frac{f(x) - f(0)}{x - 0} = \lim_{x \to 0^+} \frac{x^3}{x} = \lim_{x \to 0^+} x^2 = 0$$

$$\lim_{x \to 0^-} \frac{f(x) - f(0)}{x - 0} = \lim_{x \to 0^-} \frac{-x^3}{x} = \lim_{x \to 0^-} (-x^2) = 0$$

可得 $f'(0) = 0$。

所以， $$f'(x) = \begin{cases} -3x^2, & x < 0 \\ 0, & x = 0 \\ 3x^2, & x > 0 \end{cases}.$$

▶▶ **例題 2**：若 $f(x) = |x+2| + |x-3|$，求 $f'(x)$。[提示：去掉絕對值符號。]

解：(i) 若 $x \geq 3$，則 $f(x) = |x+2| + |x-3| = x+2+x-3 = 2x-1$。

(ii) 若 $-2 < x < 3$, 則 $f(x) = |x+2| + |x-3| = x+2 - (x-3) = 5$.

(iii) 若 $x \leq -2$, 則 $f(x) = -(x+2) - (x-3) = -2x+1$.

所以, $$f'(x) = \begin{cases} 2, & x > 3 \\ 0, & -2 < x < 3 \\ -2, & x < -2 \end{cases}$$

$f'(-2)$ 與 $f'(3)$ 皆不存在. (何故？)

▶ **例題 3**：已知直線 $y = x$ 切拋物線 $y = ax^2 + bx + c$ 於原點且該拋物線通過點 $(1, 2)$, 求 a、b 與 c. [提示：利用直線的斜率.]

解：依題意, 以 $x = 0$, $y = 0$ 代入 $y = ax^2 + bx + c$, 可得 $c = 0$, 因而, $y = ax^2 + bx$. 再依題意, 以 $x = 1$, $y = 2$ 代入 $y = ax^2 + bx$, 可得 $a + b = 2$.

又, $\dfrac{dy}{dx} = 2ax + b$. 因直線 $y = x$ (其斜率為 1) 與拋物線相切於點 $(0, 0)$, 故 $\left.\dfrac{dy}{dx}\right|_{x=0} = b = 1$. 因此, $a = 1$.

定理 2.7　乘法法則

若 f 與 g 皆為可微分函數, 則 fg 也為可微分函數, 且

$$\frac{d}{dx}[f(x)\,g(x)] = f(x)\frac{d}{dx}g(x) + g(x)\frac{d}{dx}f(x)$$

或 $$(fg)' = fg' + gf'.$$

定理 2.7 可以推廣到 n 個函數之乘積的微分. 若 $f_1, f_2, \cdots, f_n$ 皆為可微分函數, 則 $f_1 f_2 \cdots f_n$ 也為可微分函數且

$$\frac{d}{dx}(f_1 f_2 \cdots f_n) = \left(\frac{d}{dx}f_1\right)f_2 \cdots f_n + f_1\left(\frac{d}{dx}f_2\right)f_3 \cdots f_n + \cdots + f_1 f_2 \cdots \left(\frac{d}{dx}f_n\right)$$

$$= (f_1 f_2 \cdots f_n)\left(\frac{df_1}{f_1}f_2 \cdots f_n + f_1 \cdot \frac{df_2}{f_2}f_3 \cdots f_n + \cdots + f_1 \cdot f_2 \cdots \frac{df_n}{f_n}\right)$$

或 $(f_1 f_2 \cdots f_n)' = f_1' \cdot f_2 \cdots f_n + f_1 \cdot f_2' \cdots f_n + \cdots + f_1 \cdot f_2 \cdots f_n'$

$$= (f_1 \cdot f_2 \cdots f_n) \left(\frac{f_1'}{f_1} + \frac{f_2'}{f_2} + \cdots + \frac{f_n'}{f_n} \right). \tag{2.4}$$

▶▶ **例題 4**：(1) $\dfrac{d}{dx} [(3x^3 + 2x - 1)(6x - 5)]$

$$= (3x^3 + 2x - 1) \frac{d}{dx} (6x - 5) + (6x - 5) \frac{d}{dx} (3x^3 + 2x - 1)$$

$$= 6(3x^3 + 2x - 1) + (6x - 5)(9x^2 + 2)$$

(2) $\dfrac{d}{dx} [(x^2 + 2)(2x + 3)(3x + 4)(4x^3 + 1)]$

$$= 2x(2x + 3)(3x + 4)(4x^3 + 1) + 2(x^2 + 2)(3x + 4)(4x^3 + 1)$$

$$+ 3(x^2 + 2)(2x + 3)(4x^3 + 1) + 12x^2(x^2 + 2)(2x + 3)(3x + 4).$$

定理 2.8　一般冪法則

若 f 為可微分函數，n 為正整數，則 f^n 也為可微分函數，且

$$\frac{d}{dx} [f(x)]^n = n[f(x)]^{n-1} \frac{d}{dx} f(x)$$

或 $(f^n)' = n f^{n-1} f'.$

本定理在 n 為實數時仍可成立.

▶▶ **例題 5**：試證：$\dfrac{d}{dx} |x| = \dfrac{x}{|x|} = \dfrac{|x|}{x}$ $(x \neq 0)$. [提示：利用 $|x| = \sqrt{x^2}$.]

解：$\dfrac{d}{dx} |x| = \dfrac{d}{dx} \sqrt{x^2} = \dfrac{1}{2} (x^2)^{-1/2} (2x)$

$$= \frac{x}{\sqrt{x^2}} = \frac{x}{|x|} = \frac{|x|}{x} \quad (x \neq 0).$$

▶▶ **例題 6**：利用一般冪法則

若 $y = \sqrt{x + \sqrt{x}}$，求 $\dfrac{dy}{dx}$. [提示：利用一般冪法則.]

解：$\dfrac{dy}{dx} = \dfrac{d}{dx}\sqrt{x+\sqrt{x}} = \dfrac{1}{2}(x+\sqrt{x})^{-1/2}\dfrac{d}{dx}(x+\sqrt{x})$

$= \dfrac{1}{2\sqrt{x+\sqrt{x}}}\left(1+\dfrac{d}{dx}\sqrt{x}\right) = \dfrac{1}{2\sqrt{x+\sqrt{x}}}\left(1+\dfrac{1}{2\sqrt{x}}\right)$

$= \dfrac{2\sqrt{x}+1}{4\sqrt{x}\sqrt{x+\sqrt{x}}}.$

定理 2.9

若 f 與 g 皆為可微分函數，且 $g(x) \neq 0$，則 $\dfrac{f}{g}$ 也為可微分函數，且

$$\dfrac{d}{dx}\left[\dfrac{f(x)}{g(x)}\right] = \dfrac{g(x)\dfrac{d}{dx}f(x) - f(x)\dfrac{d}{dx}g(x)}{[g(x)]^2}$$

或

$$\left(\dfrac{f}{g}\right)' = \dfrac{gf' - fg'}{g^2}.$$

▶ **例題 7**：$\dfrac{d}{dx}\left(\dfrac{2-x^3}{1+x^4}\right) = \dfrac{(1+x^4)\dfrac{d}{dx}(2-x^3) - (2-x^3)\dfrac{d}{dx}(1+x^4)}{(1+x^4)^2}$

$= \dfrac{(1+x^4)(-3x^2) - 4x^3(2-x^3)}{(1+x^4)^2}$

$= \dfrac{x^2(x^4 - 8x - 3)}{(1+x^4)^2}.$

若函數 f 的導函數 f' 為可微分，即，f 為二次可微分，則 f' 的導函數記為 f''，稱為 f 的**二階導函數** (second derivative 或 second-order derivative). 只要有可微分性，我們就可以將導函數的微分過程繼續下去而求得 f 的三、四、五，甚至更高階的導函數. 它們皆為**高階導函數** (higher derivative 或 higher-order derivative). f 的依次導函數記為

$$f' \qquad (f \text{ 的一階導函數})$$
$$f'' = (f')' \qquad (f \text{ 的二階導函數})$$
$$f''' = (f'')' \qquad (f \text{ 的三階導函數})$$
$$f^{(4)} = (f''')' \qquad (f \text{ 的四階導函數})$$
$$f^{(5)} = (f^{(4)})' \qquad (f \text{ 的五階導函數})$$
$$\vdots \qquad \qquad \vdots$$
$$f^{(n)} = (f^{(n-1)})' \qquad (f \text{ 的 } n \text{ 階導函數})$$

在 f 為 x 之函數的情形下，若利用算子 D_x 與 $\dfrac{d}{dx}$ 來表示，則

$$f'(x) = D_x f(x) = \frac{d}{dx} f(x)$$

$$f''(x) = D_x(D_x f(x)) = D_x^2 f(x) = \frac{d}{dx}\left(\frac{d}{dx} f(x)\right) = \frac{d^2}{dx^2} f(x) = \frac{d^2 f(x)}{dx^2}$$

$$f'''(x) = D_x(D_x^2 f(x)) = D_x^3 f(x) = \frac{d}{dx}\left(\frac{d^2}{dx^2} f(x)\right) = \frac{d^3}{dx^3} f(x) = \frac{d^3 f(x)}{dx^3}$$

$$\vdots \qquad \vdots$$

$$f^{(n)}(x) = D_x^n f(x) = \frac{d^n}{dx^n} f(x) = \frac{d^n f(x)}{dx^n}, \text{ 此唸成 “}f \text{ 對 } x \text{ 的 } n \text{ 階導函數”}.$$

在論及函數 f 的高階導函數時，為方便起見，通常規定 $f^{(0)} = f$，即，f 的零階導函數為其本身．

▶ **例題 8**：若 $f(3) = 2$，$f'(3) = 3$，$f''(3) = -5$，求 $\left. \dfrac{d^2}{dx^2}[f(x)]^2 \right|_{x=3}$．

[提示：利用一般冪法則．]

解：因
$$\frac{d^2}{dx^2}[f(x)]^2 = \frac{d}{dx}\left(\frac{d}{dx}[f(x)]^2\right) = \frac{d}{dx}[2f(x)f'(x)]$$

$$= 2\left[f(x)\frac{d}{dx}f'(x) + f'(x)\frac{d}{dx}f(x)\right]$$

$$= 2[f(x)f''(x) + (f'(x))^2]$$

故
$$\left.\frac{d^2}{dx^2}[f(x)]^2\right|_{x=3} = 2[f(3)f''(3)+(f'(3))^2]$$
$$= 2[2(-5)+3^2]$$
$$= -2.$$

▶▶ **例題 9**：設 $f(x)=\dfrac{1-x}{1+x}$，求 $f^{(6)}(0)$. [提示：逐次微分.]

解：
$$f(x)=\frac{1-x}{1+x}=\frac{2}{1+x}-1=2(1+x)^{-1}-1$$
$$f'(x)=-2(1+x)^{-2}$$
$$f''(x)=(-2)(-2)(1+x)^{-3}$$
$$f'''(x)=(-2)(-2)(-3)(1+x)^{-4}$$
$$\vdots$$
$$f^{(6)}(x)=(-2)(-2)(-3)(-4)(-5)(-6)(1+x)^{-7}$$
故 $f^{(6)}(0)=1440$.

習題 ▶ 2.2

求 1～20 題中各函數的一階導函數.

1. $f(x)=(x^3+x-7)(2x^2+3)$

2. $f(x)=\left(x+\dfrac{1}{x}\right)\left(x-\dfrac{1}{x}+1\right)$

3. $f(x)=\dfrac{1-x^3}{2+x}$

4. $f(x)=\dfrac{3-2x-x^2}{x^2-1}$

5. $f(t)=\dfrac{8t+15}{t^2-2t+3}$

6. $f(x)=(x^2+1)(x-1)(x+5)$

7. $g(z)=(z+1)(2z^3-5z-1)(6z^2+7)$

8. $f(x)=(3x^3+4x)(x-5)(x+1)$

9. $f(x)=(x^2-x)(x^2+1)(x^2+x+1)$

10. $f(x)=\left(\dfrac{x^3+4}{x^2-1}\right)^3$

11. $g(x)=\left(\dfrac{3x^2-1}{2x+1}\right)^3$

12. $f(t)=\left(\dfrac{t+5}{t^2+2}\right)^2$

13. $g(t) = \sqrt[3]{9t^2+4}$

14. $g(z) = 2\sqrt[4]{4-z^2}$

15. $f(x) = \dfrac{1}{\sqrt{x+2}}$

16. $f(x) = x\sqrt{1-x^2}$

17. $f(x) = \dfrac{x}{\sqrt{x^2+1}}$

18. $f(x) = (1+x)(2+x^2)^{1/2}(3+x^3)^{1/3}$

19. $f(x) = \sqrt{x+\sqrt{x+\sqrt{x}}}$

20. $f(x) = |x+1| + |x-5|$

21. 若 $f(3)=4$，$g(3)=2$，$f'(3)=-6$，$g'(3)=5$，試求下列各值．

   (1) $(fg)'(3)$ (2) $\left(\dfrac{f}{g}\right)'(3)$ (3) $\left(\dfrac{f}{f-g}\right)'(3)$

22. 已知 $s = \dfrac{t}{t^3+7}$，求 $\left.\dfrac{ds}{dt}\right|_{t=-1}$．

23. 若 $f(x) = |x+1| + |x-5| - |4x-3|$，求 $f'(-5)$．

24. 在曲線 $y = \dfrac{1}{3}x^3 - \dfrac{3}{2}x^2 + 2x$ 上何處有水平切線？

25. 曲線 $y = x^4 - 2x^2 + 2$ 在何處有水平切線？

26. 在 $f(x) = \dfrac{x^2}{x^2-1}$ 的圖形上何處有水平切線？

27. 在 $f(x) = \dfrac{4x-2}{x^2}$ 的圖形上何處有水平切線？

28. 求切於拋物線 $y = 4x - x^2$ 且通過點 $(2, 5)$ 的切線的方程式．

29. 求切於曲線 $y = 2x - x^3$ 且通過點 $(1, 1)$ 的切線的方程式．

30. 求切於曲線 $y = x^3 - 2x$ 且通過點 $(0, 2)$ 的切線的方程式．

31. 求切於拋物線 $y = 2x^2 + 1$ 且平行於直線 $8x + y - 2 = 0$ 的切線的方程式．

32. 求切於曲線 $y = 3x^2 + 4x - 6$ 且平行於直線 $5x - 2y - 1 = 0$ 的切線的方程式．

33. 在曲線 $y = x^2 - 2x + 5$ 上哪一點的切線垂直於直線 $y = x$？

34. 求切於曲線 $y = x^3 - 3x^2 - 8x$ 且垂直於直線 $x + y - 5 = 0$ 的切線的方程式．

35. 已知在曲線 $y = x^2 + 4x + 2$ 上某點的切線垂直於直線 $2x - 4y + 5 = 0$，求在該點的切線與法線的方程式．

36. 已知直線 $y=x$ 切拋物線 $y=ax^2+bx+c$ 於原點，且該拋物線通過點 $(1, 2)$，求 a、b 與 c.

37. 兩拋物線 $y=x^2+ax+b$ 與 $y=cx-x^2$ 在點 $(1, 0)$ 有一條公切線，求 a、b 與 c.

求 38～42 題的 $\dfrac{d^2y}{dx^2}$.

38. $y=\dfrac{x}{1+x^2}$

39. $y=\sqrt{x^2+1}$

40. $y=(3x-2)^{4/3}$

41. $y=x^2+\sqrt{x+1}$.

42. $y=\dfrac{x}{\sqrt{x-1}}$

43. 若 $f(x)=x^4-x^3-6x^2+7x$，求在 f' 之圖形上點 $(2, 3)$ 的切線與法線的方程式.

44. 令 $f(x)=x^5-2x+3$，求 $\lim\limits_{h\to 0}\dfrac{f'(2+h)-f'(2)}{h}$.

45. 求一個二次函數 $f(x)$，使得 $f(1)=5$，$f'(1)=3$，$f''(1)=-4$.

46. 試證：$y=ax+\dfrac{b}{x}$ 滿足方程式 $x^2y''+xy'-y=0$ (其中 a 與 b 皆為常數).

47. 若 $y=4x^4+2x^3+3x-5$，求 $y'''(0)$.

48. 若 $y=\dfrac{3}{x^4}$，求 $\left.\dfrac{d^4y}{dx^4}\right|_{x=1}$.

49. 若 $f(x)=\dfrac{1-x}{1+x}$，求 $f^{(n)}(x)$，n 為正整數.

50. 設 n 與 k 皆為正整數.
    (1) 若 $f(x)=x^n$，求 $f^{(n)}(x)$.
    (2) 若 $f(x)=x^k$，$n>k$，求 $f^{(n)}(x)$.
    (3) 若 $f(x)=a_nx^n+\cdots+a_1x+a_0$，求 $f^{(n)}(x)$.

51. 試證：對不同的 a 與 b，拋物線 $y=x^2$ 在 $x=\dfrac{1}{2}(a+b)$ 處的切線斜率恆等於通過兩點 (a, a^2) 與 (b, b^2) 的割線斜率.

2.3 變化率

迄今，我們已知道如何利用導數去確定斜率；其實，導數也可用來確定某變數對另一變數的變化率. 涉及到變化率的應用出現在許多的領域裡，例如，人口成長速率、生產速率、水流速率、化學反應速率、電流的變化率、物體溫度變化的速率、培養基中細菌增加或減少的速率、放射性物質衰變的速率、運動物體的速率與加速度等等.

若某變數由一值變到另一值，則它的最後值減去最初值稱為該變數的**增量** (increment). 在微積分中，我們習慣以符號 Δx（唸成"delta x"）表示變數 x 的增量，在此記號中，"Δx" 不是 "Δ" 與 "x" 的乘積，Δx 只是代表 x 值之改變的單一符號. 增量 Δx 可以是正的，也可以是負的. 同理，Δy、Δt 與 $\Delta \theta$ 等等，分別表示變數 y、t 與 θ 等的增量.

若 $y=f(x)$ 則由 x 的增量 Δx 所產生對應 y 的增量 Δy 為

$$\Delta y = f(x+\Delta x) - f(x)$$

定義 2.6

設 $y=f(t)$ 為可微分函數.

(1) y 在區間 $[x, x+h]$ 上對 x 的**平均變化率** (average rate of change) 為

$$\frac{\Delta y}{\Delta x} = \frac{f(x+h)-f(x)}{h}.$$

(2) y 對 x 的**變化率** (rate of change) 為

$$\frac{dy}{dx} = \lim_{\Delta x \to 0} \frac{\Delta y}{\Delta x} = \lim_{h \to 0} \frac{f(x+h)-f(x)}{h} = f'(x).$$

▶ **例題 1**：設 $y = \dfrac{3}{x^2+1}$，求

(1) y 在區間 $[-1, 2]$ 上對 x 的平均變化率.

(2) y 在點 $x=-1$ 對 x 的變化率. [提示：利用定義 2.6.]

解：(1) $\dfrac{\Delta y}{\Delta x} = \dfrac{\dfrac{3}{5}-\dfrac{3}{2}}{2-(-1)} = \dfrac{-\dfrac{9}{10}}{3} = -\dfrac{3}{10}.$

(2) $\dfrac{dy}{dx}\bigg|_{x=-1} = -\dfrac{6x}{(x^2+1)^2}\bigg|_{x=-1} = \dfrac{3}{2}.$

▶ **例題 2**：在某一電路中，電流 (以安培計) 為 $I = \dfrac{120}{R}$，其中 R 為電阻 (以歐姆計)．當電阻為 20 歐姆時，求 $\dfrac{dI}{dR}$．[提示：利用定義 2.6(2).]

解：因 $\dfrac{dI}{dR} = -\dfrac{120}{R^2}$，故當 $R = 20$ 時，

$$\dfrac{dI}{dR} = -\dfrac{120}{400} = -\dfrac{3}{10} \text{ (安培／歐姆)}.$$

定義 2.7

設 $w = f(t)$ 為可微分函數，且 t 代表時間．

(1) $w = f(t)$ 在時間區間 $[t, t+h]$ 上的**平均變化率**為

$$\dfrac{\Delta w}{\Delta t} = \dfrac{f(t+h)-f(t)}{h}$$

(2) $w = f(t)$ 對 t 的 **(瞬時) 變化率**為

$$\dfrac{dw}{dt} = \lim_{\Delta t \to 0} \dfrac{\Delta w}{\Delta t} = \lim_{h \to 0} \dfrac{f(t+h)-f(t)}{h} = f'(t).$$

▶ **例題 3**：一科學家發現某物質被加熱 t 分鐘後的攝氏溫度為 $f(t) = 15t + 3\sqrt{t} + 2$，其中 $0 \leq t \leq 5$．

(1) 求 $f(t)$ 在時間區間 $[4, 4.41]$ 上的平均變化率．

(2) 求 $f(t)$ 在 $t = 4$ 的變化率．

[提示：利用定義 2.7.]

解：(1) f 在 $[4, 4.41]$ 上的平均變化率為

$$\frac{f(4.41)-f(4)}{0.41} = \frac{15(4.41)+3\sqrt{4.41}+2-(60+6+2)}{0.41}$$

$$= \frac{6.45}{0.41} \approx 15.73 \ (°C／分).$$

(2) 因 f 在 t 的變化率為 $f'(t)=15+\dfrac{3}{2\sqrt{t}}$，故

$$f'(4)=15+\frac{3}{4}=15.75 \ (°C／分).$$

利用變化率的觀念，我們可以研究質點的直線運動. 如圖 2-5 所示，L 表坐標線 (即，x-軸)，O 表原點，若質點 P 在時間 t 的坐標為 $s(t)$，則稱 $s(t)$ 為 P 的位置函數 (position function).

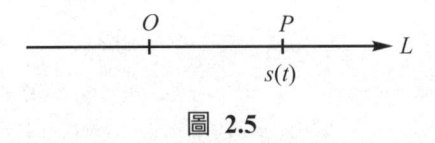

圖 2.5

定義 2.8

令坐標線 L 上一質點 P 在時間 t 的位置為 $s(t)$.
(1) P 的**速度函數** (velocity function) 為 $v(t)=s'(t)$.
(2) P 在時間 t 的**速率** (speed) 為 $|v(t)|$.
(3) P 的**加速度函數** (acceleration function) 為 $a(t)=v'(t)$.

▶ **例題 4**：若沿著直線運動的質點的位置 (以呎計) 為 $s(t)=4t^2-3t+2$，其中 t 是以秒計，求它在 $t=2$ 的位置、速度與加速度. [提示：利用定義 2.8.]

解：(1) 在 $t=2$ 的位置為 $s(2)=16-6+2=12$ (呎).
(2) $v(t)=s'(t)=8t-3$，在 $t=2$ 的速度為 $v(2)=16-3=13$ (呎／秒).
(3) $a(t)=v'(t)=8$，在 $t=2$ 的加速度為 $a(2)=8$ (呎／秒^2).

▶▶ **例題 5**：某砲彈以 400 呎／秒的速度垂直向上發射，在 t 秒後離地面的高度（以呎計）為 $s(t) = -16t^2 + 400t$，求該砲彈撞擊地面的時間與速度．它達到的最大高度為何？在任何時間 t 的加速度為何？[提示：利用定義 2.8.]

解：設砲彈的路徑在垂直坐標線上，原點在地上，而向上為正．
由 $-16t^2 + 400t = 0$ 可得 $t = 25$，因此，砲彈在 25 秒末撞擊地面．在時間 t 的速度為

$$v(t) = s'(t) = -32t + 400$$

故 $v(25) = -400$（呎／秒）．

最大高度發生在 $s'(t) = 0$ 之時，即，$-32t + 400 = 0$，

解得 $t = \dfrac{25}{2}$．所以，最大高度為

$$s\left(\dfrac{25}{2}\right) = -16\left(\dfrac{25}{2}\right)^2 + 400\left(\dfrac{25}{2}\right) = 2500 \text{（呎）}$$

最後，在任何時間的加速度為 $a(t) = v'(t) = -32$（呎／秒²）．

習題 ▶ 2.3

1. 當一圓球形氣球充氣時，其半徑（以厘米計）在時間 t（以分計）時為 $r(t) = 3\sqrt[3]{t+8}$，$0 \leq t \leq 10$．試問在 $t = 8$ 時，
   (1) $r(t)$ (2) 氣球的體積   (3) 表面積
   對時間 t 的變化率為何？

2. 氣體的波義耳定律為 $PV = k$，其中 P 表壓力，V 表體積，k 為常數．假設在時間 t（以分計）時，壓力為 $20 + 2t$ 克／平方厘米，其中 $0 \leq t \leq 10$，而在 $t = 0$ 時，體積為 60 立方厘米．試問在 $t = 5$ 時，體積對 t 的變化率為何？

3. 一砲彈以 144 呎／秒的速度垂直向上發射，在 t 秒末的高度（以呎計）為 $s(t) = 144t - 16t^2$，試問 t 秒末的速度與加速度為何？3 秒末的速度與加速度為何？最大高度為何？何時撞擊地面？

4. 一球沿斜面滾下，在 t 秒內滾動的距離（以吋計）為 $s(t) = 5t^2 + 2$．試問 1 秒末、2 秒末的速度為何？何時速度可達 28 吋／秒？

5. 作直線運動之質點的位置函數為 $s(t)=2t^3-15t^2+48t-10$，其中 t 是以秒計，$s(t)$ 是以米計，求它在速度為 12 米／秒時的加速度，並求加速度為 10 米／秒^2 時的速度.

6. 試證：圓的半徑對其周長的變化率與該圓的大小無關.

7. 試證：球體積對其半徑的變化率為其表面積.

8. 令 V 與 S 分別表示正方體的體積與表面積，求 V 對 S 的變化率.

9. 在光學中，$\dfrac{1}{f}=\dfrac{1}{p}+\dfrac{1}{q}$，其中 f 為凸透鏡的焦距，p 與 q 分別為物距與像距. 若 f 固定，求 q 對 p 的變化率.

10. 已知華氏溫度 F 與攝氏溫度 C 的關係為 $C=\dfrac{5}{9}(F-32)$，求 F 對 C 的變化率.

11. 在電路中，某一點的瞬時電流為 $I=\dfrac{dq}{dt}$，其中 q 為電量 (庫侖)，t 為時間 (秒)，求 $q=1000t^3+50t$ 在 $t=0.01$ 秒時的 I (安培).

12. 假設在 t 秒內流過一電線的電荷為 $\dfrac{1}{3}t^3+4t$，求 2 秒末電流的安培數. 一條 20 安培的保險絲於何時燒斷？

2.4　連鎖法則

我們已討論了有關函數之和、差、積與商的導函數. 在本節中，我們要利用連鎖法則 (chain rule) 來討論如何求得兩個 (或兩個以上) 可微分函數之合成函數的導函數.

定理 2.10　連鎖法則

若 $y=f(u)$ 與 $u=g(x)$ 皆為可微分函數，則合成函數 $y=(f\circ g)(x)=f(g(x))$ 為可微分，且

$$\frac{d}{dx}f(g(x))=f'(g(x))g'(x) \tag{2.5}$$

上式亦可用萊布尼茲符號表成

$$\frac{dy}{dx}=\frac{dy}{du}\frac{du}{dx}. \tag{2.6}$$

在 (2.5) 式中，我們稱 f 為"外函數"而 g 為"內函數". 因此，$f(g(x))$ 的導函數為外函數在內函數的導函數乘以內函數的導函數.

(2.6) 式很容易記憶，因為，若 $\dfrac{dy}{du}$ 與 $\dfrac{du}{dx}$ 皆看成兩個"商"，則"消去"右邊的 du，恰好得到左邊的結果. 然而，要記住 du 未定義，$\dfrac{du}{dx}$ 不應該被想像成真正的"商". 當使用 x、y 與 u 以外的變數時，此"消去"方式提供一個很好的方法去記憶. (2.6) 式在直觀上暗示變化率相乘，如圖 2.6 所示.

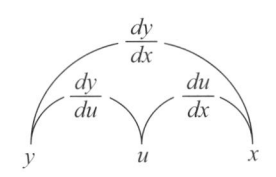

變化率相乘：

$$\boxed{\dfrac{dy}{dx} = \dfrac{dy}{du}\,\dfrac{du}{dx}}$$

圖 2.6

▶ **例題 1**：已知 $h(x) = f(g(x))$, $g(3) = 6$, $g'(3) = 4$, $f'(6) = 7$, 求 $h'(3)$.
[提示：利用 (2.5) 式.]

解：$h(x) = f(g(x)) \Rightarrow h'(x) = f'(g(x))g'(x)$,
故 $h'(3) = f'(g(3))g'(3) = f'(6)(4) = (7)(4) = 28$

▶ **例題 2**：設 $y = \dfrac{u}{1+u}$, $u = \dfrac{x}{1+x}$, 求 $\dfrac{dy}{dx}$. [提示：利用 (2.6) 式.]

解：$\dfrac{dy}{dx} = \dfrac{dy}{du}\,\dfrac{du}{dx} = \left[\dfrac{1}{(1+u)^2}\right]\left[\dfrac{1}{(1+x)^2}\right] = \left(\dfrac{1+x}{1+2x}\right)^2\left[\dfrac{1}{(1+x)^2}\right]$

$= \dfrac{1}{(1+2x)^2}.$

▶ **例題 3**：若 f 為可微分函數且 $f\left(\dfrac{3x+2}{x-1}\right) = 5x$, 求 $f'(0)$.

[提示：利用 (2.5) 式.]

解：$f\left(\dfrac{3x+2}{x-1}\right)=5x \Rightarrow f'\left(\dfrac{3x+2}{x-1}\right)\dfrac{d}{dx}\left(\dfrac{3x+2}{x-1}\right)=5$

$$\Rightarrow f'\left(\dfrac{3x+2}{x-1}\right)\left[\dfrac{-5}{(x-1)^2}\right]=5$$

$$\Rightarrow f'\left(\dfrac{3x+2}{x-1}\right)=-(x-1)^2$$

欲求 $f'(0)$，必須使 $\dfrac{3x+2}{x-1}=0$，由此可得 $x=-\dfrac{2}{3}$。

所以 $f'(0)=-\left(-\dfrac{2}{3}-1\right)^2=-\dfrac{25}{9}$。

▶ **例題 4**：(1) 若 u 為 x 的可微分函數，試證：$\dfrac{d}{dx}|u|=\dfrac{u}{|u|}\dfrac{du}{dx}$，$u \neq 0$。

(2) 利用 (1) 的結果求 $\dfrac{d}{dx}|x^2-4|$。[提示：利用 (2.6) 式.]

解：(1) $\dfrac{d}{dx}|u|=\dfrac{d|u|}{du}\dfrac{du}{dx}$

$$=\dfrac{u}{|u|}\dfrac{du}{dx},\ u \neq 0.$$

(2) $\dfrac{d}{dx}|x^2-4|=\dfrac{x^2-4}{|x^2-4|}\dfrac{d}{dx}(x^2-4)$

$$=\dfrac{2x(x^2-4)}{|x^2-4|},\ x \neq \pm 2.$$

連鎖法則可以推廣如下：

若 y 為 u 的可微分函數，u 為 v 的可微分函數，v 為 x 的可微分函數，則 y 為 x 的可微分函數，且

$$\dfrac{dy}{dx}=\dfrac{dy}{du}\dfrac{du}{dv}\dfrac{dv}{dx}. \tag{2.7}$$

另外，$\dfrac{d}{dx}f(g(h(x)))=f'(g(h(x)))\,g'(h(x))\,h'(x) \tag{2.8}$

▶ **例題 5**：已知 $f(0)=0$，$f'(0)=2$，求 $f(f(f(x)))$ 在 $x=0$ 的導數.

[提示：利用 (2.8) 式.]

解：$\dfrac{d}{dx}[f(f(f(x)))]=f'(f(f(x)))f'(f(x))f'(x)$

故 $\dfrac{d}{dx}[f(f(f(x)))]\Big|_{x=0}=f'(f(f(0)))f'(f(0))f'(0)=f'(f(0))f'(0)(2)$
$=f'(0)(2)(2)=(2)(2)(2)=8.$

習題 ▶ 2.4

1. 求方程式 $y=(2x-1)^{10}$ 的圖形在點 $(1, 1)$ 的切線方程式.

2. 若 $y=(1-u)^4$，$u=\dfrac{1}{x^3}$，求 $\dfrac{dy}{dx}$.

3. 若 $y=(u^2+4)^4$，$u=\dfrac{1}{x^2}$，求 $\dfrac{dy}{dx}$.

4. 若 $y=(u^2+1)^2$，$u=(2x+1)^2$，求 $\dfrac{dy}{dx}$.

5. 若質量 m 的一物體以速度 v 作直線運動，則其動能 K 為 $K=\dfrac{1}{2}mv^2$. 若 v 為時間 t 的函數，試利用連鎖法則求 $\dfrac{dK}{dt}$ 的公式.

6. 若 f 為可微分函數且 $f\left(\dfrac{x^2-1}{x^2+1}\right)=x^2$，求 $f'(0)$.

7. 已知 $y=x|2x-1|$，求 $\dfrac{dy}{dx}$.

8. 若 $g(x)=f(a+nx)+f(a-nx)$，此處 f 在 a 為可微分，求 $g'(0)$.

9. 已知一個電阻器的電阻為 $R=6000+0.002T^2$（單位為歐姆），其中 T 為溫度（°C），若其溫度以 0.2 °C／秒增加，試求當 $T=120$ °C 時，電阻的變化率為若干？

10. 若 $\dfrac{d}{dx}f(2x)=x^2$，求 $f'(x)$.

11. 設 f 為可微分函數，試利用連鎖法則證明：

(1) 若 f 為偶函數，則 f' 為奇函數.

(2) 若 f 為奇函數，則 f' 為偶函數.

2.5 隱微分法

目前為止，我們所討論的函數皆由 $y=f(x)$ 的形式來定義，其中 y 是僅僅用 x 表出者，這樣的函數稱為**顯函數** (explicit function)，它們的導函數可以很容易求出；但是，並非所有的函數皆是如此定義的. 試看下面方程式：

$$x^2+y^2=25 \qquad (*)$$

x 與 y 之間顯然不是函數關係，但是對函數 $f(x)=\sqrt{25-x^2}$，$x\in[-5,5]$，其定義域內所有 x 皆可滿足 $(*)$ 式，即，

$$x^2+(\sqrt{25-x^2})^2=25$$

此時，我們說 f 為方程式 $(*)$ 所定義的**隱函數** (implicit function). 一般而言，由方程式所定義的函數並非唯一. 例如，$g(x)=-\sqrt{25-x^2}$，$x\in[-5,5]$，也為方程式 $(*)$ 所定義的隱函數.

同理，考慮下面方程式：

$$x^2-2xy+y^2=x \qquad (**)$$

若令 $y=f(x)$，則 $f(x)=x+\sqrt{x}$，$x\in[0,\infty)$，滿足 $(**)$ 式，故 f 為方程式 $(**)$ 所定義的隱函數.

若我們要求 f 的導函數，依前面學過的微分方法，勢必要先求出 f 來，但是，有時候要自所給的方程式解出 f 並不是一件很容易的事. 因此，我們不必自方程式解出 f，只要對原方程式直接微分就可求出 f 的導函數，這種求隱函數的導函數的方法，稱為**隱微分法** (implicit differentiation).

▶ **例題 1**：設 $x^2-2xy+y^2=x$，定義 $y=f(x)$ 為可微分函數.

(1) 利用隱微分法求 $\dfrac{dy}{dx}$.

(2) 先解 y 而用 x 表之，然後求 $\dfrac{dy}{dx}$.

(3) 驗證 (1) 與 (2) 的解一致.

解：(1) 原方程式等號兩邊對 x 微分，可得

$$2x - 2\left(x\dfrac{dy}{dx} + y\right) + 2y\dfrac{dy}{dx} = 1$$

$$2x - 2x\dfrac{dy}{dx} - 2y + 2y\dfrac{dy}{dx} = 1$$

$$(2y - 2x)\dfrac{dy}{dx} = 1 + 2y - 2x$$

故

$$\dfrac{dy}{dx} = \dfrac{1 + 2y - 2x}{2y - 2x} \ (x \neq y).$$

(2) 因 $(x-y)^2 = x$，可得

$$x - y = \pm\sqrt{x}$$

故 $$y = f_1(x) = x + \sqrt{x}$$

或 $$y = f_2(x) = x - \sqrt{x}$$

$$f_1'(x) = \dfrac{d}{dx}(x + \sqrt{x}) = 1 + \dfrac{1}{2}x^{-1/2} = 1 + \dfrac{1}{2\sqrt{x}}$$

$$f_2'(x) = \dfrac{d}{dx}(x - \sqrt{x}) = 1 - \dfrac{1}{2}x^{-1/2} = 1 - \dfrac{1}{2\sqrt{x}}.$$

(3) 將 $y = f_1(x) = x + \sqrt{x}$ 代入 $\dfrac{dy}{dx}$ 中可得

$$\dfrac{dy}{dx} = \dfrac{1 + 2(x + \sqrt{x}) - 2x}{2(x + \sqrt{x}) - 2x} = \dfrac{1 + 2\sqrt{x}}{2\sqrt{x}} = 1 + \dfrac{1}{2\sqrt{x}}$$

又將 $y = f_2(x) = x - \sqrt{x}$ 代入 $\dfrac{dy}{dx}$ 中可得

$$\dfrac{dy}{dx} = \dfrac{1 + 2(x - \sqrt{x}) - 2x}{2(x - \sqrt{x}) - 2x} = \dfrac{1 - 2\sqrt{x}}{-2\sqrt{x}} = 1 - \dfrac{1}{2\sqrt{x}}.$$

▶ **例題 2**：求通過曲線 $x^2+xy+y^2=3$ 上點 $(-1, -1)$ 的切線與法線的方程式.

[提示：方程式等號兩邊對 x 微分.]

解：
$$x^2+xy+y^2=3$$

$$\Rightarrow 2x+y+x\frac{dy}{dx}+2y\frac{dy}{dx}=0$$

$$\Rightarrow \frac{dy}{dx}=-\frac{2x+y}{x+2y}$$

通過點 $(-1, -1)$ 的切線的斜率為

$$\left.\frac{dy}{dx}\right|_{(-1,-1)}=-\left.\frac{2x+y}{x+2y}\right|_{(-1,-1)}=-1$$

故切線方程式為 $y+1=-(x+1)$，即，$x+y+2=0$.

通過點 $(-1, -1)$ 的法線方程式為 $y+1=x+1$，即，$x-y=0$.

▶ **例題 3**：若 $4x^2-2y^2=9$，求 $\dfrac{d^2y}{dx^2}$. [提示：方程式等號兩邊先對 x 微分.]

解：先對方程式等號兩邊作隱微分可得

$$8x-4y\frac{dy}{dx}=0$$

$$\frac{dy}{dx}=\frac{2x}{y}$$

再對上式等號兩邊作微分可得

$$\frac{d^2y}{dx^2}=\frac{(y)(2)-2x\dfrac{dy}{dx}}{y^2}=\frac{2y-(2x)\left(\dfrac{2x}{y}\right)}{y^2}$$

$$=\frac{2y^2-4x^2}{y^3}=\frac{-9}{y^3}$$

$$=-\frac{9}{y^3}.$$

習題 ▶ 2.5

求 1～7 題的 $\dfrac{dy}{dx}$.

1. $x^2y+2xy^3-x=3$ **2.** $\dfrac{1}{x}+\dfrac{1}{y}=1$ **3.** $\sqrt{x}+\sqrt{y}=8$

4. $x^2=\dfrac{x+y}{x-y}$ **5.** $\dfrac{\sqrt{x}+1}{\sqrt{y}+1}=y$ **6.** $\sqrt{xy}+1=y$

7. $x=y\sqrt{1+y}$

求 8～9 題各所予方程式的圖形在指定點的切線方程式.

8. $x+x^2y^2-y=1$; $(1, 1)$ **9.** $\dfrac{1-y}{1+y}=x$; $(0, 1)$

10. 試證：方程式 $x^2+y^2+1=0$ 無法決定函數 f 使得 $y=f(x)$.

11. 下列方程式各決定若干隱函數？
(1) $x^4+y^4-1=0$ (2) $x^4+y^4=0$

12. 若 $s^2t+t^3=2$，求 $\dfrac{ds}{dt}$ 與 $\dfrac{dt}{ds}$.

13. 求橢圓 $4x^2+9y^2=36$ 在點 $\left(1, \dfrac{4\sqrt{2}}{3}\right)$ 的切線方程式.

14. 求橢圓 $4x^2+9y^2=36$ 在點 $\left(\dfrac{3}{2}, -\sqrt{3}\right)$ 的切線方程式.

15. 求雙曲線 $3x^2-y^2=1$ 在點 $(1, -\sqrt{2})$ 的切線方程式.

16. 求雙曲線 $3x^2-y^2=1$ 在點 $(\sqrt{3}, -2\sqrt{2})$ 的切線方程式.

17. 求圓 $(x-1)^2+(y-2)^2=25$ 在點 $(5, 5)$ 的切線方程式.

18. 求切於橢圓 $4x^2+9y^2=40$ 且斜率為 $-\dfrac{2}{9}$ 的切線的方程式.

19. 求通過原點且切於圓 $x^2-4x+y^2+3=0$ 的切線方程式.

20. 求通過點 $(2, -2)$ 且切於雙曲線 $x^2-y^2=16$ 的切線方程式.

21. 求切於橢圓 $9x^2+16y^2=52$ 且平行於直線 $9x-8y=1$ 的切線方程式.

22. 求橢圓 $2x^2+y^2=20$ 與雙曲線 $4y^2-x^2=8$ 的交點處的切線的夾角.

23. 求垂直於直線 $2x+4y-3=0$ 並與雙曲線 $\dfrac{x^2}{2}-\dfrac{y^2}{4}=1$ 相切的切線方程式.

24. 試證：橢圓 $4x^2+9y^2=45$ 與雙曲線 $x^2-4y^2=5$ 的交點處的切線互相垂直.

25. 試證：在拋物線 $y^2=cx$ 上點 (x_0, y_0) 的切線方程式為 $y_0y=\dfrac{c}{2}(x_0+x)$.

26. 試證：在橢圓 $\dfrac{x^2}{a^2}+\dfrac{y^2}{b^2}=1$ 上點 (x_0, y_0) 的切線方程式為 $\dfrac{x_0x}{a^2}+\dfrac{y_0y}{b^2}=1$.

27. 試證：在雙曲線 $\dfrac{x^2}{a^2}-\dfrac{y^2}{b^2}=1$ 上點 (x_0, y_0) 的切線方程式為 $\dfrac{x_0x}{a^2}-\dfrac{y_0y}{b^2}=1$.

在 28～29 題利用兩種方法：(1) 先解 y 而用 x 表之，(2) 隱微分法，求 $\dfrac{dy}{dx}$ 在指定點的值.

28. $y^2-x+1=0$；$(5, 2)$ 29. $x^2+y^2=1$；$\left(\dfrac{\sqrt{2}}{2}, -\dfrac{\sqrt{2}}{2}\right)$

求 30～32 題的 $\dfrac{d^2y}{dx^2}$.

30. $2xy-y^2=3$ 31. $x^3+y^3=1$ 32. $x^3y^3=2$

33. 若 $xy+y^2=1$，求 $\left.\dfrac{d^2y}{dx^2}\right|_{x=0,\, y=-1}$.   34. 若 $x^2+xy=1$，求 $\left.\dfrac{d^2x}{dy^2}\right|_{x=-1,\, y=0}$.

2.6 相關變化率

在應用上，我們常會遇到二變數 x 與 y 皆為時間 t 的可微分函數，而 x 與 y 之間有一個關係式. 若將關係式等號兩邊對 t 微分，並利用連鎖法則，則可得出含有變化率 $\dfrac{dx}{dt}$ 與 $\dfrac{dy}{dt}$ 的關係式，其中 $\dfrac{dx}{dt}$ 與 $\dfrac{dy}{dt}$ 稱為**相關變化率** (related rate of change). 在含有 $\dfrac{dx}{dt}$ 與 $\dfrac{dy}{dt}$ 的關係式中，當其中一個變化率為已知時，則可求出另一個變化率.

求解相關變化率問題的步驟如下：

步驟 1：根據題意作出圖形.
步驟 2：設定變數並將已知量與未知量標示在圖形上.
步驟 3：利用已知量與未知量之間的關係導出一關係式.
步驟 4：對步驟 3 所導出關係式等號的兩邊對時間微分.
步驟 5：代入已知量以便求出未知量.

▶ **例題 1**：設某金屬圓板受熱後的擴張率為每秒 0.01 公分，當此圓板的半徑為 20 公分時，問其面積的擴張率為何？ [提示：面積對時間微分.]

解：設此圓板的半徑為 r 公分，面積為 y 平方公分，則

$$y = \pi r^2$$

上式對 t 微分可得

$$\frac{dy}{dt} = 2\pi r \frac{dr}{dt}$$

但 $\frac{dr}{dt} = 0.01$，當 $r = 20$ 時，

$$\frac{dy}{dt} = (2\pi)(20)(0.01) = 0.4\pi$$

故圓板面積的擴張率為每秒 0.4π 平方公分.

▶ **例題 2**：倒立的正圓錐形水槽的高為 12 呎且頂端的半徑為 2 呎，若水以 2 立方呎／分的速率注入水槽，則當水深為 6 呎時，水面上升的速率為多少？
[提示：體積對時間微分.]

解：水槽如圖 2.7 所示. 令

$t =$ 從最初觀察所經過的時間 (以分計)
$V =$ 水槽內的水在時間 t 的體積 (以立方呎計)
$h =$ 水槽內的水在時間 t 的深度 (以呎計)
$r =$ 水面在時間 t 的半徑 (以呎計)

在每一瞬間，水之體積的變化率為 $\frac{dV}{dt}$，水深的變化率為 $\frac{dh}{dt}$，我們要求

$\left.\dfrac{dh}{dt}\right|_{h=6}$，此為水深在 6 呎時水面上升的瞬時變化率．若水深為 h，則水的體積為 $V=\dfrac{1}{3}\pi r^2 h$．利用相似三角形可得

$$\dfrac{r}{h}=\dfrac{6}{12} \text{ 或 } r=\dfrac{h}{2}$$

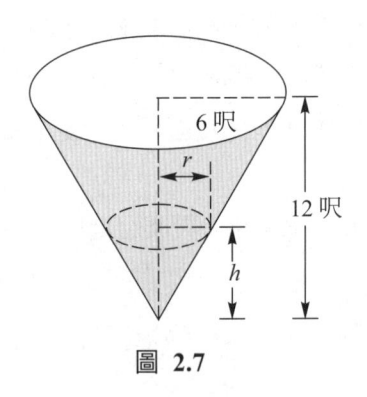

因此，
$$V=\dfrac{1}{3}\pi\left(\dfrac{h}{2}\right)^2 h=\dfrac{1}{12}\pi h^3$$

上式對 t 微分可得

$$\dfrac{dV}{dt}=\dfrac{1}{4}\pi h^2 \dfrac{dh}{dt}$$

故
$$\dfrac{dh}{dt}=\dfrac{4}{\pi h^2}\dfrac{dV}{dt}$$

當 $h=6$ 呎時，$\dfrac{dV}{dt}=2$ 立方呎／分，可得

$$\left.\dfrac{dh}{dt}\right|_{h=6}=\dfrac{4}{36\pi}(2)=\dfrac{2}{9\pi} \text{ (呎／分)}.$$

故當水深為 6 呎時，水面以 $\dfrac{2}{9\pi}$ 呎／分的速率上升．

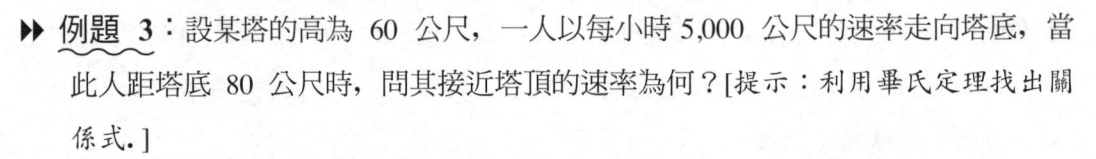

圖 2.7

▶ **例題 3**：設某塔的高為 60 公尺，一人以每小時 5,000 公尺的速率走向塔底，當此人距塔底 80 公尺時，問其接近塔頂的速率為何？[提示：利用畢氏定理找出關係式．]

解：如圖 2.8 所示，設某人距塔底為 x 公尺時，距塔頂為 y 公尺．依畢氏定理，

$$y^2=x^2+3600$$

上式對 t 微分可得

$$2y\dfrac{dy}{dt}=2x\dfrac{dx}{dt}$$

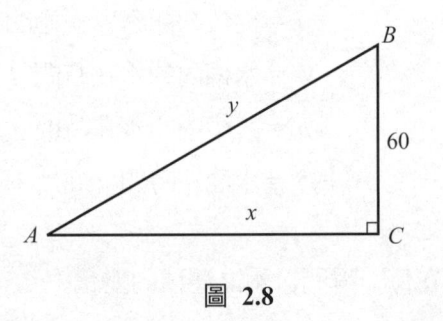

即，
$$\dfrac{dy}{dt}=\dfrac{x}{y}\dfrac{dx}{dt}$$

圖 2.8

當 $x=80$ 時，$y=\sqrt{(80)^2+3600}=100$，

又
$$\frac{dx}{dt}=-5000$$

可得
$$\frac{dy}{dt}=\left(\frac{80}{100}\right)(-5000)=-4000$$

故此人接近塔頂的速率為每小時 4,000 公尺.

▶ **例題 4**：某 10 呎長的梯子倚靠著牆壁向下滑行，其底部以 2 呎／秒的速率離開牆角移動，當梯子底部離牆角 6 呎時，梯子頂端沿著牆壁向下移動多快？

[提示：利用畢氏定理找出關係式.]

解：如圖 2.9 所示，令

t = 梯子開始滑行後的時間 (以秒計)

x = 梯子底部到牆角的距離 (以呎計)

y = 梯子頂端到地面的垂直距離 (以呎計)

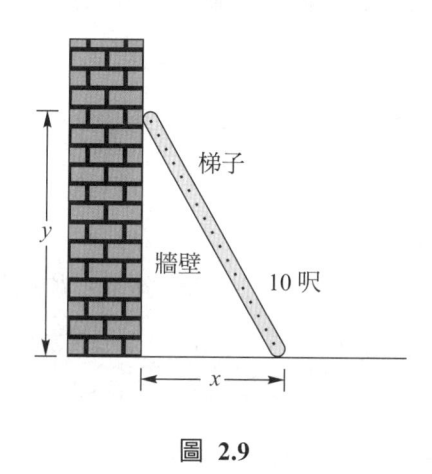

圖 2.9

在每一瞬間，底部移動的速率為 $\dfrac{dx}{dt}$，而頂端移動的速率為 $\dfrac{dy}{dt}$，我們要求 $\left.\dfrac{dy}{dt}\right|_{x=6}$，此為頂端在底部離牆角 6 呎時瞬間的移動速率.

依畢氏定理，
$$x^2+y^2=100$$

對 t 微分可得
$$2x\frac{dx}{dt}+2y\frac{dy}{dt}=0$$

即,
$$\frac{dy}{dt}=-\frac{x}{y}\frac{dx}{dt}.$$

當 $x=6$ 時, $y=8$. 又 $\frac{dx}{dt}=2$, 故

$$\left.\frac{dy}{dt}\right|_{x=6}=\left(-\frac{6}{8}\right)(2)=-\frac{3}{2}\text{(呎／秒)}$$

答案中的負號表示 y 為減少, 其在物理上有意義, 因梯子的頂端正沿著牆壁向下移動.

▶ **例題 5**：當兩電阻 R_1 (以歐姆計) 與 R_2 (以歐姆計) 並聯時, 其總電阻 (以歐姆計) 滿足 $\frac{1}{R}=\frac{1}{R_1}+\frac{1}{R_2}$, 若 R_1 及 R_2 分別以 0.01 歐姆／秒及 0.02 歐姆／秒的速率增加, 則當 $R_1=30$ 歐姆且 $R_2=45$ 歐姆時, R 的變化多快？
[提示：原式對時間微分.]

解：$\frac{1}{R}=\frac{1}{R_1}+\frac{1}{R_2} \Rightarrow \frac{d}{dt}\left(\frac{1}{R}\right)=\frac{d}{dt}\left(\frac{1}{R_1}+\frac{1}{R_2}\right)$

$$\Rightarrow -\frac{1}{R^2}\frac{dR}{dt}=-\frac{1}{R^2_1}\frac{dR_1}{dt}-\frac{1}{R^2_2}\frac{dR_2}{dt}$$

$$\Rightarrow \frac{1}{R^2}\frac{dR}{dt}=\frac{1}{R^2_1}\frac{dR_1}{dt}+\frac{1}{R^2_2}\frac{dR_2}{dt}$$

已知 $R_1=30$ 歐姆, $R_2=45$ 歐姆, 可得

$$\frac{1}{R}=\frac{1}{30}+\frac{1}{45}=\frac{1}{18}$$

又 $\frac{dR_1}{dt}=0.01$ 歐姆／秒, $\frac{dR_2}{dt}=0.02$ 歐姆／秒,

故
$$\left(\frac{1}{18}\right)^2\frac{dR}{dt}=\left(\frac{1}{30}\right)^2(0.01)+\left(\frac{1}{45}\right)^2(0.02)$$

$$\frac{dR}{dt} = 324\left(\frac{0.01}{900} + \frac{0.02}{2025}\right) \approx 0.0068 \text{ 歐姆／秒}, \text{ 即, 電阻約以 } 0.0068 \text{ 歐姆／秒}$$
的速率增加.

習題 ▶ 2.6

1. 令半徑為 r 之圓的面積為 A 且 r 隨時間 t 改變.

   (1) $\dfrac{dA}{dt}$ 與 $\dfrac{dr}{dt}$ 的關係如何？

   (2) 在某瞬間，半徑為 5 吋且以 2 吋／秒的速率增加，則圓面積在該瞬間增加多快？

2. 若一塊石頭掉入靜止的池塘產生圓形的漣漪，其半徑以 3 呎／秒的一定速率增加，則漣漪圍繞的面積在 10 秒末增加多快？

3. 令底半徑為 r 且高為 h 的正圓柱的體積為 V，且設 r 與 h 皆隨時間 t 改變.

   (1) $\dfrac{dV}{dt}$、$\dfrac{dh}{dt}$ 與 $\dfrac{dr}{dt}$ 的關係如何？

   (2) 當高為 6 吋且以 1 吋／秒增加，而底半徑為 10 吋且以 1 吋／秒減少時，體積變化多快？體積在當時是增加或減少？

4. 從斜槽以 8 立方呎／分的速率流出的穀粒形成圓錐形堆積，其高恆為底半徑的兩倍，當堆積為 6 呎高時，其高在該瞬間增加多快？

5. 從斜槽流出的砂粒形成圓錐形堆積，其高恆為底半徑的兩倍，若高以 5 呎／分的一定速率增加，則當堆積為 10 呎高時，砂從斜槽流出的速率多少？

6. 令邊長為 x 與 y 之矩形的對角線長為 ℓ，設 x 與 y 皆隨時間 t 改變.

   (1) $\dfrac{d\ell}{dt}$、$\dfrac{dx}{dt}$ 與 $\dfrac{dy}{dt}$ 的關係如何？

   (2) 若 x 以 $\dfrac{1}{2}$ 呎／秒的一定速率增加，y 以 $\dfrac{1}{4}$ 呎／秒的一定速率減少，則當 $x=3$ 呎且 $y=4$ 呎時，對角線長的變化多快？對角線長在當時是增加或減少？

7. 某 13 呎長的梯子倚靠著牆壁，其頂端以 2 呎／秒的速率沿著牆壁向下滑，則當頂端在地面上方 5 呎時，底部移離牆角多快？

8. 假設在下午 1 點時，A 船在 B 船的南方 25 公里處，若 A 船以 16 公里／時的速率向西航行，B 船以 20 公里／時的速率向南航行，則當下午 1 點 30 分時，兩船之間的距離的變化率為何？

9. 一女孩在草坪上放風箏，若風箏的高度為 300 呎，且以每秒 20 呎的速率沿水平方向遠離女孩，當風箏線放出 500 呎時，放線的速率多少？

10. 當兩電阻 R_1 (以歐姆計) 與 R_2 (以歐姆計) 並聯時，其總電阻 (以歐姆計) 滿足 $\frac{1}{R} = \frac{1}{R_1} + \frac{1}{R_2}$. 若 R_1 以 1 歐姆／秒的速率減少，而 R_2 以 0.5 歐姆／秒的速率增加，則當 $R_1=75$ 歐姆且 $R_2=50$ 歐姆時，R 的變化多快？

11. 在光學中，薄透鏡方程式為 $\frac{1}{p} + \frac{1}{q} = \frac{1}{f}$，此處 p 為物距，q 為像距，f 為焦距. 假設某透鏡的焦距為 6 公分且一物體正以 2 公分／秒的速率朝向透鏡移動，當物體距透鏡 10 公分時，像距在該瞬間的變化多快？該像是遠離或朝向透鏡移動？

2.7 微　分

在實際的問題裡，我們有時需要考慮：當自變數有稍微的改變時，函數的改變如何？假使函數夠複雜，那麼計算函數的變化量也跟著複雜。然而，我們是否能找出一個既簡便又具有較佳精確度的方法去計算函數的變化量的近似值呢？請看下面例子的說明。

假設邊長為 x 的正方形銅片被加熱後，它的邊長增加了 Δx (圖 2.10)，則其面積約增加多少？

該銅片在加熱前的面積為 $y=f(x)=x^2$，當邊長增加 Δx 時，面積的增加量即 $f(x)$ 的變化量

$$\Delta y = (x+\Delta x)^2 - x^2 = 2x(\Delta x) + (\Delta x)^2$$

此為圖 2.10 中的陰影部分的面積.

$(\Delta x)^2$ 顯然隨著 $|\Delta x|$ (在此例中，$\Delta x > 0$，可以去掉絕對值符號) 的變小而變

小，而且，$(\Delta x)^2$ 要比 $|\Delta x|$ 小得快，小得多．因此，在式子 $\Delta y = 2x(\Delta x) + (\Delta x)^2$ 的右邊兩項中，$2x(\Delta x)$ 是主要部分．當 $|\Delta x|$ 很小時，銅片面積的增加量為

$$\Delta y \approx 2x(\Delta x)$$

因 $f'(x) = 2x$，故上式可寫成

$$\Delta y \approx f'(x)\Delta x$$

若 $y = f(x)$，則

$$\Delta y = f(x + \Delta x) - f(x)$$

在定義 2.3 中，以 Δx 代 h，可得

$$f'(x) = \lim_{\Delta x \to 0} \frac{f(x + \Delta x) - f(x)}{\Delta x} = \lim_{\Delta x \to 0} \frac{\Delta y}{\Delta x} \qquad (2.9)$$

(2.9) 式可以敘述如下：f 的導函數為因變數的增量 Δy 與自變數的增量 Δx 的比值在 Δx 趨近零時的極限．注意，在圖 2.11 中，$\dfrac{\Delta y}{\Delta x}$ 為通過 P 與 Q 之割線的斜率．由 (2.9) 式可知，若 $f'(x)$ 存在，則 $\dfrac{\Delta y}{\Delta x} \approx f'(x)$，當 $\Delta x \approx 0$．

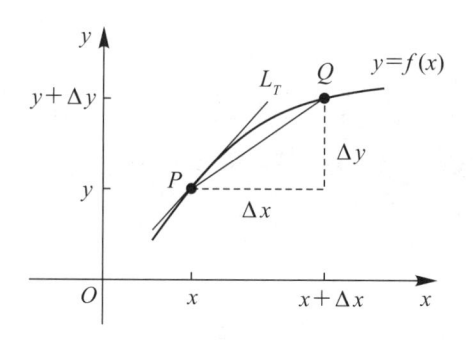

圖 2.11

就圖形上而言，若 $\Delta x \to 0$，則通過 P 與 Q 之割線的斜率 $\dfrac{\Delta y}{\Delta x}$ 趨近在點 P 之切線 L_T 的斜率 $f'(x)$，也可寫成 $\Delta y \approx f'(x)\Delta x$，當 $\Delta x \approx 0$．

定義 2.9

若 $y=f(x)$ 為可微分函數，Δx 為 x 的增量，則
(1) 自變數 x 的微分 (differential) dx 為 $dx=\Delta x$.
(2) 因變數 y 的微分 dy 為 $dy=f'(x)\Delta x=f'(x)dx$.

注意，dy 的值與 x 及 Δx 兩者有關。由定義 2.9(1) 可看出，只要涉及自變數 x，則增量 Δx 與微分 dx 沒有差別。

▶▶ **例題 1**：設 $y=x^3$，求 Δy 與 dy。當 x 由 1 變到 1.01 時，$\Delta y - dy$ 的值為何？

[提示：利用定義 2.9(2).]

解： $$\Delta y = f(x+\Delta x)-f(x)=(x+\Delta x)^3 - x^3 = 3x^2(\Delta x)+3x(\Delta x)^2+(\Delta x)^3$$

$$dy = f'(x)dx = 3x^2 dx = 3x^2(\Delta x)$$

$$\Delta y - dy = 3x^2(\Delta x)+3x(\Delta x)^2+(\Delta x)^3 - 3x^2(\Delta x) = 3x(\Delta x)^2+(\Delta x)^3$$

在上式中，代換 $x=1$ 與 $\Delta x=0.01$，可得

$$\Delta y - dy = 3(0.0001)+0.000001 = 0.000301.$$

定理 2.11

設 $y=f(x)$ 為可微分函數，若 $\Delta x \approx 0$，則 $dy \approx \Delta y$.

證：依定義，
$$\Delta y = f(x+\Delta x)-f(x)$$
$$dy = f'(x)\Delta x$$

可得
$$\Delta y - dy = f(x+\Delta x)-f(x)-f'(x)\Delta x$$

以 $\Delta x\,(\Delta x \neq 0)$ 除之，

$$\frac{\Delta y - dy}{\Delta x} = \frac{f(x+\Delta x)-f(x)}{\Delta x} - f'(x)$$

因而

$$\lim_{\Delta x \to 0} \frac{\Delta y - dy}{\Delta x} = \lim_{\Delta x \to 0} \left[\frac{f(x+\Delta x)-f(x)}{\Delta x} - f'(x) \right]$$

$$= \lim_{\Delta x \to 0} \frac{f(x+\Delta x)-f(x)}{\Delta x} - \lim_{\Delta x \to 0} f'(x)$$

$$= f'(x) - f'(x) = 0$$

可得 $\quad\lim_{\Delta x \to 0} (\Delta y - dy) = 0 (\lim_{\Delta x \to 0} \Delta x) = 0$

即，當 $\Delta x \approx 0$ 時，$dy \approx \Delta y$.

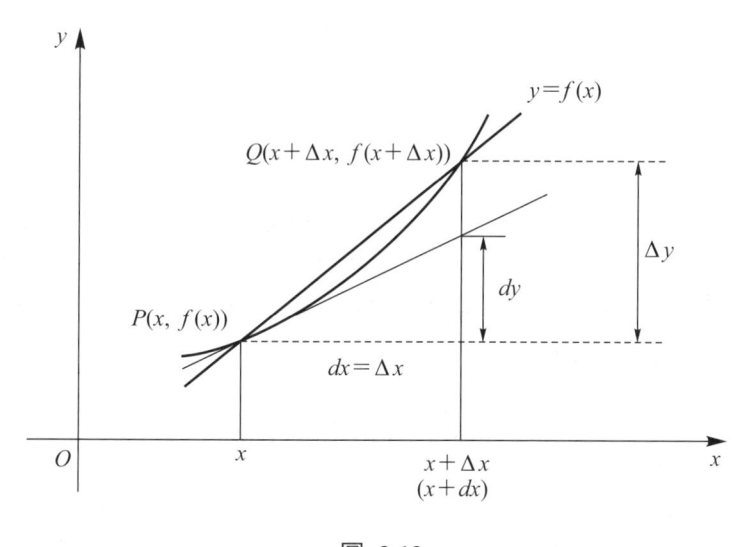

圖 2.12

若 $y=f(x)$，則對微小的變化量 Δx 而言，因變數的真正變化量 Δy 可以用 dy 來近似. 因 $\dfrac{dy}{dx}=f'(x)$ 為曲線 $y=f(x)$ 在點 $(x, f(x))$ 之切線的斜率，故微分 dy 與 dx 可解釋為該切線的對應縱差 (rise) 與橫差 (run). 由圖 2.12 可以瞭解增量 Δy 與微分 dy 的區別. 假設我們給予 dx 與 Δx 同樣的值，即，$dx=\Delta x$. 當我們由 x 開始沿著曲線 $y=f(x)$ 直到在 x-方向移動 $\Delta x\,(=dx)$ 單位時，Δy 代表 y 的變化量；而若我們由 x 開始沿著切線直到在 x-方向移動 $dx\,(=\Delta x)$ 單位，則 dy 代表 y 的變化量.

圖 2.13

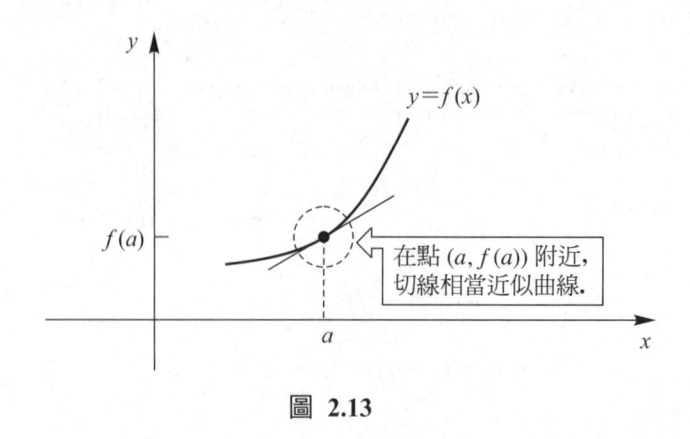

圖 2.13 指出，若 f 在 a 為可微分，則在點 $(a, f(a))$ 附近，切線相當近似曲線. 因切線通過點 $(a, f(a))$ 且斜率為 $f'(a)$，故切線的方程式為

$$y - f(a) = f'(a)(x - a)$$

或

$$y = f(a) + f'(a)(x - a)$$

線性函數

$$L(x) = f(a) + f'(a)(x - a) \tag{2.10}$$

稱為 f 在 a 的線性化 (linearization). 對於靠近 a 的 x 值而言，切線的高度 y 將與曲線的高度 $f(x)$ 很接近，所以，

$$f(x) \approx f(a) + f'(a)(x - a) \tag{2.11}$$

若令 $\Delta x = x - a$，即，$x = a + \Delta x$，則 (2.11) 式可寫成另外的形式：

$$f(a + \Delta x) \approx f(a) + f'(a)\Delta x \tag{2.12}$$

當 $\Delta x \to 0$ 時，其為最佳近似值，此結果稱為 f 在 a 附近的線性近似 (linear approximation) 或切線近似 (tangent line approximation).

當 $a = 0$ 時，(2.11) 式變成

$$f(x) \approx f(0) + f'(0)x \tag{2.13}$$

利用 (2.13) 式，當 $x \to 0$ 時，可以導出常用的一些近似公式，往後將會出現.

▶ **例題 2**：求函數 $f(x) = \sqrt{x+3}$ 在 $x = 1$ 的線性化，並利用它計算 $\sqrt{4.02}$ 的近似值. [提示：利用 (2.10) 式.]

解：
$$f'(x) = \frac{1}{2}(x+3)^{-1/2} = \frac{1}{2\sqrt{x+3}}$$

可得 $f(1) = 2$, $f'(1) = \frac{1}{4}$，代入 (2.10) 式，故線性化為

$$L(x) = f(1) + f'(1)(x-1) = 2 + \frac{1}{4}(x-1) = \frac{7}{4} + \frac{x}{4}$$

(見圖 2.14). 線性近似為

$$\sqrt{x+3} \approx \frac{7}{4} + \frac{x}{4}$$

故

$$\sqrt{4.02} \approx \frac{7}{4} + \frac{1.02}{4} = 2.005.$$

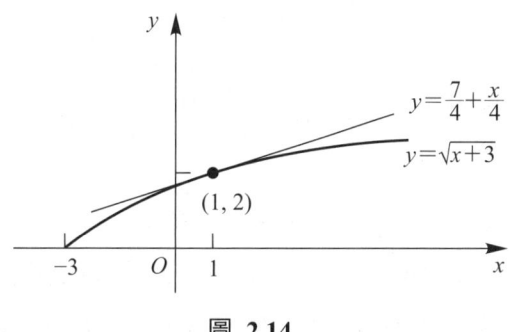

圖 2.14

▶ **例題 3**：求函數 $f(x) = (1+x)^k$ 在 $x=0$ 的線性化，此處 k 為任意實數.
[提示：利用 (2.11) 式.]

解：$f'(x) = k(1+x)^{k-1}$，可得 $f'(0) = k$，故線性化為

$$L(x) = f(0) + f'(0)(x-0) = 1 + kx.$$

我們從例題 3 得知，當 $x \to 0$ 時，$(1+x)^k \approx 1 + kx$. 所以，當 $x \to 0$ 時，

$$\sqrt{1+x} \approx 1 + \frac{x}{2}$$

$$\frac{1}{1-x} = (1-x)^{-1} \approx 1 + (-1)(-x) = 1 + x$$

$$\frac{1}{\sqrt{1-x^2}} = (1-x^2)^{-1/2} \approx 1 + \left(-\frac{1}{2}\right)(-x^2) = 1 + \frac{x^2}{2}$$

$$\sqrt{2+x^2} = \sqrt{2}\left(1+\frac{x^2}{2}\right)^{1/2} \approx \sqrt{2}\left[1+\frac{1}{2}\left(\frac{x^2}{2}\right)\right] = \sqrt{2}\left(1+\frac{x^2}{4}\right)$$

如果我們要計算函數 f 在某一點 x 的值 $f(x)$，但此值不易計算，而在 x 附近的 a 處，$f(a)$ 與 $f'(a)$ 的值皆很容易計算，那麼就可以利用 (2.12) 式 (或 (2.11) 式) 來計算 $f(x)$ 的近似值。要注意的是，$|x-a|=|\Delta V|$ 很小，$|x-a|$ 愈小，近似程度愈佳。

▶▶ **例題 4**：利用微分計算 $\sqrt[6]{64.05}$ 的近似值到小數第四位．

解：令 $f(x)=\sqrt[6]{x}$，則 $f'(x)=\dfrac{1}{6}x^{-5/6}$．利用 (2.12) 式，

取 $a=64$，則 $\quad\quad\quad\quad \Delta x=64.05-64=0.05$

可得 $\quad\quad\quad\quad\quad\quad f(64.05) \approx 2+f'(64)(0.05)$

即，$\quad\quad \sqrt[6]{64.05} \approx 2+\dfrac{1}{6(64)^{5/6}}(0.05) = 2+\dfrac{1}{192}(0.05) \approx 2.0003.$

我們在前面提過，若 $y=f(x)$ 為可微分函數，當 $\Delta x \approx 0$ 時，$dy \approx \Delta y$，此結果在誤差傳遞的研究裡有很多的應用．例如，在測量某物理量時，由於儀器的限制與其他因素，通常無法得到正確值 x，但會得到 $x+\Delta x$，此處 Δx 為測量誤差．這種記錄值可用來計算其他的量 y．以此方法，測量誤差 Δx 傳遞到在 y 的計算值中所產生的誤差 Δy．

▶▶ **例題 5**：若測得某球的半徑為 50 厘米，可能的測量誤差為 ± 0.01 厘米，試估計球體積的計算值的可能誤差．[提示：利用微分．]

解：若球的半徑為 r，則其體積為 $V=\dfrac{4}{3}\pi r^3$．已知半徑的誤差為 ± 0.01，我們希望求 V 的誤差 ΔV，因 $\Delta r \approx 0$，故 ΔV 可由 dV 去近似．於是，

$$\Delta V \approx dV = 4\pi r^2\, dr$$

以 $r=50$ 與 $dr=\Delta r=\pm 0.01$ 代入上式，可得

$$\Delta V \approx 4\pi(2500)(\pm 0.01) \approx \pm 314.16$$

所以，體積的可能誤差約為 ± 314.16 立方厘米．

註：在例題 5 中，r 代表半徑的正確值．因 r 的正確值未知，故我們代以測量值 $r = 50$ 得到 ΔV．又因為 $\Delta r \approx 0$，所以這個結果是合理的．

若某量的正確值是 q 而測量或計算的誤差是 Δq，則 $\dfrac{\Delta q}{q}$ 稱為測量或計算的**相對誤差** (relative error)；當它表成百分比時，$\dfrac{\Delta q}{q}$ 稱為**百分誤差** (percentage error)．實際上，正確值通常是未知的，以致於使用 q 的測量值或計算值，而以 $\dfrac{dq}{q}$ 去近似相對誤差．在例題 5 中，半徑 r 的相對誤差 $\approx \dfrac{dr}{r} = \dfrac{\pm 0.01}{50} = \pm 0.0002$，而百分誤差約為 $\pm 0.02\%$；體積 V 的相對誤差 $\approx \dfrac{dV}{V} = 3\dfrac{dr}{r} = \pm 0.0006$，而百分誤差約為 $\pm 0.06\%$．

▶▶ **例題 6**：設某電線的電阻為 $R = \dfrac{k}{r^2}$，此處 k 為常數，r 為電線的半徑．若半徑 r 的可能誤差為 $\pm 2\%$，試估計 R 的百分誤差．[提示：利用微分．]

解：

$$R = \frac{k}{r^2} \Rightarrow dR = \left(-\frac{2k}{r^3}\right) dr$$

$$\frac{dR}{R} = \frac{\left(-\dfrac{2k}{r^3}\right) dr}{\dfrac{k}{r^3}} = -2\frac{dr}{r}$$

因 $\dfrac{dr}{r} \approx \pm 0.02$，可得

$$\frac{dR}{R} \approx -2(\pm 0.02) = \pm 0.04$$

故 R 的百分誤差約 $\pm 4\%$．

函數 $y = f(x)$ 的微分為

$$dy = f'(x)\, dx$$

若以 $dx \neq 0$ 除上式，則

$$f'(x) = \frac{dy}{dx} = \frac{y \text{ 的微分}}{x \text{ 的微分}}$$

如此，$y=f(x)$ 的導函數 $f'(x)$ 就等於微分 dy 與微分 dx 的商，所以導函數也稱作**微商**.

在表 2.1 中，當以 $dx \neq 0$ 來乘遍左欄的導函數公式時，可得右欄的微分公式.

表 **2.1**

導函數公式	微分公式
$\dfrac{dk}{dx}=0$	$dk=0$
$\dfrac{d}{dx}x^n=nx^{n-1}$	$d(x^n)=nx^{n-1}\,dx$
$\dfrac{d}{dx}(cf)=c\dfrac{df}{dx}$	$d(cf)=c\,df$
$\dfrac{d}{dx}(f\pm g)=\dfrac{df}{dx}\pm\dfrac{dg}{dx}$	$d(f\pm g)=df\pm dg$
$\dfrac{d}{dx}(fg)=f\dfrac{dg}{dx}+g\dfrac{df}{dx}$	$d(fg)=f\,dg+g\,df$
$\dfrac{d}{dx}\left(\dfrac{f}{g}\right)=\dfrac{g\dfrac{df}{dx}-f\dfrac{dg}{dx}}{g^2}$	$d\left(\dfrac{f}{g}\right)=\dfrac{g\,df-f\,dg}{g^2}$
$\dfrac{d}{dx}(f^n)=nf^{n-1}\dfrac{df}{dx}$	$d(f^n)=nf^{n-1}\,df$

▶ **例題 7**：若 $x^2+y^2=xy$，求 dy 與 $\dfrac{dy}{dx}$. [提示：利用微分公式.]

解：
$$d(x^2+y^2)=d(xy)$$
$$d(x^2)+d(y^2)=d(xy)$$

可得
$$2x\,dx+2y\,dy=x\,dy+y\,dx$$
$$(2y-x)\,dy=(y-2x)\,dx$$

故
$$dy = \frac{y-2x}{2y-x}dx = \frac{2x-y}{x-2y}dx \text{ (若 } x \neq 2y\text{)}$$

而
$$\frac{dy}{dx} = \frac{2x-y}{x-2y} \text{ (若 } x \neq 2y\text{)}.$$

習題 ▶ 2.7

計算 1～4 題的 Δy、dy 與 $dy - \Delta y$.

1. $y = 3x^2 + 5x - 2$ **2.** $y = \dfrac{1}{x}$ **3.** $y = x^4$ **4.** $y = \dfrac{1}{x^2}$

5. 設 $y = x^3 - 3x^2 + 2x - 7$，若 x 由 4 變到 3.95，試利用 dy 去近似 Δy.

6. 設 $s = \dfrac{1}{2-t^2}$，若 t 由 1 變到 1.02，利用 ds 去近似 Δs.

7. 求函數 $f(x) = x^3 - 2x + 3x$ 在 $x = 2$ 的線性化.

8. 求 $f(x) = \sqrt{x^2 + 9}$ 在 $x = -4$ 的線性化.

9. 求函數 $f(x) = \sqrt[3]{1+x}$ 在 $x = 0$ 的線性化，並計算 $\sqrt[3]{0.95}$ 的近似值.

利用微分求 10～14 題的近似值.

10. $(3.99)^4$ **11.** $(1.97)^6$ **12.** $\sqrt[3]{26.91}$

13. $\sqrt[3]{1.02} + \sqrt[4]{1.02}$ **14.** $\dfrac{\sqrt{4.02}}{2+\sqrt{9.02}}$

15. 利用 $(1+x)^k \approx 1 + kx$，計算下列的近似值.

    (1) $(1.0002)^{50}$ (2) $\sqrt{8.997}$ (3) $\sqrt[3]{1.004}$

    (4) $\sqrt[3]{0.998}$ (5) $\sqrt[5]{1.002}$

16. 設 $f(x) = \dfrac{x}{\sqrt{x^2+9}}$，求 $f(0.03)$ 的近似值.

17. 設圓球形的氣球充以氣體而膨脹，若直徑由 2 呎增為 2.02 呎，利用微分近似求表面積的增量.

18. 若測得正方形邊長的可能百分誤差為 $\pm 5\%$，試利用微分去估計正方形面積的可能百分誤差.

19. 已知測得正方體的邊長為 25 厘米, 可能誤差為 ±1 厘米.
    (1) 利用微分估計所計算體積的誤差.
    (2) 估計邊長與體積的百分誤差.

20. 若長為 15 厘米且直徑為 5 厘米的金屬管覆以 0.001 厘米厚的絕緣體 (兩端除外), 試利用微分估計絕緣體的體積.

21. 設某電線的電阻為 $R = \dfrac{k}{r^2}$, 此處 k 為常數, r 為電線的半徑. 若半徑 r 的可能誤差為 ±5%, 利用微分估計 R 的百分誤差.

22. 波義耳定律為: 密閉容器中的氣體壓力 P 與體積 V 的關係式為 $PV=k$, 其中 k 為常數. 試證:
$$P\,dV + V\,dP = 0.$$

23. 若鐘擺的長度為 L (以米計) 且週期為 T (以秒計), 則 $T = 2\pi\sqrt{\dfrac{L}{g}}$, 此處 g 為常數. 利用微分證明 T 的百分誤差約為 L 的百分誤差的一半.

2.8　反函數的導函數

在本節中, 我們將討論如何求代數函數之反函數的導函數, 作為以後研習超越函數之反函數之導函數的基礎.

首先, 下面的定理提供了反函數的連續性.

定理 2.12

設函數 f 定義在某區間 I, 其反函數為 f^{-1}, 若 f 在 I 為連續, 則 f^{-1} 在 $f(I)$ 為連續.

現在, 舉出一個例子說明互為反函數的兩個函數的各自導函數之間的關係.

設 $f(x) = \dfrac{1}{3}x + 1$, 則其反函數為 $f^{-1}(x) = 3x - 3$, 可得

$$\frac{d}{dx}f(x) = \frac{d}{dx}\left(\frac{1}{3}x+1\right) = \frac{1}{3}$$

$$\frac{d}{dx}f^{-1}(x) = \frac{d}{dx}(3x-3) = 3$$

這兩個導函數互為倒數. f 的圖形為直線 $y=\frac{1}{3}x+1$，而 f^{-1} 的圖形為直線 $y=3x-3$ (圖 2.15)，它們的斜率互為倒數.

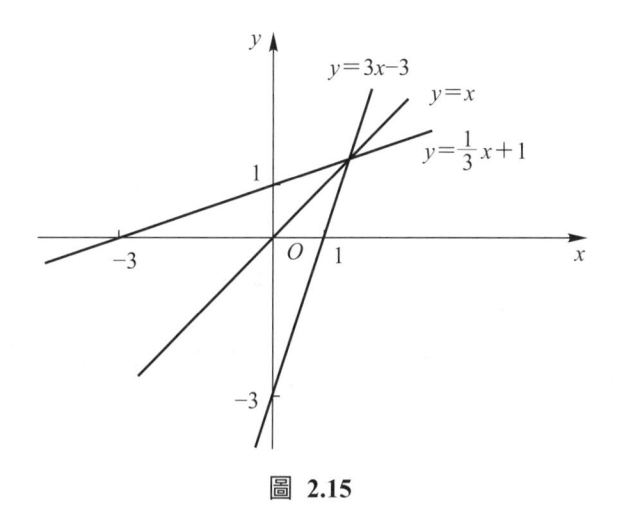

圖 2.15

這並非特殊的情形，事實上，將任一條非水平線或非垂直線關於直線 $y=x$ 作鏡射，一定會顛倒斜率. 若原直線的斜率為 m，則經由鏡射所得對稱直線的斜率為 $\frac{1}{m}$ (圖 2.16).

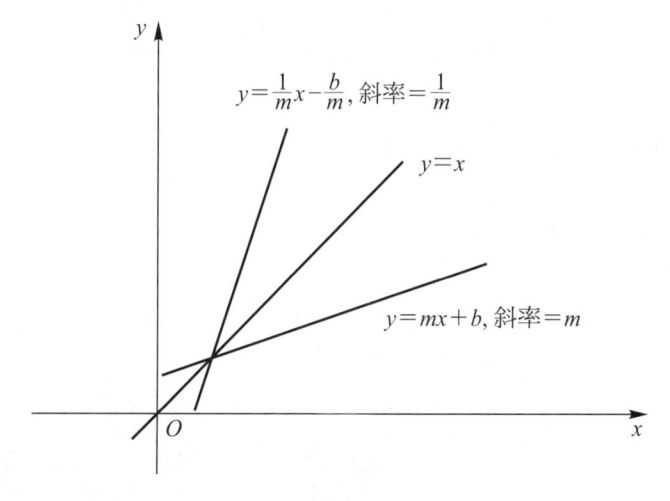

圖 2.16

上面所述的倒數關係對其他函數而言也成立. 若 $y=f(x)$ 的圖形在點 $(a, f(a))$ 的切線斜率為 $f'(a) \neq 0$, 則 $y=f^{-1}(x)$ 的圖形在對稱點 $(f(a), a)$ 的切線斜率為 $\dfrac{1}{f'(a)}$. 於是, f^{-1} 在 $f(a)$ 的導數等於 f 在 a 的導數之倒數.

定理 2.13

設函數 f 有反函數 f^{-1} 且 f 在開區間 I 為可微分, 其導數皆不為零, 則 f^{-1} 在 $f(I)$ 為可微分. 此外,

$$(f^{-1})'(f(a)) = \frac{1}{f'(a)}. \tag{2.14}$$

因 f 與 f^{-1} 互為反函數, 可知 $f^{-1}(f(x))=x$, 故 $(f^{-1})'(f(x))f'(x)=1$, 即, $(f^{-1})'(f(x))=\dfrac{1}{f'(x)}$. 若令 $y=f(x)$, 則 $\dfrac{dy}{dx}=f'(x)$; 而 $x=f^{-1}(y)$, 可得 $\dfrac{dx}{dy}=(f^{-1})'(y)=(f^{-1})'(f(x))$. 於是,

$$\frac{dx}{dy} = \frac{1}{\dfrac{dy}{dx}}. \tag{2.15}$$

▶ **例題 1**：對 $f(x)=x^2$, $x \geq 0$, 其反函數為 $f^{-1}(x)=\sqrt{x}$, 我們可有

$$f'(x)=2x, \quad (f^{-1})'(x)=\frac{1}{2\sqrt{x}}, \quad x>0.$$

點 $(4, 2)$ 與點 $(2, 4)$ 對稱於直線 $y=x$.

在點 $(2, 4)$：$f'(2)=4$

在點 $(4, 2)$：$(f^{-1})'(4)=\dfrac{1}{2\sqrt{4}}=\dfrac{1}{4}=\dfrac{1}{f'(2)}$.

▶ **例題 2**：設 $f(x)=x^3-2$，求 $(f^{-1})'(6)$. [提示：利用 (2.14) 式.]

解：$f(x)=x^3-2 \Rightarrow f'(x)=3x^2$

令 $f(a)=6$，則，$a^3-2=6$，可得 $a=2$.

所以，$$(f^{-1})'(6)=\frac{1}{f'(2)}=\frac{1}{12}.$$

另解：先求得 $f(x)=x^3-2$ 的反函數 $f^{-1}(x)=\sqrt[3]{x+2}$，

所以，$$(f^{-1})'(x)=\frac{1}{3}(x+2)^{-2/3}$$

$$(f^{-1})'(6)=\frac{1}{3}(6+2)^{-2/3}=\frac{1}{12}.$$

▶ **例題 3**：設 $f(x)=2x^3+x+2$，求 f^{-1} 的圖形在點 $(2, 0)$ 的切線方程式.
[提示：利用 (2.14) 式.]

解：依題意，$f^{-1}(2)=0 \Rightarrow f(0)=2$. 因 $f'(x)=6x^2+1$，可得

$$(f^{-1})'(2)=\frac{1}{f'(0)}=1$$

即，f^{-1} 的圖形在點 $(2, 0)$ 的切線斜率為 1，故切線方程式為

$$y-0=x-2$$

即，$$x-y-2=0.$$

▶ **例題 4**：已知 $f(x)=x^5+7x^3+4x+1$ 具有一反函數 f^{-1}.
 (1) 求 f^{-1} 的導函數.
 (2) 利用隱微分法求 f^{-1} 的導函數.
 [提示：利用 (2.15) 式.]

解：(1) 令 $y=f^{-1}(x)$，則 $f(y)=f(f^{-1}(x))=x$.

於是，對已知函數 f，我們有

$$x=f(y)=y^5+7y^3+4y+1 \quad \text{·················①}$$

可得
$$\frac{dx}{dy}=5y^4+21y^2+4$$

故
$$\frac{dy}{dx}=\frac{1}{\frac{dx}{dy}}=\frac{1}{5y^4+21y^2+4} \quad \cdots\cdots ②$$

由於 ① 式無法解出 y，故 ② 式中允許以 y 表示之.

(2) 利用隱微分法將 ① 式對 x 微分，可得

$$1=5y^4\frac{dy}{dx}+21y^2\frac{dy}{dx}+4\frac{dy}{dx}=(5y^4+21y^2+4)\frac{dy}{dx}$$

所以，
$$\frac{dy}{dx}=\frac{1}{5y^4+21y^2+4}$$

此與 ② 式相同.

習題 ▶ 2.8

1. 已知 $f(x)=\sqrt{2x-3}$，求 $(f^{-1})'(1)$.
2. 設 $f(x)=x^5+x^3+x+1$ 的反函數為 f^{-1}，求 $(f^{-1})'(4)$.
3. 若 $f(x)=\sqrt{x^3+x^2+x+1}$ 的反函數為 f^{-1}，求 $(f^{-1})'(1)$.
4. 求 $f(x)=x^3-5$ 的反函數 f^{-1} 的圖形在點 $(3, 2)$ 的切線方程式.
5. 求 $f(x)=x^3+x$ 的反函數 f^{-1} 的圖形在點 $(10, 2)$ 的切線方程式.
6. 求 $f(x)=x^5+2x^3+x+4$ 的反函數 f^{-1} 的圖形在點 $(0, -1)$ 的切線方程式.

2.9 三角函數與反三角函數的導函數

在求三角函數的導函數之前，先看一看下面的結果，它對未來的發展很重要．

定理 2.14

對任意實數 θ (以弧度計)，
$$\lim_{\theta \to 0} \frac{\sin \theta}{\theta} = 1.$$

證：

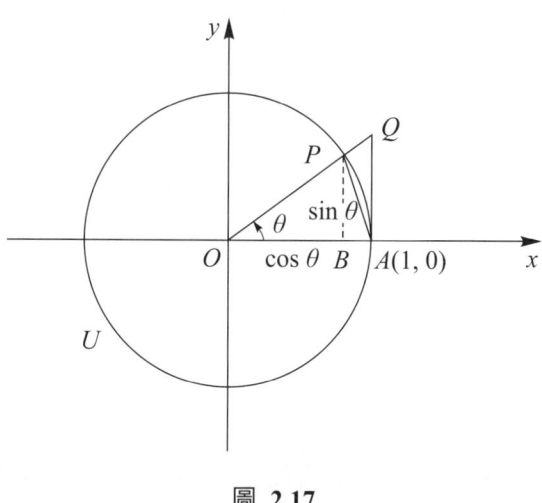

圖 2.17

若 $0 < \theta < \dfrac{\pi}{2}$，則圖形如圖 2.17 所示，其中 U 為單位圓．我們從該圖可知

$$\triangle OAP \text{ 的面積} < \text{扇形 } OAP \text{ 的面積} < \triangle OAQ \text{ 的面積}$$

$$\triangle OAP \text{ 的面積} = \left(\frac{1}{2}\right)(1)(\sin \theta) = \frac{1}{2} \sin \theta$$

$$\text{扇形 } OAP \text{ 的面積} = \left(\frac{1}{2}\right)(1^2)(\theta) = \frac{1}{2} \theta$$

$$\triangle OAQ \text{ 的面積} = \left(\frac{1}{2}\right)(1)(\tan\theta) = \frac{1}{2}\tan\theta$$

所以,
$$\frac{1}{2}\sin\theta < \frac{1}{2}\theta < \frac{1}{2}\tan\theta$$

以 $\dfrac{2}{\sin\theta}$ 乘之，得到
$$1 < \frac{\theta}{\sin\theta} < \frac{1}{\cos\theta}$$

即,
$$\cos\theta < \frac{\sin\theta}{\theta} < 1$$

我們知道 $\lim\limits_{\theta\to 0^+}\cos\theta = 1$，故依夾擠定理可得
$$\lim_{\theta\to 0^+}\frac{\sin\theta}{\theta} = 1$$

但函數 $\dfrac{\sin\theta}{\theta}$ 為偶函數，其圖形對稱於 y-軸，可得 $\lim\limits_{\theta\to 0^-}\dfrac{\sin\theta}{\theta} = 1$，

故
$$\lim_{\theta\to 0}\frac{\sin\theta}{\theta} = 1.$$

大略說來，定理 2.14 說明了，若 θ 趨近 0，則 $\dfrac{\sin\theta}{\theta}$ 趨近 1，即，當 $\theta \approx 0$ 時，$\sin\theta \approx \theta$. 為了說明起見，給出下列幾個三角函數值的近似值：

$\sin(0.1) \approx 0.09983342$ $\sin(-0.1) \approx -0.09983342$

$\sin(0.05) \approx 0.04997917$ $\sin(-0.05) \approx -0.04997917$

$\sin(0.01) \approx 0.00999983$ $\sin(-0.01) \approx -0.00999983$

$\sin(0.005) \approx 0.00499998$ $\sin(-0.005) \approx -0.00499998$

$\sin(0.001) \approx 0.00100000$ $\sin(-0.001) \approx -0.00100000$

在直觀上，我們給出定理 2.14 的一個簡單的幾何論證如下：

令 P 與 Q 為單位圓上相鄰的兩個點，如圖 2.18 所示，$\overline{PQ}$ 與 $\overset{\frown}{PQ}$ 分別表示連接這兩個點的弦長與弧長. 當 $\overset{\frown}{PQ} \to 0$ 時，$\dfrac{\text{弦長 } \overline{PQ}}{\text{弧長 } \overset{\frown}{PQ}} \to 1$，此同義於當 $2\theta \to 0$

或 $\theta \to 0$ 時，$\dfrac{2\sin\theta}{2\theta} = \dfrac{\sin\theta}{\theta} \to 1$.

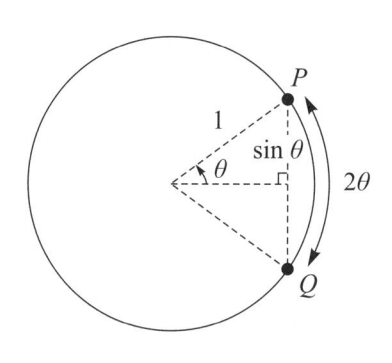

圖 2.18

▶▶ <u>例題 1</u>：(1) $\displaystyle\lim_{x\to 0} \dfrac{\tan x}{x} = \lim_{x\to 0}\left(\dfrac{1}{x} \cdot \dfrac{\sin x}{\cos x}\right) = \left(\lim_{x\to 0} \dfrac{\sin x}{x}\right)\left(\lim_{x\to 0} \dfrac{1}{\cos x}\right) = 1$

(2) $\displaystyle\lim_{\theta\to 0} \dfrac{1-\cos\theta}{\theta} = \lim_{\theta\to 0}\left(\dfrac{1-\cos\theta}{\theta} \cdot \dfrac{1+\cos\theta}{1+\cos\theta}\right) = \lim_{\theta\to 0} \dfrac{1-\cos^2\theta}{\theta(1+\cos\theta)}$

$\displaystyle = \lim_{\theta\to 0} \dfrac{\sin^2\theta}{\theta(1+\cos\theta)} = \left(\lim_{\theta\to 0} \dfrac{\sin\theta}{\theta}\right)\left(\lim_{\theta\to 0} \dfrac{\sin\theta}{1+\cos\theta}\right) = 0.$

▶▶ <u>例題 2</u>：求 $\displaystyle\lim_{x\to 0} \dfrac{\sin 3x}{5x}$．[提示：作代換．]

<u>解</u>：作代換 $\theta = 3x$．因當 $x \to 0$ 時，$\theta \to 0$，可得

$$\lim_{x\to 0} \dfrac{\sin 3x}{5x} = \dfrac{3}{5} \lim_{\theta\to 0} \dfrac{\sin\theta}{\theta} = \dfrac{3}{5}.$$

<u>另解</u>：$\displaystyle\lim_{x\to 0} \dfrac{\sin 3x}{5x} = \dfrac{3}{5} \lim_{x\to 0} \dfrac{\sin 3x}{3x} = \dfrac{3}{5} \lim_{3x\to 0} \dfrac{\sin 3x}{3x} = \dfrac{3}{5}.$

▶▶ <u>例題 3</u>：求 $\displaystyle\lim_{\theta\to 0} \dfrac{\sin(\sin x)}{\theta}$．[提示：作代換．]

<u>解</u>：令 $y = \sin\theta$，則當 $\theta \to 0$ 時，$y \to 0$．所以，

$$\lim_{\theta\to 0} \dfrac{\sin(\sin\theta)}{\theta} = \lim_{\theta\to 0} \dfrac{\sin y}{\theta} = \lim_{\theta\to 0}\left(\dfrac{\sin y}{y} \cdot \dfrac{y}{\theta}\right)$$

$$= \left(\lim_{\theta \to 0} \frac{\sin y}{y}\right)\left(\lim_{\theta \to 0} \frac{y}{\theta}\right)$$

$$= \left(\lim_{y \to 0} \frac{\sin y}{y}\right)\left(\lim_{\theta \to 0} \frac{\sin \theta}{\theta}\right)$$

$$= 1.$$

▶▶ **例題 4**：設 $f(x) = \begin{cases} x \sin \dfrac{1}{x}, & x \neq 0 \\ 0, & x = 0 \end{cases}$

(1) 試證：f 在每一實數皆為連續.

(2) 求 f 之圖形的水平漸近線.

[提示：利用連續的定義.]

解：(1) 我們證明對每一實數 a，$\lim_{x \to a} f(x) = f(a)$. 若 $a \neq 0$，則

$$\lim_{x \to a} f(x) = \lim_{x \to a} \left(x \sin \frac{1}{x}\right) = \left(\lim_{x \to a} x\right)\left(\lim_{x \to a} \sin \frac{1}{x}\right) = a \sin \frac{1}{a} = f(a)$$

但

$$\lim_{x \to 0} x \sin \frac{1}{x} = 0 = f(0)$$

因此，f 在每一實數皆為連續.

(2) $\lim_{x \to \infty} f(x) = \lim_{x \to \infty} x \sin \frac{1}{x} = \lim_{x \to \infty} \frac{\sin \dfrac{1}{x}}{\dfrac{1}{x}} = \lim_{\theta \to 0^+} \frac{\sin \theta}{\theta} = 1$

又 $\lim_{x \to -\infty} f(x) = \lim_{x \to -\infty} x \sin \frac{1}{x} = \lim_{x \to -\infty} \frac{\sin \dfrac{1}{x}}{\dfrac{1}{x}} = \lim_{\theta \to 0^-} \frac{\sin \theta}{\theta} = 1$

故直線 $y = 1$ 為 f 之圖形的水平漸近線，如圖 2.19 所示．

圖 2.19

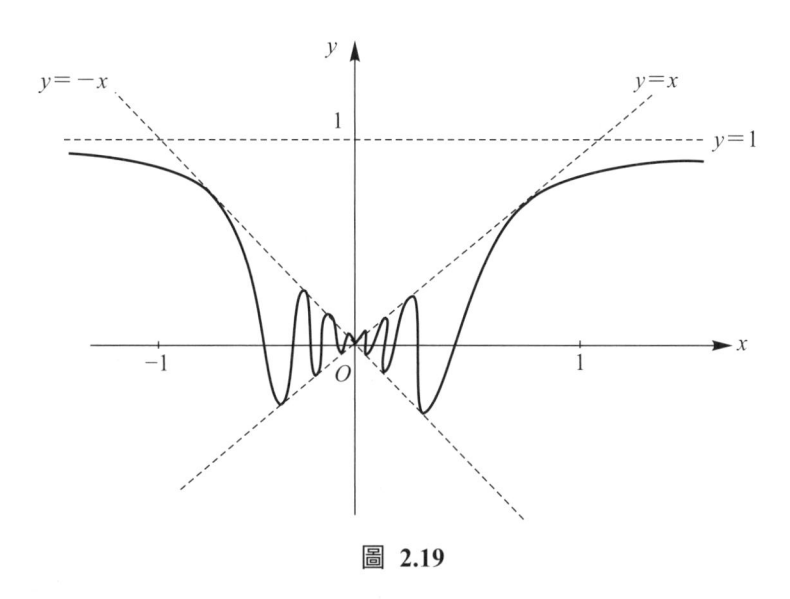

有了定理 2.14 之後，我們來討論正弦函數與餘弦函數的導函數. 依導函數的定義得知

$$\frac{d}{dx}\sin x = \lim_{h\to 0}\frac{\sin(x+h)-\sin x}{h} = \lim_{h\to 0}\frac{\sin(h/2)\cos(x+h/2)}{h/2}$$

因餘弦函數為處處連續，故

$$\lim_{h\to 0}\cos(x+h/2) = \cos x.$$

又，依定理 2.14 可得

$$\lim_{h\to 0}\frac{\sin(h/2)}{h/2} = 1$$

所以，
$$\frac{d}{dx}\sin x = \cos x.$$

$$\frac{d}{dx}\cos x = \frac{d}{dx}\sin\left(\frac{\pi}{2}-x\right) = \cos\left(\frac{\pi}{2}-x\right)\frac{d}{dx}\left(\frac{\pi}{2}-x\right)$$
$$= (\sin x)(-1) = -\sin x$$

$$\frac{d}{dx}\tan x = \frac{d}{dx}\left(\frac{\sin x}{\cos x}\right) = \frac{\cos x\dfrac{d}{dx}\sin x - \sin x\dfrac{d}{dx}\cos x}{\cos^2 x}$$

$$= \frac{\cos^2 x + \sin^2 x}{\cos^2 x} = \frac{1}{\cos^2 x} = \sec^2 x$$

$\cot x$、$\sec x$ 與 $\csc x$ 的導函數求法皆類似，留作習題．

定理 2.15

若 x 為弧度度量，則

(1) $\dfrac{d}{dx} \sin x = \cos x$ (2) $\dfrac{d}{dx} \cos x = -\sin x$

(3) $\dfrac{d}{dx} \tan x = \sec^2 x$ (4) $\dfrac{d}{dx} \cot x = -\csc^2 x$

(5) $\dfrac{d}{dx} \sec x = \sec x \, \tan x$ (6) $\dfrac{d}{dx} \csc x = -\csc x \, \cot x$

若 $u = u(x)$ 為可微分函數，則由連鎖法則可得

$$\frac{d}{dx} \sin u = \cos u \, \frac{du}{dx} \qquad \frac{d}{dx} \cos u = -\sin u \, \frac{du}{dx}$$

$$\frac{d}{dx} \tan u = \sec^2 u \, \frac{du}{dx} \qquad \frac{d}{dx} \cot u = -\csc^2 u \, \frac{du}{dx} \qquad (2.16)$$

$$\frac{d}{dx} \sec u = \sec u \, \tan u \, \frac{du}{dx} \qquad \frac{d}{dx} \csc u = -\csc u \, \cot u \, \frac{du}{dx}.$$

▶▶ 例題 5：(1) $\dfrac{d}{dx} (x^2 \sin x - 2 \cos x)$

$$= \frac{d}{dx} (x^2 \sin x) - 2 \frac{d}{dx} (x \cos x)$$

$$= x^2 \cos x + 2x \sin x - 2(-x \sin x + \cos x)$$

$$= x^2 \cos x + 4x \sin x - 2 \cos x.$$

(2) $\dfrac{d}{dx}\left(\dfrac{\cos x}{1-\sin x}\right) = \dfrac{(1-\sin x)\dfrac{d}{dx}\cos x - \cos x \dfrac{d}{dx}(1-\sin x)}{(1-\sin x)^2}$

$= \dfrac{(1-\sin x)(-\sin x) - \cos x(-\cos x)}{(1-\sin x)^2}$

$= \dfrac{-\sin x + \sin^2 x + \cos^2 x}{(1-\sin x)^2}$

$= \dfrac{1-\sin x}{(1-\sin x)^2} = \dfrac{1}{1-\sin x}.$

▶▶ **例題 6**：若 $y = \sin\sqrt{x} + \sqrt{\sin x}$，求 $\dfrac{dy}{dx}$. [提示：利用一般冪法則.]

解：$\dfrac{dy}{dx} = \dfrac{d}{dx}\sin\sqrt{x} + \dfrac{d}{dx}\sqrt{\sin x}$

$= \cos\sqrt{x}\,\dfrac{d}{dx}\sqrt{x} + \dfrac{1}{2}(\sin x)^{-1/2}\dfrac{d}{dx}\sin x$

$= (\cos\sqrt{x})\left(\dfrac{1}{2\sqrt{x}}\right) + \dfrac{\cos x}{2\sqrt{\sin x}}$

$= \dfrac{1}{2}\left(\dfrac{\cos\sqrt{x}}{\sqrt{x}} + \dfrac{\cos x}{\sqrt{\sin x}}\right).$

▶▶ **例題 7**：若 $f(x) = \cos^2(\sin 3x)$，求 $f'(x)$. [提示：利用連鎖法則.]

解：$f'(x) = \dfrac{d}{dx}\cos^2(\sin 3x) = 2\cos(\sin 3x)\dfrac{d}{dx}\cos(\sin 3x)$

$= 2\cos(\sin 3x)(-\sin(\sin 3x))\dfrac{d}{dx}\sin 3x$

$= 2\cos(\sin 3x)(-\sin(\sin 3x))(\cos 3x)(3)$

$= -3\cos 3x \sin(2\sin 3x).$

▶▶ **例題 8**：若 $y = \dfrac{\sec x}{1-\tan x}$，求 $\dfrac{dy}{dx}$. [提示：利用除法法則.]

解：$\dfrac{dy}{dx} = \dfrac{(1-\tan x)\sec x \tan x + \sec^3 x}{(1-\tan x)^2}$

$= \dfrac{\sec x \tan x - \sec x \tan^2 x + \sec x(1+\tan^2 x)}{(1-\tan x)^2}$

$= \dfrac{\sec x \tan x + \sec x}{(1-\tan x)^2}$

$= \dfrac{\sec x(1+\tan x)}{(1-\tan x)^2}.$

▶▶ 例題 9：令

$$f(x) = \begin{cases} x^2 \sin \dfrac{1}{x}, & x \neq 0 \\ 0, & x = 0 \end{cases}$$

(1) 求 $f'(x)\,(x \neq 0)$　　(2) 求 $f'(0)$　　(3) 試證 $f'(x)$ 在 $x=0$ 不連續.

[提示：(2) 利用導數定義.]

解：(1) $f'(x) = \dfrac{d}{dx}\left(x^2 \sin \dfrac{1}{x}\right) = x^2 \dfrac{d}{dx} \sin \dfrac{1}{x} + \sin \dfrac{1}{x} \cdot \dfrac{d}{dx} x^2$

$= x^2 \cos \dfrac{1}{x} \left(-\dfrac{1}{x^2}\right) + 2x \sin \dfrac{1}{x}$

$= -\cos\left(\dfrac{1}{x}\right) + 2x \sin\left(\dfrac{1}{x}\right) = 2x \sin\left(\dfrac{1}{x}\right) - \cos\left(\dfrac{1}{x}\right).$

(2) $f'(0) = \lim\limits_{x \to 0} \dfrac{f(x)-f(0)}{x-0} = \lim\limits_{x \to 0} \dfrac{x^2 \sin \dfrac{1}{x}}{x}$

$= \lim\limits_{x \to 0} x \sin \dfrac{1}{x} = 0.$

(3) 因 $\lim\limits_{x \to 0} f'(x) = \lim\limits_{x \to 0}\left[2x \sin\left(\dfrac{1}{x}\right) - \cos\left(\dfrac{1}{x}\right)\right]$ 不存在，故 $f'(x)$ 在 $x=0$ 不連續.

▶▶ **例題 10**：求曲線 $y+\sin y=x$ 在點 $(0, 0)$ 的切線方程式. [提示：利用隱微分法.]

解：
$$\frac{dy}{dx}+\frac{d}{dx}\sin y=\frac{d}{dx}x$$

$$\frac{dy}{dx}+\cos y\ \frac{dy}{dx}=1$$

$$\frac{dy}{dx}=\frac{1}{1+\cos y}$$

可得
$$\left.\frac{dy}{dx}\right|_{(0,\,0)}=\frac{1}{1+1}=\frac{1}{2}$$

故在點 $(0, 0)$ 的切線方程式為 $y-0=\frac{1}{2}(x-0)$，即，$x-2y=0$.

▶▶ **例題 11**：利用微分求 $\sin 46°$ 的近似值.

解：設 $f(x)=\sin x$，則 $f'(x)=\cos x$.

令 $a=45°=\frac{\pi}{4}$，則 $\Delta x=46°-45°=1°=\frac{\pi}{180}$.

將這些值代入 (2.12) 式中可得

$$f\left(\frac{\pi}{4}+\frac{\pi}{180}\right)\approx f\left(\frac{\pi}{4}\right)+f'\left(\frac{\pi}{4}\right)\left(\frac{\pi}{180}\right)$$

$$=\sin\frac{\pi}{4}+\left(\cos\frac{\pi}{4}\right)\left(\frac{\pi}{180}\right)$$

故
$$\sin 46°\approx\frac{\sqrt{2}}{2}+\frac{\sqrt{2}}{2}\left(\frac{\pi}{180}\right)\approx 0.7194.$$

▶▶ **例題 12**：利用連鎖法則證明 $\frac{d}{dx}\sin x°=\frac{\pi}{180}\cos x°$.

解：因 $1°=\frac{\pi}{180}$ 弧度，可得 $x°=\frac{\pi x}{180}$ 弧度，故 $\sin x°=\sin\frac{\pi x}{180}$.

$$\frac{d}{dx}\sin x° = \frac{d}{dx}\sin\frac{\pi x}{180} = \cos\frac{\pi x}{180}\frac{d}{dx}\frac{\pi x}{180}$$

$$= \frac{\pi}{180}\cos\frac{\pi x}{180} = \frac{\pi}{180}\cos x°.$$

正弦函數與餘弦函數在擺動或涉及波，如聲波、電磁波等的研究中，占有非常重要的地位，最簡單的波動是一物體在一坐標線 L 上移動，而其加速度 $x''(t)$ 與位移 $x(t)$ 滿足下列的條件：

$$a(t) = -kx(t) \quad (k \text{ 為正常數})$$

這種運動稱為**簡諧運動** (simple harmonic motion).

因
$$x''(t) + kx(t) = 0$$

又 k 為正數，故可設 $k = \omega^2$，而上式變成

$$x''(t) + \omega^2 x(t) = 0 \tag{2.17}$$

我們很容易證得，凡形如 $x(t) = c_2 \sin(\omega t + c_1)$ 的函數皆滿足 (2.17) 式．(何故？) 所以，(2.17) 式的每一個解能夠寫成

$$x(t) = c_2 \sin(\omega t + c_1) \tag{2.18}$$

而

$$x\left(t + \frac{2\pi}{\omega}\right) = c_2 \sin\left[\omega\left(t + \frac{2\pi}{\omega}\right) + c_1\right] = c_2 \sin(\omega t + c_1) = x(t)$$

這說明此運動是有週期性的，其週期為

$$p = \frac{2\pi}{\omega}$$

若 t 是以秒計，則作一次完全振動所需的時間為 $\frac{2\pi}{\omega}$ 秒．$\frac{\omega}{2\pi}$ 為每秒鐘內振動的次數，這個數稱為**頻率** (frequency)：

$$f = \frac{\omega}{2\pi}$$

又因為 $\sin(\omega t + c_1)$ 在 -1 與 1 之間擺動，所以

$$x(t) = c_2 \sin(\omega t + c_1)$$

在 $-|c_2|$ 與 $|c_2|$ 之間擺動，$|c_2|$ 稱為此運動的**振幅** (amplitude)：

$$a = |c_2|$$

▶ **例題 13**：若一簡諧運動的週期為 $\dfrac{2\pi}{3}$，且 $x(0)=1$，$x'(0)=3$，求 $x(t)$.

[提示：利用 (2.18) 式.]

解：令簡諧運動的方程式為

$$x(t) = c_2 \sin(\omega t + c_1)$$

取 $c_2 \geq 0$ 及 $0 \leq c_1 < 2\pi$. 因週期為 $\dfrac{2\pi}{\omega} = \dfrac{2\pi}{3}$，可得 $\omega = 3$，故

$$x(t) = c_2 \sin(3t + c_1)$$
$$x'(t) = 3c_2 \cos(3t + c_1)$$

由 $x(0)=1$，$x'(0)=3$ 可得

$$c_2 \sin c_1 = 1, \quad c_2 \cos c_1 = 1$$

兩式平方後相加可得 $c_2^2 = 2 \Rightarrow c_2 = \sqrt{2}$.

因而
$$\sqrt{2} \sin c_1 = 1, \quad \sqrt{2} \cos c_1 = 1$$

解得
$$c_1 = \dfrac{\pi}{4}.$$

因此，$x(t) = \sqrt{2} \sin\left(3t + \dfrac{\pi}{4}\right)$.

我們知道函數 $x = \sin y$ 在區間 $-\dfrac{\pi}{2} < y < \dfrac{\pi}{2}$ 為可微分，所以，其反函數 $y = \sin^{-1} x$ 在區間 $-1 < x < 1$ 亦為可微分. 現在，我們列出六個反三角函數的導函數公式.

定理 2.16

(1) $\dfrac{d}{dx} \sin^{-1} x = \dfrac{1}{\sqrt{1-x^2}}$, $|x| < 1$.

(2) $\dfrac{d}{dx} \cos^{-1} x = \dfrac{-1}{\sqrt{1-x^2}}$, $|x| < 1$.

(3) $\dfrac{d}{dx} \tan^{-1} x = \dfrac{1}{1+x^2}$, $-\infty < x < \infty$.

(4) $\dfrac{d}{dx} \cot^{-1} x = \dfrac{-1}{1+x^2}$, $-\infty < x < \infty$.

(5) $\dfrac{d}{dx} \sec^{-1} x = \dfrac{1}{x\sqrt{x^2-1}}$, $|x| > 1$.

(6) $\dfrac{d}{dx} \csc^{-1} x = \dfrac{-1}{x\sqrt{x^2-1}}$, $|x| > 1$.

證：我們僅對 $\sin^{-1} x$、$\tan^{-1} x$ 與 $\sec^{-1} x$ 等的導函數公式予以證明，其餘留給讀者去證明.

(1) 令 $y = \sin^{-1} x$，則 $\sin y = x$，可得 $\cos y \dfrac{dy}{dx} = 1$，故 $\dfrac{dy}{dx} = \dfrac{1}{\cos y}$.

因 $-\dfrac{\pi}{2} < y < \dfrac{\pi}{2}$，可知 $\cos y > 0$，所以，$\cos y = \sqrt{1-\sin^2 y} = \sqrt{1-x^2}$.

於是，$\dfrac{d}{dx} \sin^{-1} x = \dfrac{1}{\sqrt{1-x^2}}$, $|x| < 1$.

(3) 令 $y = \tan^{-1} x$，則 $\tan y = x$，可得 $\sec^2 y \dfrac{dy}{dx} = 1$,

故 $\dfrac{dy}{dx} = \dfrac{d}{dx} \tan^{-1} x = \dfrac{1}{\sec^2 y} = \dfrac{1}{1+\tan^2 y} = \dfrac{1}{1+x^2}$, $-\infty < x < \infty$.

(5) 令 $y = \sec^{-1} x$，則 $\sec y = x$，可得 $\sec y \tan y \dfrac{dy}{dx} = 1$,

故 $\dfrac{dy}{dx} = \dfrac{d}{dx} \sec^{-1} x = \dfrac{1}{\sec y \tan y} = \dfrac{1}{x\sqrt{x^2-1}}$, $|x| > 1$.

若 $u = u(x)$ 為可微分函數，則由連鎖法則可得

$$\frac{d}{dx} \sin^{-1} u = \frac{1}{\sqrt{1-u^2}} \frac{du}{dx}, \quad |u| < 1$$

$$\frac{d}{dx} \cos^{-1} u = \frac{-1}{\sqrt{1-u^2}} \frac{du}{dx}, \quad |u| < 1$$

$$\frac{d}{dx} \tan^{-1} u = \frac{1}{1+u^2} \frac{du}{dx}, \quad -\infty < u < \infty \quad \text{(2.19)}$$

$$\frac{d}{dx} \cot^{-1} u = \frac{-1}{1+u^2} \frac{du}{dx}, \quad -\infty < u < \infty$$

$$\frac{d}{dx} \sec^{-1} u = \frac{1}{u\sqrt{u^2-1}} \frac{du}{dx}, \quad |u| > 1$$

$$\frac{d}{dx} \csc^{-1} u = \frac{-1}{u\sqrt{u^2-1}} \frac{du}{dx}, \quad |u| > 1$$

▶▶ **例題 14**：(1) $\dfrac{d}{dx} \sin^{-1} \dfrac{x}{3} = \dfrac{1}{\sqrt{1-\left(\dfrac{x}{3}\right)^2}} \dfrac{d}{dx}\left(\dfrac{x}{3}\right) = \dfrac{1}{\sqrt{9-x^2}}.$

(2) $\dfrac{d}{dx}\left(\dfrac{1}{\sin^{-1} x}\right) = \dfrac{d}{dx}(\sin^{-1} x)^{-1} = -(\sin^{-1} x)^{-2} \dfrac{d}{dx} \sin^{-1} x$

$$= \frac{1}{(\sin^{-1} x)^2 \sqrt{1-x^2}}.$$

(3) $\dfrac{d}{dx} \tan^{-1}\left(\dfrac{x}{1-x^2}\right) = \dfrac{1}{1+\left(\dfrac{x}{1-x^2}\right)^2} \dfrac{d}{dx}\left(\dfrac{x}{1-x^2}\right)$

$$= \frac{(1-x^2)^2}{1-x^2+x^4} \cdot \frac{1+x^2}{(1-x^2)^2}$$

$$= \frac{1+x^2}{1-x^2+x^4}.$$

(4) $\dfrac{d}{dx}\cot^{-1}(\cos x) = \dfrac{-1}{1+\cos^2 x}\dfrac{d}{dx}\cos x$

$\qquad\qquad\qquad\quad\;\; = \dfrac{-1}{1+\cos^2 x}(-\sin x)$

$\qquad\qquad\qquad\quad\;\; = \dfrac{\sin x}{1+\cos^2 x}.$

習題 ▶ 2.9

求 1～17 題的極限．

1. $\lim\limits_{x\to 0}\dfrac{\sin x\tan x}{x^2}$

2. $\lim\limits_{x\to 0}\dfrac{1-\cos 2x}{x\sin x}$

3. $\lim\limits_{x\to\infty} x\sin\dfrac{1}{x}$

4. $\lim\limits_{x\to\infty} x\tan\dfrac{1}{x}$

5. $\lim\limits_{\theta\to 0}\dfrac{\sin\theta}{\theta+\tan\theta}$

6. $\lim\limits_{x\to 0}\dfrac{\sin 6x}{\sin 8x}$

7. $\lim\limits_{x\to 0}\dfrac{\tan 7x}{\sin 3x}$

8. $\lim\limits_{x\to 0^+}\sqrt{x}\,\csc\sqrt{x}$

9. $\lim\limits_{x\to 1}\dfrac{\sin(1-x)}{1-x^2}$

10. $\lim\limits_{x\to 1}\dfrac{\sin(x-1)}{x^2+x-2}$

11. $\lim\limits_{x\to 1}\dfrac{\tan(x-1)}{x^2+x-2}$

12. $\lim\limits_{x\to 0}\dfrac{\sin^2 2x}{x^2}$

13. $\lim\limits_{\theta\to 0}\dfrac{\sin^2\theta}{2\theta}$

14. $\lim\limits_{x\to 0}\dfrac{\sin^2 3x}{x\sin 2x}$

15. $\lim\limits_{\theta\to 0}\dfrac{\theta^2}{1-\cos\theta}$

16. $\lim\limits_{x\to\pi}\dfrac{\sin x}{x-\pi}$

17. $\lim\limits_{x\to 0}\dfrac{x^2\sin\dfrac{1}{x}}{\tan x}$

求 18～37 題各函數的一階導函數．

18. $f(x)=2x\sin 2x+\cos 2x$

19. $f(\theta)=\sin^2\left(2\theta+\dfrac{\pi}{3}\right)$

20. $f(\theta)=\sin(\theta+\alpha)\sin(\theta-\alpha)$

21. $f(x)=x\sin x\cos x$

22. $f(x)=\dfrac{\sin x}{1+\cos x}$

23. $f(x)=\dfrac{1-\cos x}{1-\sin x}$

24. $f(x) = \dfrac{1+\cos x}{1-\cos x}$

25. $f(t) = \dfrac{\sin\left(2t - \dfrac{\pi}{4}\right)}{\sin\left(2t + \dfrac{\pi}{4}\right)}$

26. $f(x) = \sqrt{\cos \sqrt{x}}$

27. $f(x) = \dfrac{\tan x}{1 + \sec x}$

28. $f(x) = \csc \sqrt{x} \cot \sqrt{x}$

29. $f(x) = \dfrac{x^2 \tan x}{\sec x}$

30. $f(x) = \dfrac{x}{\sin^{-1} x}$

31. $f(x) = \dfrac{\cos^{-1} x}{\sqrt{1-x^2}}$

32. $f(x) = \sin^{-1}\left(\dfrac{\cos x}{1 + \sin x}\right)$

33. $f(x) = \tan^{-1}\left(\dfrac{x}{1-x^2}\right)$

34. $f(x) = \tan^{-1}\left(\dfrac{x+1}{x-1}\right)$

35. $f(x) = \tan^{-1}\left(\dfrac{1-x}{1+x}\right)$

36. $f(\theta) = \tan^{-1}(\sin 2\theta)$

37. $f(x) = \cos(2 \tan^{-1} 3x)$

38. 若 $f(x) = \tan^{-1} x + \tan^{-1} \dfrac{1}{x}$，求 $f'(x)$.

求 39～42 題的 $\dfrac{dy}{dx}$.

39. $\cos(x-y) = y \sin x$

40. $xy = \tan(xy)$

41. $\sin^{-1}(xy) = \cos^{-1}(x-y)$

42. $y^2 \sin x + y = \tan^{-1} x$

43. 求曲線 $y = x \sin \dfrac{1}{x}$ 在點 $\left(\dfrac{2}{\pi}, \dfrac{2}{\pi}\right)$ 的切線與法線方程式.

44. 求曲線 $y = 2 \sin(\pi x - y)$ 在點 $(1, 0)$ 的切線與法線方程式.

45. 求曲線 $y = \sin(\sin x)$ 在點 $(\pi, 0)$ 的切線方程式.

46. 求曲線 $y + \sin y = x$ 在點 $(0, 0)$ 的切線方程式.

47. 求曲線 $\sin(xy) = y$ 在點 $\left(\dfrac{\pi}{2}, -1\right)$ 的切線方程式.

48. 利用微分求 $\sin 59°$ 的近似值.

49. 利用微分求 $\cos 31°$ 的近似值.

50. 若 $y=\sin x \cos x$, 求 $\dfrac{d^2y}{dx^2}$.

51. 若 $y=x\sin x$, 求 y'''.

52. 計算 (1) $\dfrac{d^{99}}{dx^{99}}\sin x$, (2) $\dfrac{d^{50}}{dx^{50}}\cos 2x$.

53. 試證：$y=A\sin x+B\cos x$ (A 與 B 皆為任意常數) 恆為方程式 $y''+y=0$ 的解.

54. 試證：$y=\sin x+2\cos x$ 滿足方程式 $y'''+y''+y'+y=0$.

55. 一簡諧運動的週期為 $\dfrac{\pi}{4}$，且 $x(0)=1$, $v(0)=0$，求 $x(t)$. 其振幅與頻率如何？

56. 一簡諧運動中，若頻率為 $\dfrac{1}{\pi}$，且 $x(0)=0$, $v(0)=-2$，求其振幅與週期.

57. 當 $x\to 0$ 時，試利用 (2.13) 式證明 $\sin x \approx x$，並計算 $\sin 0.1°$.

58. 當 $x\to 0$ 時，試利用 (2.13) 式證明 $\tan x \approx x$，並計算 $\tan 0.01$.

59. 若 x 由 0.25 變到 0.26，利用微分求 $\sin^{-1}x$ 的變化量的近似值.

60. 求 $y=\tan^{-1}2x$ 的圖形上的點，使得通過該點的切線平行於直線 $2x-13y-5=0$.

61. 有時候，$\sec^{-1}$ 採用下列的定義：

$$y=\sec^{-1}x \Leftrightarrow \sec y=x \text{ 且 } 0\le y\le \pi,\ y\ne \dfrac{\pi}{2},\ (|x|>1).$$

試證：$\dfrac{d}{dx}\sec^{-1}x=\dfrac{1}{|x|\sqrt{x^2-1}}$ $(|x|>1)$.

2.10 對數函數與指數函數的導函數

在第 0 章預備數學中，我們曾討論到函數 $y=(1+x)^{1/x}$ 的圖形，當 $x\to 0$ 時，$(1+x)^{1/x}$ 趨近一個定數，這個定數可定義如下：

$$e=\lim_{x\to 0}(1+x)^{1/x} \text{ 或 } e=\lim_{n\to\infty}\left(1+\dfrac{1}{n}\right)^n$$

此處 e 為無理數，大約為 2.71828.

現在，我們證明自然對數函數 $\ln x\ (=\log_e x)$ 的導函數為 $\dfrac{1}{x}\ (x>0)$.

定理 2.17

$$\frac{d}{dx}\ln x = \frac{1}{x}, \quad x > 0$$

證：$\dfrac{d}{dx}\ln x = \lim\limits_{h\to 0}\dfrac{\ln(x+h)-\ln x}{h} = \lim\limits_{h\to 0}\dfrac{1}{h}\ln\left(\dfrac{x+h}{x}\right)$

$\qquad = \lim\limits_{h\to 0}\left[\dfrac{1}{x}\cdot\dfrac{x}{h}\ln\left(\dfrac{x+h}{x}\right)\right] = \dfrac{1}{x}\lim\limits_{h\to 0}\ln\left(1+\dfrac{h}{x}\right)^{x/h}$

$\qquad = \dfrac{1}{x}\ln\left[\lim\limits_{h\to 0}\left(1+\dfrac{h}{x}\right)^{x/h}\right]$ （依對數函數的連續性）

$\qquad = \dfrac{1}{x}\ln\left[\lim\limits_{t\to 0}(1+t)^{1/t}\right]$ $\left(\text{令 } t = \dfrac{h}{x}\right)$

$\qquad = \dfrac{1}{x}\ln e = \dfrac{1}{x}.$

若 $u=u(x)$ 為可微分函數，則由連鎖法則可得

$$\frac{d}{dx}\ln u = \frac{1}{u}\frac{du}{dx}, \quad u > 0. \tag{2.20}$$

定理 2.18

若 $u=u(x)$ 為可微分函數，則

$$\frac{d}{dx}\ln|u| = \frac{1}{u}\frac{du}{dx}.$$

證：若 $u > 0$，則 $\ln|u| = \ln u$，故

$$\frac{d}{dx}\ln|u| = \frac{d}{dx}\ln u = \frac{1}{u}\frac{du}{dx}$$

若 $u < 0$，則 $\ln|u| = \ln(-u)$，故

$$\frac{d}{dx}\ln|u| = \frac{d}{dx}\ln(-u) = \frac{1}{-u}\frac{d}{dx}(-u) = \frac{1}{u}\frac{du}{dx}.$$

▶▶ **例題 1**：(1) $\dfrac{d}{dx}\ln(x^3+2) = \dfrac{1}{x^3+2}\dfrac{d}{dx}(x^3+2)$

$$= \frac{3x^2}{x^3+2}.$$

(2) $\dfrac{d}{dx}\ln|x^3-1| = \dfrac{1}{x^3-1}\dfrac{d}{dx}(x^3-1) = \dfrac{3x^2}{x^3-1}.$

(3) $\dfrac{d}{dx}\sqrt{\ln x} = \dfrac{d}{dx}(\ln x)^{1/2} = \dfrac{1}{2}(\ln x)^{-1/2}\dfrac{d}{dx}\ln x$

$$= \frac{1}{2\sqrt{\ln x}}\cdot\frac{1}{x} = \frac{1}{2x\sqrt{\ln x}}.$$

(4) $\dfrac{d}{dx}\ln(\sin x) = \dfrac{1}{\sin x}\dfrac{d}{dx}\sin x$

$$= \frac{\cos x}{\sin x} = \cot x.$$

(5) $\dfrac{d}{dx}\ln|\sec x + \tan x| = \dfrac{1}{\sec x + \tan x}\dfrac{d}{dx}(\sec x + \tan x)$

$$= \frac{1}{\sec x + \tan x}(\sec x \tan x + \sec^2 x)$$
$$= \sec x.$$

(6) $\dfrac{d}{dx}\ln(\ln x) = \dfrac{1}{\ln x}\dfrac{d}{dx}\ln x$

$$= \frac{1}{\ln x}\cdot\frac{1}{x} = \frac{1}{x\ln x}.$$

▶▶ **例題 2**：若 $y = \ln\sqrt{\dfrac{1+x^2}{1-x^2}}$，求 $\dfrac{dy}{dx}$。[提示：化成對數的差。]

解：$\dfrac{dy}{dx} = \dfrac{d}{dx}\ln\sqrt{\dfrac{1+x^2}{1-x^2}} = \dfrac{1}{2}\dfrac{d}{dx}[\ln(1+x^2) - \ln(1-x^2)]$

$$= \frac{1}{2}\left(\frac{2x}{1+x^2}+\frac{2x}{1-x^2}\right)=\frac{2x}{1-x^4}.$$

▶▶ 例題 3：若 $y=\ln \tan\left(\dfrac{x}{2}+\dfrac{\pi}{4}\right)$，求 $\dfrac{dy}{dx}$. [提示：利用 (2.20) 式.]

解：$\dfrac{dy}{dx}=\dfrac{1}{\tan\left(\dfrac{x}{2}+\dfrac{\pi}{4}\right)}\dfrac{d}{dx}\tan\left(\dfrac{x}{2}+\dfrac{\pi}{4}\right)$

$$=\dfrac{1}{\tan\left(\dfrac{x}{2}+\dfrac{\pi}{4}\right)}\cdot\dfrac{1}{\cos^2\left(\dfrac{x}{2}+\dfrac{\pi}{4}\right)}\cdot\dfrac{1}{2}$$

$$=\dfrac{1}{2\sin\left(\dfrac{x}{2}+\dfrac{\pi}{4}\right)\cos\left(\dfrac{x}{2}+\dfrac{\pi}{4}\right)}=\dfrac{1}{\sin\left(x+\dfrac{\pi}{2}\right)}$$

$$=\dfrac{1}{\cos x}=\sec x.$$

▶▶ 例題 4：求 $\dfrac{d}{dx}\ln(\ln(\ln x))$. [提示：利用連鎖法則.]

解：$\dfrac{d}{dx}\ln(\ln(\ln x))=\dfrac{1}{\ln(\ln x)}\dfrac{d}{dx}\ln(\ln x)$

$$=\dfrac{1}{\ln(\ln x)}\cdot\dfrac{1}{\ln x}\cdot\dfrac{1}{x}$$

$$=\dfrac{1}{x\ln x\ln(\ln x)}.$$

▶▶ 例題 5：求曲線 $2xy+\ln(xy)=2$ 在點 $(1, 1)$ 的切線與法線的方程式. [提示：利用隱微分法.]

解：$2xy+\ln(xy)=2 \Rightarrow 2\left(x\dfrac{dy}{dx}+y\right)+\dfrac{1}{xy}\left(x\dfrac{dy}{dx}+y\right)=0$

$$\Rightarrow \frac{dy}{dx} = -\frac{2y + \frac{1}{x}}{2x + \frac{1}{y}}$$

可得 $$\left.\frac{dy}{dx}\right|_{(1,1)} = -\frac{2+1}{2+1} = -1$$

所以，在點 (1, 1) 的切線方程式為 $y - 1 = -(x-1)$，即，$x + y - 2 = 0$；法線方程式為 $y - 1 = x - 1$，即，$x - y = 0$.

定理 2.19

$$\frac{d}{dx} \log_a x = \frac{1}{x \ln a}$$

證：$\dfrac{d}{dx} \log_a x = \dfrac{d}{dx}\left(\dfrac{\ln x}{\ln a}\right) = \dfrac{1}{\ln a} \dfrac{d}{dx} \ln x = \dfrac{1}{x \ln a}$

若 $u = u(x)$ 為可微分函數，則由連鎖法則可得

$$\frac{d}{dx} \log_a u = \frac{1}{u \ln a} \frac{du}{dx}. \tag{2.21}$$

定理 2.20

若 $u = u(x)$ 為可微分函數，則

$$\frac{d}{dx} \log_a |u| = \frac{1}{u \ln a} \frac{du}{dx}.$$

▶▶ **例題 6**：化學家利用 pH 值描述溶液的酸鹼度. 依定義，pH $= -\log [H^+]$，此處 $[H^+]$ 為每升中氫離子的濃度 (以莫耳計). 若對某廠牌的醋，估計 (百分誤差為 $\pm 0.5\%$) 出 $[H^+] \approx 6.3 \times 10^{-3}$，試計算 pH 值，並利用微分估計計算中的百分誤差.

解：$pH = -\log [H^+] = -\log(6.3 \times 10^{-3}) \approx 2.2$

$$f([H^+]) = -\log[H^+] \Rightarrow df = \left(\frac{-1}{[H^+] \ln 10}\right) d[H^+]$$

當 $\dfrac{d[H^+]}{[H^+]} \approx \pm 0.005$ 時，利用 df 近似 Δf，可得

$$df = \frac{\pm 0.005}{\ln 10} \approx \pm 0.0028 = \pm 0.28\%.$$

已知 $y = f(x)$，有時我們利用所謂的**對數微分法** (logarithmic differentiation) 求 $\dfrac{dy}{dx}$ 是很方便的．若 $f(x)$ 牽涉到複雜的積、商或乘冪，則此方法特別有用．

對數微分法的步驟：

步驟 1：$\ln|y| = \ln|f(x)|$

步驟 2：$\dfrac{d}{dx}\ln|y| = \dfrac{d}{dx}\ln|f(x)|$

步驟 3：$\dfrac{1}{y}\dfrac{dy}{dx} = \dfrac{d}{dx}\ln|f(x)|$

步驟 4：$\dfrac{dy}{dx} = f(x)\dfrac{d}{dx}\ln|f(x)|$

▶ **例題 7**：若 $y = \dfrac{(x^2+1)\sqrt{x+5}}{x-2}$，求 $\dfrac{dy}{dx}$．[提示：利用對數微分法．]

解：$\ln|y| = \ln\left|\dfrac{(x^2+1)\sqrt{x+5}}{x-2}\right|$

$$= \ln|x^2+1| + \frac{1}{2}\ln|x+5| - \ln|x-2|$$

$$\frac{d}{dx}\ln|y| = \frac{d}{dx}\ln|x^2+1| + \frac{1}{2}\frac{d}{dx}\ln|x+5| - \frac{d}{dx}\ln|x-2|$$

可得 $\dfrac{1}{y}\dfrac{dy}{dx} = \dfrac{2x}{x^2+1} + \dfrac{1}{2}\cdot\dfrac{1}{x+5} - \dfrac{1}{x-2}$

故 $$\frac{dy}{dx} = y\left(\frac{2x}{x^2+1} + \frac{1}{2x+10} - \frac{1}{x-2}\right)$$
$$= \frac{(x^2+1)\sqrt{x+5}}{x-2}\left(\frac{2x}{x^2+1} + \frac{1}{2x+10} - \frac{1}{x-2}\right).$$

▶▶ 例題 8：若 $y = \dfrac{x\sqrt[3]{x-5}}{1+\sin^3 x}$，求 $\dfrac{dy}{dx}$. [提示：利用對數微分法.]

解：$\ln|y| = \ln\left|\dfrac{x\sqrt[3]{x-5}}{1+\sin^3 x}\right| = \ln|x| + \dfrac{1}{3}\ln|x-5| - \ln|1+\sin^3 x|$

$\dfrac{d}{dx}\ln|y| = \dfrac{d}{dx}\ln|x| + \dfrac{1}{3}\dfrac{d}{dx}\ln|x-5| - \dfrac{d}{dx}\ln|1+\sin^3 x|$

可得 $$\frac{1}{y}\frac{dy}{dx} = \frac{1}{x} + \frac{1}{3x-15} - \frac{3\sin^2 x \cos x}{1+\sin^3 x}$$

故 $$\frac{dy}{dx} = y\left(\frac{1}{x} + \frac{1}{3x-15} - \frac{3\sin^2 x \cos x}{1+\sin^3 x}\right)$$
$$= \frac{x\sqrt[3]{x-5}}{1+\sin^3 x}\left(\frac{1}{x} + \frac{1}{3x-15} - \frac{3\sin^2 x \cos x}{1+\sin^3 x}\right).$$

對數微分法也可證明

$$\frac{d}{dx}u^n = nu^{n-1}\frac{du}{dx}$$

其中 n 為實數，$u = u(x)$ 為可微分函數.

證明如下：令 $y = u^n$，則 $\ln y = \ln u^n = n\ln u$，可得

$$\frac{d}{dx}\ln y = \frac{d}{dx}(n\ln u)$$

$$\frac{1}{y}\frac{dy}{dx} = \frac{n}{u}\frac{du}{dx}$$

故 $$\frac{dy}{dx} = u^n \cdot \frac{n}{u}\frac{du}{dx} = nu^{n-1}\frac{du}{dx}.$$

因指數函數與對數函數互為反函數，故可以利用對數函數的導函數公式去求指數函數的導函數公式．首先，我們考慮以 e 為底的自然指數函數．

設 $y=e^x$，則 $\ln y=x$，可得

$$\frac{1}{y}\frac{dy}{dx}=1$$

故

$$\frac{dy}{dx}=y$$

定理 2.21

$$\frac{d}{dx}e^x=e^x$$

若 $u=u(x)$ 為可微分函數，則由連鎖法則可得

$$\frac{d}{dx}e^u=e^u\frac{du}{dx}. \tag{2.22}$$

▶▶ <u>例題 9</u>：(1) $\dfrac{d}{dx}e^{-2x}=e^{-2x}\dfrac{d}{dx}(-2x)$

$\qquad\qquad\qquad =-2e^{-2x}$

(2) $\dfrac{d}{dx}e^{\sin x}=e^{\sin x}\dfrac{d}{dx}\sin x$

$\qquad\qquad\quad =e^{\sin x}\cos x$

(3) $\dfrac{d}{dx}e^{\sqrt{x+1}}=e^{\sqrt{x+1}}\dfrac{d}{dx}\sqrt{x+1}=\dfrac{e^{\sqrt{x+1}}}{2\sqrt{x+1}}$

(4) $\dfrac{d}{dx}\sqrt{1+e^x}=\dfrac{1}{2}(1+e^x)^{-1/2}\dfrac{d}{dx}(1+e^x)=\dfrac{e^x}{2\sqrt{1+e^x}}$

(5) $\dfrac{d}{dx}(e^{-3x}\cdot\sin 2x)=e^{-3x}\dfrac{d}{dx}\sin 2x+\sin 2x\dfrac{d}{dx}e^{-3x}$

$\qquad\qquad\qquad\qquad =2e^{-3x}\cos 2x-3e^{-3x}\sin 2x$

$\qquad\qquad\qquad\qquad =e^{-3x}(2\cos 2x-3\sin 2x).$

▶ **例題 10**：已達平衡之化學反應的平衡常數 k 是根據定律

$$k = k_0 \exp\left[-\frac{q(T-T_0)}{2T_0 T}\right]$$

隨著絕對溫度 T 而改變，此處 k_0、q 與 T_0 皆為常數，求 k 對 T 的變化率.
[提示：利用 (2.22) 式.]

解：
$$\frac{dk}{dT} = k_0 \exp\left[-\frac{q(T-T_0)}{2T_0 T}\right] \frac{d}{dT}\left[-\frac{q(T-T_0)}{2T_0 T}\right]$$

$$= k_0 \exp\left[-\frac{q(T-T_0)}{2T_0 T}\right]\left(-\frac{q}{2T^2}\right)$$

$$= -\frac{k_0 q}{2T^2} \exp\left[-\frac{q(T-T_0)}{2T_0 T}\right].$$

▶ **例題 11**：求曲線 $e^{xy} = x+2y$ 在點 $(1, 0)$ 的切線與法線的方程式.
[提示：利用隱微分法.]

解：$\dfrac{d}{dx} e^{xy} = \dfrac{d}{dx}(x+2y) \Rightarrow e^{xy} \dfrac{d}{dx}(xy) = 1+2\dfrac{dy}{dx}$

$$\Rightarrow e^{xy}\left(x\frac{dy}{dx}+y\right) = 1+2\frac{dy}{dx}$$

$$\Rightarrow (xe^{xy}-2)\frac{dy}{dx} = 1-ye^{xy}$$

$$\Rightarrow \frac{dy}{dx} = \frac{1-ye^{xy}}{xe^{xy}-2}$$

可得
$$\left.\frac{dy}{dx}\right|_{(1,0)} = \frac{1}{1-2} = -1.$$

所以，切線方程式為 $y-0 = -(x-1)$，即，$x+y-1=0$；法線方程式為 $y-0 = x-1$，即，$x-y-1=0$.

對以正數 a $(0 < a \neq 1)$ 為底的指數函數 a^x 微分時，可先予以換底，即，

$$a^x = e^{\ln a^x} = e^{x \ln a}$$

再將它微分，可得到下面的定理．

定理 2.22

$$\frac{d}{dx}a^x = a^x \ln a$$

若 $u = u(x)$ 為可微分函數，則由連鎖法則可得

$$\frac{d}{dx}a^u = a^u (\ln a) \frac{du}{dx}. \tag{2.23}$$

▶ **例題 12**：(1) $\dfrac{d}{dx} 2^{-x} = 2^{-x} (\ln 2) \dfrac{d}{dx}(-x) = -2^{-x} \ln 2$

(2) $\dfrac{d}{dx} 2^{\sin x} = 2^{\sin x} (\ln 2) \dfrac{d}{dx} \sin x = 2^{\sin x} (\ln 2) \cos x$

(3) $\dfrac{d}{dx} 2^{\sqrt{x+3}} = 2^{\sqrt{x+3}} (\ln 2) \dfrac{d}{dx} \sqrt{x+3} = \dfrac{2^{\sqrt{x+3}} (\ln 2)}{2\sqrt{x+3}}.$

▶ **例題 13**：若 $y = x^x$ $(x > 0)$，求 $\dfrac{dy}{dx}$. [提示：利用對數微分法．]

解：因 x^x 的指數是變數，故無法利用冪法則；同理，因底數不是常數，故不能利用定理 2.22 的公式．

$y = x^x = e^{\ln x^x} = e^{x \ln x}$

$\Rightarrow \dfrac{dy}{dx} = \dfrac{d}{dx}(e^{x \ln x}) = e^{x \ln x} \dfrac{d}{dx}(x \ln x)$

$\qquad = e^{x \ln x} \left(x \dfrac{d}{dx} \ln x + \ln x \dfrac{d}{dx} x \right)$

$\qquad = x^x (1 + \ln x).$

另解：$y = x^x \Rightarrow \ln y = \ln x^x = x \ln x$

$\qquad \Rightarrow \dfrac{d}{dx} \ln y = \dfrac{d}{dx} (x \ln x)$

$$\Rightarrow \frac{1}{y}\frac{dy}{dx}=1+\ln x$$

$$\Rightarrow \frac{dy}{dx}=y(1+\ln x)=x^x(1+\ln x).$$

▶ **例題 14**：若 $y=x^{\sin x}$ $(x>0)$，求 $\dfrac{dy}{dx}$. [提示：利用對數微分法.]

解：$\ln y = \ln x^{\sin x} = \sin x \ln x$

$$\Rightarrow \frac{d}{dx}\ln y = \frac{d}{dx}(\sin x \ln x)$$

$$\Rightarrow \frac{1}{y}\frac{dy}{dx} = \frac{\sin x}{x} + \cos x \ln x$$

$$\Rightarrow \frac{dy}{dx} = x^{\sin x}\left(\frac{\sin x}{x} + \cos x \ln x\right).$$

註：若 $u=u(x)$ 與 $v=v(x)$ 皆為可微分函數，則

$$\frac{d}{dx}u^v = vu^{v-1}\frac{du}{dx} + u^v(\ln u)\frac{dv}{dx}.$$

▶ **例題 15**：若 $x^y=y^x$ 定義 y 為 x 的可微分函數，求 $\dfrac{dy}{dx}$. [提示：利用對數微分法.]

解：$x^y=y^x \Rightarrow \ln x^y = \ln y^x \Rightarrow y\ln x = x\ln y$

$$\Rightarrow \frac{d}{dx}(y\ln x) = \frac{d}{dx}(x\ln y) \Rightarrow \frac{y}{x} + \ln x\frac{dy}{dx} = \frac{x}{y}\frac{dy}{dx} + \ln y$$

$$\Rightarrow \left(\ln x - \frac{x}{y}\right)\frac{dy}{dx} = \ln y - \frac{y}{x}$$

$$\Rightarrow \frac{dy}{dx} = \frac{\ln y - \dfrac{y}{x}}{\ln x - \dfrac{x}{y}}.$$

習題 2.10

求 1～23 題各函數的一階導函數.

1. $y = \dfrac{\ln x}{2 + \ln x}$

2. $y = x \ln |2 - x^2|$

3. $y = \ln(x + \sqrt{x^2 - 1})$

4. $y = \ln \sqrt{x^2 + 2x}$

5. $y = \ln \sqrt{\dfrac{1 + x^2}{1 - x^2}}$

6. $f(x) = \ln \sqrt[3]{\dfrac{x^2 - 1}{x^2 + 1}}$

7. $f(x) = \log_5 \left| \dfrac{x^2 + 1}{x - 1} \right|$

8. $f(x) = \dfrac{1 - \ln x}{1 + \ln x}$

9. $f(x) = \ln \left(\dfrac{1 - \sin x}{1 + \sin x} \right)$

10. $f(\theta) = \ln |\sec 3\theta + \tan 3\theta|$

11. $y = \ln |\csc x - \cot x|$

12. $f(x) = \ln(\ln x)$

13. $f(x) = \ln(\ln(\ln x))$

14. $f(x) = \sqrt{\ln \sqrt{x}}$

15. $f(t) = \ln \tan\left(\dfrac{\pi}{4} - \dfrac{t}{2}\right)$

16. $f(t) = \ln \tan\left(\dfrac{t}{2} + \dfrac{\pi}{4}\right)$

17. $y = \dfrac{3}{1 + 2e^{-x}}$

18. $y = \ln(1 - xe^{-x})$

19. $y = \ln \sqrt{e^{2x} + e^{-2x}}$

20. $y = \dfrac{e^x - e^{-x}}{e^x + e^{-x}}$

21. $y = x^\pi \pi^x$

22. $y = \dfrac{x}{6^x + x^6}$

23. $f(x) = \ln\left(\dfrac{1 - e^x}{1 + e^x}\right)$

求 24～27 題的 $\dfrac{dy}{dx}$.

24. $x \sin y = 1 + y \ln x$

25. $\ln(x^2 + y^2) = x + y$

26. $y + \ln(xy) = 1$

27. $\ln(x + y) = \tan^{-1}(xy)$

求 28～29 題的 $\dfrac{d^2y}{dx^2}$.

28. $y = e^{-x} \ln x$ **29.** $y = e^{-2x} \sin 3x$

利用對數微分法求 30～37 題的 $\dfrac{dy}{dx}$.

30. $y = \dfrac{(x^2+1)\sqrt{x+5}}{x-2}$ **31.** $y = \sqrt{\dfrac{(2x+1)(3x+2)}{4x+3}}$

32. $y = \dfrac{1+2\cos x}{x^3(2x+1)^7}$ **33.** $y = x^{\sqrt{x}}$

34. $y = (\sin x)^x$ **35.** $y = x^{\ln x}$

36. $y = (\ln x)^x$ **37.** $2^y = xy$

38. 求 $x^3 - x \ln y + y^3 = 2x + 5$ 的圖形在點 $(2, 1)$ 的切線方程式.

39. 若 g 為 $f(x) = 2x + \ln x$ 的反函數, 求 $g'(2)$.

40. 若 $\ln(2.00) \approx 0.6932$, 利用微分求 $\ln(2.01)$ 的近似值.

41. 令 $f(x) = e^{ax}$, $g(x) = e^{-ax}$, 其中 a 為常數, 求 (1) $f^{(n)}(x)$, (2) $g^{(n)}(x)$.

42. 若 $f(x) = \dfrac{1}{\sqrt{2\pi}\,\sigma} \exp\left[-\dfrac{1}{2}\left(\dfrac{x-\mu}{\sigma}\right)^2\right]$, 其中 μ 與 σ 皆為常數, 求 $f'(x)$.

43. 令 $f(x) = e^{|x|}$.
 (1) $f(x)$ 在 $x=0$ 為連續嗎？
 (2) $f(x)$ 在 $x=0$ 為可微分嗎？

44. 設 $f(x) = xe^{x^2}$, 若 x 由 1.00 變到 1.01, 利用微分求 f 的變化量的近似值. $f(1.01)$ 的近似值為何？

45. 某電路中的電流在時間 t 為 $I(t) = I_0 e^{-Rt/L}$, 其中 R 為電阻, L 為電感, I_0 為在 $t=0$ 的電流, 試證：電流在任何時間 t 的變化率與 $I(t)$ 成比例.

46. 求切曲線 $y = (x-1)e^x + 3\ln x + 2$ 於點 $(1, 2)$ 之切線的方程式.

47. 求曲線 $e^y - e^{-y} = x$ 在點 $(0, 0)$ 的切線方程式.

48. 求曲線 $\ln y = e^y \sin x$ 在點 $(0, 1)$ 的切線方程式.

49. 試證：$y = Ae^{2x} + Be^{-4x}$ (A 與 B 皆為任意常數) 恆為方程式 $y'' + 2y' - 8y = 0$ 的解.

50. 試證：$y = e^{-2x}(\sin 2x + \cos 2x)$ 滿足 $y'' + 4y' + 8y = 0$.

51. 試證：若 $y = 2^{3x} 5^{6x}$, 則 $\dfrac{dy}{dx}$ 與 y 成比例.

52. (1) 假設 u 與 v 皆為 x 的可微分函數，利用對數微分法證明公式：

$$\frac{d}{dx} u^v = vu^{v-1} \frac{du}{dx} + u^v (\ln u) \frac{dv}{dx}$$

(2) 當 u 為常數時，(1) 的公式為何？

(3) 當 v 為常數時，(1) 的公式為何？

53. 當 $x \to 0$ 時，試利用 (2.13) 式證明 $\ln(1+x) \approx x$，並計算 $\ln(0.998)$.

54. 當 $x \to 0$ 時，試利用 (2.13) 式證明 $e^x \approx 1+x$，並計算 $e^{-0.02}$.

2.11 雙曲線函數的導函數

在本節中，我們將研究 e^x 與 e^{-x} 的某些組合，稱為**雙曲線函數** (hyperbolic function)，這些函數有很多工程上的應用．因它們的性質與三角函數有許多類似，故其名稱與符號皆仿照三角函數．

定義 2.10

雙曲線正弦函數 (hyperbolic sine function)，記為 sinh，與雙曲線餘弦函數 (hyperbolic cosine function)，記為 cosh，分別定義如下：

$$\sinh x = \frac{e^x - e^{-x}}{2}, \quad -\infty < x < \infty$$

$$\cosh x = \frac{e^x + e^{-x}}{2}, \quad -\infty < x < \infty$$

$y = \sinh x$ 與 $y = \cosh x$ 的圖形如圖 2.20 所示.

136 微積分 (觀念與解析)

(i)

(ii)

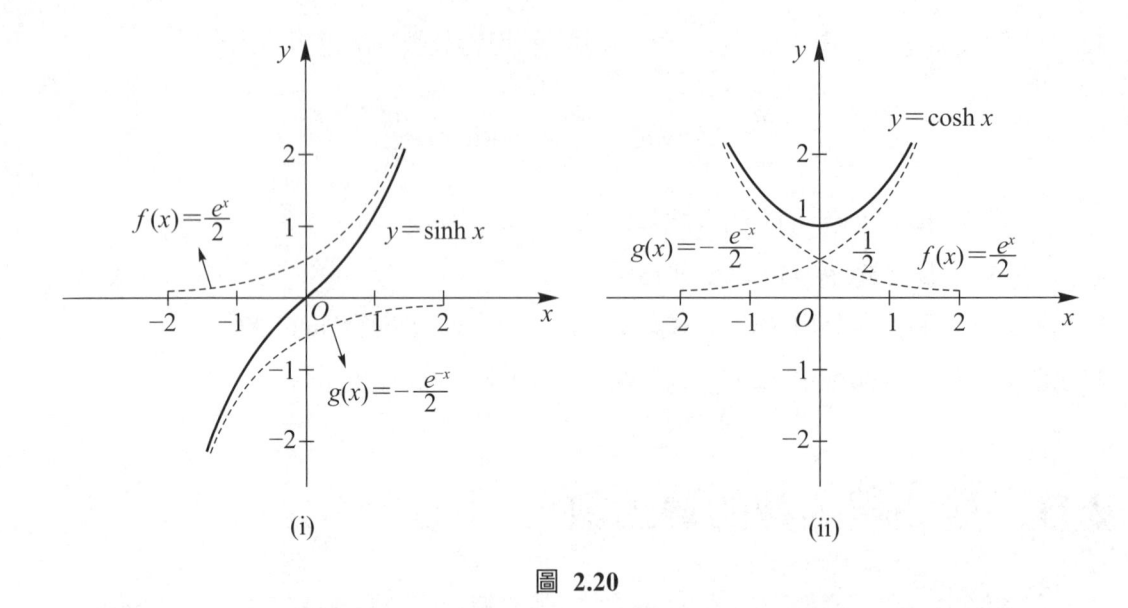

圖 2.20

我們舉出雙曲線餘弦函數如何發生在物理問題中的例子來說明. 考慮懸掛在同一高度的兩點之間的均勻柔軟電纜 (例如，懸掛在兩桿之間的電線)，此電纜構成一條曲線，稱為**懸鏈線** (catenary). 若我們引進一坐標系使得電纜的最低點發生在 y-軸上的 $(0, a)$ 處，此處 $a > 0$，則利用物理的原理，可得電纜所形成曲線的方程式為

$$y = a \cosh \frac{x}{a}$$

此處 a 與電纜的張力以及物理性質有關 (圖 2.21).

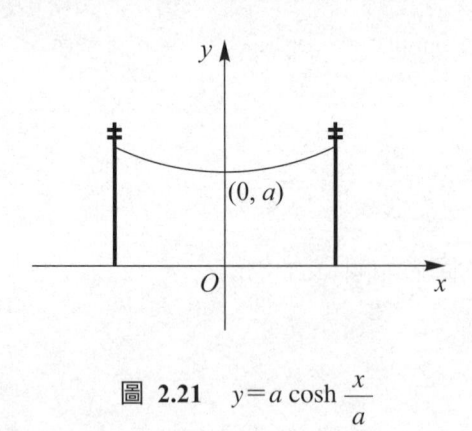

圖 2.21 $y = a \cosh \dfrac{x}{a}$

如同三角函數，我們可依次將**雙曲線正切函數** (hyperbolic tangent function) tanh、**雙曲線餘切函數** (hyperbolic cotangent function) coth、**雙曲線正割函數** (hyperbolic secant function) sech 與**雙曲線餘割函數** (hyperbolic cosecant function) csch，定義如下：

定義 2.11

(1) $\tanh x = \dfrac{\sinh x}{\cosh x} = \dfrac{e^x - e^{-x}}{e^x + e^{-x}}, \quad -\infty < x < \infty$

(2) $\coth x = \dfrac{\cosh x}{\sinh x} = \dfrac{e^x + e^{-x}}{e^x - e^{-x}}, \quad x \neq 0$

(3) $\operatorname{sech} x = \dfrac{1}{\cosh x} = \dfrac{2}{e^x + e^{-x}}, \quad -\infty < x < \infty$

(4) $\operatorname{csch} x = \dfrac{1}{\sinh x} = \dfrac{2}{e^x - e^{-x}}, \quad x \neq 0$

其圖形如圖 2.22 所示.

(i) $y = \tanh x$

(ii) $y = \coth x = \dfrac{1}{\tanh x}$

(iii) $y = \operatorname{sech} x = \dfrac{1}{\cosh x}$

(iv) $y = \operatorname{csch} x = \dfrac{1}{\sinh x}$

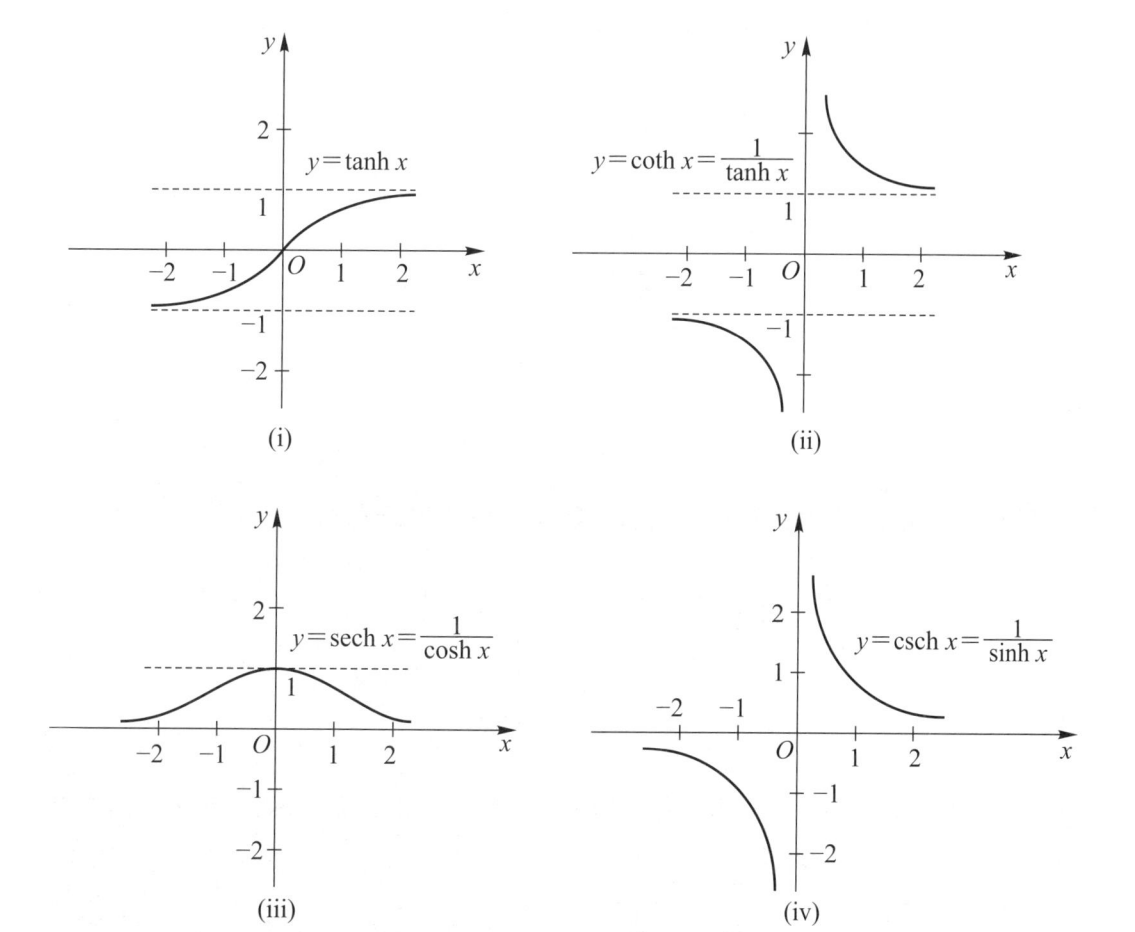

圖 2.22

雙曲線函數的一些恆等式與三角函數的恆等式也很類似，我們僅予以列出，其證明留給讀者．

$$\sinh(-x) = -\sinh x, \quad \cosh(-x) = \cosh x$$

$$\cosh^2 x - \sinh^2 x = 1$$

$$\tanh^2 x + \operatorname{sech}^2 x = 1$$

$$\coth^2 x - \operatorname{csch}^2 x = 1$$

$$\sinh(x \pm y) = \sinh x \cosh y \pm \cosh x \sinh y$$

$$\cosh(x \pm y) = \cosh x \cosh y \pm \sinh x \sinh y$$

$$\sinh 2x = 2 \sinh x \cosh x$$

$$\cosh 2x = \cosh^2 x + \sinh^2 x = 2\cosh^2 x - 1 = 1 + 2\sinh^2 x$$

註：恆等式 $\cosh^2 x - \sinh^2 x = 1$ 告訴我們點 $(\cosh\theta, \sinh\theta)$ 在雙曲線 $x^2 - y^2 = 1$ 的右枝上，這就是取名為雙曲線函數的緣故 (圖 2.23)．

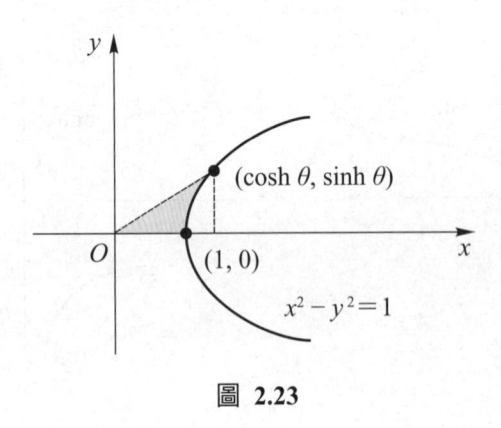

圖 2.23

我們由定義 2.10 很容易得到 $\sinh x$ 與 $\cosh x$ 的導函數公式．例如，

$$\frac{d}{dx}\sinh x = \frac{d}{dx}\left(\frac{e^x - e^{-x}}{2}\right) = \frac{e^x + e^{-x}}{2} = \cosh x$$

同理，
$$\frac{d}{dx}\cosh x = \sinh x$$

其餘雙曲線函數的導函數可由先將這些雙曲線函數用 $\sinh x$ 與 $\cosh x$ 來表示再求得．

$$\frac{d}{dx}\tanh x = \frac{d}{dx}\left(\frac{\sinh x}{\cosh x}\right)$$

$$= \frac{\cosh x \dfrac{d}{dx} \sinh x - \sinh x \dfrac{d}{dx} \cosh x}{\cosh^2 x}$$

$$= \frac{\cosh^2 x - \sinh^2 x}{\cosh^2 x} = \frac{1}{\cosh^2 x} = \text{sech}^2 x.$$

定理 2.23

若 $u = u(x)$ 為可微分函數，則

(1) $\dfrac{d}{dx} \sinh u = \cosh u \dfrac{du}{dx}$

(2) $\dfrac{d}{dx} \cosh u = \sinh u \dfrac{du}{dx}$

(3) $\dfrac{d}{dx} \tanh u = \text{sech}^2 u \dfrac{du}{dx}$

(4) $\dfrac{d}{dx} \coth u = -\text{csch}^2 u \dfrac{du}{dx}$

(5) $\dfrac{d}{dx} \text{sech}\, u = -\text{sech}\, u \tanh u \dfrac{du}{dx}$

(6) $\dfrac{d}{dx} \text{csch}\, u = -\text{csch}\, u \coth u \dfrac{du}{dx}$

註：除了正負號形式的差異外，這些公式與三角函數的導函數公式相似.

▶▶ **例題 1**：(1) $\dfrac{d}{dx} \cosh \sqrt{x} = \sinh \sqrt{x} \, \dfrac{d}{dx} \sqrt{x} = \dfrac{\sinh \sqrt{x}}{2\sqrt{x}}.$

(2) $\dfrac{d}{dx} \ln \tanh x = \dfrac{1}{\tanh x} \dfrac{d}{dx} \tanh x = \dfrac{\text{sech}^2 x}{\tanh x}$

$= \dfrac{2}{\sinh 2x}.$

▶▶ **例題 2**：若 $\sinh(xy) = ye^x$，求 $\dfrac{dy}{dx}$. [提示：利用隱微分法.]

解：$\dfrac{d}{dx} \sinh(xy) = \dfrac{d}{dx}(ye^x)$

$$\cosh(xy)\left(x \dfrac{dy}{dx} + y\right) = ye^x + e^x \dfrac{dy}{dx}$$

即,

$$[x\cosh(xy)-e^x]\frac{dy}{dx}=y[e^x-\cosh(xy)]$$

故
$$\frac{dy}{dx}=\frac{y[e^x-\cosh(xy)]}{x\cosh(xy)-e^x}.$$

習題 ▶ 2.11

求 1～6 題的 $\dfrac{dy}{dx}$.

1. $y=\sinh(2x^2+3)$ **2.** $y=\operatorname{csch}\dfrac{x}{2}$ **3.** $y=\sqrt{\operatorname{sech}5x}$

4. $y=e^{3x}\operatorname{sech}x$ **5.** $y=\dfrac{1}{1+\tanh x}$ **6.** $y=\dfrac{1+\cosh x}{1-\cosh x}$

7. 若 $x^2\tanh y=\ln y$，求 $\dfrac{dy}{dx}$.

綜合 ▶ 習題

1. 求 $\displaystyle\lim_{\alpha\to 0}\frac{\sin\alpha°}{\alpha}$.

2. 求 $\displaystyle\lim_{x\to 0}\frac{\sin^2 2x}{\sin^2 x}$.

3. 設 $\displaystyle\lim_{x\to 0}\frac{\sin 2x}{\sqrt{ax+b}-1}=2$, 求 a 與 b 的值.

4. 若 $f(x)=\sqrt{1+\sqrt{2+\sqrt{3+x}}}$, 求 $f'(1)$.

5. 設 $g(x)=\sqrt[3]{x+|x|}$, 求 $g'(x)$.

6. 若 $f(\theta)=\ln\left(\dfrac{1+\cos\theta}{1-\cos\theta}\right)$, 求 $f'(\theta)$.

7. 求曲線 $y=x^3-3x^2+3$ 的所有切線斜率是最小的切線方程式.

8. 找出 a、b、c 與 d 的關係，使得三次函數 $f(x)=ax^3+bx^2+cx+d$ 的圖形
   (1) 恰有兩條水平切線.
   (2) 恰有一條水平切線.
   (3) 無水平切線.

9. 若希望誤差小於 0.001，則 $\sqrt[5]{x}$ 在 x 是多少時，可被 $\sqrt[5]{x+1}$ 取代？

10. 斜邊為 h 的直角三角形的面積 A 可由公式 $A=\dfrac{1}{4}h^2\sin 2\theta$ 來計算，此處 θ 為其中一個銳角. 若 $h=4$ 厘米（正確）且 $\theta=30°\pm 5'$，求 A 的誤差.

11. 令 $P(a, b)$ 為第一象限中曲線 $y=\dfrac{1}{x}$ 上的一點，且在 P 的切線交 x-軸於 A，試證三角形 AOP 為等腰，並求其面積.

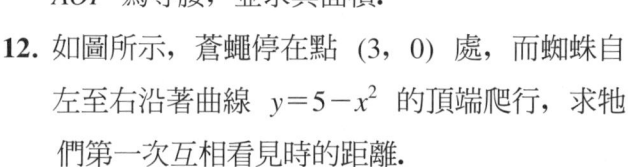

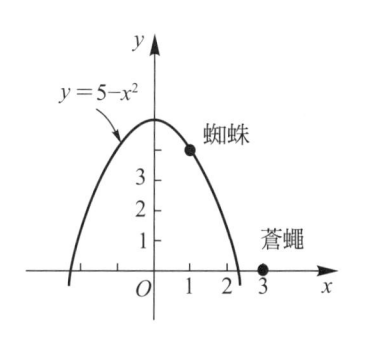

12. 如圖所示，蒼蠅停在點 $(3, 0)$ 處，而蜘蛛自左至右沿著曲線 $y=5-x^2$ 的頂端爬行，求牠們第一次互相看見時的距離.

13. 設 $f:\mathbb{R}\to\mathbb{R}$，$f(x+h)=f(x)f(h)$，$f(0)\neq 0$，試證：
   (1) $f(0)=1$.
   (2) 若 f 在 0 為可微分，則 f 在任意實數 x 皆為可微分，且 $f'(x)=f(x)f'(0)$.

14. 試證：方程式 $y=\dfrac{1}{x}$ 之圖形的切線被兩坐標軸截斷的線段是被切點二等分.

15. 設 $f'(x)=\dfrac{1}{x}$，$x\neq 0$.
   (1) 試證：若 $a\neq 0$，則 $\dfrac{d}{dx}f(ax)=\dfrac{d}{dx}f(x)$.
   (2) 若 $y=f(\sin x)$ 且 $v=f\left(\dfrac{1}{x}\right)$，求 $\dfrac{dy}{dx}$ 與 $\dfrac{dv}{dx}$.

16. 一定質量 m 的質點沿著 x-軸前進，其速度 v 與位置 x 滿足方程式

$$\dfrac{1}{2}m(v^2-v_0^2)=\dfrac{1}{2}k(x_0^2-x^2)$$

其中 k、x_0 與 v_0 皆為常數. 當 $v \neq 0$ 時，試證：$m\dfrac{dv}{dt} = -kx$.

17. 某質點沿著 x-軸前進，使得它在時間 t 的 x-坐標為 $x = ae^{kt} + be^{-kt}$ (a、b 與 k 皆為常數)，試證：它的加速度與 x 成比例.

微分的應用

3.1 函數的極值

在日常生活中，我們對一些問題必須以尋求最佳決策的方法處理之．例如，某人開一家成衣工廠，希望工資愈低而產品價格愈高，以便獲得更多利潤．但這是行不通的，因為工資低，工人可以怠工，而產品價格過高，則產品會賣不出去，造成庫存過多．如何在可能的狀況下，使工資與價格恰到好處，而又達到利潤最多的目標，這些都是**最佳化問題** (optimization problem)．

最佳化問題可簡化為求函數的最大值與最小值並判斷此值發生於何處．在本節中，我們將對求解這種問題的某些數學觀念作詳細說明．往後，我們將使用這些觀念去求解一些應用問題．

定義 3.1

設函數 f 定義在區間 I 且 $c \in I$．
(1) 若對 I 中所有 x 恆有 $f(c) \geq f(x)$，則稱 f 在 c 處有**絕對極大值** (absolute maximum) 或**全域極大值** (global maximum)，$f(c)$ 為 f 在 I 上的絕對極大值 (或全域極大值)．
(2) 若對 I 中所有 x 恆有 $f(c) \leq f(x)$，則稱 f 在 c 處有**絕對極小值** (absolute minimum) 或**全域極小值** (global minimum)，$f(c)$ 為 f 在 I 上的絕對極小值 (或全域極小值)．
上述的 $f(c)$ 稱為 f 的**絕對極值** (absolute extremum) 或**全域極值** (global extremum)．

絕對極大值又稱為**最大值** (largest value)，絕對極小值又稱為**最小值** (smallest value).

▶ **例題 1**：(1) 函數 $f(x)=\sin x$ 的絕對極大值為 1，絕對極小值為 -1.
(2) 函數 $f(x)=x^2$ 的絕對極小值為 $f(0)=0$，這表示原點為拋物線 $y=x^2$ 上的最低點．然而，在此拋物線上無最高點，故此函數無絕對極大值.
(3) 若 $f(x)=x^3$，則此函數無絕對極大值也無絕對極小值.

我們已看出有些函數有極值，而有些則沒有．下面定理給出保證函數的絕對極大值與絕對極小值存在的條件.

定理 3.1 極值定理 (extreme value theorem)

若函數 f 在閉區間 $[a, b]$ 為連續，則 f 在 $[a, b]$ 上不但有絕對極大值 (即，最大值) 而且有絕對極小值 (即，最小值).

此定理的結果在直觀上是很明顯的．若我們想像成質點沿著包含兩端點的連續圖形上移動，則在整個歷程當中，一定會通過最高點與最低點.

在極值定理中，f 為連續與閉區間的假設是絕對必要的．若任一假設不滿足，則不能保證絕對極大值或絕對極小值存在．例如，若函數 $f(x)=\begin{cases} 2x, & 0\leq x<1 \\ 1, & 1\leq x\leq 2 \end{cases}$ 定義在閉區間 $[0, 2]$，則它有絕對極小值 0，但無絕對極大值.

定義 3.2

設函數 f 定義在區間 I 且 $c\in I$.
(1) 若 I 內存在包含 c 的開區間使得 $f(c)\geq f(x)$ 對該開區間中所有 x 皆成立，則稱 f 在 c 處有**相對極大值** (relative maximum) 或**局部極大值** (local maximum)，$f(c)$ 為 f 的**相對極大值** (或**局部極大值**).
(2) 若 I 內存在包含 c 的開區間使得 $f(c)\leq f(x)$ 對該開區間中所有 x 皆成立，則稱 f 在 c 處有**相對極小值** (relative minimum) 或**局部極小值** (local minimum)，$f(c)$ 為 f 的**相對極小值** (或**局部極小值**).

上述的 $f(c)$ 稱為 f 的**相對極值** (relative extremum) 或**局部極值** (local extremum). 若 c 為 I 的端點, 則只考慮在 I 內包含 c 的半開區間.

絕對極大值也是相對極大值, 絕對極小值也是相對極小值.

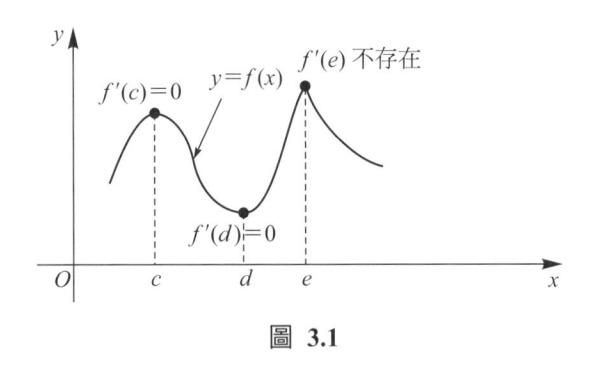

圖 3.1

如圖 3.1 所示, $f(c)$ 為相對極大值, $f'(c)=0$；$f(d)$ 為相對極小值, $f'(d)=0$；$f(e)$ 為相對極大值, 但 $f'(e)$ 不存在. 這些事實可從下面定理獲知.

定理 3.2

若函數 f 在 c 處有相對極值, 則 $f'(c)=0$ 抑或 $f'(c)$ 不存在.

▶ **例題 2**：(1) 函數 $f(x)=|x-1|$ 在 $x=1$ 處有 (相對且絕對) 極小值, 但 $f'(1)$ 不存在.

(2) 若 $f(x)=x^3$, 則 $f'(x)=3x^2$, 故 $f'(0)=0$. 但是, $f(x)$ 在 $x=0$ 處無相對極大值或相對極小值. $f'(0)=0$ 僅表示曲線 $y=x^3$ 在點 $(0, 0)$ 有一條水平切線.

定義 3.3

設 c 為函數 f 之定義域中的一數, 若 $f'(c)=0$ 抑或 $f'(c)$ 不存在, 則稱 c 為 f 的**臨界數** (critical number) 或**臨界點** (critical point).

依定理 3.2，若函數有相對極值，則相對極值發生於臨界數處；但是，並非在每一個臨界數處皆有相對極值，如例題 2(2) 所示.

若函數 f 在閉區間 $[a, b]$ 為連續，則求其絕對極值的步驟如下：

步驟 1：在 (a, b) 中，求 f 的所有臨界數，並計算 f 在這些臨界數的值.

步驟 2：計算 $f(a)$ 與 $f(b)$.

步驟 3：從步驟 1 與步驟 2 中所計算的最大值即為絕對極大值，最小值即為絕對極小值.

在步驟 2 中，若 $f(a)$ 與 $f(b)$ 為絕對極大值或絕對極小值，則稱為**端點極值** (end-point extremum).

▶ **例題 3**：求函數 $f(x)=x^3-3x^2+6$ 在區間 $[-2, 3]$ 上的絕對極大值與絕對極小值. [提示：利用求絕對極值的步驟.]

解：$f'(x)=3x^2-6x=3x(x-2)$. 於是，在 $(-2, 3)$ 中，f 的臨界數為 0 與 2. f 在這些臨界數的值為

$$f(0)=6, \quad f(2)=2$$

而在兩端點的值為

$$f(-2)=-14, \quad f(3)=6$$

所以，絕對極大值為 6，絕對極小值為 -14.

▶ **例題 4**：求函數 $f(x)=(x-3)\sqrt{x}$ 在 $[0, 4]$ 上的絕對極大值與絕對極小值. [提示：利用求絕對極值的步驟.]

解：$f'(x)=\sqrt{x}+(x-3)\dfrac{1}{2\sqrt{x}}=\dfrac{3x-3}{2\sqrt{x}}$. 於是，在 $(0, 4)$ 中，f 的臨界數為 1.

因 $f(0)=0$, $f(1)=-2$, $f(4)=2$, 故 $f(4)>f(0)>f(1)$.

所以，絕對極大值為 2，絕對極小值為 -2.

▶ **例題 5**：求函數 $f(x)=\sqrt{|x-4|}$ 在區間 $[2, 5]$ 上的絕對極值. [提示：去掉絕對值.]

解：因 $f(x)=\sqrt{|x-4|}=\begin{cases}\sqrt{x-4}, & x\geq 4\\\sqrt{4-x}, & x<4\end{cases}$，故

$$f'(x)=\begin{cases}\dfrac{1}{2\sqrt{x-4}}, & x>4\\[2mm]\dfrac{-1}{2\sqrt{4-x}}, & x<4\end{cases}$$

由於 $f'(4)$ 不存在．可知 f 在 $(2, 5)$ 中的唯一臨界數為 4，$f(4)=0$.

又 $f(2)=\sqrt{2}$，$f(5)=1$，

故絕對極大值為 $\sqrt{2}$，絕對極小值為 0.

若函數 f 在開區間 (a, b) 為連續使得

$$\lim_{x\to a^+}f(x)=\infty\ (或\ -\infty)\ 且\ \lim_{x\to b^-}f(x)=\infty\ (或\ -\infty),$$

則表 3.1 指出 f 在 (a, b) 上有 (或無) 絕對極值的情形．

表 **3.1**

$\lim\limits_{x\to a^+}f(x)$	$\lim\limits_{x\to b^-}f(x)$	結論 (若 f 在 (a, b) 為連續)
∞	∞	有絕對極小值但無絕對極大值
$-\infty$	$-\infty$	有絕對極大值但無絕對極小值
$-\infty$	∞	既無絕對極大值也無絕對極小值
∞	$-\infty$	既無絕對極大值也無絕對極小值

▶▶ **例題 6**：求函數 $f(x)=\dfrac{3}{x^2-x}$ 在區間 $(0, 1)$ 上的絕對極值. [提示：參考表 3.1.]

解：因 $\lim\limits_{x\to 0^+}f(x)=\lim\limits_{x\to 0^+}\dfrac{3}{x^2-x}=\lim\limits_{x\to 0^+}\dfrac{3}{x(x-1)}=-\infty$ 且

$$\lim_{x\to 1^-}f(x)=\lim_{x\to 1^-}\dfrac{3}{x^2-x}=\lim_{x\to 1^-}\dfrac{3}{x(x-1)}=-\infty$$

故 f 在 $(0, 1)$ 上有絕對極大值但無絕對極小值．

又 $f'(x) = -\dfrac{3(2x-1)}{(x^2-x)^2}$, 可知 f 的臨界數為 $\dfrac{1}{2}$, 故 f 的絕對極大值為

$$f\left(\dfrac{1}{2}\right) = -12.$$

若函數 f 為處處連續使得

$$\lim_{x \to \infty} f(x) = \infty \ (\text{或} \ -\infty) \ \text{且} \ \lim_{x \to -\infty} f(x) = \infty \ (\text{或} \ -\infty),$$

則表 3.2 指出 f 在 $(-\infty, \infty)$ 上有 (或無) 絕對極值的情形.

表 **3.2**

$\lim\limits_{x \to -\infty} f(x)$	$\lim\limits_{x \to \infty} f(x)$	結論 (若 f 為處處連續)
∞	∞	有絕對極小值但無絕對極大值
$-\infty$	$-\infty$	有絕對極大值但無絕對極小值
$-\infty$	∞	既無絕對極大值也無絕對極小值
∞	$-\infty$	既無絕對極大值也無絕對極小值

▶▶ **例題 7**：求函數 $f(x) = x^4 + 2x^3 + 2$ 在區間 $(-\infty, \infty)$ 上的絕對極值. [提示：參考表 3.2.]

解：因 f 為多項式函數, 故它在 $(-\infty, \infty)$ 為連續. 此外,

$$\lim_{x \to \infty} f(x) = \lim_{x \to \infty} (x^4 + 2x^3 + 2) = \lim_{x \to \infty} x^4 \left(1 + \dfrac{2}{x} + \dfrac{2}{x^4}\right) = \infty,$$

$$\lim_{x \to -\infty} f(x) = \lim_{x \to -\infty} (x^4 + 2x^3 + 2) = \lim_{x \to -\infty} x^4 \left(1 + \dfrac{2}{x} + \dfrac{2}{x^4}\right) = \infty$$

所以, f 在 $(-\infty, \infty)$ 上有絕對極小值但無絕對極大值.

又 $f'(x) = 4x^3 + 6x^2 = 2x^2(2x+3)$, 可知 f 的臨界數為 0 與 $-\dfrac{3}{2}$.

$$f(0) = 2, \ f\left(-\dfrac{3}{2}\right) = \dfrac{5}{16}.$$

所以, f 的絕對極小值為 $\dfrac{5}{16}$.

習題 3.1

求 1～15 題各 f 在所予區間上的絕對極值.

1. $f(x)=4x^2-4x+3$, [0, 1]
2. $f(x)=(x-1)^3$, [0, 2]
3. $f(x)=x^3-6x^2+9x+2$, [0, 2]
4. $f(x)=2x^3-3x^2-12x$, [-2, 3]
5. $f(x)=x^4-2x^2+3$, [-2, 2]
6. $f(x)=\dfrac{x}{x^2+2}$, [-1, 4]
7. $f(x)=1+|9-x^2|$, [-5, 1]
8. $f(x)=x+2\sin x$, [0, 2π]
9. $f(x)=\sin x-\cos x$, [0, π]
10. $f(x)=2\sec x-\tan x$, $\left[0, \dfrac{\pi}{4}\right]$
11. $f(x)=\ln x+(\ln x)^2$, $\left[\dfrac{1}{e}, 1\right]$
12. $f(x)=\dfrac{x^2}{x+1}$, (-5, -1)
13. $f(x)=\dfrac{x}{x^2+1}$, [0, ∞)
14. $f(x)=x^4+4x$, ($-\infty$, ∞)
15. $f(x)=-3x^4+4x^3$, ($-\infty$, ∞)

16. 求 $f(x)=\begin{cases} 4x-2, & x<1 \\ (x-2)(x-3), & x\geq 1 \end{cases}$ 在 $\left[\dfrac{1}{2}, \dfrac{7}{2}\right]$ 上的最大值與最小值.

17. 設 $f(x)=x^2+ax+b$, 求 a 與 b 的值使得 $f(1)=3$ 為 f 在 [0, 2] 上的絕對極值. 它是絕對極大值或絕對極小值？

3.2 均值定理

在本節中，我們將討論一個重要結果，稱為**均值定理** (mean value theorem)，此定理非常有用，被視為微積分學裡的最重要結果之一. 我們先著手於均值定理的特例，稱為**洛爾定理** (Rolle's theorem)，是由法國大數學家洛爾 (1652～1719) 所提出，它提供了臨界數存在的充分條件. 此定理是對在閉區間 [a, b] 為連續，在開區間 (a, b) 為可微分且 $f(a)=f(b)$ 的函數 f 來討論的.

參照圖 3.2 中的圖形，可知至少存在一數 c 介於 a 與 b 之間使得圖形在點 $(c, f(c))$ 處的切線為水平，或者，$f'(c)=0$.

圖 3.2

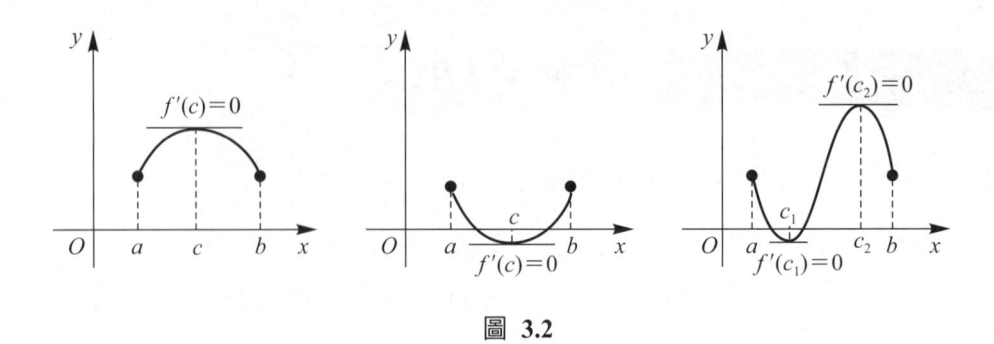

定理 3.3　洛爾定理

若

(i) f 在 $[a, b]$ 為連續

(ii) f 在 (a, b) 為可微分

(iii) $f(a)=f(b)$

則在 (a, b) 中存在一數 c 使得 $f'(c)=0$.

證：因 f 在 $[a, b]$ 為連續，故 f 在 $[a, b]$ 上有最大值 M 與最小值 m.

(1) 若 $M=m$，則 f 在 $[a, b]$ 上為常數函數，故對 (a, b) 中所有 x，恆有 $f'(x)=0$.

(2) 假設 $m < M$. 因 $f(a)=f(b)$，故 m 與 M 兩者中至少有一者與 $f(a)$ 或 $f(b)$ 不相等．於是，在 (a, b) 中至少存在一數 c 使得 $f(c)$ 為 f 的相對極值．又 f 在 (a, b) 為可微分，故依定理 3.2 可知 $f'(c)=0$.

　　讀者應特別注意，定理 3.3 中的三個條件缺一不可．若 (ii) 不滿足，在 (a, b) 中沒有水平切線，如圖 3.3 所示．

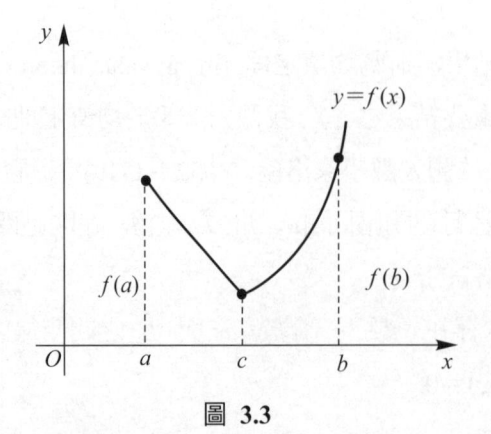

f 在 $[a, b]$ 為連續
f 在 c 處不可微分
$f(a)=f(b)$
在 (a, b) 中，$f'(x) \neq 0$

圖 3.3

▶▶ **例題 1**： 設 $f(x)=x^4-2x^2-8$，求區間 $(-2, 2)$ 中的所有 c 值使得 $f'(c)=0$.
[提示：利用洛爾定理.]

解：因 f 在 $[-2, 2]$ 為連續，在 $(-2, 2)$ 為可微分，$f(-2)=0=f(2)$，故至少存在一數 c，$-2<c<2$，使得 $f'(c)=0$.

$$f'(x)=4x^3-4x$$
$$f'(c)=4c^3-4c=0$$

解得 $$c=0, 1, -1$$

因此，在 $(-2, 2)$ 中的所有 c 值為 -1、0 與 1，如圖 3.4 所示.

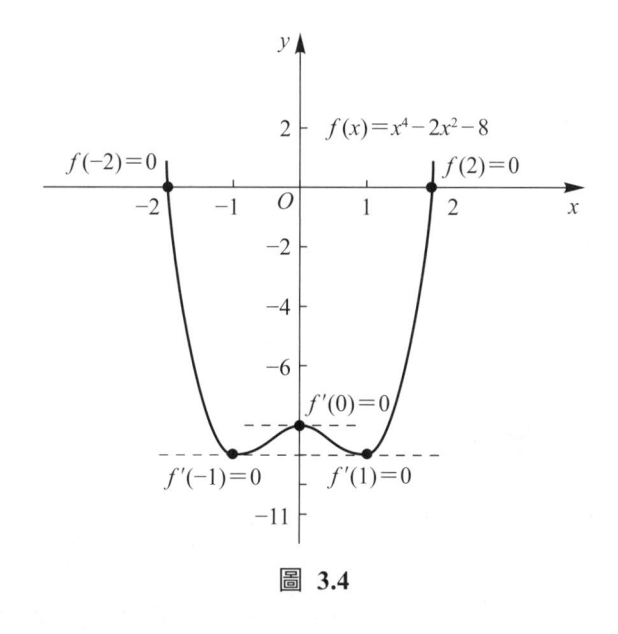

圖 3.4

▶▶ **例題 2**：利用洛爾定理證明方程式 $x^3+3x+1=0$ 有唯一的實根.

解：令 $f(x)=x^3+3x+1$，則 $f'(x)=3x^2+3=3(x^2+1) \geq 3$. 因 $f(-1)=-3<0$, $f(0)=1>0$，故依介值定理，在 $(-1, 0)$ 中存在一數 c 使得 $f(c)=0$. 於是，所予方程式有一實根.

設方程式 $f(x)=0$ 有兩實根 a 與 b，則 $f(a)=0=f(b)$. 於是，在 a 與 b 之間存在一數 c 使得 $f'(c)=0$，此為矛盾，因而所予方程式不可能有兩個實根. 所以，我們證得所予方程式有唯一實根.

下面的定理可以看作是將洛爾定理推廣到 $f(a) \neq f(b)$ 的情形. 在討論此一定理之前, 先考慮 f 的圖形上的兩點 $A(a, f(a))$ 與 $B(b, f(b))$, 如圖 3.5 所示. 若 $f'(x)$ 對於所有 $x \in (a, b)$ 皆存在, 則從圖中顯然可以看出, 在圖形上存在一點 $P(c, f(c))$ 使得在該點的切線與通過 A 及 B 的割線平行. 此一事實可用斜率表示如下:

$$f'(c) = \frac{f(b)-f(a)}{b-a}$$

等號右邊的式子為通過 A 與 B 之直線的斜率.

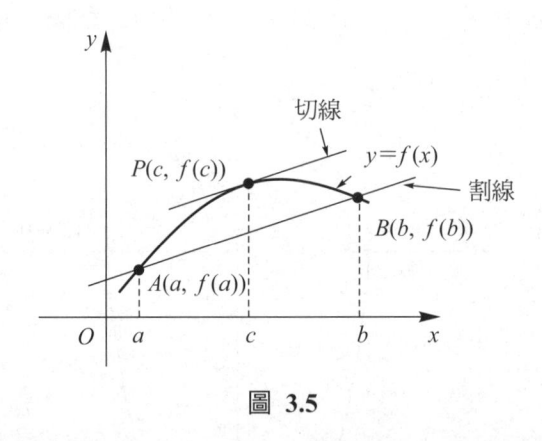

圖 3.5

定理 3.4　均值定理

若 (i) f 在 $[a, b]$ 為連續, (ii) f 在 (a, b) 為可微分, 則在 (a, b) 中存在一數 c 使得

$$\frac{f(b)-f(a)}{b-a} = f'(c)$$

或

$$f(b) - f(a) = f'(c)(b-a).$$

讀者應注意均值定理為洛爾定理的推廣. 在均值定理中, 若 $f(a)=f(b)$, 則 $f'(c)=0$, 其與洛爾定理相同. 同時均值定理的兩個條件, 缺一不可, 如圖 3.6 所示.

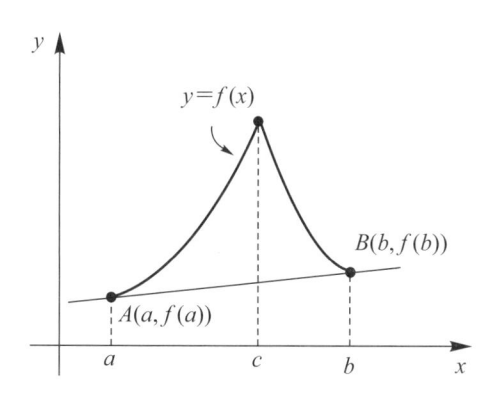

(i) f 在 $[a, b]$ 為連續　(ii) f 在 c 處不可微分
在 (a, b) 中，切線與割線 AB 不平行

圖 3.6

▶▶ **例題 3**：說明 $f(x)=x^3-8x-5$ 在區間 $[1, 4]$ 上滿足均值定理的假設，並在區間 $(1, 4)$ 中求一數 c 使其滿足均值定理的結論．[提示：檢查條件．]

解：因 f 為多項式函數，故它為連續且可微分．尤其，f 在 $[1, 4]$ 為連續且在 $(1, 4)$ 為可微分．因此，滿足均值定理的假設條件．

我們得知在 $(1, 4)$ 中存在一數 c 使得

$$\frac{f(4)-f(1)}{4-1}=f'(c)$$

又 $f'(x)=3x^2-8$，上式變成

$$3c^2-8=\frac{27-(-12)}{4-1}=\frac{39}{3}=13$$

可得 $\qquad\qquad c^2=7$

即， $\qquad\qquad c=\pm\sqrt{7}$

因僅 $c=\sqrt{7}$ 在區間 $(1, 4)$ 中，故其為所求的數．

▶▶ **例題 4**：利用均值定理證明

$|\sin a-\sin b|\leq|a-b|$ 對所有實數 a 與 b 皆成立．

解：(i) 設 $a < b$.

令 $f(x) = \sin x$，則 $f'(x) = \cos x$. 可知，f 在 $[a, b]$ 為連續，在 (a, b) 為可微分，在 (a, b) 中存在一數 c 使得

$$\frac{f(b) - f(a)}{b - a} = f'(c)$$

即，
$$\frac{\sin b - \sin a}{b - a} = \cos c$$

$$\left| \frac{\sin b - \sin a}{b - a} \right| = |\cos c| \leq 1$$

可得
$$|\sin b - \sin a| \leq |b - a|$$

所以，
$$|\sin a - \sin b| \leq |a - b|.$$

(ii) $b < a$ 的證明類似 (讀者自證之).

▶ **例題 5**：設 $x > 1$，利用均值定理證明 $e^x > ex$.

解：令 $f(x) = e^x$，則 $f'(x) = e^x$. 因 f 在區間 $[1, x]$ 為連續，在 $(1, x)$ 為可微分，故在 $(1, x)$ 中存在一數 c 使得

$$e^x - e = e^c (x - 1)$$

又 e^x 為遞增函數，於是，$e < e^c$，可得

$$e^x - e > e(x - 1)$$

即，
$$e^x > ex.$$

▶ **例題 6**：試利用均值定理求 $\sqrt[4]{82}$ 的近似值到小數第四位.

解：令 $f(x) = \sqrt[4]{x}$，$a = 81$，$b = 82$. 依均值定理，

$$f(b) - f(a) = f'(c)(b - a), \quad a < c < b$$

當 $b \to a$ 時，則 $c \to a$，故

$$f(b)-f(a) \approx f'(a)(b-a)$$

即, $$f(b) \approx f(a)+f'(a)(b-a)$$

故 $$\sqrt[4]{82} = f(82) \approx f(81)+f'(81)(82-81) = 3+\frac{1}{108} \approx 3.0093.$$

▶ **例題 7**：若一汽車沿著直線道路行駛，其位置函數為 $s=f(t)$（t 表時間），則它在時間區間 $[t_1, t_2]$ 中的平均速度為 $\dfrac{f(t_2)-f(t_1)}{t_2-t_1}$，在 $t=c$ ($t_1 < c < t_2$) 的速度為 $f'(c)$. 因此，均值定理告訴我們，在 $t=c$ 時，瞬時速度 $f'(c)$ 等於平均速度.

定理 3.5

若 $f'(x)=0$ 對區間 I 中所有 x 皆成立，則 f 在 I 上為常數函數.

證：令 x_1 與 x_2 為 I 中任意兩數且 $x_1 < x_2$. 因 f 在 I 為可微分，故它必在 (x_1, x_2) 為可微分且在 $[x_1, x_2]$ 為連續. 依均值定理，存在一數 $c \in (x_1, x_2)$ 使得

$$f(x_2)-f(x_1)=f'(c)(x_2-x_1)$$

因 $f'(x)=0$，可知 $f'(c)=0$，故

$$f(x_2)-f(x_1)=0, \quad 即, \quad f(x_1)=f(x_2)$$

但 x_1 與 x_2 為 I 中任意兩數，所以 f 在 I 上為常數函數.

▶ **例題 8**：試證 $\tan^{-1} x + \cot^{-1} x = \dfrac{\pi}{2}$, $x \in I\!R$. [提示：利用定理 3.5.]

解：令 $$f(x)=\tan^{-1} x + \cot^{-1} x$$

則 $$f'(x)=\frac{1}{1+x^2}+\frac{-1}{1+x^2}=0$$

可知 f 為常數函數，即,

$$f(x) = C, \quad x \in \mathbb{R}$$

以 $x=0$ 代入可得 $f(0) = \tan^{-1} 0 + \cot^{-1} 0 = \dfrac{\pi}{2} = C$

故
$$f(x) = \dfrac{\pi}{2}, \quad x \in \mathbb{R}$$

因此，$\tan^{-1} x + \cot^{-1} x = \dfrac{\pi}{2}$.

定理 3.6

若 $f'(x) = g'(x)$ 對區間 I 中所有 x 皆成立，則 f 與 g 在 I 上僅相差一常數，即，存在一常數 C 使得 $f(x) = g(x) + C$ 對 I 中所有 x 皆成立.

定理 3.6 有一個幾何說明：在區間中各處具有相同導數之兩函數的圖形在該區間為"平行"，如圖 3.7 所示.

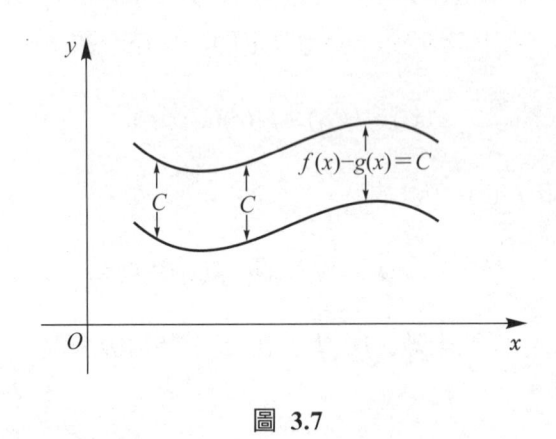

圖 3.7

習題 3.2

1. 說明 $f(x) = x^3 - 4x$ 在區間 $[0, 2]$ 中滿足洛爾定理，並求定理中所敘述的 c 值.
2. 設 $f(x) = \dfrac{x^2 - 1}{x - 2}$，求區間 $(-1, 1)$ 中所有 c 值使得 $f'(c) = 0$.

3. 設 $f(x)=\cos x$，求區間 $\left(\dfrac{\pi}{2},\ \dfrac{3\pi}{2}\right)$ 中所有 c 值使得 $f'(c)=0$．

驗證 4～12 題各函數在所予區間滿足均值定理的假設，並求 c 的所有值使其滿足定理的結論．

4. $f(x)=x^2-6x+8,\ [2,\ 4]$

5. $f(x)=x^3+x-4,\ [-1,\ 2]$

6. $f(x)=x^3-3x+5,\ [-1,\ 1]$

7. $f(x)=\dfrac{x+1}{x-1},\ [2,\ 3]$

8. $f(x)=\dfrac{x^2-1}{x-2},\ [-1,\ 1]$

9. $f(x)=x+\dfrac{1}{x},\ [3,\ 4]$

10. $f(x)=\sqrt{x+1},\ [0,\ 3]$

11. $f(x)=\cos x,\ \left[\dfrac{\pi}{2},\ \dfrac{3\pi}{2}\right]$

12. $f(x)=\sin x^2,\ [0,\ \sqrt{\pi}\,]$

13. 利用均值定理證明 $|\tan x+\tan y|\geq |x+y|$ 對區間 $\left(-\dfrac{\pi}{2},\ \dfrac{\pi}{2}\right)$ 中所有實數 x 與 y 皆成立．

14. 利用均值定理求 $\sqrt[6]{64.05}$ 的近似值．

15. 令 $P_1(x_1,\ y_1)$ 與 $P_2(x_2,\ y_2)$ 為拋物線 $y=ax^2+bx+c$ 上的任意兩點，在弧 P_1P_2 上一點 $P_3(x_3,\ y_3)$ 的切線平行於弦 P_1P_2，試證：$x_3=\dfrac{x_1+x_2}{2}$．

3.3 單調函數

在描繪函數的圖形時，知道何處上升與何處下降是很有用的．圖 3.8 所示的圖形

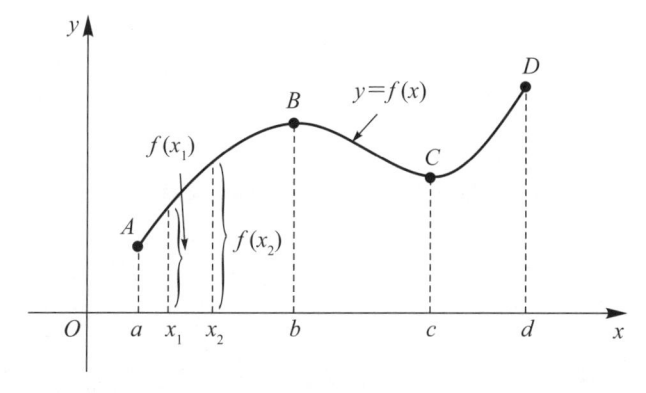

圖 3.8

由 A 上升到 B，由 B 下降到 C，然後再由 C 上升到 D，整個過程自始至終描述了函數圖形由左到右的變化情形．我們從該圖可知，若 x_1 與 x_2 為介於 a 與 b 之間的任兩數，其中 $x_1 < x_2$，則 $f(x_1) < f(x_2)$．

定義 3.4

設函數 f 定義在某區間 I．

(1) 對 I 中所有 x_1、x_2，若 $x_1 < x_2$，恆有 $f(x_1) < f(x_2)$，則稱 f 在 I 為**遞增** (increasing)，而 I 稱為 f 的**遞增區間** (interval of increase)。

(2) 對 I 中的所有 x_1、x_2，若 $x_1 < x_2$，恆有 $f(x_1) > f(x_2)$，則稱 f 在 I 為**遞減** (decreasing)，而 I 稱為 f 的**遞減區間** (interval of decrease)。

(3) 若 f 在 I 為遞增抑或為遞減，則稱 f 在 I 上為**單調** (monotonic)。

註：單調函數必為一對一函數，因此必有反函數．

圖 3.9 暗示若函數圖形在某區間的切線斜率為正，則函數在該區間為遞增；同理，若圖形的切線斜率為負，則函數為遞減．

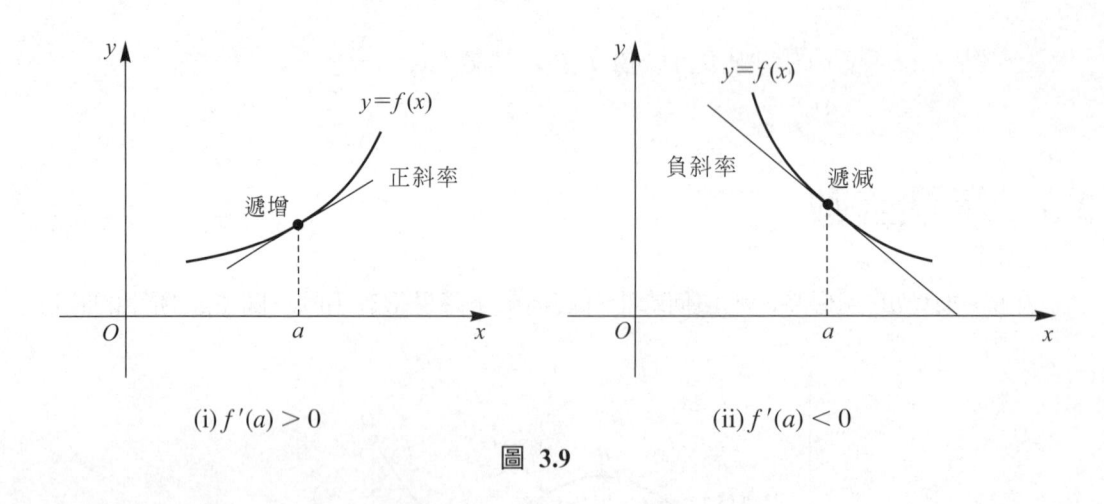

(i) $f'(a) > 0$ (ii) $f'(a) < 0$

圖 3.9

下面定理指出如何利用導數來判斷函數在區間為遞增或遞減．

定理 3.7 單調性檢驗法 (monotone test)

設函數 f 在開區間 I 為可微分.
(1) 若 $f'(x)>0$ 對 I 中所有 x 皆成立, 則 f 在 I 為遞增.
(2) 若 $f'(x)<0$ 對 I 中所有 x 皆成立, 則 f 在 I 為遞減.

證：我們僅證明 (1), 而 (2) 的證明留給讀者自證之.

令 x_1 與 x_2 為 I 中任意兩數使得 $x_1 < x_2$, 則應用均值定理,

$$f(x_2)-f(x_1)=f'(c)(x_2-x_1)$$

其中 $c \in (x_1, x_2)$. 因 $x_2-x_1>0$, 又由假設可知 $f'(c)>0$, 故 $f(x_2)-f(x_1)>0$,

即,
$$f(x_1)<f(x_2)$$

所以, f 在 $[a, b]$ 為遞增.

註：定理 3.7 可推廣到含有端點的區間, 但必須另外加上函數在該區間為連續的條件.

▶ **例題 1**：若 $f(x)=x^3+x^2-5x+7$, 則 f 在何區間為遞增？遞減？ [提示：利用單調性檢驗法.]

解：
$$f'(x)=3x^2+2x-5=(3x+5)(x-1)$$

可得臨界數為 $x=-\dfrac{5}{3}$ 與 $x=1$.

$x<-\dfrac{5}{3}$	$-\dfrac{5}{3}$	$-\dfrac{5}{3}<x<1$	1	$x>1$
$f'(x)>0$	$f'\left(-\dfrac{5}{3}\right)=0$	$f'(x)<0$	$f'(1)=0$	$f'(x)>0$

因 f 為處處連續, 故 f 在 $\left(-\infty, -\dfrac{5}{3}\right]$ 與 $[1, \infty)$ 為遞增, 在 $\left[-\dfrac{5}{3}, 1\right]$ 為遞減.

▶▶ **例題 2**：函數 $f(x) = \dfrac{x}{x^2+1}$ 在何區間為遞增？遞減？求 f 的遞增區間與遞減區間. [提示：利用單調性檢驗法.]

解：$f'(x) = \dfrac{d}{dx}\left(\dfrac{x}{x^2+1}\right) = \dfrac{1-x^2}{(x^2+1)^2}$

$f'(-1) = 0$, $f'(1) = 0$.

$x < -1$	-1	$-1 < x < 1$	1	$x > 1$
$f'(x) < 0$	$f'(-1) = 0$	$f'(x) > 0$	$f'(1) = 0$	$f'(x) < 0$

因 f 為處處連續，故 f 在 $[-1, 1]$ 為遞增，在 $(-\infty, -1]$ 與 $[1, \infty)$ 為遞減. $[-1, 1]$ 為遞增區間，$(-\infty, -1]$ 與 $[1, \infty)$ 為遞減區間.

▶▶ **例題 3**：設 $0 < x < \dfrac{\pi}{2}$，試證 $\sin x < x < \tan x$. [提示：證明 (i) $\sin x - x < 0$, (ii) $x - \tan x < 0$.]

解：(i) 先證：若 $0 < x < \dfrac{\pi}{2}$，則 $\sin x < x$.

令 $f(x) = \sin x - x$，則 $f'(x) = \cos x - 1$. 當 $0 < x < \dfrac{\pi}{2}$ 時，$f'(x) < 0$.

又 f 在 $\left[0, \dfrac{\pi}{2}\right]$ 為連續，故 f 在 $\left[0, \dfrac{\pi}{2}\right]$ 為遞減. 尤其，若 $0 < x < \dfrac{\pi}{2}$，則 $f(0) > f(x)$. 但 $f(0) = 0$，故 $\sin x - x < 0$，即，$\sin x < x$.

(ii) 次證：若 $0 < x < \dfrac{\pi}{2}$，則 $x < \tan x$.

令 $f(x) = x - \tan x$，則 $f'(x) = 1 - \sec^2 x$. 當 $0 < x < \dfrac{\pi}{2}$ 時，$f'(x) < 0$.

又 f 在 $\left[0, \dfrac{\pi}{2}\right]$ 為連續，故 f 在 $\left[0, \dfrac{\pi}{2}\right]$ 為遞減. 尤其，若 $0 < x < \dfrac{\pi}{2}$，則 $f(0) > f(x)$. 但 $f(0) = 0$，故 $x - \tan x < 0$，即，$x < \tan x$.

綜合 (i) 與 (ii)，證明完畢.

▶ **例題 4**：設 $x>0$ 且 $n>1$，試證 $(1+x)^n > 1+nx$.

[提示：$(1+x)^n-(1+nx)>0$.]

解：令 $f(x)=(1+x)^n-(1+nx)$，則

$$f'(x)=n(1+x)^{n-1}-n=n[(1+x)^{n-1}-1]$$

若 $x>0$ 且 $n>1$，則 $(1+x)^{n-1}>1$，故 $f'(x)>0$.

又 f 在 $[0, \infty)$ 為連續，故 f 在 $[0, \infty)$ 為遞增. 尤其，若 $x>0$，則 $f(x)>f(0)$. 但 $f(0)=0$，故 $(1+x)^n-(1+nx)>0$，即，

$$(1+x)^n > 1+nx.$$

我們知道，欲求相對極值，首先必須找出函數所有的臨界數，再檢查每一個臨界數，以決定是否有相對極值發生. 做這個檢查的方法有很多，下面的定理是根據 f 的一階導數的正負號來判斷 f 是否有相對極值. 大致說來，這個定理說明了，當 x 遞增通過臨界數 c 時，若 $f'(x)$ 變號，則 f 在 c 處有相對極大值或相對極小值；若 $f'(x)$ 不變號，則在 c 處無極值發生.

定理 3.8 一階導數檢驗法 (first derivative test)

設函數 f 在包含臨界數 c 的開區間 (a, b) 為連續.
(1) 當 $a<x<c$ 時，$f'(x)>0$，且 $c<x<b$ 時，$f'(x)<0$，則 $f(c)$ 為 f 的相對極大值.
(2) 當 $a<x<c$ 時，$f'(x)<0$，且 $c<x<b$ 時，$f'(x)>0$，則 $f(c)$ 為 f 的相對極小值.
(3) 當 $a<x<b$ 時，$f'(x)$ 同號，則 $f(c)$ 不為 f 的相對極值.

證：(1) 令 $x \in (a, b)$. 當 $a<x<c$ 時，$f'(x)>0$，可知 f 在 $[a, c]$ 為遞增，因此，$f(x)<f(c)$. 當 $c<x<b$ 時，$f'(x)<0$，可知 f 在 $[c, b]$ 為遞減，因此，$f(c)>f(x)$. 所以，$f(c) \geq f(x)$ 對 (a, b) 中所有 x 皆成立. 於是，$f(c)$ 為 f 的相對極大值.

(2) 與 (3) 的證明留給讀者.

162　微積分 (觀念與解析)

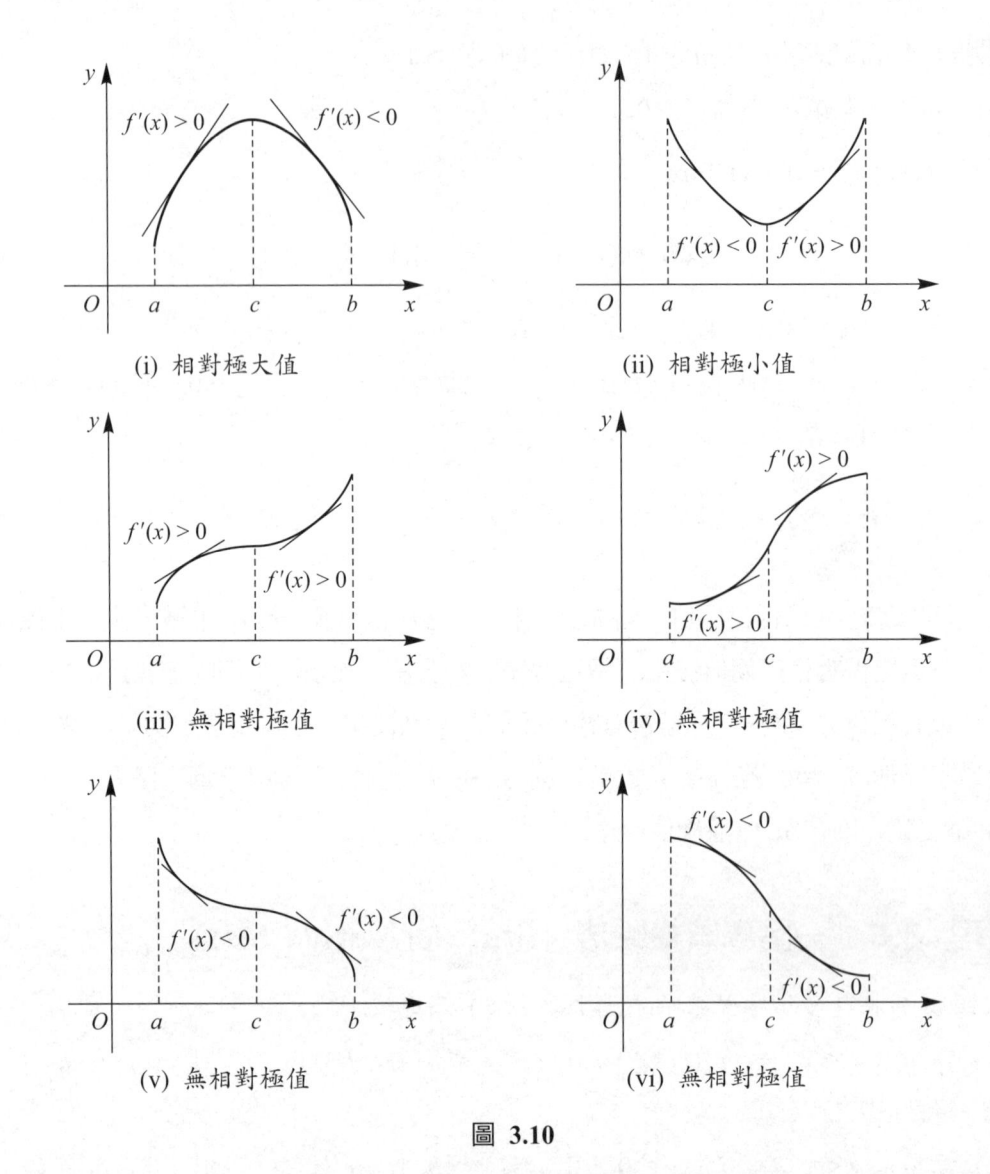

(i) 相對極大值

(ii) 相對極小值

(iii) 無相對極值

(iv) 無相對極值

(v) 無相對極值

(vi) 無相對極值

圖 3.10

　　圖 3.10 中的圖形可作為記憶一階導數檢驗法的方法．在相對極大值的情形，如圖 3.10(i) 所示，若 $x < c$，則在點 $(x, f(x))$ 處的切線的斜率為正；若 $x > c$，則斜率為負．在相對極小值的情形，如圖 3.10(ii) 所示，結果恰好相反．若圖形在點 $(c, f(c))$ 有尖點 (含折點)，類似的圖形也可繪出．在無極值的情形，如圖 3.10(iii) 及 (iv) 所示，斜率皆為正；如圖 3.10(v) 及 (vi) 所示，斜率皆為負．

第 3 章　微分的應用　　163

▶▶ **例題 5**：求函數 $f(x)=\dfrac{1}{3}x^3-4x+2$ 的相對極值. [提示：利用一階導數檢驗法.]

解：$f'(x)=x^2-4=(x-2)(x+2)$. 於是，f 的臨界數為 2 與 -2.

$x<-2$	-2	$-2<x<2$	2	$x>2$
$f'(x)>0$	$f'(-2)=0$	$f'(x)<0$	$f'(2)=0$	$f'(x)>0$

依一階導數檢驗法，$f(x)$ 在 $x=-2$ 處有相對極大值 $f(-2)=\dfrac{22}{3}$，在 $x=2$ 處有相對極小值 $f(2)=-\dfrac{10}{3}$.

▶▶ **例題 6**：求 $f(x)=\ln(x^2+2x+3)$ 的相對極值. [提示：利用一階導數檢驗法.]

解：$f'(x)=\dfrac{d}{dx}\ln(x^2+2x+3)=\dfrac{1}{x^2+2x+3}\dfrac{d}{dx}(x^2+2x+3)$

$\qquad =\dfrac{2x+2}{x^2+2x+3}=\dfrac{2(x+1)}{(x+1)^2+2}$

當 $x=-1$ 時，$f'(x)=0$，故 $x=-1$ 為 f 僅有的臨界數.
當 $x<-1$ 時，$f'(x)<0$，故 $x>-1$ 時，$f'(x)>0$.
因此，$f(-1)=\ln(1-2+3)=\ln 2$ 為相對極小值.

習題 ▶ 3.3

求 1～11 題各函數的遞增區間與遞減區間.

1. $f(x)=x^2-5x+2$　　　　　　　　**2.** $f(x)=-x^2-3x+1$

3. $f(x)=3x^3-4x+3$　　　　　　　　**4.** $f(x)=(x+3)^3$

5. $f(x)=3x^3+9x^2-13$　　　　　　**6.** $f(x)=\dfrac{x}{x^2+2}$

7. $f(x)=\dfrac{2x}{x^2+1}$　　　　　　　　**8.** $f(x)=\dfrac{x}{2}-\sqrt{x}$

9. $f(x)=\sqrt[3]{x}-\sqrt[3]{x^2}$　　　　　　　**10.** $f(x)=\sqrt[3]{x+2}$

11. $f(x) = \sin^2 2x$, $0 \leq x \leq \pi$

求 12～25 題各函數的相對極值.

12. $f(x) = x^3 - x + 1$

13. $f(x) = 2x^3 - 9x^2 + 12x$

14. $f(x) = \dfrac{1}{3}x^3 - 4x + 2$

15. $f(x) = 15 + 9x - 3x^2 - x^3$

16. $f(x) = x^3 - 3x^2 - 24x + 32$

17. $f(x) = x(x-1)^2$

18. $f(x) = 2x^2 - x^4$

19. $f(x) = x\sqrt{1-x^2}$

20. $f(x) = \dfrac{x}{x^2+1}$

21. $f(x) = x - \ln x$

22. $f(x) = x^x$ $(x > 0)$

23. $f(x) = x^2 e^{-x}$

24. $f(x) = \sin^2 x$ $(0 < x < 2\pi)$

25. $f(x) = |\sin 2x|$ $(0 < x < 2\pi)$

26. 求三次函數 $f(x) = ax^3 + bx^2 + cx + d$ 使其在 $x = -2$ 處有相對極大值 3, 而在 $x = 1$ 處有相對極小值 0.

27. 試證：$\sin x \leq x$ 對區間 $[0, 2\pi]$ 中所有 x 皆成立.

28. 當 $x > 0$ 時, 證明 $\ln(1+x) > x - \dfrac{x^2}{2}$ 成立.

29. 當 $x > 0$ 時, 證明 $e^x > 1 + x + \dfrac{x^2}{2}$ 成立.

3.4 凹　性

雖然函數 f 的導數能告訴我們 f 的圖形在何處為遞增或遞減, 但是它並不能顯示圖形如何彎曲. 為了研究這個問題, 我們必須探討如圖 3.11 所示切線的變化情形.

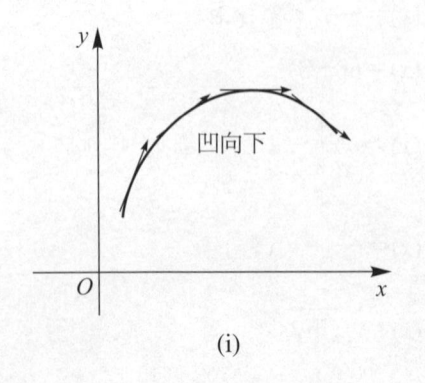

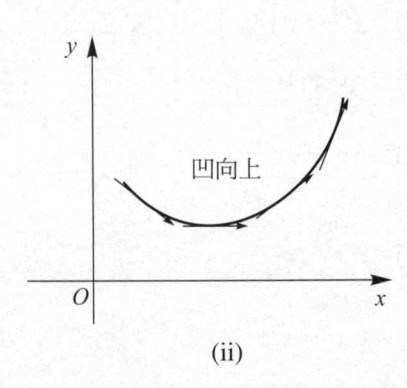

圖 3.11

在圖 3.11(i) 中的曲線 (切點除外) 位於其切線的下方，當我們由左到右沿著此曲線前進時，切線旋轉，它們的斜率遞減，而此曲線為凹向下． 對照之下，圖 3.11(ii) 中的圖形 (切點除外) 位於其切線的上方，當我們由左到右沿著此曲線前進時，切線旋轉，它們的斜率遞增，而此曲線為凹向上．

定義 3.5

設函數 f 在某開區間為可微分．

(1) 若 f' 在該區間為遞增，則稱函數 f 的圖形在該區間為**凹向上** (concave upward)．

(2) 若 f' 在該區間為遞減，則稱函數 f 的圖形在該區間為**凹向下** (concave downward)．

註：凹向上分為遞增凹向上、遞減凹向上，凹向下分為遞增凹向下、遞減凹向下．

因 f'' 是 f' 的導函數，故由定理 3.7 可知，若 $f''(x) > 0$ 對 (a, b) 中所有 x 皆成立，則 f' 在 (a, b) 為遞增；若 $f''(x) < 0$ 對 (a, b) 中所有 x 皆成立，則 f' 在 (a, b) 為遞減．於是，我們有下面的結果．

定理 3.9 凹性檢驗法 (concavity test)

設函數 f 在開區間 I 為二次可微分．

(1) 若 $f''(x) > 0$ 對 I 中所有 x 皆成立，則 f 的圖形在 I 為凹向上．

(2) 若 $f''(x) < 0$ 對 I 中所有 x 皆成立，則 f 的圖形在 I 為凹向下．

▶ **例題 1**：函數 $f(x) = x^3 - 6x^2 + x - 3$ 的圖形在何處為凹向上？凹向下？ [提示：利用凹性檢驗法．]

解：$f'(x) = 3x^2 - 12x + 1$，$f''(x) = 6x - 12$．若 $x > 2$，則 $f''(x) > 0$，故 f 的圖形在 $(2, \infty)$ 為凹向上．若 $x < 2$，則 $f''(x) < 0$，故 f 的圖形在 $(-\infty, 2)$ 為凹向下．

▶▶ **例題 2**：函數 $f(x) = \dfrac{1}{1+x^2}$ 的圖形在何處為凹向上？凹向下？ ［提示：利用凹性檢驗法.］

解：$f'(x) = \dfrac{d}{dx}\left(\dfrac{1}{1+x^2}\right) = \dfrac{-2x}{(1+x^2)^2} = -2x(1+x^2)^{-2}$

$f''(x) = -\dfrac{d}{dx} 2x(1+x^2)^{-2} = -2(1+x^2)^{-2} + 8x^2(1+x^2)^{-3}$

$\qquad = 2(1+x^2)^{-3}(3x^2-1)$

$x<-\dfrac{\sqrt{3}}{3}$	$-\dfrac{\sqrt{3}}{3}$	0	$\dfrac{\sqrt{3}}{3}$	$x>\dfrac{\sqrt{3}}{3}$
$f''(x)>0$	$f''\left(-\dfrac{\sqrt{3}}{3}\right)=0$	$f''(x)<0$	$f''\left(\dfrac{\sqrt{3}}{3}\right)=0$	$f''(x)>0$

f 的圖形在 $\left(-\infty, -\dfrac{\sqrt{3}}{3}\right)$ 與 $\left(\dfrac{\sqrt{3}}{3}, \infty\right)$ 為凹向上，在 $\left(-\dfrac{\sqrt{3}}{3}, \dfrac{\sqrt{3}}{3}\right)$ 為凹向下.

定義 3.6

設函數 f 在包含 c 的開區間 (a, b) 為連續，若 f 的圖形在 (a, c) 為凹向上而在 (c, b) 為凹向下，抑或 f 的圖形在 (a, c) 為凹向下而在 (c, b) 為凹向上，則稱點 $(c, f(c))$ 為 f 之圖形上的**反曲點** (point of inflection).

▶▶ **例題 3**：求 $f(x) = 3x^4 - 4x^3 + 2$ 之圖形的反曲點. ［提示：利用定義 3.6.］

解： $f'(x) = 12x^3 - 12x^2$, $f''(x) = 36x^2 - 24x = 12x(3x-2)$

$x<0$	0	$0<x<\dfrac{2}{3}$	$\dfrac{2}{3}$	$x>\dfrac{2}{3}$
$f''(x)>0$	$f''(0)=0$	$f''(x)<0$	$f''\left(\dfrac{2}{3}\right)=0$	$f''(x)>0$

因 f 的圖形在 $(-\infty, 0)$ 為凹向上，在 $\left(0, \dfrac{2}{3}\right)$ 為凹向下，在 $\left(\dfrac{2}{3}, \infty\right)$ 為凹向上，可知 $f(x)$ 分別在 $x=0$ 與 $x=\dfrac{2}{3}$ 處有反曲點，故反曲點分別為 $(0, 2)$ 與 $\left(\dfrac{2}{3}, \dfrac{38}{27}\right)$.

▶ **例題 4**：試證：三次多項式函數 $f(x)=ax^3+bx^2+cx+d$ $(a \neq 0)$ 的圖形恰有一個反曲點. [提示：利用定義 3.6.]

解：$f'(x)=3ax^2+2bx+c$, $f''(x)=6ax+2b=6a\left(x+\dfrac{b}{3a}\right)$.

因 $f''(x)$ 在 $x<-\dfrac{b}{3a}$ 時的值與在 $x>-\dfrac{b}{3a}$ 時的值是異號，可知 f 的圖形在點 $\left(-\dfrac{b}{3a}, f\left(-\dfrac{b}{3a}\right)\right)$ 改變凹性，故點 $\left(-\dfrac{b}{3a}, f\left(-\dfrac{b}{3a}\right)\right)$ 是唯一的反曲點.

定理 3.10　反曲點存在的必要條件

設 $(c, f(c))$ 為 f 之圖形上的反曲點且 $f''(x)$ 對包含 c 的某開區間中所有 x 皆存在，則 $f''(c)=0$.

證：依假設，f' 在包含 c 的開區間為可微分. 因 $(c, f(c))$ 為反曲點，故在其左右附近之圖形的凹性不同，因而，f'' 在 c 處左邊附近之 x 的函數值 $f''(x)$ 與 f'' 在 c 處右邊附近之 x 的函數值是異號. 依定理 3.8，f' 在 c 處有相對極值，於是，$f''(c)=0$.

由上述定義 3.6 知，反曲點僅可能發生於 $f''(x)=0$ 抑或 $f''(x)$ 不存在的點，如圖 3.12 所示. 但讀者應注意，在某處的二階導數為零或不存在，並不一定保證圖形在該處就有反曲點. 例如，$f(x)=x^3$, $f''(0)=0$, 點 $(0, 0)$ 是 f 之圖形的反曲點. 至於 $f(x)=x^4$，雖然 $f''(0)=0$, 但點 $(0, 0)$ 並非 f 之圖形的反曲點. 另外，$f(x)=x^{1/3}$, $f''(0)$ 不存在，但點 $(0, 0)$ 是 f 之圖形的反曲點，至於 $f(x)=x^{2/3}$, 雖然 $f''(0)$ 不存在，但點 $(0, 0)$ 並非 f 之圖形的反曲點.

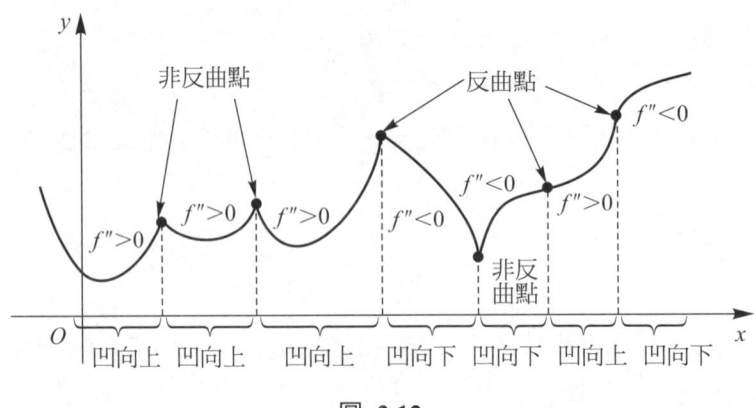

圖 3.12

有關函數 f 的相對極值除了可用一階導數檢驗外，尚可利用二階導數檢驗.

定理 3.11　二階導數檢驗法

設函數 f 在包含 c 的開區間為可微分且 $f'(c)=0$.
(1) 若 $f''(c) > 0$，則 $f(c)$ 為 f 的相對極小值.
(2) 若 $f''(c) < 0$，則 $f(c)$ 為 f 的相對極大值.

▶ **例題 5**：若 $f(x)=2+2x^2-x^4$，利用二階導數檢驗法求 f 的相對極值.

解：$f'(x)=4x-4x^3=4x(1-x^2)$, $f''(x)=4-12x^2=4(1-3x^2)$.

解方程式 $f'(x)=0$，可得 f 的臨界數為 0、1 與 -1，而 f'' 在這些臨界數的值分別為

$$f''(0)=4>0,\ f''(1)=-8<0,\ f''(-1)=-8<0$$

因此，f 的相對極大值為 $f(1)=3=f(-1)$，相對極小值為 $f(0)=2$.

▶ **例題 6**：若 $f(x)=2\sin x+\cos 2x$ 在區間 $(0, 2\pi)$ 的相對極值. [提示：利用二階導數檢驗法.]

解：$f'(x)=2\cos x-2\sin 2x=2\cos x-4\sin x\cos x$
$\qquad =2\cos x(1-2\sin x)$

$f''(x)=-2\sin x-4\cos 2x$

解 $f'(x)=0$，可得 f 的臨界數為 $\dfrac{\pi}{6}$、$\dfrac{\pi}{2}$、$\dfrac{5\pi}{6}$ 與 $\dfrac{3\pi}{2}$.

$$f''\left(\dfrac{\pi}{6}\right)=-3<0,\ f''\left(\dfrac{\pi}{2}\right)=2>0,\ f''\left(\dfrac{5\pi}{6}\right)=-3<0,\ f''\left(\dfrac{3\pi}{2}\right)=6>0.$$

依二階導數檢驗法，相對極大值為 $f\left(\dfrac{\pi}{6}\right)=\dfrac{3}{2}=f\left(\dfrac{5\pi}{6}\right)$，相對極小值為 $f\left(\dfrac{\pi}{2}\right)=1$ 與 $f\left(\dfrac{3\pi}{2}\right)=-3$.

▶▶ **例題 7**：若 $f(x)=1-x^{1/3}$，求其相對極值．討論凹性，並找出反曲點．[提示：利用定義 3.6.]

解： $$f'(x)=-\dfrac{1}{3}x^{-2/3},\ f''(x)=\dfrac{2}{9}x^{-5/3}.$$

$f'(0)$ 不存在，而 0 是 f 唯一的臨界數．因 $f''(0)$ 無定義，故不能利用二階導數檢驗法．但是，當 $x\neq 0$ 時，$f'(x)<0$；也就是說，f 在其定義域上為遞減，故 $f(0)$ 不是相對極值．

若 $x<0$，則 $f''(x)<0$．這蘊涵了 f 的圖形在 $(-\infty, 0)$ 為凹向下．若 $x>0$，則 $f''(x)>0$，這蘊涵了 f 的圖形在 $(0, \infty)$ 為凹向上．所以，點 $(0, 1)$ 為反曲點，如圖 3.13 所示.

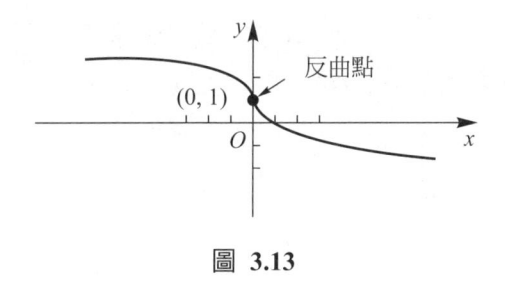

圖 3.13

▶▶ **例題 8**：求 $f(x)=e^{-x^2}$ 的相對極值．討論凹性，並找出反曲點.
[提示：利用定義 3.6.]

解：$f'(x)=-2xe^{-x^2}$，$f''(x)=2e^{-x^2}(2x^2-1)$．解方程式 $f'(x)=0$，可得 f 的臨界數為 0．因 $f''(0)=-2<0$，故依二階導數檢驗法可知 $f(0)=1$ 為 f 的相對極大值．

解方程式 $f''(x)=0$，可得 $x=\pm\dfrac{\sqrt{2}}{2}$．我們作出下表：

區間	$\left(-\infty, -\dfrac{\sqrt{2}}{2}\right)$	$\left(-\dfrac{\sqrt{2}}{2}, \dfrac{\sqrt{2}}{2}\right)$	$\left(\dfrac{\sqrt{2}}{2}, \infty\right)$
$f''(x)$	$+$	$-$	$+$
凹性	凹向上	凹向下	凹向上

因此，反曲點為 $\left(-\dfrac{\sqrt{2}}{2}, \dfrac{\sqrt{e}}{e}\right)$ 與 $\left(\dfrac{\sqrt{2}}{2}, \dfrac{\sqrt{e}}{e}\right)$，如圖 3.14 所示．

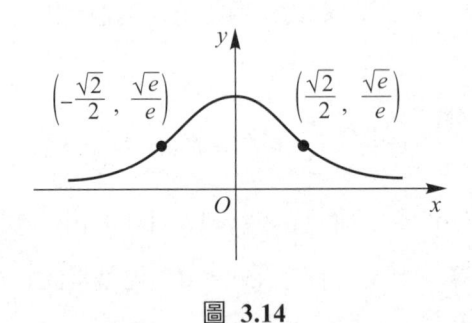

圖 3.14

下面的定理將求絕對極值的問題簡化為求相對極值的問題．

定理 3.12

設函數 f 在某區間為連續，f 在該區間中的 c 處恰有一個相對極值．
(1) 若 $f(c)$ 為相對極大值，則 $f(c)$ 為 f 在該區間上的絕對極大值．
(2) 若 $f(c)$ 為相對極小值，則 $f(c)$ 為 f 在該區間上的絕對極小值．

▶▶ **例題 9**：求 $f(x)=x^3-3x^2+4$ 在區間 $(0, \infty)$ 上的絕對極大值與絕對極小值 (若存在)．[提示：利用定理 3.12．]

解：$f'(x)=3x^2-6x=3x(x-2)$，因此，在 $(0, \infty)$ 中，f 的臨界數為 2．

又 $f''(x)=6x-6$，可得 $f''(2)=6>0$，於是，依二階導數檢驗法，相對極小值為 $f(2)=0$．所以，f 的絕對極小值為 0．

▶▶ **例題 10**：設 $f(x)=ax^2+bx+c$，其中 $a>0$. 試證：$f(x) \geq 0$ 對所有 x 皆成立，若且唯若 $b^2-4ac \leq 0$. [提示：利用定理 3.12.]

解：$f'(x)=2ax+b$，可知 f 的臨界數為 $-\dfrac{b}{2a}$.

$f\left(-\dfrac{b}{2a}\right)=-\dfrac{b^2-4ac}{4a} \geq 0$，若且唯若 $b^2-4ac \leq 0$ （因 $a>0$）. 因 $f''(x)=2a$，

可得 $f''\left(-\dfrac{b}{2a}\right)=2a>0$，故 $f\left(-\dfrac{b}{2a}\right)$ 為相對極小值，也為絕對極小值. 所以，

$f(x) \geq f\left(-\dfrac{b}{2a}\right) \geq 0 \Rightarrow b^2-4ac \leq 0$.

習題 ▶ 3.4

討論 1～7 題各函數圖形的凹性，並找出反曲點.

1. $f(x)=-x^3-3x^2+72x+4$　　**2.** $f(x)=x^4-6x^2$

3. $f(x)=(x^2-1)^3$　　**4.** $f(x)=\dfrac{1}{x^2+1}$

5. $f(x)=\dfrac{x^2-1}{x^2+1}$　　**6.** $f(x)=x^{4/3}-x^{1/3}$

7. $f(x)=xe^x$

利用二階導數檢驗法求 8～18 題各函數的相對極值.

8. $f(x)=x^3-3x+2$　　**9.** $f(x)=2x^3-9x^2+12x$

10. $f(x)=x(x-1)^2$　　**11.** $f(x)=x^4-x^2$

12. $f(x)=(x^2-3)^2$　　**13.** $f(x)=x^4+2x^2-1$

14. $f(x)=\dfrac{x^2}{x^2+1}$　　**15.** $f(x)=\cos^2 x$

16. $f(x)=x^2 \ln x$　　**17.** $f(x)=xe^x$

18. $f(x)=\dfrac{e^x}{x}$

19. 求 $f(x)=x^4+4x$ 在區間 $(-\infty, \infty)$ 上的絕對極大值與絕對極小值 (若存在).

20. 求 $f(x)=-3x^4+4x^3$ 在區間 $(-\infty, \infty)$ 上的絕對極大值與絕對極小值 (若存在).

21. 試證：函數 $f(x)=x|x|$ 的圖形有一個反曲點 $(0, 0)$，但 $f''(0)$ 不存在.

22. 求 a、b 與 c 的值使得函數 $f(x)=ax^3+bx^2+cx$ 的圖形在反曲點 $(1, 1)$ 有一條水平切線.

23. 曲線 $y=x^3-3x^2+5x-2$ 的最小切線斜率為何？

3.5　函數圖形的描繪

在 xy-平面上，我們可以利用描點法作出函數的圖形，但這種圖形一般是粗糙的，在一些關鍵性的點附近的情形，不一定能準確地呈現出來．因此，所繪的圖形難以達到所要求的標準．今應用微分方法，則作圖一事，不但簡捷，而且準確．

在作函數的圖形時，應注意下列幾點：

1. 確定函數的定義域.
2. 找出圖形的 x-截距與 y-截距.
3. 確定圖形有無對稱性.
4. 確定有無漸近線.
5. 確定函數遞增或遞減的區間.
6. 求出函數的相對極值.
7. 確定凹性，並找出反曲點.

▶ **例題 1**：作 $f(x)=x^3-3x+2$ 的圖形. [提示：無漸近線.]

解：
1. 定義域為 $I\!R=(-\infty, \infty)$.
2. 令 $x^3-3x+2=0$，則 $(x-1)^2(x+2)=0$，可得 $x=1, -2$，故 x-截距為 1 與 -2. 又 $f(0)=2$，故 y-截距為 2.
3. 無對稱性.
4. 無漸近線.
5. $f'(x)=3x^2-3=3(x+1)(x-1)$

第 3 章　微分的應用

區間	$x+1$	$x-1$	$f'(x)$	單調性
$(-\infty, -1)$	$-$	$-$	$+$	在 $(-\infty, -1]$ 為遞增
$(-1, 1)$	$+$	$-$	$-$	在 $[-1, 1]$ 為遞減
$(1, \infty)$	$+$	$+$	$+$	在 $[1, \infty)$ 為遞增

6. f 的臨界數為 -1 與 1. $f''(x)=6x$, $f''(-1)=-6<0$, $f''(1)=6>0$, 可知 $f(-1)=4$ 為相對極大值, 而 $f(1)=0$ 為相對極小值.

7.

區間	$f''(x)$	凹性
$(-\infty, 0)$	$-$	凹向下
$(0, \infty)$	$+$	凹向上

反曲點為 $(0, 2)$.

圖形如圖 3.15 所示.

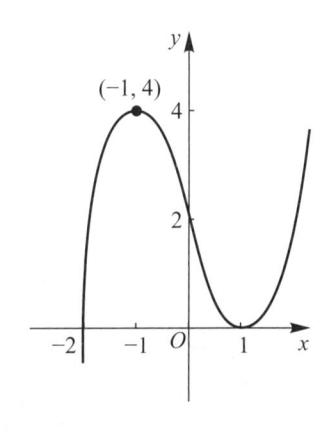

圖 3.15

▶▶ **例題 2**：作 $f(x)=\dfrac{2x^2}{x^2-1}$ 的圖形. [提示：圖形對稱於 y-軸.]

解：1. 定義域為 $\{x \mid x \neq \pm 1\}=(-\infty, -1)\cup(-1, 1)\cup(1, \infty)$.

2. x-截距與 y-截距皆為 0.

3. 圖形對稱於 y-軸.

4. 因 $\lim\limits_{x\to\pm\infty}\dfrac{2x^2}{x^2-1}=2$, 故直線 $y=2$ 為水平漸近線.

   因 $\lim\limits_{x\to 1^+}\dfrac{2x^2}{x^2-1}=\infty$, $\lim\limits_{x\to -1^+}\dfrac{2x^2}{x^2-1}=-\infty$,

   故直線 $x=1$ 與 $x=-1$ 皆為垂直漸近線.

5. $f'(x)=\dfrac{(x^2-1)(4x)-(2x^2)(2x)}{(x^2-1)^2}=\dfrac{-4x}{(x^2-1)^2}$

區間	$f'(x)$	單調性
$(-\infty, -1)$	+	在 $(-\infty, -1)$ 為遞增
$(-1, 0)$	+	在 $(-1, 0]$ 為遞增
$(0, 1)$	−	在 $[0, 1)$ 為遞減
$(1, \infty)$	−	在 $(1, \infty)$ 為遞減

6. 唯一的臨界數為 0. 依一階導數檢驗法，$f(0)=0$ 為 f 的相對極大值.

7. $f''(x) = \dfrac{-4(x^2-1)^2+16x^2(x^2-1)}{(x^2-1)^4}$

$= \dfrac{12x^2+4}{(x^2-1)^3}$

區間	$f''(x)$	凹性
$(-\infty, -1)$	+	凹向上
$(-1, 1)$	−	凹向下
$(1, \infty)$	+	凹向上

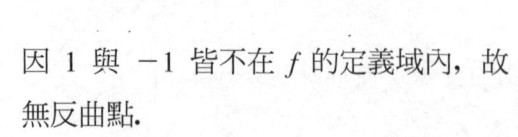

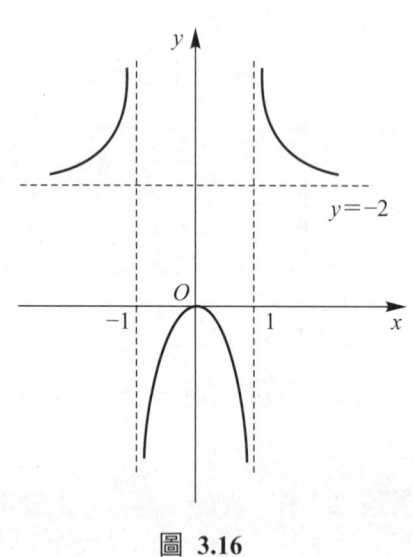

因 1 與 −1 皆不在 f 的定義域內，故無反曲點.

圖 **3.16**

▶▶ 例題 **3**：作 $f(x)=\dfrac{x}{x^2+1}$ 的圖形. [提示：圖形對稱於原點.]

解：1. 定義域為 $I\!R=(-\infty, \infty)$.

2. x-截距與 y-截距皆為 0.

3. 圖形對稱於原點.

4. 因 $\lim\limits_{x\to\infty}\dfrac{x}{x^2+1}=0$，故直線 $y=0$ (即，x-軸) 為水平漸近線.

5. $f'(x)=\dfrac{1-x^2}{(x^2+1)^2}$.

區間	$f'(x)$	單調性
$(-\infty, -1)$	$-$	在 $(-\infty, -1]$ 為遞減
$(-1, 1)$	$+$	在 $[-1, 1]$ 為遞增
$(1, \infty)$	$-$	在 $[1, \infty)$ 為遞減

6. f 的臨界數為 1 與 -1. 依一階導數檢驗法，$f(1)=\dfrac{1}{2}$ 為 f 的相對極大值，而 $f(-1)=-\dfrac{1}{2}$ 為相對極小值.

7. $f''(x)=\dfrac{(x^2+1)^2(-2x)-(1-x^2)(4x)(x^2+1)}{(x^2+1)^4}=\dfrac{2x(x^2-3)}{(x^2+1)^3}$

區間	$f''(x)$	凹性
$(-\infty, -\sqrt{3})$	$-$	凹向下
$(-\sqrt{3}, 0)$	$+$	凹向上
$(0, \sqrt{3})$	$-$	凹向下
$(\sqrt{3}, \infty)$	$+$	凹向上

反曲點為 $\left(-\sqrt{3}, -\dfrac{\sqrt{3}}{4}\right)$、$(0, 0)$ 與 $\left(\sqrt{3}, \dfrac{\sqrt{3}}{4}\right)$.

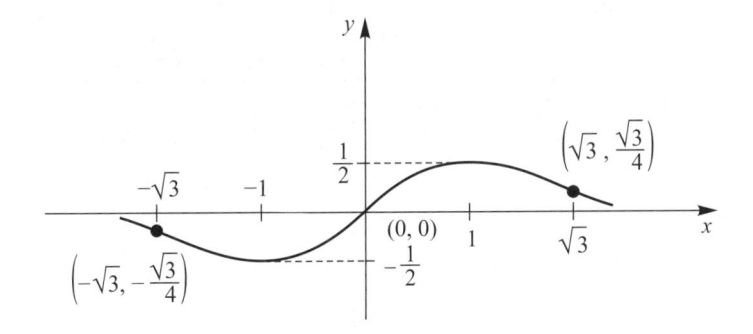

圖 3.17

▶▶ **例題 4**：作 $f(x) = \dfrac{x^2}{2x+5}$ 的圖形. [提示：有斜漸近線.]

解：1. 定義域為 $\left\{x \mid x \neq -\dfrac{5}{2}\right\} = \left(-\infty, -\dfrac{5}{2}\right) \cup \left(-\dfrac{5}{2}, \infty\right)$.

2. x-截距與 y-截距皆為 0.

3. 無對稱性.

4. 因 $\lim\limits_{x \to (-5/2)^+} \dfrac{x^2}{2x+5} = \infty$, 故直線 $x = -\dfrac{5}{2}$ 為垂直漸近線.

利用長除法, $\dfrac{x^2}{2x+5} = \dfrac{1}{2}x - \dfrac{5}{4} + \dfrac{\frac{25}{4}}{2x+5}$

因 $\lim\limits_{x \to \pm\infty} \left[\dfrac{x^2}{2x+5} - \left(\dfrac{1}{2}x - \dfrac{5}{4}\right)\right] = 0$

故直線 $y = \dfrac{1}{2}x - \dfrac{5}{4}$ 為斜漸近線.

5. $f'(x) = \dfrac{2x(2x+5) - 2x^2}{(2x+5)^2} = \dfrac{2x(x+5)}{(2x+5)^2}$

區間	$f'(x)$	單調性
$(-\infty, -5)$	$+$	在 $(-\infty, -5]$ 為遞增
$\left(-5, -\dfrac{5}{2}\right)$	$-$	在 $\left[-5, -\dfrac{5}{2}\right)$ 為遞減
$\left(-\dfrac{5}{2}, 0\right)$	$-$	在 $\left(-\dfrac{5}{2}, 0\right]$ 為遞減
$(0, \infty)$	$+$	在 $[0, \infty)$ 為遞增

6. f 的臨界數為 0 與 -5. $f(0) = 0$ 為相對極小值, 而 $f(-5) = -5$ 為相對極大值.

7. $f''(x) = \dfrac{(2x+5)^2(4x+10) - 2x(x+5)(8x+20)}{(2x+5)^4} = \dfrac{50}{(2x+5)^3}$

第 3 章　微分的應用　　177

區間	$f''(x)$	凹性
$\left(-\infty, -\dfrac{5}{2}\right)$	$-$	凹向下
$\left(-\dfrac{5}{2}, \infty\right)$	$+$	凹向上

圖形無反曲點.

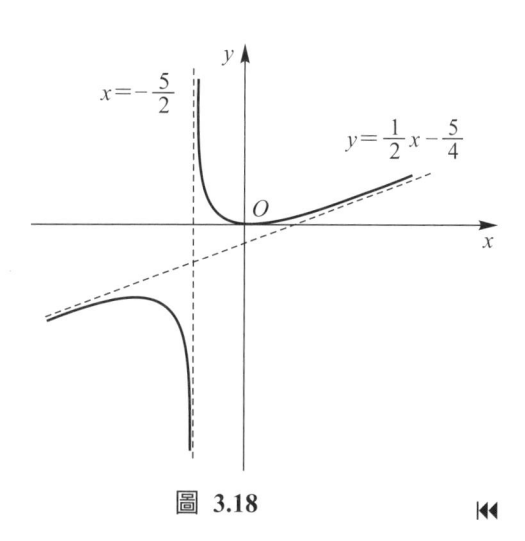

圖 3.18

▶▶ **例題 5**：作 $f(x)=e^{-\frac{x^2}{2}}$ 的圖形. [提示：圖形對稱於 y-軸.]

解：1. 定義域為 $(-\infty, \infty)$.

2. y-截距為 1.

3. 圖形對稱於 y-軸.

4. 因 $\lim\limits_{x\to\infty} e^{-\frac{x^2}{2}}=0$，故直線 $y=0$ (即, x-軸) 為水平漸近線.

5. $f'(x)=-xe^{-\frac{x^2}{2}}$

區間	$f'(x)$	單調性
$(-\infty, 0)$	$+$	在 $(-\infty, 0]$ 為遞增
$(0, \infty)$	$-$	在 $[0, \infty)$ 為遞減

6. f 的臨界數為 0，因而 $f(0)=1$ 為相對極大值.

7. $f''(x)= e^{-\frac{x^2}{2}}=(x^2-1)$

區間	$f''(x)$	凹　性
$(-\infty, -1)$	$+$	凹向上
$(-1, 1)$	$-$	凹向下
$(1, \infty)$	$+$	凹向上

反曲點為 $\left(-1, -\dfrac{1}{\sqrt{e}}\right)$ 與 $\left(1, -\dfrac{1}{\sqrt{e}}\right)$. 圖形如圖 3.19 所示.

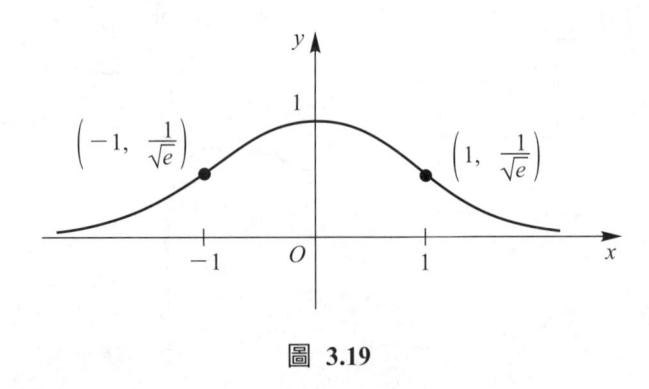

圖 3.19

習題 3.5

作 1～12 題各函數的圖形.

1. $f(x) = x^2 - x^3$
2. $f(x) = 2x^3 - 6x + 4$
3. $f(x) = x^4 - 6x^2$
4. $f(x) = (x^2 - 1)^2$
5. $f(x) = x^4 + 2x^3 - 1$
6. $f(x) = \dfrac{x}{x^2 - 1}$
7. $f(x) = \dfrac{1}{x^2 + 1}$
8. $f(x) = \dfrac{x^2 - 2}{x}$
9. $f(x) = \dfrac{x^2}{x^2 + 1}$
10. $f(x) = \sin x + \cos x$
11. $f(x) = \sin^2 x$, $0 \leq x \leq 2\pi$
12. $f(x) = \dfrac{e^x}{x}$

13. (1) 如何從 $y = f(x)$ 的圖形得到 $y = |f(x)|$ 的圖形？

    (2) 利用 $y = \sin x$ 的圖形作 $y = |\sin x|$ 的圖形.

14. (1) 如何從 $y = f(x)$ 的圖形得到 $y = f(|x|)$ 的圖形？

    (2) 利用 $y = \sin x$ 的圖形作 $y = \sin |x|$ 的圖形.

3.6 極值的應用問題

我們在前面所獲知有關求函數極值的理論可以用在一些實際的問題上，這些問題可能是以語言或以文字敘述．要解決這些問題，則必須將文字敘述用式子、函數或方程式等數學語句表示出來．因應用的範圍太廣，故很難說出一定的求解規則，但是，仍可發展出處理這類問題的一般性規則．下列的步驟常常是很有用的.

求解極值應用問題的步驟：

步驟 1：將問題仔細閱讀幾遍，考慮已知的事實，以及要求的未知量.

步驟 2：若可能的話，畫出圖形或圖表，適當地標上名稱，並用變數來表示未知量.

步驟 3：寫下已知的事實，以及變數之間的關係，這種關係常常是用某一形式的方程式來描述.

步驟 4：決定要使哪一變數為最大或最小，並將此變數表為其他變數的函數.

步驟 5：求步驟 4 中所得出函數的臨界數，並逐一檢查，看看有無最大值或最小值發生.

步驟 6：檢查極值是否發生在步驟 4 中所得出函數之定義域的端點.

這些步驟的用法在下面例題中說明.

▶ **例題 1**：若兩正數的和為 36，當此兩數是多少時，其積為最大？[提示：利用二階導數檢驗法.]

解：令 x 與 y 表兩正數，則其積為 $P=xy$. 依題意，$x+y=36$，即，$y=36-x$.

因此，$P=x(36-x)=36x-x^2$，可得 $\dfrac{dP}{dx}=36-2x$，P 的臨界數為 18.

又 $\dfrac{d^2P}{dx^2}=-2<0$，依二階導數檢驗法，P 在 $x=18$ 時有最大值.

若 $x=18$，則 $y=18$，所以，兩正數皆為 18.

▶ **例題 2**：若兩正數的積為 36，當此兩數是多少時，其和為最小？[提示：利用二階導數檢驗法.]

解：令 x 與 y 表兩正數，則其和為 $S=x+y$. 依題意，$xy=36$，即，$y=\dfrac{36}{x}$.

因此，$S=x+\dfrac{36}{x}$，可得 $\dfrac{dS}{dx}=1-\dfrac{36}{x^2}=\dfrac{x^2-36}{x^2}$，$S$ 的臨界數為 6.

又 $\dfrac{d^2S}{dx^2}=\dfrac{72}{x^3}$，$\dfrac{d^2S}{dx^2}\bigg|_{x=6}=\dfrac{72}{216}=\dfrac{1}{3}>0$，故 S 在 $x=6$ 時有最小值.

若 $x=6$，則 $y=6$，所以，兩正數皆為 6.

▶ **例題 3**：求內接於橢圓 $\dfrac{x^2}{a^2}+\dfrac{y^2}{b^2}=1$ $(a>0, b>0)$ 的最大矩形面積. [提示：在閉區間上求最大值.]

解：如圖 3.20 所示，令 (x, y) 為位於第一象限內在橢圓上的點，則矩形的面積為 $A=(2x)(2y)=4xy$. 令 $S=A^2$，則

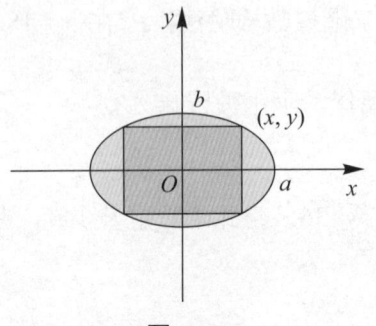

$$S=16x^2y^2=\dfrac{16b^2}{a^2}x^2(a^2-x^2)$$

$$=16b^2\left(x^2-\dfrac{x^4}{a^2}\right), \quad 0\leq x\leq a$$

可得 $\dfrac{dS}{dx}=32b^2x\left(1-\dfrac{2x^2}{a^2}\right)$，$S$ 的臨界數為 $\dfrac{\sqrt{2}}{2}a$.

但 $\dfrac{dS}{dx}=0 \Leftrightarrow \dfrac{dA}{dx}=0$，可知 A 的臨界數也是 $\dfrac{\sqrt{2}}{2}a$.

x	0	$\dfrac{\sqrt{2}}{2}a$	a
A	0	$2ab$	0

圖 3.20

第 3 章 微分的應用　181

於是，最大面積為 $2ab$.

▶▶ **例題 4**：我們欲從長為 45 公分且寬為 24 公分之報紙的四個角截去大小相等的正方形，並將各邊向上折疊以做成開口盒子．若欲使盒子的體積為最大，則四個角的正方形尺寸為何？[提示：在閉區間上求最大值．]

解：令

$$x = \text{所截去正方形的邊長 (以公分計)}$$

$$V = \text{所得盒子的體積 (以立方公分計)}$$

因我們從每一個角截去邊長為 x 的正方形 (如圖 3.21 所示)，故所得盒子的體積為

$$V = (45-2x)(24-2x)x = 1080\,x - 138\,x^2 + 4\,x^3$$

在上式中的變數 x 受到某些限制．因 x 代表長度，故它不可能為負，且因報紙的寬為 24 公分，我們不可能截去邊長大於 12 公分的正方形．於是，x 必須滿足 $0 \le x \le 12$．因此，我們將問題簡化成求區間 [0, 12] 中的 x 值使得 V 有最大值．

因

$$\frac{dV}{dx} = 1080 - 276\,x + 12\,x^2$$
$$= 12\,(90 - 23\,x + x^2)$$
$$= 12\,(x-18)(x-5)$$

故可知 V 的臨界數為 5.

x	0	5	0
V	0	2450	0

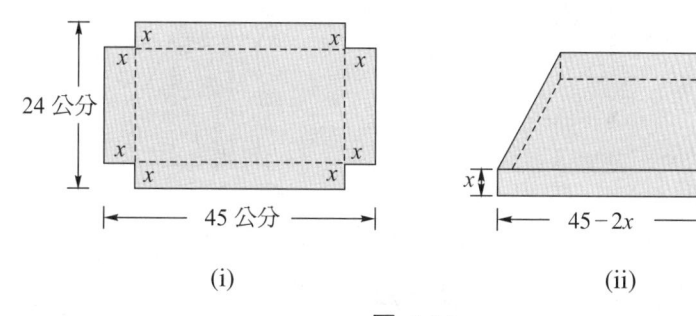

圖 **3.21**

當截去邊長為 5 公分的正方形時，盒子有最大的體積 $V=2450$ 立方公分.

▶▶ **例題 5**：一正圓柱體內接於底半徑為 5 吋且高為 10 吋的正圓錐，若柱軸與錐軸重合，求正圓柱體的最大體積. [提示：在閉區間上求最大值.]

解：令　　$r =$ 圓柱體的底半徑 (以吋計)

　　　　$h =$ 圓柱體的高 (以吋計)

　　　　$V =$ 圓柱體的體積 (以立方吋計)

如圖 3.22(i) 所示，正圓柱的體積公式為 $V=\pi r^2 h$. 利用相似三角形 (圖 3.22(ii)) 可得

$$\frac{10-h}{r}=\frac{10}{5}$$

即，

$$h=10-2r$$

故

$$V=\pi r^2 (10-2r)=10\pi r^2-2\pi r^3$$

因 r 代表半徑，故它不可能為負，且因內接圓柱的半徑不可能超過圓錐的半徑，故 r 必須滿足 $0 \leq r \leq 5$. 於是，我們將問題簡化成求 $[0, 5]$ 中的 r 值使 V 有極大值. 因 $\frac{dV}{dr}=20\pi r-6\pi r^2=2\pi r(10-3r)$，故在 $(0, 5)$ 中，V 的臨界數為 $\frac{10}{3}$.

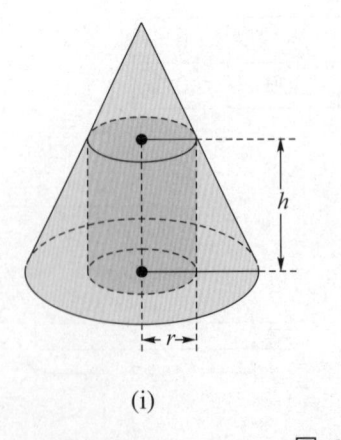

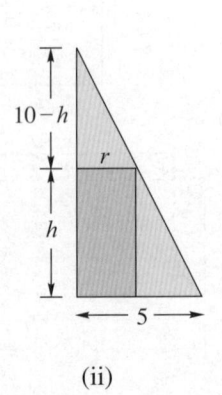

圖 **3.22**

r	0	$\dfrac{10}{3}$	5
V	0	$\dfrac{1000\pi}{27}$	0

最大體積為 $\dfrac{1000\pi}{27}$ 立方吋.

▶ **例題 6**：若欲將一密閉圓柱形罐子用來裝 1 升 (1000 立方公分) 的水，則我們應該如何選取底半徑與高使得製造該罐子所需的材料為最少？[提示：利用二階導數檢驗法.]

解：令　　h = 罐子的高 (以公分計)

　　　　r = 罐子的底半徑 (以公分計)

　　　　A = 罐子的表面積 (以平方公分計)

則　　$A = 2\pi r^2 + 2\pi rh.$

又　　$1000 = \pi r^2 h$, 即, $h = \dfrac{1000}{\pi r^2}$,

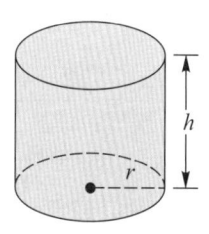

圖 3.23

可得　　$A = 2\pi r^2 + \dfrac{2000}{r}.$

因 $0 < r < \infty$, 故我們將問題簡化成求 $(0, \infty)$ 中的 r 值使得 A 為最小.

因　　$\dfrac{dA}{dr} = 4\pi r - \dfrac{2000}{r^2} = \dfrac{4(\pi r^3 - 500)}{r^2}$,

故唯一的臨界數為 $r = \sqrt[3]{\dfrac{500}{\pi}}.$

又　　$\dfrac{d^2A}{dr^2} = 4\pi + \dfrac{4000}{r^3}$,

所以，$\left.\dfrac{d^2A}{dr^2}\right|_{r=\sqrt[3]{\frac{500}{\pi}}} = 4\pi + \dfrac{4000}{\left(\sqrt[3]{\dfrac{500}{\pi}}\right)^3} = 12\pi > 0.$

依二階導數檢驗法，我們得知相對極小值 (也是最小值) 發生於臨界數 $r =$

$\sqrt[3]{\dfrac{500}{\pi}}$. 於是，使用最少表面積的罐子的底半徑為 $r=\sqrt[3]{\dfrac{500}{\pi}}$，其對應的高為

$$h=\dfrac{1000}{\pi r^2}=\dfrac{1000}{\pi\left(\sqrt[3]{\dfrac{500}{\pi}}\right)^2}=2\sqrt[3]{\dfrac{500}{\pi}}=2r.$$

▶▶ **例題 7**：如圖 3.24 所示，內接於邊長為 5 公分、12 公分與 13 公分的直角三角形之矩形的長為 x (以公分計)、寬為 y (以公分計). 當 x 與 y 各為多少時，矩形具有最大的面積？[提示：在閉區間上求最大值.]

解：矩形的面積為 $A=xy$. 利用相似三角形的性質，

$$\dfrac{x}{5}=\dfrac{12-y}{12}, \text{ 可得 } y=12-\dfrac{12}{5}x,$$

故 $A=x\left(12-\dfrac{12}{5}x\right)=12x-\dfrac{12}{5}x^2$, $0\leq x\leq 5$.

$\dfrac{dA}{dx}=12-\dfrac{24}{5}x$, 可知 A 的臨界數為 $\dfrac{5}{2}$.

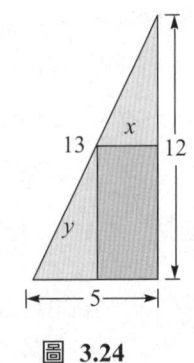

圖 3.24

x	0	$\dfrac{5}{2}$	5
A	0	15	0

所以，當 $x=\dfrac{5}{2}$ 公分，$y=6$ 公分時，矩形的面積最大.

▶▶ **例題 8**：如圖 3.25 所示，P 點應在 $\overline{AB}$ 上何處以使 θ 為最大？[提示：利用一階導數檢驗法.]

解：令 $\angle CPA=\alpha$, $\angle DPB=\beta$, $\overline{AP}=x$.

因 $\cot\alpha=x$, $\cot\beta=\dfrac{3-x}{4}$,

故 $\theta=\pi-\alpha-\beta=\pi-\cot^{-1}x-\cot^{-1}\left(\dfrac{3-x}{4}\right)$, $0\leq x\leq 3$.

第 3 章　微分的應用　　185

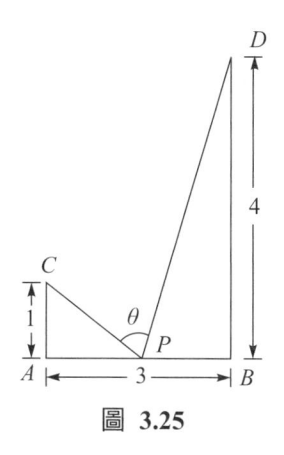

$$\frac{d\theta}{dx} = \frac{1}{1+x^2} + \frac{1}{1+(3-x)^2/16}\left(-\frac{1}{4}\right) = -\frac{3(x^2+2x-7)}{(1+x^2)(x^2-6x+25)}$$

可知 θ 的臨界數為 $2\sqrt{2}-1$．

當 $0 < x < 2\sqrt{2}-1$ 時，$\dfrac{d\theta}{dx} > 0$，且 $2\sqrt{2}-1 < x < 3$ 時，$\dfrac{d\theta}{dx} < 0$，

可知 θ 在 $x = 2\sqrt{2}-1$ 有相對極大值．所以，依定理 3.12(1)，當 $\overline{AP} = 2\sqrt{2}-1$ 時，θ 為最大．

▶ **例題 9**：柑橘園主人估計，若每公畝種 18 棵柑橘樹，成熟後每棵樹每年可收成 360 個柑橘，若每公畝再多種一棵柑橘樹，則每棵樹每年會減少收成 15 個．今每年欲獲得最多的柑橘，則每公畝應種多少棵柑橘樹？[提示：利用二階導數檢驗法．]

解：令 x 表每公畝多種（超過 18 棵）的柑橘樹，則每公畝柑橘樹為 $(18+x)$ 棵，而每棵產柑橘 $(360-15x)$ 個，故每公畝的柑橘總產量為

$$f(x) = (18+x)(360-15x) = 6480 + 90x - 15x^2$$

可得 $f'(x) = 90 - 30x$，而 f 的臨界數為 3．又 $f''(x) = -30 < 0$，$f''(3) < 0$，可知 $f(x)$ 在 $x = 3$ 有相對極大值．依定理 3.12(1)，$f(3)$ 為最大總產量，所以，每公畝應種 $18 + 3 = 21$ 棵柑橘樹．

習題 ▶ 3.6

1. 在閉區間 $\left[\dfrac{1}{2}, \dfrac{3}{2}\right]$ 中求一數使得該數與其倒數的和為最大.

2. 在閉區間 $\left[\dfrac{1}{2}, \dfrac{3}{2}\right]$ 中求一數使得該數與其倒數的和為最小.

3. 若兩數的差為 40，其積為最小，則此兩數為何？

4. 我們欲使用兩種籬笆將某塊矩形田地圍起來．若兩對邊使用 3 元／呎的重籬笆，而其餘兩邊使用 2 元／呎的標準籬笆，則以 6000 元費用所圍成最大面積的矩形田地的尺寸為多少？

5. 試證：在周長為 p 的所有矩形中，邊長為 $\dfrac{p}{4}$ 的正方形有最大面積.

6. 求內接於半徑為 r 之半圓的最大矩形的面積.

7. 求內接於半徑為 r 之圓的最大矩形的面積.

8. 求內接於半徑為 r 的球且體積為最大之正圓柱的體積.

9. 某窗戶的形狀是由一個矩形與其上端再加上一個半圓形所組成，若周長為 p，求半圓的半徑使得該窗戶的面積為最大.

10. 求內接於拋物線 $y = 16 - x^2$ 與 x-軸所圍區域且有一個邊在 x-軸上的最大矩形的面積.

11. 如圖所示，求 P 點的坐標使得內接矩形有最大的面積.

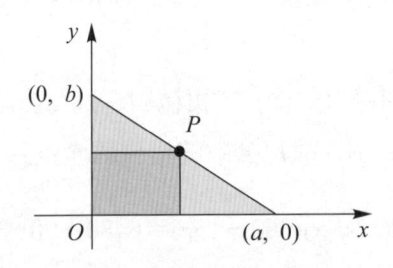

12. 如圖所示，內接於邊長為 6 公分、8 公分與 10 公分的直角三角形之矩形的長為 x（以公分計）、寬為 y（以公分計）. 當 x 與 y 各為多少時，矩形具有最大的面積？

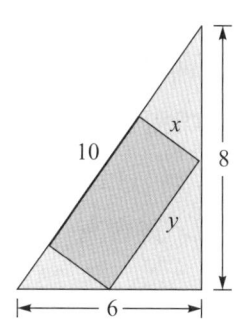

13. 圖中的 P 點應在 $\overline{AB}$ 上何處以使 θ 為最大？

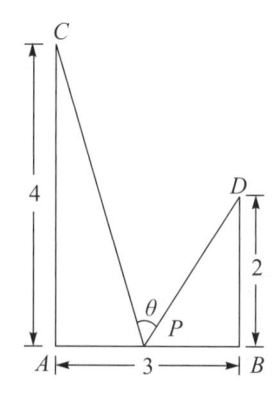

14. 求斜高為 L 之正圓錐的底半徑與高使其體積為最大.

15. 若我們從半徑為 r 的紙張截去一扇形，並將剩下紙片的切邊黏在一起做成正圓錐，則其最大體積為多少？

16. 正圓錐形紙杯欲裝滿 10 立方吋的水，求杯子的底半徑與高使得它需要最少的紙量.

17. 求在雙曲線 $x^2 - y^2 = 1$ 上與點 $(0, 2)$ 最接近的點.

18. 假設具有變動斜率的直線 L 通過點 $(1, 3)$ 且交兩坐標軸於兩點 $(a, 0)$ 與 $(0, b)$，此處 $a > 0, b > 0$. 求 L 的斜率使得具有三頂點 $(a, 0)$、$(0, b)$ 與 $(0, 0)$ 的三角形的面積為最小.

19. 某化學製造商以每單位 100 元的價格出售散裝的硫酸. 若每天 x 單位的總生產成本 (以元計) 為

$$C(x) = 100000 + 50x + 0.0025x^2$$

且每天的生產量最多為 7000 單位，則每天必須製造與出售多少單位的硫酸使得利潤為最大？

20. 蘋果園主人估計，若每公畝種 24 棵蘋果樹，成熟後每棵樹每年可收成 600 個蘋果，若每公畝再多種一棵蘋果樹，則每棵樹每年會減少收成 12 個．若欲得到最多的蘋果，則每公畝應種多少棵蘋果樹？

21. 一家不動產公司擁有 180 間套房，當月租為 6000 元時，它們全部被租出去．該公司估計，若月租每增加 200 元，則會有 5 棟空出，為了要得到最大的總收入，月租應為多少？

3.7 不定型

在本節中，我們將詳述求函數極限的一個重要的新方法．

在極限 $\lim\limits_{x \to 2} \dfrac{x^2-4}{x-2}$ 與 $\lim\limits_{x \to 0} \dfrac{\sin x}{x}$ 的每一者中，分子與分母皆趨近 0．習慣上，將這種極限描述為不定型 $\dfrac{0}{0}$．使用"不定"這個字是因為要作更進一步的分析，才能對極限的存在與否下結論．第一個極限可用代數的處理而獲得，即，

$$\lim_{x \to 2} \frac{x^2-4}{x-2} = \lim_{x \to 2} \frac{(x+2)(x-2)}{x-2} = \lim_{x \to 2}(x+2) = 4$$

又我們已在 2.9 節中利用幾何證明 $\lim\limits_{x \to 0}\dfrac{\sin x}{x}=1$．因代數方法與幾何方法僅適合問題的限制範圍，我們介紹一個處理不定型的方法，稱為**羅必達法則** (l'Hôpital's rule)．若 $\lim\limits_{x \to a} f(x)=0$ 且 $\lim\limits_{x \to a} g(x)=0$，則稱 $\lim\limits_{x \to a}\dfrac{f(x)}{g(x)}$ 為不定型 $\dfrac{0}{0}$ (indeterminate form $\dfrac{0}{0}$)．若 $\lim\limits_{x \to a} f(x)=\infty$ (或 $-\infty$) 且 $\lim\limits_{x \to a} g(x)=\infty$ (或 $-\infty$)，則稱 $\lim\limits_{x \to a}\dfrac{f(x)}{g(x)}$ 為不定型 $\dfrac{\infty}{\infty}$ (indeterminate form $\dfrac{\infty}{\infty}$)．

定理 3.13　羅必達法則

設兩函數 f 與 g 在某包含 a 的開區間 I 為可微分 (可能在 a 除外)，且 $x \neq a$ 時，$g'(x) \neq 0$，又 $\lim\limits_{x \to a} \dfrac{f(x)}{g(x)}$ 為不定型 $\dfrac{0}{0}$ 或 $\dfrac{\infty}{\infty}$．

若 $\lim\limits_{x \to a} \dfrac{f'(x)}{g'(x)}$ 存在抑或 $\lim\limits_{x \to a} \dfrac{f'(x)}{g'(x)} = \infty$ (或 $-\infty$)，則

$$\lim_{x \to a} \frac{f(x)}{g(x)} = \lim_{x \to a} \frac{f'(x)}{g'(x)}.$$

註：1. 在定理 3.13 中，$x \to a$ 可代以下列的任一者：$x \to a^+$，$x \to a^-$，$x \to \infty$，$x \to -\infty$．

2. 有時，在同一個問題中，必須使用多次羅必達法則．

3. 若 $f(a) = g(a) = 0$，f' 與 g' 皆為連續，且 $g'(a) \neq 0$，則羅必達法則也成立．事實上，我們可得

$$\lim_{x \to a} \frac{f'(x)}{g'(x)} = \frac{f'(a)}{g'(a)} = \frac{\lim\limits_{x \to a} \dfrac{f(x) - f(a)}{x - a}}{\lim\limits_{x \to a} \dfrac{g(x) - g(a)}{x - a}} = \lim_{x \to a} \frac{\dfrac{f(x) - f(a)}{x - a}}{\dfrac{g(x) - g(a)}{x - a}}$$

$$= \lim_{x \to a} \frac{f(x) - f(a)}{g(x) - g(a)} = \lim_{x \to a} \frac{f(x)}{g(x)}.$$

▶ 例題 1：求 $\lim\limits_{x \to 0} \dfrac{\cos x + 2x - 1}{3x}$．$\left[\text{提示：} \dfrac{0}{0} \text{ 型．} \right]$

解：

$$\lim_{x \to 0} \frac{\dfrac{d}{dx}(\cos x + 2x - 1)}{\dfrac{d}{dx}(3x)} = \lim_{x \to 0} \frac{-\sin x + 2}{3} = \frac{2}{3}$$

於是，依羅必達法則，$\lim\limits_{x \to 0} \dfrac{\cos x + 2x - 1}{3x} = \dfrac{2}{3}$．

▶▶ 例題 2：求 $\lim_{x\to 0} \dfrac{2^{3x}-3^{2x}}{6x}$. $\left[提示：\dfrac{0}{0}型.\right]$

解：依羅必達法則，

$$\lim_{x\to 0} \frac{2^{3x}-3^{2x}}{6x} = \lim_{x\to 0} \frac{3(\ln 2)\,2^{3x} - 2(\ln 3)\,3^{2x}}{6} = \frac{3\ln 2 - 2\ln 3}{6}.$$

註：為了更加嚴密，在此計算中的第一個等式要到其右邊的極限存在才是正確的．然而，為了簡便起見，當應用羅必達法則時，我們通常排列出所示的計算．

▶▶ 例題 3：計算 $\lim_{x\to 1^-} \dfrac{x^2-x}{x-1-\ln x}$. $\left[提示：\dfrac{0}{0}型.\right]$

解：依羅必達法則，

$$\lim_{x\to 1^-} \frac{x^2-x}{x-1-\ln x} = \lim_{x\to 1^-} \frac{2x-1}{1-\dfrac{1}{x}} = \lim_{x\to 1^-} \frac{2x^2-x}{x-1} = -\infty.$$

▶▶ 例題 4：求 $\lim_{x\to 1} \dfrac{4x^3-12x^2+12x-4}{4x^3-9x^2+6x-1}$. $\left[提示：\dfrac{0}{0}型.\right]$

解：依羅必達法則，

$$\lim_{x\to 1} \frac{4x^3-12x^2+12x-4}{4x^3-9x^2+6x-1} = \lim_{x\to 1} \frac{12x^2-24x+12}{12x^2-18x+6}$$

然而，上式右邊的極限又為不定型 $\dfrac{0}{0}$，故再利用羅必達法則可得

$$\lim_{x\to 1} \frac{12x^2-24x+12}{12x^2-18x+6} = \lim_{x\to 1} \frac{24x-24}{24x-18} = 0$$

於是，

$$\lim_{x\to 1} \frac{4x^3-12x^2+12x-4}{4x^3-9x^2+6x-1} = 0.$$

▶ 例題 5：求 $\dfrac{e^x-x-1}{x^2}$. $\left[\text{提示：}\dfrac{0}{0}\text{型.}\right]$

解：$\displaystyle\lim_{x\to 0}\dfrac{e^x-x-1}{x^2}=\lim_{x\to 0}\dfrac{e^x-1}{2x}$

$\qquad\qquad\qquad=\displaystyle\lim_{x\to 0}\dfrac{e^x}{2}=\dfrac{1}{2}.$

▶ 例題 6：求 a 的值使函數

$$f(x)=\begin{cases}\dfrac{9x-3\sin 3x}{5x^3}, & x\neq 0 \\ a, & x=0\end{cases}$$

在 $x=0$ 為連續. [提示：利用連續的定義.]

解：若 $f(x)$ 在 $x=0$ 為連續，則 $\displaystyle\lim_{x\to 0}f(x)=f(0).$

$a=f(0)=\displaystyle\lim_{x\to 0}\dfrac{9x-3\sin 3x}{5x^3}=\lim_{x\to 0}\dfrac{9-9\cos 3x}{15x^2}$

$\qquad=\displaystyle\lim_{x\to 0}\dfrac{27\sin 3x}{30x}=\lim_{x\to 0}\dfrac{81\cos 3x}{30}=\dfrac{27}{10}.$

▶ 例題 7：求 $\displaystyle\lim_{x\to 0}\dfrac{x^2\sin\left(\dfrac{1}{x}\right)}{\sin x}$. [提示：羅必達法則不適用.]

解：因 $\displaystyle\lim_{x\to 0}x^2\sin\left(\dfrac{1}{x}\right)=0$ (可利用夾擠定理證明之)，$\displaystyle\lim_{x\to 0}\sin x=0$，可知極限具

有不定型 $\dfrac{0}{0}$，故

$$\lim_{x\to 0}\dfrac{x^2\sin\left(\dfrac{1}{x}\right)}{\sin x}=\lim_{x\to 0}\dfrac{2x\sin\left(\dfrac{1}{x}\right)-\cos\left(\dfrac{1}{x}\right)}{\cos x}$$

$$=-\lim_{x\to 0}\cos\left(\dfrac{1}{x}\right)$$

因為 $\lim\limits_{x\to 0}\cos\left(\dfrac{1}{x}\right)$ 不存在，所以羅必達法則失效．但是，原極限存在，計算如下：

$$\lim_{x\to 0}\frac{x^2\sin\left(\dfrac{1}{x}\right)}{\sin x}=\lim_{x\to 0}\frac{x\sin\left(\dfrac{1}{x}\right)}{\dfrac{\sin x}{x}}=\frac{\lim\limits_{x\to 0}x\sin\left(\dfrac{1}{x}\right)}{\lim\limits_{x\to 0}\dfrac{\sin x}{x}}=\frac{0}{1}=0.$$

▶▶ 例題 8：求 $\lim\limits_{x\to 0^+}\dfrac{\ln x}{\ln(e^x-1)}$．$\left[\text{提示}：\dfrac{\infty}{\infty}\text{ 型}.\right]$

解：依羅必達法則，

$$\lim_{x\to 0^+}\frac{\ln x}{\ln(e^x-1)}=\lim_{x\to 0^+}\frac{\dfrac{1}{x}}{\dfrac{e^x}{e^x-1}}=\lim_{x\to 0^+}\frac{1-e^{-x}}{x}$$

$$=\lim_{x\to 0}e^{-x}=1.$$

▶▶ 例題 9：求 $\lim\limits_{x\to 0^+}\dfrac{\cot x}{\ln x}$．$\left[\text{提示}：\dfrac{\infty}{\infty}\text{ 型}.\right]$

解：依羅必達法則，

$$\lim_{x\to 0^+}\frac{\cot x}{\ln x}=\lim_{x\to 0^+}\frac{-\csc^2 x}{\dfrac{1}{x}}=-\lim_{x\to 0^+}\frac{x}{\sin^2 x}$$

$$=-\lim_{x\to 0^+}\frac{1}{2\sin x\cos x}=-\infty.$$

▶▶ 例題 10：求 $\lim\limits_{x\to\infty}\dfrac{x+\sin x}{x}$．[提示：羅必達法則不適用．]

解：所予極限為不定型 $\dfrac{\infty}{\infty}$，但是

$$\lim_{x\to\infty}\frac{\dfrac{d}{dx}(x+\sin x)}{\dfrac{d}{dx}x}=\lim_{x\to\infty}(1+\cos x)$$

此極限不存在．於是，羅必達法則在此不適用．我們另外處理如下：

$$\lim_{x\to\infty}\frac{x+\sin x}{x}=\lim_{x\to\infty}\left(1+\frac{\sin x}{x}\right)$$

$$=1+\lim_{x\to\infty}\frac{\sin x}{x}=1.$$

▶ **例題 11**：求 $\lim\limits_{x\to\infty}\dfrac{2^x}{e^{x^2}}$．[提示：羅必達法則不方便．]

解：
$$\lim_{x\to\infty}\frac{2^x}{e^{x^2}}=\lim_{x\to\infty}\frac{2^x\ln 2}{2xe^{x^2}}=\lim_{x\to\infty}\frac{2^x(\ln 2)^2}{(4x^2+2)e^{x^2}}=\cdots$$

本題使用羅必達法則時，愈來愈繁複，故改以其他方法解之．

令 $y=\dfrac{2^x}{e^{x^2}}$，則 $\lim\limits_{x\to\infty}\ln y=\lim\limits_{x\to\infty}(\ln 2^x-\ln e^{x^2})=\lim\limits_{x\to\infty}(x\ln 2-x^2\ln e)$

$$=\lim_{x\to\infty}x(\ln 2-x)$$

$$=-\infty$$

可得 $\lim\limits_{x\to\infty}y=e^{\lim\limits_{x\to\infty}\ln y}=0$．所以，$\lim\limits_{x\to\infty}\dfrac{2^x}{e^{x^2}}=0$．

若 $\lim\limits_{x\to a}f(x)=0$ 且 $\lim\limits_{x\to a}g(x)=\infty$ 或 $-\infty$，則稱 $\lim\limits_{x\to a}[f(x)\,g(x)]$ 為**不定型 $0\cdot\infty$**（或 $\infty\cdot 0$）．通常，我們寫成 $f(x)\,g(x)=\dfrac{f(x)}{\dfrac{1}{g(x)}}$ 以便轉換成 $\dfrac{0}{0}$ 型，或寫成 $f(x)\,g(x)=\dfrac{g(x)}{\dfrac{1}{f(x)}}$ 以便轉換成 $\dfrac{\infty}{\infty}$ 型．

▶ **例題 12**：求 $\lim\limits_{x\to\infty} x \sin \dfrac{1}{x}$. $\left[\text{提示：轉換成 } \dfrac{0}{0} \text{ 型.}\right]$

解：因所予極限為不定型 $0 \cdot \infty$，故將它轉換成 $\dfrac{0}{0}$ 型，並利用羅必達法則如下：

$$\lim_{x\to\infty} x \sin \frac{1}{x} = \lim_{x\to\infty} \frac{\sin \dfrac{1}{x}}{\dfrac{1}{x}} = \lim_{x\to\infty} \frac{-\dfrac{1}{x^2} \cos \dfrac{1}{x}}{-\dfrac{1}{x^2}} = \lim_{x\to\infty} \cos \frac{1}{x} = 1.$$

另解：$\lim\limits_{x\to\infty} x \sin \dfrac{1}{x} = \lim\limits_{x\to\infty} \dfrac{\sin \dfrac{1}{x}}{\dfrac{1}{x}} = \lim\limits_{h\to 0^+} \dfrac{\sin h}{h} = 1.$ $\left(\text{令 } h = \dfrac{1}{x}\right)$

▶ **例題 13**：求 $\lim\limits_{x\to 0^+} x^2 \ln x$. $\left[\text{提示：轉換成 } \dfrac{\infty}{\infty} \text{ 型.}\right]$

解：所予極限為不定型 $0 \cdot \infty$．因此，

$$\lim_{x\to 0^+} x^2 \ln x = \lim_{x\to 0^+} \frac{\ln x}{\dfrac{1}{x^2}} = \frac{\dfrac{1}{x}}{-\dfrac{2}{x^3}}$$

$$= \lim_{x\to 0^+} \left(-\frac{x^2}{2}\right) = 0.$$

▶ **例題 14**：求 $\lim\limits_{x\to \frac{\pi}{4}} (1 - \tan x) \sec 2x$. $\left[\text{提示：轉換成 } \dfrac{0}{0} \text{ 型.}\right]$

解：所予極限為不定型 $0 \cdot \infty$．我們將它轉換成 $\dfrac{0}{0}$ 型，並利用羅必達法則如下：

$$\lim_{x\to \frac{\pi}{4}} (1 - \tan x) \sec 2x = \lim_{x\to \frac{\pi}{4}} \frac{1 - \tan x}{\cos 2x}$$

$$= \lim_{x\to \frac{\pi}{4}} \frac{1 - \sec^2 x}{-2 \sin 2x} = \frac{-2}{-2} = 1.$$

第 3 章 微分的應用 195

▶▶ **例題 15**：求 $\lim_{x\to\infty} x \ln\left(\dfrac{x-1}{x+1}\right)$. $\left[\text{提示：轉換成 } \dfrac{0}{0} \text{ 型.}\right]$

解：所予極限為不定型 $0 \cdot \infty$，我們將它轉換成 $\dfrac{0}{0}$ 型，並利用羅必達法則如下：

$$\lim_{x\to\infty} x \ln\left(\dfrac{x-1}{x+1}\right) = \lim_{x\to\infty} \dfrac{\ln\left(\dfrac{x-1}{x+1}\right)}{\dfrac{1}{x}} = \lim_{x\to\infty} \dfrac{\dfrac{2}{x^2-1}}{-\dfrac{1}{x^2}}$$

$$= -\lim_{x\to\infty} \dfrac{2x^2}{x^2-1} = -2.$$

若 $\lim_{x\to a} f(x) = \infty$ 且 $\lim_{x\to a} g(x) = \infty$，則稱 $\lim_{x\to a} [f(x)-g(x)]$ 為不定型 $\infty-\infty$；或者，若 $\lim_{x\to a} f(x) = -\infty$ 且 $\lim_{x\to a} g(x) = -\infty$，則稱 $\lim_{x\to a} [f(x)-g(x)]$ 為不定型 $\infty-\infty$. 無論如何，此情形下，若適當改變 $f(x)-g(x)$ 的表示式，則可利用前面幾種不定型之一來處理.

▶▶ **例題 16**：求 $\lim_{x\to 0} \left(\dfrac{1}{x} - \dfrac{1}{\sin x}\right)$. [提示：通分.]

解：因 $\lim_{x\to 0^+} \dfrac{1}{x} = \infty$ 且 $\lim_{x\to 0^+} \dfrac{1}{\sin x} = \infty$，又 $\lim_{x\to 0^-} \dfrac{1}{x} = -\infty$ 且

$\lim_{x\to 0^-} \dfrac{1}{\sin x} = -\infty$，故所予極限為不定型 $\infty-\infty$. 利用通分可得

$$\lim_{x\to 0} \left(\dfrac{1}{x} - \dfrac{1}{\sin x}\right) = \lim_{x\to 0} \dfrac{\sin x - x}{x \sin x} \qquad \left(\dfrac{0}{0} \text{ 型}\right)$$

$$= \lim_{x\to 0} \dfrac{\cos x - 1}{x \cos x + \sin x} \qquad \left(\dfrac{0}{0} \text{ 型}\right)$$

$$= \lim_{x\to 0} \dfrac{-\sin x}{-x \sin x + \cos x + \cos x}$$

$$= 0.$$

▶▶ **例題 17**：求 $\lim\limits_{x \to 0} \left(\dfrac{1}{x} - \dfrac{1}{e^x - 1} \right)$. [提示：通分.]

解：因 $\lim\limits_{x \to 0^+} \dfrac{1}{x} = \infty$ 且 $\lim\limits_{x \to 0^+} \dfrac{1}{e^x - 1} = \infty$，又 $\lim\limits_{x \to 0^-} \dfrac{1}{x} = -\infty$

且 $\lim\limits_{x \to 0^-} \dfrac{1}{e^x - 1} = -\infty$，故所予極限為不定型 $\infty - \infty$. 利用通分可得

$$\lim_{x \to 0} \left(\dfrac{1}{x} - \dfrac{1}{e^x - 1} \right) = \lim_{x \to 0} \dfrac{e^x - x - 1}{xe^x - x} \qquad \left(\dfrac{0}{0} \text{型} \right)$$

$$= \lim_{x \to 0} \dfrac{e^x - 1}{xe^x + e^x - 1} \qquad \left(\dfrac{0}{0} \text{型} \right)$$

$$= \lim_{x \to 0} \dfrac{e^x}{xe^x + e^x + e^x} = \dfrac{1}{2}.$$

▶▶ **例題 18**：求 $\lim\limits_{x \to \left(\frac{\pi}{2} \right)^-} (\sec x - \tan x)$. [提示：通分.]

解：所予極限為不定型 $\infty - \infty$.

$$\lim_{x \to \left(\frac{\pi}{2} \right)^-} (\sec x - \tan x) = \lim_{x \to \left(\frac{\pi}{2} \right)^-} \left(\dfrac{1}{\cos x} - \dfrac{\sin x}{\cos x} \right)$$

$$= \lim_{x \to \left(\frac{\pi}{2} \right)^-} \dfrac{1 - \sin x}{\cos x} \qquad \left(\dfrac{0}{0} \text{型} \right)$$

$$= \lim_{x \to \left(\frac{\pi}{2} \right)^-} \dfrac{-\cos x}{-\sin x}$$

$$= 0.$$

不定型 0^0、∞^0 與 1^∞ 是由極限 $\lim\limits_{x \to a} [f(x)]^{g(x)}$ 所產生.

(1) 若 $\lim\limits_{x \to a} f(x) = 0$ 且 $\lim\limits_{x \to a} g(x) = 0$，則 $\lim\limits_{x \to a} [f(x)]^{g(x)}$ 為不定型 0^0.

(2) 若 $\lim\limits_{x \to a} f(x) = \infty$ 且 $\lim\limits_{x \to a} g(x) = 0$，則 $\lim\limits_{x \to a} [f(x)]^{g(x)}$ 為不定型 ∞^0.

(3) 若 $\lim\limits_{x \to a} f(x) = 1$ 且 $\lim\limits_{x \to a} g(x) = \infty$ 或 $-\infty$，則 $\lim\limits_{x \to a} [f(x)]^{g(x)}$ 為不定型 1^∞.

上述任一情形可用自然對數處理如下：

$$令 \ y=[f(x)]^{g(x)}, \ 則 \ \ln y=g(x) \ln f(x)$$

或將函數寫成指數形式：

$$[f(x)]^{g(x)}=e^{g(x) \ln f(x)}$$

在這兩個方法的任一者中，需要先求出 $\lim_{x \to a} [g(x) \ln f(x)]$，其為不定型 $0 \cdot \infty$.

若不定型為 0^0、∞^0 或 1^∞，則求 $\lim_{x \to a} [f(x)]^{g(x)}$ 的步驟如下：

步驟 1：令 $y=[f(x)]^{g(x)}$.

步驟 2：取自然對數：$\ln y = \ln [f(x)]^{g(x)} = g(x) \ln f(x)$.

步驟 3：求 $\lim_{x \to a} \ln y$ (若極限存在).

步驟 4：若 $\lim_{x \to a} \ln y = L$，則 $\lim_{x \to a} y = e^L$.

若 $x \to \infty$，或 $x \to -\infty$，或對單邊極限，這些步驟仍可使用.

▶▶ 例題 19：求 $\lim_{x \to 0^+} x^x$. [提示：0^0 型.]

解：此為不定型 0^0. 利用前述步驟，

1. $y = x^x$

2. $\ln y = \ln x^x = x \ln x$

3. $\lim_{x \to 0^+} \ln y = \lim_{x \to 0^+} (x \ln x) = \lim_{x \to 0^+} \dfrac{\ln x}{\dfrac{1}{x}} = \lim_{x \to 0^+} \dfrac{\dfrac{1}{x}}{-\dfrac{1}{x^2}} = -\lim_{x \to 0^+} x = 0$

4. $\lim_{x \to 0^+} x^x = \lim_{x \to 0^+} y = e^0 = 1$.

另解：

$$\lim_{x \to 0^+} x^x = \lim_{x \to 0^+} e^{\ln x^x}$$
$$= \lim_{x \to 0^+} e^{x \ln x}$$
$$= e^{\lim_{x \to 0^+} x \ln x} = e^0 = 1.$$

▶▶ **例題 20**：求 $\lim\limits_{x\to\infty} x^{\frac{1}{x}}$. [提示：$\infty^0$ 型.]

<u>解</u>：$\lim\limits_{x\to\infty} x^{\frac{1}{x}} = \lim\limits_{x\to\infty} e^{\frac{\ln x}{x}} = e^{\lim\limits_{x\to\infty}\frac{\ln x}{x}} = e^{\lim\limits_{x\to\infty}\frac{1}{x}} = 1.$

▶▶ **例題 21**：求 $\lim\limits_{x\to 0} (1+x)^{\frac{1}{x}}$. [提示：$1^\infty$ 型.]

<u>解</u>：$\lim\limits_{x\to 0} (1+x)^{\frac{1}{x}} = \lim\limits_{x\to 0} e^{\frac{\ln(1+x)}{x}} = e^{\lim\limits_{x\to 0}\frac{\ln(1+x)}{x}} = e^{\lim\limits_{x\to 0}\frac{1}{1+x}} = e.$

▶▶ **例題 22**：求 $\lim\limits_{x\to 0} (x+e^x)^{\frac{1}{x}}$. [提示：$1^\infty$ 型.]

<u>解</u>：$\lim\limits_{x\to 0}(x+e^x)^{\frac{1}{x}} = \lim\limits_{x\to 0} e^{\frac{\ln(x+e^x)}{x}} = e^{\lim\limits_{x\to 0}\frac{\ln(x+e^x)}{x}} = e^{\lim\limits_{x\to 0}\frac{1+e^x}{x+e^x}} = e^2.$

▶▶ **例題 23**：求 $\lim\limits_{n\to\infty}\left(1+\dfrac{3}{n}\right)^{2n}$. [提示：$1^\infty$ 型.]

<u>解</u>：
$$\lim_{n\to\infty}\left(1+\frac{3}{n}\right)^{2n} = \lim_{n\to\infty} e^{2n\ln\left(1+\frac{3}{n}\right)} = e^{2\lim\limits_{n\to\infty} n\ln\left(1+\frac{3}{n}\right)}$$

又 $\lim\limits_{n\to\infty} n\ln\left(1+\dfrac{3}{n}\right)$ 為不定型 $\infty\cdot 0$，故

$$\lim_{n\to\infty} n\ln\left(1+\frac{3}{n}\right) = \lim_{n\to\infty}\frac{\ln\left(1+\frac{3}{n}\right)}{\frac{1}{n}} = \lim_{n\to\infty}\frac{\frac{1}{1+\frac{3}{n}}\left(-\frac{3}{n^2}\right)}{-\frac{1}{n^2}}$$

$$= 3\lim_{n\to\infty}\frac{n}{n+3} = 3$$

所以 $\lim\limits_{n\to\infty}\left(1+\dfrac{3}{n}\right)^{2n} = e^6.$

<u>另解</u>：$\left(1+\dfrac{3}{n}\right)^{2n} = \left[\left(1+\dfrac{3}{n}\right)^{\frac{n}{3}}\right]^6 = \left[\left(1+\dfrac{1}{\frac{n}{3}}\right)^{\frac{n}{3}}\right]^6$

由於 $n \to \infty$, 可知 $\dfrac{n}{3} = m \to \infty$, 故

$$\lim_{n \to \infty} \left(1 + \dfrac{3}{n}\right)^{2n} = \lim_{n \to \infty} \left[\left(1 + \dfrac{1}{\frac{n}{3}}\right)^{\frac{n}{3}}\right]^6 = \lim_{m \to \infty} \left[\left(1 + \dfrac{1}{m}\right)^m\right]^6$$

$$= \left[\lim_{m \to \infty} \left(1 + \dfrac{1}{m}\right)^m\right]^6 = e^6.$$

習題 ▶ 3.7

計算 1～41 題的極限.

1. $\lim\limits_{x \to 5} \dfrac{\sqrt{x-1}-2}{x^2-25}$

2. $\lim\limits_{x \to 1} \dfrac{x^4-4x^3+6x^2-4x+1}{x^4-3x^3+3x^2-x}$

3. $\lim\limits_{x \to 1} \dfrac{\sin(x-1)}{x^2+x-2}$

4. $\lim\limits_{\theta \to 0} \dfrac{\sin \theta}{\theta + \tan \theta}$

5. $\lim\limits_{x \to 0} \dfrac{xe^x}{1-e^x}$

6. $\lim\limits_{x \to 0} \dfrac{e^x + e^{-x} - 2}{1 - \cos 2x}$

7. $\lim\limits_{\theta \to \frac{\pi}{2}} \dfrac{1 - \sin \theta}{1 + \cos 2\theta}$

8. $\lim\limits_{x \to 0} \dfrac{\sin x - x}{\tan x - x}$

9. $\lim\limits_{x \to 0} \dfrac{\ln \cos x}{x^2}$

10. $\lim\limits_{x \to 0} \dfrac{\cos 2x - \cos x}{\sin^2 x}$

11. $\lim\limits_{x \to 0} \dfrac{2^{3x} - 2^x}{4x}$

12. $\lim\limits_{x \to 0^+} \dfrac{8^{\sqrt{x}} - 1}{3^{\sqrt{x}} - 1}$

13. $\lim\limits_{x \to \infty} \dfrac{2x^2 + 3x + 1}{5x^2 + x - 4}$

14. $\lim\limits_{x \to 1^+} \dfrac{\ln x}{\sqrt{x-1}}$

15. $\lim\limits_{x \to \infty} \dfrac{x^{99}}{e^x}$

16. $\lim\limits_{x \to 0^+} \dfrac{\ln \sin x}{\ln \tan x}$

17. $\lim\limits_{x \to \infty} \dfrac{\ln(\ln x)}{\ln x}$

18. $\lim\limits_{x \to \infty} \dfrac{\log_2 x}{\log_3(x+3)}$

19. $\lim\limits_{x \to 0^+} \sqrt{x}\, \ln x$

20. $\lim\limits_{x \to -\infty} x^2 e^x$

21. $\lim\limits_{x \to \infty} x(e^{1/x}-1)$

22. $\lim\limits_{x \to -\infty} x \sin \dfrac{1}{x}$

23. $\lim\limits_{x \to \frac{\pi}{4}} (1-\tan x) \sec 2x$

24. $\lim\limits_{x \to 0^+} x \ln \sin x$

25. $\lim\limits_{x \to 0^+} \sin x \ln \sin x$

26. $\lim\limits_{n \to \infty} n(\sqrt[n]{a}-1) \quad (a > 0)$

27. $\lim\limits_{x \to \infty} (\sqrt{x^2+x}-x)$

28. $\lim\limits_{x \to 1} \left(\dfrac{1}{\ln x} - \dfrac{x}{x-1} \right)$

29. $\lim\limits_{x \to 1} \left(\dfrac{1}{x-1} - \dfrac{x}{\ln x} \right)$

30. $\lim\limits_{x \to 0} \left(\dfrac{1}{x} - \dfrac{1}{e^x-1} \right)$

31. $\lim\limits_{x \to 0} (\csc x - \cot x)$

32. $\lim\limits_{x \to \infty} [\ln 2x - \ln (x+1)]$

33. $\lim\limits_{x \to 0^+} x^{\sin x}$

34. $\lim\limits_{x \to 0^+} (\sin x)^x$

35. $\lim\limits_{x \to \infty} (x+e^x)^{1/x}$

36. $\lim\limits_{x \to \infty} (1+2x)^{1/\ln x}$

37. $\lim\limits_{x \to 0} (1+ax)^{1/x}$

38. $\lim\limits_{x \to 0} (1+\sin x)^{1/x}$

39. $\lim\limits_{x \to 0} (e^x+3x)^{1/x}$

40. $\lim\limits_{x \to 1} x^{1/(x-1)}$

41. $\lim\limits_{x \to 0} (1+ax)^{\frac{b}{x}}$

42. 求所有 a 與 b 的值使得

$$\lim_{x \to 0} \frac{a+\cos bx}{x^2} = -2.$$

43. 求 a 與 b 的值使得 $\lim\limits_{x \to 0} (x^{-3} \sin 3x + ax^{-2}+b) = 0$.

44. 為什麼不能使用羅必達法則求 $\lim\limits_{x \to 0} \dfrac{x^2 \sin\left(\dfrac{1}{x}\right)}{\tan x}$？試以其他方法求之.

45. 當 $x \neq 0$ 時，$f(x) = (\cos x)^{\frac{1}{x}}$，若 $f(x)$ 在 $x=0$ 為連續，求 $f(0)$.

46. 求 a 的值使 $\lim\limits_{x \to \infty} \left(\dfrac{x+a}{x-a} \right)^x = e^4$.

47. 試證：對任意正整數 n，

(1) $\lim\limits_{x \to \infty} \dfrac{x^n}{e^x} = 0$ 　　　　(2) $\lim\limits_{x \to \infty} \dfrac{e^x}{x^n} = \infty$

48. 試證：對任意正整數 n，

(1) $\lim\limits_{x \to \infty} \dfrac{\ln x}{x^n} = 0$ 　　　　(2) $\lim\limits_{x \to \infty} \dfrac{x^n}{\ln x} = \infty$

49. 作 $f(x) = x^2 \ln x$ 的圖形.

50. 作 $f(x) = xe^{-x}$ 的圖形.

3.8　牛頓法

在本節中，我們將描述方程式 $f(x)=0$ 的實根 [即，一實數 r 使 $f(r)=0$] 的近似求法．欲使用此方法，我們先從實根 r 的第一個近似值開始．因為 r 為 f 之圖形的 x-截距，故由參考函數圖形的略圖通常可發現一個比較適當的數 x_1．若考慮 f 的圖形在點 $(x_1, f(x_1))$ 的切線 L 且 x_1 充分接近 r，則如圖 3.26 所示，L 的 x-截距為 r 的更佳近似值．

因切線 L 的斜率為 $f'(x_1)$，故其方程式為

$$y - f(x_1) = f'(x_1)(x - x_1)$$

若 $f'(x_1) \neq 0$，則 L 不平行於 x-軸，所以，它交 x-軸於點 $(x_2, 0)$．故

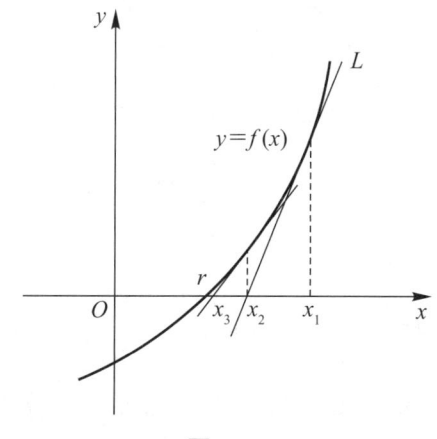

圖 **3.26**

$$-f(x_1)=f'(x_1)(x_2-x_1)$$

可得
$$x_2-x_1=-\frac{f(x_1)}{f'(x_1)}$$

或
$$x_2=x_1-\frac{f(x_1)}{f'(x_1)}$$

若取 x_2 當作 r 的第二個近似值，則利用在點 $(x_2, f(x_2))$ 的切線，重複前面的方法．

若 $f'(x_2) \neq 0$，則導出第三個近似值為

$$x_3=x_2-\frac{f(x_2)}{f'(x_2)}$$

以此方法繼續下去，可產生一連串的值 x_1, x_2, x_3, x_4, x_5, $\cdots$，直到所要的精確度．這種對 r 求近似值的方法稱為**牛頓法** (Newton's method)，其公式如下：

$$x_{n+1}=x_n-\frac{f(x_n)}{f'(x_n)}, \quad n=1,\ 2,\ 3,\ \cdots$$

假設 $f'(x_n) \neq 0$.

註：若 $f'(x_n)=0$ 對某 n 成立，則此公式不適合．這是很容易明白的，因切線平行於 x-軸而不與 x-軸相交，無法產生下一個近似值 (圖 3.27)．

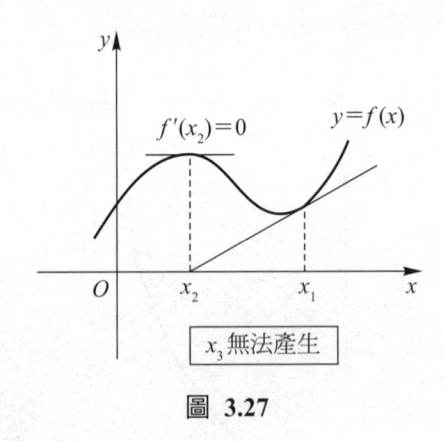

圖 3.27

當利用牛頓法時，我們將使用下面規則：

若近似值需要取到小數第 k 位，則將求 x_2, x_3, $\cdots$ 的近似值到第 k 位，繼續下去直到兩個連續的近似值相同．

▶ **例題 1**：求方程式 $x^3-x-1=0$ 的實根到小數第四位. [提示：牛頓法公式.]

解：令 $f(x)=x^3-x-1$，則 $f'(x)=3x^2-1$，故牛頓法的公式變成

$$x_{n+1}=x_n-\frac{x_n^3-x_n-1}{3x_{n-1}^2}$$

可得

$$x_{n+1}=\frac{2x_n^3+1}{3x_{n-1}^2}$$

我們從圖 3.28 中 f 的圖形得知所予方程式僅有一個實根．因 $f(1)=-1<0$，$f(2)=5>0$，故該根介於 1 與 2 之間．我們取 $x_1=1.5$ 作為第一個近似值，進行如下：

$$x_2=\frac{2(1.5)^3+1}{3(1.5)^2-1}\approx 1.3478$$

$$x_3=\frac{2(1.3478)^3+1}{3(1.3478)^2-1}\approx 1.3252$$

$$x_4=\frac{2(1.3252)^3+1}{3(1.3252)^2-1}\approx 1.3247$$

$$x_5=\frac{2(1.3247)^3+1}{3(1.3247)^2-1}\approx 1.3247$$

於是，所要求的根約為 1.3247.

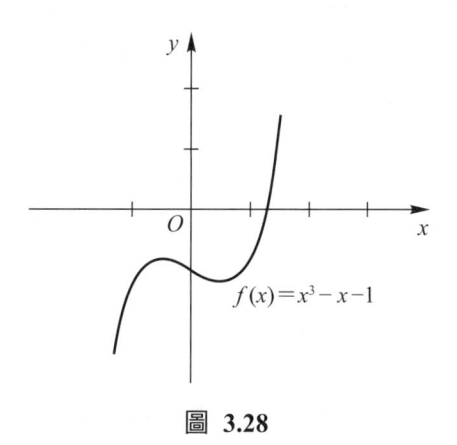

圖 3.28

▶▶ **例題 2**：求 $\sqrt[6]{2}$ 的近似值精確到小數第八位．[提示：牛頓法公式．]

解：求 $\sqrt[6]{2}$ 的值即相當於求方程式 $x^6-2=0$ 的正根．

令 $f(x)=x^6-2$，則 $f'(x)=6x^5$．利用牛頓法的公式可得

$$x_{n+1}=x_n-\frac{f(x_n)}{f'(x_n)}=x_n-\frac{x_n^6-2}{6x_n^5}=\frac{5x_n^6+2}{6x_n^5}$$

我們選取起始值 $x_1=1$，則求得

$$x_2=\frac{7}{6}\approx 1.16666667$$

$$x_3\approx 1.12644368$$

$$x_4\approx 1.12249707$$

$$x_5\approx 1.12246205$$

$$x_6\approx 1.12246205$$

由於 x_5 與 x_6 兩連續近似值到小數第八位完全相同，故

$$\sqrt[6]{2}\approx 1.12246205$$

精確到小數第八位．

有時候，牛頓法不能保證對每一 n 而言，x_{n+1} 比 x_n 較近似實根 r．尤其，選取第一個近似值 x_1 必須小心．的確，若 x_1 沒有充分接近 r，則可能使得第二個近似值 x_2 比 x_1 還糟等等，因而所產生的"近似值"無法收斂到 r．例如，考慮方程式 $x^{1/3}=0$，它的唯一根是 $x=0$．現在，我們以起始值 $x_1=0.1$ 去求此根的近似值．令 $f(x)=x^{1/3}$，則牛頓法的公式變成

$$x_{n+1}=x_n-\frac{f(x_n)}{f'(x_n)}=x_n-\frac{x_n^{1/3}}{\frac{1}{3}x_n^{-2/3}}=x_n-3x_n=-2x_n$$

以 $x_1=0.1$ 開始，此公式所產生的連續值為

$$x_1=0.1,\ x_2=-0.2,\ x_3=0.4,\ x_4=-0.8,\ \cdots$$

這顯然不收斂到 $x=0$（見圖 3.29）．

图 3.29

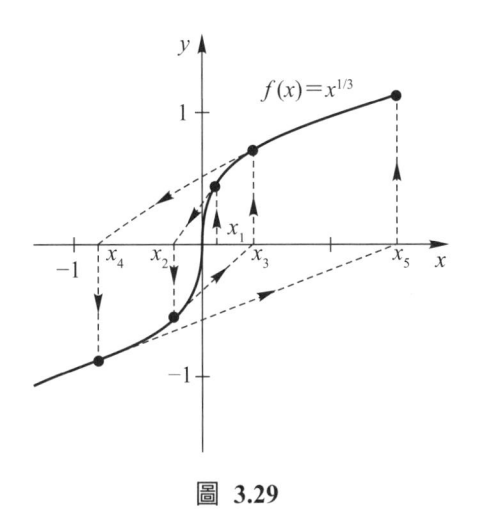

下面定理提供了牛顿法有效的充分條件.

定理 3.14

若對包含實根 r 的區間中所有 x,

$$\left| \frac{f(x)f''(x)}{[f'(x)]^2} \right| < 1$$

恆成立，則牛頓法對任意起始值 x_1 皆收斂到實根 r.

對上述 $f(x)=x^{1/3}$，可得 $f'(x)=\dfrac{1}{3}x^{-2/3}$, $f''(x)=-\dfrac{2}{9}x^{-5/3}$. 但

$$\left| \frac{f(x)f''(x)}{[f'(x)]^2} \right| = \left| \frac{x^{1/3}\left(-\dfrac{2}{9}\right)x^{-5/3}}{\left(\dfrac{1}{9}\right)x^{-4/3}} \right| = 2 > 1$$

對任何 x 值皆成立，故我們無法斷言牛頓法有效.

習題 3.8

利用牛頓法求 1～3 題各所予數的近似值到小數第四位.

1. $\sqrt{7}$
2. $\sqrt[3]{2}$
3. $\sqrt[5]{3}$

利用牛頓法求 4～9 題各指定的實根到小數第三位.

4. $x^3+5x-3=0$ 的正根.
5. $x^4+x-3=0$ 的正根.
6. $x^5+x^4-5=0$ 的正根.
7. $x+\cos x=2$ 的根.
8. $\sin x=x^2$ 的正根.
9. 利用牛頓法求介於 π 與 $\dfrac{3\pi}{2}$ 之間且為 $\sin x - x\cos x = 0$ 的根的近似值到小數第三位.

綜合習題

求 1～4 題的極限.

1. $\lim\limits_{x \to 0} \dfrac{x-\sin x}{x^3}$
2. $\lim\limits_{x \to 0} \dfrac{x-\tan^{-1} x}{x \sin x}$
3. $\lim\limits_{x \to 0} (\cos x)^{1/x^2}$
4. $\lim\limits_{x \to \infty} \left(1+\dfrac{a}{x^2}\right)^{x^2}$

5. 設 $f(x)=x^3+ax^2+bx$.
   (1) $f(x)$ 有相對極大值與相對極小值的充要條件為何？
   (2) 若 $f(1)=2$ 為相對極大值，求 a 與 b 的值.

6. 設 $f(x)=x^4+4a^3x+3>0$ 對任意實數 x 皆成立，求實數 a 的範圍.

7. 設 $x^3-3ax-2a+4=0$ $(a>0)$ 有相異三實根，求 a 的範圍.

8. 求 $f(x)=\sin 2x+2\cos x$ $(0<x<\pi)$ 的相對極值.

9. 直線 $y=\dfrac{x}{2}$ 與曲線 $y=\sin x$ 在區間 $[0, \pi]$ 的何處距離最遠？

10. 求內接於拋物線 $y=4-x^2$ 與 x-軸所圍成區域且底邊在 x-軸上的最大梯形的面積.

11. 在曲線 $y=\dfrac{1}{x^2+1}$ 上何處的切線有最大的斜率？

12. 作 $f(x)=\dfrac{(x-2)^3}{x^2}$ 的圖形.

13. 作 $f(x)=x+\cos x\,(-\pi\leq x\leq\pi)$ 的圖形.

14. 作 $f(x)=x(\ln x)^2$ 的圖形.

15. 作 $f(x)=\dfrac{\ln x}{x}$ 的圖形.

16. 作 $f(x)=xe^x$ 的圖形.

17. 在統計學裡，**常態分配函數** (normal distribution function) f 定義為

$$f(x)=\dfrac{1}{\sqrt{2\pi}\,\sigma}e^{-\frac{1}{2}\left(\frac{x-\mu}{\sigma}\right)^2}$$

其中 μ 與 σ 皆為常數，而 $\sigma>0,\ -\infty<\mu<\infty$.

(1) 求 f 的相對極值與反曲點.

(2) 作 f 的圖形.

Chapter 04

積　分

4.1　面　積

　　在本章中，我們將探討微積分的另一個主題，那就是積分，積分的歷史淵源，就是要尋求面積、體積、曲線長度等等.

　　在敘述定積分的定義之前，考慮平面上某區域的面積是非常有幫助的，要記得的一件事即在本節中所討論的面積並非視為定積分的定義，它僅僅在幫助我們誘導出定積分的定義，就像是我們利用切線的斜率來誘導導函數的定義.

　　對於像矩形、三角形、多邊形與圓等基本幾何圖形的面積公式可追溯到最早的數學記載. 例如，矩形的面積是其長與寬的乘積，三角形的面積是底與高的乘積的一半，多邊形的面積可由所分成三角形的面積相加. 然而，要計算一個由曲線所圍成區域的面積並不是很容易的. 在本節中，我們將說明如何利用極限去求某些區域的面積.

　　現在，我們考慮下面的**面積問題**：

　　已知函數 f 在區間 $[a, b]$ 為連續且非負值，求由 f 的圖形、x-軸與兩直線 $x=a$ 及 $x=b$ 所圍成區域 R 的面積，如圖 4.1 所示.

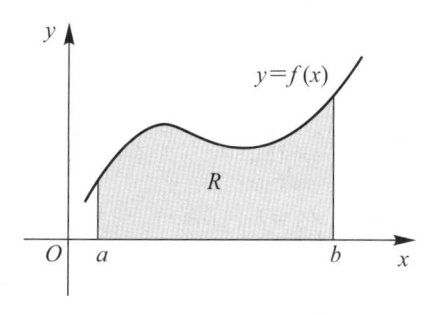

圖 4.1

圖 4.2　　　　　　　　　　圖 4.3

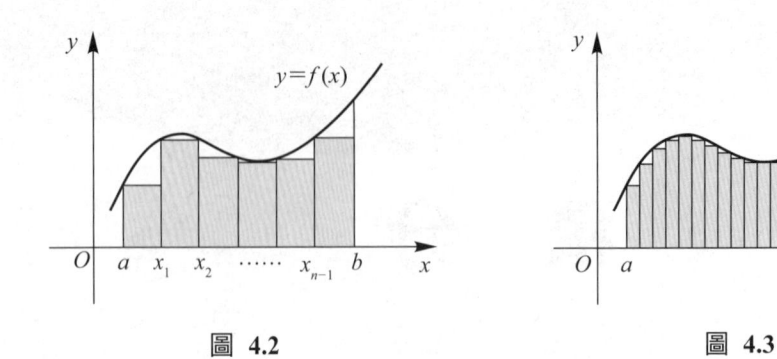

我們進行如下．首先，在 a 與 b 之間插入一些點 x_1, x_2, $\cdots$, x_{n-1} 使得 $a < x_1 < x_2 < \cdots < x_{n-1} < b$，而將區間 $[a, b]$ 分割成相等長度 $(b-a)/n$ 的 n 個子區間，通過點 a, x_1, x_2, $\cdots$, x_{n-1}, b，作出垂直線將區域 R 分割成 n 個等寬的長條．若我們以在曲線 $y=f(x)$ 下方且內接的矩形近似每一個長條（圖 4.2），則這些矩形的合併將形成區域 R_n，我們可將它看成是整個區域 R 的近似，此近似的區域面積可由各個矩形面積的和算出．此外，若 n 增加，則矩形的寬會變小，故當較小的矩形填滿在曲線下方的空隙時，R 的近似值 R_n 會更佳，如圖 4.3 所示．於是，當 n 變成無限大時，我們可將 R 的正確面積定義為近似的區域面積的極限，即，

$$A = R \text{ 的面積} = \lim_{n \to \infty} (R_n \text{ 的面積}). \tag{4.1}$$

若我們將內接矩形的高記為 h_1, h_2, $\cdots$, h_n，且每一個矩形的寬為 $\dfrac{b-a}{n}$，則

$$R_n \text{ 的面積} = h_1 \cdot \frac{b-a}{n} + h_2 \cdot \frac{b-a}{n} + \cdots + h_n \cdot \frac{b-a}{n} \tag{4.2}$$

因 f 在 $[a, b]$ 為連續，故由極值定理可知 f 在每一個子區間

$$[a, x_1], [x_1, x_2], \cdots, [x_{n-1}, b]$$

上有最小值．若這些最小值發生在點 c_1, c_2, $\cdots$, c_n，則內接矩形的高為

$$h_1 = f(c_1), \; h_2 = f(c_2), \; \cdots, \; h_n = f(c_n)$$

故 (4.2) 式可寫成

$$R_n \text{ 的面積} = f(c_1) \cdot \frac{b-a}{n} + f(c_2) \cdot \frac{b-a}{n} + \cdots + f(c_n) \cdot \frac{b-a}{n} \tag{4.3}$$

若令 $\Delta x = \dfrac{b-a}{n}$，則 (4.3) 式變成

$$R_n \text{ 的面積} = f(c_1)\Delta x + f(c_2)\Delta x + \cdots + f(c_n)\Delta x = \sum_{i=1}^{n} f(c_i)\Delta x$$

此為**下和** (lower sum)，故 (4.1) 式變成

$$A = \lim_{n \to \infty} \sum_{i=1}^{n} f(c_i)\Delta x. \qquad (4.4)$$

▶▶ **例題 1**：利用內接矩形求在曲線 $y = f(x) = x^2$ 下方且在區間 $[0, b]$ 上方之區域的面積.

解：若我們利用分點 $x_0 = 0$，$x_1 = \dfrac{b}{n}$，$x_2 = \dfrac{2b}{n}$，$\cdots$，$x_i = \dfrac{ib}{n}$，$\cdots$，$x_{n-1} = \dfrac{(n-1)b}{n}$，$x_n = \dfrac{nb}{n} = b$，將區間 $[0, b]$ 分割成 n 個等長的子區間，則每一子區間的長度為 $\Delta x = \dfrac{b}{n}$，如圖 4.4 所示. 因 f 在 $[0, b]$ 為遞增，故 f 在每一子區間上的最小值發生在左端點. 所以，

$c_1 = x_0 = 0$，$c_2 = x_1 = \dfrac{b}{n}$，

$c_3 = x_2 = \dfrac{2b}{n}$，$\cdots$，

$c_i = x_{i-1} = \dfrac{(i-1)b}{n}$，$\cdots$，

$c_n = x_{n-1} = \dfrac{(n-1)b}{n}$.

令 S_n 為這 n 個內接矩形之面積的和，則

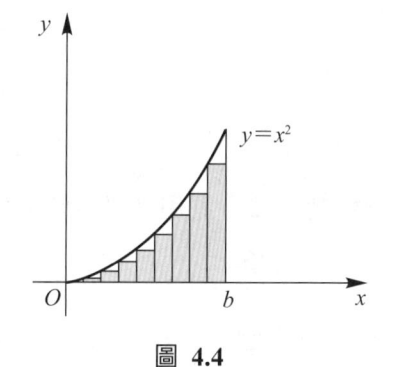

圖 4.4

$$S_n = \dfrac{b}{n} \cdot 0^2 + \dfrac{b}{n}\left(\dfrac{b}{n}\right)^2 + \dfrac{b}{n}\left(\dfrac{2b}{n}\right)^2 + \cdots + \dfrac{b}{n}\left[\dfrac{(n-1)b}{n}\right]^2$$

$$= \dfrac{b^3}{n^3}[1^2 + 2^2 + 3^2 + \cdots + (n-1)^2]$$

$$= \dfrac{b^3}{n^3} \cdot \dfrac{(n-1)n(2n-1)}{6} \qquad \left(\text{利用公式 } \sum_{i=1}^{n} i^2 = \dfrac{n(n-1)(2n-1)}{6}\right)$$

$$= \frac{(n-1)(2n-1)b^3}{6n^2}$$

$$\lim_{n\to\infty} S_n = \lim_{n\to\infty} \frac{(n-1)(2n-1)b^3}{6n^2} = \frac{b^3}{3}$$

於是,
$$A = \lim_{n\to\infty} S_n = \frac{b^3}{3}.$$

讀者可能已想到在這個例子中,除了利用內接矩形之外,也可使用外接矩形. 其實, 若 f 在各個子區間上的最大值發生在點 $d_1, d_2, \cdots, d_n$, 則由外接矩形的面積所成的和 $\sum_{i=1}^{n} f(d_i) \Delta x$ 為上和 (upper sum), 此為在曲線 $y=f(x)$ 下方且在區間 $[a, b]$ 上方之區域面積的近似值, 如圖 4.5 所示, 而正確面積為

$$A = \lim_{n\to\infty} \sum_{i=1}^{n} f(d_i) \Delta x. \tag{4.5}$$

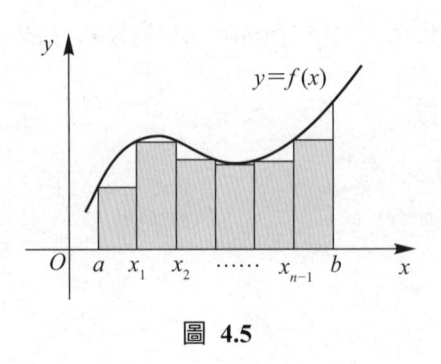

圖 4.5

▶▶ **例題 2**:利用外接矩形求在曲線 $y=f(x)=x^2$ 下方且在區間 $[0, b]$ 上方之區域的面積.

解:如例題 1,分點 $x_0=0, x_1=\dfrac{b}{n}, x_2=\dfrac{2b}{n}, \cdots, x_n=b$ 將區間 $[0, b]$ 分割成長度皆為 $\Delta x = \dfrac{b}{n}$ 的 n 個子區間. 因 f 在 $[0, b]$ 為遞增, 故 f 在每一子區間上的最大值發生在右端點, 如圖 4.6 所示. 所以,

$$d_1 = x_1 = \frac{b}{n},$$

$$d_2 = x_2 = \frac{2b}{n}, \cdots,$$

$$d_i = x_i = \frac{ib}{n},$$

$$d_n = x_n = \frac{nb}{n} = 1.$$

圖 4.6

令 S_n 為這 n 個外接矩形之面積的和,則

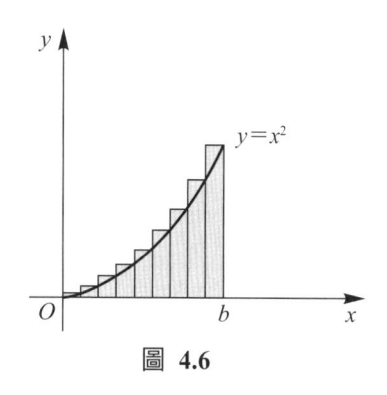

$$S_n = \frac{b}{n}\left(\frac{b}{n}\right)^2 + \frac{b}{n}\left(\frac{2b}{n}\right)^2 + \cdots + \frac{b}{n}\left(\frac{nb}{n}\right)^2$$

$$= \frac{b^3}{n^3}(1^2 + 2^2 + \cdots + n^2)$$

$$= \frac{b^3}{n^3} \cdot \frac{n(n+1)(2n+1)}{6} = \frac{(n+1)(2n+1)b^3}{6n^2}$$

於是,
$$A = \lim_{n \to \infty} S_n = \frac{b^3}{3}$$

此結果與例題 1 的結果一致.

註:1. 下和 ≤ 上和.

2. 利用內接矩形的方法與外接矩形的方法皆可得到相同的面積.

我們在前面討論到求連續曲線 $y = f(x)$ 下方且在區間 $[a, b]$ 上方之面積的兩個同義方法:

$$A = \lim_{n \to \infty} \sum_{i=1}^{n} f(c_i) \Delta x \quad \text{(內接矩形法)}$$

與
$$A = \lim_{n \to \infty} \sum_{i=1}^{n} f(d_i) \Delta x \quad \text{(外接矩形法)}$$

然而,這些並非是面積 A 之僅有的可能公式. 對每一子區間而言,我們可以不選取 f 在該子區間上的最小或最大值作為矩形的高,而是選取 f 在該子區間中任一數的值作為矩形的高. 現在,我們在每一子區間 $[x_{i-1}, x_i]$ 中任取一數 x_i^*. 因 $f(c_i)$ 與 $f(d_i)$ 分別為 f 在第 i 個子區間上的最小值與最大值,可知

而 $f(c_i) \leq f(x_i^*) \leq f(d_i)$

$f(c_i)\,\Delta x \leq f(x_i^*)\,\Delta x \leq f(d_i)\,\Delta x$

故 $\sum_{i=1}^{n} f(c_i)\,\Delta x \leq \sum_{i=1}^{n} f(x_i^*)\,\Delta x \leq \sum_{i=1}^{n} f(d_i)\,\Delta x$

因 $\lim_{n\to\infty} \sum_{i=1}^{n} f(c_i)\,\Delta x = A$ 且 $\lim_{n\to\infty} \sum_{i=1}^{n} f(d_i)\,\Delta x = A$，故對 x_1^*, x_2^*, $\cdots$, x_n^* 的任意選取，可得

$$A = \lim_{n\to\infty} \sum_{i=1}^{n} f(x_i^*)\,\Delta x.$$

▶▶ **例題 3**：已知自由落體的運動速度為 $v = gt$ (g 是常數)，求物體由最初時刻 $t=0$ 的靜止狀態在時間區間 $[0, t]$ 內落下的距離 s . [提示：利用內接矩形法.]

解：利用分點 $0 = t_0 < t_1 < t_2 < \cdots t_{i-1} < t_i < \cdots < t_n = t$ 將 $[0, t]$ 分割成相等長度 $\Delta t = \dfrac{t}{n}$ 的 n 個子區間 $\left[\dfrac{(i-1)t}{n}, \dfrac{it}{n}\right]$ $(i = 1, 2, \cdots, n.)$. 令物體在各子區間內落下的距離分別為 Δs_1, Δs_2, $\cdots$, Δs_n. 為了計算方便，在子區間 $\left[\dfrac{(i-1)t}{n}, \dfrac{it}{n}\right]$ 中取 t_i^* 為左端點，即 $t_i^* = \dfrac{(i-1)t}{n}$, $i = 1, 2, \cdots, n$, 則 $v(t_i^*) = \dfrac{g(i-1)t}{n}$, 可得 $\Delta s_i \approx v(t_i^*)\Delta t = \dfrac{g(i-1)t^2}{n^2}$

$$s = \sum_{i=1}^{n} \Delta s_i \approx \sum_{i=1}^{n} \frac{g(i-1)t^2}{n^2} = \frac{gt^2}{n^2} = \sum_{i=1}^{n}(i-1) = \frac{gt^2}{n^2} \cdot \frac{n(n-1)}{2} = \frac{n(n-1)gt^2}{2n^2}$$

所以， $s = \lim_{n\to\infty} \dfrac{n(n-1)gt^2}{2n^2} = \dfrac{1}{2}gt^2$.

等寬的矩形在計算上很方便，但是它們不是絕對必要的；我們也可將面積 A 表為具有不同寬度之矩形的面積和的極限。

假設區間 $[a, b]$ 分割成寬為 Δx_1, Δx_2, $\cdots$, Δx_n 的 n 個子區間，並以符號 $\max \Delta x_i$ 表示這些的最大者 (唸成 "Δx_i 的最大值")。若 x_i^* 為第 i 個子區間中任一數，則 $f(x_i^*)\,\Delta x_i$ 是高為 $f(x_i^*)$ 且寬為 Δx_i 之矩形的面積，故 $\sum_{i=1}^{n} f(x_i^*)\,\Delta x_i$ 為圖

4.7 中長條矩形之面積的和.

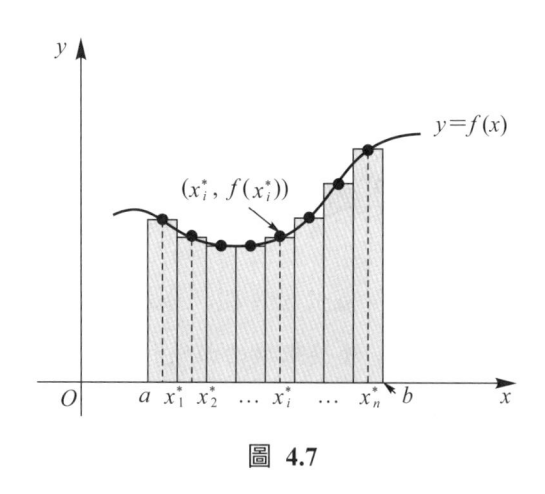

圖 4.7

若我們增加 n 使得 $\max \Delta x_i \to 0$，則每一個矩形的寬趨近零. 於是，當 $\max \Delta x_i \to 0$ 時，$A = \lim\limits_{\max \Delta x_i \to 0} \sum\limits_{i=1}^{n} f(x_i^*) \Delta x_i$.

定義 4.1

若函數 f 在 $[a, b]$ 為連續且非負值，則在 f 的圖形與 x-軸之間由 a 到 b 之區域的**面積** (area) A 定義為

$$A = \lim_{\max \Delta x_i \to 0} \sum_{i=1}^{n} f(x_i^*) \Delta x_i$$

此處 x_i^* 為子區間 $[x_{i-1}, x_i]$ 中任一數.

在此定義中，$A = \lim\limits_{\max \Delta x_i \to 0} \sum\limits_{i=1}^{n} f(x_i^*) \Delta x_i$ 的意義為：對每一 $\varepsilon > 0$，存在一 $\delta > 0$，使得若 $\max \Delta x_i < \delta$，則 $\left| \sum\limits_{i=1}^{n} f(x_i^*) \Delta x - A \right| < \varepsilon$.

定義 4.1 僅適合於非負值的連續函數. 然而，若 f 為連續且對 $[a, b]$ 中所有 x 恆有 $f(x) \leq 0$，則 $-f$ 為連續且對 $[a, b]$ 中所有 x 恆有 $-f(x) \geq 0$. 我們將在 $y = f(x)$ 與區間 $[a, b]$ 之間的面積定義成在 $y = -f(x)$ 與區間 $[a, b]$ 之間的面積. 在許

多應用裡，函數 f 可能不連續，f 有正值與負值．因此，我們將去除連續與函數值是非負的條件，而僅假設函數 f 定義在區間 $[a, b]$．

習題 ▶ 4.1

將 1～3 題各區間分割成 $n=4$ 個等長的子區間，分別計算在 f 的圖形下方且在區間上方的 (1) 內接矩形的面積和，(2) 外接矩形的面積和．

1. $f(x) = -x^2 + 2x$, $[1, 2]$

2. $f(x) = \dfrac{1}{x}$, $[2, 10]$

3. $f(x) = \sin x$, $[0, \pi]$

利用 (1) 內接矩形 (2) 外接矩形，求 4～7 題各 f 的圖形與 x-軸之間由 a 到 b 之區域的面積．

4. $f(x) = x^2 + 2$, $a = 1$, $b = 3$

5. $f(x) = 9 - x^2$, $a = 0$, $b = 3$

6. $f(x) = 4x^2 + 3x + 2$, $a = 1$, $b = 5$

7. $f(x) = x^3 + 1$, $a = 1$, $b = 2$

8. 若 $f(x) = px^2 + qx + r$ 且 $f(x) \geq 0$ 對所有 x 皆成立，試證在 f 的圖形與 x-軸之間由 0 到 b 之區域的面積為 $p\left(\dfrac{b^3}{3}\right) + q\left(\dfrac{b^2}{2}\right) + rb$．

4.2 定積分

在前一節中，關於面積的討論，我們已作出下列的假設：

1. 函數 f 在 $[a, b]$ 為連續．
2. 函數 f 在 $[a, b]$ 為非負值．
3. $[a, b]$ 的子區間皆為等長．
4. 選取的 c_i 使得 $f(c_i)$ 恆為 f 在 $[x_{i-1}, x_i]$ 上的最小值 (或最大值)．

這四個條件並不經常出現在應用問題裡. 基於此理由, 1~4 改變成下列 1′~4′ 是必須的.

1′. 函數 f 在 $[a, b]$ 未必連續.
2′. 函數 f 在 $[a, b]$ 不一定為非負值.
3′. 子區間的長度可以不同.
4′. x_i^* 為 $[x_{i-1}, x_i]$ 中任一數.

現在, 我們對區間 $[a, b]$ 選取分點 $a\,(=x_0),\ x_1,\ x_2,\ \cdots,\ x_{n-1},\ b\,(=x_n)$ 使得

$$a < x_1 < x_2 < \cdots < x_{n-1} < b$$

而將 $[a, b]$ 分割成 n 個子區間, 則這 n 個子區間為

$$[a, x_1],\ [x_1, x_2],\ [x_2, x_3],\ \cdots,\ [x_{n-1}, b]$$

我們使用記號 Δx_i 表示第 i 個子區間 $[x_{i-1}, x_i]$ 的長度, 於是,

$$\Delta x_i = x_i - x_{i-1}.$$

假設我們在每一個子區間 $[x_{i-1}, x_i]$ 中選取一數 x_i^*, $i=1,\ 2,\ \cdots,\ n$, 並作成**黎曼和** (Riemann sum) (以德國數學家黎曼命名)

$$\sum_{i=1}^{n} f(x_i^*)\,\Delta x_i = f(x_1^*)\,\Delta x_1 + f(x_2^*)\,\Delta x_2 + \cdots + f(x_n^*)\,\Delta x_n \tag{4.6}$$

當 $\max \Delta x_i \to 0$ 時, 黎曼和皆趨近一極限, 譬如 I; 此時, 我們寫成

$$\lim_{\max \Delta x_i \to 0} \sum_{i=1}^{n} f(x_i^*)\,\Delta x_i = I.$$

定義 4.2

令 f 為定義在 $[a, b]$ 的函數且 I 為實數. 敘述

$$\lim_{\max \Delta x_i \to 0} \sum_{i=1}^{n} f(x_i^*)\,\Delta x_i = I$$

的意義為: 對每一 $\varepsilon > 0$, 存在一 $\delta > 0$ 使得若 $\max \Delta x_i < \delta$, 則對子區間 $[x_{i-1}, x_i]$ 中任一數 x_i^*,

$$\left|\sum_{i=1}^{n} f(x_i^*)\Delta x - I\right| < \varepsilon$$

恆成立.

f 由 a 到 b 的**定積分** (definite integral) $\int_a^b f(x)\,dx$ 定義為

$$\int_a^b f(x)\,dx = \lim_{\max \Delta x_i \to 0} \sum_{i=1}^n f(x_i^*)\Delta x_i$$

倘若此極限存在.

註：定積分定義成黎曼和的極限.

定積分 $\int_a^b f(x)\,dx$ 又稱為**黎曼積分** (Riemann integral)，符號 $\int$ 稱為**積分號** (integral sign)，它可想像成一拉長的字母 S (sum 的第一個字母). 在記號 $\int_a^b f(x)\,dx$ 當中, $f(x)$ 稱為**被積分函數** (integrand), a 與 b 稱為**積分界限** (limits of integration), 其中 a 稱為**積分下限** (lower limit of integration), 而 b 稱為**積分上限** (upper limit of integration), x 稱為**積分變數** (variable of integration).

計算積分的過程稱為**積分** (integration). 若定積分 $\int_a^b f(x)\,dx$ 存在, 則稱 f 在 $[a, b]$ 為**可積分** (integrable) 或**黎曼可積分** (Riemann integrable). 定積分 $\int_a^b f(x)\,dx$ 是一個數，它與所使用的自變數符號 x 無關；事實上，我們使用 x 以外的字母並不會改變積分的值. 於是，若 f 在 $[a, b]$ 為可積分，則

$$\int_a^b f(x)\,dx = \int_a^b f(s)\,ds = \int_a^b f(t)\,dt = \int_a^b f(u)\,du$$

基於此理由，定義 4.2 中的字母 x 有時稱為**虛變數** (dummy variable).

▶ **例題 1**：(1) 在區間 $[-2, 3]$ 上將 $\lim\limits_{\max \Delta x_i \to 0} \sum\limits_{i=1}^{n} [2(x_i^*)^2 - 3x_i^* - 5] \Delta x_i$ 表成定積分的形式.

(2) 在區間 $\left[0, \dfrac{\pi}{2}\right]$ 上將 $\lim\limits_{\max \Delta x_i \to 0} \sum\limits_{i=1}^{n} (x_i^* + \sin^2 x_i^*) \Delta x_i$ 表成定積分的形式. [提示：利用定義 4.2.]

解：(1) $\lim\limits_{\max \Delta x_i \to 0} \sum\limits_{i=1}^{n} [2(x_i^*)^2 - 3x_i^* - 5] \Delta x_i = \displaystyle\int_{-2}^{3} (2x^2 - 3x - 5) \, dx$.

(2) $\lim\limits_{\max \Delta x_i \to 0} \sum\limits_{i=1}^{n} (x_i^* + \sin^2 x_i^*) \Delta x_i = \displaystyle\int_{-2}^{\frac{\pi}{2}} (x + \sin^2 x) \, dx$.

在定義定積分 $\displaystyle\int_a^b f(x) \, dx$ 時，我們假定 $a < b$. 為了除去這個限制，我們將它的定義推廣到 $a > b$ 或 $a = b$ 的情形如下：

定義 4.3

(1) 若 $a > b$ 且 $\displaystyle\int_b^a f(x) \, dx$ 存在，則 $\displaystyle\int_a^b f(x) \, dx = -\int_b^a f(x) \, dx$.

(2) 若 $f(a)$ 存在，則 $\displaystyle\int_a^a f(x) \, dx = 0$.

因定積分定義為黎曼和的極限，故積分的存在與否與被積分函數的性質有關. 事實上，並非每一個函數皆為可積分的；稍後，我們僅提出可積分的充分條件 (非必要條件).

若存在一正數 M 使得 $|f(x)| \leq M$ 對 $[a, b]$ 中所有 x 皆成立，則稱 f 在 $[a, b]$ 為**有界** (bounded). 在幾何上，這表示 f 的圖形位於兩條水平線 $y = M$ 與 $y = -M$ 之間.

定理 4.1

若函數 f 在 $[a, b]$ 為有界且在 $[a, b]$ 中僅有有限個不連續點，則 f 在 $[a, b]$ 為可積分．尤其，若 f 在 $[a, b]$ 為連續，則 f 在 $[a, b]$ 為可積分．

▶▶ **例題 2**：試證函數

$$f(x) = \begin{cases} \sin \dfrac{1}{x}, & x \neq 0 \\ 0, & x = 0 \end{cases}$$

在區間 $[-2, 2]$ 為可積分．[提示：利用定理 4.1.]

解：因 $\lim\limits_{x \to 0} f(x) = \lim\limits_{x \to 0} \sin \dfrac{1}{x}$ 不存在，故 $f(x)$ 在 $x=0$ 為不連續，但在 $x \neq 0$ 處皆為連續．又 $|f(x)| \leq 1$ 對 $[-2, 2]$ 中所有 x 皆成立，即，f 在 $[-2, 2]$ 為有界，所以，依定理 4.1，可知 f 在 $[-1, 1]$ 為可積分．

有些函數雖然是有界，但還是不可積分，如下面例子的說明．

▶▶ **例題 3**：試證函數

$$f(x) = \begin{cases} 1, & x \text{ 是有理數} \\ -1, & x \text{ 是無理數} \end{cases}$$

在區間 $[0, 1]$ 為不可積分．[提示：利用定義 4.1.]

解：在區間 $[0, 1]$ 的分割中，每一個子區間 $[x_{i-1}, x_i]$ 包含有理數與無理數．

(i) 若 x_i^* 是有理數，則 $f(x_i^*) = 1$，可得

$$\sum_{i=1}^{n} f(x_i^*) \Delta x_i = \sum_{i=1}^{n} \Delta x_i = 1 - 0 = 1$$

於是，$\lim\limits_{\max \Delta x_i \to 0} \sum_{i=1}^{n} f(x_i^*) \Delta x_i = 1.$

(ii) 若 x_i^* 是無理數，則 $f(x_i^*) = -1$，可得

$$\sum_{i=1}^{n} f(x_i^*) \Delta x_i = -\sum_{i=1}^{n} \Delta x_i = -1$$

於是，$\lim\limits_{\max \Delta x_i \to 0} \sum\limits_{i=1}^{n} f(x_i^*) \Delta x_i = -1.$

因 (i) 與 (ii) 的極限值不相等，故 $\int_0^1 f(x)\,dx$ 不存在，即，f 在 $[0, 1]$ 為不可積分.

一般，定積分未必代表面積. 但對於正值函數，定積分可解釋為面積. 事實上，我們比較一下定義 4.1 與定義 4.2，可知對 $f(x) \geq 0$，

$$\int_a^b f(x)\,dx = \text{在 } f \text{ 的圖形與 } x\text{-軸之間由 } a \text{ 到 } b \text{ 之區域的面積}.$$

▶ **例題 4**：計算 $\int_0^4 \sqrt{16-x^2}\,dx.$ [提示：將定積分視為面積.]

解：因 $y = f(x) = \sqrt{16-x^2} \geq 0$，故可將所予定積分解釋為在曲線 $y = \sqrt{16-x^2}$ 與 x-軸之間由 0 到 4 之區域的面積. 又 $y^2 = 16 - x^2$，可得 $x^2 + y^2 = 16$，因此，f 的圖形為半徑是 4 的四分之一圓，如圖 4.8 所示. 所以，

$$\int_0^4 \sqrt{16-x^2}\,dx = \frac{1}{4}(\pi)(4^2) = 4\pi.$$

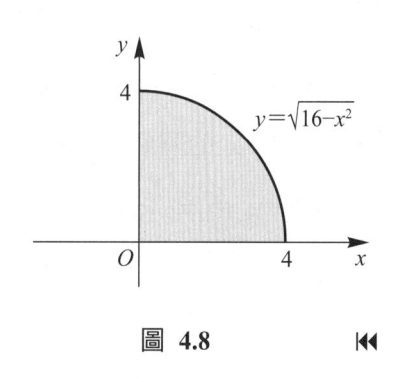

圖 4.8

若 f 在 $[a, b]$ 有正值也有負值，則定積分可解釋為面積的差. 欲知其理由，我們可考慮典型的黎曼和

$$\sum_{i=1}^{n} f(x_i^*) \Delta x_i$$

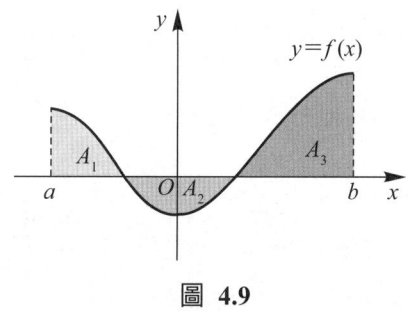

圖 4.9

若 $f(x_i^*)$ 為非負值，則 $f(x_i^*)\Delta x_i$ 代表高為 $f(x_i^*)$ 且底為 Δx_i 之矩形的面積 A_i；另一方面，若 $f(x_i^*)$ 為負值，則 $f(x_i^*)\Delta x_i$ 不是矩形的面積，而是這種面積的負值 $-A_i$. 我們得知定積分

$$\int_a^b f(x)\,dx = \lim_{\max \Delta x_i \to 0} \sum_{i=1}^n f(x_i^*)\Delta x_i$$

可解釋為面積的差：在 f 的圖形下方且在 x-軸上方由 a 到 b 之區域的面積減去在 f 的圖形上方且在 x-軸下方由 a 到 b 之區域的面積. 例如，見圖 4.9,

$$\int_a^b f(x)\,dx = (A_1+A_3)-A_2$$
$$= (在 [a,b] 上方的面積)-(在 [a,b] 下方的面積).$$

▶ **例題 5**：計算 $\int_{-2}^4 (2-x)\,dx$.

[提示：利用面積的相減.]

解：$y=2-x$ 的圖形是斜率為 -1 的直線，如圖 4.10 所示.

$$\int_{-2}^4 (2-x)\,dx = A_1 - A_2$$
$$= \frac{1}{2}(4)(4) - \frac{1}{2}(2)(2)$$
$$= 6$$

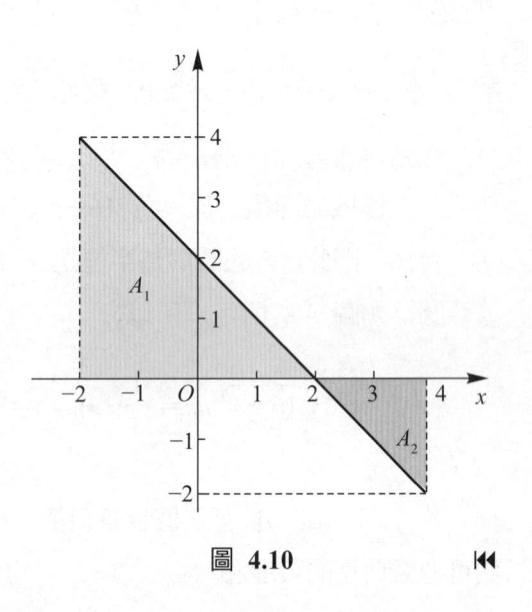

圖 4.10

若 f 在 $[a,b]$ 為可積分，則不論如何分割 $[a,b]$ 以及選取在 $[x_{i-1},x_i]$ 中的 x_i^*，當 $\max \Delta x_i \to 0$ 時，黎曼和 $\sum_{i=1}^n f(x_i^*)\Delta x_i$ 必定趨近 $\int_a^b f(x)\,dx$. 因此，若事先知道 f 在 $[a,b]$ 為可積分，則在計算定積分的當中，為了方便計算，通常取所有子區間有相同的長度 Δx. 於是，

$$\Delta x = \Delta x_1 = \Delta x_2 = \cdots = \Delta x_n = \frac{b-a}{n}$$

且

$$x_0=a,\ x_1=a+\Delta x,\ x_2=a+2\Delta x,\ \cdots,\ x_i=a+i\Delta x,\ \cdots,\ x_n=b$$

若我們選取 x_i^* 為第 i 個子區間 $[x_{i-1},\ x_i]$ 的右端點，則

$$x_i^*=x_i=a+i\,\Delta x=a+i\,\frac{b-a}{n}$$

故寫成

$$\int_a^b f(x)\,dx=\lim_{\max \Delta x_i \to 0}\sum_{i=1}^n f(x_i^*)\,\Delta x_i=\lim_{n\to\infty}\sum_{i=1}^n f\left(a+i\,\frac{b-a}{n}\right)\frac{b-a}{n}$$

我們有下面的公式．

定理 4.2

若函數 f 在 $[a,\ b]$ 為可積分，則

$$\int_a^b f(x)\,dx=\lim_{n\to\infty}\frac{b-a}{n}\sum_{i=1}^n f\left(a+i\,\frac{b-a}{n}\right).$$

▶ **例題 6**：利用定理 4.2 將 $\displaystyle\lim_{n\to\infty}\sum_{i=1}^n \frac{i^8}{n^9}$ 表成定積分的形式．

解：$\displaystyle\lim_{n\to\infty}\sum_{i=1}^n \frac{i^8}{n^9}=\lim_{n\to\infty}\frac{1}{n}\sum_{i=1}^n \frac{i^8}{n^8}$

$$=\lim_{n\to\infty}\frac{1}{n}\sum_{i=1}^n \left(i\cdot\frac{1}{n}\right)^8=\lim_{n\to\infty}\frac{1-0}{n}\sum_{i=1}^n \left(0+i\cdot\frac{1-0}{n}\right)^8$$

$$=\lim_{n\to\infty}\frac{1-0}{n}\sum_{i=1}^n f\left(0+i\cdot\frac{1-0}{n}\right)$$

$$=\int_0^1 x^8\,dx.\ \left(\text{此處 }f\!\left(\frac{i}{n}\right)=\left(\frac{i}{n}\right)^8,\text{ 而將 }\frac{i}{n}\text{ 看成 }x.\right)$$

▶ **例題 7**：利用定理 4.2 計算 $\displaystyle\int_1^4 x^2\,dx.$

解：$f(x)=x^2$, $a=1$, $b=4$. 因 f 在 [1, 4] 為連續，故 f 在 [1, 4] 為可積分.

$$\begin{aligned}\int_1^4 x^2\,dx &= \lim_{n\to\infty} \frac{3}{n} \sum_{i=1}^n f\left(1+\frac{3i}{n}\right) \\ &= \lim_{n\to\infty} \frac{3}{n} \sum_{i=1}^n \left(1+\frac{3i}{n}\right)^2 = \lim_{n\to\infty} \frac{3}{n} \sum_{i=1}^n \left(1+\frac{6i}{n}+\frac{9i^2}{n^2}\right) \\ &= \lim_{n\to\infty} \left(\frac{3}{n}\sum_{i=1}^n 1 + \frac{18}{n^2}\sum_{i=1}^n i + \frac{27}{n^3}\sum_{i=1}^n i^2\right) \\ &= \lim_{n\to\infty} \left[3 + \frac{18}{n^2}\cdot\frac{n(n+1)}{2} + \frac{27}{n^3}\cdot\frac{n(n+1)(2n+1)}{6}\right] \\ &= \lim_{n\to\infty} \left[3 + 9\left(1+\frac{1}{n}\right) + \frac{9}{2}\left(2+\frac{3}{n}+\frac{1}{n^2}\right)\right] \\ &= 3+9+9=21. \end{aligned}$$

現在，我們列出一些定積分的基本性質，有興趣的讀者可加以證明.

定理 4.3

若兩函數 f 與 g 在 $[a, b]$ 皆為可積分，k 為常數，則

(1) $\displaystyle\int_a^b k\,dx = k(b-a)$

(2) $\displaystyle\int_a^b kf(x)\,dx = k\int_a^b f(x)\,dx$

(3) $\displaystyle\int_a^b [f(x)+g(x)]\,dx = \int_a^b f(x)\,dx + \int_a^b g(x)\,dx$

(4) $\displaystyle\int_a^b [f(x)-g(x)]\,dx = \int_a^b f(x)\,dx - \int_a^b g(x)\,dx$

定理 4.3 的 (2) 與 (3) 也可推廣到有限個函數. 於是，若函數 $f_1, f_2, \cdots, f_n$ 在 $[a, b]$ 皆為可積分，$c_1, c_2, \cdots, c_n$ 皆為常數，則 $c_1f_1+c_2f_2+\cdots+c_nf_n$ 在 $[a, b]$ 為可積分且

$$\int_a^b [c_1 f_1(x) + c_2 f_2(x) + \cdots + c_n f_n(x)]\, dx$$
$$= c_1 \int_a^b f_1(x)\, dx + c_2 \int_a^b f_2(x)\, dx + \cdots + c_n \int_a^b f_n(x)\, dx$$

定理 4.4 可加性 (additivity)

若函數 f 在含有任意三數 a、b 與 c 的閉區間為可積分，則

$$\int_a^b f(x)\, dx = \int_a^c f(x)\, dx + \int_c^b f(x)\, dx.$$

尤其，若 f 在 $[a, b]$ 為連續且非負值，又 $a < c < b$，則由定理 4.4 可知 $A =$ 在 f 的圖形與 x-軸之間由 a 到 b 之區域的面積 $= A_1 + A_2$，如圖 4.11 所示.

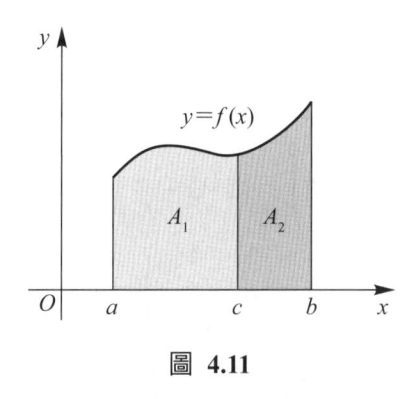

圖 4.11

定理 4.4 可以推廣如下：

$$\int_a^b f(x)\, dx = \int_a^{c_1} f(x)\, dx + \int_{c_1}^{c_2} f(x)\, dx + \cdots + \int_{c_n}^b f(x)\, dx.$$

▶▶ <u>例題 8</u>：(1) 若 n 為整數，求 $\int_n^{n+1} [\![x]\!]\, dx$.

(2) 利用 (1) 的結果求 $\int_0^3 [\![x]\!]\, dx$.

[提示：利用高斯函數的值.]

解：(1) $\int_n^{n+1} [\![x]\!]\, dx = \int_n^{n+1} n\, dx = n(n+1-n) = n.$

(2) $\int_0^3 [\![x]\!]\, dx = \int_0^1 [\![x]\!]\, dx + \int_1^2 [\![x]\!]\, dx + \int_2^3 [\![x]\!]\, dx = \int_0^1 0\, dx + \int_1^2 1\, dx + \int_2^3 2\, dx$

$= 0 + 1 + 2 = 3.$

▶▶ **例題 9**：求 $\int_{-1}^1 [\![2x]\!]\, dx.$ [提示：利用高斯函數的值.]

解：
$$-1 \leq x < -\frac{1}{2} \Rightarrow -2 \leq 2x < -1 \Rightarrow [\![2x]\!] = -2$$

$$-\frac{1}{2} \leq x < 0 \Rightarrow -1 \leq 2x < 0 \Rightarrow [\![2x]\!] = -1$$

$$0 \leq x < \frac{1}{2} \Rightarrow 0 \leq 2x < 1 \Rightarrow [\![2x]\!] = 0$$

$$\frac{1}{2} \leq x < 1 \Rightarrow 1 \leq 2x < 2 \Rightarrow [\![2x]\!] = 1$$

故 $\int_{-1}^1 [\![2x]\!]\, dx = \int_{-1}^{-1/2} [\![2x]\!]\, dx + \int_{-1/2}^0 [\![2x]\!]\, dx + \int_0^{1/2} [\![2x]\!]\, dx + \int_{1/2}^1 [\![2x]\!]\, dx$

$= (-2)\left[-\frac{1}{2} - (-1)\right] + (-1)\left[0 - \left(-\frac{1}{2}\right)\right] + 0 + 1\left(1 - \frac{1}{2}\right)$

$= -1 - \frac{1}{2} + \frac{1}{2} = -1.$

定理 4.5

(1) 若函數 f 在 $[a, b]$ 為可積分且 $f(x) \geq 0$ 對 $[a, b]$ 中所有 x 皆成立，則

$$\int_a^b f(x)\, dx \geq 0.$$

(2) 若函數 f 在 $[a, b]$ 為可積分且 $f(x) \leq 0$ 對 $[a, b]$ 中所有 x 皆成立，則

$$\int_a^b f(x)\, dx \leq 0.$$

定理 4.6

若兩函數 f 與 g 在 $[a, b]$ 皆為可積分且 $f(x) \geq g(x)$ 對 $[a, b]$ 中所有 x 皆成立，則 $\int_a^b f(x)\,dx \geq \int_a^b g(x)\,dx$.

若 $f(x) \geq g(x) \geq 0$ 對 $[a, b]$ 中所有 x 皆成立，則在 f 的圖形與 x-軸之間由 a 到 b 之區域的面積大於或等於在 g 的圖形與 x-軸之間由 a 到 b 之區域的面積.

定理 4.7

若函數 f 在 $[a, b]$ 為可積分，則 $|f|$ 在 $[a, b]$ 為可積分，且

$$\left| \int_a^b f(x)\,dx \right| \leq \int_a^b |f(x)|\,dx.$$

定理 4.7 的逆敘述不一定成立，例如，考慮

$$f(x) = \begin{cases} 1, & x \text{ 是有理數} \\ -1, & x \text{ 是無理數} \end{cases}$$

則
$$\int_0^1 |f(x)|\,dx = \int_0^1 dx = 1$$

即，$|f|$ 在 $[0, 1]$ 為可積分，但 f 在 $[0, 1]$ 為不可積分.

定理 4.7 可以推廣如下：

若函數 $f_1, f_2, \cdots, f_n$ 在 $[a, b]$ 皆為可積分，則

$$\left| \sum_{i=1}^n \int_a^b f_i(x)\,dx \right| \leq \sum_{i=1}^n \int_a^b |f_i(x)|\,dx.$$

定理 4.8

若函數 f 在 $[a, b]$ 為連續且 m 與 M 分別為 f 在 $[a, b]$ 上的絕對極小值與絕對極大值，則

$$m(b-a) \leq \int_a^b f(x)\,dx \leq M(b-a).$$

▶▶ **例題 10**：試證：$2 \leq \int_{-1}^{1} \sqrt{1+x^2}\,dx \leq 2\sqrt{2}$．[提示：利用定理 4.8.]

解：若 $-1 \leq x \leq 1$，則 $0 \leq x^2 \leq 1$，$1 \leq 1+x^2 \leq 2$，可得 $1 \leq \sqrt{1+x^2} \leq \sqrt{2}$，故

$$1[1-(-1)] \leq \int_{-1}^{1} \sqrt{1+x^2}\,dx \leq \sqrt{2}\,[1-(-1)]$$

即，

$$2 \leq \int_{-1}^{1} \sqrt{1+x^2}\,dx \leq 2\sqrt{2}.$$

▶▶ **例題 11**：試證：$-3 \leq \int_{-3}^{0} (x^2+2x)\,dx \leq 9$．[提示：利用定理 4.8.]

解：令 $f(x)=x^2+2x$，$-3 \leq x \leq 0$，則 $f'(x)=2x+2$．

$$f'(-1)=0,\quad f(-1)=-1.$$

又

$$f(-3)=9-6=3,\quad f(0)=0,$$

於是，f 的最小值為 $m=-1$，而最大值為 $M=3$，可得

$$-1[0-(-3)] \leq \int_{-3}^{0} (x^2+2x)\,dx \leq 3[0-(-3)]$$

即，

$$-3 \leq \int_{-3}^{0} (x^2+2x)\,dx \leq 9.$$

定理 4.9　積分的均值定理 (mean value theorem for integral)

若函數 f 在 $[a, b]$ 為連續，則在 $[a, b]$ 中存在一數 c 使得

$$\int_a^b f(x)\,dx = f(c)(b-a).$$

證：因 f 在 $[a, b]$ 為連續，故由極值定理可知 f 在 $[a, b]$ 上有最大值 M 與最小值 m. 於是，對 $[a, b]$ 中所有 x 恆有

$$m \leq f(x) \leq M$$

如圖 4.12 所示.

又由定理 4.8 可得

$$m(b-a) \leq \int_a^b f(x)\,dx \leq M(b-a)$$

或 $\displaystyle m \leq \frac{1}{b-a} \int_a^b f(x)\,dx \leq M$

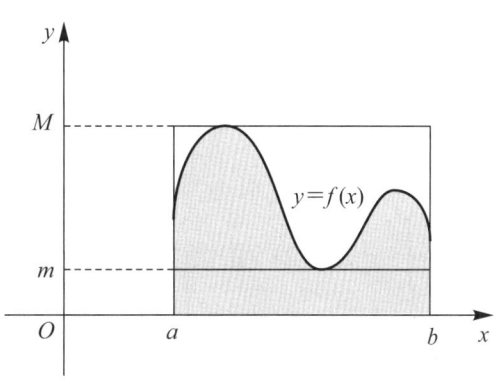

圖 4.12

又由介值定理可知在 $[a, b]$ 中存在一數 c 使得

$$f(c) = \frac{1}{b-a} \int_a^b f(x)\,dx$$

即，

$$\int_a^b f(x)\,dx = f(c)(b-a).$$

若 $f(x) \geq 0$ 對 $[a, b]$ 中所有 x 皆成立，則定理 4.9 的幾何意義如下：

$$\int_a^b f(x)\,dx = \text{底為 } (b-a) \text{ 且高為 } f(c) \text{ 之矩形區域的面積}$$

見圖 4.13.

$$\int_a^b f(x)\,dx = f(c)(b-a)$$

圖 4.13

▶▶ **例題 12**：已知 $f(x)=x^2$，求一數 c 使得 $\int_1^4 f(x)\,dx = f(c)(4-1)$ 成立.

[提示：利用積分的均值定理.]

解：因 $f(x)=x^2$ 在區間 $[1, 4]$ 為連續，故在 $[1, 4]$ 中存在一數 c 使得

$$\int_1^4 x^2\,dx = f(c)(4-1) = c^2(4-1) = 3c^2$$

但 $\int_1^4 x^2\,dx = 21$ （由例題 7），因而 $3c^2 = 21$，即，$c^2 = 7$.

因 $c=\sqrt{7}$ 是 $[1, 4]$ 中的數，故此為我們所欲求者.

已知 n 個數 $y_1, y_2, \cdots, y_n$，我們很容易計算它們的算術平均值 y_{ave}：

$$y_{\text{ave}} = \frac{y_1+y_2+\cdots+y_n}{n}$$

一般而言，我們也可計算函數 f 在 $[a, b]$ 的平均值. 首先，我們將區間分割成具有相等長度 $\Delta x = \dfrac{b-a}{n}$ 的 n 個子區間，然後，在每一個子區間 $[x_{i-1}, x_i]$ 中選取任一數 x_i^*，則 $f(x_1^*), f(x_2^*), \cdots, f(x_n^*)$ 的算術平均值為

$$\frac{f(x_1^*)+f(x_2^*)+\cdots+f(x_n^*)}{n}$$

因 $n = \dfrac{b-a}{\Delta x}$，故算術平均值變成

$$\frac{f(x_1^*)+f(x_2^*)+\cdots+f(x_n^*)}{\dfrac{b-a}{\Delta x}} = \frac{1}{b-a}[f(x_1^*)\Delta x + f(x_2^*)\Delta x + \cdots + f(x_n^*)\Delta x]$$

$$= \frac{1}{b-a}\sum_{i=1}^n f(x_i^*)\Delta x$$

而

$$\lim_{n\to\infty} \frac{1}{b-a}\sum_{i=1}^n f(x_i^*)\Delta x = \frac{1}{b-a}\int_a^b f(x)\,dx.$$

定義 4.4

若函數 f 在 $[a, b]$ 為可積分，則 f 在 $[a, b]$ 上的**平均值** (average value) (或 mean value) 定義為

$$f_{\text{ave}} = \frac{1}{b-a}\int_a^b f(x)\,dx.$$

▶ **例題 13**：求 $f(x)=\sqrt{4-x^2}$ 在區間 $[-2, 2]$ 上的平均值. [提示：利用定義 4.4.]

解：$\displaystyle\int_{-2}^{2} f(x)\,dx = \int_{-2}^{2}\sqrt{4-x^2}\,dx = \frac{1}{2}(\pi)(2^2) = 2\pi$

所以， $f_{\text{ave}} = \dfrac{1}{2-(-2)}\displaystyle\int_{-2}^{2}\sqrt{4-x^2}\,dx = \dfrac{1}{4}(2\pi) = \dfrac{\pi}{2}.$

註：按照定義 4.4，在積分的均值定理中，$f(c)$ 恰為 f 在 $[a, b]$ 上的平均值 f_{ave}. (何故？) 於是，積分的均值定理中的式子可表成

$$\int_a^b f(x)\,dx = (b-a)f_{\text{ave}}.$$

習題 ▶ 4.2

1. 設 $f(x)=x^2-4$，令 $x_0=-2$, $x_1=-\dfrac{1}{2}$, $x_2=0$, $x_3=1$, $x_4=\dfrac{7}{4}$ 及 $x_5=3$ 將 $[-2, 3]$ 分成五個子區間. 若 $x_1^*=-1$, $x_2^*=-\dfrac{1}{4}$, $x_3^*=\dfrac{1}{2}$, $x_4^*=\dfrac{3}{2}$, $x_5^*=\dfrac{5}{2}$，求黎曼和.

2. 將 $\displaystyle\lim_{n\to\infty}\frac{1}{n}\sum_{i=1}^{n}\frac{1}{1+\left(\dfrac{i}{n}\right)^2}$ 表成定積分的形式.

3. 將 $\lim\limits_{n\to\infty}\sum\limits_{i=1}^{n}\left[3\left(1+\dfrac{2i}{n}\right)^5-6\right]\dfrac{2}{n}$ 表成定積分的形式.

4. 計算 $\displaystyle\int_{-2}^{0}(\sqrt{4-x^2}+1)\,dx$.

5. 計算 $\displaystyle\int_{-1}^{2}|2x-3|\,dx$.

利用定理 4.2 計算 6～7 題的積分.

6. $\displaystyle\int_{1}^{4}(2x^3-5x)\,dx$

7. $\displaystyle\int_{-1}^{1}(t^3-t^2+1)\,dt$

8. 試證：若 n 為正整數，則 $\displaystyle\int_{0}^{n}[\![x]\!]\,dx=\dfrac{n(n-1)}{2}$.

9. 計算 $\displaystyle\int_{-1}^{5}\left[\!\left[x+\dfrac{1}{2}\right]\!\right]dx$.

10. 計算 $\displaystyle\int_{-1}^{4}\left[\!\left[\dfrac{x}{2}\right]\!\right]dx$.

11. 計算 $\displaystyle\int_{1}^{2}[\![x^2]\!]\,dx$.

12. 計算 $\displaystyle\int_{1}^{3}[\![-x]\!]\,dx$.

13. 試證下列的不等式 (不用計算積分的值).

(1) $\displaystyle\int_{-2}^{3}(x^2-3x+4)\,dx>0$

(2) $\displaystyle\int_{1}^{2}(3x^2+4)\,dx\geq\int_{1}^{2}(2x^2+5)\,dx$

(3) $\displaystyle\int_{0}^{5}(4x^3-3)\,dx\geq\int_{0}^{5}(3x^4-4)\,dx$

(4) $2 \leq \int_0^2 \sqrt{x^3+1}\, dx \leq 6$

14. (1) 試證：若函數 f 在 $[a, b]$ 為連續，則 $\int_a^b [f(x)-f_{ave}]\, dx = 0$.

(2) 若函數 f 在 $[a, b]$ 為連續，則存在一常數 $c \neq f_{ave}$ 使得 $\int_a^b [f(x)-c]\, dx = 0$ 嗎？

15. 計算 $f(x) = 2 + |x|$ 在 $[-3, 1]$ 上的平均值，並求在積分的均值定理中所述 c 的所有值.

4.3　微積分學基本定理

利用黎曼和的極限計算一個定積分的工作即使在最簡單的情形下也是困難多了. 本節中介紹一個不需利用和的極限而可以求出定積分的原理，由於它在計算定積分中之重要性且因為它表示出微分與積分的關聯，該定理稱為**微積分學基本定理** (fundamental theorem of Calculus)，是微積分學的精髓；此定理被牛頓與萊布尼茲分別提出，而這兩位突出的數學家被公認為是微積分的發明者.

定理 4.10　微積分學基本定理

設函數 f 在 $[a, b]$ 為連續.

第 I 部分：$\dfrac{d}{dx} \int_a^x f(t)\, dt = f(x)$, $x \in [a, b]$.

第 II 部分：若令 $F'(x) = f(x)$, $x \in [a, b]$, 則

$$\int_a^b f(x)\, dx = F(b) - F(a).$$

證：I. 令 $F(x) = \int_a^x f(t)\, dt$. 若 x 與 $x+h$ 在 $[a, b]$ 中，則

$$F(x+h) - F(x) = \int_a^{x+h} f(t)\, dt - \int_a^x f(t)\, dt$$

$$= \int_a^{x+h} f(t)\,dt + \int_x^a f(t)\,dt$$

$$= \int_x^{x+h} f(t)\,dt$$

對 $h \neq 0$,

$$\frac{F(x+h)-F(x)}{h} = \frac{1}{h}\int_x^{x+h} f(t)\,dt$$

若 $h > 0$，則依積分的均值定理，在 $(x, x+h)$ 中存在一數 c (與 h 有關) 使得

$$\int_x^{x+h} f(t)\,dt = h\,f(c)$$

因此，
$$\frac{F(x+h)-F(x)}{h} = f(c)$$

因 f 在 $[x, x+h]$ 為連續，可得

$$\lim_{h \to 0^+} f(c) = \lim_{c \to x^+} f(c) = f(x)$$

故
$$\lim_{h \to 0^+} \frac{F(x+h)-F(x)}{h} = \lim_{h \to 0^+} f(c) = f(x)$$

若 $h < 0$，則我們可以類似的方法證明

$$\lim_{h \to 0^-} \frac{F(x+h)-F(x)}{h} = f(x)$$

所以，
$$F'(x) = \lim_{h \to 0} \frac{F(x+h)-F(x)}{h} = f(x)$$

II. 令 $G(x) = \int_a^x f(t)\,dt$，則 $G'(x) = f(x)$. 因 $F'(x) = f(x)$，故 $G'(x) = F'(x)$.

於是，$G(x) = F(x) + C$，即，

$$\int_a^x f(t)\,dt = F(x) + C$$

若令 $x=a$，並利用 $\int_a^a f(t)\,dt=0$，則 $0=F(a)+C$，即，$C=-F(a)$。

因此，
$$\int_a^x f(t)\,dt = F(x)-F(a)$$

以 $x=b$ 代入上式可得
$$\int_a^b f(t)\,dt = F(b)-F(a)$$

因 t 為虛變數，故以 x 代 t 即可得出所要的結果．

若 $F'(x)=f(x)$，我們通常寫成
$$\int_a^b f(x)\,dx = \Big[F(x)\Big]_a^b = F(b)-F(a)$$

符號 $\big[F(x)\big]_a^b$ 有時記為 $F(x)\big]_a^b$ 或 $F(x)\big|_a^b$．

利用連鎖法則可將微積分基本定理的第 I 部分推廣如下：

1. 若函數 g 為可微分且函數 f 在 $[a,\,g(x)]$ 為連續，則

$$\frac{d}{dx}\int_a^{g(x)} f(t)\,dt = f(g(x))\,\frac{d}{dx}g(x). \tag{4.7}$$

2. 若函數 g 與 h 皆為可微分且函數 f 在 $[g(x),\,h(x)]$ 為連續，則

$$\frac{d}{dx}\int_{g(x)}^{h(x)} f(t)\,dt = f(h(x))\,\frac{d}{dx}h(x) - f(g(x))\,\frac{d}{dx}g(x). \tag{4.8}$$

▶ **例題 1**：設 $\int_c^x f(t)\,dt = 2x^2-3x-2$，求 $f(x)$ 與 c 的值．[提示：利用微積分學基本定理的第 I 部分．]

解：$\dfrac{d}{dx}\displaystyle\int_c^x f(t)\,dt = \dfrac{d}{dx}(2x^2-3x-2)$

$$\Rightarrow f(x) = 4x - 3$$

又 $\int_c^c f(t)\,dt = 0$，可知 $2x^2 - 3x - 2 = 0$，即，$(c-2)(2c+1) = 0$

可得 $c = 2,\ -\dfrac{1}{2}$.

▶▶ 例題 2：求一函數 f 及一數 a 使得

$$4 + \int_a^x \frac{f(t)}{t^2}\,dt = 2\sqrt{x},\ \forall\, x > 0.$$

[提示：利用微積分學基本定理的第 I 部分.]

解：等號兩端對 x 微分，

$$\frac{d}{dx}\left[4 + \int_a^x \frac{f(t)}{t^2}\,dt\right] = \frac{d}{dx}(2\sqrt{x})$$

$$\Rightarrow \frac{f(x)}{x^2} = \frac{1}{\sqrt{x}} \Rightarrow f(x) = \frac{x^2}{\sqrt{x}} = x\sqrt{x}$$

以 $x = a$ 代入原方程式，可得

$$4 + \int_a^a \frac{f(t)}{t^2}\,dt = 2\sqrt{a},\ 即,\ \sqrt{a} = 2,\ 故\ a = 4.$$

▶▶ 例題 3：求 $\lim\limits_{x \to 2} \dfrac{1}{2-x} \int_2^x \sqrt{t^2 + t + 3}\,dt.$ [提示：$\dfrac{0}{0}$ 型.]

解：依羅必達法則，

$$\lim_{x \to 2} \frac{1}{2-x} \int_2^x \sqrt{t^2 + t + 3}\,dt = \lim_{x \to 2} \frac{\dfrac{d}{dx}\left(\int_2^x \sqrt{t^2 + t + 3}\,dt\right)}{\dfrac{d}{dx}(2-x)}$$

$$= -\lim_{x \to 2} \sqrt{x^2 + x + 3}$$

$$= -\sqrt{4 + 2 + 3} = -3.$$

定理 4.11

若 c 為常數, $r \neq -1$, 則

$$\int_a^b cx^r \, dx = \left[\frac{cx^{r+1}}{r+1}\right]_a^b = \frac{c}{r+1}(b^{r+1} - a^{r+1}).$$

若被積分函數為形如 cx^r (其中 $r \neq -1$) 項的和, 則定理 4.11 可應用到各項, 如下面的例子.

▶▶ **例題 4**: (1) $\int_0^3 (x^3 - 4x + 1) \, dx = \left[\frac{1}{4}x^4 - 2x^2 + x\right]_0^3 = \frac{81}{4} - 18 + 3 = \frac{21}{4}.$

(2) $\int_1^4 \frac{(1+\sqrt{t})^3}{\sqrt{t}} \, dt = \int_1^4 \frac{1 + 3\sqrt{t} + 3t + t\sqrt{t}}{\sqrt{t}} \, dt$

$= \int_1^4 (t^{-1/2} + 3 + 3t^{1/2} + t) \, dt = \left[2t^{1/2} + 3t + 2t^{3/2} + \frac{1}{2}t^2\right]_1^4$

$= (4 + 12 + 16 + 8) - \left(2 + 3 + 2 + \frac{1}{2}\right) = \frac{65}{2}.$

▶▶ **例題 5**: 若 $f(x) = 2x - x^2 - x^3$, 計算 $\int_{-1}^1 |f(x)| \, dx$. [提示: 去掉絕對值符號.]

解: $f(x) = x(1-x)(2+x)$

若 $-1 \leq x < 0$, 則 $f(x) < 0$; 若 $0 \leq x \leq 2$, 則 $f(x) \geq 0$. 因此,

$\int_{-1}^1 |f(x)| \, dx = -\int_{-1}^0 f(x) \, dx + \int_0^1 f(x) \, dx$

$= \int_{-1}^0 (x^3 + x^2 - 2x) \, dx + \int_0^1 (2x - x^2 - x^3) \, dx$

$= \left[\frac{1}{4}x^4 + \frac{1}{3}x^3 - x^2\right]_{-1}^0 + \left[x^2 - \frac{1}{3}x^3 - \frac{1}{4}x^4\right]_0^1$

$= -\left(\frac{1}{4} - \frac{1}{3} - 1\right) + \left(1 - \frac{1}{3} - \frac{1}{4}\right) = \frac{3}{2}.$

▶▶ **例題 6**：設函數 $f(x)$ 滿足 $f(x)+\dfrac{1}{3}\displaystyle\int_0^2 f(t)\,dt = x^3$，求 $f(x)$.

[提示：令 $\displaystyle\int_0^2 f(t)\,dt = a.$]

解：令 $\displaystyle\int_0^2 f(t)\,dt = a$，則 $f(x)+\dfrac{a}{3}=x^3$，$f(x)=x^3-\dfrac{a}{3}$.

$$a=\int_0^2\left(t^3-\dfrac{a}{3}\right)dt = \left[\dfrac{1}{4}t^4-\dfrac{a}{3}t\right]_0^2 = 4-\dfrac{2}{3}a$$

可得 $a=\dfrac{12}{5}$，故 $f(x)=x^3-\dfrac{4}{5}$.

習題 ▶ 4.3

求 1～4 題的導函數.

1. $\dfrac{d}{dx}\displaystyle\int_0^{x^2}\sqrt{1+t^2}\,dt$

2. $\dfrac{d}{dx}\displaystyle\int_{2x}^{3}\dfrac{t}{1+\sqrt{t}}\,dt$

3. $\dfrac{d}{dx}\displaystyle\int_{-x}^{x}\dfrac{3}{1+t}\,dt$

4. $\dfrac{d}{dx}\displaystyle\int_{x^2}^{x^3}\dfrac{2}{3+t^2}\,dt$

5. 設 $\displaystyle\int_c^x f(t)\,dt = 2x^2-3x+1$，求 $f'(2)$ 與定數 c 的值.

6. 若 $F(x)=\displaystyle\int_1^x f(t)\,dt$ 且 $f(t)=\displaystyle\int_1^{t^2}\dfrac{\sqrt{1+u^4}}{u}\,du$，求 $F''(2)$.

7. 設 $f(x)=\displaystyle\int_1^{x^2}\sqrt{1+t^2}\,dt\ (x\geq 1)$ 且令 f^{-1} 為 f 的反函數，求 $(f^{-1})'(0)$.

8. 令 $F(x)=\displaystyle\int_0^x\dfrac{t-3}{t^2+7}\,dt$，$-\infty<x<\infty$.

(1) 求 x 的值使得 F 在該處有最小值.

(2) F 的圖形在何區間為遞增？遞減？

(3) F 的圖形在何區間為凹向上？凹向下？

9. 試證：$F(x)=\displaystyle\int_{x}^{3x} \dfrac{dt}{t}$ 在區間 $(0, \infty)$ 上為常數函數.

10. 求 $\displaystyle\lim_{h\to 0} \dfrac{1}{h}\int_{2}^{2+h} \sqrt{t^2+2}\, dt$.

計算 11～20 題的定積分.

11. $\displaystyle\int_{2}^{3} (x+1)(x^2-1)\, dx$ **12.** $\displaystyle\int_{1}^{3} x\left(\sqrt{x}+\dfrac{1}{\sqrt{x}}\right)^2 dx$

13. $\displaystyle\int_{0}^{3} |x^3-2|\, dx$ **14.** $\displaystyle\int_{0}^{8} |x^2-6x+8|\, dx$

15. $\displaystyle\int_{-1}^{3} |t^2-t-2|\, dt$ **16.** $\displaystyle\int_{-2}^{4} (|x-1|+|x+1|)\, dx$

17. $\displaystyle\int_{0}^{2} ||x-1|-1|\, dx$ **18.** $\displaystyle\int_{0}^{4} \sqrt{x^2-4x+4}\, dx$

19. $\displaystyle\int_{-1}^{2} |x|[\![x]\!]\, dx$ **20.** $\displaystyle\int_{0}^{3} x[\![x+1]\!]\, dx$

21. 計算 $\displaystyle\int_{0}^{4} f(x)\, dx$，其中 $f(x)=\begin{cases} 1, & 0\le x<1 \\ x, & 1\le x<2 \\ 4-x, & 2\le x\le 4 \end{cases}$.

22. 設函數 $f(x)$ 滿足 $f(x)=x-\dfrac{1}{3}\displaystyle\int_{0}^{1} f(x)\, dx$，求 $f(x)$.

23. 計算 $\displaystyle\lim_{n\to\infty} \sum_{i=1}^{n}\left[1+\dfrac{2i}{n}+\left(\dfrac{2i}{n}\right)^2\right]\dfrac{2}{n}$.

24. 計算 $\displaystyle\lim_{n\to\infty}\left(\sqrt{\dfrac{4}{n}}+\sqrt{\dfrac{8}{n}}+\sqrt{\dfrac{12}{n}}+\cdots+\sqrt{\dfrac{4n}{n}}\right)\dfrac{4}{n}$.

25. 計算 $\displaystyle\lim_{n\to\infty} \frac{1}{\sqrt{n^3}}(1+\sqrt{2}+\sqrt{3}+\cdots+\sqrt{n})$.

26. (1) 計算 $\displaystyle\lim_{n\to\infty} \frac{1^p+2^p+3^p+\cdots+n^p}{n^{p+1}}$. ($p$ 為正整數)

    (2) 計算 $\displaystyle\lim_{n\to\infty} \frac{(1^2+2^2+3^2+\cdots+n^2)(1^5+2^5+3^5+\cdots+n^5)}{(1^3+2^3+3^3+\cdots+n^3)(1^4+2^4+3^4+\cdots+n^4)}$.

27. 求一數 b 使得 $f(x)=3x^2-6x-2$ 在 $[0, b]$ 上的平均值等於 2.

4.4 不定積分

在第 2 章中，我們已知道如何求解導函數問題：給予一函數，求它的導函數. 但是，在許多問題中，常常需要求解導函數問題的相反問題：給予一函數 f，求出一函數 F 使得 $F'=f$.

定義 4.5

若 $F'=f$，則稱函數 F 為函數 f 的一**反導函數** (antiderivative).

例如，函數 $\dfrac{2}{3}x^3$，$\dfrac{2}{3}x^3+2$，$\dfrac{2}{3}x^3-5$ 皆為 $f(x)=2x^2$ 的反導函數，因為

$$\frac{d}{dx}\left(\frac{2}{3}x^3\right)=\frac{d}{dx}\left(\frac{2}{3}x^3+2\right)=\frac{d}{dx}\left(\frac{2}{3}x^3-5\right)=2x^2.$$

事實上，一個函數的反導函數並不唯一. 若 F 為 f 的反導函數，則對每一常數 C，由 $G(x)=F(x)+C$ 所定義的函數 G 也為 f 的反導函數.

求反導函數的過程稱為**反微分** (antidifferentiation) 或**積分** (integration).

若 $\dfrac{d}{dx}[F(x)]=f(x)$，則形如 $F(x)+C$ 的函數皆為 $f(x)$ 的反導函數.

定義 4.6

函數 f [或 $f(x)$] 的**不定積分** (indefinite integral) 為

$$\int f(x)\,dx = F(x) + C$$

此處 $F'(x) = f(x)$，C 為任意常數。

不定積分 $\int f(x)\,dx$ 僅是指明 $f(x)$ 的反導函數是形如 $F(x)+C$ 的函數之另一方式而已，$f(x)$ 稱為**被積分函數**，dx 稱為**積分變數** x 的微分，C 稱為**不定積分常數** (constant of indefinite integral)。

讀者應該能夠分辨定積分 $\int_a^b f(x)\,dx$ 與不定積分 $\int f(x)\,dx$；$\int_a^b f(x)\,dx$ 是一個數，它與積分上限 b 以及積分下限 a 有關，而 $\int f(x)\,dx$ 是函數。

我們從定義 4.6 中的式子可得

(1) $\dfrac{d}{dx}\displaystyle\int f(x)\,dx = f(x)$

(2) $\displaystyle\int \dfrac{d}{dx} f(x)\,dx = f(x) + C$

若我們記住導函數公式，則可得知對應的積分公式。例如，導函數公式

$\dfrac{d}{dx}\left(\dfrac{x^{r+1}}{r+1}\right) = x^r$ 產生積分公式 $\displaystyle\int x^r\,dx = \dfrac{x^{r+1}}{r+1} + C\ (r \neq -1)$。

今列出一些基本積分公式如下：

$$\int x^r\,dx = \dfrac{x^{r+1}}{r+1} + C\ (r \neq -1) \qquad\qquad \int \sin x\,dx = -\cos x + C$$

$$\int \cos x\, dx = \sin x + C \qquad \int \sec^2 x\, dx = \tan x + C$$

$$\int \csc^2 x\, dx = -\cot x + C \qquad \int \sec x \tan x\, dx = \sec x + C$$

$$\int \csc x \cot x\, dx = -\csc x + C \qquad \int \frac{1}{x}\, dx = \ln|x| + C$$

$$\int e^x\, dx = e^x + C \qquad \int a^x\, dx = \frac{a^x}{\ln a} + C \;(a>0,\; a\neq 1)$$

註：往後，有時為了書寫簡潔起見，式子 $\int f(x)\,dx$ 的 dx 可被納入 $f(x)$ 當中。例如，

$\int 1\,dx$ 可寫成 $\int dx$，而 $\int \frac{1}{x}\,dx$ 可寫成 $\int \frac{dx}{x}$ …，等等。

▶▶ 例題 1：(1) $\displaystyle\int \frac{\sin x}{\cos^2 x}\,dx = \int \left(\frac{1}{\cos x} \cdot \frac{\sin x}{\cos x}\right)dx = \int \sec x \tan x\,dx = \sec x + C.$

(2) $\displaystyle\int 2^x\,dx = \frac{2^x}{\ln 2} + C.$

▶▶ 例題 2：求函數 $f(x)$ 使得 $f'(x) + \sin x = 0$ 且 $f(0) = 2$. [提示：利用基本積分公式.]

解：由 $f'(x) = -\sin x$ 可得 $f(x) = -\int \sin x\,dx = \cos x + C.$

依題意，$f(0) = 1 + C = 2$，可得 $C = 1$，故 $f(x) = \cos x + 1$.

定理 4.12

(1) $\displaystyle\int cf(x)\,dx = c\int f(x)\,dx$，此處 c 為常數.

(2) $\displaystyle\int [f(x) \pm g(x)]\,dx = \int f(x)\,dx \pm \int g(x)\,dx.$

定理 4.12 可以推廣如下：

$$\int [c_1 f_1(x) \pm c_2 f_2(x) \pm \cdots \pm c_n f_n(x)] \, dx$$
$$= c_1 \int f_1(x) \, dx \pm c_2 \int f_2(x) \, dx \pm \cdots \pm c_n \int f_n(x) \, dx$$

此處 c_1, c_2, $\cdots$, c_n 皆為常數.

▶ 例題 3：$\int \dfrac{dx}{1+\cos x} = \int \dfrac{1-\cos x}{1-\cos^2 x} \, dx = \int \dfrac{1-\cos x}{\sin^2 x} \, dx = \int (\csc^2 x - \cot x \csc x) \, dx$
$= -\cot x + \csc x + C$

定理 4.13

若 $u(x)$ 為可微分函數，則

$$\int [u(x)]^r u'(x) \, dx = \dfrac{[u(x)]^{r+1}}{r+1} + C, \quad 此處 \ r \neq -1.$$

▶ 例題 4：求 $\int \dfrac{x^2}{(x^3-1)^2} \, dx$. [提示：利用定理 4.13.]

解：視 $f(x) = x^3 - 1$，則 $f'(x) = 3x^2$,

$$\int \dfrac{x^2}{(x^3-1)^2} \, dx = \dfrac{1}{3} \int (x^3-1)^{-2} (3x^2) \, dx = -\dfrac{1}{3(x^3-1)} + C.$$

一、不定積分在幾何上的應用

當我們瞭解不定積分的意義與計算之後，我們再來探討有關不定積分的幾何意義.

函數 $f(x)$ 的一個反導函數 $F(x)$ 的圖形稱為函數 $f(x)$ 的**積分曲線** (integral curve)，其方程式以 $y = F(x)$ 表示之. 由於 $F'(x) = f(x)$，因此對於積分曲線上的點而言，在 x 處的切線斜率等於函數 $f(x)$ 在 x 處的函數值. 如果我們將該條積分曲

線沿 y-軸方向上下平移且平移的寬度為 C 時，則我們可得到另外一條積分曲線 $y=F(x)+C$. 函數 $f(x)$ 的每一條積分曲線皆可由這種方法得到. 因此，不定積分的圖形就是這樣得到的. 全部積分曲線所成的曲線族，稱為**積分曲線族** (family of integral curves). 另外，如果我們在每一條積分曲線上橫坐標相同的點處作切線，則這些切線必定會互相平行，如圖 4.14 所示.

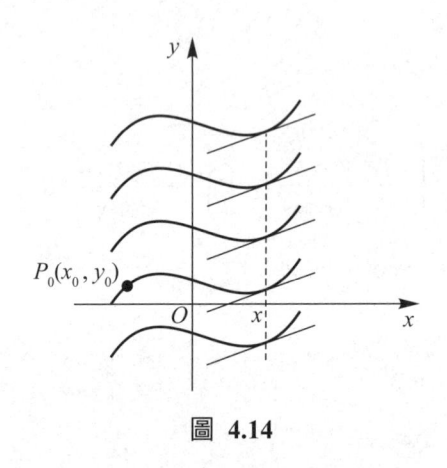

圖 4.14

若此曲線通過某一定點 $P_0(x_0, y_0)$，則可由

$$y = \int f(x)\, dx = F(x) + C$$

確定不定積分常數 C，$C = y_0 - F(x_0)$，因此，曲線就可唯一確定.

▶▶ 例題 5：已知一曲線族的斜率為 $\dfrac{5-x}{y-3}$，求其方程式，並求通過點 $(2, -1)$ 之一條曲線的方程式. [提示：利用積分.]

解：因已知曲線族的斜率為 $\dfrac{5-x}{y-3}$，故

$$\frac{dy}{dx} = \frac{5-x}{y-3}$$

即，$\qquad (y-3)\, dy = (5-x)\, dx$

兩邊積分可得

$$\frac{y^2}{2} - 3y = 5x - \frac{x^2}{2} + C$$

欲求通過點 $(2, -1)$ 之曲線方程式，可用此點代入上式，

$$\frac{1}{2}+3=10-2+C$$

可得
$$C=-\frac{9}{2}$$

故
$$\frac{y^2}{2}-3y=5x-\frac{x^2}{2}-\frac{9}{2}$$

即所求之一條曲線的方程式為 $(x-5)^2+(y-3)^2=25$.

二、不定積分在微分方程式上的應用

微分方程式 (differential equation) 為一含有導函數或微分的方程式，一般而言，僅包含一個自變數的微分方程式稱為**常微分方程式** (ordinary differential equation). 例如：

$$\frac{dy}{dx}=\frac{x}{y}$$

$$\frac{dy}{dx}=3x^2+1$$

$$(y-3)\,dy-(5-x)\,dx=0$$

$$\frac{d^2y}{dx^2}+3\frac{dy}{dx}-2xy=0$$

其中 x 為**自變數**，y 為**因變數**.

微分方程式中所含導函數的最高階數稱為該微分方程式的**階** (order). 例如，前面三個方程式為一階微分方程式，最後一個方程式為二階微分方程式。

我們從常微分方程式求出因變數 y 與自變數 x 之間的關係可用顯函數 $y=f(x)$ 或隱函數 $F(x, y)=0$ 表示，它們皆為該常微分方程式的**解** (solution). 通常，以顯函數解或隱函數解稱之.

一般而言，常微分方程式的解所包含任意常數的數目等於該微分方程式的階數. 若一個 n 階微分方程式的解包含 n 個任意常數，則稱為該微分方程式的**通解** (general solution). 若由通解中指定任意常數的值，則所求得的解稱為微分方程式的**特解** (particular solution). 一階常微分方程式的通解可以寫成

$$y = f(x, C) \text{ 或 } F(x, y, C) = 0 \quad (4.9)$$

C 為任意常數．凡由通解求得特解，需另外再加一個條件，例如：

$$y(x_0) = y_0 \quad (4.10)$$

式中 x_0 及 y_0 為特定已知值．(4.10) 式表示當 $x = x_0$ 時，$y = y_0$；利用 (4.10) 式，可由 (4.9) 式中求得 C 的值，故 (4.10) 式稱為**初期** (或**原始**) **條件** (initial condition)．

解微分方程式最簡單的方法為**變數分離法** (separation of variables)．一階微分方程式可寫成

$$\frac{dy}{dx} = F(x, y)$$

的形式，若 $F(x, y)$ 為一常數，或僅為 x 的函數，則微分方程式可以一般的積分方法求解，如果 $F(x, y)$ 為 x 及 y 的函數，而微分方程式可以寫成

$$P(x)\,dx + Q(y)\,dy = 0$$

或

$$\frac{dy}{dx} = f(x)\,g(y), \quad g(y) \neq 0$$

則稱其為**變數可分離** (separaable) 微分方程式，此種微分方程式的通解只需要分別積分即可，因而可求得

$$\int P(x)\,dx + \int Q(y)\,dy = C \quad (4.11)$$

或

$$\int \frac{dy}{g(y)} = \int f(x)\,dx + C \quad (4.12)$$

式中 C 為任意積分常數．

▶ 例題 6：解

$$\begin{cases} \dfrac{dy}{dx} = \dfrac{x + 3x^2}{y^2} \\ y(0) = 6 \end{cases}$$

[提示：分離變數．]

解：此微分方程式是變數可分離的微分方程式，若將等號兩邊各乘以 $y^2\,dx$，可得

$$y^2\,dy=(x+3x^2)\,dx$$

上式中變數被分離，即在方程式的一邊含 y 項，在另一邊含 x 項. 兩邊積分可得

$$\int y^2\,dy=\int (x+3x^2)\,dx$$

$$\frac{y^3}{3}=\frac{x^2}{2}+x^3+C$$

欲求常數 C，可利用"當 $x=0$ 時，$y=6$"的條件代入上式，而得 $C=72$，

故

$$y=\sqrt[3]{3x^3+\frac{3}{2}x^2+216}.$$

在許多應用問題裡，例如，細菌繁殖問題、人口成長問題、放射性物質的衰變問題，都會用到與時間 t 有關的指數函數．

定理 4.14

設某數量 y 為時間 t 的函數且其變化率 (對時間) 與當時的數量成正比，即，$\dfrac{dy}{dt}\propto y$，令比例常數為 k，則

$$\frac{dy}{dt}=ky \tag{4.13}$$

(若 y 隨 t 增加而增加，則 $k>0$；否則 $k<0$.) 此微分方程式的解為

$$y=y_0 e^{kt}$$

其中 y_0 表示在 $t=0$ 時的數量.

在定理 4.14 中，當 $k>0$ 時，k 稱為**成長常數** (constant of growth)，(4.13) 式稱為**自然成長律** (law of natural growth)，$y=y_0 e^{kt}$ 稱為**指數成長函數** (exponential growth function)；當 $k<0$ 時，k 稱為**衰變常數** (constant of decay)，(4.13) 式稱為**自然衰變律** (law of natural decay)，$y=y_0 e^{kt}$ 稱為**指數衰變函數** (exponential decay function).

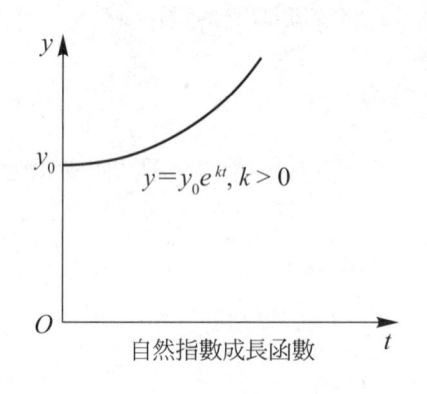

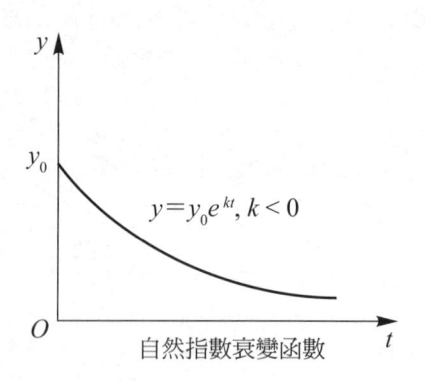

圖 4.15

證：我們假設 $y \neq 0$，利用變數分離法可得

$$\frac{dy}{y} = k\, dt$$

$$\int \frac{dy}{y} = \int k\, dt$$

$$\ln |y| = kt + C_1$$

即，$\qquad |y| = e^{kt+C_1} = e^{C_1} e^{kt}$

故 $\qquad y = \pm e^{C_1} e^{kt}.$

此 y 值代表所有不為零的解 (而 $y=0$ 亦為一解)，故我們可將通解寫成

$$y = Ce^{kt}, \quad C \text{ 為任意常數}$$

又當 $t=0$ 時，$y=y_0$，代入上式可得

$$y(0) = y_0 = Ce^0 = C$$

故 $y = y_0 e^{kt}$ 為 $\begin{cases} \dfrac{dy}{dt} = ky \\ y(0) = y_0 \end{cases}$ 的解。

▶▶ **例題 7**：在某一適合細菌繁殖的環境中，中午 12 點時，細菌數估計約為 10000 個，2 個小時後約為 40000 個，試問在下午 5 點時，細菌總數為多少？
[提示：利用定理 4.14.]

解： $\dfrac{dy}{dt}=ky$，其通解為 $y=Ce^{kt}$．依題意，當 $t=0$ 時，$y=10000$，可得 $C=10000$．

於是，$y=10000e^{kt}$．又，當 $t=2$ 時，$y=40000$，可得 $40000=10000e^{2k}$，即，$k=\dfrac{1}{2}\ln 4 \approx 0.693$，

故 $$y=10000e^{0.693t}$$

當 $t=5$ 時，求得 $y=10000e^{3.465} \approx 319765$．

▶ **例題 8：** C^{14} 的半衰期為 5730 年，亦即經過 5730 年 C^{14} 的量會衰減至原有量的一半．如果 C^{14} 的現有量為 50 克，

(1) 2000 年後，C^{14} 的剩餘量將是多少？

(2) 多少年後，C^{14} 會衰減至 20 克？

[提示：利用定理 4.14．]

解：(1) 假設 t 年後，C^{14} 的剩餘量為
$$y(t)=y_0 e^{kt}=50e^{kt}$$

則 $$y(5730)=50e^{5730k}=25$$

$$e^{5730k}=\dfrac{1}{2}$$

$$5730\,k=\ln\dfrac{1}{2}=-\ln 2$$

$$k=\dfrac{-\ln 2}{5730}$$

故 $$y(t)=50\,e^{(-\ln 2/5730)t}$$

以 $t=2000$ 代入上式可得

$$y(2000)=50\,e^{2000(-\ln 2/5730)} \approx 39.26.$$

(2) $$20=50\,e^{(-\ln 2/5730)t}$$

$$e^{(-\ln 2/5730)t}=0.4$$

$$-\frac{\ln 2}{5730} t = \ln 0.4$$

$$t = -\frac{5730 \ln 0.4}{\ln 2} \approx 7574.6 \text{ (年)}.$$

三、不定積分在物理上的應用

若沿著直線運動的某質點在時間 t 的位置函數為 $s=s(t)$，則該質點在時間 t 的速度為 $v=s'(t)$，而加速度為 $a=v'(t)=s''(t)$. 反之，如果已知在時間 t 的速度（或加速度）及某一特定時刻的位置，則其運動方程式可由不定積分求得. 現舉例說明如下：

▶ **例題 9**：設某質點沿著直線運動，其加速度為 $a(t)=6t+2$ 厘米／秒^2，初速為 $v(0)=5$ 厘米／秒，最初位置為 $s(0)=6$ 厘米，求它的位置函數 $s(t)$.

解：因 $v'(t)=a(t)=6t+2$，故

$$v(t) = \int a(t)\, dt = \int (6t+2)\, dt = 3t^2 + 2t + C_1$$

以 $v(0)=5$ 代入可得 $C_1=5$，故

$$v(t) = 3t^2 + 2t + 5$$

因 $s'(t)=v(t)=3t^2+2t+5$，故

$$s(t) = \int v(t)\, dt = \int (3t^2+2t+5)\, dt = t^3 + t^2 + 5t + C_2$$

以 $s(0)=6$ 代入可得 $C_2=6$，故所求位置函數為

$$s(t) = t^3 + t^2 + 5t + 6 \text{ (厘米)}.$$

落體運動在物理學上具有相當重要的地位，地面或接近地面的物體受到重力的作用，產生向下的等加速度，以 g 表示之. 對於接近地面的運動，我們假定 g 為常數，其值約為 9.8 米／秒^2 或 32 呎／秒^2. 今距離地球表面 s_0 處，垂直向上拋一

球，若不計空氣阻力，則作用於該球的力僅有重力加速度所構成的力，而此力作用於負方向 (取垂直向上為正方向，原點位於地表面)，故知

$$a(t) = -g$$

則

$$\int a(t)\, dt = \int -g\, dt = -gt + C$$

所以，

$$v(t) = -gt + C$$

我們很容易發現上式中 $C = v(0)$，$v(0)$ 習慣上常記作 v_0，稱為**初速** (initial velocity). 於是，

$$v(t) = -gt + v_0$$

$$s(t) = \int v(t)\, dt = \int (-gt + v_0)\, dt = -\frac{1}{2}gt^2 + v_0 t + C$$

上式中常數 C 的值為 $s(0)$，記為 s_0，稱為**初期位置** (initial position). 因此，距離地球表面 s_0 處，以初速 v_0 垂直上拋一球，其位置為

$$s(t) = -\frac{1}{2}gt^2 + v_0 t + s_0.$$

▶▶ **例題 10**：一球在離地面 144 呎高處，以 96 呎／秒的初速垂直上拋. 若忽略空氣阻力，求該球在 t 秒末離地面的高度. 它何時到達最大高度？它何時撞擊地面？ [提示：在速度為零時到達最高點.]

解：球的運動是垂直運動，而我們選取向上為正. 在時間 t，球與地面的距離為 $s(t)$，而速度 $v(t)$ 為遞減，所以，加速度為負，我們可知

$$a(t) = \frac{dv}{dt} = -32$$

得到

$$v(t) = \int a(t)\, dt = \int -32\, dt = -32t + C_1$$

以 $v(0) = 96$ 代入可得 $C_1 = 96$，故

$$v(t) = -32t + 96$$

當 $v(t)=0$ 時，球會到達最大高度．所以，它在 3 秒末到達最大高度．

因
$$s'(t) = v(t) = -32t + 96$$

可得
$$s(t) = \int v(t)\,dt = \int (-32t+96)\,dt = -16t^2 + 96t + C_2$$

利用 $s(0)=144$，可得 $C_2=144$，故
$$s(t) = -16t^2 + 96t + 144$$

當 $s(t)=0$ 時，球撞擊地面．因此，由 $-16t^2+96t+144=0$ 可得 $t=3\pm 3\sqrt{2}$，但 $t=3-3\sqrt{2}$ 不合 (何故？)

所以，球在 $3(1+\sqrt{2})$ 秒末撞擊地面．

▶ **例題 11**：某電路中的電流為 $I(t)=t^3+3t^2$ 安培，求 2 秒末通過某一點的電量．(假設最初電量為零.) [提示：積分.]

解：
$$Q(t) = \int I(t)\,dt = \int (t^3+3t^2)\,dt = \frac{t^4}{4} + t^3 + C$$

當 $t=0$ 時，$Q=0$，可得 $C=0$．於是，
$$Q(t) = \frac{t^4}{4} + t^3$$

以 $t=2$ 代入可得 $Q(2)=12$ (庫侖)．

習題 ▶ 4.4

求 1～16 題的積分．

1. $\int x^3 \sqrt{x}\,dx$

2. $\int (x^{2/3} - 4x^{-1/5} + 4)\,dx$

3. $\int x^{1/3}(x+2)^2\,dx$

4. $\int \dfrac{x^5-2x^2+x-3}{x^4}\,dx$

5. $\int (1+x^2)(2-x)\,dx$

6. $\int (\sec x-\tan x)^2\,dx$

7. $\int \dfrac{dx}{1-\sin x}$

8. $\int \sec x\,(\sec x+\tan x)\,dx$

9. $\int \dfrac{\sin x}{\cos^2 x}\,dx$

10. $\int \dfrac{\cos\theta}{\sec\theta+\tan\theta}\,d\theta$

11. $\int \sin^2\theta\,\csc\theta\,d\theta$

12. $\int \dfrac{x^2\cos x+3\cos x}{x^2+3}\,dx$

13. $\int x^2(x^3-1)^4\,dx$

14. $\int \dfrac{3x}{\sqrt{2x^2+5}}\,dx$

15. $\int \dfrac{dx}{\sqrt{x}\,(1+\sqrt{x})^2}$

16. $\int \dfrac{1}{x^2}\sqrt{\dfrac{x+1}{x}}\,dx$

17. 試舉一例說明 $F(x)$ 與 $G(x)$ 皆為 $f(x)$ 的反導函數，但 $F(x)\ne G(x)$ 加上一常數.

18. 求函數 $f(x)$ 使得 $f''(x)=x+\cos x$ 且 $f(0)=1$，$f'(0)=2$.

19. 設 F 為 f 的反導函數，試證：

    (1) 若 F 為偶函數，則 f 為奇函數.

    (2) 若 F 為奇函數，則 f 為偶函數.

20. 已知某曲線滿足 $y''(x)=6x$ 且直線 $y=5-3x$ 在點 $(1,2)$ 與曲線相切，求該曲線的方程式.

21. 已知某曲線族的斜率為 $\dfrac{x+1}{y-1}$，求該曲線族的方程式，並求通過點 $(1,1)$ 的曲線方程式.

求 22～25 題的特解.

22. $\begin{cases}\dfrac{dy}{dx}=\dfrac{1}{x^2 y}\\ y(1)=2\end{cases}$

23. $\begin{cases}\dfrac{dy}{dx}=\sqrt{xy}\quad (x>0,\ y>0)\\ y(0)=4\end{cases}$

24. $\begin{cases} \dfrac{dy}{dx} = \dfrac{1}{\sqrt{xy}} \ (x>0, \ y>0) \\ y(4)=4 \end{cases}$

25. $\begin{cases} \dfrac{dy}{dx} = (x+1)\sqrt{y} \\ y(1)=1 \end{cases}$

26. 若一球以初速 56 呎／秒 (忽略空氣阻力) 垂直上拋，則該球所到達的最大高度為何？

27. 設一球自離地面 144 呎高處垂直拋下 (忽略空氣阻力)，若 2 秒末到達地面，則其初速為何？

28. 一靜止汽車以多少等加速度才能於 4 秒內行駛 200 呎？

29. 設一球以 2 呎／秒^2 的加速度由斜面滾下，若球的初速為零，則 t 秒末所滾的距離為何？欲使該球在 5 秒內滾 100 呎，則初速需多少？

30. 若 C 與 F 分別表示攝氏與華氏溫度計的刻度，則 F 對 C 的變化率為 $\dfrac{dF}{dC} = \dfrac{9}{5}$. 若在 $C=0$ 時，$F=32$，試用反微分求出以 C 表 F 的通式.

31. 某溶液的溫度 T 的變化率為 $\dfrac{dT}{dt} = \dfrac{1}{4}t+10$，其中 t 表時間 (以分計)，T 表攝氏溫度的度數. 若在 $t=0$ 時，溫度 T 為 5°C，求溫度 T 在時間 t 的公式.

32. 某砲彈自 150 米高的塔上以初速 49 米／秒向上垂直發射.

    (1) 砲彈到達最大高度需時多少？
    (2) 最大高度多少？
    (3) 砲彈在向下的途中經過起點需時多少？
    (4) 當砲彈在向下的途中經過起點時，它的速度多少？
    (5) 砲彈撞擊地面需時多久？
    (6) 在撞擊地面時的速度多少？

4.5　利用代換求積分

在本節裡，我們將討論求積分的一種方法，稱為 ***u*-代換** (*u*-substitution)，它是變數變換法，通常可用來將複雜的積分轉換成比較簡單者.

若 F 為 f 的反導函數，g 為 x 的可微分函數，$F(g(x))$ 為合成函數，則由連鎖

法則可得

$$\frac{d}{dx}F(g(x))=F'(g(x))\,g'(x)=f(g(x)\,g'(x))$$

於是，得到積分公式

$$\int f(g(x))\,g'(x)\,dx=F(g(x))+C, \text{ 其中 } F'=f.$$

在上式中，若令 $u=g(x)$，並以 du 代 $g'(x)\,dx$，則可得下面的定理．

定理 4.15 不定積分代換定理

若 F 為 f 的反導函數，令 $u=g(x)$，則

$$\int f(g(x))\,g'(x)\,dx=\int f(u)\,du=F(u)+C=F(g(x))+C.$$

▶▶ **例題 1**：求 $\int x\,\sqrt{x-1}\,dx$. [提示：作代換.]

解：令 $u=x-1$，則 $du=dx$, $x=u+1$，故

$$\int x\,\sqrt{x-1}\,dx=\int (u+1)\sqrt{u}\,du=\int (u^{3/2}+u^{1/2})\,du$$

$$=\frac{2}{5}u^{5/2}+\frac{2}{3}u^{3/2}+C$$

$$=\frac{2}{5}(x-1)^{5/2}+\frac{2}{3}(x-1)^{3/2}+C.$$

▶▶ **例題 2**：求 $\int \dfrac{x}{\sqrt[3]{1+2x}}\,dx$. [提示：分母作代換.]

解：令 $u=\sqrt[3]{1+2x}$，則 $u^3=1+2x$, $3u^2\,du=2\,dx$，

可得 $x=\dfrac{u^3-1}{2}$, $dx=\dfrac{3u^2}{2}\,du$,

故 $\displaystyle\int \frac{x}{\sqrt[3]{1+2x}} dx = \int \left(\frac{u^3-1}{2}\right)\left(\frac{1}{u}\right)\left(\frac{3u^2}{2} du\right) = \frac{3}{4}\int (u^4-u)\,du$

$$= \frac{3}{20}u^5 - \frac{3}{8}u^2 + C$$

$$= \frac{3}{20}(1+2x)^{5/3} - \frac{3}{8}(1+2x)^{2/3} + C.$$

▶▶ 例題 3：求 $\displaystyle\int \sin^2 x\,dx$. [提示：利用二倍角公式.]

解： $\displaystyle\int \sin^2 x\,dx = \int \frac{1-\cos 2x}{2}\,dx = \frac{1}{2}\int dx - \frac{1}{2}\int \cos 2x\,dx$

$$= \frac{1}{2}x - \frac{1}{4}\int \cos 2x\,d(2x)$$

$$= \frac{1}{2}x - \frac{1}{4}\int \cos u\,du \qquad\qquad (令\ u=2x)$$

$$= \frac{1}{2}x - \frac{1}{4}\sin u + C = \frac{1}{2}x - \frac{1}{4}\sin 2x + C.$$

▶▶ 例題 4：(1) $\displaystyle\int \tan x\,dx = \int \frac{\sin x}{\cos x}\,dx = -\int \frac{1}{u}\,du \qquad (令\ u=\cos x)$

$$= -\ln|u| + C$$

$$= -\ln|\cos x| + C.$$

(2) $\displaystyle\int \sec x\,dx = \int \sec x \cdot \frac{\sec x + \tan x}{\sec x + \tan x}\,dx = \int \frac{\sec^2 x + \sec x \tan x}{\sec x + \tan x}\,dx$

$$= \int \frac{1}{u}\,du \qquad\qquad (令\ u = \sec x + \tan x)$$

$$= \ln|u| + C$$

$$= \ln|\sec x + \tan x| + C.$$

▶▶ **例題 5**：求 $\int \dfrac{dx}{(x+1)\sqrt{x}}$. [提示：作代換.]

解：令 $u=\sqrt{x}$，則 $x=u^2$, $dx=2u\,du$，故

$$\int \dfrac{dx}{(x+1)\sqrt{x}} = \int \dfrac{2u}{u(u^2+1)}\,du = 2\int \dfrac{du}{1+u^2} = 2\tan^{-1} u + C$$

$$= 2\tan^{-1}\sqrt{x} + C.$$

▶▶ **例題 6**：求 $\int \dfrac{dx}{x\ln x}$. [提示：作代換.]

解：令 $u=\ln x$，則 $du=\dfrac{1}{x}dx$，

故 $\quad \int \dfrac{dx}{x\ln x} = \int \dfrac{du}{u} = \ln|u| + C = \ln|\ln x| + C.$

定理 4.16　定積分代換定理

設函數 g 在 $[a, b]$ 具有連續的導函數，且 f 在 $g(a)$ 至 $g(b)$ 為連續，若 $u=g(x)$，則

$$\int_a^b f(g(x))\,g'(x)\,dx = \int_{g(a)}^{g(b)} f(u)\,du.$$

▶▶ **例題 7**：求 $\int_1^4 \dfrac{\sqrt{x}}{(9-x\sqrt{x})^2}\,dx$. [提示：作代換.]

解：令 $u=9-x\sqrt{x}$，則 $du=-\dfrac{3}{2}\sqrt{x}\,dx$, $\sqrt{x}\,dx=-\dfrac{2}{3}du$.

若 $x=1$，則 $u=8$；若 $x=4$，則 $u=1$.

於是，$\quad \int_1^4 \dfrac{\sqrt{x}}{(9-x\sqrt{x})^2}\,dx = -\dfrac{2}{3}\int_8^1 \dfrac{1}{u^2}\,du = \dfrac{2}{3}\left[\dfrac{1}{u}\right]_8^1$

$$= \dfrac{2}{3} - \dfrac{1}{12} = \dfrac{7}{12}.$$

▶▶ **例題 8**：求 $\int_0^1 \dfrac{\tan^{-1} x}{1+x^2}\,dx$. [提示：分子作代換.]

解：令 $u=\tan^{-1} x$，則 $du=\dfrac{dx}{1+x^2}$.

當 $x=0$ 時，$u=0$；當 $x=1$ 時，$u=\dfrac{\pi}{4}$.

$$\int_0^1 \dfrac{\tan^{-1} x}{1+x^2}\,dx = \int_0^{\pi/4} u\,du = \left[\dfrac{u^2}{2}\right]_0^{\pi/4} = \dfrac{\pi^2}{32}.$$

▶▶ **例題 9**：求 $\int_1^4 \dfrac{e^{\sqrt{x}}}{\sqrt{x}}\,dx$. [提示：分母作代換.]

解：令 $u=\sqrt{x}$，則 $du=\dfrac{dx}{2\sqrt{x}}$，$\dfrac{dx}{\sqrt{x}}=2\,du$.

當 $x=1$ 時，$u=1$；當 $x=4$ 時，$u=2$.

所以，$\int_1^4 \dfrac{e^{\sqrt{x}}}{\sqrt{x}}\,dx = \int_1^2 2e^u\,du = 2\,[e^u]_1^2 = 2e(e-1)$.

定理 4.17　對稱定理

設函數 f 在 $[-a, a]$ 為連續.

(1) 若 f 為偶函數，則

$$\int_{-a}^{a} f(x)\,dx = 2\int_0^a f(x)\,dx.$$

(2) 若 f 為奇函數，則

$$\int_{-a}^{a} f(x)\,dx = 0.$$

證：$\int_{-a}^{a} f(x)\,dx = \int_{-a}^{0} f(x)\,dx + \int_0^a f(x)\,dx$

在 $\int_{-a}^{0} f(x)\,dx$ 中，令 $u=-x$，則 $du=-dx$，可得

$$\int_{-a}^{0} f(x)\,dx = -\int_{a}^{0} f(-u)\,du = \int_{0}^{a} f(-u)\,du = \int_{0}^{a} f(-x)\,dx$$

所以,
$$\int_{-a}^{a} f(x)\,dx = \int_{0}^{a} f(-x)\,dx + \int_{0}^{a} f(x)\,dx$$

(1) 若 f 為偶函數, 即, $f(-x)=f(x)$, 則

$$\int_{-a}^{a} f(x)\,dx = \int_{0}^{a} f(x)\,dx + \int_{0}^{a} f(x)\,dx = 2\int_{0}^{a} f(x)\,dx$$

(2) 若 f 為奇函數, 即, $f(-x)=-f(x)$, 則

$$\int_{-a}^{a} f(x)\,dx = -\int_{0}^{a} f(x)\,dx + \int_{0}^{a} f(x)\,dx = 0.$$

▶▶ **例題 10**：(1) $\int_{-1}^{1} \dfrac{x}{\sqrt{2-x^2}}\,dx = 0.$

(2) $\int_{-\pi/2}^{\pi/2} \sin x \cos^2 x\,dx = 0.$

(3) $\int_{-\pi/4}^{\pi/4} \dfrac{\theta}{2+\tan^2 \theta}\,d\theta = 0.$

定理 4.18　週期函數的定積分

若 f 為週期 p 的週期函數, 則

$$\int_{a+p}^{b+p} f(x)\,dx = \int_{a}^{b} f(x)\,dx.$$

證：令 $u=x-p$, 則 $du=dx$, 因此,

$$\int_{a+p}^{b+p} f(x)\,dx = \int_{a}^{b} f(u+p)\,du$$

由於 f 為週期函數, 以 $f(u)$ 取代 $f(u+p)$, 故

$$\int_{a+p}^{b+p} f(x)\,dx = \int_{a}^{b} f(u+p)\,du = \int_{a}^{b} f(u)\,du = \int_{a}^{b} f(x)\,dx.$$

▶▶ **例題 11**：求 $\int_{0}^{\pi} |\sin 2x|\,dx$. [提示：去掉絕對值符號.]

解： $|\sin 2x|$ 為週期 $\dfrac{\pi}{2}$ 的週期函數.

$$\int_{0}^{\pi} |\sin 2x|\,dx = \int_{0}^{\pi/2} |\sin 2x|\,dx + \int_{\pi/2}^{\pi} |\sin 2x|\,dx$$

$$= \int_{0}^{\pi/2} |\sin 2x|\,dx + \int_{0}^{\pi/2} |\sin 2x|\,dx$$

$$= 2 \int_{0}^{\pi/2} \sin 2x\,dx$$

$$= 2.$$

習題 ▶ 4.5

求 1～37 題的積分.

1. $\int x^2 \sqrt{1+x}\,dx$
2. $\int (x^2-6x+9)^{3/5}\,dx$
3. $\int x\sqrt[3]{x+2}\,dx$
4. $\int (x+1)\sqrt{2x-3}\,dx$
5. $\int_{-2}^{2} \sqrt{2+|x|}\,dx$
6. $\int \dfrac{x}{\sqrt{3x+2}}\,dx$
7. $\int \dfrac{x^2-1}{\sqrt{2x-1}}\,dx$
8. $\int \dfrac{x}{\sqrt[3]{1-2x^2}}\,dx$
9. $\int \dfrac{x}{\sqrt[3]{x-1}}\,dx$
10. $\int \dfrac{(\sqrt{x}+2)^8}{\sqrt{x}}\,dx$
11. $\int \dfrac{2}{\sqrt{x}(1+\sqrt{x})^2}\,dx$
12. $\int_{1}^{2} (4-3t)^8\,dt$
13. $\int_{0}^{3} (x+2)(x-3)^{20}\,dx$
14. $\int_{1}^{2} \dfrac{2}{x^2-6x+9}\,dx$
15. $\int \dfrac{x^{1/3}}{x^{8/3}+2x^{4/3}+1}\,dx$

16. $\displaystyle\int_1^4 \frac{1}{t^2}\sqrt{1+\frac{1}{t}}\, dt$

17. $\displaystyle\int_0^{25} \frac{dx}{\sqrt{4+\sqrt{x}}}$

18. $\displaystyle\int \frac{x}{\sqrt{x+1}+1}\, dx$

19. $\displaystyle\int \frac{dx}{\sqrt{x+2}+\sqrt{x}}$

20. $\displaystyle\int_0^1 \frac{dx}{\sqrt{x+1}-\sqrt{x}}$

21. $\displaystyle\int \frac{\sin\sqrt{x}}{\sqrt{x}}\, dx$

22. $\displaystyle\int x^2 \cos(2x^3)\, dx$

23. $\displaystyle\int \frac{dx}{\cos^2 2x}$

24. $\displaystyle\int_0^{\pi} |\cos 2\theta|\, d\theta$

25. $\displaystyle\int \sin(\sin\theta)\cos\theta\, d\theta$

26. $\displaystyle\int \cot x\, dx$

27. $\displaystyle\int \csc x\, dx$

28. $\displaystyle\int \frac{dx}{1-\sin\frac{x}{2}}$

29. $\displaystyle\int \frac{d\theta}{1+\cos 3\theta}$

30. $\displaystyle\int \frac{\sec^5 x}{\csc x}\, dx$

31. $\displaystyle\int e^{2\sin 3x}\cos 3x\, dx$

32. $\displaystyle\int 2^{5x}\, dx$

33. $\displaystyle\int_1^e \frac{\ln x}{x}\, dx$

34. $\displaystyle\int \frac{1}{x}\ln(x^3)\, dx$

35. $\displaystyle\int_{-1}^1 \frac{x}{(x^2+2)^3}\, dx$

36. $\displaystyle\int_{-1}^1 \frac{\tan x}{x^4+x^2+1}\, dx$

37. $\displaystyle\int_{-\pi}^{\pi} \sin\theta \cos^2\theta\, d\theta$

38. (1) 試證：若 f 為連續函數，則

$$\int_0^1 f(x)\, dx = \int_0^1 f(1-x)\, dx.$$

(2) 試證：若 m 與 n 皆為正整數，則

$$\int_0^1 x^m (1-x)^n\, dx = \int_0^1 x^n (1-x)^m\, dx.$$

(3) 計算 $\displaystyle\int_0^1 x(1-x)^8\, dx.$

39. 試證：若 n 為正整數，則

$$\int_0^{\pi/2} \sin^n x\, dx = \int_0^{\pi/2} \cos^n x\, dx.$$

4.6 近似積分

為了利用微積分學基本定理計算 $\int_a^b f(x)\,dx$，必須先求出 f 的反導函數. 可是，有時很難或甚至無法求出反導函數. 例如，我們根本無法正確地計算下列的積分：

$$\int_0^1 e^{x^2}\,dx\,,\qquad \int_0^1 \sqrt{1+x^3}\,dx$$

因此，我們有必要求定積分的近似值.

因定積分定義為黎曼和的極限，故任一黎曼和可用來作為定積分的近似. 尤其，假如我們將 $[a,\,b]$ 分割成 n 等分，即，$\Delta x = \dfrac{b-a}{n}$，則

$$\int_a^b f(x)\,dx \approx \sum_{i=1}^{n} f(x_i^*)\,\Delta x$$

此處 x_i^* 為第 i 個子區間 $[x_{i-1},\,x_i]$ 中任一點. 若取 x_i^* 為 $[x_{i-1},\,x_i]$ 的左端點，即，$x_i^* = x_{i-1}$，則可得**左端點近似** (left endpoint approximation)

$$\int_a^b f(x)\,dx \approx \sum_{i=1}^{n} f(x_{i-1})\,\Delta x \tag{4.14}$$

若取 x_i^* 為 $[x_{i-1},\,x_i]$ 的右端點，即，$x_i^* = x_i$，則可得**右端點近似** (right endpoint approximation)

$$\int_a^b f(x)\,dx \approx \sum_{i=1}^{n} f(x_i)\,\Delta x \tag{4.15}$$

通常，將 (4.14) 式與 (4.15) 式等兩個近似值平均，可得到更精確的近似值，即，

$$\int_a^b f(x)\,dx \approx \frac{1}{2}\left[\sum_{i=1}^{n} f(x_{i-1})\,\Delta x + \sum_{i=1}^{n} f(x_i)\,\Delta x\right]$$

$$= \frac{\Delta x}{2}\left[(f(x_0)+f(x_1))+(f(x_1)+f(x_2))+\cdots+(f(x_{n-1})+f(x_n))\right]$$

$$= \frac{\Delta x}{2}\left[f(x_0)+2f(x_1)+2f(x_2)+\cdots+2f(x_{n-1})+f(x_n)\right]$$

$$= \frac{b-a}{2n}[f(x_0)+2f(x_1)+2f(x_2)+\cdots+2f(x_{n-1})+f(x_n)].$$

定理 4.19　梯形法則（trapezoidal rule）

若函數 f 在 $[a, b]$ 為連續且 $a=x_0, x_1, x_2, \cdots, x_n=b$ 將 $[a, b]$ 分割成 n 等分，則

$$\int_a^b f(x)\,dx \approx \frac{b-a}{2n}[f(x_0)+2f(x_1)+2f(x_2)+\cdots+2f(x_{n-1})+f(x_n)].$$

"梯形法則"的名稱可由圖 4.16 得知，該圖說明了 $f(x) \geq 0$ 的情形，在第 i 個子區間上方的梯形面積為

$$\Delta x \left[\frac{f(x_{i-1})+f(x_i)}{2}\right] = \frac{\Delta x}{2}[f(x_{i-1})+f(x_i)]$$

且若將這些梯形的面積全部相加，即得到梯形法則的結果．

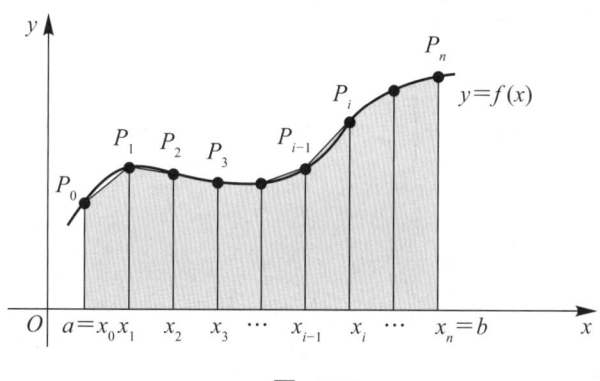

圖 4.16

▶ **例題 1**：利用梯形法則，取 $n=10$，計算 $\displaystyle\int_1^2 \frac{1}{x}\,dx$ 的近似值．

解：令 $f(x)=\dfrac{1}{x}$，則

$$\int_1^2 \frac{1}{x}\,dx \approx \frac{1}{20}[f(1)+2f(1.1)+2f(1.2)+2f(1.3)+2f(1.4)+2f(1.5)$$

$$+2f(1.6)+2f(1.7)+2f(1.8)+2f(1.9)+f(2)]$$

$$=\frac{1}{20}\left(1+\frac{2}{1.1}+\frac{2}{1.2}+\frac{2}{1.3}+\frac{2}{1.4}+\frac{2}{1.5}+\frac{2}{1.6}\right.$$

$$\left.+\frac{2}{1.7}+\frac{2}{1.8}+\frac{2}{1.9}+\frac{1}{2}\right)$$

$$\approx 0.6938.$$

為了計算曲線與 x-軸之間的面積的近似值，計算定積分近似值的另一法則是利用拋物線而不是梯形．同前，我們將 $[a, b]$ 分割成 n 等分，即，$h = \Delta x = \dfrac{b-a}{n}$，但假設 n 為偶數．於是，在每一連續成對的子區間上，我們用一拋物線近似曲線 $y = f(x) \geq 0$，如圖 4.17 所示．若 $y_i = f(x_i)$，則 $P_i(x_i, y_i)$ 為在該曲線上位於 x_i 上方的點，典型的拋物線通過連續三個點 P_i、P_{i+1} 與 P_{i+2}．

為了簡化計算，我們首先考慮 $x_0 = -h$、$x_1 = 0$ 與 $x_2 = h$ 的情形（圖 4.18）．我們知道通過 P_0、P_1 與 P_2 等三點的拋物線方程式為 $y = ax^2 + bx + c$，故在此拋物線與 x-軸之間由 $x = -h$ 到 $x = h$ 之區域的面積為

$$\int_{-h}^{h}(ax^2+bx+c)\,dx = \left[\frac{a}{3}x^3+\frac{b}{2}x^2+cx\right]_{-h}^{h} = \frac{h}{3}(2ah^2+6c).$$

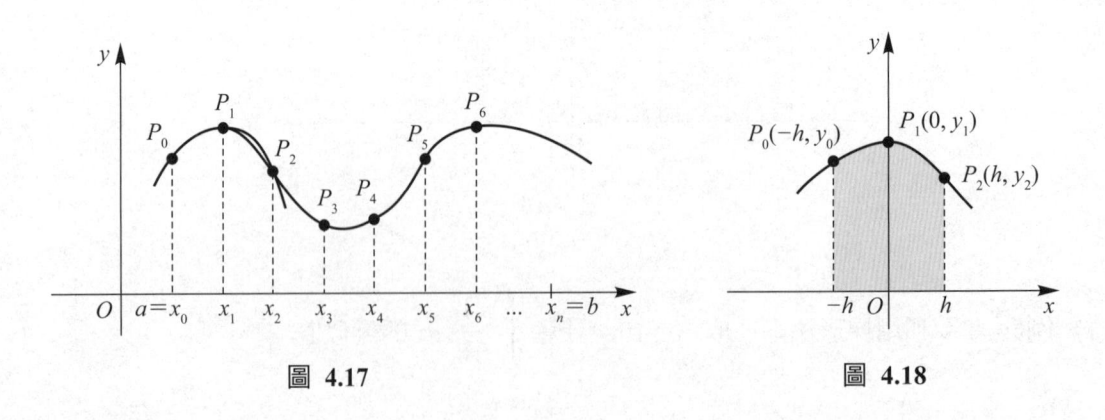

圖 4.17

圖 4.18

因該拋物線通過 $P_0(-h, y_0)$、$P_1(0, y_1)$ 與 $P_2(h, y_2)$，可得

$$y_0 = ah^2 - bh + c$$

$$y_1 = c$$

$$y_2 = ah^2 + bh + c$$

故
$$y_0 + 4y_1 + y_2 = 2ah^2 + 6c$$

於是，我們將拋物線與 x-軸之間的區域的面積改寫成

$$\frac{h}{3}(y_0 + 4y_1 + y_2)$$

若將此拋物線沿著水平方向平移，則在它與 x-軸之間的區域的面積保持不變．這表示在通過 P_0、P_1 與 P_2 的拋物線與 x-軸之間由 $x = x_0$ 到 $x = x_2$ 的區域的面積仍為

$$\frac{h}{3}(y_0 + 4y_1 + y_2)$$

同理，在通過 P_2、P_3 與 P_4 的拋物線與 x-軸之間由 $x = x_2$ 到 $x = x_4$ 的區域的面積為

$$\frac{h}{3}(y_2 + 4y_3 + y_4)$$

若我們以此方法計算在所有拋物線與 x-軸之間的區域的面積，並全部相加，則可得

$$\int_a^b f(x)\,dx \approx \frac{h}{3}(y_0 + 4y_1 + y_2) + \frac{h}{3}(y_2 + 4y_3 + y_4) + \cdots + \frac{h}{3}(y_{n-2} + 4y_{n-1} + y_n)$$

$$= \frac{h}{3}(y_0 + 4y_1 + 2y_2 + 4y_3 + 2y_4 + \cdots + 2y_{n-2} + 4y_{n-1} + y_n)$$

雖然我們是對 $f(x) \geq 0$ 的情形導出此近似公式，但是對任意連續函數 f 而言，它是一個合理的近似公式，並稱為**辛普森法則** (Simpson's rule)，以英國數學家辛普森 (1710～1761) 命名，注意係數的形式：1, 4, 2, 4, 2, 4, 2, $\cdots$, 4, 2, 4, 1.

定理 4.20　辛普森法則

若函數 f 在 $[a, b]$ 為連續，n 為正偶數，且 $a = x_0$, x_1, x_2, $\cdots$, $x_n = b$ 將 $[a, b]$ 分割成 n 等分，則

$$\int_a^b f(x)\,dx \approx \frac{b-a}{3n}[f(x_0) + 4f(x_1) + 2f(x_2) + 4f(x_3) + \cdots$$
$$+ 2f(x_{n-2}) + 4f(x_{n-1}) + f(x_n)].$$

▶▶ **例題 2**：利用辛普森法則，取 $n=10$，求 $\int_1^2 \frac{1}{x} dx$ 的近似值.

解：令 $f(x)=\frac{1}{x}$，則

$$\int_1^2 \frac{1}{x} dx \approx \frac{1}{30}[f(1)+4f(1.1)+2f(1.2)+4f(1.3)+2f(1.4)+4f(1.5)$$
$$+2f(1.6)+4f(1.7)+2f(1.8)+4f(1.9)+f(2)]$$
$$=\frac{1}{30}\left(1+\frac{4}{1.1}+\frac{2}{1.2}+\frac{4}{1.3}+\frac{2}{1.4}+\frac{4}{1.5}+\frac{2}{1.6}\right.$$
$$\left.+\frac{4}{1.7}+\frac{2}{1.8}+\frac{4}{1.9}+\frac{1}{2}\right)$$
$$\approx 0.6932.$$

習題 ▶ 4.6

利用 (1) 梯形法則 (2) 辛普森法則，計算 1～7 題各定積分的近似值到小數第三位，其中 n 為所給的值.

1. $\int_0^3 \frac{1}{1+x} dx$, $n=8$

2. $\int_0^1 \frac{1}{\sqrt{1+x^2}} dx$, $n=4$

3. $\int_2^3 \sqrt{1+x^3} dx$, $n=4$

4. $\int_0^2 \frac{1}{4+x^2} dx$, $n=10$

5. $\int_0^\pi \sqrt{\sin x} dx$, $n=6$

6. $\int_4^{5.2} \ln x \, dx$, $n=6$

7. $\int_{-4}^2 e^{-x} dx$, $n=6$

8. 利用關係式 $\frac{\pi}{4}=\tan^{-1} 1 = \int_0^1 \frac{dx}{1+x^2}$ 與辛普森法則 ($n=10$)，計算 π 的估計值.

綜合習題

1. 計算 $\int_0^{3/2} \sqrt{9-4x^2}\, dx$.

2. 計算 $\int_{-3}^{1} \sqrt{3-2x-x^2}\, dx$.

3. 計算 $\lim_{n\to\infty} \dfrac{1}{n^2} \sum_{i=0}^{n-1} \sqrt{n^2-i^2}$.

求 4～9 題的積分.

4. $\displaystyle\int \dfrac{dx}{\sqrt{x}-x}$

5. $\displaystyle\int \dfrac{dx}{x+x^{1/3}}$

6. $\displaystyle\int \dfrac{dx}{\csc 2x - \cot 2x}$

7. $\displaystyle\int \dfrac{dx}{1+\sec x}$

8. $\displaystyle\int \sqrt{x}\, \sqrt{4+x\sqrt{x}}\, dx$

9. $\displaystyle\int_1^3 \dfrac{2}{\sqrt{x+1}+\sqrt{x-1}}\, dx$

10. 設連續函數 $f(x)$ 滿足 $f(x) = \sin x - \int_0^{\pi/4} f(x) \cos x\, dx$，求 $f(x)$.

11. 計算函數 $f(x) = \dfrac{x}{\sqrt{x^2+9}}$ 在 $[0, 4]$ 上的平均值，並求在積分的均值定理中所述 c 的所有值.

12. (1) 函數 $F(x) = \int_1^x \dfrac{1}{t^2-9}\, dt$ 在何區間是函數 $f(x) = \dfrac{1}{x^2-9}$ 的一個反導函數？

(2) 求 F 的圖形與 x-軸的交點.

13. 設 $x = \int_0^y \dfrac{1}{\sqrt{1+4t^2}}\, dt$，試證：$\dfrac{d^2y}{dx^2}$ 與 y 成比例. 其比例常數為何？

14. 令 $I = \int_{-1}^{1} \dfrac{1}{1+x^2}\, dx$，則代換 $u = \dfrac{1}{x}$ 可得 $I = -\int_{-1}^{1} \dfrac{1}{1+u^2}\, du = -I$，故 $2I = 0$，或 $I = 0$，此為不可能. (何故？) 試解釋之.

積分的方法

5.1 基本的積分公式

在本節中，我們將複習前面學過的積分公式. 我們以 u 為積分變數而不以 x 為積分變數，重新敘述那些積分公式，因為當使用代換時，若出現該形式，則可立即獲得結果. 今列出一些基本公式，如下：

1. $\int u^r \, du = \dfrac{u^{r+1}}{r+1} + C \ (r \neq -1)$ 　　2. $\int \dfrac{du}{u} = \ln |u| + C$

3. $\int e^u \, du = e^u + C$ 　　4. $\int a^u \, du = \dfrac{a^u}{\ln a} + C \ (a > 0, \ a \neq 1)$

5. $\int \sin u \, du = -\cos u + C$ 　　6. $\int \cos u \, du = \sin u + C$

7. $\int \tan u \, du = -\ln |\cos u| + C = \ln |\sec u| + C$

8. $\int \cot u \, du = \ln |\sin u| + C = -\ln |\csc u| + C$

9. $\int \sec u \, du = \ln |\sec u + \tan u| + C$ 　　10. $\int \csc u \, du = \ln |\csc u - \cot u| + C$

11. $\int \sec^2 u \, du = \tan u + C$ 　　12. $\int \csc^2 u \, du = -\cot u + C$

13. $\int \sec u \tan u \, du = \sec u + C$ 　　14. $\int \csc u \cot u \, dt = -\csc u + C$

15. $\displaystyle\int \frac{du}{\sqrt{a^2-u^2}} = \sin^{-1}\frac{u}{a} + C \ (a>0)$ 16. $\displaystyle\int \frac{du}{a^2+u^2} = \frac{1}{a}\tan^{-1}\frac{u}{a} + C \ (a\neq 0)$

17. $\displaystyle\int \frac{du}{u\sqrt{u^2-a^2}} = \frac{1}{a}\sec^{-1}\frac{u}{a} + C \ (a>0)$

18. $\displaystyle\int \cosh u \, du = \sinh u + C$ 19. $\displaystyle\int \sinh u \, du = \cosh u + C$

20. $\displaystyle\int \text{sech}^2 u \, du = \tanh u + C$ 21. $\displaystyle\int \text{csch}^2 u \, du = -\coth u + C$

22. $\displaystyle\int \text{sech}\, u \tanh u \, du = -\text{sech}\, u + C$ 23. $\displaystyle\int \text{csch}\, u \coth u \, du = -\text{csch}\, u + C$

▶▶ **例題 1**：求 $\displaystyle\int \frac{4x+2}{x^2+x+5}$. [提示：作代換.]

解：令 $u = x^2+x+5$，則 $du = (2x+1)\,dx$，故

$$\int \frac{4x+2}{x^2+x+5}\,dx = \int \frac{2(2x+1)\,dx}{x^2+x+5} = 2\int \frac{du}{u} = 2\ln|u| + C$$

$$= 2\ln(x^2+x+5) + C.$$

▶▶ **例題 2**：求 $\displaystyle\int \frac{\sin 2\theta}{\cos\theta + \cos^2\theta}\,dx$. [提示：分子利用二倍角公式.]

解：$\displaystyle\int \frac{\sin 2\theta}{\cos\theta + \cos^2\theta}\,d\theta = \int \frac{2\sin\theta\cos\theta}{\cos\theta + \cos^2\theta}\,d\theta$

$$= 2\int \frac{\sin\theta}{1+\cos\theta}\,d\theta$$

$$= -2\int \frac{du}{u} \qquad\qquad (\text{令 } u = 1+\cos\theta)$$

$$= -2\ln|u| + C$$

$$= -2\ln(1+\cos\theta) + C.$$

第 5 章 積分的方法

▶▶ **例題 3**：求 $\int \dfrac{dx}{x(\ln x)^2}$. [提示：作代換.]

解：$\int \dfrac{dx}{x(\ln x)^2} = \int \dfrac{du}{u^2}$ （令 $u = \ln x$）

$$= -\dfrac{1}{u} + C$$

$$= -\dfrac{1}{\ln x} + C.$$

▶▶ **例題 4**：求 $\int \dfrac{dx}{1+e^x}$. [提示：分子與分母同乘 e^{-x}.]

解：$\int \dfrac{dx}{1+e^x} = \int \dfrac{e^{-x}}{1+e^{-x}} dx = -\int \dfrac{du}{u}$ （令 $u = 1+e^{-x}$）

$$= -\ln|u| + C' = -\ln(1+e^{-x}) + C'$$

$$= x - \ln(1+e^x) + C.$$

▶▶ **例題 5**：求 $\int_1^2 \dfrac{2^{\ln x}}{x} dx$. [提示：作代換.]

解：令 $u = \ln x$，則 $du = \dfrac{1}{x} dx$.

當 $x = 1$ 時，$u = 0$；當 $x = 2$ 時，$u = \ln 2$.

$$\int_1^2 \dfrac{2^{\ln x}}{x} dx = \int_0^{\ln 4} 2^u \, du = \left[\dfrac{2^u}{\ln 2}\right]_0^{\ln 2} = \dfrac{2^{\ln 2}-1}{\ln 2}.$$

▶▶ **例題 6**：求 $\int \dfrac{dx}{\sqrt{9-4x^2}}$. [提示：作代換.]

解：$\int \dfrac{dx}{\sqrt{9-4x^2}} = \dfrac{1}{2} \int \dfrac{du}{\sqrt{9-u^2}}$ （令 $u = 2x$）

$$= \dfrac{1}{2} \sin^{-1} \dfrac{u}{3} + C = \dfrac{1}{2} \sin^{-1}\left(\dfrac{2x}{3}\right) + C.$$

▶▶ **例題 7**：求 $\int \dfrac{dx}{(x+1)\sqrt{x}}$．[提示：作代換.]

解：令 $u=\sqrt{x}$，則 $u^2=x$，$2u\,du=dx$，故

$$\int \frac{dx}{(x+1)\sqrt{x}} = \int \frac{2u}{(u^2+1)u}\,du = 2\int \frac{du}{1+u^2}$$

$$= 2\tan^{-1} u + C = 2\tan^{-1}\sqrt{x} + C.$$

習題 ▶ 5.1

求下列各積分.

1. $\int \dfrac{x-2}{(x^2-4x+3)^3}\,dx$

2. $\int \dfrac{\sec^2 x}{\sqrt{2-\tan x}}\,dx$

3. $\int \dfrac{(\ln x)^n}{x}\,dx$

4. $\int_e^{e^4} \dfrac{dx}{x\sqrt{\ln x}}$

5. $\int \dfrac{dx}{x \ln x \ln(\ln x)}$

6. $\int \cot x \ln \sin x\,dx$

7. $\int \dfrac{\sin x \cos x}{\sqrt{1+\sin^2 x}}\,dx$

8. $\int \dfrac{dx}{\sqrt{x}(\sqrt{x}+1)}$

9. $\int_4^9 \dfrac{dx}{\sqrt{x}\,e^{\sqrt{x}}}$

10. $\int_0^9 \dfrac{2\log(x+1)}{x+1}\,dx$

11. $\int x^2 \cos(1-x^3)\,dx$

12. $\int \dfrac{1}{x}\cos(\ln x)\,dx$

13. $\int \dfrac{dx}{1+\cos x}$

14. $\int \dfrac{x^2}{\sqrt{1-x^6}}\,dx$

15. $\int \dfrac{dx}{4+16x^2}$

16. $\int \dfrac{\sin 8x}{9+\sin^4 4x}\,dx$

17. $\int_0^1 \dfrac{x}{x^4+1}\,dx$

18. $\int \dfrac{dx}{\sqrt{x}\sqrt{1-x}}$

19. $\int_0^2 \dfrac{dx}{\sqrt{x+1}\,(x+2)}$

20. $\int \dfrac{dx}{e^x+e^{-x}}$

21. $\int \dfrac{dx}{x^{1/2}+x^{3/2}}$

22. $\int \dfrac{dx}{x\sqrt{x^4-1}}$

5.2 分部積分法

若 f 與 g 皆為可微分函數，則

$$\frac{d}{dx}[f(x)\,g(x)] = f'(x)\,g(x) + f(x)\,g'(x)$$

積分上式可得

$$\int [f'(x)\,g(x) + f(x)\,g'(x)]\,dx = f(x)\,g(x)$$

或

$$\int f'(x)\,g(x)\,dx + \int f(x)\,g'(x)\,dx = f(x)\,g(x)$$

上式可整理成

$$\int f(x)\,g'(x)\,dx = f(x)\,g(x) - \int f'(x)\,g(x)\,dx$$

若令 $u = f(x)$ 且 $v = g(x)$，則 $du = f'(x)\,dx$，$dv = g'(x)\,dx$，故上面公式可寫成

$$\int u\,dv = uv - \int v\,du \tag{5.1}$$

在利用 (5.1) 式時，如何選取 u 及 dv，並無一定的步驟可循. 通常儘量將可積分的部分視為 dv，而其他式子視為 u. 基於此理由，利用 (5.1) 式求不定積分的方法稱為**分部積分法** (integration by parts). 對於定積分所對應的公式為

$$\int_a^b f(x)\,g'(x)\,dx = \Big[f(x)\,g(x)\Big]_a^b - \int_a^b f'(x)\,g(x)\,dx \tag{5.2}$$

現在，我們提出可利用分部積分法計算的一些積分型：

1. $\int x^n e^{ax}\,dx$，$\int x^n \sin ax\,dx$，$\int x^n \cos ax\,dx$，其中 n 為正整數.

   此處，令 $u = x^n$，$dv =$ 剩下部分.

▶▶ <u>例題 1</u>：求 $\int x e^x\,dx$. [提示：利用分部積分法.]

<u>解</u>：令 $u = x$，$dv = e^x\,dx$，則 $du = dx$，$v = \int e^x\,dx = e^x$，

故
$$\int xe^x\,dx = xe^x - \int e^x\,dx = xe^x - e^x + C.$$

註：在上面例題中，我們由 dv 計算 v 時，省略積分常數，而寫成 $v\int e^x\,dx = e^x$. 假使我們放入一個積分常數，而寫成 $v=\int e^x\,dx = e^x + C_1$，則常數 C_1 最後將抵消. 在分部積分法中總是如此，因此，我們由 dv 計算 v 時，通常省略常數.

讀者應注意，欲成功地利用分部積分法，必須選取適當的 u 與 dv，使得新積分較原積分容易. 例如，假使我們在例題 1 中令 $u=e^x$，$dv=x\,dx$，則 $du=e^x\,dx$，$v=\dfrac{1}{2}x^2$，故

$$\int xe^x\,dx = \frac{1}{2}x^2 e^x - \frac{1}{2}\int x^2 e^x\,dx$$

上式右邊的積分比原積分複雜，這是由於 dv 的選取不當所致.

▶ **例題 2**：求 $\int x\sin 2x\,dx$. [提示：利用分部積分法.]

解：令 $u=x$，$dv=\sin 2x\,dx$，則 $du=dx$，$v=-\dfrac{1}{2}\cos 2x$，

故
$$\int x\sin 2x\,dx = -\frac{x}{2}\cos 2x + \frac{1}{2}\int \cos 2x\,dx$$
$$= -\frac{x}{2}\cos 2x + \frac{1}{4}\sin 2x + C.$$

另外，若 $p(x)$ 為 n 次多項式，且 $F_1(x), F_2(x), F_3(x), \cdots, F_{n+1}(x)$ 為 $f(x)$ 之依次的積分，則我們可以重複地利用分部積分法證得

$$\int p(x)f(x)\,dx = p(x)F_1(x) - p'(x)F_2(x) + p''(x)F_3(x) - \cdots$$
$$+ (-1)^n p^{(n)}(x) F_{n+1}(x) + C \tag{5.3}$$

其證明如下：

令 $u=p(x)$, $dv=f(x)\,dx$，則 $du=p'(x)\,dx$，$v=F_1(x)$.
利用分部積分法可得

$$\int p(x)f(x)\,dx = p(x)F_1(x) - \int F_1(x)p'(x)\,dx$$

令 $u=p'(x)$, $dv=F_1(x)\,dx$，則 $du=p''(x)\,dx$，$v=F_2(x)$.

$$\int p(x)f(x)\,dx = p(x)F_1(x) - \left[p'(x)F_2(x) - \int F_2(x)p''(x)\,dx\right]$$

$$= p(x)F_1(x) - p'(x)F_2(x) + \int F_2(x)p''(x)\,dx.$$

再令 $u=p''(x)$, $dv=F_2(x)\,dx$，則 $du=p'''(x)\,dx$，$v=F_3(x)$.

$$\int p(x)f(x)\,dx = p(x)F_1(x) - p'(x)F_2(x) + p''(x)F_3(x) - \int F_3(x)p'''(x)\,dx.$$

依此類推，可得

$$\int p(x)f(x)\,dx = p(x)F_1(x) - p'(x)F_2(x) + p''(x)F_3(x) - \cdots + (-1)^n p^{(n)}(x)F_{n+1}(x) + C$$

(5.3) 式等號右邊的結果可用下面的處理方式去獲得.

首先，列出下表：

$p(x)$ 與其依次的導函數		$f(x)$ 與其依次的積分
$p(x)$	$(+)$	$F(x)$
$p'(x)$	$(-)$	$F_1(x)$
$p''(x)$	$(+)$	$F_2(x)$
$p'''(x)$	$(-)$	$F_3(x)$
$\vdots$	$\vdots$	$\vdots$
0		$F_{n+1}(x)$

表中 $p(x) \xrightarrow{(+)} F_1(x)$ 表示 $p(x)$ 與 $F_1(x)$ 相乘並取正號，其餘類推，依序求出乘積，再相加而得.

▶▶ **例題 3**：求 $\int (x^3-2x)e^x\,dx$. [提示：利用列表形式.]

解：

x^3-2x	$(+)$	e^x
$3x^2-2$	$(-)$	e^x
$6x$	$(+)$	e^x
6	$(-)$	e^x
0		e^x

$$\int (x^3-2x)e^x\,dx = (x^3-2x)e^x - (3x^2-2)e^x + 6xe^x - 6e^x + C$$
$$= e^x[(x^3-2x)-(3x^2-2)+6x-6]+C.$$

▶▶ **例題 4**：求 $\int x^3 \cos x\,dx$. [提示：利用列表形式.]

解：

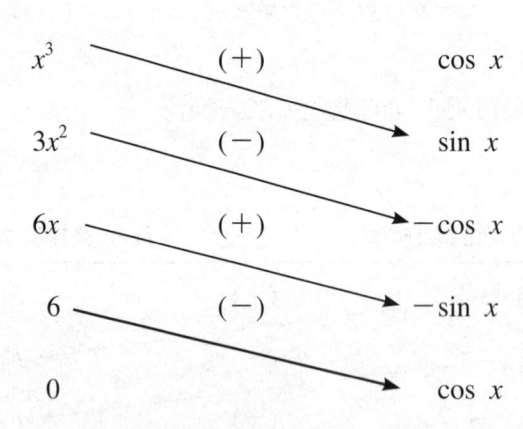

x^3	$(+)$	$\cos x$
$3x^2$	$(-)$	$\sin x$
$6x$	$(+)$	$-\cos x$
6	$(-)$	$-\sin x$
0		$\cos x$

$$\int x^3 \cos x\,dx = x^3 \sin x + 3x^2 \cos x - 6x \sin x - 6 \cos x + C.$$

2. $\int x^m (\ln x)^n\,dx$, $m \neq -1$, n 為正整數.

此處，令 $u=(\ln x)^n$, $dv=x^m\,dx$.

▶▶ **例題 5**：求 $\int \ln x\, dx$. [提示：利用分部積分法.]

解：令 $u = \ln x$, $dv = dx$, 則 $du = \dfrac{dx}{x}$, $v = x$,

故
$$\int \ln x\, dx = x \ln x - \int dx = x \ln x - x + C.$$

▶▶ **例題 6**：求 $\int x \ln x\, dx$. [提示：利用分部積分法.]

解：令 $u = \ln x$, $dv = x\, dx$, 則 $du = \dfrac{dx}{x}$, $v = \dfrac{x^2}{2}$, 故

$$\int x \ln x\, dx = \dfrac{x^2}{2} \ln x - \int \dfrac{x}{2}\, dx$$

$$= \dfrac{1}{2} x^2 \ln x - \dfrac{1}{4} x^2 + C.$$

3. $\int x^n \sin^{-1} x\, dx$, $\int x^n \cos^{-1} x\, dx$, $\int x^n \tan^{-1} x\, dx$, 其中 n 為非負整數.

此處，令 $dv = x^n\, dx$, $u = $ 剩下部分.

▶▶ **例題 7**：求 $\int_0^1 \tan^{-1} x\, dx$. [提示：利用分部積分法.]

解：令 $u = \tan^{-1} x$, $dv = dx$, 則 $du = \dfrac{dx}{1+x^2}$, $v = x$, 故

$$\int_0^1 \tan^{-1} x\, dx = \left[x \tan^{-1} x \right]_0^1 - \int_0^1 \dfrac{x}{1+x^2}\, dx = \dfrac{\pi}{4} - \dfrac{1}{2} \int_0^1 \dfrac{2x}{1+x^2}\, dx$$

$$= \dfrac{\pi}{4} - \dfrac{1}{2} \left[\ln(1+x^2) \right]_0^1 = \dfrac{\pi}{4} - \dfrac{\ln 2}{2}$$

$$= \dfrac{\pi - 2 \ln 2}{4}.$$

4. $\int e^{ax} \sin bx\, dx$, $\int e^{ax} \cos bx\, dx$

此處，令 $u=e^{ax}$, $dv=$剩下部分；或令 $dv=e^{ax}\,dx$, $u=$剩下部分.

▶▶ **例題 8**：求 $\int e^x \sin x\, dx$. [提示：利用二次分部積分法.]

解：令 $u=e^x$, $dv=\sin x\, dx$, 則 $du=e^x\, dx$, $v=-\cos x$,

可得
$$\int e^x \sin x\, dx = -e^x \cos x + \int e^x \cos x\, dx$$

其次，對上式右邊的積分再利用分部積分法.

令 $u=e^x$, $dv=\cos x\, dx$, 則 $du=e^x\, dx$, $v=\sin x$,

可得
$$\int e^x \cos x\, dx = e^x \sin x - \int e^x \sin x\, dx$$

所以，
$$\int e^x \sin x\, dx = -e^x \cos x + e^x \sin x - \int e^x \sin x\, dx$$

$$2\int e^x \sin x\, dx = -e^x \cos x + e^x \sin x$$

即，
$$\int e^x \sin x\, dx = \frac{e^x}{2}(\sin x - \cos x) + C.$$

分部積分法有時可用來求出積分的**簡化公式** (reduction formula)，這些公式能用來將含有乘冪項的積分以較低次乘冪項的積分表示.

▶▶ **例題 9**：求 $\int \sin^n x\, dx$ 的簡化公式，此處 n 為正整數. [提示：利用分部積分法.]

解：令 $u=\sin^{n-1} x$, $dv=\sin x\, dx$, 則

$$du=(n-1)\sin^{n-2} x \cos x\, dx, \quad v=-\cos x,$$

第 5 章 積分的方法

可得
$$\int \sin^n x\, dx = -\cos x \sin^{n-1} x + (n-1) \int \sin^{n-2} x \cos^2 x\, dx$$
$$= -\cos x \sin^{n-1} x + (n-1) \int \sin^{n-2} x\, dx - (n-1) \int \sin^n x\, dx$$

故
$$\int \sin^n x\, dx + (n-1) \int \sin^n x\, dx = -\cos x \sin^{n-1} x + (n-1) \int \sin^{n-2} x\, dx$$

即,
$$\int \sin^n x\, dx = -\frac{1}{n} \cos x \sin^{n-1} x + \frac{n-1}{n} \int \sin^{n-2} x\, dx.$$

▶▶ **例題 10**：求 $\int_0^{\pi/2} \sin^8 x\, dx$. [提示：利用例題 9 的公式.]

解：首先表為
$$\int_0^{\pi/2} \sin^n x\, dx = \left[-\frac{\sin^{n-1} x \cos x}{n} \right]_0^{\pi/2} + \frac{n-1}{n} \int_0^{\pi/2} \sin^{n-2} x\, dx$$
$$= \frac{n-1}{n} \int_0^{\pi/2} \sin^{n-2} x\, dx$$

因此,
$$\int_0^{\pi/2} \sin^8 x\, dx = \frac{7}{8} \int_0^{\pi/2} \sin^6 x\, dx = \frac{7}{8} \cdot \frac{5}{6} \int_0^{\pi/2} \sin^4 x\, dx$$
$$= \frac{7}{8} \cdot \frac{5}{6} \cdot \frac{3}{4} \int_0^{\pi/2} \sin^2 x\, dx$$
$$= \frac{7}{8} \cdot \frac{5}{6} \cdot \frac{3}{4} \cdot \frac{1}{2} \int_0^{\pi/2} dx$$
$$= \frac{7}{8} \cdot \frac{5}{6} \cdot \frac{3}{4} \cdot \frac{1}{2} \cdot \frac{\pi}{2} = \frac{35\pi}{256}.$$

我們將下面公式留給讀者去證明.

$$\int \cos^n x\, dx = \frac{1}{n} \cos^{n-1} x \sin x + \frac{n-1}{n} \int \cos^{n-2} x\, dx \quad (n \text{ 為正整數}) \tag{5.4}$$

習題 ▶ 5.2

求 1～24 題的積分.

1. $\int xe^{2x}\,dx$
2. $\int x^3 e^x\,dx$
3. $\int x^2 e^{-2x}\,dx$

4. $\int x\sin(3x+2)\,dx$
5. $\int x^3 \cos x^2\,dx$
6. $\int_0^1 \ln(1+x)\,dx$

7. $\int (\ln x)^2\,dx$
8. $\int x\ln\sqrt{x}\,dx$
9. $\int x^3 \ln x\,dx$

10. $\int \sin^{-1} x\,dx$
11. $\int x\tan^{-1} x\,dx$
12. $\int e^{-3x}\sin 3x\,dx$

13. $\int e^{2x}\cos 3x\,dx$
14. $\int e^{ax}\cos bx\,dx$
15. $\int_0^1 \dfrac{x^3}{\sqrt{x^2+1}}\,dx$

16. $\int_0^1 x^3 e^{-x^2}\,dx$
17. $\int x\csc^2 3x\,dx$
18. $\int 4x\sec^2 2x\,dx$

19. $\int 3^x x\,dx$
20. $\int \sin x \ln\cos x\,dx$
21. $\int \sin(\ln x)\,dx$

22. $\int_0^1 e^{\sqrt{x}}\,dx$
23. $\int \sin\sqrt{x}\,dx$
24. $\int \cos\sqrt{x}\,dx$

導出 25～27 題各積分的簡化公式, 其中 n 為正整數.

25. $\int x^n e^x\,dx = x^n e^x - n\int x^{n-1} e^x\,dx$

26. $\int x^n \sin x\,dx = -x^n \cos x + n\int x^{n-1}\cos x\,dx$

27. $\int (\ln x)^n\,dx = x(\ln x)^n - n\int (\ln x)^{n-1}\,dx$

求下列各積分.

28. $\int (x^3+2x)e^x\,dx$
29. $\int (x^2-3x-1)\cos x\,dx$

5.3 三角函數乘冪的積分

在本節裡，我們將利用三角恆等式去求被積分函數含有三角函數乘冪的積分.

$\int \sin^m x \cos^n x \, dx$ 型：

(1) 若 m 為正奇數，則保留一個因子 $\sin x$，並利用 $\sin^2 x = 1 - \cos^2 x$，可得

$$\int \sin^m x \cos^n x \, dx = \int \sin^{m-1} x \cos^n x \sin x \, dx$$
$$= \int (1 - \cos^2 x)^{(m-1)/2} \cos^n x \sin x \, dx$$

然後以 $u = \cos x$ 代換.

(2) 若 n 為正奇數，則保留一個因子 $\cos x$，並利用 $\cos^2 x = 1 - \sin^2 x$，可得

$$\int \sin^m x \cos^n x \, dx = \int \sin^m x \cos^{n-1} x \cos x \, dx$$
$$= \int \sin^m x (1 - \sin^2 x)^{(n-1)/2} \cos x \, dx$$

然後以 $u = \sin x$ 代換.

(3) 若 m 與 n 皆為非負偶數，則利用半角公式

$$\sin^2 x = \frac{1}{2}(1 - \cos 2x), \quad \cos^2 x = \frac{1}{2}(1 + \cos 2x)$$

有時候，利用公式 $\sin x \cos x = \frac{1}{2} \sin 2x$ 是很有幫助的.

▶ **例題 1**：求 $\int \sin^3 x \cos^2 x \, dx$. [提示：作代換 $u = \cos x$.]

解：令 $u = \cos x$，則 $du = -\sin x \, dx$，並將 $\sin^3 x$ 寫成 $\sin^3 x = \sin^2 x \sin x$. 於是，

$$\int \sin^3 x \cos^2 x \, dx = \int \sin^2 x \cos^2 x \sin x \, dx$$

$$= \int (1-\cos^2 x)\cos^2 x \sin x \, dx$$

$$= \int (1-u^2)u^2(-du)$$

$$= \int (u^4-u^2) \, du = \frac{1}{5} u^5 - \frac{1}{3} u^3 + C$$

$$= \frac{1}{5} \cos^5 x - \frac{1}{3} \cos^3 x + C.$$

▶ **例題 2**：求 $\int \sin^4 x \cos^5 x \, dx$. [提示：作代換 $u = \sin x$.]

解：令 $u = \sin x$，則 $du = \cos x \, dx$，

故 $\int \sin^4 x \cos^5 x \, dx = \int \sin^4 x (1-\sin^2 x)^2 \cos x \, dx = \int u^4 (1-u^2)^2 \, du$

$$= \int (u^4 - 2u^6 + u^8) \, du = \frac{1}{5} u^5 - \frac{2}{7} u^7 + \frac{1}{9} u^9 + C$$

$$= \frac{1}{5} \sin^5 x - \frac{2}{7} \sin^7 x + \frac{1}{9} \sin^9 x + C.$$

▶ **例題 3**：求 $\int \sin^4 x \cos^2 x \, dx$. [提示：利用半角公式.]

解：$\int \sin^4 x \cos^2 x \, dx = \int (\sin^2 x \cos^2 x) \sin^2 x \, dx$

$$= \frac{1}{8} \int \sin^2 2x (1-\cos 2x) \, dx$$

$$= \frac{1}{8} \int \sin^2 2x \, dx - \frac{1}{8} \int \sin^2 2x \cos 2x \, dx$$

$$= \frac{1}{16} \int (1-\cos 4x) \, dx - \frac{1}{8} \int \sin^2 2x \cos 2x \, dx$$

$$= \frac{1}{16} x - \frac{1}{64} \sin 4x - \frac{1}{48} \sin^3 2x + C.$$

$\int \tan^m x \sec^n x \, dx$ 型：

(1) 若 n 為正偶數，則保留一個因子 $\sec^2 x$，並利用 $\sec^2 x = 1 + \tan^2 x$，可得

$$\int \tan^m x \sec^n x \, dx = \int \tan^m x \sec^{n-2} x \sec^2 x \, dx$$

$$= \int \tan^m x (1 + \tan^2 x)^{(n-2)/2} \sec^2 x \, dx$$

然後以 $u = \tan x$ 代換.

(2) 若 m 為正奇數，則保留一個因子 $\sec x \tan x$，並利用 $\tan^2 x = \sec^2 x - 1$，可得

$$\int \tan^m x \sec^n x \, dx = \int \tan^{m-1} x \sec^{n-1} x \sec x \tan x \, dx$$

$$= \int (\sec^2 x - 1)^{(m-1)/2} \sec^{n-1} x \sec x \tan x \, dx$$

然後以 $u = \sec x$ 代換.

(3) 若 m 為正偶數且 n 為正奇數，則將被積分函數化成 $\sec x$ 之乘冪的和. $\sec x$ 的乘冪需利用分部積分法.

▶ **例題 4**：求 $\int \tan^6 x \sec^4 x \, dx$. [提示：作代換 $u = \tan x$.]

解：令 $u = \tan x$，則 $du = \sec^2 x \, dx$，

故 $\int \tan^6 x \sec^4 x \, dx = \int \tan^6 x \sec^2 x \sec^2 x \, dx$

$$= \int \tan^6 x (1 + \tan^2 x) \sec^2 x \, dx = \int u^6 (1 + u^2) \, du$$

$$= \int (u^6 + u^8) \, du = \frac{1}{7} u^7 + \frac{1}{9} u^9 + C$$

$$= \frac{1}{7} \tan^7 x + \frac{1}{9} \tan^9 x + C.$$

▶▶ **例題 5**：求 $\int_0^{\pi/3} \tan^5 x \sec^3 x \, dx$. [提示：作代換 $u = \sec x$.]

<u>解</u>：令 $u = \sec x$，則 $du = \sec x \tan x \, dx$.

當 $x = 0$ 時，$u = 1$；當 $x = \dfrac{\pi}{3}$ 時，$u = 2$.

所以，

$$\int_0^{\pi/3} \tan^5 x \sec^3 x \, dx = \int_0^{\pi/3} (\sec^2 x - 1)^2 \sec^2 x \sec x \tan x \, dx$$

$$= \int_1^2 (u^2 - 1)^2 u^2 \, du = \int_1^2 (u^6 - 2u^4 + u^2) \, du$$

$$= \left[\frac{1}{7} u^7 - \frac{2}{5} u^5 + \frac{1}{3} u^3 \right]_1^2$$

$$= \left(\frac{128}{7} - \frac{64}{5} + \frac{8}{3} \right) - \left(\frac{1}{7} - \frac{2}{5} + \frac{1}{3} \right)$$

$$= \frac{848}{105}.$$

▶▶ **例題 6**：求 $\int \sec^3 x \, dx$. [提示：利用分部積分法.]

<u>解</u>：令 $u = \sec x$，$dv = \sec^2 x \, dx$，則 $du = \sec x \tan x \, dx$，$v = \tan x$，

可得 $\int \sec^3 x \, dx = \sec x \tan x - \int \sec x \tan^2 x \, dx$

$$= \sec x \tan x - \int \sec x (\sec^2 x - 1) \, dx$$

$$= \sec x \tan x - \int \sec^3 x \, dx + \int \sec x \, dx$$

即，$2 \int \sec^3 x \, dx = \sec x \tan x + \int \sec x \, dx$

故 $\int \sec^3 x \, dx = \dfrac{1}{2} (\sec x \tan x + \ln |\sec x + \tan x|) + C.$

形如 $\int \cot^m x \csc^n x \, dx$ 的積分可用類似的方法計算.

▶▶ 例題 7：求 $\int \cot^{3/2} x \csc^4 x \, dx$.

解：
$$\int \cot^{3/2} x \csc^4 x \, dx = \int \cot^{3/2} x \csc^2 x \csc^2 x \, dx$$
$$= -\int \cot^{3/2} x (1 + \cot^2 x) \, d(\cot x)$$
$$= -\int (\cot^{3/2} x + \cot^{7/2} x) \, d(\cot x)$$
$$= -\frac{2}{5} \cot^{5/2} x - \frac{2}{9} \cot^{9/2} x + C.$$

$\int \tan^n x \, dx$ 與 $\int \cot^n x \, dx$ 型 (其中正整數 $n \geq 2$)：

$$\int \tan^n x \, dx = \int \tan^{n-2} x \tan^2 x \, dx = \int \tan^{n-2} x (\sec^2 x - 1) \, dx$$
$$= \int \tan^{n-2} x \sec^2 x \, dx - \int \tan^{n-2} x \, dx$$
$$= \int \tan^{n-2} x \, d(\tan x) - \int \tan^{n-2} x \, dx$$
$$= \frac{\tan^{n-1} x}{n-1} - \int \tan^{n-2} x \, dx \ (n \geq 2)$$

同理,
$$\int \cot^n x \, dx = -\frac{\cot^{n-1} x}{n-1} - \int \cot^{n-2} x \, dx \ (n \geq 2)$$

以上兩公式分別稱為 $\int \tan^n x \, dx$ 與 $\int \cot^n x \, dx$ 的簡化公式.

▶▶ 例題 8：求 $\int \tan^5 x \, dx$.

解：
$$\int \tan^5 x \, dx = \frac{\tan^4 x}{4} - \int \tan^3 x \, dx$$

$$= \frac{\tan^4 x}{4} - \left(\frac{\tan^2 x}{2} - \int \tan x \, dx \right)$$

$$= \frac{\tan^4 x}{4} - \frac{\tan^2 x}{2} + \ln |\sec x| + C.$$

對於形如 (1) $\int \sin mx \cos nx \, dx$、(2) $\int \sin mx \sin nx \, dx$ 與

(3) $\int \cos mx \cos nx \, dx$ 等的積分，我們可以利用恆等式

$$\sin \alpha \cos \beta = \frac{1}{2} [\sin (\alpha + \beta) + \sin (\alpha - \beta)]$$

$$\sin \alpha \sin \beta = \frac{1}{2} [\cos (\alpha - \beta) - \cos (\alpha + \beta)]$$

$$\cos \alpha \cos \beta = \frac{1}{2} [\cos (\alpha + \beta) + \cos (\alpha - \beta)].$$

▶▶ 例題 9：若 m 與 n 皆為正整數，證明

$$\int_{-\pi}^{\pi} \sin mx \sin nx \, dx = \begin{cases} 0 & (m \neq n) \\ \pi & (m = n) \end{cases}.$$

解：(i) 若 $m \neq n$，

$$\int_{-\pi}^{\pi} \sin mx \sin nx \, dx = -\frac{1}{2} \int_{-\pi}^{\pi} [\cos (m+n)x - \cos (m-n)x] \, dx$$

$$= -\frac{1}{2} \left[\frac{1}{m+n} \sin (m+n)x - \frac{1}{m-n} \sin (m-n)x \right]_{-\pi}^{\pi}$$

$$= 0$$

(ii) 若 $m=n$,

$$\int_{-\pi}^{\pi} \sin mx \sin nx\, dx = -\frac{1}{2}\int_{-\pi}^{\pi}(\cos 2mx - 1)\, dx$$

$$= -\frac{1}{2}\left[\frac{1}{2m}\sin 2mx - x\right]_{-\pi}^{\pi}$$

$$= -\frac{1}{2}(-2\pi) = \pi.$$

習題 ▶ 5.3

求下列各積分.

1. $\displaystyle\int \sin^3 x \cos^2 x\, dx$
2. $\displaystyle\int \sin^5 x \cos^3 x\, dx$
3. $\displaystyle\int \sin^2 x \cos^3 x\, dx$
4. $\displaystyle\int \frac{\cos^3 x}{\sin^2 x}\, dx$
5. $\displaystyle\int \cos^3 2x\, dx$
6. $\displaystyle\int \sin^2 2x \cos^3 2x\, dx$
7. $\displaystyle\int \sin^3 2x \cos^2 2x\, dx$
8. $\displaystyle\int \cos^4 \frac{x}{4}\, dx$
9. $\displaystyle\int \sin^2 x \cos^2 x\, dx$
10. $\displaystyle\int \sin^2 \frac{x}{2} \cos^2 \frac{x}{2}\, dx$
11. $\displaystyle\int \tan^4 x \sec^4 x\, dx$
12. $\displaystyle\int \tan^{5/2} x \sec^4 x\, dx$
13. $\displaystyle\int \tan^3 x \sec^4 x\, dx$
14. $\displaystyle\int \tan^3 4x \sec^4 4x\, dx$
15. $\displaystyle\int \left(\frac{\sec x}{\tan x}\right)^4 dx$
16. $\displaystyle\int \tan x \sqrt{\sec x}\, dx$
17. $\displaystyle\int \cot^3 x \csc^3 x\, dx$
18. $\displaystyle\int \frac{\sec x}{\cot^5 x}\, dx$
19. $\displaystyle\int \sec^4 2x\, dx$
20. $\displaystyle\int \csc^4 2x\, dx$
21. $\displaystyle\int \tan^3 3x\, dx$
22. $\displaystyle\int \cot^4 3x\, dx$

5.4 三角代換法

若被積分函數含有 $\sqrt{a^2-x^2}$、$\sqrt{a^2+x^2}$ 或 $\sqrt{x^2-a^2}$，此處 $a>0$，即，根號內是平方和或平方差的形式，則利用下表列出的三角代換可消去根號.

式　子	三角代換	恆等式
$\sqrt{a^2-x^2}$	$x=a\sin\theta,\ -\dfrac{\pi}{2}\le\theta\le\dfrac{\pi}{2}$	$1-\sin^2\theta=\cos^2\theta$
$\sqrt{a^2+x^2}$	$x=a\tan\theta,\ -\dfrac{\pi}{2}<\theta<\dfrac{\pi}{2}$	$1+\tan^2\theta=\sec^2\theta$
$\sqrt{x^2-a^2}$	$x=a\sec\theta,\ 0\le\theta<\dfrac{\pi}{2}$ 或 $\pi\le\theta<\dfrac{3\pi}{2}$	$\sec^2\theta-1=\tan^2\theta$

▶ **例題 1**：求 $\displaystyle\int \sqrt{25-x^2}\,dx$. [提示：作代換 $x=5\sin\theta$.]

解：令 $x=5\sin\theta$，如圖 5.1 所示，則

$$\sqrt{25-x^2}=\sqrt{25-25\sin^2\theta}$$
$$=\sqrt{25\cos^2\theta}$$
$$=5\,|\cos\theta|=5\cos\theta$$

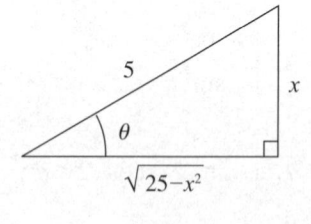

圖 5.1

又 $dx=5\cos\theta\,d\theta$，可得

$$\int \sqrt{25-x^2}\,dx = \int (5\cos\theta)(5\cos\theta)\,d\theta = 25\int \cos^2\theta\,d\theta$$

$$=25\int \frac{1+\cos 2\theta}{2}\,d\theta = 25\left(\frac{\theta}{2}+\frac{1}{4}\sin 2\theta\right)+C$$

$$=\frac{25}{2}(\theta+\sin\theta\cos\theta)+C$$

參考該三角形可知

$$\cos\theta=\frac{\sqrt{25-x^2}}{5}$$

故 $\int \sqrt{25-x^2}\,dx = \dfrac{25}{2}\left[\sin^{-1}\left(\dfrac{x}{5}\right)+\left(\dfrac{x}{5}\right)\left(\dfrac{\sqrt{25-x^2}}{5}\right)\right]+C$

$\qquad\qquad\qquad = \dfrac{25}{2}\sin^{-1}\left(\dfrac{x}{5}\right)+\dfrac{1}{2}x\sqrt{25-x^2}+C.$

▶▶ **例題 2**：求 $\int \dfrac{dx}{x^2\sqrt{x^2+25}}\,dx.$ [提示：作代換 $x=5\tan\theta.$]

解：令 $x=5\tan\theta$，如圖 5.2 所示，則 $dx=5\sec^2\theta\,d\theta$，可得

$\int \dfrac{dx}{x^2\sqrt{x^2+25}}\,dx = \dfrac{1}{25}\int \dfrac{\sec\theta}{\tan^2\theta}\,d\theta = \dfrac{1}{25}\int \csc\theta\cot\theta\,d\theta$

$\qquad\qquad = -\dfrac{1}{25}\csc\theta+C$

$\qquad\qquad = -\dfrac{\sqrt{x^2+25}}{25x}+C.$

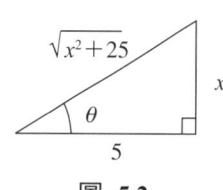

圖 5.2

▶▶ **例題 3**：求 $\int \dfrac{dx}{\sqrt{4x^2-9}}.$ [提示：作代換 $x=\dfrac{3}{2}\sec\theta.$]

解：令 $x=\dfrac{3}{2}\sec\theta$，如圖 5.3 所示，

則 $dx=\dfrac{3}{2}\sec\theta\tan\theta\,d\theta.$

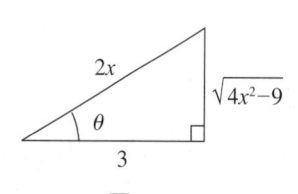

於是，

圖 5.3

$\int \dfrac{dx}{\sqrt{4x^2-9}} = \int \dfrac{\left(\dfrac{3}{2}\right)\sec\theta\tan\theta}{3\tan\theta}\,d\theta = \dfrac{1}{2}\int \sec\theta\,d\theta$

$\qquad\qquad = \dfrac{1}{2}\ln|\sec\theta+\tan\theta|+C'$

$\qquad\qquad = \dfrac{1}{2}\ln\left|\dfrac{2x}{3}+\dfrac{\sqrt{4x^2-9}}{3}\right|+C'$

$$= \frac{1}{2}\ln|2x+\sqrt{4x^2-9}|+C$$

此處 $C=-\frac{1}{2}\ln 3+C'$.

若被積分函數中含有二次式 ax^2+bx+c ($b \neq 0$) 的積分無法利用前面幾節的方法完成，則常常可先配方，如下：

$$ax^2+bx+c = a\left(x^2+\frac{b}{a}x+c\right)$$
$$= a\left(x^2+\frac{b}{a}x+\frac{b^2}{4a^2}\right)+c-\frac{b^2}{4a}$$
$$= a\left(x+\frac{b}{2a}\right)^2+c-\frac{b^2}{4a}$$

於此，代換 $u=x+\frac{b}{2a}$ 將 ax^2+bx+c 化成 au^2+d（此處 $d=c-\frac{b^2}{4a}$），即，平方和或平方差，然後利用基本的積分公式或三角代換完成積分.

▶▶ **例題 4**：求 $\int \frac{2x+6}{x^2+4x+8}dx$. [提示：分母配成平方和.]

解：配方可得

$$x^2+4x+8=(x+2)^2+4$$

令 $u=x+2$, 則 $x=u-2$, $dx=du$, 故

$$\int \frac{2x+6}{x^2+4x+8}dx = \int \frac{2u+2}{u^2+4}du = \int \frac{2u}{u^2+4}du + \int \frac{2}{u^2+2^2}du$$

$$= \ln(u^2+4)+\tan^{-1}\frac{u}{2}+C$$

$$= \ln(x^2+4x+8)+\tan^{-1}\left(\frac{x+2}{2}\right)+C.$$

▶▶ **例題 5**：求 $\int \dfrac{x}{\sqrt{3-2x-x^2}}\,dx$. [提示：根號內配成平方差.]

解：$\int \dfrac{x}{\sqrt{3-2x-x^2}}\,dx = \int \dfrac{x}{\sqrt{4-(x+1)^2}}\,dx$

令 $x+1 = 2\sin\theta$，如圖 5.4 所示，則 $dx = 2\cos\theta\,d\theta$.
所以，

$$\int \dfrac{x}{\sqrt{3-2x-x^2}}\,dx = \int \dfrac{2\sin\theta - 1}{2\cos\theta} 2\cos\theta\,d\theta$$

$$= \int (2\sin\theta - 1)\,d\theta$$

$$= -2\cos\theta - \theta + C$$

圖 5.4

又 $\cos\theta = \dfrac{\sqrt{3-2x-x^2}}{2}$，故

$$\int \dfrac{x}{\sqrt{3-2x-x^2}}\,dx = -\sqrt{3-2x-x^2} - \sin^{-1}\left(\dfrac{x+1}{2}\right) + C.$$

▶▶ **例題 6**：求 $\int_4^7 \dfrac{dx}{\sqrt{x^2-8x+25}}$. [提示：分母配成平方和.]

解：$\int_4^7 \dfrac{dx}{\sqrt{x^2-8x+25}} = \int_4^7 \dfrac{dx}{\sqrt{(x-4)^2+9}}$

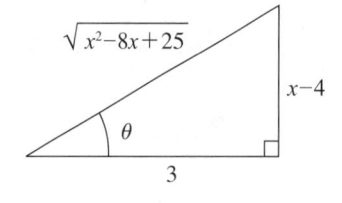

令 $x-4 = 3\tan\theta$，如圖 5.5 所示，
則 $dx = 3\sec^2\theta\,d\theta$. 所以，

圖 5.5

$$\int_4^7 \dfrac{dx}{\sqrt{x^2-8x+25}} = \int_0^{\pi/4} \dfrac{3\sec^2\theta}{3\sec\theta}\,d\theta = \int_0^{\pi/4} \sec\theta\,d\theta$$

$$= \Big[\ln|\sec\theta + \tan\theta|\Big]_0^{\pi/4} = \ln(1+\sqrt{2}).$$

習題 ▶ 5.4

求 1～22 題的積分.

1. $\displaystyle\int \frac{\sqrt{16-x^2}}{x}\,dx$

2. $\displaystyle\int \frac{x^2}{\sqrt{4-x^2}}\,dx$

3. $\displaystyle\int \frac{dx}{x^2\sqrt{16-x^2}}$

4. $\displaystyle\int \frac{dx}{x^2\sqrt{9-4x^2}}$

5. $\displaystyle\int \sqrt{-x^2-4x}\,dx$

6. $\displaystyle\int e^t\sqrt{1-e^{2t}}\,dt$

7. $\displaystyle\int_1^2 \sqrt{3+2x-x^2}\,dx$

8. $\displaystyle\int \frac{x^2}{(1-9x^2)^{3/2}}\,dx$

9. $\displaystyle\int \frac{dx}{(4-9x^2)^2}$

10. $\displaystyle\int \frac{x^2}{\sqrt{4+x^2}}\,dx$

11. $\displaystyle\int_0^5 \frac{dx}{\sqrt{25+x^2}}$

12. $\displaystyle\int \frac{dx}{x\sqrt{x^2+4}}$

13. $\displaystyle\int \frac{\sqrt{1+x^2}}{x}\,dx$

14. $\displaystyle\int \frac{dx}{(x^2+1)^{3/2}}$

15. $\displaystyle\int \frac{dx}{(36+x^2)^2}$

16. $\displaystyle\int \frac{\sqrt{x^2-9}}{x}\,dx$

17. $\displaystyle\int \frac{\sqrt{2x^2-9}}{x}\,dx$

18. $\displaystyle\int \frac{dx}{(x^2-1)^{3/2}}$

19. $\displaystyle\int_4^7 \frac{dx}{\sqrt{x^2-8x+25}}$

20. $\displaystyle\int \frac{2x-3}{4x^2+4x+5}\,dx$

21. $\displaystyle\int \frac{x}{x^2-4x+8}\,dx$

22. $\displaystyle\int \frac{\cos\theta}{\sin^2\theta-6\sin\theta+13}\,d\theta$

23. 以三角代換或代換 $u=x^2+4$ 可計算積分 $\displaystyle\int \frac{x}{x^2+4}\,dx$. 利用此兩種方法求之, 並說明所得結果是相同的.

5.5 部分分式法

在代數裡, 我們學得將兩個或更多的分式合併為一個分式. 例如,

$$\frac{1}{x}+\frac{2}{x-1}+\frac{3}{x+2}=\frac{(x-1)(x+2)+2x(x+2)+3x(x-1)}{x(x-1)(x+2)}$$

$$= \frac{6x^2+2x-2}{x^3+x^2-2x}$$

然而，上式的左邊比右邊容易積分．於是，若我們知道如何從上式的右邊開始而獲得左邊，則將是很有幫助的．處理這個的方法稱為**部分分式法** (method of partial fractions)．

若多項式 $P(x)$ 的次數小於多項式 $Q(x)$ 的次數，則有理函數 $\dfrac{P(x)}{Q(x)}$ 稱為**真有理函數** (proper rational function)；否則，它稱為**假有理函數** (improper rational function)．在理論上，實係數多項式恆可分解成實係數的一次因式與實係數的二次質因式之乘積．因此，若 $\dfrac{P(x)}{Q(x)}$ 為真有理函數，則

$$\frac{P(x)}{Q(x)} = F_1(x) + F_2(x) + \cdots + F_k(x)$$

此處每一 $F_i(x)$ 的形式為下列其中之一：

$$\frac{A}{(ax+b)^m} \quad \text{或} \quad \frac{Ax+B}{(ax^2+bx+c)^n}$$

其中 m 與 n 皆為正整數，而 ax^2+bx+c 為二次質因式，換句話說，$ax^2+bx+c=0$ 沒有實根，即，$b^2-4ac<0$．和 $F_1(x)+F_2(x)+\cdots+F_k(x)$ 稱為 $\dfrac{P(x)}{Q(x)}$ 的**部分分式分解** (partial fraction decomposition)，而每一 $F_i(x)$ 稱為**部分分式** (partial fraction)．

若 $\dfrac{P(x)}{Q(x)}$ 為**真有理函數**，則可化成部分分式分解的形式，方法如下：

1. 先將 $Q(x)$ 完完全全地分解為一次因式 $px+q$ 與二次質因式 ax^2+bx+c 的乘積，然後集中所有的重複因式，因此，$Q(x)$ 表為形如 $(px+q)^m$ 與 $(ax^2+bx+c)^n$ 之不同因式的乘積，其中 m 與 n 皆為正整數．

2. 再應用下列的規則：

    規則 1. 對於形如 $(px+q)^m$ 的每一個因式，此處 $m \geq 1$，部分分式分解含有 m 個部分分式的和，其形式為

$$\frac{A_1}{px+q} + \frac{A_2}{(px+q)^2} + \cdots + \frac{A_m}{(px+q)^m}$$

其中 $A_1, A_2, \cdots, A_m$ 皆為待定常數.

規則 2. 對於形如 $(ax^2+bx+c)^n$, 此處 $n \geq 1$, 且 $b^2-4ac < 0$, 部分分式分解含有 n 個部分分式的和, 其形式為

$$\frac{A_1x+B_1}{ax^2+bx+c}+\frac{A_2x+B_2}{(ax^2+bx+c)^2}+\cdots+\frac{A_nx+B_n}{(ax^2+bx+c)^n}$$

其中 $A_1, A_2, \cdots, A_n$ 皆為待定係數；$B_1, B_2, \cdots, B_n$ 皆為待定常數.

▶▶ 例題 1：求 $\int \dfrac{dx}{x^2-a^2}$, 此處 $a \neq 0$. [提示：利用規則 1.]

解：令 $\dfrac{1}{x^2-a^2}=\dfrac{A}{x-a}+\dfrac{B}{x+a}$, 則以 $(x-a)(x+a)$ 乘等號的兩邊可得

$$1=A(x+a)+B(x-a)=(A+B)x+(A-B)a \cdots\cdots(\ast)$$

可知
$$\begin{cases} A+B=0 \\ A-B=\dfrac{1}{a} \end{cases}$$

解得 $A=\dfrac{1}{2a}$, $B=-\dfrac{1}{2a}$. 於是,

$$\frac{1}{x^2-a^2}=\frac{\dfrac{1}{2a}}{x-a}+\frac{-\dfrac{1}{2a}}{x+a}$$

所以,
$$\int \frac{dx}{x^2-a^2} = \frac{1}{2a}\int \frac{dx}{x-a}-\frac{1}{2a}\int \frac{dx}{x+a}$$

$$=\frac{1}{2a}\ln|x-a|-\frac{1}{2a}\ln|x+a|$$

$$=\frac{1}{2a}\ln\left|\frac{x-a}{x+a}\right|+C.$$

在例題 1 中, 因式全部為一次式且不重複, 利用使各因式為零的值代 x, 可求

出 A 與 B 的值. 若在 (∗) 式中令 $x=a$, 可得 $1=2aA$ 或 $A=\dfrac{1}{2a}$. 在 (∗) 式中令 $x=-a$, 可得 $1=-2aB$ 或 $B=-\dfrac{1}{2a}$.

讀者可利用例題 1 的結果, 若 u 為 x 的可微分函數可導出下列的積分公式:

$$\int \frac{du}{u^2-a^2} = \frac{1}{2a} \ln\left|\frac{u-a}{u+a}\right| + C, \quad a\neq 0 \tag{5.5}$$

$$\int \frac{du}{a^2-u^2} = \frac{1}{2a} \ln\left|\frac{u+a}{u-a}\right| + C, \quad a\neq 0 \tag{5.6}$$

▶ 例題 2：計算 $\displaystyle\int \frac{e^x}{e^{2x}-4}\,dx$. [提示：利用 (5.5) 式.]

解：令 $u=e^x$, 則 $du=e^x\,dx$, 可得

$$\int \frac{e^x}{e^{2x}-4}\,dx = \int \frac{du}{u^2-4} = \frac{1}{4}\ln\left|\frac{u-2}{u+2}\right| + C$$

$$= \frac{1}{4}\ln\left|\frac{e^x-2}{e^x+2}\right| + C.$$

▶ 例題 3：計算 $\displaystyle\int \frac{x^2+2x-1}{2x^3+3x^2-2x}\,dx$. [提示：利用規則 1.]

解：因 $\qquad 2x^3+3x^2-2x = x(2x^2+3x-2) = x(2x-1)(x+2)$

故令 $\qquad \dfrac{x^2+2x-1}{2x^3+3x^2-2x} = \dfrac{A}{x} + \dfrac{B}{2x-1} + \dfrac{C}{x+2}$

可得 $\qquad x^2+2x-1 = A(2x-1)(x+2) + Bx(x+2) + Cx(2x-1)$ ……………… (∗)

以 $x=0$ 代入 (∗) 式可得 $-1=-2A$, 即, $A=\dfrac{1}{2}$.

以 $x=\dfrac{1}{2}$ 代入 (∗) 式可得 $\dfrac{1}{4}=\dfrac{5}{4}B$, 即, $B=\dfrac{1}{5}$.

以 $x=-2$ 代入 (∗) 式可得 $-1=10C$, 即, $C=-\dfrac{1}{10}$.

於是，
$$\frac{x^2+2x-1}{2x^3+3x^2-2x} = \frac{\frac{1}{2}}{x} + \frac{\frac{1}{5}}{2x-1} + \frac{-\frac{1}{10}}{x+2}$$

所以，
$$\int \frac{x^2+2x-1}{2x^3+3x^2-2x} dx = \frac{1}{2}\int \frac{dx}{x} + \frac{1}{5}\int \frac{dx}{2x-1} - \frac{1}{10}\int \frac{dx}{x+2}$$
$$= \frac{1}{2}\ln|x| + \frac{1}{10}\ln|2x-1| - \frac{1}{10}\ln|x+2| + K$$

此處 K 為任意常數．

▶▶ **例題 4**：計算 $\int \frac{x^2-6x+1}{(x+1)(x-1)^2} dx$．[提示：利用規則 1．]

解：令
$$\frac{x^2-6x+1}{(x+1)(x-1)^2} = \frac{A}{x+1} + \frac{B}{x-1} + \frac{C}{(x-1)^2},$$

則
$$x^2-6x+1 = A(x-1)^2 + B(x+1)(x-1) + C(x+1)$$
$$= (A+B)x^2 + (-2A+C)x + (A-B+C)$$

可知
$$\begin{cases} A+B = 1 \\ -2A + C = -6 \\ A-B+C = 1 \end{cases}$$

解得 $A=2$，$B=-1$，$C=-2$．所以，
$$\int \frac{x^2-6x+1}{(x+1)(x-1)^2} dx = 2\int \frac{dx}{x+1} - \int \frac{dx}{x-1} - 2\int \frac{dx}{(x-1)^2}$$
$$= 2\ln|x+1| - \ln|x-1| + \frac{2}{x-1} + K.$$

▶▶ **例題 5**：計算 $\int \frac{x^2}{(x+2)^3} dx$．[提示：利用規則 1 或作代換．]

解：令
$$\frac{x^2}{(x+2)^3} = \frac{A}{x+2} + \frac{B}{(x+2)^2} + \frac{C}{(x+2)^3}$$

則
$$x^2 = A(x+2)^2 + B(x+2) + C$$
$$= Ax^2 + (4A+B)x + (4A+2B+C)$$

可知
$$\begin{cases} A = 1 \\ 4A + B = 0 \\ 4A + 2B + C = 0 \end{cases}$$

解得 $A=1$, $B=-4$, $C=4$. 於是,
$$\frac{x^2}{(x+2)^3} = \frac{1}{x+2} + \frac{-4}{(x+2)^2} + \frac{4}{(x+2)^3}$$

所以,
$$\int \frac{x^2}{(x+2)^3} dx = \int \frac{dx}{x+2} - 4\int \frac{dx}{(x+2)^2} + 4\int \frac{dx}{(x+2)^3}$$
$$= \ln|x+2| + \frac{4}{x+2} - \frac{2}{(x+2)^2} + K$$

另解：令 $u = x+2$, 則 $x = u-2$, 可得
$$\frac{x^2}{(x+2)^3} = \frac{(u-2)^2}{u^3} = \frac{u^2-4u+4}{u^3} = \frac{1}{u} - \frac{4}{u^2} + \frac{4}{u^3}$$
$$= \frac{1}{x+2} - \frac{4}{(x+2)^2} + \frac{4}{(x+2)^3}$$

所以,
$$\int \frac{x^2}{(x+2)^3} dx = \int \frac{dx}{x+2} - 4\int \frac{dx}{(x+2)^2} + 4\int \frac{dx}{(x+2)^3}$$
$$= \ln|x+2| + \frac{4}{x+2} - \frac{2}{(x+2)^2} + K.$$

▶▶ **例題 6**：計算 $\int \frac{x^2+x-2}{(3x-1)(x^2+1)} dx$. [提示：利用規則 1 及 2.]

解：令 $\dfrac{x^2+x-2}{(3x-1)(x^2+1)} = \dfrac{A}{3x-1} + \dfrac{Bx+C}{x^2+1}$, 則

$$x^2+x-2 = A(x^2+1)+(Bx+C)(3x-1)$$
$$= (A+3B)x^2+(-B+3C)x+(A-C)$$

可知
$$\begin{cases} A+3B=1 \\ -B+3C=1 \\ A-C=-2 \end{cases}$$

解得：$A=-\dfrac{7}{5}$, $B=\dfrac{4}{5}$, $C=\dfrac{3}{5}$. 於是,

$$\dfrac{x^2+x-2}{(3x-1)(x^2+1)} = \dfrac{-\dfrac{7}{5}}{3x-1} + \dfrac{\dfrac{4}{5}x+\dfrac{3}{5}}{x^2+1}$$

所以,

$$\int \dfrac{x^2+x-2}{(3x-1)(x^2+1)}\,dx = -\dfrac{7}{5}\int \dfrac{dx}{3x-1} + \dfrac{4}{5}\int \dfrac{x}{x^2+1}\,dx + \dfrac{3}{5}\int \dfrac{dx}{x^2+1}$$

$$= -\dfrac{7}{15}\ln|3x-1| + \dfrac{2}{5}\ln(x^2+1) + \dfrac{3}{5}\tan^{-1}x + K.$$

▶▶ 例題 7：計算 $\displaystyle\int \dfrac{\cos\theta}{\sin^2\theta + 4\sin\theta - 5}\,d\theta$. [提示：作代換.]

解：令 $x=\sin\theta$, 則 $dx=\cos\theta\,d\theta$, 可得

$$\int \dfrac{\cos\theta}{\sin^2\theta + 4\sin\theta - 5}\,d\theta = \int \dfrac{dx}{x^2+4x-5}$$

因
$$\int \dfrac{dx}{x^2+4x-5} = \int \left(\dfrac{-1/6}{x+5} + \dfrac{1/6}{x-1}\right)dx$$

$$= -\dfrac{1}{6}\int \dfrac{dx}{x+5} + \dfrac{1}{6}\int \dfrac{dx}{x-1}$$

$$= -\dfrac{1}{6}\ln|x+5| + \dfrac{1}{6}\ln|x-1| + C$$

$$= \frac{1}{6} \ln \left| \frac{x-1}{x+5} \right| + C$$

故 $\displaystyle\int \frac{\cos\theta}{\sin^2\theta + 4\sin\theta - 5} d\theta = \frac{1}{6} \ln \left| \frac{\sin\theta - 1}{\sin\theta + 5} \right| + C.$

習題 ▶ 5.5

求下列各積分.

1. $\displaystyle\int \frac{11x+17}{2x^2+7x-4} dx$

2. $\displaystyle\int \frac{x^3}{x^2-3x+2} dx$

3. $\displaystyle\int \frac{x^2+1}{x^3-x} dx$

4. $\displaystyle\int \frac{dx}{x^3+x^2-2x}$

5. $\displaystyle\int \frac{2x^2+3x+3}{(x+1)^3} dx$

6. $\displaystyle\int \frac{2x^2+4x-8}{x^3-4x} dx$

7. $\displaystyle\int \frac{2x^2-9x-9}{x^3-9x} dx$

8. $\displaystyle\int \frac{x^2+2x-1}{2x^3+3x^2-2x} dx$

9. $\displaystyle\int_0^{1/2} \frac{3x^2+2x+1}{x^3-2x^2-x+2} dx$

10. $\displaystyle\int \frac{2x^2-2x-1}{x^3-x^2} dx$

11. $\displaystyle\int \frac{x^2+1}{(3x+2)^3} dx$

12. $\displaystyle\int \frac{dx}{x^3+x}$

13. $\displaystyle\int \frac{dx}{(4x-1)(4x^2+1)}$

14. $\displaystyle\int \frac{x-3}{x^3-1} dx$

15. $\displaystyle\int \frac{dx}{x^4-16}$

16. $\displaystyle\int \frac{\sin\theta \cos^2\theta}{5+\cos^2\theta} d\theta$

17. $\displaystyle\int \frac{\sin x}{\cos^2 x + \cos x - 2} dx$

18. $\displaystyle\int \frac{e^{2x}}{e^{2x}+3e^x+2} dx$

19. $\displaystyle\int \frac{e^x}{e^{2x}-4} dx$

20. $\displaystyle\int \frac{dx}{e^x - e^{-x}}$

5.6 其他的代換

我們已利用變數變換法去求定積分或不定積分. 在本節中，我們將考慮其他很有用的代換方法，某些函數利用適當的代換可以變成有理函數，所以，可以用前一節的方法求積分. 尤其，當被積分函數含有形如 $\sqrt[n]{f(x)}$ 的式子，則代換 $u=\sqrt[n]{f(x)}$ [或 u^n

$=f(x)$] 可以用來化簡計算. 更廣泛地，若被積分函數含有 $\sqrt[n_1]{ax+b}$，$\sqrt[n_2]{ax+b}$，…，$\sqrt[n_k]{ax+b}$ 等項，則令 $u=\sqrt[n]{ax+b}$，此處 n 為 n_1，n_2，…，n_k 的最小公倍數.

▸▸ 例題 1：求 $\int \frac{\sqrt{x}}{1+\sqrt[3]{x}}\,dx$. [提示：作代換 $u=\sqrt[6]{x}$.]

解：令 $u=\sqrt[6]{x}$，則 $x=u^6$，$dx=6u^5\,du$. 於是，

$$\begin{aligned}\int \frac{\sqrt{x}}{1+\sqrt[3]{x}}\,dx &= \int \frac{6u^8}{1+u^2}\,du \\ &= \int 6\left(u^6-u^4+u^2-1+\frac{1}{1+u^2}\right)du \\ &= \frac{6}{7}u^7-\frac{6}{5}u^5+2u^3-6u+6\tan^{-1}u+C \\ &= \frac{6}{7}x^{7/6}-\frac{6}{5}x^{5/6}+2x^{1/2}-6x^{1/6}+6\tan^{-1}(x^{1/6})+C.\end{aligned}$$ ⏮

若被積分函數是表成 $\sin x$ 及 $\cos x$ 的有理函數，則代換 $u=\tan\frac{x}{2}$，$-\frac{\pi}{2}<\frac{x}{2}<\frac{\pi}{2}$，可將它轉換成 u 的有理函數，我們從圖 5.6 可得

$$\sin\frac{x}{2}=\frac{u}{\sqrt{1+u^2}},\quad \cos\frac{x}{2}=\frac{1}{\sqrt{1+u^2}}$$

利用二倍角公式可得

$$\begin{aligned}\sin x &= \sin 2\left(\frac{x}{2}\right)=2\sin\frac{x}{2}\cos\frac{x}{2} \\ &= 2\left(\frac{u}{\sqrt{1+u^2}}\right)\left(\frac{1}{\sqrt{1+u^2}}\right)=\frac{2u}{1+u^2}\end{aligned}$$

$$\begin{aligned}\cos x &= \cos 2\left(\frac{x}{2}\right)=2\cos^2\frac{x}{2}-1 \\ &= \frac{2}{1+u^2}-1=\frac{1-u^2}{1+u^2}\end{aligned}$$

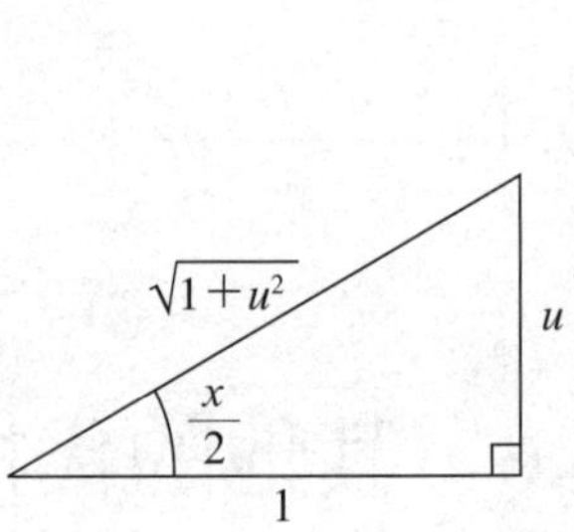

圖 5.6

又 $\dfrac{x}{2}=\tan^{-1} u$，可得 $dx=\dfrac{2}{1+u^2}du$．

所以，原被積分函數化成 u 的一個有理函數．

▶ **例題 2**：求 $\displaystyle\int \dfrac{dx}{\cos x - \sin x + 1}$．[提示：作代換 $u=\tan\dfrac{x}{2}$．]

解：令 $u=\tan\dfrac{x}{2}$，$-\dfrac{\pi}{2}<\dfrac{x}{2}<\dfrac{\pi}{2}$，則

$$\int \dfrac{dx}{\cos x - \sin x + 1} = \int \dfrac{\dfrac{2}{1+u^2}du}{\dfrac{1-u^2}{1+u^2}-\dfrac{2u}{1+u^2}+1} = \int \dfrac{\dfrac{2}{1+u^2}du}{\dfrac{2-2u}{1+u^2}}$$

$$= \int \dfrac{du}{1-u} = -\ln|1-u|+C = -\ln\left|1-\tan\dfrac{x}{2}\right|+C.$$

習題 ▶ 5.6

求 1～14 題的積分．

1. $\displaystyle\int x\sqrt[3]{x+9}\,dx$

2. $\displaystyle\int \dfrac{dx}{x(1-\sqrt[4]{x})}$

3. $\displaystyle\int \dfrac{1+\sqrt{x}}{1-\sqrt{x}}\,dx$

4. $\displaystyle\int \dfrac{x}{(x+3)^{1/5}}\,dx$

5. $\displaystyle\int \dfrac{x}{x-x^{3/5}}\,dx$

6. $\displaystyle\int \dfrac{5x}{(x+3)^{2/3}}\,dx$

7. $\displaystyle\int \dfrac{dx}{\sqrt{x}+\sqrt[3]{x}}$

8. $\displaystyle\int \dfrac{dt}{\sqrt{t}+\sqrt[4]{t}}$

9. $\displaystyle\int \dfrac{d\theta}{2+\sin\theta}$

10. $\displaystyle\int \dfrac{dx}{2+\cos x}$

11. $\displaystyle\int_{\pi/2}^{\pi} \dfrac{d\theta}{1-\cos\theta}$

12. $\displaystyle\int \dfrac{dx}{5-4\cos x}$

13. $\displaystyle\int \dfrac{dx}{4\sin x - 3\cos x}$

14. $\displaystyle\int_{\pi/3}^{\pi/2} \dfrac{d\theta}{1+\sin\theta-\cos\theta}$

15. (1) 試證：若 $x > 0$，則 $\int_x^1 \dfrac{1}{1+t^2}\,dt = \int_1^{1/x} \dfrac{1}{1+t^2}\,dt$. $\left[\text{提示：令 } u = \dfrac{1}{t}.\right]$

(2) 利用 (1) 的結果證明 $\tan^{-1} x + \tan^{-1} \dfrac{1}{x} = \dfrac{\pi}{2}$.

5.7 瑕積分

在第 4 章中，我們所涉及到的定積分具有兩個重要的假設：

1. 區間 $[a, b]$ 必須為有限.
2. 被積分函數 f 在 $[a, b]$ 必須為連續，或者，若不連續，也得在 $[a, b]$ 中為有界.

若不合乎此等假設之一者，就稱為瑕積分 (improper integral).

一、積分區間為無限的積分

因函數 $f(x) = \dfrac{1}{x^2}$ 在 $[1, \infty)$ 為連續且非負值，故在 f 的圖形與 x-軸之間由 1 到 t 的面積 $A(t)$ 為

$$A(t) = \int_1^t \dfrac{1}{x^2}\,dx = \left[-\dfrac{1}{x}\right]_1^t = 1 - \dfrac{1}{t}$$

其圖形如圖 5.7 所示.

無論我們選擇多大的 t 值，$A(t) < 1$，且

$$\lim_{t \to \infty} A(t) = \lim_{t \to \infty} \left(1 - \dfrac{1}{t}\right) = 1$$

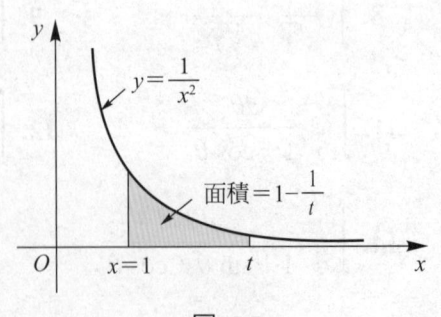

圖 5.7

上式的極限可以解釋為位於 f 的圖形下方與 x-軸上方以及 $x=1$ 右方的無界區域的面積，並以符號 $\int_1^\infty \frac{1}{x^2}\,dx$ 來表示此數值，故

$$\int_1^\infty \frac{1}{x^2}\,dx = \lim_{t\to\infty}\int_1^t \frac{1}{x^2}\,dx = 1$$

因此，我們有下面的定義.

定義 5.1

(1) 對每一數 $t \geq a$，若 $\int_a^t f(x)\,dx$ 存在，則定義

$$\int_a^\infty f(x)\,dx = \lim_{t\to\infty}\int_a^t f(x)\,dx.$$

(2) 對每一數 $t \leq b$，若 $\int_t^b f(x)\,dx$ 存在，則定義

$$\int_{-\infty}^b f(x)\,dx = \lim_{t\to-\infty}\int_t^b f(x)\,dx.$$

以上各式若極限存在，則稱該瑕積分**收斂** (converge)，而極限值即為積分的值. 若極限不存在，則稱該瑕積分**發散** (diverge).

(3) 若 $\int_c^\infty f(x)\,dx$ 與 $\int_{-\infty}^c f(x)\,dx$ 皆收斂，則稱瑕積分 $\int_{-\infty}^\infty f(x)\,dx$ **收斂**，定義為

$$\int_{-\infty}^\infty f(x)\,dx = \int_{-\infty}^c f(x)\,dx + \int_c^\infty f(x)\,dx$$

若上式等號右邊任一積分發散，則稱 $\int_{-\infty}^\infty f(x)\,dx$ **發散**.

上述的瑕積分皆稱為**第一類型瑕積分** (improper integral of first kind).

▶▶ **例題 1**：計算 $\int_2^\infty \dfrac{2}{x^2-1} dx$. [提示：利用定義 5.1(1).]

解：
$$\int_2^\infty \dfrac{2}{x^2-1} dx = \lim_{t\to\infty} \int_2^t \dfrac{2}{x^2-1} dx = \lim_{t\to\infty} \left[\ln \dfrac{x-1}{x+1}\right]_2^t$$
$$= \lim_{t\to\infty} \left(\ln \left|\dfrac{t-1}{t+1}\right| - \ln \dfrac{1}{3}\right) = -\ln \dfrac{1}{3}$$
$$= \ln 3.$$

▶▶ **例題 2**：已知 $\int_0^\infty e^{-x^2} dx = \dfrac{\sqrt{\pi}}{2}$，求 $\int_0^\infty x^2 e^{-x^2} dx$. [提示：利用分部積分法.]

解：
$$\int_0^\infty x^2 e^{-x^2} dx = \lim_{t\to\infty} \int_0^t x^2 e^{-x^2} dx = -\dfrac{1}{2} \lim_{t\to\infty} \int_0^t x\, d(e^{-x^2})$$
$$= -\dfrac{1}{2} \lim_{t\to\infty} \left[xe^{-x^2}\right]_0^t + \dfrac{1}{2} \lim_{t\to\infty} \int_0^t e^{-x^2} dx$$
$$= -\dfrac{1}{2} \lim_{t\to\infty} te^{-t^2} + \dfrac{1}{2} \int_0^\infty e^{-x^2} dx$$
$$= -\dfrac{1}{2} \lim_{t\to\infty} \dfrac{t}{e^{t^2}} + \dfrac{\sqrt{\pi}}{4}$$
$$= -\dfrac{1}{2} \lim_{t\to\infty} \dfrac{1}{2t\, e^{t^2}} + \dfrac{\sqrt{\pi}}{4} = \dfrac{\sqrt{\pi}}{4}$$

所以，$\int_0^\infty x^2 e^{-x^2} dx = \dfrac{\sqrt{\pi}}{4}$.

▶▶ **例題 3**：計算 $\int_{-\infty}^0 xe^x dx$. [提示：利用分部積分法.]

解：$\int_{-\infty}^0 xe^x dx = \lim_{t\to -\infty} \int_t^0 xe^x dx$

令 $u=x$，$dv=e^x dx$，則 $du=dx$，$v=e^x$，所以，

$$\int_{t}^{0} xe^{x}\,dx = \left[xe^{x}\right]_{t}^{0} - \int_{t}^{0} e^{x}\,dx = -te^{t} - 1 + e^{t}$$

我們知道當 $t \to -\infty$ 時，$e^{t} \to 0$，利用羅必達法則可得

$$\lim_{t \to -\infty} te^{t} = \lim_{t \to -\infty} \frac{t}{e^{-t}} = \lim_{t \to -\infty} \frac{1}{-e^{-t}} = \lim_{t \to -\infty} (-e^{t}) = 0$$

故 $$\int_{-\infty}^{0} xe^{x}\,dx = \lim_{t \to -\infty} (-te^{t} - 1 + e^{t}) = -1.$$

▶▶ 例題 4：(1) 判斷 $\int_{-\infty}^{\infty} \frac{1+x}{1+x^{2}}\,dx$ 的斂散性. (2) 計算 $\lim_{t \to \infty} \int_{-t}^{t} \frac{1+x}{1+x^{2}}\,dx$.

[提示：利用定義 5.1(3).]

解：

(1) 因 $\int_{-\infty}^{\infty} \frac{1+x}{1+x^{2}}\,dx = \int_{-\infty}^{0} \frac{1+x}{1+x^{2}}\,dx + \int_{0}^{\infty} \frac{1+x}{1+x^{2}}\,dx$

而 $\int_{0}^{\infty} \frac{1+x}{1+x^{2}}\,dx = \lim_{t \to \infty} \int_{0}^{t} \frac{1+x}{1+x^{2}}\,dx$

$$= \lim_{t \to \infty} \int_{0}^{t} \left(\frac{1}{1+x^{2}} + \frac{x}{1+x^{2}}\right) dx$$

$$= \lim_{t \to \infty} \left[\tan^{-1} x + \frac{1}{2} \ln(1+x^{2})\right]_{0}^{t}$$

$$= \lim_{t \to \infty} \left[\tan^{-1} t + \frac{1}{2} \ln(1+t^{2})\right]$$

$$= \infty$$

故 $\int_{0}^{\infty} \frac{1+x}{1+x^{2}}\,dx$ 為發散積分. 因此，$\int_{-\infty}^{\infty} \frac{1+x}{1+x^{2}}\,dx$ 發散.

(2) $\lim_{t \to \infty} \int_{-t}^{t} \frac{1+x}{1+x^{2}}\,dx = \lim_{t \to \infty} \int_{-t}^{t} \left(\frac{1}{1+x^{2}} + \frac{x}{1+x^{2}}\right) dx$

$$= \lim_{t \to \infty} \left[\tan^{-1} x + \frac{1}{2} \ln(1+x^{2})\right]_{-t}^{t}$$

$$= \lim_{t \to \infty} \left[\tan^{-1} t + \frac{1}{2} \ln(1+t^2) - \tan^{-1}(-t) - \frac{1}{2} \ln(1+t^2) \right]$$

$$= \lim_{t \to \infty} (2 \tan^{-1} t) = \pi.$$

讀者應特別注意我們不能定義 $\int_{-\infty}^{\infty} f(x)\,dx = \lim_{t \to \infty} \int_{-t}^{t} f(x)\,dx$, 而 $\int_{-\infty}^{\infty} f(x)\,dx = \lim_{\substack{a \to \infty \\ b \to \infty}} \int_{-a}^{b} f(x)\,dx$ 是正確的.

▶▶ **例題 5**:試求使 $\int_{1}^{\infty} \frac{dx}{x^p}$ 收斂的 p 值.

[提示:分別討論 $p > 1$, $p < 1$ 與 $p = 1$ 的情形.]

解: I. 設 $p \neq 1$, 則 $\int_{1}^{\infty} \frac{dx}{x^p} = \lim_{t \to \infty} \int_{1}^{t} \frac{dx}{x^p} = \lim_{t \to \infty} \left[\frac{x^{-p+1}}{-p+1} \right]_{1}^{t}$

$$= \lim_{t \to \infty} \frac{1}{1-p} \left(\frac{1}{t^{p-1}} - 1 \right)$$

(1) 若 $p > 1$, 則 $p - 1 > 0$, 而當 $t \to \infty$ 時, $\frac{1}{t^{p-1}} \to 0$. 所以,

$$\int_{1}^{\infty} \frac{dx}{x^p} = \lim_{t \to \infty} \int_{1}^{t} \frac{dx}{x^p} = \frac{1}{p-1}.$$

(2) 若 $p < 1$, 則 $1 - p > 0$, 而當 $t \to \infty$ 時, $\frac{1}{t^{p-1}} = t^{1-p} \to \infty$. 所以,

$$\int_{1}^{\infty} \frac{dx}{x^p} = \lim_{t \to \infty} \int_{1}^{t} \frac{dx}{x^p} = \infty.$$

II. 若 $p = 1$, 則 $\int_{1}^{\infty} \frac{dx}{x} = \lim_{t \to \infty} \int_{1}^{t} \frac{dx}{x} = \lim_{t \to \infty} \left[\ln x \right]_{1}^{t}$

$$= \lim_{t \to \infty} (\ln t - \ln 1) = \infty.$$

綜合此例題的結果, 可得下面的結論:

若 $p>1$，則 $\int_1^\infty \dfrac{dx}{x^p}$ 收斂；若 $p\le 1$，則 $\int_1^\infty \dfrac{dx}{x^p}$ 發散．

二、不連續被積分函數的積分

若函數 f 在閉區間 $[a, b]$ 為連續，則定積分 $\int_a^b f(x)\,dx$ 存在．若 f 在區間內某一數的值為無限，則仍有可能求得積分值．例如，我們假設 f 在半開區間 $[a, b)$ 為連續且不為負值而 $\lim\limits_{x\to b^-} f(x)=\infty$．若 $a<t<b$，則在 f 的圖形與 x-軸之間由 a 到 t 的面積 $A(t)$ 為

$$A(t)=\int_a^t f(x)\,dx$$

如圖 5.8 所示．當 $t\to b^-$ 時，若 $A(t)$ 趨近一個定數 A，則

$$\int_a^b f(x)\,dx = \lim_{t\to b^-}\int_a^t f(x)\,dx$$

若 $\lim\limits_{x\to b^-}\int_a^t f(x)\,dx$ 存在，則此極限可解釋為在 f 的圖形下方且在 x-軸上方以及 $x=a$ 與 $x=b$ 之間的無界區域的面積．

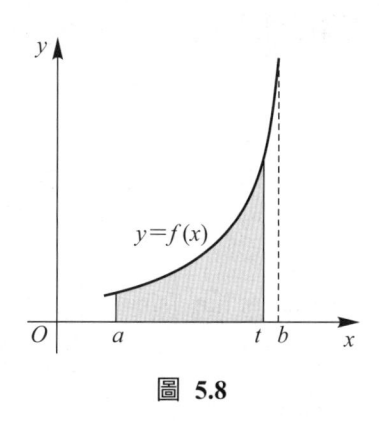

圖 5.8

定義 5.2

(1) 若 f 在 $[a, b)$ 為連續且當 $x \to b^-$ 時，$|f(x)| \to \infty$，則定義

$$\int_a^b f(x)\, dx = \lim_{t \to b^-} \int_a^t f(x)\, dx.$$

(2) 若 f 在 $(a, b]$ 為連續且當 $x \to a^+$ 時，$|f(x)| \to \infty$，則定義

$$\int_a^b f(x)\, dx = \lim_{t \to a^+} \int_t^b f(x)\, dx.$$

以上各式若極限存在，則稱該瑕積分**收斂**，而極限值即為積分的值．若極限不存在，則稱該瑕積分**發散**．

(3) 若 $x \to c$ 時，$|f(x)| \to \infty$，且 $\int_a^c f(x)\, dx$ 與 $\int_c^b f(x)\, dx$ 皆收斂，則稱瑕積分 $\int_a^b f(x)\, dx$ 收斂，定義為

$$\int_a^b f(x)\, dx = \int_a^c f(x)\, dx + \int_c^b f(x)\, dx$$

若上式等號右邊任一積分發散，則稱 $\int_a^b f(x)\, dx$ 發散．

上述的瑕積分皆稱為**第二類型瑕積分** (improper integral of second kind)．

▶ **例題 6**：計算 $\int_0^1 \dfrac{dx}{\sqrt{1-x^2}}$．[提示：利用定義 5.2(1)．]

解：$\int_0^1 \dfrac{dx}{\sqrt{1-x^2}} = \lim_{t \to 1^-} \int_0^t \dfrac{dx}{\sqrt{1-x^2}} = \lim_{t \to 1^-} \left[\sin^{-1} x \right]_0^t$

$= \lim_{t \to 1^-} \sin^{-1} t = \dfrac{\pi}{2}.$

第 5 章 積分的方法

▶▶ **例題 7**：計算 $\int_0^e \ln x \, dx$. [提示：利用分部積分法.]

解：$\int_0^e \ln x \, dx = \lim_{t \to 0^+} \int_t^e \ln x \, dx = \lim_{t \to 0^+} \left[x \ln x - x \right]_t^e$

$$= \lim_{t \to 0^+} (-t \ln t + t) = \lim_{t \to 0^+} t(1 - \ln t)$$

又 $\lim_{t \to 0^+} t(1-\ln t) = \lim_{t \to 0^+} \dfrac{1-\ln t}{\dfrac{1}{t}}$，此為不定型 $\dfrac{\infty}{\infty}$，於是，應用羅必達法則，

$$\lim_{t \to 0^+} \dfrac{1-\ln t}{\dfrac{1}{t}} = \lim_{t \to 0^+} \dfrac{-\dfrac{1}{t}}{-\dfrac{1}{t^2}} = \lim_{t \to 0^+} t = 0$$

故 $\int_0^e \ln x \, dx = 0$.

▶▶ **例題 8**：判斷 $\int_0^\pi \dfrac{\cos x}{\sqrt{1-\sin x}} dx$ 的斂散性. [提示：利用定義 5.2(3).]

解：因被積分函數在 $x = \dfrac{\pi}{2}$ 的值變為無限大，可得

$$\int_0^\pi \dfrac{\cos x}{\sqrt{1-\sin x}} dx = \int_0^{\frac{\pi}{2}} \dfrac{\cos x}{\sqrt{1-\sin x}} dx + \int_{\frac{\pi}{2}}^\pi \dfrac{\cos x}{\sqrt{1-\sin x}} dx$$

$$= \lim_{t \to \left(\frac{\pi}{2}\right)^-} \int_0^t \dfrac{\cos x}{\sqrt{1-\sin x}} dx + \lim_{t \to \left(\frac{\pi}{2}\right)^+} \int_t^\pi \dfrac{\cos x}{\sqrt{1-\sin x}} dx$$

$$= -\lim_{t \to \left(\frac{\pi}{2}\right)^-} \int_0^t \dfrac{d(1-\sin x)}{\sqrt{1-\sin x}} - \lim_{t \to \left(\frac{\pi}{2}\right)^+} \int_t^\pi \dfrac{d(1-\sin x)}{\sqrt{1-\sin x}}$$

$$= -\lim_{t \to \left(\frac{\pi}{2}\right)^-} \left[2\sqrt{1-\sin x} \right]_0^t - \lim_{t \to \left(\frac{\pi}{2}\right)^+} \left[2\sqrt{1-\sin x} \right]_t^\pi$$

$$= -\lim_{t \to \left(\frac{\pi}{2}\right)^-} (2\sqrt{1-\sin t} - 2) - \lim_{t \to \left(\frac{\pi}{2}\right)^+} (2\sqrt{1-\sin \pi} - 2\sqrt{1-\sin t})$$

$$= 2 - 2 = 0$$

故所予瑕積分收斂.

▶▶ **例題 9**：試求使 $\int_0^1 \dfrac{dx}{x^p}$ 收斂的 p 值.

[提示：分別討論 $p>1$, $p<1$ 與 $p=1$ 的情形.]

解：(i) 若 $p \neq 1$, 則

$$\int_0^1 \frac{dx}{x^p} = \lim_{t \to 0^+} \int_t^1 \frac{dx}{x^p} = \lim_{t \to 0^+} \left[\frac{x^{-p+1}}{-p+1}\right]_t^1$$

$$= \lim_{t \to 0^+} \frac{1}{1-p}\left(1 - \frac{1}{t^{p-1}}\right) = \begin{cases} \infty, & p > 1 \\ \dfrac{1}{1-p}, & p < 1 \end{cases}$$

(ii) 若 $p=1$, 則

$$\int_0^1 \frac{dx}{x} = \lim_{t \to 0^+} \int_t^1 \frac{dx}{x} = \lim_{t \to 0^+} [\ln x]_t^1$$

$$= \lim_{t \to 0^+} (-\ln t) = \infty.$$

綜合此例題的結果，可得下面的結論：

若 $p < 1$, 則 $\int_0^1 \dfrac{dx}{x^p}$ 收斂；若 $p \geq 1$, 則 $\int_0^1 \dfrac{dx}{x^p}$ 發散.

習題 5.7

下列何者為收斂積分？發散積分？收斂積分的值為何？

1. $\int_1^\infty \dfrac{dx}{x^{4/3}}$

2. $\int_0^\infty \dfrac{dx}{4x^2+1}$

3. $\int_1^\infty \dfrac{\ln x}{x}\,dx$

4. $\int_2^\infty \dfrac{dx}{x(\ln x)^2}$

5. $\int_0^\infty xe^{-x}\,dx$

6. $\int_0^\infty e^{-x}\cos x\,dx$

7. $\int_3^\infty \dfrac{dx}{x^2-1}$

8. $\int_{-\infty}^0 \dfrac{dx}{(2x-1)^3}$

9. $\int_{-\infty}^0 \dfrac{dx}{x^2-3x+2}$

10. $\int_{-\infty}^\infty \dfrac{x}{x^4+9}\,dx$

11. $\int_{-\infty}^\infty \dfrac{x}{e^{|x|}}\,dx$

12. $\int_{-\infty}^\infty \cos^2 x\,dx$

13. $\int_0^{1/2} \dfrac{x^2}{\sqrt{1-4x^2}}\,dx$

14. $\int_0^1 \dfrac{\ln x}{x}\,dx$

15. $\int_0^{1/2} \dfrac{dx}{x(\ln x)^2}$

16. $\int_0^{\pi/2} \dfrac{dx}{1-\cos x}$

17. $\int_0^2 \dfrac{dx}{(x-1)^2}$

18. $\int_0^4 \dfrac{dx}{x^2-x-2}$

19. $\int_{-1}^1 \ln|x|\,dx$

綜合習題

求 1~14 題的積分.

1. $\displaystyle\int_0^1 \frac{x^{2/3}}{1+x^{1/3}}\,dx$

2. $\displaystyle\int \frac{dx}{x^{10}+x}$

3. $\displaystyle\int \sqrt{\frac{1-x}{1+x}}\,dx$

4. $\displaystyle\int \sin\sqrt{x+3}\,dx$

5. $\displaystyle\int \sin^4 3x \cos^2 3x\,dx$

6. $\displaystyle\int \sin^3 2x \cos^4 2x\,dx$

7. $\displaystyle\int \tan^3 x \sqrt{\sec x}\,dx$

8. $\displaystyle\int \frac{\cot^3 x}{\csc x}\,dx$

9. $\displaystyle\int \frac{x+2}{\sqrt{4x-x^2}}\,dx$

10. $\displaystyle\int \frac{\sec^2\theta}{\tan^3\theta-\tan^2\theta}\,d\theta$

11. $\displaystyle\int_1^\infty \frac{\ln x}{x^2}\,dx$

12. $\displaystyle\int_2^\infty \frac{x+3}{(x-1)(x^2+1)}\,dx$

13. $\displaystyle\int_0^\infty \frac{dx}{\sqrt{x}\,(1+x)}$

14. $\displaystyle\int_0^1 \sqrt{\frac{1+x}{1-x}}\,dx$

15. 伽瑪 (gamma) 函數定義為

$$\Gamma(x)=\int_0^\infty t^{x-1}e^{-t}\,dt,\ x>0$$

試證：(1) $\Gamma(x+1)=x\Gamma(x)$　　(2) $\Gamma(n+1)=n!,\ n\in\mathbb{N}$

16. (1) 已知 $\displaystyle\int_0^\infty e^{-x^2}\,dx=\frac{\sqrt{\pi}}{2}$, 求 $\Gamma\left(\dfrac{1}{2}\right)$.

(2) 求 $\displaystyle\int_0^\infty \sqrt{y}\,e^{-y^3}\,dy$.

積分的應用

6.1 平面區域的面積

到目前為止，我們已定義並計算位於函數圖形與 x-軸之間的區域面積. 在本節裡，我們將利用定積分來討論求面積的各種方法.

一、曲線與 x-軸所圍區域的面積

若函數 $y=f(x)$ 在 $[a, b]$ 為連續且對每一 $x \in [a, b]$ 恆有 $f(x) \geq 0$，則由曲線 $y=f(x)$、x-軸與直線 $x=a$ 及 $x=b$ 所圍平面區域 R 的面積為

$$A = \int_a^b f(x)\, dx \tag{6.1}$$

如圖 6.1 所示.

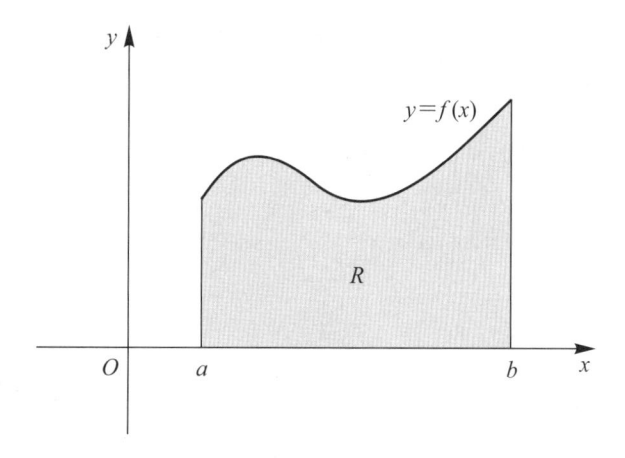

圖 **6.1**

假設對每一 $x \in [a, b]$ 恆有 $f(x) \leq 0$，則由曲線 $y=f(x)$、x-軸與直線 $x=a$ 及 $x=b$ 所圍平面區域的面積為

$$A = -\int_a^b f(x)\, dx \tag{6.2}$$

但有時，若 $f(x)$ 在 $[a, b]$ 內一部分為正值，一部分為負值，即，曲線一部分在 x-軸的上方，一部分在 x-軸的下方。如圖 6.2 所示，則面積為

$$A = \int_a^b |f(x)|\, dx = -\int_a^c f(x)\, dx + \int_c^b f(x)\, dx \tag{6.3}$$

其中 $-\int_a^c f(x)\, dx$ 表區域 R_1 的面積，$\int_c^b f(x)\, dx$ 表區域 R_2 的面積。

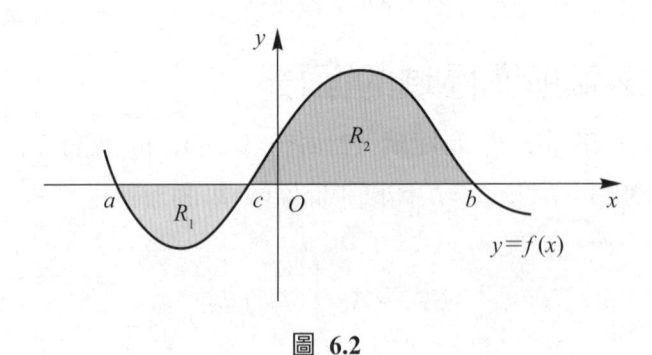

圖 6.2

▶▶ **例題 1**：求曲線 $\sqrt{x} + \sqrt{y} = \sqrt{a}$ $(a > 0)$ 與兩坐標軸所圍區域的面積。

[提示：利用 (6.1) 式。]

解：區域如圖 6.3 所示。對 $\sqrt{x} + \sqrt{y} = \sqrt{a}$ 解 y，可得

$$y = (\sqrt{a} - \sqrt{x})^2 = a - 2\sqrt{ax} + x$$

所求面積為

$$A = \int_0^a (a - 2\sqrt{ax} + x)\, dx$$

$$= \left[ax - \frac{4\sqrt{a}}{3} x^{3/2} + \frac{x^2}{2} \right]_0^a$$

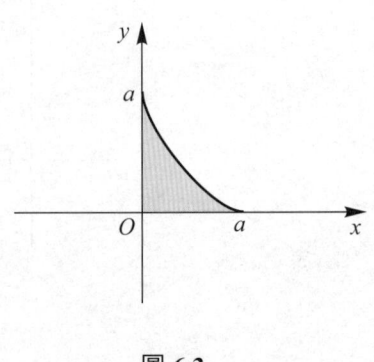

圖 6.3

$$= a^2 - \frac{4a^2}{3} + \frac{a^2}{2}$$

$$= \frac{a^2}{6}.$$

二、曲線與 y-軸所圍區域的面積

若函數 $x=f(y)$ 在 $[c, d]$ 為連續且對每一 $y \in [c, d]$ 恆有 $f(y) \geq 0$，則由曲線 $x=f(y)$、y-軸與直線 $y=c$ 及 $y=d$ 所圍平面區域 R (見圖 6.4) 的面積為

$$A = \int_c^d f(y)\, dy. \tag{6.4}$$

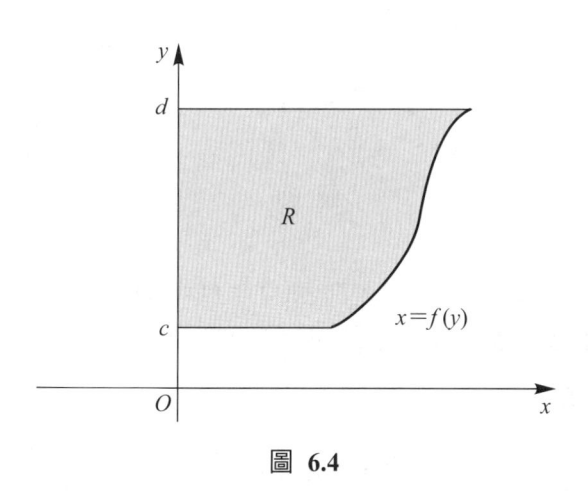

圖 6.4

▶▶ **例題 2**：求由曲線 $y^2 = x-1$、y-軸與兩直線 $y=-2$、$y=2$ 所圍區域的面積．

[提示：利用 (6.4) 式.]

解：區域如圖 6.5 所示，所求的面積可以表示為函數 $x=f(y)=y^2+1$ 的定積分，故面積為

$$A = \int_{-2}^{2} (y^2+1)\, dy$$

$$= \left[\frac{y^3}{3} + y \right]_{-2}^{2}$$

$$= \frac{8}{3} + 2 - \left(-\frac{8}{3} - 2 \right) = \frac{28}{3}.$$

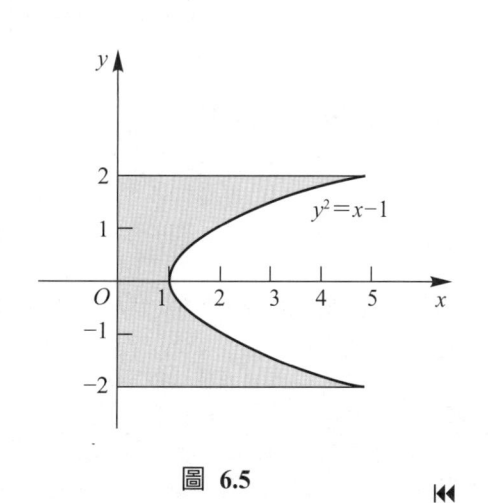

圖 6.5

三、兩曲線間所圍區域的面積

設一平面區域 R 是由兩連續曲線 $y=f(x)$、$y=g(x)$ 與兩直線 $x=a$、$x=b$ $(a<b)$ 所圍且對任一 $x\in[a, b]$ 皆有 $f(x)\geq g(x)$ 如 (圖 6.6)，則 R 的面積為

$$A=\int_a^b [f(x)-g(x)]\,dx \tag{6.5}$$

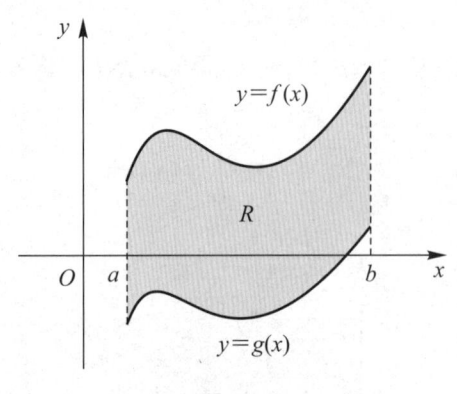

圖 6.6

如果 $f(x)\geq g(x)$ 對某些 x 成立，而 $g(x)\geq f(x)$ 對某些 x 成立，則所予區域 R 被分割成許多子區域 $R_1, R_2, \cdots, R_n$，面積分別為 $A_1, A_2, \cdots, A_n$，於是，區域 R 的面積 A 為子區域 $R_1, R_2, \cdots, R_n$ 的面積和：

$$A=A_1+A_2+\cdots+A_n$$

因

$$|f(x)-g(x)|=\begin{cases} f(x)-g(x), & \text{當 } f(x)\geq g(x) \\ g(x)-f(x), & \text{當 } g(x)\geq f(x) \end{cases}$$

所以，區域 R 的面積為

$$A=\int_a^b |f(x)-g(x)|\,dx \tag{6.6}$$

可是，當我們計算 (6.6) 式中的積分時，仍然需要將它分成對應 $A_1, A_2, \cdots, A_n$ 的積分．

第 6 章　積分的應用　　317

▶▶ **例題 3**：求兩拋物線 $y=x^2$ 與 $y=2x-x^2$ 所圍區域的面積．

[提示：利用 (6.5) 式．]

解：此兩拋物線的交點為 $(0, 0)$ 與 $(1, 1)$，而區域如圖 6.7 所示．所求面積為

$$A = \int_0^1 [(2x-x^2)-x^2]\, dx$$

$$= \int_0^1 (2x-2x^2)\, dx$$

$$= \left[x^2 - \frac{2}{3}x^3\right]_0^1 = 1 - \frac{2}{3} = \frac{1}{3}.$$

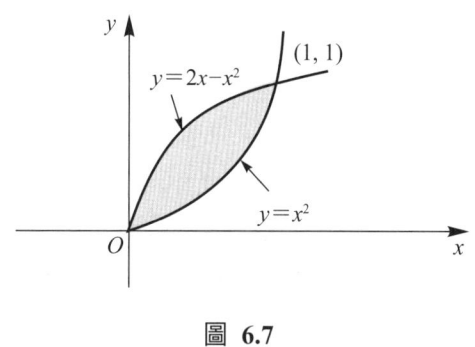

圖 6.7

▶▶ **例題 4**：求由兩曲線 $y=\sin x$、$y=\cos x$ 與兩直線 $x=0$、$x=\dfrac{\pi}{2}$ 所圍區域的面積．

[提示：利用 (6.4) 式．]

解：此兩曲線的交點為 $\left(\dfrac{\pi}{4}, \dfrac{\sqrt{2}}{2}\right)$，區域如圖 6.8 所示．當 $0 \leq x \leq \dfrac{\pi}{4}$ 時，$\cos x \geq \sin x$；當 $\dfrac{\pi}{4} \leq x \leq \dfrac{\pi}{2}$ 時，$\sin x \geq \cos x$．因此，所求面積為

$$A = \int_0^{\pi/2} |\cos x - \sin x|\, dx$$

$$= \int_0^{\pi/4} (\cos x - \sin x)\, dx + \int_{\pi/4}^{\pi/2} (\sin x - \cos x)\, dx$$

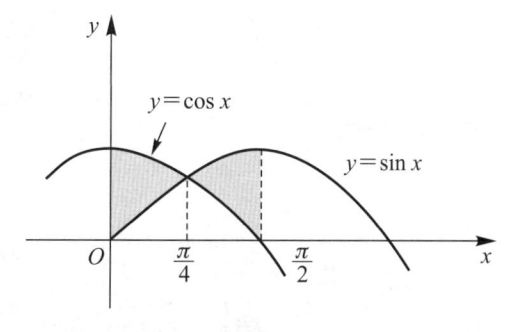

圖 6.8

$$= \Big[\sin x + \cos x\Big]_0^{\pi/4} + \Big[-\cos x - \sin x\Big]_{\pi/4}^{\pi/2}$$

$$= \left(\frac{\sqrt{2}}{2} + \frac{\sqrt{2}}{2} - 1\right) + \left(-1 + \frac{\sqrt{2}}{2} + \frac{\sqrt{2}}{2}\right) = 2(\sqrt{2} - 1).$$

▶▶ **例題 5**：求半徑為 r 之圓區域的面積. [提示：利用三角代換.]

解：圓區域如圖 6.9 所示. 所求面積為

$$A = 4\int_0^r \sqrt{r^2 - x^2}\, dx$$

令 $x = r\sin\theta$, $0 \le \theta \le \dfrac{\pi}{2}$, 則 $dx = r\cos\theta\, d\theta$,

故 $A = 4\displaystyle\int_0^{\pi/2} \sqrt{r^2 - r^2\sin^2\theta}\; r\cos\theta\, d\theta$

$$= 4\int_0^{\pi/2} r^2\cos^2\theta\, d\theta = 4r^2 \int_0^{\pi/2} \frac{1+\cos 2\theta}{2}\, d\theta$$

$$= 2r^2 \int_0^{\pi/2} (1+\cos 2\theta)\, d\theta = 2r^2 \left[\theta + \frac{1}{2}\sin 2\theta\right]_0^{\pi/2} = \pi r^2.$$

圖 6.9

▶▶ **例題 6**：求橢圓 $\dfrac{x^2}{a^2} + \dfrac{y^2}{b^2} = 1$ $(a > 0,\ b > 0)$ 所圍區域的面積.

[提示：利用(6.1) 式.]

解：橢圓區域如圖 6.10 所示.

對 $\dfrac{x^2}{a^2} + \dfrac{y^2}{b^2} = 1$ 解 y, 可得

$$y = \pm\frac{b}{a}\sqrt{a^2 - x^2}$$

因橢圓對稱於 x-軸, 故所求面積為

$$A = 2\int_{-a}^{a} \frac{b}{a}\sqrt{a^2 - x^2}\, dx$$

圖 6.10

$$= \frac{2b}{a}\int_{-a}^{a} \sqrt{a^2 - x^2}\, dx \qquad \left(\int_{-a}^{a} \sqrt{a^2 - x^2}\, dx = \begin{array}{l}\text{圓心在原點且半徑為 } a \\ \text{的上半圓區域的面積}\end{array}\right)$$

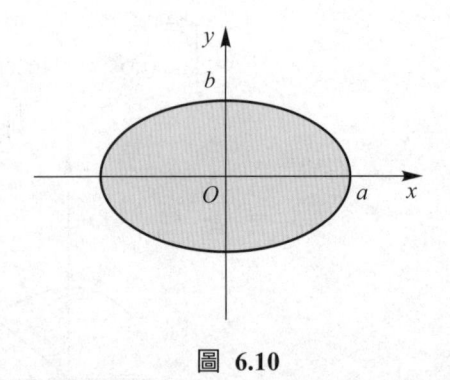

$$= \frac{2b}{a} \cdot \frac{\pi a^2}{2} = \pi ab.$$

▶▶ **例題 7**：求拋物線 $y^2 = 9-x$ 與直線 $y = x-3$ 所圍區域的面積. [提示：分段積分.]

解：求 $y^2 = 9-x$ 與 $y = x-3$ 的解, 可得 $x = 0$ 或 5, 於是, 交點為 $(0, -3)$ 與 $(5, 2)$, 區域如圖 6.11 所示. 所求的面積為

$$A = \int_0^5 [(x-3)-(-\sqrt{9-x})]\, dx + \int_5^9 [\sqrt{9-x}-(-\sqrt{9-x})]\, dx$$

$$= \left[\frac{x^2}{2} - 3x - \frac{2}{3}(9-x)^{3/2}\right]_0^5 - \left[\frac{4}{3}(9-x)^{3/2}\right]_5^9 = \frac{125}{6}.$$

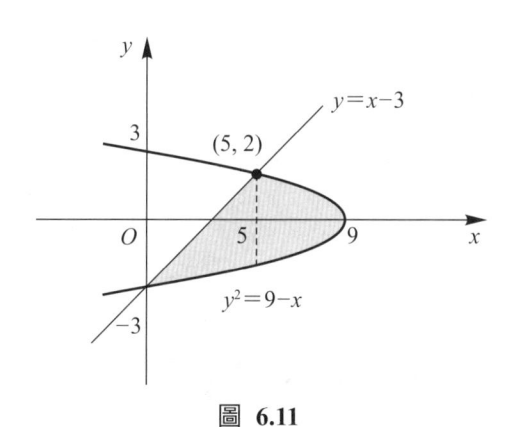

圖 6.11

求解例題 7 有一個比較簡易的方法. 我們不用視 y 為 x 的函數, 而是視 x 為 y 的函數. 一般, 若一區域 R 是由兩曲線 $x = f(y)$、$x = g(y)$ 與兩直線 $y = c$、$y = d$ 所圍, 此處 f 與 g 在 $[c, d]$ 皆為連續且 $f(y) \geq g(y)$ 對 $c \leq y \leq d$ 皆成立 (圖 6.12)，則其面積為

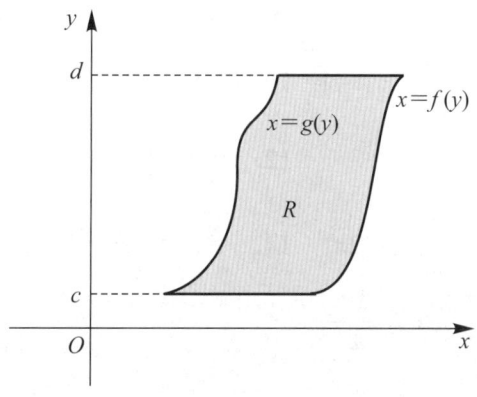

圖 6.12

$$A = \int_c^d [f(y) - g(y)]\, dy. \tag{6.7}$$

▶▶ **例題 8**：求例題 7 的面積. [提示：利用 (6.7) 式.]

解：區域的左邊界為 $x = y+3$ 而右邊界為 $x = 9-y^2$, 如圖 6.13 所示. 由 (6.7) 式可得

$$A = \int_{-3}^{2} [9 - y^2 - (y+3)]\, dy$$

$$= \int_{-3}^{2} (-y^2 - y + 6)\, dy$$

$$= \left[-\frac{y^3}{3} - \frac{y^2}{2} + 6y \right]_{-3}^{2}$$

$$= \frac{125}{6}.$$

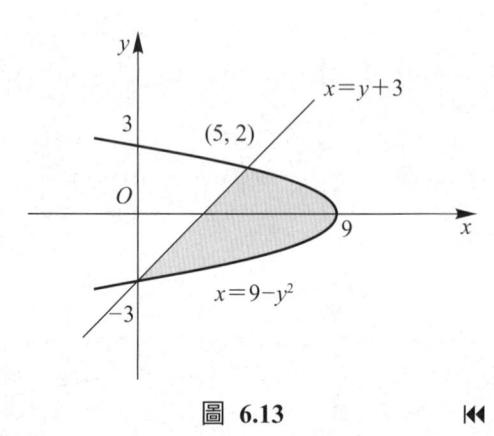

圖 6.13

習題 ▶ 6.1

在 1～15 題繪出所予方程式的圖形所圍的區域, 並求其面積.

1. $y = \sqrt{x}$, $y = -x$, $x = 1$, $x = 4$
2. $x = y^2$, $x - y = -2$, $y = -2$, $y = 3$
3. $y = 4 - x^2$, $y = -4$
4. $y = x^3$, $y = x^2$
5. $y = x^2$, $y = x^3 + 2x^2 - 2x$
6. $x + y = 3$, $x^2 + y = 3$
7. $x = y^2$, $x - y - 2 = 0$
8. $x - y + 1 = 0$, $7x - y - 17 = 0$, $2x + y + 2 = 0$
9. $x = y^{2/3}$, $x = y^2$
10. $y = \sqrt{x}$, $y = -x + 6$, $y = 1$
11. $y = x$, $y = 4x$, $y = -x + 2$
12. $y = 2 + |x-1|$, $y = -\frac{1}{5}x + 7$
13. $y = \sin x$, $y = \cos x$, $x = 0$, $x = 2\pi$
14. $y = e^{-x}$, $xy = 1$, $x = 1$, $x = 2$
15. $x = \sin y$, $x = 0$, $y = \frac{\pi}{4}$, $y = \frac{3\pi}{4}$

16. 求由曲線 $y=e^{-x}$ 與通過兩點 $(0, 1)$、$\left(1, \dfrac{1}{e}\right)$ 的直線所圍區域的面積.

17. 求一垂直線 $x=k$ 使得由曲線 $x=\sqrt{y}$ 與兩直線 $x=2$、$y=0$ 所圍區域分成兩等分.

18. 求一水平線 $y=k$ 使得在 $y=x^2$ 與 $y=9$ 之間的區域分成兩等分.

6.2 體　積

在本節中，我們將利用定積分求三維空間中立體的體積.

我們定義**柱體** (cylinder) (或稱**正柱體**) 為沿著與平面區域垂直的直線或軸移動該區域所生成的立體. 在柱體中，與其軸垂直的所有截面的大小與形狀皆相同. 若一柱體是由將面積 A 的平面區域移動距離 h 而生成的 (圖 6.14)，則柱體的體積 V 為 $V=Ah$.

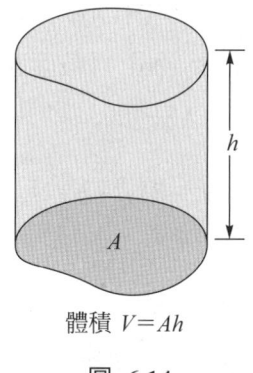

體積 $V=Ah$

圖 6.14

一、切薄片法

不是柱體也不是由有限個柱體所組成的立體體積可由所謂**切薄片法** (slicing method) 求得. 我們假設立體 S 沿著 x-軸延伸，而左界與右界分別為在 $x=a$ 與 $x=b$ 處垂直於 x-軸的平面，如圖 6.15 所示. 因 S 並非假定為一柱體，故與 x-軸垂直的截面會改變，我們以 $A(x)$ 表示在 x 處的截面面積.

圖 6.15

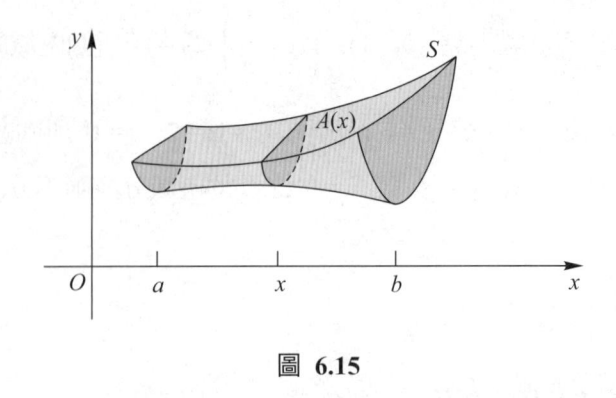

我們以 $a=x_0 < x_1 < x_2 < \cdots < x_n = b$ 將 $[a, b]$ 分割成寬為 $\Delta x_1, \Delta x_2, \cdots, \Delta x_n$ 的 n 個子區間，並通過每一分點作出垂直於 x-軸的平面，如圖 6.16 所示，這些平面將立體 S 截成 n 個薄片 $S_1, S_2, \cdots, S_n$，我們現在考慮典型的薄片 S_i。一般，此薄片可能不是柱體，因它的截面會改變。然而，若薄片很薄，則截面不會改變很多．所以若我們在第 i 個子區間 $[x_{i-1}, x_i]$ 中任取一點 x_i^*，則薄片 S_i 的每一截面大約與在 x_i^* 處的截面相同，而我們以厚為 Δx_i 且截面面積為 $A(x_i^*)$ 的柱體近似薄片 S_i。於是，薄片 S_i 的體積 V_i 約為 $A(x_i^*)\Delta x_i$，即，

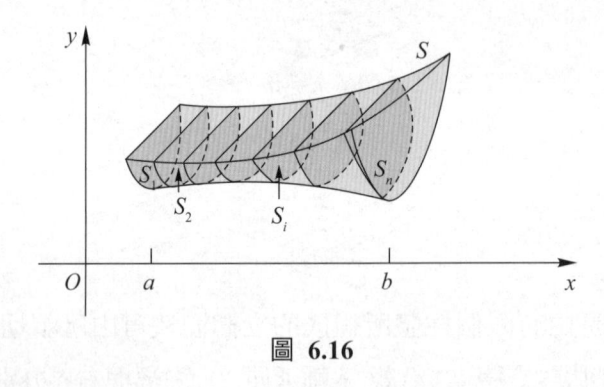

$$V_i \approx A(x_i^*)\Delta x_i$$

圖 6.16

而整個立體 S 的體積 V 約為 $\sum_{i=1}^{n} A(x_i^*)\Delta x_i$，即，

$$V \approx \sum_{i=1}^{n} A(x_i^*)\Delta x_i$$

當 $\max \Delta x_i \to 0$ 時，薄片會變得愈薄而近似值變得更佳，於是，

第 6 章 積分的應用　323

$$V = \lim_{\max \Delta x_i \to 0} \sum_{i=1}^{n} A(x_i^*) \Delta x_i$$

因上式右邊正好是定積分 $\int_a^b A(x)\,dx$，故我們有下面的定義.

定義 6.1

若一有界立體夾在兩平面 $x=a$ 與 $x=b$ 之間，且在 $[a, b]$ 中的每一 x 處垂直於 x-軸之截面的面積為 $A(x)$，則該立體的**體積** (volume) 為

$$V = \int_a^b A(x)\,dx$$

倘若 $A(x)$ 為可積分.

對垂直於 y-軸的截面有一個類似的結果。

定義 6.2

若一有界立體夾在兩平面 $y=c$ 與 $y=d$ 之間，且在 $[c, d]$ 中的每一 y 處垂直於 y-軸之截面的面積為 $A(y)$，則該立體的體積為

$$V = \int_c^d A(y)\,dy$$

倘若 $A(y)$ 為可積分.

▶▶ **例題 1**：求高為 h 且底是邊長為 a 之正方形的**正角錐** (pyramid) 的體積.

[提示：利用定義 6.1.]

解：如圖 6.17(i) 所示，我們將原點 O 置於角錐的頂點且 x-軸沿著它的中心軸. 在 x 處垂直於 x-軸的平面截交角錐所得截面為一正方形區域，而令 s 表示此正方形一邊的長，則由相似三角形 [圖 6.17(ii)] 可知

$$\frac{s}{a} = \frac{x}{h} \quad \text{或} \quad s = \frac{a}{h} x$$

於是，在 x 處之截面的面積為

$$A(x) = s^2 = \frac{a^2}{h^2} x^2$$

故角錐的體積為

$$V = \int_0^h A(x)\, dx = \int_0^h \frac{a^2}{h^2} x^2\, dx = \left[\frac{a^2}{3h^2} x^3\right]_0^h = \frac{1}{3} a^2 h.$$

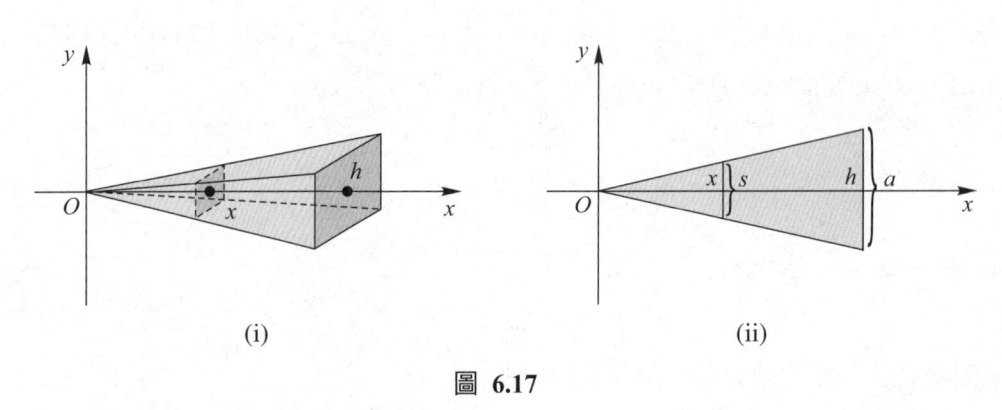

圖 6.17

▶▶ **例題 2**：試證：半徑為 r 之球的體積為 $V = \dfrac{4}{3}\pi r^3$. [提示：利用定義 6.1.]

解：若我們將球心置於原點，如圖 6.18 所示，則在 x 處垂直於 x-軸的平面截交該球所得截面為一圓區域，其半徑為 $y = \sqrt{r^2 - x^2}$，故截面的面積為

$$A(x) = \pi y^2 = \pi(r^2 - x^2)$$

所以，球的體積為

$$\begin{aligned}
V &= \int_{-r}^{r} A(x)\, dx \\
&= \int_{-r}^{r} \pi(r^2 - x^2)\, dx \\
&= 2\pi \int_0^r (r^2 - x^2)\, dx \\
&= 2\pi \left[r^2 x - \frac{x^3}{3}\right]_0^r = \frac{4}{3}\pi r^3.
\end{aligned}$$

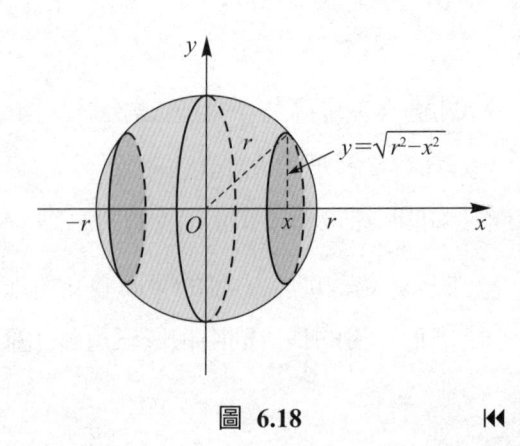

圖 6.18

▶▶ **例題 3**：求兩圓柱體 $x^2+y^2 \leq r^2$ 與 $x^2+z^2 \leq r^2$ 所共有的體積 $(r>0)$.

[提示：垂直於 x-軸的截面是正方形區域.]

解：圖 6.19 所示為第一卦限中共有的部分，其體積為所要求體積的 $\frac{1}{8}$. 通過點 $M(x, 0, 0)$ 作垂直於 x-軸的截面，可得一正方形區域，其邊長為 $\sqrt{r^2-x^2}$, 故截面的面積為

$$A(x)=r^2-x^2$$

因此，所求的體積為

$$\begin{aligned} V &= 8\int_0^r A(x)\,dx \\ &= 8\int_0^r (r^2-x^2)\,dx \\ &= 8\left[r^2x-\frac{x^3}{3}\right]_0^r \\ &= \frac{16}{3}r^3. \end{aligned}$$

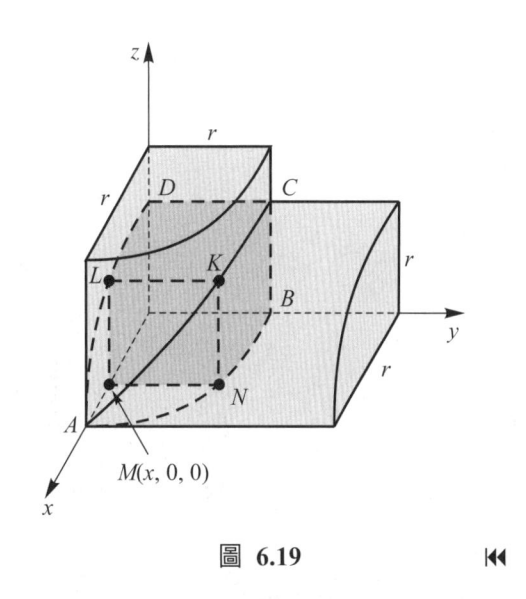

圖 6.19

平面上一區域繞此平面上一直線 (區域位於直線的一側) 旋轉一圈所產生的立體稱為**旋轉體** (solid of revolution)，而此立體稱為由該區域所產生，該直線稱為**旋轉軸** (axis of revolution). 若 f 在 $[a, b]$ 為非負值且連續的函數，則由 f 的圖形、x-軸、兩直線 $x=a$ 與 $x=b$ 所圍區域 (圖 6.20(i)) 繞 x-軸旋轉所產生的立體如圖 6.20(ii) 所示. 例如，若 f 為常數函數，則區域為矩形，而所產生的立體為一正圓柱體. 若 f 的圖形是直徑兩端點在點 $(a, 0)$ 與點 $(b, 0)$ 的半圓，其中 $b>a$，則旋轉體為直徑 $b-a$ 的球. 若已知區域為一直角三角形，其底在 x-軸上，兩頂點在點 $(a, 0)$ 與 $(b, 0)$，且直角位在此兩點中的一點，則產生正圓錐.

二、圓盤法

令函數 f 在 $[a, b]$ 為連續，則由曲線 $y=f(x)$、x-軸與兩直線 $x=a$、$x=b$ 所圍區域繞 x-軸旋轉時，生成具有圓截面的立體. 因在 x 處之截面的半徑為 $f(x)$，故截

面的面積為 $A(x)=\pi[f(x)]^2$. 所以, 由定義 6.1 可知旋轉體的體積為

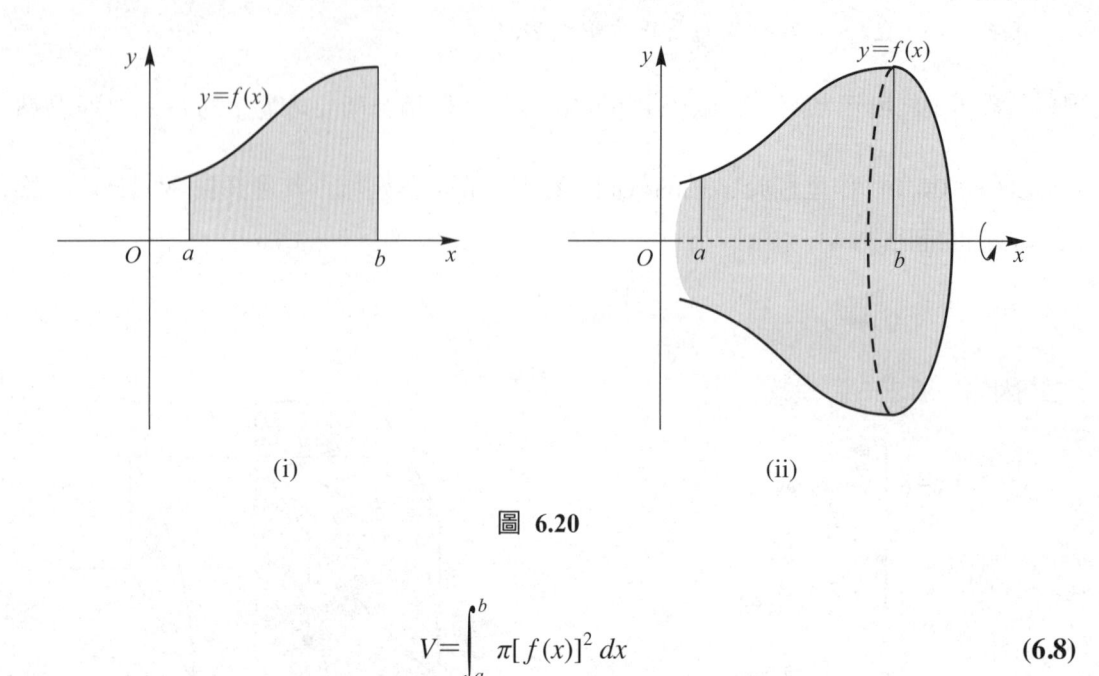

圖 6.20

$$V=\int_a^b \pi[f(x)]^2\, dx \tag{6.8}$$

因截面為圓盤形, 故此公式的應用稱為**圓盤法** (disk method).

▶▶ **例題 4**: 求在曲線 $y=\sqrt{x}$ 下方且在區間 [1, 4] 上方的區域繞 x-軸旋轉所產生旋轉體的體積. [提示: 利用 (6.8) 式.]

解: 體積為

$$V=\int_1^4 \pi(\sqrt{x})^2\, dx = \int_1^4 \pi x\, dx = \left[\frac{\pi x^2}{2}\right]_1^4$$

$$=8\pi - \frac{\pi}{2} = \frac{15\pi}{2}.$$

(6.8) 式中的函數 f 不必為非負, 若 f 對某一 x 的值為負, 如圖 6.21(i) 所示, 且由 f 的圖形、x-軸與兩直線 $x=a$、$x=b$ 所圍區域繞 x-軸旋轉, 則得圖 6.21(ii) 所示的立體. 此立體與在 $y=|f(x)|$ 的圖形下方由 a 到 b 所圍區域繞 x-軸旋轉所產生的立體相同. 因 $|f(x)|^2=[f(x)]^2$, 故其體積與 (6.8) 式相同.

第 6 章 積分的應用

(i)　　　　　　　　(ii)

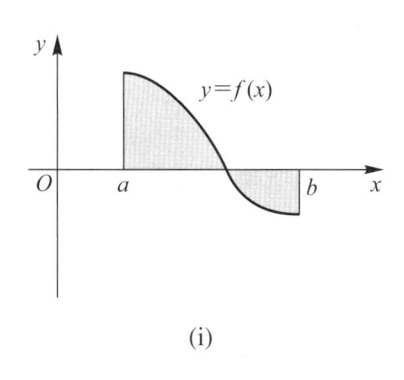

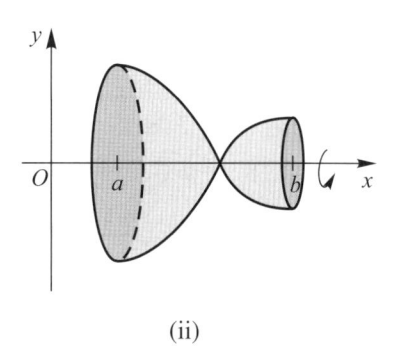

圖 6.21

▶▶ **例題 5**：求由 $y=x^3$、x-軸、$x=-1$ 與 $x=2$ 等圖形所圍區域繞 x-軸旋轉所產生旋轉體的體積. [提示：利用 (6.8) 式.]

解：所求的體積為

$$V=\int_{-1}^{2}\pi(x^3)^2\,dx=\pi\int_{-1}^{2}x^6\,dx=\frac{\pi}{7}\left[x^7\right]_{-1}^{2}$$

$$=\frac{\pi}{7}(128+1)=\frac{129\pi}{7}.$$

(6.8) 式僅適用於旋轉軸是 x-軸的情形. 但如圖 6.22 所示, 若由 $x=g(y)$ 的圖形、y-軸與兩直線 $y=c$、$y=d$ 所圍區域繞 y-軸旋轉, 則由定義 6.2 可得旋轉體的體積為

(i)　　　　　　　　(ii)

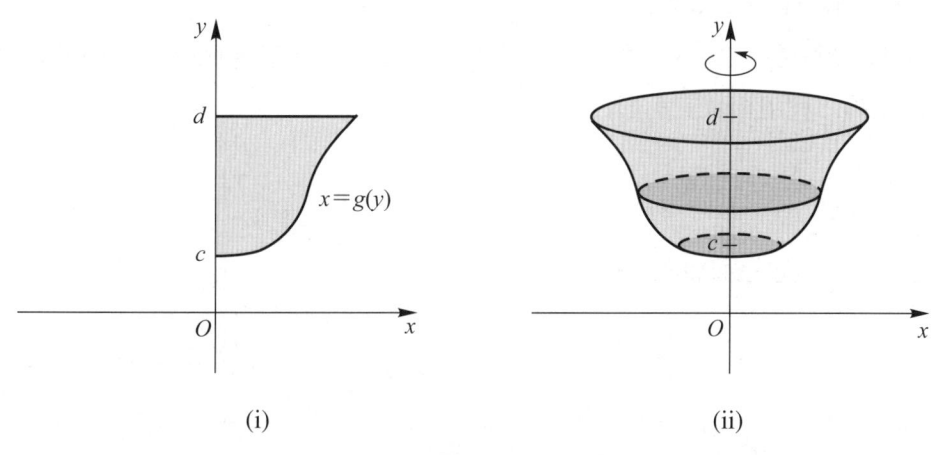

圖 6.22

$$V=\int_c^d \pi\,[g(y)]^2\,dy. \tag{6.9}$$

▶▶ **例題 6**：求由 $y=\sqrt{x}$、$y=2$ 與 $x=0$ 等圖形所圍區域繞 y-軸旋轉所產生旋轉體的體積. [提示：利用 (6.9) 式.]

解：圖形如圖 6.23 所示.

(i)　　　　　(ii)

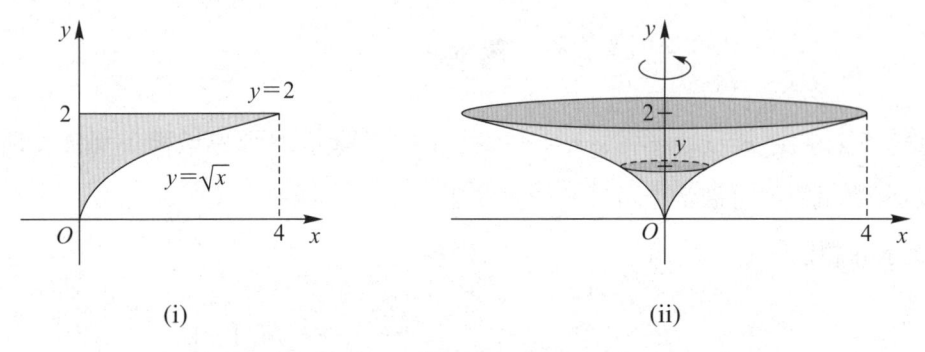

圖 6.23

我們首先必須改寫 $y=\sqrt{x}$ 為 $x=y^2$. 令 $g(y)=y^2$，則所求體積為

$$V=\int_0^2 \pi(y^2)^2\,dy = \pi\int_0^2 y^4\,dy = \frac{\pi}{5}\left[y^5\right]_0^2 = \frac{32\pi}{5}.$$

▶▶ **例題 7**：導出底半徑為 r 且高為 h 的正圓錐體的體積公式.

[提示：利用 (6.9) 式.]

解：我們以 $(0,0)$、$(0,h)$ 與 (r,h) 為三頂點的三角形區域繞 y-軸旋轉可得該正圓錐體. 利用相似三角形，

$$\frac{x}{r}=\frac{y}{h} \text{ 或 } x=\frac{r}{h}y$$

於是，在 y 處之截面的面積為

$$A(y)=\pi x^2 = \frac{\pi r^2}{h^2}y^2$$

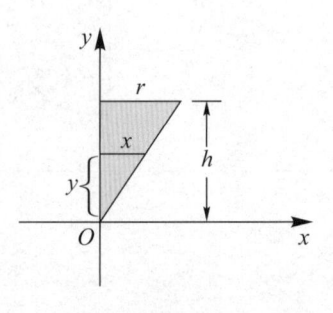

故體積為 $V=\dfrac{\pi r^2}{h^2}\displaystyle\int_0^h y^2\,dy = \dfrac{1}{3}\pi r^2 h.$

圖 6.24

我們現在考慮更一般的旋轉體. 假設 f 與 g 在 $[a, b]$ 皆為非負值且連續的函數使得對 $a \leq x \leq b$ 恆有 $g(x) \leq f(x)$, 並令 R 為這些函數的圖形、兩直線 $x=a$ 與 $x=b$ 所圍的區域 (圖 6.25(i)). 當此區域繞 x-軸旋轉時, 生成具有環形或墊圈形截面的立體 (圖 6.25(ii)), 因在 x 處的截面之內半徑為 $g(x)$ 而外半徑為 $f(x)$, 故其面積為

$$A(x) = \pi[f(x)]^2 - \pi[g(x)]^2 = \pi\{[f(x)]^2 - [g(x)]^2\}$$

所以, 由定義 6.1 可得立體的體積為

$$V = \int_a^b \pi\{[f(x)]^2 - [g(x)]^2\}\, dx \qquad (6.10)$$

此公式的應用稱為**墊圈法** (washer method).

(i)   (ii)

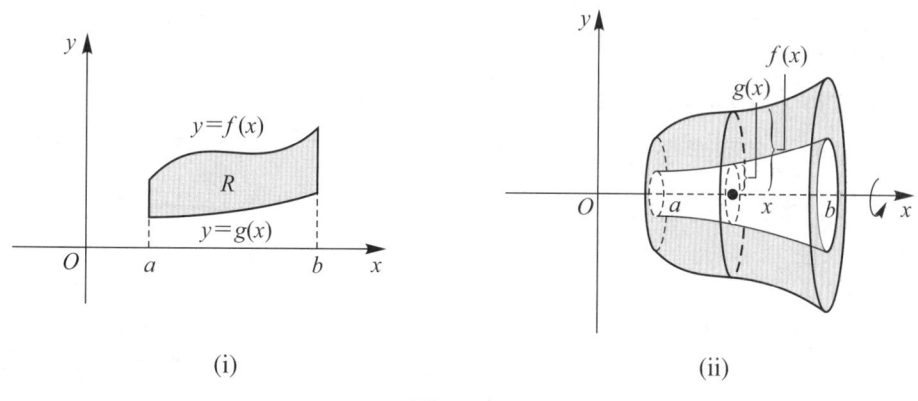

圖 6.25

▶ **例題 8**：求由拋物線 $y = x^2$ 與直線 $y = x$ 所圍區域繞 x-軸旋轉所產生旋轉體的體積. [提示：利用 (6.10) 式.]

解：$y = x^2$ 與 $y = x$ 的交點為 $(0, 0)$ 與 $(1, 1)$. 因在 x 處的截面為環形, 其內半徑為 x^2 而外半徑為 x, 故截面的面積為

$$A(x) = \pi x^2 - \pi(x^2)^2 = \pi(x^2 - x^4)$$

利用 (6.10) 式可得體積為

$$V = \int_0^1 \pi(x^2 - x^4)\, dx = \pi\left[\frac{x^3}{3} - \frac{x^5}{5}\right]_0^1 = \pi\left(\frac{1}{3} - \frac{1}{5}\right) = \frac{2\pi}{15}.$$

圖 6.26

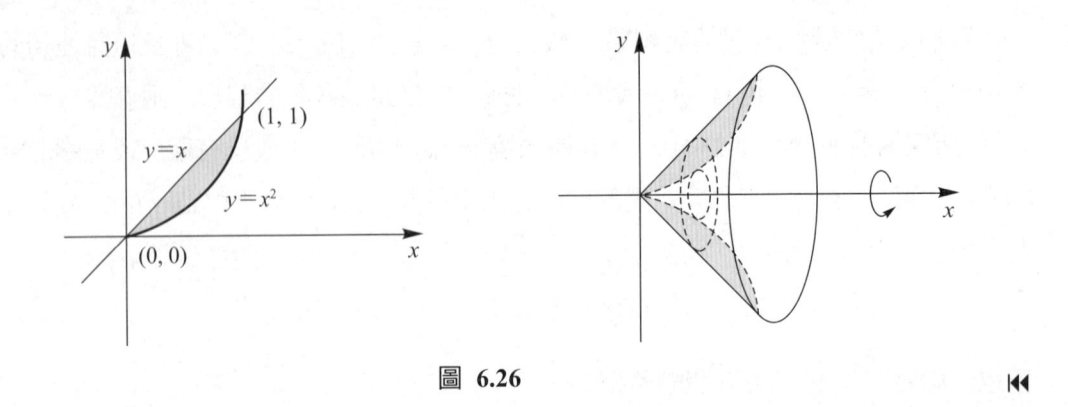

經由互換 x 與 y 的位置，同樣可以去求以區域繞 y-軸或平行 y-軸的直線旋轉所產生立體的體積，如下例所示.

▶▶ **例題 9**：求由拋物線 $y=x^2$ 與直線 $y=x$ 所圍區域繞 y-軸旋轉所產生旋轉體的體積. [提示：對 y 積分.]

解：圖 6.27 指出垂直於 y-軸的截面為圓環形，其內半徑為 y 而外半徑為 $\sqrt{y}$，故截面的面積為

$$A(y)=\pi(\sqrt{y})^2-\pi y^2=\pi(y-y^2)$$

所以，體積為

$$V=\int_0^1 \pi(y-y^2)\,dy=\left[\frac{y^2}{2}-\frac{y^3}{3}\right]_0^1$$

$$=\frac{\pi}{6}.$$

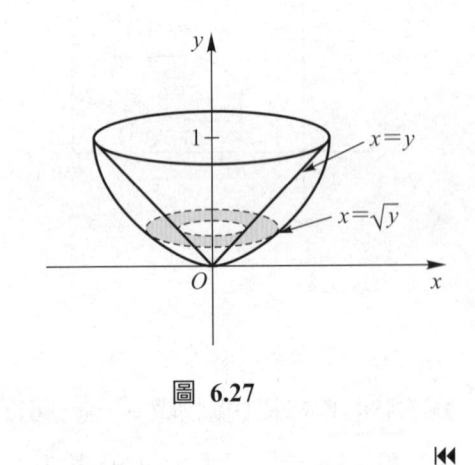

圖 6.27

三、圓柱殼法

求旋轉體體積的另一方法在某些情形下較前面所討論的方法簡單，稱為**圓柱殼法** (cylindrical shell method).

一圓柱殼是介於兩個同心正圓柱之間的立體 (圖 6.28). 內半徑為 r_1 且外半徑為 r_2，以及高為 h 的圓柱殼體積為

第 6 章 積分的應用

$$\begin{aligned}V &= \pi r_2^2 h - \pi r_1^2 h \\ &= \pi(r_2^2 - r_1^2)h \\ &= \pi(r_2+r_1)(r_2-r_1)h \\ &= 2\pi\left(\frac{r_2+r_1}{2}\right)h(r_2-r_1)\end{aligned}$$

若令 $\Delta r = r_2 - r_1$ (殼的厚度), $r = \frac{1}{2}(r_1+r_2)$ (殼的平均半徑), 則圓柱殼的體積變成

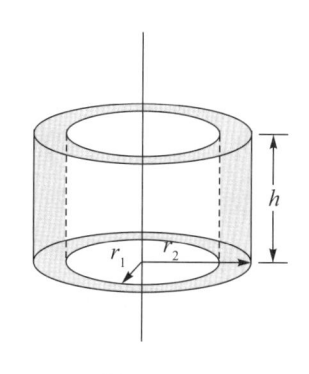

圖 **6.28**

$$V = 2\pi rh\,\Delta r$$

即, 殼的體積 $=2\pi$ (平均半徑)(高度)(厚度).

設 S 為由連續曲線 $y = f(x) \geq 0$ 與 $y=0$、$x=a$、$x=b$ 等圖形所圍區域 R (圖 6.29(i)) 繞 y-軸旋轉所產生的立體, 該立體的體積近似於圓柱殼體積的和. 一典型圓柱殼的平均半徑為 $x_i^* = \frac{1}{2}(x_{i-1}+x_i)$, 高度為 $f(x_i^*)$, 厚度為 Δx_i, 其體積為

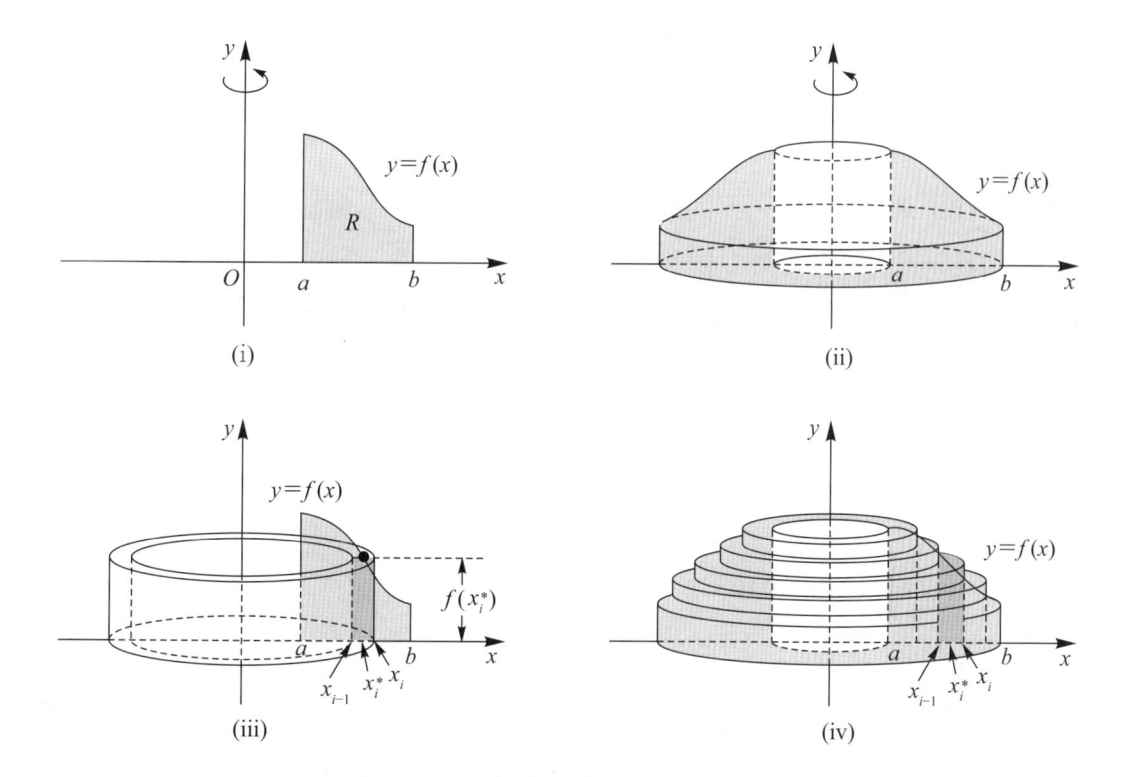

圖 **6.29**

$$\Delta V_i = 2\pi \,(\text{平均半徑}) \cdot (\text{高度}) \cdot (\text{厚度}) = 2\pi \, x_i^* \, f(x_i^*) \, \Delta x_i$$

所以，S 的體積 V 近似於 $\sum_{i=1}^{n} \Delta V_i$，即，

$$V \approx \sum_{i=1}^{n} \Delta V_i = \sum_{i=1}^{n} 2\pi \, x_i^* \, f(x_i^*) \, \Delta x_i$$

所得旋轉體的體積為

$$V = \lim_{\max \Delta x_i \to 0} \sum_{i=1}^{n} 2\pi \, x_i^* \, f(x_i^*) \, \Delta x_i = \int_a^b 2\pi x \, f(x) \, dx$$

依此，我們有下面的定義.

定義 6.3

令函數 $y=f(x)$ 在 $[a, b]$ 為連續，此處 $0 \le a < b$，則由 f 的圖形、x-軸與兩直線 $x=a$、$x=b$ 所圍區域繞 y-軸旋轉所產生旋轉體的體積為

$$V = \int_a^b 2\pi x \, f(x) \, dx.$$

▶ **例題 10**：求由 $y = 2x - x^2$ 的圖形與 x-軸所圍區域繞 y-軸旋轉所產生旋轉體的體積. [提示：利用定義 6.3.]

解：$y = 2x - x^2$ 的圖形與 x-軸的交點為 $(0, 0)$ 與 $(2, 0)$，如圖 6.30 所示. 於是，所求體積為

$$\begin{aligned}
V &= \int_0^2 2\pi x \,(2x - x^2) \, dx \\
&= 2\pi \int_0^2 (2x^2 - x^3) \, dx \\
&= 2\pi \left[\frac{2}{3} x^3 - \frac{1}{4} x^4 \right]_0^2 \\
&= \frac{8\pi}{3}.
\end{aligned}$$

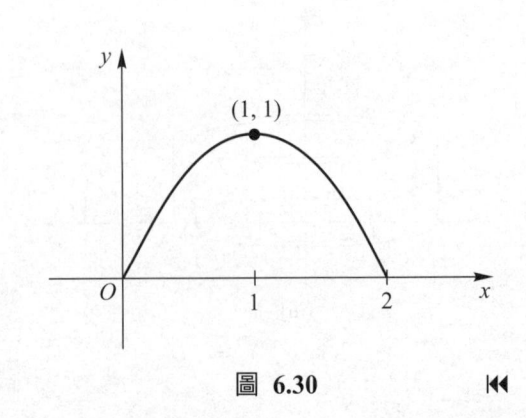

圖 6.30

一般，在兩曲線 $y=f(x)$ 與 $y=g(x)$ 之間由 a 到 b 的區域（此處 $f(x) \geq g(x)$ 且 $0 \leq a < b$）繞 y-軸旋轉所產生旋轉體的體積為

$$V = \int_a^b 2\pi x \, [f(x) - g(x)] \, dx. \tag{6.11}$$

▶ **例題 11**：求由 $y=x$ 與 $y=x^2$ 等圖形所圍區域繞 y-軸旋轉所產生旋轉體的體積．
[提示：利用 (6.11) 式．]

解：所求體積為

$$V = \int_0^1 2\pi x \, (x - x^2) \, dx = 2\pi \int_0^1 (x^2 - x^3) \, dx$$

$$= 2\pi \left[\frac{x^3}{3} - \frac{x^4}{4} \right]_0^1 = \frac{\pi}{6}.$$

定義 6.4

令函數 $x = g(y)$ 在 $[c, d]$ 為連續，此處 $0 \leq c < d$，則由 g 的圖形、y-軸與兩直線 $y=c$、$y=d$ 所圍區域繞 x-軸旋轉所產生旋轉體的體積為

$$V = \int_c^d 2\pi y \, g(y) \, dy.$$

▶ **例題 12**：利用圓柱殼法求橢圓 $\dfrac{x^2}{a^2} + \dfrac{y^2}{b^2} = 1$ $(a > 0, \ b > 0)$ 在第一象限內所圍區域繞 x-軸旋轉所產生旋轉體的體積．[提示：利用定義 6.4．]

解：如圖 6.31 所示，可得

$$x = g(y) = \frac{a}{b} \sqrt{b^2 - y^2}$$

故旋轉體的體積為

$$V = \int_0^b 2\pi y \, g(y) \, dy = 2\pi \int_0^b y \left(\frac{a}{b} \sqrt{b^2 - y^2} \right) dy$$

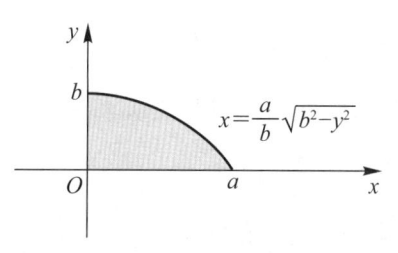

圖 **6.31**

$$= \frac{\pi a}{b} \int_b^0 (b^2-y^2)^{1/2}(-2y)\,dy$$

$$= \frac{\pi a}{b} \int_b^0 (b^2-y^2)^{1/2} d(b^2-y^2) = \frac{\pi a}{b} \left[\frac{2}{3}(b^2-y^2)^{3/2} \right]_b^0 = \frac{2\pi a b^2}{3}.$$

習題 ▶ 6.2

在 1～5 題求由所予方程式的圖形所圍區域繞 x-軸旋轉所產生旋轉體的體積.

1. $y=\sin x$, $y=0$, $x=0$, $x=\pi$ 　　**2.** $y=x^2+1$, $y=x+3$

3. $y=x^2$, $y=x^3$ 　　**4.** $y=\sin x$, $y=\cos x$, $x=0$, $x=\dfrac{\pi}{4}$

5. $y=\tan x$, $y=1$, $x=0$

在 6～9 題求由所予方程式的圖形所圍區域繞 y-軸旋轉所產生旋轉體的體積.

6. $x=\sqrt{9-y^2}$, $x=0$, $y=1$, $y=3$ 　　**7.** $y=x^2$, $x=y^2$

8. $y=\sin x$, $y=0$, $x=0$, $x=\pi$ 　　**9.** $x=\sqrt{\cos y}$, $x=0$, $y=0$, $y=\dfrac{\pi}{2}$

10. 半徑皆為 r 的兩個實心球的表面互相通過對方的球心, 求該兩個球相交部分的體積.

11. 求在 x-軸上方且在曲線 $\dfrac{x^2}{a^2}+\dfrac{y^2}{b^2}=1$ $(a>0, b>0)$ 下方的區域繞 x-軸旋轉所產生旋轉體的體積.

在 12～13 題利用圓柱殼法求由所予方程式的圖形所圍區域繞 x-軸旋轉所產生旋轉體的體積.

12. $y^2=x$, $y=1$, $x=0$ 　　**13.** $y=x^2$, $x=1$, $y=0$

在 14～15 題利用圓柱殼法求由所予方程式的圖形所圍區域繞 y-軸旋轉所產生旋轉體的體積.

14. $y=\sqrt{x}$, $x=4$, $x=9$, $y=0$ 　　**15.** $x=y^2$, $y=x^2$

16. 利用圓柱殼法求頂點為 $(0, 0)$、$(0, r)$ 與 $(h, 0)$ 的三角形區域繞 x-軸旋轉所產生圓錐體的體積, 此處 $r>0$ 且 $h>0$.

6.3 平面曲線的長度

欲解某些科學上的問題，考慮函數圖形的長度是絕對必要的．例如，一拋射體沿著一拋物線方向運動，我們希望決定它在某指定時間區間內所經過的距離．同理，求一條易彎曲的扭曲電線的長度，只需將它拉直而用直尺（或距離公式）求其長度；然而，求一條不易彎曲的扭曲電線的長度，必須利用其他方法．我們將看出，定義函數圖形之長度的關鍵是將函數圖形分成許多小段，然後，以直線段近似每一小段．其次，我們將所有如此直線段的長度的和取極限，可得一個定積分．欲保證積分存在，我們必須對函數加以限制．

若函數 f 的導函數 f' 在某區間為連續，則稱 $y=f(x)$ 的圖形在該區間為一**平滑曲線** (smooth curve) [或 f 為**平滑函數** (smooth function)]．在本節裡，我們將討論平滑曲線的長度．

若函數 f 在 $[a, b]$ 為平滑，則如圖 6.32 所示，我們考慮由 $a=x_0 < x_1 < x_2 < \cdots < x_n = b$ 將 $[a, b]$ 分割成 n 個子區間 $[x_{i-1}, x_i]$，$i=1, 2, \cdots, n$，並令點 P_i 的坐標為 $(x_i, f(x_i))$．若以線段連接這些點，則可得一條多邊形路徑，它可視為曲線 $y=f(x)$ 的近似．

在多邊形路徑的第 i 個線段的長 L_i 為

$$L_i = \sqrt{(\Delta x_i)^2 + [f(x_i) - f(x_{i-1})]^2}$$

利用均值定理，在 x_{i-1} 與 x_i 之間存在一點 x_i^* 使得

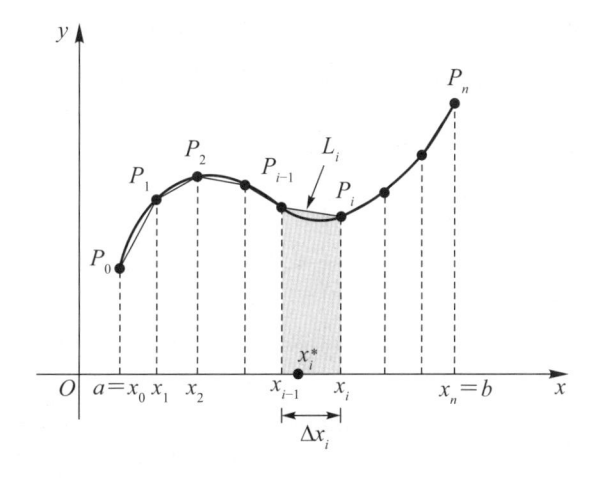

圖 6.32

$$f(x_i)-f(x_{i-1})=f'(x_i^*)\,\Delta x_i$$

於是,
$$L_i=\sqrt{1+[f'(x_i^*)]^2}\,\Delta x_i$$

這表示整個多邊形路徑的長為

$$\sum_{i=1}^{n}L_i=\sum_{i=1}^{n}\sqrt{1+[f'(x_i^*)]^2}\,\Delta x_i$$

當 $\max \Delta x_i \to 0$ 時, 多邊形路徑的長將趨近曲線 $y=f(x)$ 在 $[a, b]$ 上方的長度. 於是,

$$L=\lim_{\max \Delta x_i \to 0}\sum_{i=1}^{n}\sqrt{1+[f'(x_i^*)]^2}\,\Delta x_i$$

因上式的右邊正是定積分 $\int_a^b \sqrt{1+[f'(x)]^2}\,dx$, 故我們有下面的定義.

定義 6.5

若 f 在 $[a, b]$ 為平滑函數, 則曲線 $y=f(x)$ 由 $x=a$ 到 $x=b$ 的長度或弧長 (arc length) 為

$$L=\int_a^b \sqrt{1+[f'(x)]^2}\,dx=\int_a^b \sqrt{1+\left(\frac{dy}{dx}\right)^2}\,dx.$$

▶▶ **例題 1**:求半徑為 r 之圓的周長. [提示:利用定義 6.5.]

解:因圖形對稱於 x-軸與 y-軸 (如圖 6.33 所示), 故只需要求出在第一象限內的長度, 然後乘上 4 倍, 即為所要求的長度.

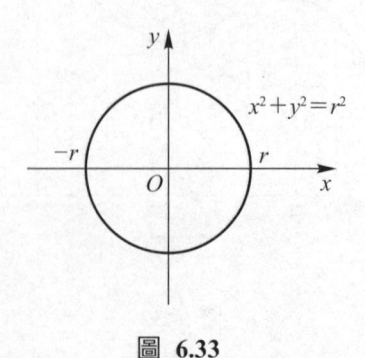

圖 6.33

$$L = 4\int_0^r \sqrt{1+\left(\frac{dy}{dx}\right)^2}\, dx = 4\int_0^r \frac{r}{\sqrt{r^2-x^2}}\, dx$$

$$= 4\lim_{t\to r^-} \int_0^t \frac{r}{\sqrt{r^2-x^2}}\, dx$$

令 $x = r\sin\theta,\ 0 \le \theta < \dfrac{\pi}{2}$，則 $dx = r\cos\theta\, d\theta$，

故
$$L = 4\lim_{t\to r^-} \int_0^{\sin^{-1}(\frac{t}{r})} \frac{r}{r\cos\theta}\, r\cos\theta\, d\theta$$

$$= 4r\lim_{t\to r^-} \int_0^{\sin^{-1}(\frac{t}{r})} d\theta = 4r\lim_{t\to r^-} \sin^{-1}\left(\frac{t}{r}\right)$$

$$= 4r\left(\frac{\pi}{2}\right) = 2\pi r.$$

▶ **例題 2**：求曲線 $y = \displaystyle\int_1^x \sqrt{t^3-1}\, dt\ (1 \le x \le 4)$ 的長度. [提示：利用定義 6.5.]

解：
$$y = \int_1^x \sqrt{t^3-1} \Rightarrow \frac{dy}{dx} = \sqrt{x^3-1}$$

$$\Rightarrow 1 + \left(\frac{dy}{dx}\right)^2 = 1 + (x^3-1) = x^3$$

所以，長度為
$$L = \int_1^4 \sqrt{1+\left(\frac{dy}{dx}\right)^2}\, dx = \int_1^4 x^{3/2}\, dx$$

$$= \left[\frac{2}{5}x^{5/2}\right]_1^4 = \frac{2}{5}(32-1) = \frac{62}{5}.$$

定義 6.6

令函數 g 定義為 $x = g(y)$，此處 g 在 $[c, d]$ 為平滑，則曲線 $x = g(y)$ 由 $y = c$ 到 $y = d$ 的長度為

$$L = \int_c^d \sqrt{1+[g'(y)]^2}\, dy = \int_c^d \sqrt{1+\left(\frac{dx}{dy}\right)^2}\, dy.$$

▶▶ **例題 3**：求曲線 $y=x^{2/3}$ 由 $x=0$ 到 $x=8$ 的長度. [提示：利用定義 6.6.]

解：對 $y=x^{2/3}$ 求解 x，可得 $x=y^{3/2}$，於是，$\dfrac{dx}{dy}=\dfrac{3}{2}y^{1/2}$.

當 $x=0$ 時，$y=0$；當 $x=8$ 時，$y=4$. 於是，所求的長度為

$$L=\int_0^4 \sqrt{1+\left(\dfrac{dx}{dy}\right)^2}\,dy=\int_0^4 \sqrt{1+\dfrac{9}{4}y}\,dy$$

$$=\left[\dfrac{8}{27}\left(1+\dfrac{9}{4}y\right)^{3/2}\right]_0^4=\dfrac{8}{27}(10\sqrt{10}-1).$$

習題 ▶ 6.3

在 1～3 題求所予方程式的圖形由 A 到 B 的長度.

1. $(y+1)^2=(x-4)^3$, $A(5, 0)$, $B(8, 7)$.

2. $y=5-\sqrt{x^3}$, $A(1, 4)$, $B(4, -3)$.

3. $x=\dfrac{y^4}{16}+\dfrac{1}{2y^2}$, $A\left(\dfrac{9}{8}, -2\right)$, $B\left(\dfrac{9}{16}, -1\right)$.

4. 求曲線 $y=3x^{3/2}-1$ 由 $x=0$ 到 $x=1$ 的長度.

5. 求曲線 $x=\dfrac{1}{3}(y^2+2)^{3/2}$ 由 $y=0$ 到 $y=1$ 的長度.

6. 求曲線 $(y-1)^3=x^2$ 在區間 $[0, 8]$ 中的長度.

7. 求曲線 $y=\ln(\cos x)$ 由 $x=0$ 到 $x=\dfrac{\pi}{4}$ 的長度.

8. 求曲線 $y=2\sqrt{x}$ 由 $x=0$ 到 $x=1$ 的長度.

9. 求曲線 $x^{\frac{2}{3}}+y^{\frac{2}{3}}=a^{\frac{2}{3}}$ $(a>0)$ 的長度.

10. 已知通過原點的曲線自原點至其上面任一點 (x, y) 之間的長度為 $L=e^x+y-1$，求該曲線的方程式.

11. 求曲線 $y=\displaystyle\int_{-\pi/2}^{x} \sqrt{\cos t}\,dt$ $\left(-\dfrac{\pi}{2}\leq x\leq \dfrac{\pi}{2}\right)$ 的長度.

6.4 旋轉曲面的面積

在同一平面上，若一平面曲線 C 繞一直線旋轉，則會產生一**旋轉曲面** (surface of revolution). 例如，若一圓繞其直徑旋轉，則可獲得一個球面. 假設 C 是相當規則，則可求得曲面的面積公式.

首先，我們以某些簡單的曲面開始. 底半徑為 r 且高為 h 的正圓柱的側表面積為 $A = 2\pi rh$，因我們可將圓柱切開並展開 (見圖 6.34)，而獲得具有尺寸為 $2\pi r$ 與 h 的矩形.

同樣地，我們將底半徑為 r 且斜高為 l 的正圓錐沿著虛線切開，如圖 6.35 所示，並將它放平形成半徑為 l 且圓心角為 $\theta = \dfrac{2\pi r}{l}$ 的扇形. 因半徑為 l 且圓心角為 θ 之扇形的面積為 $\dfrac{1}{2}l^2\theta$，故

$$A = \frac{1}{2}l^2\theta = \frac{1}{2}l^2\left(\frac{2\pi r}{l}\right) = \pi r l$$

所以，圓錐的側表面積為 $A = \pi r l$.

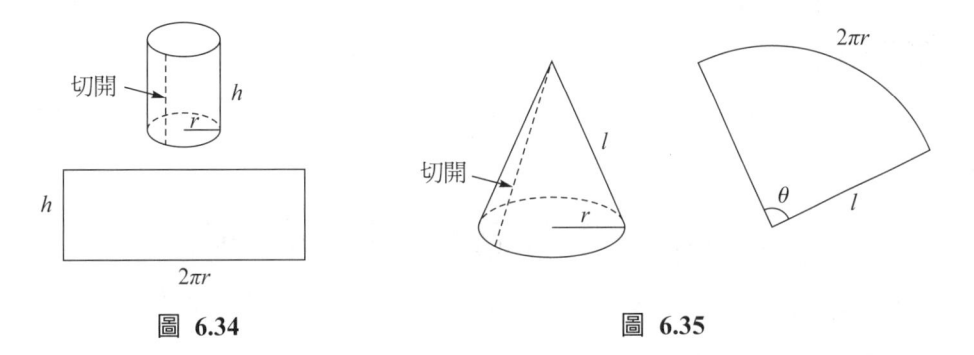

圖 6.34

圖 6.35

圖 6.36 所示者為斜高 l 且上半徑 r_1，下半徑 r_2 的圓錐台，其側表面積為

$$A = \pi r_2(l_1+l) - \pi r_1 l_1 = \pi[(r_2-r_1)l_1 + r_2 l]$$

由相似三角形可得

$$\frac{l_1}{r_1} = \frac{l_1+l}{r_2}$$

即， $r_2 l_1 = r_1 l_1 + r_1 l$

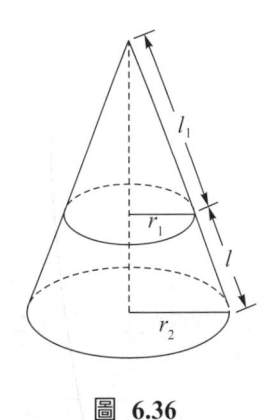

圖 6.36

或 $(r_2-r_1)l_1=r_1l$

可得 $A=\pi(r_1+r_2)l.$

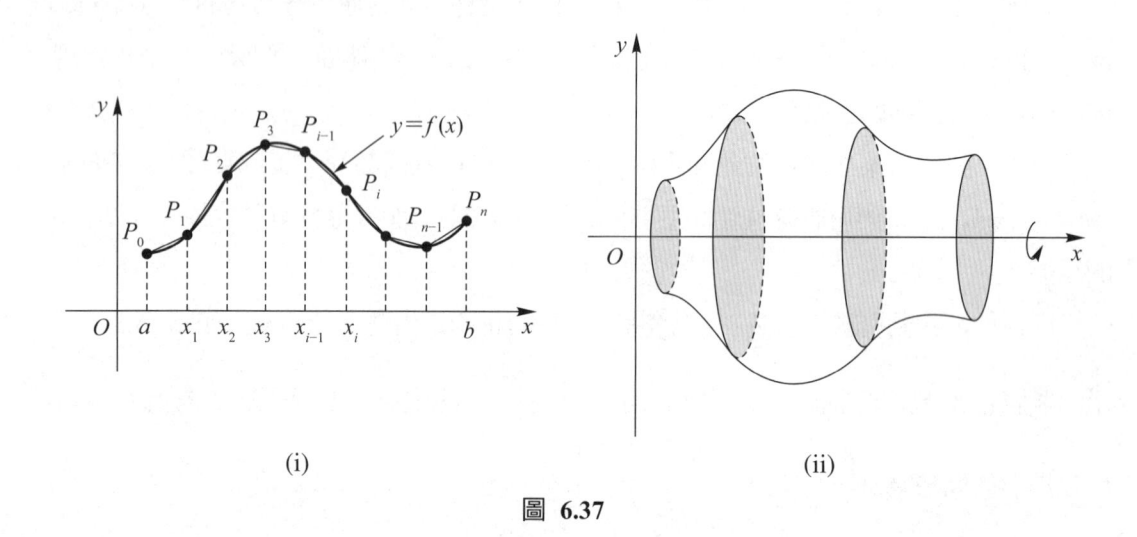

(i)

(ii)

圖 6.37

現在，我們考慮由曲線 $y=f(x)$ $(a \leq x \leq b)$（圖 6.37(i)）繞 x-軸旋轉所產生的旋轉曲面（圖 6.37(ii)），此處 f 為正值函數且有連續的導函數. 為了定義此曲面的面積，我們利用類似於弧長的方法. 考慮由 $a=x_0<x_1<x_2<\cdots<x_n=b$ 將 $[a, b]$ 分割成 n 個子區間 $[x_{i-1}, x_i]$，$i=1, 2, \cdots, n$，並令 $y_i=f(x_i)$ 使得 $P_i(x_i, y_i)$ 位於該曲線上. 曲面在 x_{i-1} 與 x_i 之間的部分可由線段 $P_{i-1}P_i$ 繞 x-軸旋轉所得的曲面來近似，因此，第 i 個圓錐台的側表面積為

$$A_i=\pi[f(x_{i-1})+f(x_i)]\sqrt{(\Delta x_i)^2+[f(x_i)-f(x_{i-1})]^2}$$

依均值定理，在 $[x_{i-1}, x_i]$ 中存在一數 x_i^* 使得

$$f'(x_i^*)=\frac{f(x_i)-f(x_{i-1})}{x_i-x_{i-1}}$$

或 $f(x_i)-f(x_{i-1})=f'(x_i^*)\Delta x_i$

於是，

$$A_i=\pi[f(x_{i-1})+f(x_i)]\sqrt{1+[f'(x_i^*)]^2}\,\Delta x_i$$

依 f 的連續性，當 $\max \Delta x_i \to 0$ 時，$f(x_i) \approx f(x_i^*)$，$f(x_{i-1}) \approx f(x_i^*)$. 所以，

$$A_i \approx 2\pi f(x_i^*)\sqrt{1+[f'(x_i^*)]^2}\,\Delta x_i$$

整個旋轉曲面的面積為

$$A \approx \sum_{i=1}^{n} 2\pi f(x_i^*)\sqrt{1+[f'(x_i^*)]^2}\,\Delta x_i$$

當 $\max \Delta x_i \to 0$ 時，可得該旋轉曲面的面積為

$$A = \lim_{\max \Delta x_i \to 0} \sum_{i=1}^{n} 2\pi f(x_i^*)\sqrt{1+[f'(x_i^*)]^2}\,\Delta x_i = \int_a^b 2\pi f(x)\sqrt{1+[f'(x)]^2}\,dx$$

於是，我們有下面的定義.

定義 6.7

令 f 在 $[a, b]$ 為平滑且非負值函數，則曲線 $y=f(x)$ 在 $x=a$ 與 $x=b$ 之間的部分繞 x-軸旋轉所產生旋轉曲面的面積為

$$A = \int_a^b 2\pi f(x)\sqrt{1+[f'(x)]^2}\,dx.$$

▶ **例題 1**：求曲線 $y=2\sqrt{x}$ $(1 \leq x \leq 2)$ 繞 x-軸旋轉所產生旋轉曲面的面積.

[提示：利用定義 6.7.]

解：因 $\dfrac{dy}{dx} = \dfrac{1}{\sqrt{x}}$，可得

$$\sqrt{1+\left(\frac{dy}{dx}\right)^2} = \sqrt{1+\left(\frac{1}{\sqrt{x}}\right)^2} = \sqrt{1+\frac{1}{x}} = \frac{\sqrt{x+1}}{\sqrt{x}}$$

故旋轉曲面的面積為

$$A = 4\pi \int_1^2 \sqrt{x+1}\,dx = 4\pi\left[\frac{2}{3}(x+1)^{3/2}\right]_1^2 = \frac{8\pi}{3}(3\sqrt{3}-2\sqrt{2}).$$

對曲線 $x=g(y)$ 而言，若 g 在 $[c, d]$ 為平滑且非負值函數，則曲線 $x=g(y)$ 由 $y=c$ 到 $y=d$ 的部分繞 y-軸旋轉所產生旋轉曲面的面積 A 為

$$A = \int_c^d 2\pi g(y)\sqrt{1+[g'(y)]^2}\,dy.$$

定義 6.8

令 f 在 $[a, b]$ 為平滑且非負值函數，若 $a \geq 0$，則曲線 $y=f(x)$ 由 $x=a$ 到 $x=b$ 的部分繞 y-軸旋轉所產生旋轉曲面的面積為

$$A = \int_a^b 2\pi x \sqrt{1+[f'(x)]^2} \, dx.$$

▶▶ **例題 2**：求曲線 $y=x^2$ 由 $x=0$ 到 $x=\sqrt{6}$ 的部分繞 y-軸旋轉所產生旋轉曲面的面積．[提示：利用定義 6.8.]

解：旋轉曲面的面積為 $A = \int_0^{\sqrt{6}} 2\pi x \sqrt{1+4x^2} \, dx = \left[\frac{\pi}{6}(1+4x^2)^{3/2}\right]_0^{\sqrt{6}} = \frac{62\pi}{3}.$

▶▶ **例題 3**：求半徑為 r 之球的表面積．[提示：利用定義 6.7 或 6.8.]

解：將圓的上半部繞 x-軸旋轉可得球的表面積．

若 $y=f(x)=\sqrt{r^2-x^2}$，$-r \leq x \leq r$，則 $\dfrac{dy}{dx} = \dfrac{-x}{\sqrt{r^2-x^2}}$，

故 $A = 2\pi \int_{-r}^{r} \sqrt{r^2-x^2} \sqrt{1+\left(\dfrac{-x}{\sqrt{r^2-x^2}}\right)^2} \, dx$

$= 2\pi \int_{-r}^{r} \sqrt{r^2-x^2} \sqrt{\dfrac{r^2}{r^2-x^2}} \, dx = 2\pi \int_{-r}^{r} r \, dx = 2\pi r \int_{-r}^{r} dx = 4\pi r^2.$

另解：將圓的右半部繞 y-軸旋轉亦可得球的表面積．

若 $x=g(y)=\sqrt{r^2-y^2}$，$-r \leq y \leq r$，則 $\dfrac{dx}{dy} = \dfrac{-y}{\sqrt{r^2-y^2}}$，

故 $A = 2\pi \int_{-r}^{r} \sqrt{r^2-y^2} \sqrt{1+\left(\dfrac{-y}{\sqrt{r^2-y^2}}\right)^2} \, dy$

$= 2\pi \int_{-r}^{r} \sqrt{r^2-y^2} \dfrac{r}{\sqrt{r^2-y^2}} \, dy = 2\pi r \int_{-r}^{r} dy = 4\pi r^2.$

習題 ▶ 6.4

在 1～3 題求由所予曲線繞 x-軸旋轉所產生旋轉曲面的面積.

1. $y=\sqrt{x}$, 由 $x=1$ 到 $x=4$.
2. $x=\sqrt[3]{y}$, 由 $x=1$ 到 $x=2$.
3. $y=\sqrt{2-x^2}$, 由 $x=-1$ 到 $x=1$.

在 4～7 題求由所予曲線繞 y-軸旋轉所產生旋轉曲面的面積.

4. $x^2=16y$, 由點 $(0, 0)$ 到點 $(8, 4)$.
5. $8x=y^3$, 由點 $(1, 2)$ 到點 $(8, 4)$.
6. $y=\ln x$, 由 $x=1$ 到 $x=2$.
7. $x=|y-11|$, 由 $y=0$ 到 $y=2$.
8. 求曲線 $y=\sqrt[3]{3x}$ $(0 \leq y \leq 2)$ 繞 y-軸旋轉所產生旋轉曲面的面積.

6.5 平面區域的力矩與形心

本節的主要目的是在找出任意形狀的薄片上的一點, 使該薄片在該點能保持水平平衡, 此點稱為薄片的**質心** (center of mass) 或**重心** (center of gravity).

首先, 我們考慮簡單的情形, 如圖 6.38 所示, 其中兩質點 m_1 與 m_2 附在質量可忽略的細桿兩端且與支點的距離分別為 d_1 及 d_2. 若 $m_1 d_1 = m_2 d_2$, 則此細桿會平衡.

現在, 假設細桿沿 x-軸, m_1 在 x_1, m_2 在 x_2, 質心在 $\bar{x}$, 如圖 6.39 所示. 我們得知 $d_1 = \bar{x} - x_1$, $d_2 = x_2 - \bar{x}$, 於是,

$$m_1(\bar{x}-x_1) = m_2(x_2-\bar{x})$$
$$m_1\bar{x} + m_2\bar{x} = m_1 x_1 + m_2 x_2$$
$$\bar{x} = \frac{m_1 x_1 + m_2 x_2}{m_1 + m_2}$$

數 $m_1 x_1$ 與 $m_2 x_2$ 分別稱為質量 m_1 與 m_2 的**力矩** (moment) (對原點).

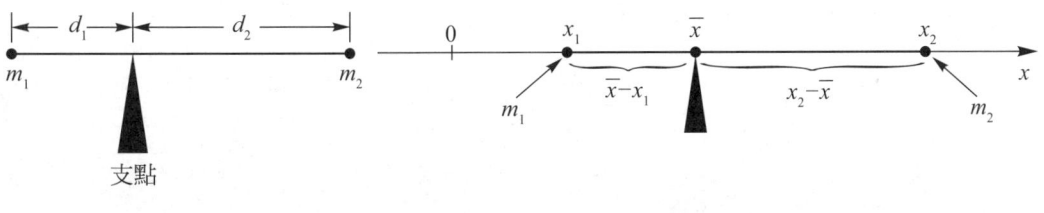

圖 6.38

圖 6.39

定義 6.9

令質量為 $m_1, m_2, \cdots, m_n$ 的質點分別位於 x-軸上坐標為 $x_1, x_2, \cdots, x_n$ 的點.

(1) 系統對原點的力矩定義為

$$M = \sum_{i=1}^{n} m_i x_i$$

(2) 系統的質心（或重心）為坐標 $\bar{x}$ 的點使得

$$\bar{x} = \frac{\sum_{i=1}^{n} m_i x_i}{\sum_{i=1}^{n} m_i} = \frac{\sum_{i=1}^{n} m_i x_i}{m}$$

此處 $m = \sum_{i=1}^{n} m_i$ 為系統的總質量.

在定義 6.9 中的概念可以推廣到二維的情形.

定義 6.10

令質量為 $m_1, m_2, \cdots, m_n$ 的 n 個質點分別位於 xy-平面上的點 (x_1, y_1), $(x_2, y_2), \cdots, (x_n, y_n)$.

(1) 系統對 x-軸的力矩為

$$M_x = \sum_{i=1}^{n} m_i y_i$$

系統對 y-軸的力矩為

$$M_y = \sum_{i=1}^{n} m_i x_i$$

(2) 系統的質心（或重心）為點 $(\bar{x}, \bar{y})$，使得

$$\bar{x} = \frac{M_y}{m}, \quad \bar{y} = \frac{M_x}{m}$$

此處 $m = \sum_{i=1}^{n} m_i$ 為總質量.

因 $m\bar{x}=M_y$，$m\bar{y}=M_x$，故質心 $(\bar{x}, \bar{y})$ 為質量 m 的單一質點與系統有相同力矩的點．

▶▶ **例題 1**：設質量為 3、4 與 8 的質點分別置於點 $(-1, 1)$、$(2, -1)$ 與 $(3, 2)$，求系統的力矩與質心．[提示：利用定義 6.10.]

解：$M_x = 3(1) + 4(-1) + 8(2) = 15$

$M_y = 3(-1) + 4(2) + 8(3) = 29$

因 $m = 3 + 4 + 8 = 15$，故

$$\bar{x} = \frac{M_y}{m} = \frac{29}{15}, \qquad \bar{y} = \frac{M_x}{m} = \frac{15}{15} = 1$$

於是，質心為 $\left(\dfrac{29}{15}, 1\right)$．

其次，我們考慮具有均勻密度 ρ 的薄片，它占有平面的某區域 R．我們希望找出薄片的質心，稱為 R 的**形心** (centroid)．我們將使用下面的**對稱原理** (symmetry principle)：若 R 對稱於直線 l，則 R 的形心位於 l 上．(若 R 關於 l 作對稱，則 R 保持一樣，故它的形心保持固定，唯一的固定點位於 l 上．) 於是，矩形區域的形心是它的中心．若區域在 xy-平面上，則我們假定區域的質量能集中在質心而使得它對 x-軸與 y-軸的力矩並沒有改變．

首先，我們考慮圖 6.40(i) 所示的區域 R，即，R 位於 f 的圖形下方且在 x-軸

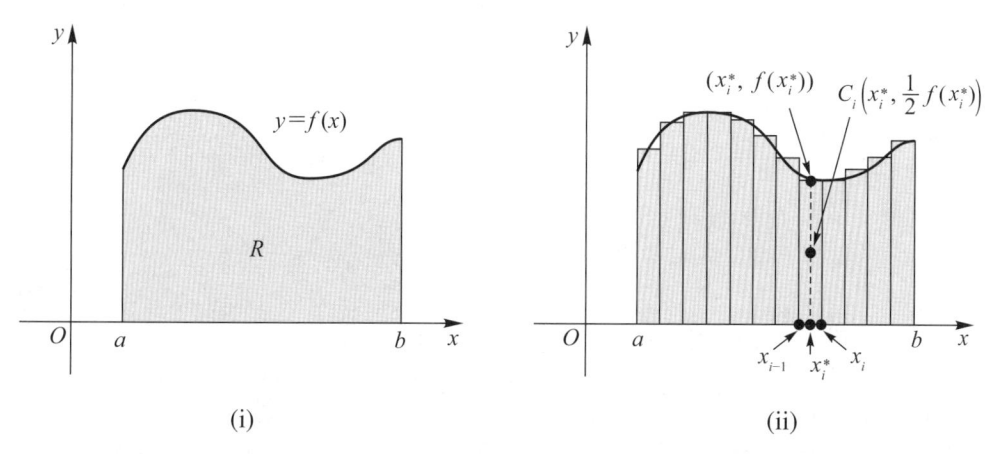

圖 **6.40**

上方與兩直線 $x=a$, $x=b$ 之間, 此處 f 在 $[a, b]$ 為連續. 我們用點 x_i 對 $[a, b]$ 作分割使得 $a=x_0 < x_1 < x_2 < \cdots < x_n=b$, 並選取 x_i^* 為第 i 個子區間的中點, 即, $x_i^* = \dfrac{x_{i-1}+x_i}{2}$, 這決定了 R 的多邊形近似, 如圖 6.40(ii) 所示, 第 i 個近似矩形的形心是它的中心 $C_i(x_i^*, \frac{1}{2}f(x_i^*))$, 它的面積為 $f(x_i^*)\Delta x_i$, 質量為 $\rho f(x_i^*)\Delta x_i$, 於是, R_i 對 x-軸的力矩為

$$M_x(R_i) = [\rho f(x_i^*)\Delta x_i]\frac{1}{2}f(x_i^*) = \rho \cdot \frac{1}{2}[f(x_i^*)]^2 \Delta x_i$$

將這些力矩相加, 然後令 $\max \Delta x_i \to 0$, 再取極限, 可得 R 對 x-軸的力矩為

$$M_x = \lim_{\max \Delta x_i \to 0} \sum_{i=1}^{n} \rho \cdot \frac{1}{2}[f(x_i^*)]^2 \Delta x_i = \rho \int_a^b \frac{1}{2}[f(x)]^2 \, dx$$

同理, R_i 對 y-軸的力矩為

$$M_y(R_i) = (\rho f(x_i^*)\Delta x_i)\, x_i^* = \rho x_i^* f(x_i^*)\Delta x_i$$

將這些力矩相加, 並令 $\max \Delta x_i \to 0$, 再取極限, 可得 R 對 y-軸的力矩為

$$M_y = \lim_{\max \Delta x_i \to 0} \sum_{i=1}^{n} \rho x_i^* f(x_i^*)\Delta x_i = \rho \int_a^b x f(x) \, dx$$

正如質點所組成的系統一樣, 薄片的質心坐標 $\bar{x}$ 與 $\bar{y}$ 定義為使得 $m\bar{x}=M_y$, $m\bar{y}=M_x$, 但

$$m = \rho A = \rho \int_a^b f(x) \, dx$$

故 $\bar{x} = \dfrac{M_y}{m} = \dfrac{\rho \int_a^b x f(x) \, dx}{\rho \int_a^b f(x) \, dx} = \dfrac{\int_a^b x f(x) \, dx}{\int_a^b f(x) \, dx} = \dfrac{1}{A}\int_a^b x f(x) \, dx$

(6.12)

$\bar{y} = \dfrac{M_x}{m} = \dfrac{\rho \int_a^b \frac{1}{2}[f(x)]^2 \, dx}{\rho \int_a^b f(x) \, dx} = \dfrac{\int_a^b \frac{1}{2}[f(x)]^2 \, dx}{\int_a^b f(x) \, dx} = \dfrac{1}{A}\int_a^b \frac{1}{2}[f(x)]^2 \, dx$

依 (6.12) 式，我們得知均勻薄片的質心坐標與密度 ρ 無關，即，它們僅與薄片的形狀有關，而與密度 ρ 無關．基於此理由，點 $(\bar{x}, \bar{y})$ 有時視為平面區域的形心．

▶▶ **例題 2**：求上半圓區域 $R=\{(x, y) | x^2+y^2 \leq r^2 (r>0), y \geq 0\}$ 的形心．

[提示：利用 (6.12) 式．]

解：圖形如圖 6.41 所示．依對稱原理，形心必定位於 y-軸上，故 $\bar{x}=0$．半圓區域的面積為 $A=\dfrac{\pi r^2}{2}$，故

$$\bar{y} = \frac{1}{A} \int_{-r}^{r} \frac{1}{2} [f(x)]^2 \, dx$$

$$= \frac{2}{\pi r^2} \cdot \frac{1}{2} \int_{-r}^{r} (r^2-x^2) \, dx$$

$$= \frac{1}{\pi r^2} \int_{-r}^{r} (r^2-x^2) \, dx$$

$$= \frac{1}{\pi r^2} \left[r^2 x - \frac{x^3}{3} \right]_{-r}^{r} = \frac{4r}{3\pi}$$

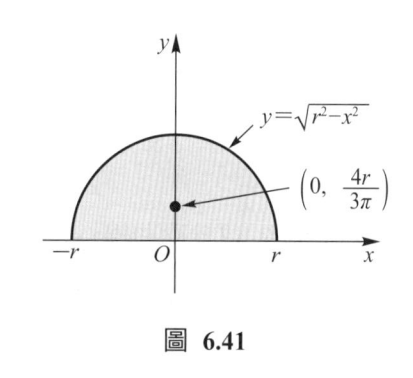

圖 6.41

所以，形心位於點 $\left(0, \dfrac{4r}{3\pi}\right)$．

▶▶ **例題 3**：求由曲線 $y=\cos x$ 與直線 $y=0$、$x=0$ 及 $x=\dfrac{\pi}{2}$ 所圍區域的形心．

[提示：利用 (6.12) 式．]

解：區域的面積為

$$A = \int_{0}^{\pi/2} \cos x \, dx = \left[\sin x \right]_{0}^{\pi/2} = 1$$

於是，

$$\bar{x} = \frac{1}{A} \int_{0}^{\pi/2} x f(x) \, dx = \int_{0}^{\pi/2} x \cos x \, dx$$

$$= \left[x \sin x \right]_{0}^{\pi/2} - \int_{0}^{\pi/2} \sin x \, dx$$

$$= \frac{\pi}{2} - 1 = \frac{\pi-2}{2}$$

$$\bar{y} = \frac{1}{A} \int_0^{\pi/2} \frac{1}{2} [f(x)]^2 \, dx$$

$$= \frac{1}{2} \int_0^{\pi/2} \cos^2 x \, dx$$

$$= \frac{1}{4} \int_0^{\pi/2} (1 + \cos 2x) \, dx$$

$$= \frac{1}{4} \left[x + \frac{1}{2} \sin 2x \right]_0^{\pi/2} = \frac{\pi}{8}$$

圖 6.42

形心為 $\left(\dfrac{\pi-2}{2}, \dfrac{\pi}{8} \right)$，如圖 6.42 所示.

令區域 R 位於兩曲線 $y = f(x)$ 與 $y = g(x)$ 之間，如圖 6.43 所示，其中 $f(x) \geq g(x)$ $(a \leq x \leq b)$. 若 R 的形心為 $(\bar{x}, \bar{y})$，則參考 (6.12) 式，可知

$$\bar{x} = \frac{1}{A} \int_a^b x[f(x) - g(x)] \, dx$$

$$\bar{y} = \frac{1}{A} \int_a^b \frac{1}{2} \{[f(x)]^2 - [g(x)]^2\} \, dx.$$

(6.13)

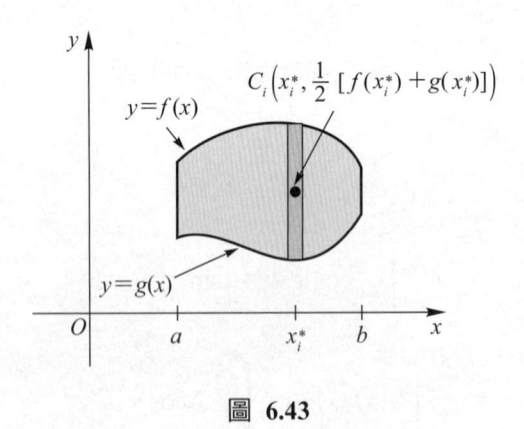

圖 6.43

▶▶ **例題 4**：求由拋物線 $y = x^2$ 與直線 $y = x$ 所圍區域的形心.

[提示：利用 (6.13) 式.]

解：圖形繪於圖 6.44 中．我們在 (6.13) 式中取 $f(x)=x$，$g(x)=x^2$，$a=0$，$b=1$．區域的面積為

$$A=\int_0^1 (x-x^2)\,dx=\left[\frac{x^2}{2}-\frac{x^3}{3}\right]_0^1=\frac{1}{6}$$

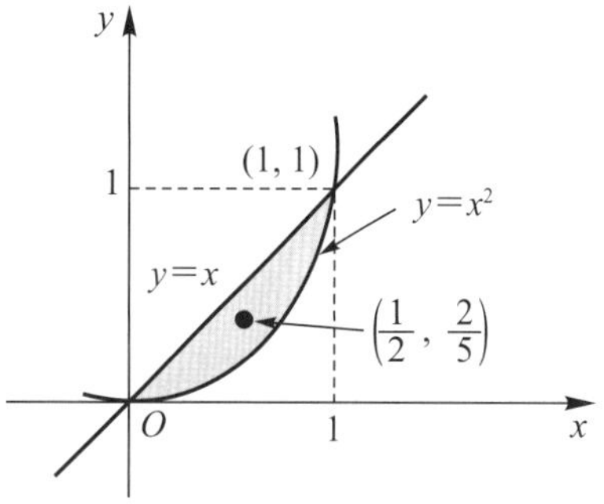

所以，

$$\bar{x}=\frac{1}{A}\int_0^1 x[f(x)-g(x)]\,dx$$

$$=6\int_0^1 x(x-x^2)\,dx=6\int_0^1 (x^2-x^3)\,dx$$

$$=6\left[\frac{x^3}{3}-\frac{x^4}{4}\right]_0^1=\frac{1}{2}$$

$$\bar{y}=\frac{1}{A}\int_0^1 \frac{1}{2}\{[f(x)]^2-[g(x)]^2\}\,dx=6\int_0^1 \frac{1}{2}(x^2-x^4)\,dx$$

$$=3\left[\frac{x^3}{3}-\frac{x^5}{5}\right]_0^1=\frac{2}{5}$$

形心為 $\left(\dfrac{1}{2},\,\dfrac{2}{5}\right)$．

圖 6.44

我們也可利用形心去求旋轉體的體積．下面定理是以希臘數學家帕卜命名，稱為**帕普斯定理** (theorem of Pappus)．

定理 6.1　帕普斯定理

若一區域 R 位於平面上一直線的一側且繞此直線旋轉，則所產生旋轉體的體積等於 R 的面積乘以其形心繞行的距離．

▶ **例題 5**：求直線 $y=\dfrac{1}{2}x-1$、$x=4$ 與 x-軸所圍三角形區域 (圖 6.45) 繞直線 $y=x$ 旋轉所產生旋轉體的體積．[提示：利用帕普斯定理．]

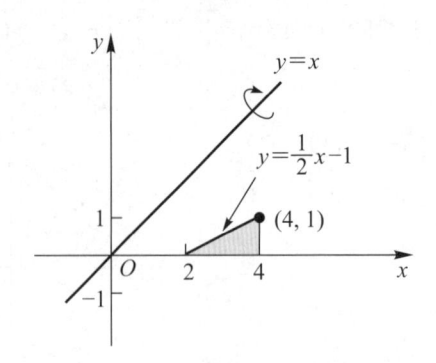

圖 6.45

解：三角形區域的形心為 $\left(\dfrac{2+4+4}{3}, \dfrac{0+0+1}{3}\right) = \left(\dfrac{10}{3}, \dfrac{1}{3}\right)$，其面積為

$$A = \dfrac{1}{2}(2)(1) = 1，\text{且形心至直線 } y=x \text{ 的垂直距離為 } d = \dfrac{\left|\dfrac{10}{3} - \dfrac{1}{3}\right|}{\sqrt{1+1}} = \dfrac{3}{\sqrt{2}}.$$

旋轉體的體積為

$$V = 2\pi\, dA = 2\pi \left(\dfrac{3}{\sqrt{2}}\right)(1) = 3\sqrt{2}\,\pi.$$

習題 6.5

1. 設質量為 2、7 與 5 單位的質點分別位於三點 $A(4, -1)$、$B(-2, 0)$ 與 $C(-8, -5)$，求系統的力矩 M_x、M_y 與質心.

在 2～6 題求所予方程式的圖形所圍區域的形心.

2. $y = x^3,\ y = 0,\ x = 1$
3. $y = \sin x,\ y = 0,\ x = 0,\ x = \pi$
4. $y = x^2,\ y = x^3$
5. $y = 1 - x^2,\ y = x - 1$
6. $y = e^{2x},\ y = 0,\ x = -1,\ x = 0$
7. 求在第一象限內由圓 $x^2 + y^2 = a^2\ (a > 0)$ 與兩坐標軸所圍區域的形心.

8. 求邊長為 $2a$ 的正方形區域上方緊接著一個半徑為 a 的半圓區域的形心.

9. 求頂點為 $(1, 1)$、$(4, 1)$ 與 $(3, 2)$ 的三角形區域繞 x-軸旋轉所產生旋轉體的體積.

綜合 ▶ 習題

1. 求由拋物線 $x=y^2$ 與直線 $x=y$ 所圍區域繞直線 $y=-1$ 旋轉所產生立體的體積.

2. 利用圓柱殼法求由圓 $x^2+y^2=a^2$ 所圍區域繞直線 $x=b$ 旋轉所產生立體的體積，其中 $b>a>0$.

3. 試證：曲線 $y=\sin x$ 在 $\left[0, \dfrac{\pi}{4}\right]$ 上方的長度 L 滿足

$$\dfrac{\pi}{4}\sqrt{\dfrac{3}{2}} \leq L \leq \dfrac{\pi}{4}\sqrt{2}.$$

4. 已知平滑曲線 $y=f(x)$ $(a \leq x \leq b)$ 且對 $a \leq x \leq b$ 恆有 $f(x) \geq 0$. 依極值定理，函數 f 在 $[a, b]$ 上有一最大值 M 與一最小值 m. 試證：若 L 為曲線 $y=f(x)$ 在 $x=a$ 與 $x=b$ 之間的長度，此曲線繞 x-軸旋轉所產生旋轉曲面的面積為 S，則 $2\pi mL \leq S \leq 2\pi ML$.

5. 求在第一象限內由圓 $x^2+y^2=9$ 與兩直線 $x=3$、$y=3$ 所圍區域的形心.

Chapter 07

參數方程式與極坐標

7.1 平面曲線的參數方程式

若一質點在 xy-平面上運動的路徑如圖 7.1 所示的曲線，有時候我們不可能直接用 x 表 y，或 y 表 x 的直角坐標形式去描述該路徑. 但是，我們可將該質點的各坐標表成時間 t 的函數，而用一對方程式 $x=x(t)$，$y=y(t)$ 描述該路徑.

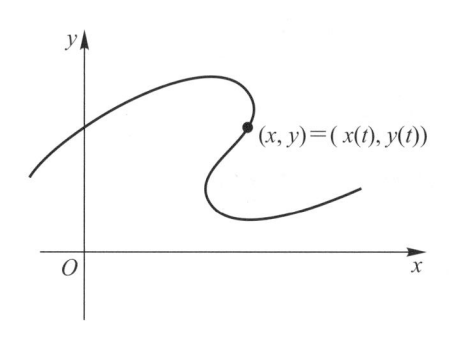

圖 7.1

定義 7.1

在 xy-平面上，**平面曲線** (plane curve) 是形如 $(x(t), y(t))$ 的有序數對所成的集合 C，其中函數 $x(t)$ 與 $y(t)$ 在區間 I 皆為連續.

圖 7.2 的圖形說明在閉區間 $[a, b]$ 的平面曲線. 在圖 7.2(i) 中，若 $P(a) \neq P(b)$，則 $P(a)$ 與 $P(b)$ 稱為曲線 C 的**端點** (endpoint)，而且，對兩相異的 t 值可得出相同的點，故圖 7.2(i) 中的曲線自交. 如圖 7.2(ii) 中所示，若 $P(a)=P(b)$，則曲

線 C 稱為**封閉曲線** (closed curve). 如圖 7.2(iii) 中所示，若 $P(a)=P(b)$ 且曲線 C 在任一其他點不自交，則曲線 C 稱為**簡單封閉曲線** (simple closed curve).

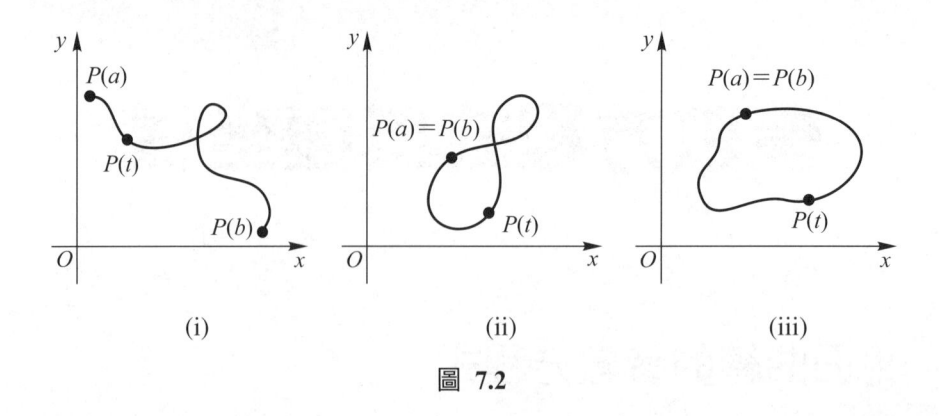

圖 7.2

定義 7.2

設 C 為所有有序數對 $(x(t), y(t))$ 組成的曲線，此處 $x(t)$ 與 $y(t)$ 在區間 I 皆為連續. 方程式

$$x=x(t), \quad y=y(t)$$

稱為 C 的**參數方程式** (parametric equation)，此處 t 在 I 中，而 t 稱為**參數** (parameter)，I 稱為**參數區間** (interval of parameter).

例如，在 xy-平面上，$\begin{cases} x=2+t \\ y=2-3t \end{cases}$, $t \in \mathbb{R}$

為直線 $3x+y-8=0$ 的參數方程式.

註：若我們將參數 t 看作時間，則參數方程式 $x=f(t)$ 與 $y=g(t)$ 能詳加敘述某正在移動的點的 x-坐標與 y-坐標如何隨時間改變. 我們使用參數方程式而非直角坐標方程式以描述物體運動情形的方便之處，是因為參數方程式可以幫助我們詳加敘述該物體經過何處與它何時到達任何已知位置，但直角坐標方程式僅告訴我們該物體經過的路徑.

對於定義 7.2 中所給予的參數方程式，當 t 在整個區間 I 變化時，它們可描出所予的曲線. 有時，我們可以消去參數而獲得含變數 x 與 y 的方程式. 例如，

$$\begin{cases} x = r\cos t \\ y = r\sin t \end{cases}, r = 0 \qquad (*)$$

為圓的參數方程式，t 為參數．因當 t 由 0 變到 2π 時，即描出一完整的圓周．我們從 (*) 式可得直角坐標方程式

$$x^2 + y^2 = r^2$$

又在參數方程式 $\begin{cases} x = \cos 2\theta \\ y = \cos \theta \end{cases}$ ①

中，θ 為參數，且 $|x| \leq 1$，$|y| \leq 1$．我們從 ① 式可得

$$x = \cos 2\theta = 2\cos^2 \theta - 1 = 2y^2 - 1$$

故 ① 式所表曲線上各點皆在曲線

$$y^2 = \frac{1}{2}(x+1) \qquad ②$$

之上．但 ② 式所表曲線上各點未必全在 ① 式所表的曲線上．因 ② 式以 $(-1, 0)$ 為頂點，x-軸為其軸而開口向右的拋物線，而在 ① 式中，當 θ 由 0 變到 $\frac{\pi}{2}$ 時，點由 $A(1, 1)$ 移動到 $B(-1, 0)$，畫出 $\overset{\frown}{AB}$．當 θ 由 $\frac{\pi}{2}$ 變到 π 時，點由 $B(-1, 0)$ 移動到 $C(1, -1)$，畫出 $\overset{\frown}{BC}$．當 θ 由 π 變到 2π 時，點又沿著 $\overset{\frown}{CBA}$ 回到 A，如此往返不已，如圖 7.3 所示．因此，由上述的討論得知參數方程式所表的曲線有時僅為其直角坐標方程式所表曲線的一部分．

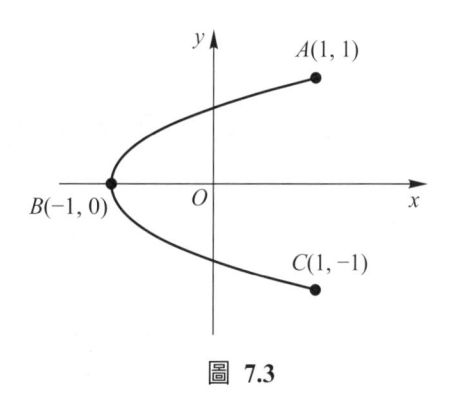

圖 7.3

▶▶ **例題 1**：化參數方程式

$$\begin{cases} x = 2 - 3t^2 \\ y = -1 + 2t^2 \end{cases}, t \in \mathbb{R}$$

為直角坐標方程式．[提示：消去參數．]

解：由第一式可得
$$t^2 = \frac{2-x}{3}$$

由第二式可得
$$t^2 = \frac{1+y}{2}$$

故
$$t^2 = \frac{2-x}{3} = \frac{1+y}{2}$$

可得
$$2x+3y=1$$

上式的圖形表一直線. 因 $t^2 \geq 0$，故必須 $2-x \geq 0$ 且 $y+1 \geq 0$，而實際的圖形為直線 $2x+3y=1$ 在 $x \leq 2$ 且 $y \geq -1$ 的一部分.

化直角坐標方程式為參數方程式並無一定法則可循，而不同組的參數方程式可有相同的圖形，茲舉例說明如下：

▶ **例題 2**：化 $4x^2+y^2=16$ 為參數方程式. [提示：不只一組.]

解：以 $x=2 \cos t$ 代入原方程式可得
$$y^2 = 16(1-\cos^2 t) = 16 \sin^2 t$$
$$y = \pm 4 \sin t$$

取 $y=4 \sin t$，則參數方程式為

$$\begin{cases} x=2 \cos t \\ y=4 \sin t \end{cases}, \ t \in \mathbb{R}$$

取 $y=-4 \sin t$，則參數方程式為

$$\begin{cases} x=2 \cos t \\ y=-4 \sin t \end{cases}, \ t \in \mathbb{R}.$$

描繪參數方程式圖形的方法：

1. 消去方程式中的參數，即得一個含 x 與 y 的方程式，再依直角坐標的方法描出圖形.

2. 若參數不消去, 則可給予參數若干適當值, 求出 x、y 的各對應值, 列表描繪之.

▶▶ 例題 3：繪出參數方程式

$$\begin{cases} x = t+2 \\ y = t^2 + 4t \end{cases}, \ t \in \mathbb{R}$$

的圖形. [提示：消去參數.]

解：由第一式可得 $t = x-2$, 代入第二式化簡後可得

$$y = x^2 - 4$$

其為一拋物線, 頂點為 $(0, -4)$, 如圖 7.4 所示.

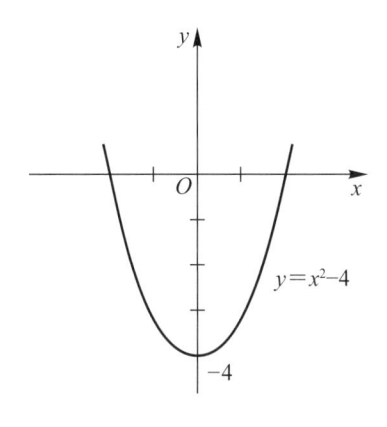

圖 7.4

▶▶ 例題 4：繪出參數方程式

$$\begin{cases} x = \sec t \\ y = \tan t \end{cases}, \ -\frac{\pi}{2} < t < \frac{\pi}{2}$$

的圖形. [提示：消去參數.]

解：利用第一式平方減去第二式平方, 可得

$$x^2 - y^2 = \sec^2 t - \tan^2 t = 1$$

若 $-\frac{\pi}{2} < t < \frac{\pi}{2}$, 則 $x = \sec t > 0$；

若 $-\frac{\pi}{2} < t \leq 0$, 則 $y = \tan t \leq 0$；

若 $0 \leq t < \frac{\pi}{2}$, 則 $y = \tan t \geq 0$.

圖形如圖 7.5 所示.

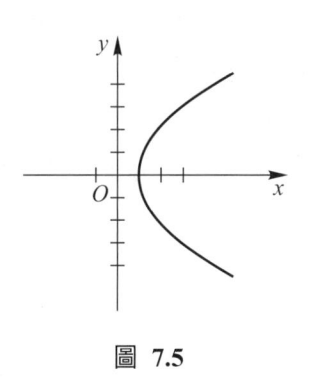

圖 7.5

現在, 我們將討論如何求參數方程式所表曲線在某處之切線的斜率. 如果我們消去參數, 則 $\dfrac{dy}{dx}$ 可以由曲線的直角坐標方程式直接求得；若不能求得曲線的直角坐

標方程式，則我們可由參數方程式間接地求出 $\dfrac{dy}{dx}$。

定理 7.1

若 $x=f(t)$，$y=g(t)$ 皆為 t 的可微分函數且 $\dfrac{dx}{dt} \neq 0$，則

$$\frac{dy}{dx}=\frac{\dfrac{dy}{dt}}{\dfrac{dx}{dt}}.$$

證：如圖 7.6 所示，考慮 $\Delta t > 0$，並令

$$\Delta x = x(t+\Delta t) - x(t)$$
$$\Delta y = y(t+\Delta t) - y(t)$$

依定義，

$$\frac{dy}{dx}=\lim_{\Delta x \to 0}\frac{\Delta y}{\Delta x}$$

由於當 $\Delta t \to 0$ 時，$\Delta x \to 0$，上式可以寫成

$$\frac{dy}{dx}=\lim_{\Delta t \to 0}\frac{y(t+\Delta t)-y(t)}{x(t+\Delta t)-x(t)}$$

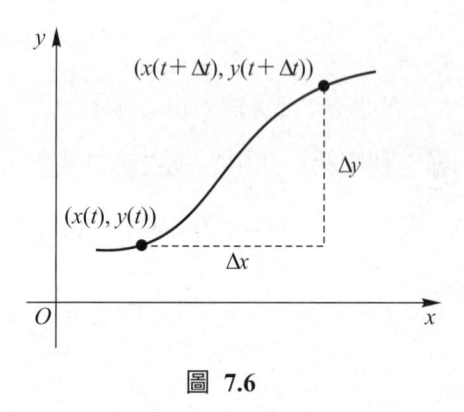

圖 7.6

最後將上式的分子與分母同除以 Δt 可得

$$\frac{dy}{dx}=\lim_{\Delta t \to 0}\frac{\dfrac{y(t+\Delta t)-y(t)}{\Delta t}}{\dfrac{x(t+\Delta t)-x(t)}{\Delta t}}=\frac{\lim\limits_{\Delta t \to 0}\dfrac{y(t+\Delta t)-y(t)}{\Delta t}}{\lim\limits_{\Delta t \to 0}\dfrac{x(t+\Delta t)-x(t)}{\Delta t}}=\frac{y'(t)}{x'(t)}=\frac{\dfrac{dy}{dt}}{\dfrac{dx}{dt}}$$

若曲線以參數方程式表示，則我們可以應用定理 7.1 求 $\dfrac{d^2y}{dx^2}$ 如下：

$$\frac{d^2y}{dx^2} = \frac{d}{dx}\left(\frac{dy}{dx}\right) = \frac{\dfrac{d}{dt}\left(\dfrac{dy}{dx}\right)}{\dfrac{dx}{dt}} = \frac{\dfrac{\dfrac{dx}{dt}\dfrac{d^2y}{dt^2} - \dfrac{dy}{dt}\dfrac{d^2x}{dt^2}}{\left(\dfrac{dx}{dt}\right)^2}}{\dfrac{dx}{dt}}$$

$$= \frac{\dfrac{dx}{dt}\dfrac{d^2y}{dt^2} - \dfrac{dy}{dt}\dfrac{d^2x}{dt^2}}{\left(\dfrac{dx}{dt}\right)^3}.$$

註：$\dfrac{d^2y}{dx^2} \neq \dfrac{\dfrac{d^2y}{dt^2}}{\dfrac{d^2x}{dt^2}}.$

▶ **例題 5**：求曲線 $x = 2\cos t$，$y = 3\sin t$，在 $t = \dfrac{\pi}{3}$ 處之切線的方程式.

[提示：利用定理 7.1.]

解：當 $t = \dfrac{\pi}{3}$ 時，點的坐標為 $\left(1, \dfrac{3\sqrt{3}}{2}\right)$，可得

$$\frac{dy}{dx} = \frac{\dfrac{dy}{dt}}{\dfrac{dx}{dt}} = \frac{3\cos t}{-2\sin t} = -\frac{3}{2}\cot t$$

$$m = \frac{dy}{dx}\bigg|_{t=\frac{\pi}{3}} = -\frac{3}{2}\cot t\bigg|_{t=\frac{\pi}{3}} = -\frac{\sqrt{3}}{2}$$

所以，切線方程式為

$$y - \frac{3\sqrt{3}}{2} = -\frac{\sqrt{3}}{2}(x-1) \text{ 或 } \sqrt{3}x + 2y = 4\sqrt{3}.$$

令曲線的參數方程式為

$$\begin{cases} x = x(t) \\ y = y(t) \end{cases}$$

由前面可知

$$\frac{dy}{dx} = \frac{\frac{dy}{dt}}{\frac{dx}{dt}} = \frac{y'(t)}{x'(t)}.$$

假設 $x'(t)$ 與 $y'(t)$ 在 $t = t_0$ 處皆為連續.

1. 若 $y'(t_0) = 0$, $x'(t_0) \neq 0$, 則 $\dfrac{dy}{dx} = 0$, 故曲線在 t_0 處有一條水平切線.

2. 若 $y'(t_0) \neq 0$, $x'(t_0) = 0$, 則 $\dfrac{dx}{dy} = 0$, 故曲線在 t_0 處有一條垂直切線.

3. 若 $y'(t_0) = 0$, $x'(t_0) = 0$, 則曲線在 t_0 之切線的斜率不定, 此時需另加討論.

▶▶ **例題 6**：求曲線 $x = 5t + 2$, $y = 2t^3 + 3t^2 + 6$ 上水平切線所在位置的切點.
[提示：水平切線的切線為零.]

解：因 $\dfrac{dy}{dx} = \dfrac{\frac{dy}{dt}}{\frac{dx}{dt}}$, 故 $\dfrac{dy}{dx} = \dfrac{6t^2 + 6t}{5}$.

令 $6t^2 + 6t = 0$, 解得 $t = -1$ 或 0.
當 $t = -1$ 時, 可得水平切線所在位置的切點為 $(-3, 7)$；
當 $t = 0$ 時, 可得水平切線所在位置的切點為 $(2, 6)$.

我們知道在曲線 $y = f(x)$ 與 x-軸之間由 a 到 b 之區域的面積為 $A = \int_a^b f(x)\, dx$, 此處 $f(x) \geq 0$. 若曲線以參數方程式 $x = x(t)$, $y = y(t)$ ($\alpha \leq t \leq \beta$) 表示之, 則

$$A = \int_a^b y\, dx = \int_\alpha^\beta y(t)\, x'(t)\, dt. \tag{7.1}$$

▶▶ **例題 7**：求橢圓 $\dfrac{x^2}{a^2}+\dfrac{y^2}{b^2}=1$ $(a>0, \ b>0)$ 所圍區域的面積.

[提示：利用 (7.1) 式.]

解：橢圓 $\dfrac{x^2}{a^2}+\dfrac{y^2}{b^2}=1$ 的參數方程式為 $x=a\cos t$, $y=b\sin t$, $0\leq t\leq 2\pi$，所求面積為

$$A=4\int_0^a y\ dx$$

當 $x=0$ 時，$t=\dfrac{\pi}{2}$；當 $x=a$ 時，$t=0$；又 $dx=-a\sin t\,dt$，故

$$A=4\int_{\pi/2}^0 b\sin t(-a\sin t)\,dt=-4ab\int_{\pi/2}^0 \sin^2 t\,dt$$

$$=4ab\int_0^{\pi/2}\dfrac{1-\cos 2t}{2}\,dt=2ab\left[t-\dfrac{1}{2}\sin 2t\right]_0^{\pi/2}=\pi ab.$$

假設曲線 C 的參數方程式為 $x=x(t)$, $y=y(t)$，其中 x 與 y 在區間 $[a,b]$ 有連續的導函數，曲線 C 本身不相交. 考慮

$$a=t_0<t_1<t_2<\cdots<t_{n-1}<t_n=b,$$

又令 $\Delta t_i=t_i-t_{i-1}$ 且 $P_i=(x(t_i), y(t_i))$ 為曲線 C 上由 t_i 所決定的點. 若 $d(P_{i-1}, P_i)$ 為 $\overline{P_{i-1}P_i}$ 的長度，則圖 7.7 所示折線的長度為

$$\sum_{i=1}^n d(P_{i-1}, P_i)$$

而 C 的長度為

$$L=\lim_{\max \Delta t_i\to 0}\sum_{i=1}^n d(P_{i-1}, P_i)$$

由距離公式知

$$d(P_{i-1}, P_i)=\sqrt{[x(t_i)-x(t_{i-1})]^2+[y(t_i)-y(t_{i-1})]^2}$$

利用均值定理，在開區間 (t_{i-1}, t_i) 中存在兩數 w_i 及 z_i 使得

$$x(t_i) - x(t_{i-1}) = x'(w_i)\Delta t_i$$
$$y(t_i) - y(t_{i-1}) = y'(z_i)\Delta t_i$$

因而可得

$$d(P_{i-1}, P_i) = \sqrt{[x'(w_i)]^2 + [y'(z_i)]^2}\ \Delta t_i$$

所以，當 $\max \Delta t_i \to 0$ 時，

$$L = \lim_{\max \Delta t_i \to 0} \sum_{i=1}^{n} \sqrt{[x'(w_i)]^2 + [y'(z_i)]^2}\ \Delta t_i$$

如果對所有的 i，$w_i = z_i$，則此和是對於定義為

$$H(t) = \sqrt{[x'(t)]^2 + [y'(t)]^2}$$

之函數的黎曼和．若曲線 C 是平滑的，則此和的極限存在且由 P_0 到 P_n 的長度為

$$L = \int_a^b \sqrt{[x'(t)]^2 + [y'(t)]^2}\ dt$$

即，

$$L = \int_a^b \sqrt{\left(\frac{dx}{dt}\right)^2 + \left(\frac{dy}{dt}\right)^2}\ dt. \tag{7.2}$$

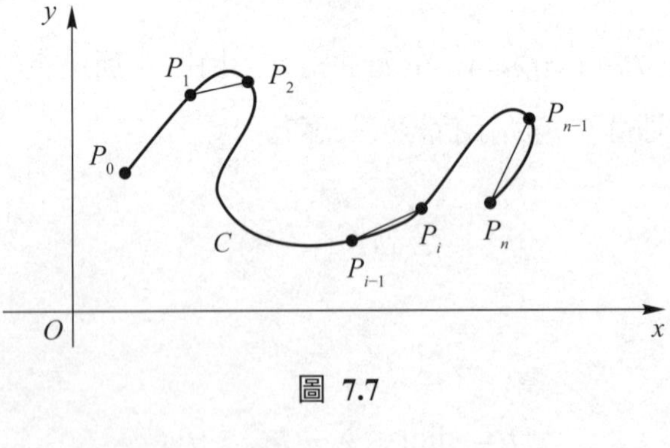

圖 7.7

▶▶ **例題 8**：求曲線 $x = \dfrac{1}{3}t^3$，$y = \dfrac{1}{2}t^2$ $(0 \leq t \leq 1)$ 長度．[提示：利用 (7.2) 式．]

解：因 $\dfrac{dx}{dt} = t^2$，$\dfrac{dy}{dt} = t$，

故 $L = \int_0^1 \sqrt{\left(\dfrac{dx}{dt}\right)^2 + \left(\dfrac{dy}{dt}\right)^2}\, dt = \int_0^1 \sqrt{t^4 + t^2}\, dt$

$= \int_0^1 t\sqrt{t^2+1}\, dt = \left[\dfrac{1}{3}(t^2+1)^{3/2}\right]_0^1 = \dfrac{2\sqrt{2}-1}{3}$

習題 7.1

求 1～5 題各曲線的直角坐標方程式.

1. $x=4t,\ y=6t-t^2$

2. $x=1-\dfrac{1}{t},\ y=t+\dfrac{1}{t}$

3. $x=t^2-t,\ y=t^2$

4. $x=\dfrac{1}{(t-1)^2},\ y=2t+1$

5. $x=2\sin^2 t\cos t,\ y=2\sin t\cos^2 t$

繪出 6～12 題各參數方程式的圖形.

6. $x=4t^2-5,\ y=2t+3,\ t\in \mathbb{R}$

7. $x=e^t,\ y=e^{-2t},\ t\in \mathbb{R}$

8. $x=2\sin t,\ y=3\cos t,\ 0\leq t\leq 2\pi$

9. $x=\cos t-2,\ y=\sin t+3,\ 0\leq t\leq 2\pi$

10. $x=\cos 2t,\ y=\sin t,\ -\pi\leq t\leq \pi$

11. $x=t,\ y=\sqrt{t^2-1},\ |t|\geq 1$

12. $x=-2\sqrt{1-t^2},\ y=t,\ |t|\leq 1$

在 13～15 題的參數方程式給予點 $P(x,\ y)$ 的位置, 其中 t 代表時間, 試描述此點在指定區間中的運動情形.

13. $x=\cos t,\ y=\sin t,\ 0\leq t\leq \pi$

14. $x=\sin t,\ y=\cos t,\ 0\leq t\leq \pi$

15. $x=t,\ y=\sqrt{1-t^2},\ -1\leq t\leq 1$

在 16～20 題不用消去參數直接求 $\dfrac{dy}{dx}$ 與 $\dfrac{d^2y}{dx^2}$.

16. $x=3t^2,\ y=2t^3,\ t\neq 0$

17. $x=2t-\dfrac{3}{t},\ y=2t+\dfrac{3}{t},\ t\neq 0$

18. $x=1-\cos t$, $y=2+3\sin t$, $t \neq n\pi$, 此處 n 為整數

19. $x=\sqrt{t+1}$, $y=t^2-3t$, $t \geq -1$

20. $x=e^{-t}$, $y=te^{2t}$

在 21～25 題不用消去參數直接求所予曲線在指定處之切線的方程式.

21. $x=3t$, $y=8t^3$, $t=-\dfrac{1}{2}$

22. $x=2\sec t$, $y=2\tan t$, $t=-\dfrac{\pi}{6}$

23. $x=2e^t$, $y=\dfrac{1}{3}e^{-t}$, $t=0$

24. $x=t^2+t$, $y=\sqrt{t}$, $t=4$

25. $x=2\sin\theta$, $y=3\cos\theta$, $\theta=\dfrac{\pi}{4}$

在 26～28 題求各曲線上水平切線與垂直切線所在位置的切點.

26. $x=4t^2$, $y=t^3-12t$, $t \in \mathbb{R}$

27. $x=t^3+1$, $y=t^2-2t$, $t \in \mathbb{R}$

28. $x=t(t^2-3)$, $y=3(t^2-3)$, $t \in \mathbb{R}$

在 29～31 題求各積分的值.

29. $\displaystyle\int_0^1 (x^2-4y)\,dx$, 其中 $x=t+1$, $y=t^3+4$.

30. $\displaystyle\int_1^{\sqrt{3}} xy\,dy$, 其中 $x=\sec t$, $y=\tan t$.

31. $\displaystyle\int_1^3 xy^2\,dx$, 其中 $x=2t-1$, $y=t^2+2$.

32. 求曲線 $x=e^{2t}$、$y=e^{-t}$ 由 $t=0$ 到 $t=\ln 5$ 的部分與 x-軸所圍區域的面積.

33. 求曲線 $x=t+\dfrac{1}{t}$、$y=t-\dfrac{1}{t}$ 與直線 $x=\dfrac{10}{3}$ 所圍區域的面積.

34. 求曲線 $x=\sin\theta$、$y=\cos 2\theta$ 與 x-軸所圍區域的面積.

35. 求曲線 $x=e^t\cos t$, $y=e^t\sin t$ $(0 \leq t \leq \pi)$ 的長度.

36. 求曲線 $x=\ln\sin t$, $y=t$ $\left(\dfrac{\pi}{4} \leq t \leq \dfrac{\pi}{2}\right)$ 的長度.

7.2 極坐標

我們知道直角坐標可用來指定平面上的點，若用有序數對 (a, b) 表一點，則它到 x-軸與 y-軸的有向距離分別為 b 與 a. 另外一種表示平面上一點的方法是用**極坐標** (polar coordinate). 為了在平面上引進一極坐標系，我們給予一固定點 O，[稱為**原點** (origin)，或**極點** (pole)]，而由 O 向右作射線，稱為**極軸** (polar axis)；然後，我們考慮在平面上異於 O 的點 P，如圖 7.8 所示. 若 $r = d(O, P)$ 且 θ 表示由極軸與射線 OP 所決定的角，則 r 與 θ 稱為 P 點的極坐標而用符號 (r, θ) 或 $P(r, \theta)$ 來表示 P. 通常，我們規定，若角是由極軸的逆時鐘方向旋轉所產生，則 θ 視為正；若旋轉是順時鐘方向，則 θ 視為負. 弧度或度皆可用來表 θ 的度量.

在圖 7.9 中，另有兩射線，一個是與極軸成 θ 角，稱為射線 θ. 相反的射線與極軸成 $\theta + \pi$ 角，稱為射線 $\theta + \pi$.

圖 7.10 中指出，若干個沿著同一射線的點用極坐標表示.

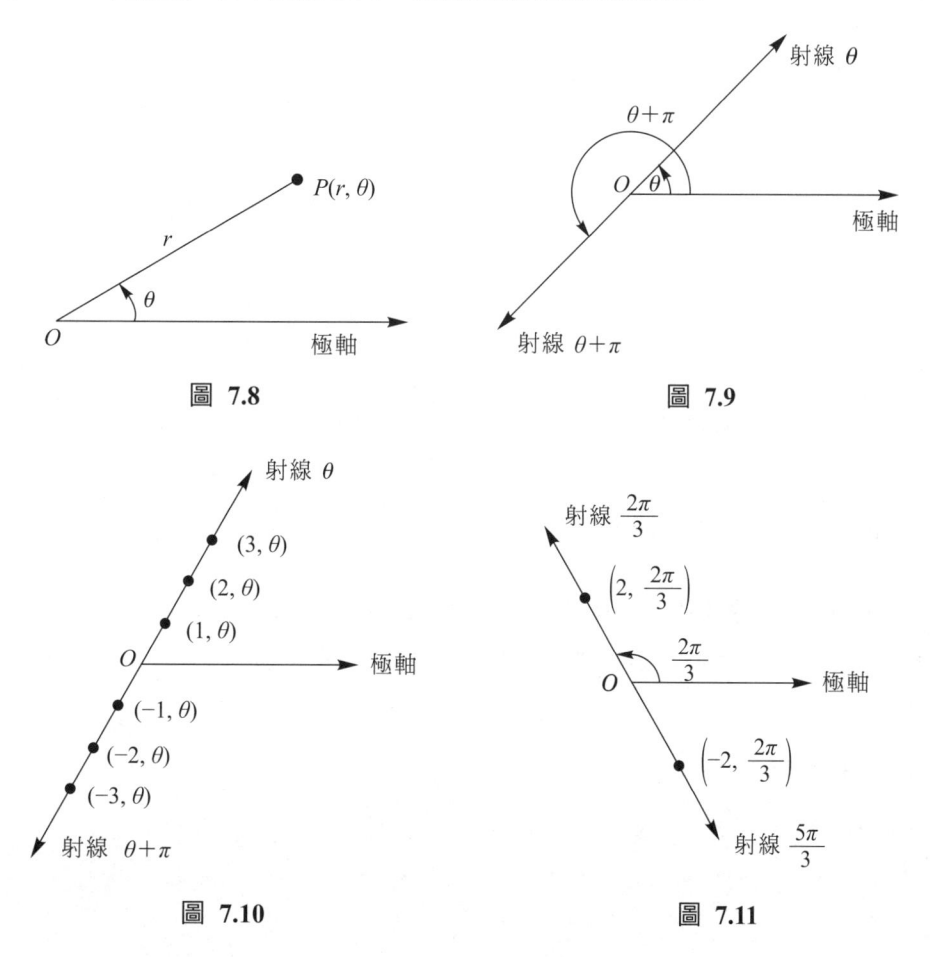

圖 7.8

圖 7.9

圖 7.10

圖 7.11

已知一個點的極坐標為 (r, θ). 若 $r \geq 0$, 則點 (r, θ) 位於射線 θ 上；若 $r < 0$, 則點 (r, θ) 位於射線 $\theta + \pi$ 上.

例如, $\left(2, \dfrac{2\pi}{3}\right)$ 位於射線 $\dfrac{2\pi}{3}$ 上, 它與極的距離為 2 個單位. 點 $\left(-2, \dfrac{2\pi}{3}\right)$ 也是與極的距離為 2 個單位, 但不是位於射線 $\dfrac{2\pi}{3}$ 上, 而是位於其相反的射線上, 如圖 7.11 所示. 一點的極坐標表示法不是唯一的. 例如,

$$P\left(3, \dfrac{\pi}{4}\right)、P\left(3, \dfrac{9\pi}{4}\right)、P\left(3, -\dfrac{7\pi}{4}\right)、P\left(-3, \dfrac{5\pi}{4}\right) 與 P\left(-3, -\dfrac{3\pi}{4}\right)$$

皆表同一點, 如圖 7.12 所示.

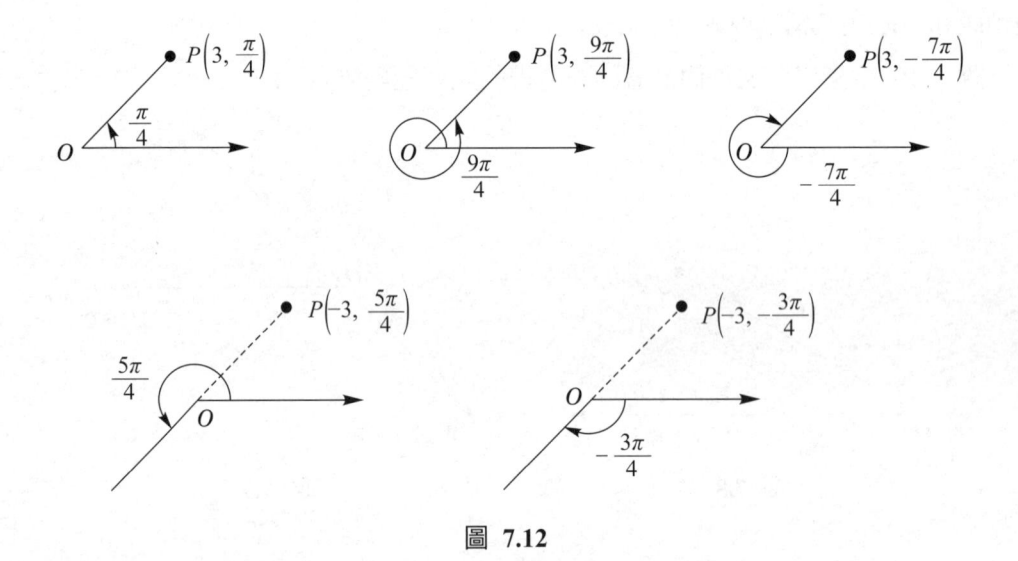

圖 7.12

讀者應特別注意下列三點：

1. 若 $r = 0$, 則無論選擇什麼 θ, 皆是極點, 故對所有 θ, $O = (0, \theta)$.
2. 相差 2π 之整數倍的兩角並無差別. 因此, 對所有整數 n,

$$(r, \theta) = (r, \theta + 2n\pi)$$

如圖 7.13 所示.

3. $(r, \theta + \pi) = (-r, \theta)$, 如圖 7.14 所示.

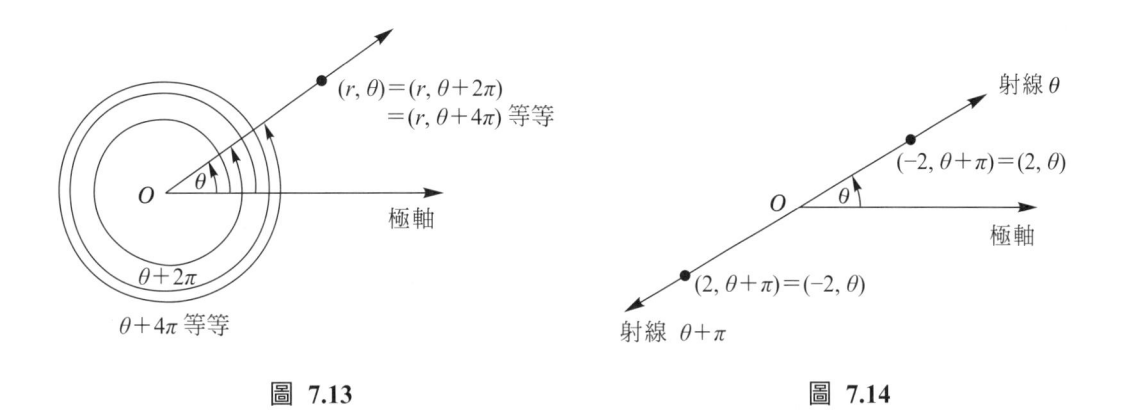

圖 7.13　　　　　　　　　　　**圖 7.14**

　　如圖 7.15 所示，若將極坐標系疊置在直角坐標系上，極點放在原點而極軸沿著 x-軸的正方向，則極坐標 (r, θ) 與直角坐標 (x, y) 之間的關係為

$$x = r\cos\theta, \quad y = r\sin\theta \tag{7.3}$$

由 (7.3) 式可知

$$x^2 + y^2 = r^2 \tag{7.4}$$

$$\tan\theta = \frac{y}{x}. \tag{7.5}$$

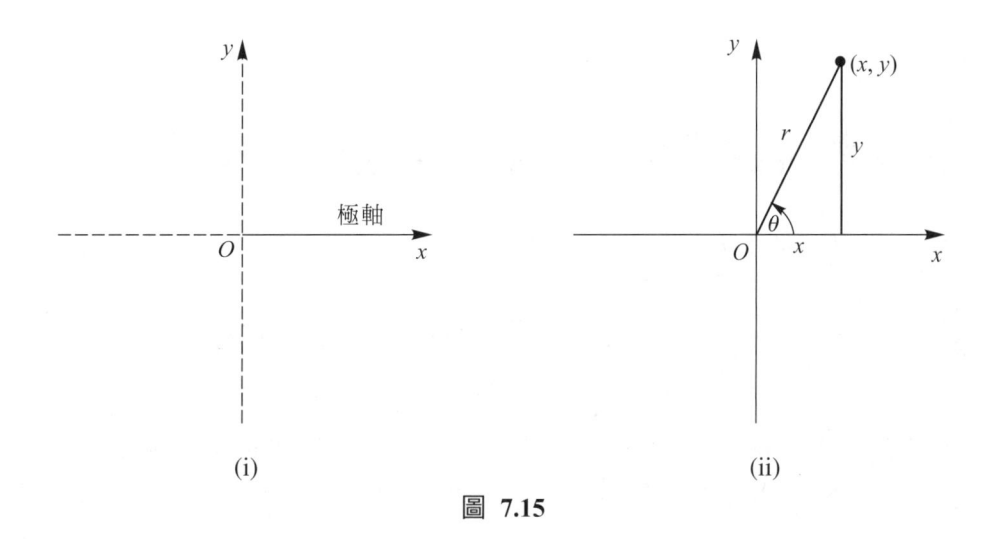

(i)　　　　　　　　　　　(ii)

圖 7.15

▶ 例題 1：求點 $\left(-2, \dfrac{\pi}{3}\right)$ 的直角坐標. [提示：利用 (7.3) 式.]

解：利用 $x = r\cos\theta$, $y = r\sin\theta$, 可得

$$x = -2\cos\dfrac{\pi}{3} = -2\left(\dfrac{1}{2}\right) = -1$$

$$y = -2\sin\dfrac{\pi}{3} = -2\left(\dfrac{\sqrt{3}}{2}\right) = -\sqrt{3}$$

於是，直角坐標為 $(-1, -\sqrt{3})$.

▶ 例題 2：若一點的直角坐標為 $(-2, 2\sqrt{3})$，求此點所有可能的極坐標.
[提示：利用 (7.3) 式.]

解：
$$-2 = r\cos\theta, \quad 2\sqrt{3} = r\sin\theta$$

因而，
$$r^2 = (-2)^2 + (2\sqrt{3})^2 = 16$$

若令 $r = 4$，則

$$-2 = 4\cos\theta, \quad 2\sqrt{3} = 4\sin\theta$$

即，
$$-\dfrac{1}{2} = \cos\theta, \quad \dfrac{\sqrt{3}}{2} = \sin\theta$$

可取 $\theta = \dfrac{2\pi}{3}$ 或 $\theta = \dfrac{2\pi}{3} + 2n\pi$，此處 n 為任意整數.

若令 $r = -4$，則可取

$$\theta = \dfrac{2\pi}{3} + \pi = \dfrac{5\pi}{3} \text{ 或 } \theta = \dfrac{5\pi}{3} + 2n\pi, \text{ 此處 } n \text{ 為任意整數.}$$

於是，極坐標為 $\left(4, \dfrac{2\pi}{3} + 2n\pi\right)$ 或 $\left(-4, \dfrac{5\pi}{3} + 2n\pi\right)$，此處 n 為任意整數.

▶ 例題 3：試證：方程式 $r = 2a\cos\theta$ 代表一圓. [提示：以 r 同乘等號兩邊.]

解：兩邊乘以 r 可得

$$r^2 = 2ar\cos\theta$$
$$x^2 + y^2 = 2ax$$
$$x^2 - 2ax + y^2 = 0$$
$$x^2 - 2ax + a^2 + y^2 = a^2$$
$$(x-a)^2 + y^2 = a^2$$

這是半徑為 a 且圓心在直角坐標為 $(a, 0)$ 的圓.

極方程式是以 r 與 θ 表示的方程式，它的圖形為在 $r\theta$-平面 (極坐標平面) 上滿足所予方程式之所有點的集合．描繪極方程式的圖形除了需計算一些 θ 與 r 的對應值之外，若能再瞭解圖形的對稱性，將更有助於作圖．

定理 7.2 對稱性檢驗法

(1) 若在極方程式中，以 $-r$ 代 r 使得原方程式不變，則其圖形對稱於極點 (原點)，如圖 7.16(i) 所示.

(2) 若在極方程式中，以 $-\theta$ 代 θ 使得原方程式不變，則其圖形對稱於極軸，如圖 7.16(ii) 所示.

(3) 若在極方程式中，以 $\pi - \theta$ 代 θ 使得原方程式不變，則其圖形對稱於 $\theta = \dfrac{\pi}{2}$，如圖 7.16(iii) 所示.

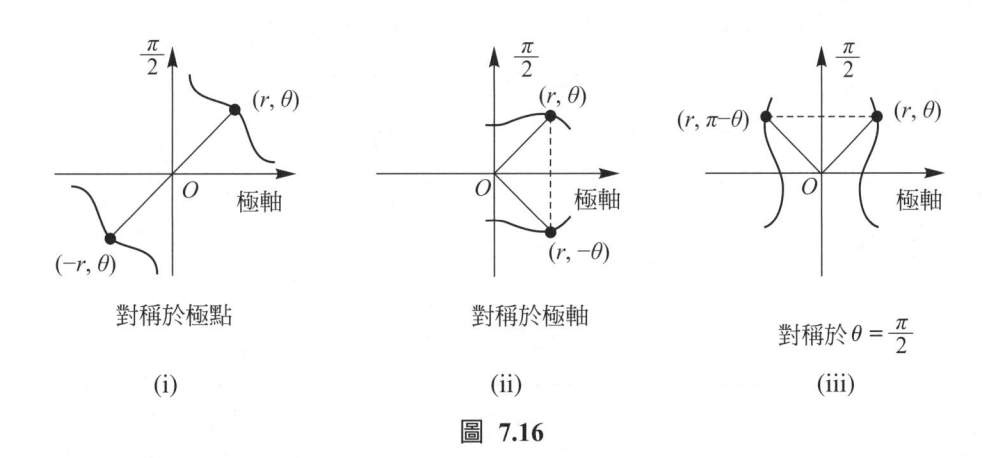

對稱於極點
(i)

對稱於極軸
(ii)

對稱於 $\theta = \dfrac{\pi}{2}$
(iii)

圖 7.16

▶ **例題 4**：作極方程式 $r=4\sin\theta$ 的圖形．[提示：圖形對稱於 $\theta=\dfrac{\pi}{2}$．]

解：若 θ 以 $\pi-\theta$ 取代，則 r 不變．因此，極方程式的圖形對稱於 $\theta=\dfrac{\pi}{2}$．所以，當 θ 由 0 變到 $\dfrac{\pi}{2}$ 時，r 由 0 增到 4．為了有助於描點，下表中列出一些由 0 到 $\dfrac{\pi}{2}$ 的 θ 值及與其對應的 r 值，然後利用對稱性，可作出圖 7.17 所示的圖形．

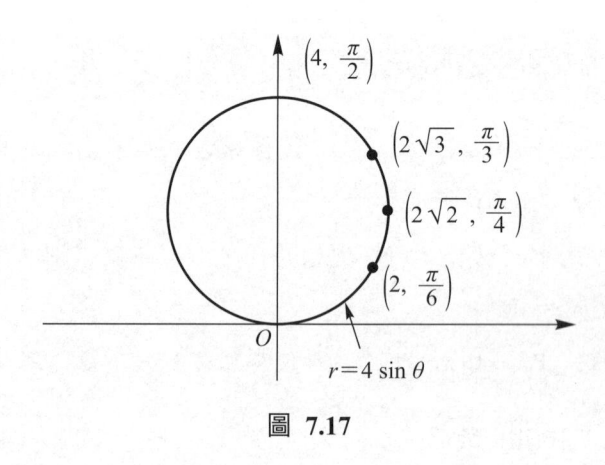

θ	0	$\dfrac{\pi}{6}$	$\dfrac{\pi}{4}$	$\dfrac{\pi}{3}$	$\dfrac{\pi}{2}$
r	0	2	$2\sqrt{2}$	$2\sqrt{3}$	4

圖 7.17

▶ **例題 5**：作極方程式 $r=2(1+\cos\theta)$ 的圖形．[提示：圖形對稱於極軸．]

解：因餘弦函數為偶函數，即，$\cos(-\theta)=\cos\theta$，故對應於 $-\theta$ 的 r 值與對應於 θ 的 r 值相同，由此可知曲線對稱於極軸．我們只需作出 θ 由 0 到 π 的部分，其餘部分可由對稱而得．下表中列出一些由 0 到 π 的 θ 值及與其對應的 r 值．θ 由 0 增到 π，$\cos\theta$ 由 1 減到 -1，r 由 $2a$ 減到 0．由 0 到 π 的圖形如圖 7.18 所示．

θ	0	$\dfrac{\pi}{6}$	$\dfrac{\pi}{3}$	$\dfrac{\pi}{2}$	$\dfrac{2\pi}{3}$	π
r	4	$2+\sqrt{3}$	3	2	1	0

圖 7.18

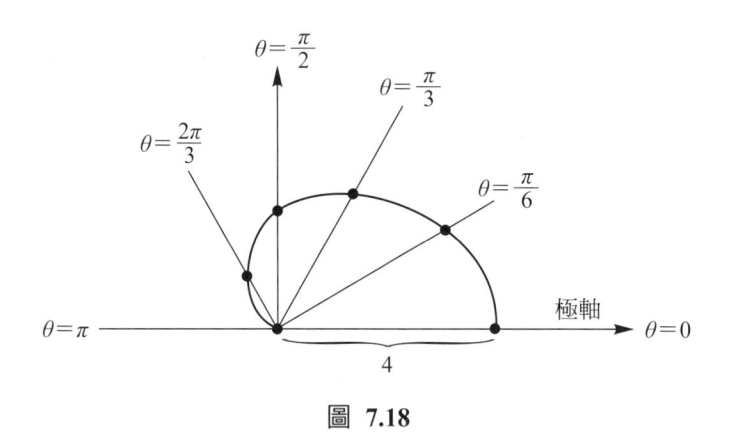

利用對稱性可得全部的圖形，如圖 7.19 中所示之心臟形的圖形，稱為**心臟線** (cardioid)．

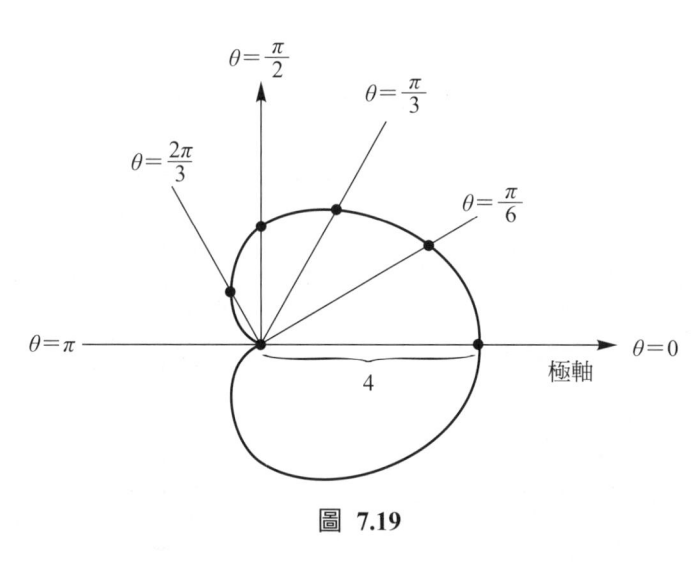

圖 7.19

一般而言，形如

$$r = a(1 + \cos \theta), \qquad r = a(1 + \sin \theta)$$
$$r = a(1 - \cos \theta), \qquad r = a(1 - \sin \theta)$$

中任一者的圖形是一心臟線，其中 a 是一實數．

▶▶ **例題 6**：作極方程式 $r = 2 \sin 3\theta$ 的圖形．[提示：分段作圖．]

解：當 θ 由 0 增到 $\dfrac{\pi}{6}$ 時，r 由 0

增到 2；當 θ 由 $\dfrac{\pi}{6}$ 增到 $\dfrac{\pi}{3}$ 時，r 減到 0. 如圖 7.20 所示.

當 θ 由 $\dfrac{\pi}{3}$ 增到 $\dfrac{\pi}{2}$ 時，r 由 0 減到 -2；當 θ 由 $\dfrac{\pi}{2}$ 增到 $\dfrac{2\pi}{3}$ 時，r 增到 0. 如圖 7.21 所示. (於 θ 在 $\dfrac{\pi}{3}$ 到 $\dfrac{2\pi}{3}$ 之間，$r=2\sin 3\theta$ 為負，點在相反的射線上.)

當 θ 由 $\dfrac{2\pi}{3}$ 增到 $\dfrac{5\pi}{6}$ 時，r 由 0 增到 2；當 θ 由 $\dfrac{5\pi}{6}$ 增到 π 時，r 減到 0. 如圖 7.22 所示.

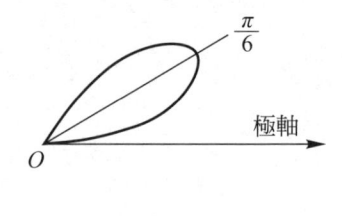

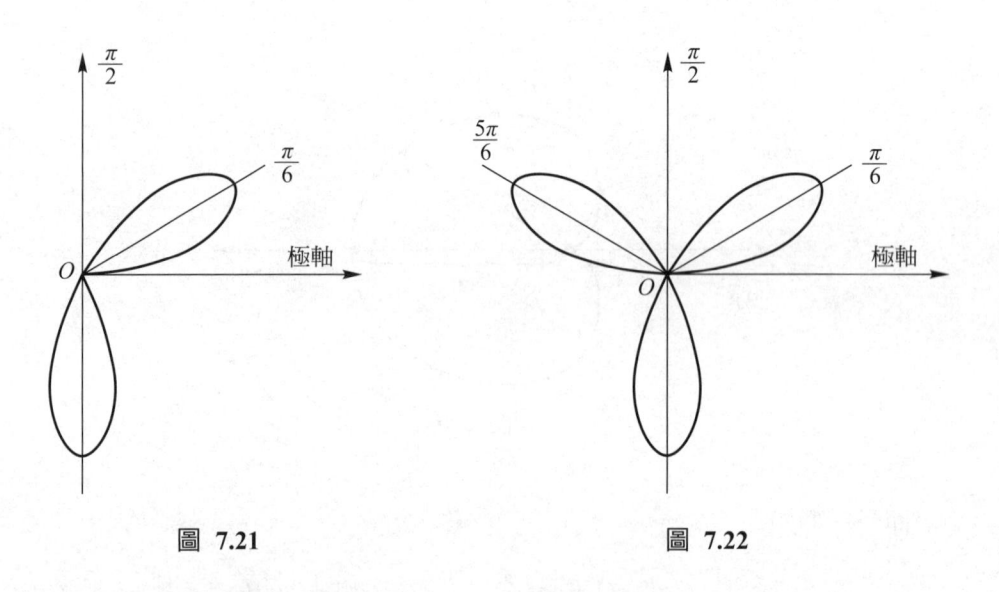

圖 7.20

圖 7.21

圖 7.22

從這個值以後，曲線又再重複.

$$(2\sin 3(\theta+\pi),\ \theta+\pi)=(-2\sin 3\theta,\ \theta+\pi)=(2\sin 3\theta,\ \theta)$$

註：形如 $r=a\sin n\theta$ 或 $r=a\cos n\theta$ 的方程式表示花卉形的曲線，稱為**玫瑰線** (rose). 若 n 為正奇數，則玫瑰線有 n 個等間隔花瓣 (或稱迴圈)；而若 n 為正

偶數，則有 $2n$ 個等間隔花瓣．尤其，當 $n=1$ 時即為一圓，它可被視為單瓣玫瑰線．

對兩個極方程式的圖形，我們可求出它們是否有交點．現在，藉下面的例題以說明之．

▶▶ **例題 7**：求 $r=\sin\theta$ 與 $r=\cos\theta$ $(0\leq\theta<2\pi)$ 等圖形的交點．[提示：注意極點．]

解：由 $\sin\theta=\cos\theta$，可得 $\tan\theta=1$，所以 $\theta=\dfrac{\pi}{4}$ 或 $\dfrac{5\pi}{4}$．由 $r=\sin\theta$ 與 $r=\cos\theta$，我們得知交點為 $\left(\dfrac{\sqrt{2}}{2},\dfrac{\pi}{4}\right)$．點 $\left(-\dfrac{\sqrt{2}}{2},\dfrac{5\pi}{4}\right)$ 也滿足每個方程式，但與 $\left(\dfrac{\sqrt{2}}{2},\dfrac{\pi}{4}\right)$ 表同一點，故捨去．如圖 7.23 所示，$r=\sin\theta$ 與 $r=\cos\theta$ 的圖形皆為圓，兩圖形交於點 $\left(\dfrac{\sqrt{2}}{2},\dfrac{\pi}{4}\right)$ 與極點．點 $(0,0)$ 在 $r=\sin\theta$ 的圖形上，而點 $\left(0,\dfrac{\pi}{2}\right)$ 在 $r=\cos\theta$ 的圖形上．事實上，找不到一個有關極點的唯一坐標能滿足所有的方程式．

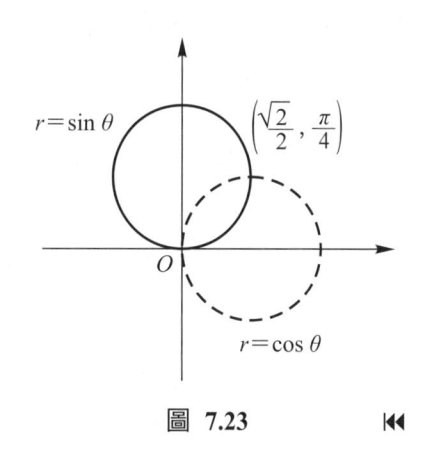

圖 7.23

▶▶ **例題 8**：求 $r=\cos 2\theta$ 與 $r=\cos\theta$ $(0\leq\theta<2\pi)$ 等圖形的交點．
[提示：注意極點．]

解：由 $\cos 2\theta=\cos\theta$，並利用 $\cos 2\theta=2\cos^2\theta-1$，可得

$$2\cos^2\theta-1=\cos\theta$$
$$2\cos^2\theta-\cos\theta-1=0$$
$$(\cos\theta-1)(2\cos\theta+1)=0$$

於是，$\cos\theta=1$ 或 $\cos\theta=-\dfrac{1}{2}$．

因此，$\theta=0$，$\dfrac{2\pi}{3}$，$\dfrac{4\pi}{3}$，故交點坐標為 $(1,0)$、$\left(-\dfrac{1}{2},\dfrac{2\pi}{3}\right)$ 與 $\left(-\dfrac{1}{2},\dfrac{4\pi}{3}\right)$.

對 $r=\cos 2\theta$，令 $r=0$，則 $\cos 2\theta=0$，可得 $\theta=\dfrac{\pi}{4}$. 所以，極點為圖形上的點.

對 $r=\cos\theta$，令 $r=0$，則 $\cos\theta=0$，可得 $\theta=\dfrac{\pi}{2}$. 所以，極點為圖形上的點.

如圖 7.24 所示.

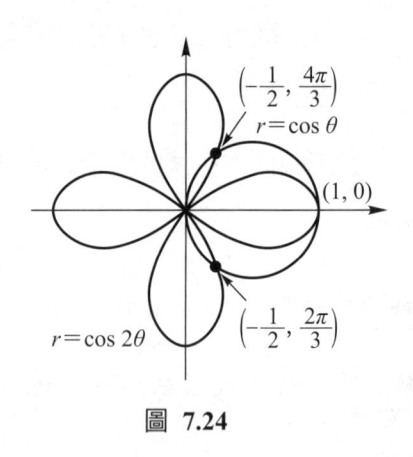

圖 7.24

▶▶ **例題 9**：求心臟線 $r=2(1+\cos\theta)$ 與圓 $r=3$ $(0\leq\theta<2\pi)$ 等圖形的交點.
[提示：解方程組.]

解：令 $2(1+\cos\theta)=3$，則 $2\cos\theta=1$，可得 $\cos\theta=\dfrac{1}{2}$.

因此，$\theta=\dfrac{\pi}{3}$，$\theta=\dfrac{5\pi}{3}$. 兩交點為 $\left(3,\dfrac{\pi}{3}\right)$ 與 $\left(3,\dfrac{5\pi}{3}\right)$. 極點不是交點，如圖 7.25 所示.

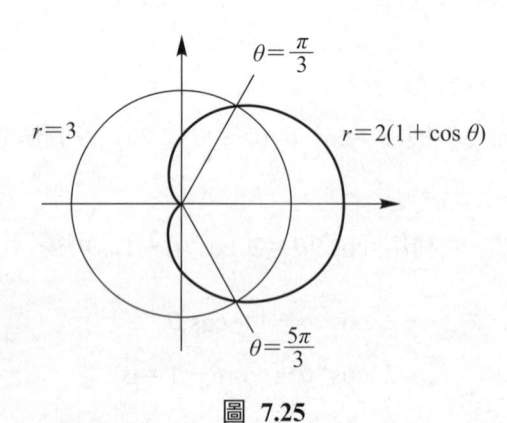

圖 7.25

註：欲求兩個極方程式圖形的交點，可先求解該兩方程式，然後畫出該兩圖形以發現其他可能的交點.

極方程式圖形的切線可藉下面的定理求出.

定理 7.3

極方程式 $r=f(\theta)$ 的圖形在點 $P(r,\theta)$ 之切線的斜率為

$$m=\dfrac{\dfrac{dr}{d\theta}\sin\theta+r\cos\theta}{\dfrac{dr}{d\theta}\cos\theta-r\sin\theta}.$$

證：若 (x,y) 為 $P(r,\theta)$ 的直角坐標，則依 (7.3) 式，

$$x=r\cos\theta=f(\theta)\cos\theta$$
$$y=r\sin\theta=f(\theta)\sin\theta$$

這些可視為圖形的參數方程式，其中 θ 為參數. 應用定理 7.1，在點 (x,y) 之切線的斜率為

$$\dfrac{dy}{dx}=\dfrac{\dfrac{dy}{d\theta}}{\dfrac{dx}{d\theta}}=\dfrac{f'(\theta)\sin\theta+f(\theta)\cos\theta}{f'(\theta)\cos\theta-f(\theta)\sin\theta}=\dfrac{\dfrac{dr}{d\theta}\sin\theta+r\cos\theta}{\dfrac{dr}{d\theta}\cos\theta-r\sin\theta}.$$

若定理 7.3 中 m 之公式中的分子為 0 且分母不為 0，則有水平切線. 若分母為 0 且分子不為 0，則有垂直切線. 我們必須特別注意 $\dfrac{0}{0}$ 的情形. 欲求切線在極點的斜率，需要決定 θ 的值使 $r=0$. 對於這種值（以及 $r=0$），在定理 7.3 中的公式可化成 $m=\tan\theta$.

▶▶ **例題 10**：已知心臟線 $r=2(1+\cos\theta)$，求

(1) 切線在 $\theta=\dfrac{\pi}{6}$ 的斜率　　(2) 切線在極點的斜率

(3) 所有點使得切線在該處為水平　　(4) 所有點使得切線在該處為垂直.

[提示：利用定理 7.3.]

解：$r=2(1+\cos\theta)$ 的圖形如圖 7.26 所示．若應用定理 7.3，則切線的斜率為

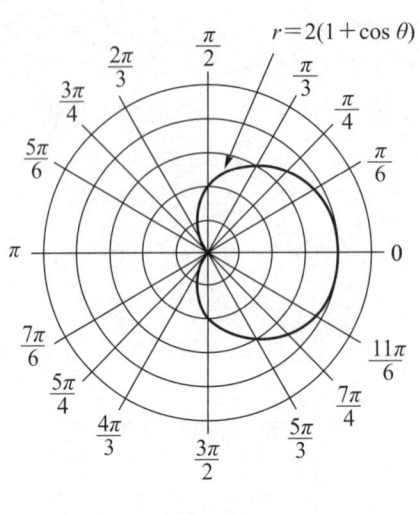

圖 7.26

$$m = \frac{(-2\sin\theta)\sin\theta + 2(1+\cos\theta)\cos\theta}{(-2\sin\theta)\cos\theta - 2(1+\cos\theta)\sin\theta}$$

$$= \frac{2(\cos^2\theta - \sin^2\theta) + 2\cos\theta}{-2(2\sin\theta\cos\theta) - 2\sin\theta}$$

$$= -\frac{\cos 2\theta + \cos\theta}{\sin 2\theta + \sin\theta}$$

(1) 在 $\theta = \dfrac{\pi}{6}$，

$$m = -\frac{\cos\dfrac{\pi}{3} + \cos\dfrac{\pi}{6}}{\sin\dfrac{\pi}{3} + \sin\dfrac{\pi}{6}} = -\frac{\dfrac{1}{2} + \dfrac{\sqrt{3}}{2}}{\dfrac{\sqrt{3}}{2} + \dfrac{1}{2}} = -1$$

(2) 欲求切線在極點的斜率，我們需要 θ 值使得 $r=2(1+\cos\theta)=0$．由此可得 $\theta=\pi$，但是，代入 m 的公式中產生無意義的式子 $\dfrac{0}{0}$．因此，在定理 7.3 中令 $r=0$，可得 $m=\tan\theta$．所以，在極點處，$m=\tan\pi=0$．

(3) 欲求水平切線，令 $\cos 2\theta + \cos\theta = 0$，則

$$2\cos^2\theta - 1 + \cos\theta = 0$$

或

$$(2\cos\theta - 1)(\cos\theta + 1) = 0$$

我們從 $\cos\theta = \dfrac{1}{2}$ 可得 $\theta = \dfrac{\pi}{3}$ 與 $\theta = \dfrac{5\pi}{3}$ 對應點為 $\left(3, \dfrac{\pi}{3}\right)$ 與 $\left(3, \dfrac{5\pi}{3}\right)$.

利用 $\cos\theta = -1$，可得 $\theta = \pi$. 因在 m 之公式中的分母於 $\theta = \pi$ 時為 0，故需要更進一步的檢查. 其實，我們在 (2) 中看出在點 $(0, \pi)$ 有一條水平切線.

(4) 欲求垂直切線，可令 $\sin 2\theta + \sin\theta = 0$，則

$$2\sin\theta\cos\theta + \sin\theta = 0$$

或

$$\sin\theta(2\cos\theta + 1) = 0$$

故得下列的 θ 值：$0, \pi, \dfrac{2\pi}{3}$ 與 $\dfrac{4\pi}{3}$. 我們在 (3) 中已求出由 π 可得水平切線. 利用其餘的值可得點 $(4, 0)$、$\left(1, \dfrac{2\pi}{3}\right)$ 與 $\left(1, \dfrac{4\pi}{3}\right)$，圖形在該處有垂直切線.

習題 ▶ 7.2

在 1～3 題將各點的極坐標化成直角坐標.

1. $\left(4, \dfrac{\pi}{3}\right)$
2. $\left(-3, \dfrac{5\pi}{4}\right)$
3. $\left(-5, \dfrac{\pi}{6}\right)$

在 4～6 題將各點的直角坐標化成極坐標.

4. $(1, \sqrt{3})$
5. $(-2\sqrt{3}, -2)$
6. $\left(-\dfrac{\sqrt{2}}{2}, \dfrac{\sqrt{2}}{2}\right)$

在 7～13 題將各直角坐標方程式化成極方程式.

7. $x = 0$
8. $y = -5$
9. $x + y = 0$
10. $y^2 = 4cx$
11. $x^2 = 8y$
12. $x^2 - y^2 = 16$

13. $9x^2 + 4y^2 = 36$

在 14～18 題將各極方程式化成直角坐標方程式，並作其圖形.

14. $r\cos\theta + 6 = 0$

15. $r - 6\cos\theta = 0$

16. $r^2 - 8r\cos\theta - 4r\sin\theta + 11 = 0$

17. $r = \dfrac{6}{2 - \cos\theta}$

18. $r^2 \sin 2\theta = 4$

在 19～22 題作各極方程式的圖形.

19. $r = 4(1 - \sin\theta)$

20. $r = 4(1 + \sin\theta)$

21. $r = 2\sin 4\theta$

22. $r = e^{\theta/2}$, $\theta \geq 0$

求 23～24 題各極方程式之圖形的交點.

23. $r = 6$, $r = 4(1 + \cos\theta)$

24. $r = 1 - \cos\theta$, $r = 1 + \cos\theta$

求下列極方程式的圖形在指定 θ 值之切線的斜率.

25. $r = 4\cos\theta$, $\theta = \dfrac{\pi}{3}$

26. $r = 4(1 - \sin\theta)$, $\theta = 0$

27. $r = 8\cos 3\theta$, $\theta = \dfrac{\pi}{4}$

28. $r = 2^\theta$, $\theta = \pi$

7.3 利用極坐標求面積與弧長

　　某些由極方程式的圖形所圍區域的面積可以應用一些扇形區域面積之和的極限而求得. 假設非負值的函數 $r = f(\theta)$ 在 $[\alpha, \beta]$ 為連續. 我們要求 $r = f(\theta)$ 的圖形與兩條射線 $\theta = \alpha$ 與 $\theta = \beta$ 所圍區域 R 的面積, 如圖 7.27 所示. 今考慮

$$\alpha = \theta_0 < \theta_1 < \theta_2 < \cdots < \theta_n = \beta$$

且令 $\Delta\theta_i = \theta_i - \theta_{i-1}$, $i = 1, 2, \cdots, n$. 若 θ_i^* 為第 i 個子區間 $[\theta_{i-1}, \theta_i]$ 中任一數, 則半徑為 $r_i^* = f(\theta_i^*)$ 的扇形面積 (見圖 7.28) 為

$$\Delta A_i = \dfrac{1}{2}[f(\theta_i^*)]^2 \Delta\theta_i$$

而 $\Delta\theta_i$ 為扇形的圓心角. 於是, 黎曼和

$$\sum_{i=1}^{n} \frac{1}{2} [f(\theta_i^*)]^2 \Delta\theta_i$$

近似於 R 的面積 A.

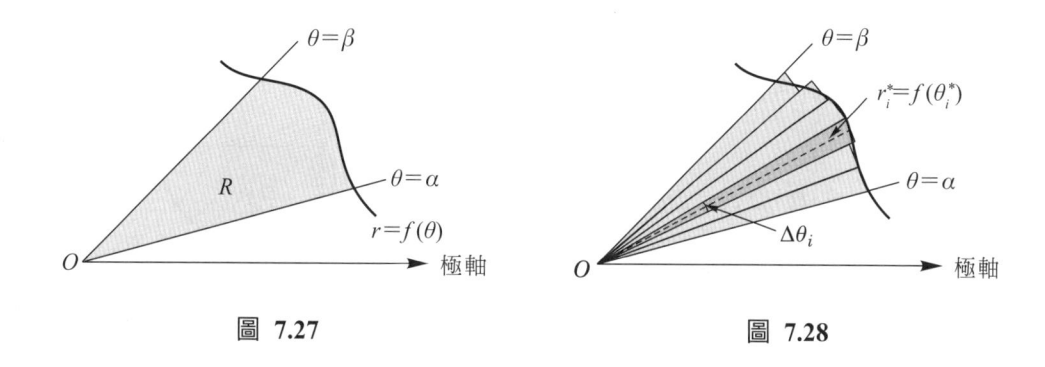

圖 7.27

圖 7.28

我們定義 A 為上式在 $\max \Delta x_i \to 0$ 時的極限, 即,

$$A = \lim_{\max \Delta\theta_i \to 0} \sum_{i=1}^{n} \frac{1}{2} [f(\theta_i^*)]^2 \Delta\theta_i = \int_{\alpha}^{\beta} \frac{1}{2} [f(\theta)]^2 d\theta$$

或

$$A = \int_{\alpha}^{\beta} \frac{1}{2} r^2 d\theta.$$

定義 7.3

若正值函數 $r=f(\theta)$ 在 $[\alpha, \beta]$ 為連續, 則由曲線 $r=f(\theta)$ 與兩射線 $\theta=\alpha$, $\theta=\beta$ 所圍區域的面積為

$$A = \int_{\alpha}^{\beta} \frac{1}{2} [f(\theta)]^2 d\theta = \int_{\alpha}^{\beta} \frac{1}{2} r^2 d\theta.$$

因半徑為 a 之圓的極方程式為 $r=a$, 故圓區域的面積為

$$A = \int_{0}^{2\pi} \frac{1}{2} r^2 d\theta = \frac{1}{2} \int_{0}^{2\pi} a^2 d\theta = \pi a^2.$$

▶ **例題 1**：求心臟線 $r=2(1+\cos\theta)$ 所圍區域的面積. [提示：圖形對稱於極軸.]

解：區域繪於圖 7.29 中. 利用對稱性，我們將求此區域的上半部面積而將結果乘以 2 倍. 於是，

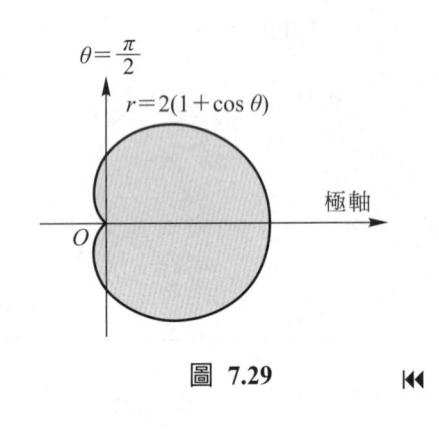

$$\begin{aligned}
A &= 2\int_0^\pi \frac{1}{2}[2(1+\cos\theta)]^2\,d\theta \\
&= \int_0^\pi (4+8\cos\theta+4\cos^2\theta)\,d\theta \\
&= \int_0^\pi (6+8\cos\theta+2\cos 2\theta)\,d\theta \\
&= \left[6\theta+8\sin\theta+\sin 2\theta\right]_0^\pi = 6\pi.
\end{aligned}$$

圖 7.29

▶ **例題 2**：求三瓣玫瑰線 $r=2\cos 3\theta$ 所圍區域的面積. [提示：區域對稱於極軸.]

解：三瓣玫瑰線的圖形如圖 7.30 所示. 當 θ 由 0 變到 π 時，則得三瓣玫瑰線右瓣上半部的圖形，其占全部面積的 $\frac{1}{6}$，故其面積為

$$\begin{aligned}
A &= 6\int_0^{\pi/6} \frac{1}{2}(4\cos^2 3\theta)\,d\theta \\
&= 12\int_0^{\pi/6} \frac{1+\cos 6\theta}{2}\,d\theta \\
&= 12\left[\frac{\theta}{2}+\frac{\sin 6\theta}{12}\right]_0^{\pi/6} = 12\left(\frac{\pi}{12}\right) = \pi.
\end{aligned}$$

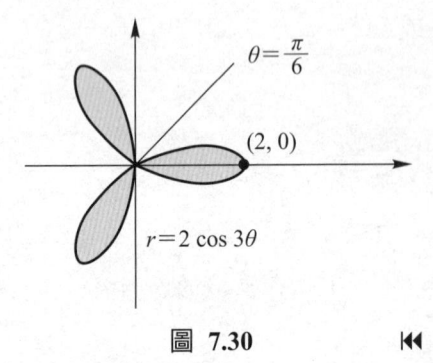

圖 7.30

若我們想計算兩曲線

$$r=f(\theta),\ r=g(\theta)\quad(0\le g(\theta)\le f(\theta))$$

與兩射線

$$\theta=\alpha,\ \theta=\beta\quad(0\le\alpha<\beta<2\pi)$$

所圍區域 R 的面積 A，如圖 7.31 所示，則我們首先計算 $r=f(\theta)$ 與兩射線所圍的面積，然後再減去 $r=g(\theta)$ 與兩射線所圍的面積，可得下面公式

$$A=\frac{1}{2}\int_\alpha^\beta \{[f(\theta)]^2-[g(\theta)]^2\}\,d\theta.$$

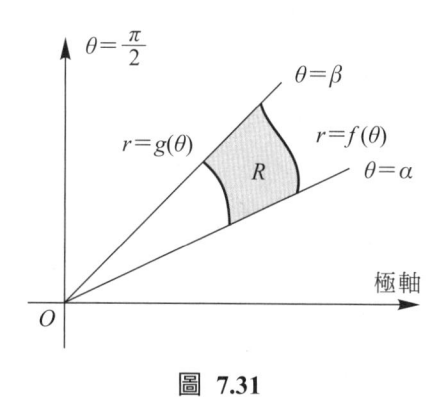

圖 7.31

▶ **例題 3**：求同時在心臟線 $r=1+\cos\theta$ 外部與圓 $r=3\cos\theta$ 內部的區域面積。

[提示：區域對稱於極軸。]

解：如圖 7.32 所示，我們要求區域 R 的面積 A。首先求交點，令

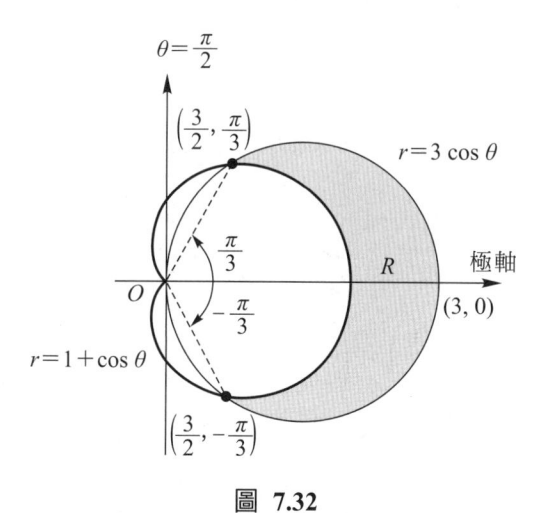

圖 7.32

$$1+\cos\theta=3\cos\theta$$

可得

$$\cos\theta=\frac{1}{2}, \quad 故\ \theta=\pm\frac{\pi}{3}.$$

依對稱性，我們計算極軸上半部的面積，然後再乘以 2，即為所欲求的面積．所以，

$$A = 2\int_0^{\pi/3} \frac{1}{2}[(3\cos\theta)^2 - (1+\cos\theta)^2]\,d\theta$$

$$= \int_0^{\pi/3} (9\cos^2\theta - 1 - 2\cos\theta - \cos^2\theta)\,d\theta$$

$$= \int_0^{\pi/3} (8\cos^2\theta - 2\cos\theta - 1)\,d\theta$$

$$= \int_0^{\pi/3} \left[8\left(\frac{1+\cos 2\theta}{2}\right) - 2\cos\theta - 1\right]d\theta$$

$$= \left[3\theta + 2\sin 2\theta - 2\sin\theta\right]_0^{\pi/3} = \pi.$$

假設曲線 C 所定義的極方程式為 $r = f(\theta)$，此處 f 在 $[\alpha, \beta]$ 為連續且具有連續的導函數．利用直角坐標與極坐標的關係，可得曲線 C 的參數方程式如下：

$$x = r\cos\theta = f(\theta)\cos\theta$$
$$y = r\sin\theta = f(\theta)\sin\theta, \quad \alpha \leq \theta \leq \beta$$

因

$$\frac{dx}{d\theta} = -r\sin\theta + \frac{dr}{d\theta}\cos\theta$$

$$\frac{dy}{d\theta} = r\cos\theta + \frac{dr}{d\theta}\sin\theta$$

$$\left(\frac{dx}{d\theta}\right)^2 + \left(\frac{dy}{d\theta}\right)^2 = r^2 + \left(\frac{dr}{d\theta}\right)^2$$

故由 (7.2) 式可得

$$L = \int_\alpha^\beta \sqrt{\left(\frac{dx}{d\theta}\right)^2 + \left(\frac{dy}{d\theta}\right)^2}\,d\theta = \int_\alpha^\beta \sqrt{r^2 + \left(\frac{dr}{d\theta}\right)^2}\,d\theta. \tag{7.6}$$

▶▶ **例題 4**：求心臟線 $r=a(1-\cos\theta)$ 的全長 $(a>0)$. [提示：利用 (7.6) 式.]

解：$L=2\int_0^\pi \sqrt{r^2+\left(\dfrac{dr}{d\theta}\right)^2}\,d\theta=2\int_0^\pi \sqrt{a^2(1-\cos\theta)^2+a^2\sin^2\theta}\,d\theta$

$=2\sqrt{2}\,a\int_0^\pi \sqrt{1-\cos\theta}\,d\theta=2\sqrt{2}\,a\int_0^\pi \sqrt{2\sin^2\dfrac{\theta}{2}}\,d\theta$

$=4a\int_0^\pi \left|\sin\dfrac{\theta}{2}\right|d\theta=4a\int_0^\pi \sin\dfrac{\theta}{2}\,d\theta=8a.$

習題 ▶ 7.3

求 1～5 題各極方程式圖形所圍區域的面積.

1. $r=4(1-\cos\theta)$
2. $r=7(1-\sin\theta)$
3. $r=3+\cos\theta$
4. $r=\sin 2\theta$
5. $r=4+\sin\theta$
6. 求同時在圓 $r=3\sin\theta$ 內部與心臟線 $r=1+\sin\theta$ 外部之區域的面積.
7. 求同時在圓 $r=2$ 外部與圓 $r=4\cos\theta$ 內部之區域的面積。
8. 於第二象限中，求同時在心臟線 $r=2(1+\sin\theta)$ 內部與心臟線 $r=2(1+\cos\theta)$ 外部之區域的面積。
9. 求曲線 $r=e^{-\theta}$ 由 $\theta=0$ 到 $\theta=2\pi$ 的長度.
10. 求曲線 $r=2^\theta$ 由 $\theta=0$ 到 $\theta=\pi$ 的長度.
11. 求曲線 $r=\cos^2\dfrac{\theta}{2}$ 由 $\theta=0$ 到 $\theta=\pi$ 的長度.

綜合 ▶ 習題

1. 求 $r^2-6r(\cos\theta+\sin\theta)+9=0$ 的直角坐標方程式，並作其圖形.
2. 求 $r^2\cos 2\theta=9$ 的直角坐標方程式，並作其圖形.

3. 作 $r=5\sin\theta$ 與 $r=2+\sin\theta$ 的圖形.

4. 求 $r=3(1+\cos\theta)$ 的圖形在 $\theta=\dfrac{\pi}{6}$ 的切線斜率.

5. 求圓 $r=1$ 與四瓣玫瑰線 $r=2\sin 2\theta$ 所圍共同區域在第一象限的面積.

6. 求曲線 $r=e^{\theta/2}$ 由 $\theta=0$ 到 $\theta=2\pi$ 的長度.

Chapter 08

無窮級數

8.1 無窮數列

無窮級數的理論是建立在無窮數列上，所以，我們先討論無窮數列的觀念，再來討論無窮級數.

定義 8.1

無窮數列 (infinite sequence of numbers) 是一個函數，其定義域為所有大於或等於某正整數 n_0 的正整數所成的集合.

通常，n_0 取為 1，因而無窮數列的定義域為所有正整數的集合，即 $\mathbb{N}$. 然而，有時候，為了使數列有定義，其定義域不一定從 1 開始.

若 f 為一無窮數列，則對每一正整數 n 恰有一實數 $f(n)$ 與其對應.

$$
\begin{array}{ccccc}
1, & 2, & 3, & 4, \cdots, & n, \cdots \\
\downarrow & \downarrow & \downarrow & \downarrow & \downarrow \\
f(1), & f(2), & f(3), & f(4), \cdots, & f(n), \cdots
\end{array}
$$

若令 $a_n = f(n)$，則上式可寫成

$$a_1, a_2, a_3, \cdots, a_n, \cdots$$

記為 $\{a_1, a_2, a_3, \cdots, a_n, \cdots\}$，其中 a_1 稱為無窮數列的**首項** (first term)，a_2 稱為

第二項 (second term)，a_n 稱為第 n 項 (nth term). 有時候，我們將上面的數列表成 $\{a_n\}_{n=1}^{\infty}$ 或 $\{a_n\}$. 例如，$\{3^n\}$ 表示第 n 項為 $a_n=3^n$ 的數列，由定義 8.1 知，數列 $\{3^n\}$ 為對每一正整數 n 滿足 $f(n)=3^n$ 的函數 f.

　　因數列是函數，故我們可以作出它的圖形，方法有兩種：一者是在數線上描出數 a_n 的位置，另一者是在坐標平面上描出點 $(n,\ a_n)$ 的位置. 例如，數列 $\left\{\dfrac{1}{n}\right\}_{n=1}^{\infty}$ 的圖形如圖 8.1 所示.

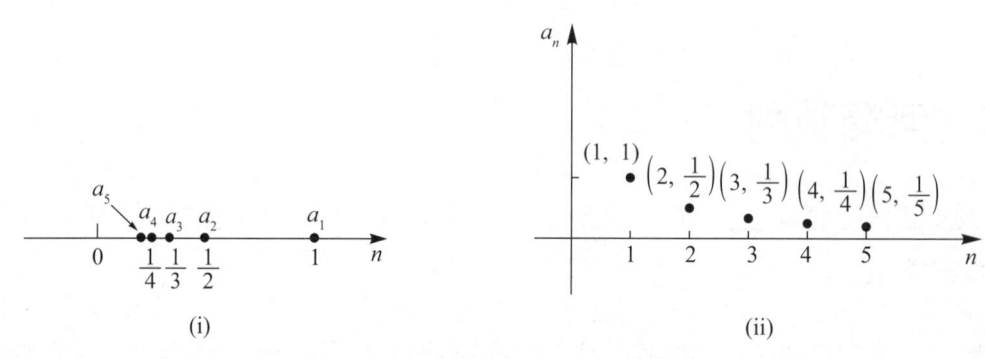

圖 8.1

定義 8.2

給予數列 $\{a_n\}$ 且 L 為一實數，若對任一 $\varepsilon>0$，存在一正整數 N 使得 $n>N$ 時，$|a_n-L|<\varepsilon$ 恆成立，則稱 L 為數列 $\{a_n\}$ 的極限 (limit)，以 $\lim\limits_{n\to\infty}a_n=L$ 表示.

若 $\lim\limits_{n\to\infty}a_n=L$ 成立，則稱數列 $\{a_n\}$ 收斂到 L. 倘若 $\lim\limits_{n\to\infty}a_n$ 不存在，則稱此數列 $\{a_n\}$ 無極限，或稱 $\{a_n\}$ 發散.

$\lim\limits_{n\to\infty}a_n=L$ 也可寫成：當 $n\to\infty$ 時，$a_n\to L$；或表成 $a_n\to L$.

▶ **例題 1**：試證：數列 $\left\{\dfrac{1}{n}\right\}$ 收斂到 0. [提示：利用定義 8.2.]

解：令 $a_n=\dfrac{1}{n}$, $L=0$. 欲證明 $\dfrac{1}{n}\to 0$，我們必須證明對任意 $\varepsilon>0$，存在一正整數 N 使得對所有 n,

$$n > N \Rightarrow \left| \frac{1}{n} - 0 \right| < \varepsilon$$

因為
$$\left| \frac{1}{n} - 0 \right| = \left| \frac{1}{n} \right| = \frac{1}{n}$$

所以我們想得知
$$\frac{1}{n} < \varepsilon, \ \forall n > N$$

亦即,
$$n > \frac{1}{\varepsilon}, \ \forall n > N$$

我們只要選擇正整數 N 大於 $\frac{1}{\varepsilon}$, 則對大於 N 的任意 n 會大於 $\frac{1}{\varepsilon}$,

故
$$\lim_{n \to \infty} a_n = \lim_{n \to \infty} \frac{1}{n} = 0, \ \text{即}, \ \left\{ \frac{1}{n} \right\} \text{收斂到 } 0.$$

定理 8.1　唯一性

若 $\lim\limits_{n \to \infty} a_n = L$ 且 $\lim\limits_{n \to \infty} a_n = M$, 則 $L = M$.

例如, $a_n = (-1)^n + \frac{1}{n}$,

而
$$\lim_{n \to \infty} a_n = \begin{cases} 1, & n \text{ 為正偶數} \\ -1, & n \text{ 為正奇數} \end{cases}$$

圖形如圖 8.2 所示. 因 $\lim\limits_{n \to \infty} a_n$ 未能趨近某定數 L, 故 $\{a_n\}$ 發散.

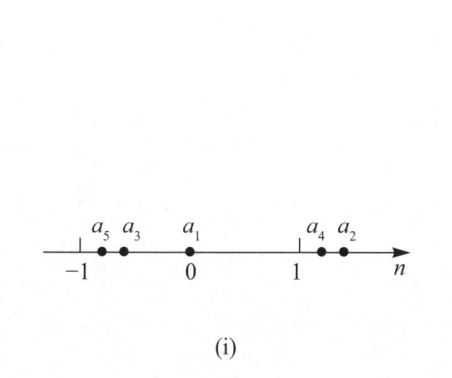

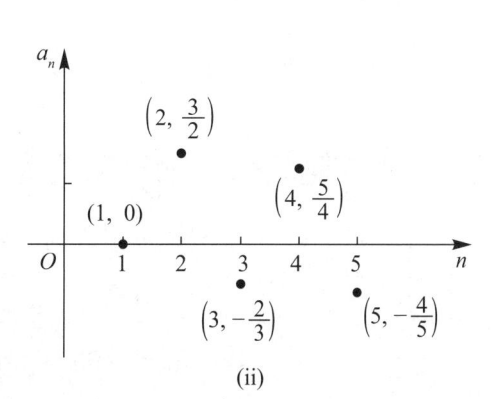

圖 8.2

若選取的 n 足夠大時，a_n 能夠隨心所欲的變大，則數列 $\{a_n\}$ 沒有極限，此時可記為 $\lim\limits_{n\to\infty} a_n = \infty$.

定理 8.2

(1) $\lim\limits_{n\to\infty} r^n = 0$ (若 $|r| < 1$).   (2) $\lim\limits_{n\to\infty} |r^n| = \infty$ (若 $|r| > 1$).

有關無窮數列的極限定理與函數在無限大處極限定理相類似，故下面的定理只敘述而不予以證明．

定理 8.3

設 $\{a_n\}$ 與 $\{b_n\}$ 皆為收斂數列．若 $\lim\limits_{n\to\infty} a_n = A$ 且 $\lim\limits_{n\to\infty} b_n = B$，則

(1) $\lim\limits_{n\to\infty} (ka_n) = k \lim\limits_{n\to\infty} a_n = kA$, k 為常數.

(2) $\lim\limits_{n\to\infty} (a_n + b_n) = \lim\limits_{n\to\infty} a_n + \lim\limits_{n\to\infty} b_n = A + B$

(3) $\lim\limits_{n\to\infty} a_n b_n = (\lim\limits_{n\to\infty} a_n)(\lim\limits_{n\to\infty} b_n) = AB$

(4) $\lim\limits_{n\to\infty} \dfrac{a_n}{b_n} = \dfrac{\lim\limits_{n\to\infty} a_n}{\lim\limits_{n\to\infty} b_n} = \dfrac{A}{B}$, $B \neq 0$

▶ **例題 2**：求數列 $\{\sqrt{2},\ \sqrt{2\sqrt{2}},\ \sqrt{2\sqrt{2\sqrt{2}}},\ \cdots\}$ 的極限. [提示：表出 a_n.]

解：$a_1 = \sqrt{2}$, $a_2 = 2^{1/2} \cdot 2^{1/4} = 2^{3/4}$, $a_3 = 2^{1/2} \cdot 2^{1/4} \cdot 2^{1/8} = 2^{7/8}$, $\cdots$,

$a_n = 2^{1-1/2^n}$, 故 $\lim\limits_{n\to\infty} a_n = \lim\limits_{n\to\infty} 2^{1-1/2^n} = 2$. 所以，數列的極限為 2.

定理 8.4　無窮數列的夾擠定理

設 $\{a_n\}$、$\{b_n\}$ 與 $\{c_n\}$ 皆為無窮數列，對所有正整數 $n \geq n_0$（n_0 為某固定正整數）恆有 $a_n \leq b_n \leq c_n$.

若 $\lim\limits_{n\to\infty} a_n = \lim\limits_{n\to\infty} c_n = L$，則 $\lim\limits_{n\to\infty} b_n = L$.

▶ **例題 3**：求數列 $\left\{\dfrac{\cos^2 n}{3^n}\right\}$ 的極限. [提示：利用定理 8.4.]

解：因對每一正整數 n 皆有 $0 < \cos^2 n < 1$，故

$$0 < \frac{\cos^2 n}{3^n} < \frac{1}{3^n}$$

由定理 8.4 及 $r = \dfrac{1}{3}$，可得

$$\lim_{n\to\infty} \frac{1}{3^n} = \lim_{n\to\infty} \left(\frac{1}{3}\right)^n = 0$$

所以，

$$\lim_{n\to\infty} \frac{\cos^2 n}{3^n} = 0$$

故數列的極限為 0.

定理 8.5

設 $\lim\limits_{n\to\infty} a_n = L$ 且每一數 a_n 皆在函數 f 的定義域內，又 f 在 L 為連續，則

$$\lim_{n\to\infty} f(a_n) = f(L)$$

即，
$$\lim_{n\to\infty} f(a_n) = f(\lim_{n\to\infty} a_n).$$

▶ **例題 4**：求數列 $\left\{\cos\left(\dfrac{\pi n - 2}{3n}\right)\right\}$ 的極限. [提示：利用定理 8.5.]

解：令 $f(x) = \cos x$，因 $\lim\limits_{n\to\infty} \dfrac{\pi n - 2}{3n} = \dfrac{\pi}{3}$，而 f 在 $\dfrac{\pi}{3}$ 為連續，

故 $$\lim_{n\to\infty} \cos\left(\frac{\pi n - 2}{3n}\right) = \cos\left(\lim_{n\to\infty} \frac{\pi n - 2}{3n}\right) = \cos\frac{\pi}{3} = \frac{1}{2}$$

所以，數列的極限為 $\dfrac{1}{2}$.

下面的定理對於求數列的極限非常有用.

定理 8.6

設 f 為定義在 $x \geq n_0$ (n_0 為某固定正整數) 的函數，$\{a_n\}$ 為一數列使得對 $n \geq n_0$ 恆有 $a_n = f(n)$.

(1) 若 $\lim\limits_{x \to \infty} f(x) = L$，則 $\lim\limits_{n \to \infty} a_n = L$.

(2) 若 $\lim\limits_{x \to \infty} f(x) = \infty$ (或 $-\infty$)，則 $\lim\limits_{n \to \infty} a_n = \infty$ (或 $-\infty$).

註：定理 8.6 的逆敘述不一定成立. 例如：$\lim\limits_{n \to \infty} \sin \pi n = 0$，但 $\lim\limits_{x \to \infty} \pi x$ 不存在.

定理 8.6 告訴我們能夠應用函數的極限定理 (當 $x \to \infty$) 求數列的極限. 最重要的是羅必達法則的應用，說明如下：

若 $a_n = f(n)$，$b_n = g(n)$，當 $x \to \infty$ 時，$\lim\limits_{x \to \infty} \dfrac{f(x)}{g(x)}$ 為不定型 $\dfrac{\infty}{\infty}$，則

$$\lim_{n \to \infty} \frac{a_n}{b_n} = \lim_{x \to \infty} \frac{f(x)}{g(x)} = \lim_{x \to \infty} \frac{f'(x)}{g'(x)},$$ 倘若右端的極限存在.

▶ **例題 5**：求 $\lim\limits_{n \to \infty} \dfrac{\ln n}{n}$. [提示：利用羅必達法則.]

解：設 $f(x) = \dfrac{\ln x}{x}$，$x \geq 1$，則

$$\lim_{x \to \infty} \frac{\ln x}{x} = \lim_{x \to \infty} \frac{1}{x} = 0$$

故

$$\lim_{n \to \infty} \frac{\ln n}{n} = 0.$$

當我們在使用羅必達法則去求數列的極限時，往往視 n 為變數，而對 n 直接微分.

▶▶ 例題 6：利用羅必達法則求下列各數列的極限.

(1) $\left\{\dfrac{\ln n}{n^2}\right\}$ (2) $\left\{\dfrac{e^n}{n+3e^n}\right\}$

解：

(1) $\displaystyle\lim_{n\to\infty}\dfrac{\ln n}{n^2}=\lim_{n\to\infty}\dfrac{\dfrac{1}{n}}{2n}=\lim_{n\to\infty}\dfrac{1}{2n^2}=0.$

(2) $\displaystyle\lim_{n\to\infty}\dfrac{e^n}{n+3e^n}=\lim_{n\to\infty}\dfrac{e^n}{1+3e^n}=\lim_{n\to\infty}\dfrac{e^n}{3e^n}=\dfrac{1}{3}.$

表 8.1 中的極限非常重要，在求數列的極限時常常會用到.

表 8.1

1. $\displaystyle\lim_{n\to\infty}\dfrac{\ln n}{n}=0$ 2. $\displaystyle\lim_{n\to\infty}\sqrt[n]{n}=1$

3. $\displaystyle\lim_{n\to\infty}x^{\frac{1}{n}}=1\ (x>0)$ 4. $\displaystyle\lim_{n\to\infty}x^n=0\ (|x|<1)$

5. $\displaystyle\lim_{n\to\infty}\left(1+\dfrac{x}{n}\right)^n=e^x$ 6. $\displaystyle\lim_{n\to\infty}\dfrac{x^n}{n!}=0$

定義 8.3

(1) 若 $a_1<a_2<a_3<\cdots<a_n<\cdots$，則數列 $\{a_n\}$ 稱為**遞增** (increasing).
(2) 若 $a_1\leq a_2\leq a_3\leq\cdots\leq a_n\leq\cdots$，則數列 $\{a_n\}$ 稱為**非遞減** (nondecreasing).
(3) 若 $a_1>a_2>a_3>\cdots>a_n>\cdots$，則數列 $\{a_n\}$ 稱為**遞減** (decreasing).
(4) 若 $a_1\geq a_2\geq a_3\geq\cdots\geq a_n\geq\cdots$，則數列 $\{a_n\}$ 稱為**非遞增** (nonincreasing).
以上數列 $\{a_n\}$ 皆稱為**單調** (monotonic).

遞增數列是非遞減，但反之未必；遞減數列是非遞增，但反之未必.

我們經常可能在寫出數列的最初幾項後，猜測數列是遞增、遞減、非遞增或非遞減. 然而，為了確定猜測是正確的，我們可利表 8.2 所列情形加以判斷.

表 8.2

連續兩項的差	類型
$a_n - a_{n+1} < 0$	遞增
$a_n - a_{n+1} > 0$	遞減
$a_n - a_{n+1} \leq 0$	非遞減
$a_n - a_{n+1} \geq 0$	非遞增

另外，對各項皆為正的數列，我們可利用表 8.3 判斷該數列是屬哪一種類型.

表 8.3

連續兩項的比	類型
$\dfrac{a_{n+1}}{a_n} > 1$	遞增
$\dfrac{a_{n+1}}{a_n} < 1$	遞減
$\dfrac{a_{n+1}}{a_n} \geq 1$	非遞減
$\dfrac{a_{n+1}}{a_n} \leq 1$	非遞增

最後，若 $f(n) = a_n$ 為數列的第 n 項，又對 $x \geq 1$，f 為可微分，則我們可利用表 8.4 確定該數列是屬哪一種類型.

表 8.4

$f'(x)\,(x \geq 1)$	具有第 n 項 $a_n = f(n)$ 的數列的類型
$f'(x) > 0$	遞增
$f'(x) < 0$	遞減
$f'(x) \geq 0$	非遞減
$f'(x) \leq 0$	非遞增

定義 8.4

(1) 若存在一數 M 使得 $a_n \leq M$ 對所有 n 皆成立，則數列 $\{a_n\}$ 稱為**上有界** (bounded above)，而 M 是 $\{a_n\}$ 的一個**上界** (upper bound)。

(2) 若存在一數 m 使得 $a_n \geq m$ 對所有 n 皆成立，則數列 $\{a_n\}$ 稱為**下有界** (bounded below)，而 m 是 $\{a_n\}$ 的一個**下界** (lower bound)。

若數列 $\{a_n\}$ 為上有界且為下有界，則 $\{a_n\}$ 稱為**有界** (bounded)。

▶▶ **例題 7**：數列 $\left\{\dfrac{n}{n+1}\right\}$ 以 1 為上界，因為 $\dfrac{n}{n+1} < \dfrac{n+1}{n+1} = 1$。又 $\dfrac{n}{n+1} > 0$，這說明此數列以 0 為下界。於是，對每一 $n \geq 1$，可知 $0 < \dfrac{n}{n+1} < 1$，故此數列為有界。當然，數列的項也以 -1 為下界，所以，我們可以寫成 $\left|\dfrac{n}{n+1}\right| < 1$ ($n \geq 1$)。

定理 8.7

收斂數列必為有界。

註：有界數列不一定收斂。例如：**振動數列** (oscillating sequence) $\{1, -1, 1, -1, 1, \cdots\}$ 是有界，但不收斂。

定理 8.8

有界單調數列必收斂。

數列 $\left\{\dfrac{1}{n}\right\}$ 是有界單調，因而收斂；數列 $\left\{\dfrac{n}{n+1}\right\}$ 是有界單調，因而收斂。

直覺上，圖 8.3 幫助我們瞭解定理 8.8 對上有界的遞增數列是成立的，因為該數列是遞增但無法越過 M，故往後的項被迫聚集在某數 L 的附近並接近 L。

微積分 (觀念與解析)

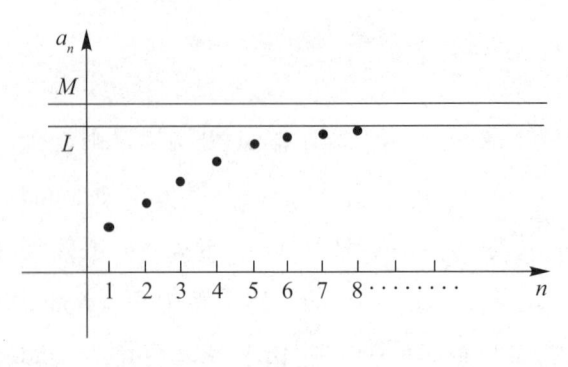

a_n 軸圖,顯示數列收斂到 L,且有上界 M。

圖 8.3

同理,定理 8.8 對下有界的遞減數列也是成立的.

▶▶ 例題 8:試證:數列 $\left\{\dfrac{1 \cdot 3 \cdot 5 \cdots (2n-1)}{2 \cdot 4 \cdot 6 \cdots (2n)}\right\}$ 為收斂. [提示:利用定理 8.8.]

解:首先,

$$\frac{a_{n+1}}{a_n} = \frac{1 \cdot 3 \cdot 5 \cdots (2n-1)(2n+1)}{2 \cdot 4 \cdot 6 \cdots (2n)(2n+2)} \cdot \frac{2 \cdot 4 \cdot 6 \cdots (2n)}{1 \cdot 3 \cdot 5 \cdots (2n-1)}$$

$$= \frac{2n+1}{2n+2} < 1$$

於是,$a_{n+1} < a_n$,$n \geq 1$. 由於此數列為遞減,故其為單調. 其次,因

$$0 < \frac{1 \cdot 3 \cdot 5 \cdot 7 \cdots (2n-1)}{2 \cdot 4 \cdot 6 \cdot 8 \cdots (2n)} = \frac{1}{2} \cdot \frac{3}{4} \cdot \frac{5}{6} \cdot \frac{7}{8} \cdots \frac{2n-1}{2n} < 1$$

故數列為有界. 於是,此數列為收斂.

因數列 $\{a_n\}$ 的極限是在 n 變大時描述相當後面之項的情形,故可以改變或甚至刪掉數列中的有限項,而不影響斂散性或極限值.

▶▶ 例題 9:試證:數列 $\left\{6, \dfrac{6^2}{2!}, \dfrac{6^3}{3!}, \cdots, \dfrac{6^n}{n!}, \cdots\right\}$ 為收斂.

[提示:某項後面的數列為遞減.]

解：令 $a_n = \dfrac{6^n}{n!}$，則 $\dfrac{a_{n+1}}{a_n} = \dfrac{6^{n+1}}{(n+1)!} \cdot \dfrac{n!}{6^n} = \dfrac{6}{n+1}$

對 $n=1, 2, 3, 4$ 而言，$\dfrac{a_{n+1}}{a_n} > 1$，故 $a_{n+1} > a_n$. 於是，

$$a_1 < a_2 < a_3 < a_4 < a_5$$

對 $n=5$ 而言，$\dfrac{a_{n+1}}{a_n} = 1$，故 $a_5 = a_6$.

對 $n \geq 6$ 而言，$\dfrac{a_{n+1}}{a_n} < 1$，故 $a_6 > a_7 > a_8 > a_9 > \cdots$.

於是，若捨去所予數列的前五項 (不影響斂散性)，則所得數列為遞減，因而數列收斂到某極限，其中該極限大於或等於 0 (因數列的每一項皆為正).

習題 ▶ 8.1

求 1～16 題各數列的極限 (若其存在).

1. $\left\{\dfrac{n^2(n+1)}{2n^3+n^2+n-3}\right\}$
2. $\left\{\dfrac{(n+1)^3-1}{(n-1)^3+1}\right\}$
3. $\left\{(-1)^{n+1}\dfrac{\sqrt{n}}{n+1}\right\}$

4. $\left\{\left(1+\dfrac{1}{n}\right)^n\right\}$
5. $\{\sqrt{n^2+n}-n\}$
6. $\{e^{-n}\ln n\}$

7. $\{2^{-n}\sin n\}$
8. $\left\{\dfrac{n^2}{2n-1}-\dfrac{n^2}{2n+1}\right\}$
9. $\left\{n\sin\dfrac{1}{n}\right\}$

10. $\left\{\dfrac{n^2}{2^n}\right\}$
11. $\{\sqrt[n]{3^n+5^n}\}$
12. $\{\sqrt[n]{n}\}$

13. $\left\{(-1)^n\dfrac{\cos n}{n^2}\right\}$
14. $\left\{\dfrac{2^n}{n!}\right\}$
15. $\left\{\dfrac{n!}{n^n}\right\}$

16. $\left\{\left(\dfrac{5}{n}\right)^{\frac{1}{n}}\right\}$

在 17～21 題求每一數列的第 n 項，並判斷斂散性．若收斂，則求 $\lim\limits_{n\to\infty} a_n$.

17. $\left\{\dfrac{1}{2^2},\ \dfrac{2}{2^3},\ \dfrac{3}{2^4},\ \dfrac{4}{2^5},\ \cdots\right\}$ 18. $\left\{-1,\ \dfrac{2}{3},\ -\dfrac{3}{5},\ \dfrac{4}{7},\ -\dfrac{5}{9},\ \cdots\right\}$

19. $\left\{1,\ \dfrac{2}{2^2-1^2},\ \dfrac{3}{3^2-2^2},\ \dfrac{4}{4^2-3^2},\ \cdots\right\}$

20. $\left\{1-\dfrac{1}{2},\ \dfrac{1}{2}-\dfrac{1}{3},\ \dfrac{1}{3}-\dfrac{1}{4},\ \dfrac{1}{4}-\dfrac{1}{5},\ \cdots\right\}$

21. $\left\{2,\ 1,\ \dfrac{2^3}{3^2},\ \dfrac{2^4}{4^2},\ \dfrac{2^5}{5^2},\ \cdots\right\}$

22. 利用"若 $\{a_n\}$ 為收斂數列，則 $\lim\limits_{n\to\infty} a_{n+1}=\lim\limits_{n\to\infty} a_n$"的事實，求數列

$$\left\{\sqrt{2},\ \sqrt{2+\sqrt{2}},\ \sqrt{2+\sqrt{2+\sqrt{2}}},\ \cdots\right\}$$ 的極限.

23. (1) 試證：半徑為 r 的圓內接正 n 邊形的周長為 $P_n=2rn\sin\dfrac{\pi}{n}$.

　　(2) 試證：當 n 增加時，其周長趨近圓周長.

8.2　無窮級數

若 $\{a_n\}$ 為無窮數列，則形如

$$a_1+a_2+a_3+\cdots+a_n+\cdots$$

的式子稱為**無窮級數** (infinite series)，或簡稱為**級數**．級數可用求和記號表之，寫成

$$\sum_{n=1}^{\infty} a_n \quad \text{或} \quad \sum a_n$$

而後一個和的求和變數為 n．每一數 a_n，$n=1,\ 2,\ 3,\ \cdots$，稱為級數的**項** (term)，a_n 稱為**通項** (general term)．現在我們考慮一級數的前 n 項部分和 S_n：

$$S_n=a_1+a_2+a_3+\cdots+a_n$$

故

$$S_1 = a_1$$
$$S_2 = a_1 + a_2$$
$$S_3 = a_1 + a_2 + a_3$$
$$S_4 = a_1 + a_2 + a_3 + a_4$$

等等，無窮數列

$$S_1,\ S_2,\ S_3,\ \cdots,\ S_n,\ \cdots$$

稱為無窮級數 $\sum_{n=1}^{\infty} a_n$ 的部分和數列 (sequence of partial sums)．這觀念引導出下面的定義．

定義 8.5

若存在一實數 S 使得級數 $\sum_{n=1}^{\infty} a_n$ 的部分和數列 $\{S_n\}$ 收斂，即，

$$\lim_{n \to \infty} S_n = \lim_{n \to \infty} \sum_{k=1}^{\infty} a_k = S$$

則稱 S 為此級數的和 (sum)，而稱級數**收斂**．若 $\lim_{n \to \infty} S_n$ 不存在，則稱級數**發散**，發散級數不能求和．

▶ **例題 1**：證明級數 $\sum_{n=1}^{\infty} \dfrac{4}{(4n-3)(4n+1)}$ 收斂，並求其和．

[提示：化成部分分式和．]

解：令

$$a_n = \frac{4}{(4n-3)(4n+1)} = \frac{A}{4n-3} + \frac{B}{4n+1}$$

則

$$\frac{4}{(4n-3)(4n+1)} = \frac{A(4n+1) + B(4n-3)}{(4n-3)(4n+1)}$$

$$= \frac{(4A+4B)n + A - 3B}{(4n-3)(4n+1)}$$

可知

$$(4A+4B)n + A - 3B = 4$$

$$\begin{cases} A - 3B = 4 \\ 4A + 4B = 0 \end{cases} \Rightarrow A = 1,\ B = -1$$

所以，$$a_n = \frac{4}{(4n-3)(4n+1)} = \frac{1}{4n-3} - \frac{1}{4n+1}$$

因而 $$S_n = \left(1 - \frac{1}{5}\right) + \left(\frac{1}{5} - \frac{1}{9}\right) + \left(\frac{1}{9} - \frac{1}{13}\right) + \cdots + \left(\frac{1}{4n-7} - \frac{1}{4n-3}\right)$$
$$+ \left(\frac{1}{4n-3} - \frac{1}{4n+1}\right) = 1 - \frac{1}{4n+1}$$

可得 $\lim_{n \to \infty} S_n = \lim_{n \to \infty} \left(1 - \frac{1}{4n+1}\right) = 1$，故此級數收斂且其和為 1.

定理 8.9

若 $\sum_{n=1}^{\infty} a_n$ 收斂，則 $\lim_{n \to \infty} a_n = 0$.

證：假設 $\sum a_n$ 收斂，即，$\lim_{n \to \infty} S_n = S$，而 S 為一實數，則級數 $\sum a_n$ 的前 n 項和與前 $(n-1)$ 項和的差為

$$S_n - S_{n-1} = (a_1 + a_2 + \cdots + a_{n-1} + a_n) - (a_1 + a_2 + \cdots + a_{n-1}) = a_n$$

若 $\lim_{n \to \infty} S_n = S$，則 $\lim_{n \to \infty} S_{n-1} = S$.

所以，$$\lim_{n \to \infty} a_n = \lim_{n \to \infty} (S_n - S_{n-1}) = \lim_{n \to \infty} S_n - \lim_{n \to \infty} S_{n-1} = S - S = 0.$$

讀者應注意 $\lim_{n \to \infty} a_n = 0$ 為級數收斂的必要條件，但非充分條件. 也就是說，即使若第 n 項趨近零，級數也未必收斂. 請看下例：

▶▶ **例題 2**：試證：調和級數 (harmonic series) $\sum_{n=1}^{\infty} \frac{1}{n} = 1 + \frac{1}{2} + \frac{1}{3} + \frac{1}{4} + \cdots$ 發散.

[提示：利用部分和數列.]

解：部分和為：

$$S_1 = 1$$

$$S_2 = 1 + \frac{1}{2} > \frac{1}{2} + \frac{1}{2} = \frac{2}{2}$$

$$S_4 = S_2 + \frac{1}{3} + \frac{1}{4} > S_2 + \left(\frac{1}{4} + \frac{1}{4}\right) = S_2 + \frac{1}{2} > \frac{3}{2}$$

$$S_8 = S_4 + \frac{1}{5} + \frac{1}{6} + \frac{1}{7} + \frac{1}{8} > S_4 + \left(\frac{1}{8} + \frac{1}{8} + \frac{1}{8} + \frac{1}{8}\right)$$

$$= S_4 + \frac{1}{2} > \frac{4}{2}$$

$$S_{16} = S_8 + \frac{1}{9} + \frac{1}{10} + \frac{1}{11} + \frac{1}{12} + \frac{1}{13} + \frac{1}{14} + \frac{1}{15} + \frac{1}{16}$$

$$> S_8 + \left(\frac{1}{16} + \frac{1}{16} + \frac{1}{16} + \frac{1}{16} + \frac{1}{16} + \frac{1}{16} + \frac{1}{16} + \frac{1}{16}\right)$$

$$= S_8 + \frac{1}{2} > \frac{5}{2}$$

$$\vdots$$

$$S_{2^n} > \frac{n+1}{2}$$

可得 $\lim_{n \to \infty} S_{2^n} = \infty$，故證得級數發散.

利用定理 8.9，很容易得到下面的結果.

定理 8.10 發散檢驗法 (divergence test)

若 $\lim_{n \to \infty} a_n \neq 0$，則級數 $\sum_{n=1}^{\infty} a_n$ 發散.

例如，級數 $\sum_{n=1}^{\infty} \frac{n}{2n+1}$ 發散，因為 $\lim_{n \to \infty} a_n = \lim_{n \to \infty} \frac{n}{2n+1} = \frac{1}{2} \neq 0$.

形如 $\sum_{n=1}^{\infty} ar^n = a + ar + ar^2 + ar^3 + \cdots$ (此處 $a \neq 0$) 的級數稱為**幾何級數** (geometric series)，而 r 稱為**公比** (common ratio).

定理 8.11

已知幾何級數 $\sum_{n=0}^{\infty} ar^n$，其中 $a \neq 0$.

(1) 若 $|r| < 1$，則級數收斂且 $\sum_{n=0}^{\infty} ar^n = \dfrac{a}{1-r}$.

(2) 若 $|r| \geq 1$，則級數發散.

▶ 例題 3：化循環小數 $5.232323\cdots$ 為有理數. [提示：利用定理 8.11(1).]

解：
$$5.232323\cdots = 5 + \frac{23}{100} + \frac{23}{(100)^2} + \frac{23}{(100)^3} + \cdots$$
$$= 5 + \frac{23}{100}\left[1 + \frac{1}{100} + \left(\frac{1}{100}\right)^2 + \cdots\right]$$
$$= 5 + \frac{23}{100}\left(\frac{1}{1-\frac{1}{100}}\right)$$
$$= 5 + \frac{23}{99} = \frac{518}{99}.$$

定理 8.12

若 $\sum a_n$ 與 $\sum b_n$ 皆為收斂級數，其和分別為 A 與 B，則

(1) $\sum (a_n + b_n)$ 收斂且和為 $A+B$.

(2) 若 c 為常數，則 $\sum ca_n$ 收斂且和為 cA.

(3) $\sum (a_n - b_n)$ 收斂且和為 $A-B$.

定理 8.13

(1) 若 $\sum_{n=1}^{\infty} a_n$ 發散且 $c \neq 0$，則 $\sum_{n=1}^{\infty} ca_n$ 也發散.

(2) 若 $\sum\limits_{n=1}^{\infty} a_n$ 收斂且 $\sum\limits_{n=1}^{\infty} b_n$ 發散，則 $\sum\limits_{n=1}^{\infty} (a_n+b_n)$ 發散.

習題 ▶ 8.2

判斷 1～11 題各級數的斂散性. 若收斂，則求其和.

1. $\sum\limits_{n=1}^{\infty} \left(\dfrac{5}{n+2} - \dfrac{5}{n+3} \right)$
2. $\sum\limits_{n=1}^{\infty} \dfrac{2}{(3n+1)(3n-2)}$
3. $\sum\limits_{n=1}^{\infty} \left[\left(\dfrac{3}{2} \right)^n + \left(\dfrac{2}{3} \right)^n \right]$

4. $\sum\limits_{n=1}^{\infty} \dfrac{3^{n+1}}{5^{n-1}}$
5. $\sum\limits_{n=3}^{\infty} \left(\dfrac{e}{\pi} \right)^{n-1}$
6. $\sum\limits_{n=1}^{\infty} (-1)^{n-1} \dfrac{6}{5^{n-1}}$

7. $\sum\limits_{n=1}^{\infty} \dfrac{1}{9n^2+3n-2}$
8. $\sum\limits_{n=2}^{\infty} \ln \left(1 - \dfrac{1}{n^2} \right)$
9. $\sum\limits_{n=1}^{\infty} \dfrac{\sqrt{n+1} - \sqrt{n}}{\sqrt{n^2+n}}$

10. $\sum\limits_{n=1}^{\infty} n \sin \dfrac{1}{n}$
11. $\sum\limits_{n=1}^{\infty} \cos n\pi$

12. 利用幾何級數證明：

    (1) $\sum\limits_{n=0}^{\infty} (-1)^n x^n = \dfrac{1}{1+x}$ $(-1 < x < 1)$

    (2) $\sum\limits_{n=0}^{\infty} (-1)^n x^{2n} = \dfrac{1}{1+x^2}$ $(-1 < x < 1)$

    (3) $\sum\limits_{n=0}^{\infty} (x-3)^n = \dfrac{1}{4-x}$ $(2 < x < 4)$.

13. 化下列各循環小數為有理數.

    (1) $0.784784784\cdots$
    (2) $0.351141414\cdots$

14. 下列的計算哪裡錯誤？

$$0 = 0+0+0+\cdots$$
$$= (1-1)+(1-1)+(1-1)+\cdots$$
$$= 1+(-1+1)+(-1+1)+(-1+1)+\cdots$$

$$= 1+0+0+0+\cdots$$
$$= 1$$

15. 費波納契 (Fibonacci) 數列 $\{a_n\}$ 以遞迴公式 (recursion formula) 定義如下：
$$a_{n+2}=a_{n+1}+a_n, \quad a_1=a_2=1.$$

(1) 列出此數列的前十項.

(2) 求 $\lim_{n\to\infty}\dfrac{a_{n+1}}{a_n}$ (此值稱為**黃金比值** (golden ratio)).

(3) 計算 $\sum_{n=1}^{\infty}\dfrac{1}{a_n a_{n+2}}$.

8.3　正項級數

每一項皆為正的級數稱為**正項級數** (positive-term series). 若 $\{S_n\}$ 表正項級數的部分和數列，則我們得到 $S_1 < S_2 < S_3 < \cdots < S_n < \cdots$，故 $\{S_n\}$ 為單調數列. 一正項級數為收斂，若且唯若其部分和數列有一上界.

定理 8.14

若 $\sum_{n=1}^{\infty} a_n$ 為正項級數且存在一正數 M 使得所有 $S_n < M$，則此正項級數收斂，其和 $S \leq M$. 若不存在此正數 M，則此級數發散.

▶▶ **例題 1**：試證：$\sum_{n=1}^{\infty}\dfrac{1}{n!}$ 收斂. [提示：利用定理 8.14.]

解：因 $n!=1\cdot 2\cdot 3\cdot 4\cdots n \geq 1\cdot 2\cdot 2\cdot 2\cdots\cdot 2=2^{n-1}$，可得
$$\dfrac{1}{n!} \leq \dfrac{1}{2^{n-1}}, \text{ 於是,}$$
$$S_n = \dfrac{1}{1!}+\dfrac{1}{2!}+\dfrac{1}{3!}+\cdots+\dfrac{1}{n!} \leq 1+1+\dfrac{1}{2}+\dfrac{1}{2^2}+\cdots+\dfrac{1}{2^{n-1}}$$

$$\leq \sum_{n=0}^{\infty} \left(\frac{1}{2}\right)^n = \frac{1}{1-\frac{1}{2}} = 2$$

所以，部分和 S_n 形成一遞增數列且以 2 為上界，而證得此級數收斂，且 $\sum_{n=1}^{\infty} \frac{1}{n!} \leq 2$.

定理 8.15　積分檢驗法

已知 $\sum_{n=N}^{\infty} a_n$ 為正項級數，令 $f(n) = a_n$, $n = N, N+1, N+2, \cdots$. 若 f 在區間 $[N, \infty)$ 為正值且連續的遞減函數，則 $\sum_{n=N}^{\infty} a_n$ 與 $\int_{N}^{\infty} f(x)\,dx$ 同時收斂抑或同時發散.

▶▶ 例題 2：判斷級數 $\sum_{n=1}^{\infty} \frac{1}{n^2}$ 的斂散性. [提示：利用積分檢驗法.]

解：函數 $f(x) = \frac{1}{x^2}$ 在 $[1, \infty)$ 為正值且連續的遞減函數.

$$\int_{1}^{\infty} \frac{1}{x^2}\,dx = \lim_{t \to \infty} \int_{1}^{t} \frac{1}{x^2}\,dx = \lim_{t \to \infty} \left[-\frac{1}{x}\right]_{1}^{t} = \lim_{t \to \infty} \left(-\frac{1}{t} + 1\right) = 1$$

因積分收斂，故依積分檢驗法可知級數收斂.

註：在例題 2 中，不可從 $\int_{1}^{\infty} \frac{1}{x^2}\,dx = 1$ 錯誤地推斷 $\sum_{n=1}^{\infty} \frac{1}{n^2} = 1$. (欲知這是錯誤的，我們將級數寫成：$1 + \frac{1}{2^2} + \frac{1}{3^2} + \cdots$；它的和顯然超過 1.)

▶▶ 例題 3：判斷級數 $\sum_{n=3}^{\infty} \dfrac{\ln n}{n}$ 的斂散性. [提示：利用積分檢驗法.]

解：函數 $f(x) = \dfrac{\ln x}{x}$ 在 $[3, \infty)$ 為正值且連續的遞減函數, 於是,

$$\int_3^{\infty} \dfrac{\ln x}{x} dx = \lim_{t \to \infty} \int_3^t \dfrac{\ln x}{x} dx = \lim_{t \to \infty} \left[\dfrac{1}{2}(\ln x)^2 \right]_3^t$$

$$= \dfrac{1}{2} \lim_{t \to \infty} [(\ln t)^2 - (\ln 3)^2] = \infty$$

故依積分檢驗法可知級數發散.

形如 $1 + \dfrac{1}{2^p} + \dfrac{1}{3^p} + \dfrac{1}{4^p} + \cdots + \dfrac{1}{n^p} + \cdots$ （$p > 0$）的級數稱為 **p-級數**. 當 $p = 1$ 時, 則為調和級數.

定理 8.16 p-級數檢驗法（p-series test）

(1) 若 $p > 1$, 則 $\sum_{n=1}^{\infty} \dfrac{1}{n^p}$ 收斂. (2) 若 $p \leq 1$, 則 $\sum_{n=1}^{\infty} \dfrac{1}{n^p}$ 發散.

▶▶ 例題 4：(1) $1 + \dfrac{1}{2^2} + \dfrac{1}{3^2} + \cdots + \dfrac{1}{n^2} + \cdots$ 收斂.

(2) $2 + \dfrac{2}{\sqrt{2}} + \dfrac{2}{\sqrt{3}} + \cdots + \dfrac{2}{\sqrt{n}} + \cdots$ 發散.

定理 8.17 比較檢驗法（comparison test）

假設 $\sum a_n$ 與 $\sum b_n$ 皆為正項級數。

(1) 若 $\sum b_n$ 收斂且對所有正整數 $n \geq n_0$（n_0 為某固定正整數）恆有 $a_n \leq b_n$, 則 $\sum a_n$ 收斂.

(2) 若 $\sum b_n$ 發散且對所有正整數 $n \geq n_0$（n_0 為某固定正整數）恆有 $a_n \geq b_n$, 則 $\sum a_n$ 發散.

由於刪掉有限個項，不會影響到無窮級數的斂散性，所以上述定理的 $a_n \leq b_n$ 或 $a_n \geq b_n$ 的條件只要從第 k 項以後成立即可.

▶ **例題 5**：判斷下列級數何者收斂？何者發散？

(1) $\sum_{n=1}^{\infty} \dfrac{n}{n^3+2}$ (2) $\sum_{n=1}^{\infty} \dfrac{\ln(n+2)}{n}$.

[提示：利用比較檢驗法.]

解：(1) 對每一 $n \geq 1$，可知

$$\frac{n}{n^3+2} < \frac{n}{n^3} = \frac{1}{n^2}$$

因 $\sum_{n=1}^{\infty} \dfrac{1}{n^2}$ 為收斂的 p-級數，故 $\sum_{n=1}^{\infty} \dfrac{n}{n^3+2}$ 收斂.

(2) 對每一 $n \geq 1$，可知 $\ln(n+2) > 1$

故 $$\frac{\ln(n+2)}{n} > \frac{1}{n}$$

因 $\sum_{n=1}^{\infty} \dfrac{1}{n}$ 發散，故 $\sum_{n=1}^{\infty} \dfrac{\ln(n+2)}{n}$ 發散.

習題 ▶ 8.3

利用積分檢驗法判斷 1～8 題各級數的斂散性.

1. $\sum_{n=1}^{\infty} \dfrac{1}{n(n+1)}$
2. $\sum_{n=2}^{\infty} \dfrac{1}{n(\ln n)^2}$
3. $\sum_{n=1}^{\infty} \dfrac{n}{e^n}$
4. $\sum_{n=1}^{\infty} \dfrac{n^2}{n^3+1}$
5. $\sum_{n=1}^{\infty} \dfrac{n}{n^2+1}$
6. $\sum_{n=2}^{\infty} \dfrac{\ln n}{n}$
7. $\sum_{n=1}^{\infty} n e^{-n^2}$
8. $\sum_{n=1}^{\infty} \dfrac{\tan^{-1} n}{1+n^2}$

利用比較檢驗法判斷下列各級數的斂散性.

9. $1+\dfrac{1}{\sqrt{3}}+\dfrac{1}{\sqrt{8}}+\dfrac{1}{\sqrt{15}}+\cdots+\dfrac{1}{\sqrt{n^2-1}}+\cdots,\ n\geq 2$

10. $\dfrac{1}{1\cdot 2}+\dfrac{1}{2\cdot 3}+\dfrac{1}{3\cdot 4}+\cdots+\dfrac{1}{n(n+1)}+\cdots$

11. $\displaystyle\sum_{n=1}^{\infty}\dfrac{1}{\sqrt{n(n+1)(n+2)}}$ 　　12. $\displaystyle\sum_{n=1}^{\infty}\dfrac{2+\cos n}{n^2}$

8.4　交錯級數

形如
$$a_1-a_2+a_3-a_4+\cdots+(-1)^{n-1}a_n+\cdots=\sum_{n=1}^{\infty}(-1)^{n-1}a_n$$

或
$$-a_1+a_2-a_3+a_4+\cdots+(-1)^n a_n+\cdots=\sum_{n=1}^{\infty}(-1)^n a_n$$

(此處 $a_n>0$, $n=1,2,3,\cdots$) 的級數稱為**交錯級數** (alternating series).

定理 8.18　交錯級數檢驗法 (alternating series test)

若 (1) $a_n\geq a_{n+1}>0,\ \forall n\geq N$ (N 為某固定正整數)

　　(2) $\displaystyle\lim_{n\to\infty}a_n=0$,

則 $\displaystyle\sum_{n=N}^{\infty}(-1)^{n-1}a_n$ [或 $\displaystyle\sum_{n=N}^{\infty}(-1)^n a_n$] 收斂.

▶ **例題 1**：交錯級數 $\displaystyle\sum_{n=1}^{\infty}(-1)^{n-1}\dfrac{\sqrt{n}}{n+1}$ 是收斂抑或發散？

[提示：利用交錯級數檢驗法.]

解：令 $f(x)=\dfrac{\sqrt{x}}{x+1}$，使得 $f(n)=a_n$,

則
$$f'(x)=-\dfrac{x-1}{2\sqrt{x}(x+1)^2}<0,\ x>1$$

故函數 f 在 $[1,\infty)$ 為遞減函數. 因此, 對所有 $n\geq 1$, $a_{n+1}\leq a_n$ 恆成立.

現在，利用羅必達法則可得

$$\lim_{x\to\infty} f(x) = \lim_{x\to\infty} \frac{\sqrt{x}}{x+1} = \lim_{x\to\infty} \frac{1}{2\sqrt{x}} = 0$$

所以，
$$\lim_{n\to\infty} f(n) = \lim_{n\to\infty} a_n = 0$$

因此，所予交錯級數收斂．

定義 8.6

(1) 若 $\sum |a_n|$ 收斂，則級數 $\sum a_n$ 稱為**絕對收斂** (absolutely convergent).

(2) 若 $\sum |a_n|$ 發散且 $\sum a_n$ 收斂，則級數 $\sum a_n$ 稱為**條件收斂** (conditionally convergent).

▶▶ **例題 2**：$1 - \frac{1}{\sqrt{2}} + \frac{1}{\sqrt{3}} - \frac{1}{\sqrt{4}} + \cdots + (-1)^{n+1} + \frac{1}{\sqrt{n}} + \cdots$

為條件收斂．

定理 8.19

若 $\sum |a_n|$ 收斂，則 $\sum a_n$ 收斂．（即，絕對收斂一定收斂．）

定理 8.20　比值檢驗法（ratio test）

令 $\sum a_n$ 為各項皆不為零的級數．

(1) 若 $\lim\limits_{n\to\infty} \left|\dfrac{a_{n+1}}{a_n}\right| < 1$，則 $\sum a_n$ 絕對收斂．

(2) 若 $\lim\limits_{n\to\infty} \left|\dfrac{a_{n+1}}{a_n}\right| > 1$，則 $\sum a_n$ 發散．

註：若 $\lim\limits_{n\to\infty} \left|\dfrac{a_{n+1}}{a_n}\right| = 1$，則無法判斷級數的斂散性，而必須利用其他的檢驗法．

例如，我們知道 $\sum \dfrac{1}{n}$ 發散，但 $\sum \dfrac{1}{n^2}$ 收斂. 對前者而言，

$$\lim_{n\to\infty}\dfrac{a_{n+1}}{a_n}=\lim_{n\to\infty}\dfrac{\dfrac{1}{n+1}}{\dfrac{1}{n}}=\lim_{n\to\infty}\dfrac{n}{n+1}=1$$

對後者而言，

$$\lim_{n\to\infty}\dfrac{a_{n+1}}{a_n}=\lim_{n\to\infty}\dfrac{\dfrac{1}{(n+1)^2}}{\dfrac{1}{n^2}}=\lim_{n\to\infty}\dfrac{n^2}{(n+1)^2}=1.$$

▶ **例題 3**：判斷下列級數何者絕對收斂？何者條件收斂？何者發散？

[提示：利用比值檢驗法.]

(1) $\sum\limits_{n=1}^{\infty}\dfrac{n!}{n^n}$ (2) $\sum\limits_{n=1}^{\infty}\dfrac{2^n}{n^2}$

(3) $\sum\limits_{n=1}^{\infty}(-1)^n\dfrac{3^n}{n!}$ (4) $\sum\limits_{n=1}^{\infty}(-1)^{n-1}\dfrac{\sqrt{n}}{n+1}$

解：(1) 因 $\left|\lim\limits_{n\to\infty}\dfrac{a_{n+1}}{a_n}\right|=\lim\limits_{n\to\infty}\left[\dfrac{(n+1)!}{(n+1)^{n+1}}\cdot\dfrac{n^n}{n!}\right]=\lim\limits_{n\to\infty}\left(\dfrac{n}{n+1}\right)^n$

$$=\lim_{n\to\infty}\dfrac{1}{\left(\dfrac{n+1}{n}\right)^n}=\dfrac{1}{\lim\limits_{n\to\infty}\left(1+\dfrac{1}{n}\right)^n}=\dfrac{1}{e}<1,$$

故級數絕對收斂.

(2) 因 $\lim\limits_{n\to\infty}\dfrac{a_{n+1}}{a_n}=\lim\limits_{n\to\infty}\left[\dfrac{2^{n+1}}{(n+1)^2}\cdot\dfrac{n^2}{2^n}\right]=2\lim\limits_{n\to\infty}\left(\dfrac{n}{n+1}\right)^2=2>1,$

故級數發散.

(3) 因

$$\lim_{n\to\infty}\left|\dfrac{a_{n+1}}{a_n}\right|=\lim_{n\to\infty}\left|\dfrac{3^{n+1}}{(n+1)!}\cdot\dfrac{n!}{3^n}\right|=\lim_{n\to\infty}\dfrac{3}{n+1}=0<1,$$

故級數絕對收斂.

(4) 每項皆取絕對值，可得級數 $\sum_{n=1}^{\infty} \dfrac{\sqrt{n}}{n+1}$.

對於任一 $n \geq 1$，$\dfrac{\sqrt{n}}{n+1} > \dfrac{\sqrt{n}}{n+n} = \dfrac{1}{2\sqrt{n}} = \dfrac{1}{2n^{1/2}}$，

因 $\sum_{n=1}^{\infty} \dfrac{1}{n^{1/2}}$ 為發散的 p-級數 $(p = \dfrac{1}{2} < 1)$，故 $\sum_{n=1}^{\infty} \dfrac{1}{2n^{1/2}}$ 也發散，

而由比較檢驗法可知 $\sum_{n=1}^{\infty} \dfrac{\sqrt{n}}{n+1}$ 發散.

若令 $f(x) = \dfrac{\sqrt{x}}{x+1}$，$x \geq 1$，則

$$f'(x) = \dfrac{1-x}{2\sqrt{x}\,(x+1)^2} < 0 \ (x > 1),$$

故知 f 在 $[1, \infty)$ 為遞減函數. 因此，對所有 $n \geq 1$，

$$a_{n+1} = \dfrac{\sqrt{n+1}}{n+2} < \dfrac{\sqrt{n}}{n+1} = a_n$$

又 $\lim_{n \to \infty} a_n = \lim_{n \to \infty} \dfrac{\sqrt{n}}{n+1} = \lim_{n \to \infty} \dfrac{\sqrt{\dfrac{1}{n}}}{1+\dfrac{1}{n}} = 0$

依交錯級數檢驗法可知 $\sum_{n=1}^{\infty} (-1)^{n-1} \dfrac{\sqrt{n}}{n+1}$ 收斂.

綜合以上，得知 $\sum_{n=1}^{\infty} (-1)^{n-1} \dfrac{\sqrt{n}}{n+1}$ 條件收斂.

當級數含有 n 次方時，下面的檢驗法對正項級數的斂散性判斷非常好用.

定理 8.21 n 次方根檢驗法

(1) 若 $\lim_{n\to\infty} \sqrt[n]{|a_n|} < 1$，則 $\sum a_n$ 絕對收斂.

(2) 若 $\lim_{n\to\infty} \sqrt[n]{|a_n|} > 1$，則 $\sum a_n$ 發散.

註：若 $\lim_{n\to\infty} \sqrt[n]{|a_n|} = 1$，則無法判斷級數的斂散性，而必須利用其他的檢驗法.

▶▶ **例題 4**：判斷下列級數的斂散性. [提示：利用 n 次方根檢驗法.]

(1) $\sum_{n=1}^{\infty} \dfrac{n^2}{2^n}$　　　　(2) $\sum_{n=1}^{\infty} \dfrac{2^n}{n^2}$　　　　(3) $\sum_{n=2}^{\infty} (-1)^n \dfrac{1}{(\ln n)^n}$

解：(1) 因 $\lim_{n\to\infty} \sqrt[n]{|a_n|} = \lim_{n\to\infty} \sqrt[n]{\dfrac{n^2}{2^n}} = \lim_{n\to\infty} \dfrac{\sqrt[n]{n^2}}{2}$

$= \dfrac{1}{2} \lim_{n\to\infty} n^{\frac{2}{n}} = \dfrac{1}{2} < 1,$

故級數收斂.

(2) 因 $\lim_{n\to\infty} \sqrt[n]{|a_n|} = \lim_{n\to\infty} \sqrt[n]{\dfrac{2^n}{n^2}} = \lim_{n\to\infty} \dfrac{(2^n)^{\frac{1}{n}}}{\sqrt[n]{n^2}} = \lim_{n\to\infty} \dfrac{2}{n^{\frac{2}{n}}} = 2 > 1,$

故級數發散.

(3) 因 $\lim_{n\to\infty} \sqrt[n]{|a_n|} = \lim_{n\to\infty} \sqrt[n]{\dfrac{1}{(\ln n)^n}} = \lim_{n\to\infty} \dfrac{1}{\ln n} = 0 < 1,$

故級數收斂.

定理 8.22 重排定理

絕對收斂級數的項可以重新排列而不會影響其收斂及和.

例如，級數 $1 - \dfrac{1}{4} + \dfrac{1}{9} + \dfrac{1}{16} + \dfrac{1}{25} - \dfrac{1}{36} + \dfrac{1}{49} + \dfrac{1}{64} + \dfrac{1}{81} - \dfrac{1}{100} + \cdots$ 絕對收

斂，而重新排列後的級數 $1 + \dfrac{1}{9} + \dfrac{1}{16} + \dfrac{1}{25} - \dfrac{1}{4} + \dfrac{1}{49} + \dfrac{1}{64} + \dfrac{1}{81} - \dfrac{1}{36} + \cdots$ 也收

斂，其和與原級數相同．

習題 8.4

下列級數何者絕對收斂？何者條件收斂？何者發散？

1. $\sum_{n=1}^{\infty} (-1)^n \dfrac{n}{n^2+1}$
2. $\sum_{n=1}^{\infty} (-1)^{n-1} \dfrac{n+4}{n^2+n}$
3. $\sum_{n=1}^{\infty} (-1)^{n-1} \dfrac{\sqrt{n}}{n+1}$

4. $\sum_{n=1}^{\infty} (-1)^n \dfrac{1}{n\sqrt{n}}$
5. $\sum_{n=1}^{\infty} (-1)^n \dfrac{1}{\sqrt{n(n+1)}}$
6. $\sum_{n=1}^{\infty} \dfrac{(-3)^n}{n^2}$

7. $\sum_{n=1}^{\infty} \dfrac{(-100)^n}{n!}$
8. $\sum_{n=1}^{\infty} (-1)^{n+1} \dfrac{2^n}{n!}$
9. $\sum_{n=1}^{\infty} (-1)^n \dfrac{n}{2^n}$

10. $\sum_{n=1}^{\infty} (-1)^{n-1} \dfrac{1}{\ln(n+1)}$
11. $\sum_{n=3}^{\infty} (-1)^n \dfrac{\ln n}{n}$
12. $\sum_{n=2}^{\infty} (-1)^n \dfrac{1}{n \ln n}$

13. $\sum_{n=1}^{\infty} (-1)^n \dfrac{e^n}{n^4}$
14. $\sum_{n=1}^{\infty} \dfrac{n^n}{n!}$
15. $\sum_{n=1}^{\infty} \dfrac{n^2}{3^n}$

16. $\sum_{n=1}^{\infty} \dfrac{4^n}{n!}$
17. $\sum_{n=1}^{\infty} \dfrac{2^n}{n^3+2}$
18. $\sum_{n=1}^{\infty} \dfrac{n!}{n^3}$

19. $\sum_{n=2}^{\infty} \dfrac{\ln n}{e^n}$
20. $\sum_{n=1}^{\infty} (-1)^n \dfrac{e^n}{n^n}$

8.5 冪級數

在前面幾節中，我們討論了常數項級數；在本節中，我們將考慮含有變數項的級數，這種級數在許多數學分支與物理學裡相當重要．

我們從定理 8.11 可知，若 $|x| < 1$，則

$$1 + x + x^2 + x^3 + \cdots + x^n + \cdots = \dfrac{1}{1-x}$$

此式等號右邊是一函數，其定義域為所有實數 $x \neq 1$ 的集合；而等號左邊是另一函數，其定義域為 $-1 < x < 1$。等式僅在後者定義域 (即，$-1 < x < 1$) 成立，因它們同時在該範圍有定義。在 $-1 < x < 1$ 中，左邊的幾何級數"代表"函數 $\dfrac{1}{1-x}$。

如今，我們將討論像 $\sum_{n=0}^{\infty} x^n$ 這種類型的"無窮多項式"，並探討代表它們的函數的一些問題。

定義 8.7

若 $c_0, c_1, c_2, \cdots$ 皆為常數且 x 為一變數，則形如

$$\sum_{n=0}^{\infty} c_n x^n = c_0 + c_1 x + c_2 x^2 + \cdots + c_n x^n + \cdots$$

的級數稱為**中心在 $x=0$ 的冪級數** (power series centered at $x=0$)；形如

$$\sum_{n=0}^{\infty} c_n (x-a)^n = c_0 + c_1 (x-a) + c_2 (x-a)^2 + \cdots + c_n (x-a)^n + \cdots$$

的級數稱為**中心在 $x=a$ 的冪級數** (power series centered at $x=a$)，常數 a 稱為**中心** (center)。

若在冪級數 $\sum c_n x^n$ 或 $\sum c_n (x-a)^n$ 中以數值代 x，則可得收斂抑或發散的常數項級數。由此，產生了一個基本的問題，即，所予冪級數對於何種 x 值收斂的問題。

本節的主要目的是在決定使冪級數收斂的所有 x 值。通常，我們利用比值檢驗法以求得 x 的值。

定理 8.23

對冪級數 $\sum_{n=0}^{\infty} c_n (x-a)^n$ 而言，下列當中恰有一者成立：

(1) 級數僅對 $x=a$ 收斂。
(2) 級數對所有 x 絕對收斂。
(3) 存在一正數 r 使得級數在 $|x-a| < r$ 時絕對收斂，而在 $|x-a| > r$ 時發散。在 $x=a-r$ 與 $x=a+r$，級數可能絕對收斂、或條件收斂、或發散。

在情形 (3) 中，我們稱 r 為**收斂半徑** (radius of convergence)；在情形 (1) 中，級數僅對 $x=a$ 收斂，我們定義收斂半徑為 $r=0$；在情形 (2) 中，級數對所有 x 絕對收斂，我們定義收斂半徑為 $r=\infty$. 使得冪級數收斂的所有 x 值所構成的區間稱為**收斂區間** (interval of convergence). 示於圖 8.4.

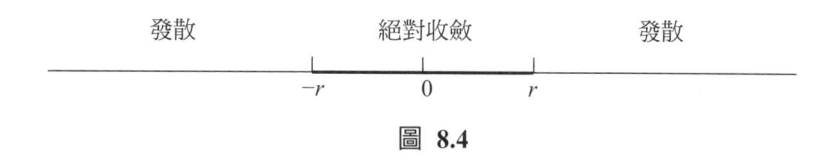

發散　　　絕對收斂　　　發散
―――――――|―――――|―――――|――――――
　　　　　 $-r$　　　 0　　　 r

圖 8.4

收斂半徑一般可用比值檢驗法或 n 次方根檢驗法求得．例如，假設

$$\lim_{n\to\infty}\left|\frac{c_{n+1}}{c_n}\right|=L$$

則

$$\lim_{n\to\infty}\frac{|c_{n+1}(x-a)^{n+1}|}{|c_n(x-a)^n|}=L|x-a|$$

對 $|x-a|<\dfrac{1}{L}$ 而言，$\sum\limits_{n=0}^{\infty}c_n(x-a)^n$ 絕對收斂．

對 $|x-a|>\dfrac{1}{L}$ 而言，$\sum\limits_{n=0}^{\infty}c_n(x-a)^n$ 發散．

收斂半徑 $r=\dfrac{1}{L}=\lim\limits_{n\to\infty}\left|\dfrac{c_n}{c_{n+1}}\right|$. (8.1)

▶▶ <u>例題 1</u>：求所有的 x 值使得冪級數 $\sum\limits_{n=0}^{\infty}\dfrac{x^n}{n!}$ 絕對收斂．[提示：利用比值檢驗法．]

<u>解</u>：令 $a_n=\dfrac{x^n}{n!}$，則

$$\lim_{n\to\infty}\left|\frac{a_{n+1}}{a_n}\right|=\lim_{n\to\infty}\left|\frac{x^{n+1}}{(n+1)!}\cdot\frac{n!}{x^n}\right|=\lim_{n\to\infty}\frac{|x|}{n+1}=0<1$$

對所有實數 x 皆成立，故知所予冪級數對所有實數皆絕對收斂．

▶▶ <u>例題 2</u>：求冪級數 $\sum\limits_{n=1}^{\infty}\dfrac{x^n}{\sqrt{n}}$ 的收斂區間．[提示：利用比值檢驗法．]

解：令 $u_n = \dfrac{x^n}{\sqrt{n}}$，則

$$\lim_{n\to\infty} \left| \dfrac{u_{n+1}}{u_n} \right| = \lim_{n\to\infty} \left| \dfrac{x^{n+1}}{\sqrt{n+1}} \cdot \dfrac{\sqrt{n}}{x^n} \right|$$

$$= \lim_{n\to\infty} \left| \dfrac{\sqrt{n}}{\sqrt{n+1}} x \right|$$

$$= \lim_{n\to\infty} \dfrac{\sqrt{n}}{\sqrt{n+1}} |x| = |x|$$

由比值檢驗法可知級數在 $|x|<1$ 時絕對收斂．今將 $x=\pm 1$ 直接代入原級數檢驗．令 $x=1$，代入可得 $\sum\limits_{n=1}^{\infty} \dfrac{1}{\sqrt{n}}$，此為發散的 p-級數．令 $x=-1$，代入可得 $\sum\limits_{n=1}^{\infty} (-1)^n \dfrac{1}{\sqrt{n}}$，此為收斂的交錯級數．於是，所予級數的收斂區間為 $[-1, 1)$．

▶ <u>例題 3</u>：求 $\sum\limits_{n=0}^{\infty} \dfrac{(-1)^n x^{2n+1}}{(2n+1)!}$ 的收斂半徑．[提示：利用 (8.1) 式．]

解：令 $c_n = \dfrac{(-1)^n}{(2n+1)!}$，則

$$\text{收斂半徑 } r = \lim_{n\to\infty} \left| \dfrac{c_n}{c_{n+1}} \right| = \lim_{n\to\infty} \left| \dfrac{(-1)^n}{(2n+1)!} \cdot \dfrac{(2n+3)!}{(-1)^{n+1}} \right|$$

$$= \lim_{n\to\infty} [(2n+3)(2n+2)] = \infty.$$

▶ <u>例題 4</u>：求冪級數 $\sum\limits_{n=0}^{\infty} (-1)^n \dfrac{(x+1)^n}{2^n}$ 的收斂區間．[提示：利用 (8.1) 式．]

解：收斂半徑為 $r = \lim\limits_{n\to\infty} \left| \dfrac{c_n}{c_{n+1}} \right| = \lim\limits_{n\to\infty} \dfrac{2^{n+1}}{2^n} = 2.$

所以，當 $|x-(-1)|<2$ 時，即，$-3<x<1$，此冪級數絕對收斂．
因此，在 $x<-3$ 或 $x>1$ 時，級數發散．但是，在 $x=-3$ 或 $x=1$，必須代入原級數檢驗之．令 $x=-3$，則

$$\sum_{n=0}^{\infty} \frac{(-1)^n(-2)^n}{2^n} = \sum_{n=0}^{\infty} \frac{2^n}{2^n} = \sum_{n=0}^{\infty} 1$$

此級數發散.

令 $x=1$, 則

$$\sum_{n=0}^{\infty} \frac{(-1)^n(2)^n}{2^n} = \sum_{n=0}^{\infty} (-1)^n$$

此級數也發散. 所以, 所予冪級數的收斂區間為 $(-3, 1)$.

冪級數可以用來定義一函數, 其定義域為該級數的收斂區間. 明確地說, 對收斂區間中每一 x, 令

$$f(x) = \sum_{n=0}^{\infty} c_n(x-a)^n$$

若由此來定義函數 f, 則稱 $\sum_{n=0}^{\infty} c_n(x-a)^n$ 為 $f(x)$ 的**冪級數表示式** (power series representation). 例如, $\frac{1}{1-x}$ 的冪級數表示式為幾何級數 $1+x+x^2+\cdots$ ($-1<x<1$), 即,

$$\frac{1}{1-x} = 1+x+x^2+\cdots, \quad |x|<1$$

函數 $f(x)$ 的冪級數表示式可以用來求得 $f'(x)$ 與 $\int f(x)\,dx$ 等的冪級數表示式. 下面定理告訴我們, 對 $f(x)$ 的冪級數表示式**逐項微分** (term-by-term differentiation) 或**逐項積分** (term-by-term integration) 可以求得 $f'(x)$ 或 $\int f(x)\,dx$ 等的冪級數表示式.

定理 8.24　冪級數的逐項微分與逐項積分

若冪級數 $\sum_{n=0}^{\infty} c_n(x-a)^n$ 有非零的收斂半徑 r, 又對收斂區間 $(a-r, a+r)$ 中每一 x 恆有 $f(x) = \sum_{n=0}^{\infty} c_n(x-a)^n$, 則

(1) 級數 $\sum_{n=0}^{\infty} \dfrac{d}{dx}[c_n(x-a)^n] = \sum_{n=1}^{\infty} nc_n(x-a)^{n-1}$ 的收斂半徑為 r，對區間 $(a-r, a+r)$ 中所有 x 恆有

$$f'(x) = \sum_{n=1}^{\infty} nc_n(x-a)^{n-1}.$$

(2) 級數 $\sum_{n=0}^{\infty}\left[\int c_n(x-a)^n\, dx\right] = \sum_{n=0}^{\infty} \dfrac{c_n}{n+1}(x-a)^{n+1}$ 的收斂半徑為 r，對區間 $(a-r, a+r)$ 中所有 x 恆有

$$\int f(x)\, dx = \sum_{n=0}^{\infty} \dfrac{c_n}{n+1}(x-a)^{n+1} + C.$$

(3) 對區間 $(a-r, a+r)$ 中所有 α 與 β，級數 $\sum_{n=0}^{\infty}\left[\int_{\alpha}^{\beta} c_n(x-a)^n\, dx\right]$ 絕對收斂且

$$\int_{\alpha}^{\beta} f(x)\, dx = \sum_{n=0}^{\infty}\left[\dfrac{c_n}{n+1}(x-a)^{n+1}\right]_{\alpha}^{\beta}.$$

註：定理 8.24 告訴我們，雖然冪級數微分或積分後的收斂半徑保持不變，但是這並不表示收斂區間仍然一樣；有可能原冪級數在某端點收斂，而微分後的冪級數在該端點發散．

▶▶ **例題 5**：若 $f(x) = \sum_{n=0}^{\infty} \dfrac{x^n}{n}$，求 $f(x)$、$f'(x)$ 與 $f''(x)$ 的收斂區間．[提示：逐項微分．]

解：利用 (8.1) 式，$r = \lim\limits_{n\to\infty}\left|\dfrac{c_n}{c_{n+1}}\right| = \lim\limits_{n\to\infty}\dfrac{n+1}{n} = 1$．

$f(x) = \sum_{n=1}^{\infty} \dfrac{x^n}{n}$ 在 $x=1$ 發散而在 $x=-1$ 收斂，故其收斂區間為 $[-1, 1)$．

利用定理 8.24，$f'(x)$ 與 $f''(x)$ 的收斂半徑皆為 1．

$f'(x) = \sum_{n=1}^{\infty} x^{n-1}$ 在 $x=\pm 1$ 發散，故其收斂區間為 $(-1, 1)$．

$f''(x) = \sum_{n=2}^{\infty}(n-1)x^{n-2}$ 在 $x=\pm 1$ 發散，故其收斂區間為 $(-1, 1)$．

▶▶ **例題 6**：求 $\ln(1+x)$ 的冪級數表示式. [提示：利用等比級數.]

解：因 $\dfrac{d}{dx}\ln(1+x)=\dfrac{1}{1+x}=\dfrac{1}{1-(-x)}$

$$=1+(-x)+(-x)^2+(-x)^3+(-x)^4+\cdots$$
$$=1-x+x^2-x^3+x^4-\cdots,\ -1<x<1$$

故 $\ln(1+x)=\displaystyle\int(1-x+x^2-x^3+x^4-\cdots)\,dx$

$$=x-\dfrac{x^2}{2}+\dfrac{x^3}{3}-\dfrac{x^4}{4}+\dfrac{x^5}{5}-\cdots+C$$

以 $x=0$ 代入上式可得 $C=0$.

於是，$\ln(1+x)=x-\dfrac{x^2}{2}+\dfrac{x^3}{3}-\dfrac{x^4}{4}+\dfrac{x^5}{5}-\cdots,\ -1<x<1$.

但此級數在 $x=1$ 收斂到 $\ln(1+1)=\ln 2$，所以，

$$\ln(1+x)=x-\dfrac{x^2}{2}+\dfrac{x^3}{3}-\dfrac{x^4}{4}+\dfrac{x^5}{5}-\cdots,\ -1<x\leq 1.$$

習題 ▶ 8.5

求各冪級數的收斂區間.

1. $\displaystyle\sum_{n=2}^{\infty}\dfrac{x^n}{\sqrt{\ln n}}$
2. $\displaystyle\sum_{n=1}^{\infty}(-1)^n\dfrac{x^n}{n(n+2)}$
3. $\displaystyle\sum_{n=0}^{\infty}(-1)^n\dfrac{x^n}{2^n}$
4. $\displaystyle\sum_{n=0}^{\infty}(-1)^n\dfrac{x^{2n}}{(2n)!}$
5. $\displaystyle\sum_{n=1}^{\infty}\dfrac{(x-1)^n}{n}$
6. $\displaystyle\sum_{n=1}^{\infty}\dfrac{(x+5)^n}{n(n+1)}$
7. $\displaystyle\sum_{n=0}^{\infty}\dfrac{(x+2)^n}{n!}$

8.6 泰勒級數與麥克勞林級數

在微積分的許多應用裡，因為多項式是最簡單的函數且比較容易計算近似值，所以我們利用多項式去近似其他類型的函數是非常方便的.

我們已在 2.7 節中指出，若 $f'(a)$ 存在，則

$$f(x) \approx f(a) + f'(a)(x-a)$$

如果將上式右邊的一次多項式表成 $P_1(x)$，即，

$$P_1(x) = f(a) + f'(a)(x-a)$$

則在點 $(a, f(a))$ 附近，P_1 為 f 的近似，P_1 的圖形正是曲線 $y=f(x)$ 在點 $(a, f(a))$ 的切線. 另外，如果我們也知道曲線 $y=f(x)$ 在點 $(a, f(a))$ 附近的凹性，那麼就可利用圖形在點 $(a, f(a))$ 的切線斜率為 $f'(a)$，而且在此點附近與 f 具有相同凹性的多項式函數去近似 f. 換句話說，我們想要找出一個二次多項式 $P_2(x)$ 使其滿足下列三個條件：

$$P_2(a) = f(a)$$
$$P_2'(a) = f'(a)$$
$$P_2''(a) = f''(a)$$

我們假設這種函數為 $P_2(x) = c_0 + c_1 x + c_2 x^2$，則

$$P_2(a) = c_0 + c_1 a + c_2 a^2 = f(a)$$
$$P_2'(a) = c_1 + 2c_2 a = f'(a)$$
$$P_2''(a) = 2c_2 = f''(a)$$

可得

$$c_2 = \frac{f''(a)}{2}$$

$$c_1 = f'(a) - 2\left[\frac{f''(a)}{2}\right]a = f'(a) - af''(a)$$

$$c_0 = f(a) - [f'(a) - af''(a)]a - \frac{f''(a)}{2}a^2$$
$$= f(a) - af'(a) + \frac{a^2}{2}f''(a)$$

故
$$P_2(x) = f(a) - af'(a) + \frac{a^2}{2}f''(a) + [f'(a) - af''(a)]x + \frac{f''(a)}{2}x^2$$

$$= f(a) + f'(a)(x-a) + \frac{f''(a)}{2}(x^2 - 2ax + a^2)$$

$$= f(a) + f'(a)(x-a) + \frac{f''(a)}{2}(x-a)^2$$

現在,假設 $f(a)$, $f'(a)$, $f''(a)$, $f'''(a)$, $\cdots$, $f^{(n)}(a)$ 皆存在,我們想找出一個 n 次多項式 $P_n(x)$ 使得 $P_n^{(k)}(a) = f^{(k)}(a)$, $k = 0, 1, 2, \cdots, n$. 基於上述的討論,令

$$P_n(x) = c_0 + c_1(x-a) + c_2(x-a)^2 + c_3(x-a)^3 + \cdots + c_n(x-a)^n$$

則

$$P_n'(x) = c_1 + 2c_2(x-a) + 3c_3(x-a)^2 + \cdots + nc_n(x-a)^{n-1}$$
$$P_n''(x) = 2c_2 + 3 \cdot 2c_3(x-a) + \cdots + n(n-1)c_n(x-a)^{n-2}$$
$$P_n'''(x) = 3 \cdot 2c_3 + \cdots + n(n-1)(n-2)c_n(x-a)^{n-3}$$
$$\vdots \qquad\qquad \vdots$$
$$P_n^{(n)}(x) = n(n-1)(n-2)\cdots(2)(1)c_n = n!\, c_n$$

可得
$$P_n(a) = c_0 = f(a)$$
$$P_n'(a) = c_1 = f'(a)$$
$$P_n''(a) = 2c_2 = f''(a), \qquad c_2 = \frac{f''(a)}{2!}$$
$$P_n'''(a) = 3 \cdot 2c_3 = f'''(a), \quad c_3 = \frac{f'''(a)}{3!}$$
$$\vdots \qquad\qquad \vdots$$
$$P_n^{(k)}(a) = k!c_k = f^{(k)}(a), \quad c_k = \frac{f^{(k)}(a)}{k!}$$
$$\vdots \qquad\qquad \vdots$$
$$P_n^{(n)}(a) = n!c_n = f^{(n)}(a), \quad c_n = \frac{f^{(n)}(a)}{n!}$$

定義 8.8

若函數 f 在 a 為 n 次可微分，則

$$P_n(x)=f(a)+f'(a)(x-a)+\frac{f''(a)}{2!}(x-a)^2+\cdots+\frac{f^{(n)}(a)}{n!}(x-a)^n \tag{8.2}$$

稱為 $f(x)$ 在 $x=a$ 的 n 次泰勒多項式 (nth-degree Taylor polynomial of $f(x)$ at $x=a$)。若 $a=0$，則

$$M_n(x)=f(0)+f'(0)x+\frac{f''(0)}{2!}x^2+\cdots+\frac{f^{(n)}(0)}{n!}x^n \tag{8.3}$$

稱為 $f(x)$ 的 n 次麥克勞林多項式 (nth-degree Maclaurin polynomial of $f(x)$)。

▶▶ 例題 1：求 $f(x)=\sin x$ 在 $x=\dfrac{\pi}{4}$ 的四次泰勒多項式。[提示：利用 (8.2) 式.]

解：

$$f(x)=\sin x, \qquad f\left(\frac{\pi}{4}\right)=\frac{\sqrt{2}}{2}$$

$$f'(x)=\cos x, \qquad f'\left(\frac{\pi}{4}\right)=\frac{\sqrt{2}}{2}$$

$$f''(x)=-\sin x, \qquad f''\left(\frac{\pi}{4}\right)=-\frac{\sqrt{2}}{2}$$

$$f'''(x)=-\cos x, \qquad f'''\left(\frac{\pi}{4}\right)=-\frac{\sqrt{2}}{2}$$

$$f^{(4)}(x)=\sin x, \qquad f^{(4)}\left(\frac{\pi}{4}\right)=\frac{\sqrt{2}}{2}$$

故四次泰勒多項式為

$$P_4(x)=\frac{\sqrt{2}}{2}+\frac{\sqrt{2}}{2}\left(x-\frac{\pi}{4}\right)-\frac{\sqrt{2}}{2\cdot 2!}\left(x-\frac{\pi}{4}\right)^2-\frac{\sqrt{2}}{2\cdot 3!}\left(x-\frac{\pi}{4}\right)^3$$

$$+\frac{\sqrt{2}}{2\cdot 4!}\left(x-\frac{\pi}{4}\right)^4.$$

▶▶ **例題 2**：求 $f(x)=e^x$ 的 n 次麥克勞林多項式. [提示：利用 (8.3) 式.]

解：

$$f(x)=e^x, \quad f(0)=1$$
$$f'(x)=e^x, \quad f'(0)=1$$
$$f''(x)=e^x, \quad f''(0)=1$$
$$f'''(x)=e^x, \quad f'''(0)=1$$
$$f^{(4)}(x)=e^x, \quad f^{(4)}(0)=1$$
$$\vdots \qquad \vdots$$
$$f^{(n)}(x)=e^x, \quad f^{(n)}(0)=1$$

故 n 次麥克勞林多項式為

$$P_n(x)=1+x+\frac{x^2}{2!}+\frac{x^3}{3!}+\frac{x^4}{4!}+\cdots+\frac{x^n}{n!}.$$

我們知道，當 $x \approx a$ 時，$P_n(x) \approx f(x)$，因而誤差項 $R_n(x)$ 定義如下：

$$R_n(x)=f(x)-P_n(x)$$

下面定理稱為**泰勒定理** (Taylor's theorem)，它提供了 $R_n(x)$ 的明確公式.

定理 8.25（泰勒定理）帶有餘式的泰勒公式

設函數 f 在包含 a 的區間 I 中每一 x 皆為 $n+1$ 次可微分，則對 I 中每一 x，在 x 與 a 之間存在一數 z 使得

$$f(x)=f(a)+f'(a)(x-a)+\frac{f''(a)}{2}(x-a)^2+\cdots+\frac{f^{(n)}(a)}{n!}(x-a)^n+R_n(x) \tag{8.4}$$

此處

$$R_n(x)=\frac{f^{(n+1)}(z)}{(n+1)!}(x-a)^{n+1}.$$

註：(8.4) 式稱為**泰勒公式** (Taylor's formula)，$R_n(x)$ 稱為**拉格蘭吉餘式** (Lagrange form of the remainder).

我們在 8.5 節中曾經利用幾何級數以逐項微分或逐項積分的方式導出許多函數的

冪級數. 現在，我們將探究更一般的問題：哪些函數有冪級數表示式？若有，則該如何求之？

若函數 $f(x)$ 是由冪級數 $\sum_{n=0}^{\infty} c_n(x-a)^n$ 所表示，即，

$$f(x) = \sum_{n=0}^{\infty} c_n(x-a)^n, \text{ 其收斂區間為 } (a-r, a+r), 0 < r \leq \infty$$

則由定理 8.24 可知 f 的 n 階導函數在 $|x-a| < r$ 時存在，於是，由連續微分可得

$$f'(x) = \sum_{n=1}^{\infty} nc_n(x-a)^{n-1} = c_1 + 2c_2(x-a) + 3c_3(x-a)^2 + 4c_4(x-a)^3 + \cdots$$

$$f''(x) = \sum_{n=2}^{\infty} n(n-1)c_n(x-a)^{n-2} = 2c_2 + 6c_3(x-a) + 12c_4(x-a)^2 + \cdots$$

$$f'''(x) = \sum_{n=3}^{\infty} n(n-1)(n-2)c_n(x-a)^{n-3} = 6c_3 + 24c_4(x-a) + \cdots$$

$$\vdots$$

對任何正整數 n,

$$f^{(n)}(x) = \sum_{k=n}^{\infty} k(k-1)(k-2)\cdots(k-n+1)c_k(x-a)^{k-n}$$

$$= n!\, c_n + (n+1)!\, c_{n+1}(x-a) + \cdots$$

現在，我們以 $x=a$ 代入上式可得

$$c_n = \frac{f^{(n)}(a)}{n!}, \quad n \geq 0$$

此即 $f(x)$ 的冪級數表示式之 n 次項的係數，於是，我們有下面的定理.

定理 8.26　收斂冪級數的型

若 $f(x) = \sum_{n=0}^{\infty} c_n(x-a)^n$, $|x-a| < r$, 則其係數為

$$c_n = \frac{f^{(n)}(a)}{n!}$$

且
$$f(x) = \sum_{n=0}^{\infty} \frac{f^{(n)}(a)}{n!}(x-a)^n$$
$$= f(a) + f'(a)(x-a) + \frac{f''(a)}{2}(x-a)^2 + \frac{f'''(a)}{3!}(x-a)^3 + \cdots.$$

定理 8.26 中的冪級數的係數正是 $f(x)$ 在 $x=a$ 的泰勒多項式的係數.

定義 8.9

若函數 f 在 a 的所有階的導數存在，則冪級數

$$\sum_{n=0}^{\infty} \frac{f^{(n)}(a)}{n!}(x-a)^n$$
$$= f(a) + f'(a)(x-a) + \frac{f''(a)}{2}(x-a)^2 + \frac{f'''(a)}{3!}(x-a)^3 + \cdots \qquad (8.5)$$

稱為 $f(x)$ 在 $x=a$ 的泰勒級數 (Taylor series of $f(x)$ at $x=a$). 若 $a=0$，則冪級數

$$\sum_{n=0}^{\infty} \frac{f^{(n)}(0)}{n!} x^n = f(0) + f'(0)x + \frac{f''(0)}{2!}x^2 + \frac{f'''(0)}{3!}x^3 + \cdots \qquad (8.6)$$

稱為 $f(x)$ 的麥克勞林級數 (Maclaurin series of $f(x)$).

假使你知道某函數的泰勒多項式的係數形式，那麼你就可以很容易地將該係數形式推廣以便構成對應的泰勒級數.

▶▶ **例題 3**：求 $f(x) = \ln x$ 在 $x=1$ 的泰勒級數，並確定其收斂區間.

[提示：利用 (8.5) 式.]

解：
$$f(x) = \ln x, \qquad f(1) = 0$$
$$f'(x) = \frac{1}{x}, \qquad f'(1) = 1$$
$$f''(x) = -\frac{1}{x^2}, \qquad f''(1) = -1$$

$$f'''(x) = \frac{1 \cdot 2}{x^3}, \qquad f'''(1) = 2!$$

$$\vdots \qquad\qquad \vdots$$

$$f^{(n)}(x) = (-1)^{n-1} \frac{(n-1)!}{x^n}, \quad f^{(n)}(1) = (-1)^{n-1}(n-1)!$$

於是，泰勒級數為

$$(x-1) - \frac{1}{2}(x-1)^2 + \frac{1}{3}(x-1)^3 - \cdots + \frac{(-1)^{n-1}}{n}(x-1)^n + \cdots$$

$$= \sum_{n=1}^{\infty} \frac{(-1)^{n-1}}{n}(x-1)^n$$

由比值檢驗法可得知此級數的收斂區間為 (0，2]。

▶▶ 例題 4：求 $f(x) = e^x$ 的麥克勞林級數，並確定其收斂區間。
[提示：利用 (8.6) 式.]

解：
$$f(x) = e^x, \qquad f(0) = 1$$
$$f'(x) = e^x, \qquad f'(0) = 1$$
$$f''(x) = e^x, \qquad f''(0) = 1$$
$$f'''(x) = e^x, \qquad f'''(0) = 1$$
$$\vdots \qquad\qquad \vdots$$
$$f^{(n)}(x) = e^x, \qquad f^{(n)}(0) = 1$$
$$\vdots \qquad\qquad \vdots$$

於是，麥克勞林級數為

$$1 + x + \frac{x^2}{2!} + \frac{x^3}{3!} + \cdots + \frac{x^n}{n!} + \cdots = \sum_{n=0}^{\infty} \frac{x^n}{n!}$$

依比值檢驗法可知此級數對所有 x 皆收斂，所以，其收斂區間為 $(-\infty, \infty)$。

定理 8.27　泰勒級數的收斂

若函數 f 在區間 $(a-r, a+r)$ 中每一 x 具有各階導數且對區間中每一 x，等式

$$f(x)=\sum_{n=0}^{\infty}\frac{f^{(n)}(a)}{n!}(x-a)^n$$

成立，若且唯若存在一數 z 介於 x 與 a 之間使得

$$\lim_{n\to\infty}R_n(x)=\lim_{n\to\infty}\frac{f^{(n+1)}(z)}{(n+1)!}(x-a)^{n+1}=0$$

對每一個 $x\in(a-r, a+r)$ 皆成立.

證：對一泰勒級數，n 項部分和與 n 項泰勒多項式完全一致，即，$S_n(x)=P_n(x)$. 又因

$$P_n(x)=f(x)-R_n(x)$$

故

$$\lim_{n\to\infty}S_n(x)=\lim_{n\to\infty}P_n(x)=\lim_{n\to\infty}[f(x)-R_n(x)]=f(x)-\lim_{n\to\infty}R_n(x)$$

因此，對一已知的 x，泰勒級數 (部分和數列) 收斂於 $f(x)$，若且唯若當 $n\to\infty$ 時，$R_n(x)\to 0$.

▶ **例題 5**：試證 e^x 等於其泰勒級數的和. [提示：利用定理 8.27.]

解：若 $f(x)=e^x$，則 $f^{(n+1)}(x)=e^x$，故泰勒公式的餘式為

$$R_n(x)=\frac{e^z}{(n+1)!}x^{n+1}$$

此處 z 介於 0 與 x 之間 (注意，無論如何 z 與 n 有關). 若 $x>0$，則 $0<z<x$，可得 $e^z<e^x$. 所以，

$$0<R_n(x)=\frac{e^z}{(n+1)!}x^{n+1}<e^x\frac{x^{n+1}}{(n+1)!}$$

由於 $\lim_{n\to\infty}\frac{x^n}{n!}=0$，$\forall x\in\mathbb{R}$，所以，$\lim_{n\to\infty}\left[e^x\frac{x^{n+1}}{(n+1)!}\right]=0$. 依夾擠定理，

$$\lim_{n \to \infty} R_n(x) = 0.$$

若 $x < 0$，則 $x < z < 0$，可得 $e^z < e^0 = 1$. 所以，

$$|R_n(x)| < \frac{|x|^{n+1}}{(n+1)!}$$

因而
$$\lim_{n \to \infty} R_n(x) = 0.$$

故
$$e^x = \sum_{n=0}^{\infty} \frac{x^n}{n!}, \quad \forall x \in \mathbb{R}.$$

為了參考方便，我們在表 8.5 中列出一些重要函數的**麥克勞林級數**，並指出使級數收斂到該函數的區間.

表 8.5

麥克勞林級數	收斂區間
$\dfrac{1}{1-x} = \sum_{n=0}^{\infty} x^n = 1 + x + x^2 + x^3 + \cdots$	$(-1, 1)$
$e^x = \sum_{n=0}^{\infty} \dfrac{x^n}{n!} = 1 + x + \dfrac{x^2}{2!} + \dfrac{x^3}{3!} + \cdots$	$(-\infty, \infty)$
$\sin x = \sum_{n=0}^{\infty} (-1)^n \dfrac{x^{2n+1}}{(2n+1)!} = x - \dfrac{x^3}{3!} + \dfrac{x^5}{5!} - \dfrac{x^7}{7!} + \cdots$	$(-\infty, \infty)$
$\cos x = \sum_{n=0}^{\infty} (-1)^n \dfrac{x^{2n}}{(2n)!} = 1 - \dfrac{x^2}{2!} + \dfrac{x^4}{4!} - \dfrac{x^6}{6!} + \cdots$	$(-\infty, \infty)$
$\ln(1+x) = \sum_{n=0}^{\infty} (-1)^n \dfrac{x^{n+1}}{n+1} = x - \dfrac{x^2}{2} + \dfrac{x^3}{3} - \dfrac{x^4}{4} + \cdots$	$(-1, 1)$
$\tan^{-1} x = \sum_{n=0}^{\infty} (-1)^n \dfrac{x^{2n+1}}{2n+1} = x - \dfrac{x^3}{3} + \dfrac{x^5}{5} - \dfrac{x^7}{7} + \cdots$	$[-1, 1]$

▶ **例題 6**：求 $f(x) = \dfrac{x^2}{1+3x}$ 的麥克勞林級數. [提示：利用等比級數.]

解：$\dfrac{x^2}{1+3x} = \dfrac{x^2}{1-(-3x)} = x^2 \sum_{n=0}^{\infty} (-3x)^n = x^2 \sum_{n=0}^{\infty} (-1)^n 3^n x^n$

$$= \sum_{n=0}^{\infty} (-1)^n 3^n x^{n+2}, \quad -\frac{1}{3} < x < \frac{1}{3}$$

▶▶ **例題 7**：求 $\sin^2 x$ 的麥克勞林級數. [提示：化成半角公式.]

解：$\sin^2 x = \dfrac{1}{2}(1-\cos 2x)$

$$= \dfrac{1}{2}\left[1-\left(1-\dfrac{2^2}{2!}x^2+\dfrac{2^4}{4!}x^4-\dfrac{2^6}{6!}x^6+\dfrac{2^8}{8!}x^8-\cdots\right)\right]$$

$$= \dfrac{1}{2}\left(\dfrac{2^2}{2!}x^2-\dfrac{2^4}{4!}x^4+\dfrac{2^6}{6!}x^6-\dfrac{2^8}{8!}x^8+\cdots\right)$$

$$= \dfrac{2}{2!}x^2-\dfrac{2^3}{4!}x^4+\dfrac{2^5}{6!}x^6-\dfrac{2^7}{8!}x^8+\cdots,\quad -\infty<x<\infty.$$

▶▶ **例題 8**：$\displaystyle\int_0^{0.1}\dfrac{\sin x}{x}dx = \int_0^{0.1}\left(1-\dfrac{x^2}{3!}+\dfrac{x^4}{5!}-\dfrac{x^6}{7!}+\dfrac{x^8}{9!}-\cdots\right)dx$

$$=\left[x-\dfrac{x^3}{3\cdot 3!}+\dfrac{x^5}{5\cdot 5!}-\dfrac{x^7}{7\cdot 7!}+\dfrac{x^9}{9\cdot 9!}-\cdots\right]_0^{0.1}$$

$$=0.1-\dfrac{(0.1)^3}{3\cdot 3!}+\dfrac{(0.1)^5}{5\cdot 5!}-\dfrac{(0.1)^7}{7\cdot 7!}+\dfrac{(0.1)^9}{9\cdot 9!}-\cdots$$

取此級數的前三項可得

$$\int_0^{0.1}\dfrac{\sin x}{x}dx \approx 0.1-\dfrac{0.001}{18}+\dfrac{0.00001}{600}\approx 0.1.$$

▶▶ **例題 9**：我們無法直接計算積分

$$\int_0^1 e^{-x^2}dx$$

因為 e^{-x^2} 的反導函數不存在．然而，我們可用 e^{-x^2} 的麥克勞林級數，再逐項積分即可求得積分值．欲求 e^{-x^2} 的麥克勞林級數的最簡單方法是將

$$e^x = 1+x+\dfrac{x^2}{2!}+\dfrac{x^3}{3!}+\dfrac{x^4}{4!}+\cdots$$

中的 x 換成 $-x^2$，而得

$$e^{-x^2} = 1 - x^2 + \frac{x^4}{2!} - \frac{x^6}{3!} + \frac{x^8}{4!} - \cdots$$

所以,
$$\int_0^1 e^{-x^2} dx = \int_0^1 \left(1 - x^2 + \frac{x^4}{2!} - \frac{x^6}{3!} + \frac{x^8}{4!} - \cdots \right) dx$$

$$= \left[x - \frac{x^3}{3} + \frac{x^5}{5 \cdot 2!} - \frac{x^7}{7 \cdot 3!} + \frac{x^9}{9 \cdot 4!} - \cdots \right]_0^1$$

$$= 1 - \frac{1}{3} + \frac{1}{5 \cdot 2!} - \frac{1}{7 \cdot 3!} + \frac{1}{9 \cdot 4!} - \cdots$$

取此級數的前三項可得

$$\int_0^1 e^{-x^2} dx = 1 - \frac{1}{3} + \frac{1}{5 \cdot 2!} = 1 - \frac{1}{3} + \frac{1}{10} = \frac{23}{30} \approx 0.767.$$

▶▶ **例題 10**：(1) $e = 1 + 1 + \frac{1}{2!} + \frac{1}{3!} + \frac{1}{4!} + \cdots + \frac{1}{n!} + \cdots \approx 2.71828$

(2) $\ln 2 = \ln(1+1) = 1 - \frac{1}{2} + \frac{1}{3} - \frac{1}{4} + \frac{1}{5} - \cdots$

(3) $\frac{\pi}{4} = \tan^{-1} 1 = 1 - \frac{1}{3} + \frac{1}{5} - \frac{1}{7} + \frac{1}{9} - \cdots$

或 $\pi = 4\left(1 - \frac{1}{3} + \frac{1}{5} - \frac{1}{7} + \frac{1}{9} - \cdots\right)$.

習題 ▶ 8.6

求 1～3 題各所予函數在 $x = a$ 的三次泰勒多項式.

1. $f(x) = x^4 + x - 3, \ a = -2.$

2. $f(x) = \sin \pi x, \ a = -\frac{1}{3}.$

3. $f(x) = \tan^{-1} x, \ a = 1.$

求 4～5 題各所予函數的四次麥克勞林多項式.

4. $f(x)=x^3-x^2+2x+1$

5. $f(x)=\ln(2x+3)$

求 6～8 題各函數的麥克勞林級數.

6. $f(x)=\sin x \cos x$ $\left[提示：\sin x \cos x=\dfrac{1}{2}\sin 2x\right]$

7. $f(x)=\cos^2 x$ $\left[提示：\cos^2 x=\dfrac{1}{2}(1+\cos 2x)\right]$

8. $f(x)=xe^{-2x}$

利用麥克勞林級數 (取前三項) 求下列積分的近似值到小數第三位.

9. $\displaystyle\int_0^1 \sin x^2\, dx$

10. $\displaystyle\int_0^{0.1} e^{-x^3}\, dx$

11. $\displaystyle\int_0^1 \cos\sqrt{x}\, dx$

12. $\displaystyle\int_0^1 \dfrac{\sin x}{\sqrt{x}}\, dx$

綜合 ▶ 習題

1. 當 p 的值為多少時，級數 $\displaystyle\sum_{n=2}^{\infty}\dfrac{1}{(\ln p)^n}$ 會收斂？

2. 求級數 $\dfrac{1}{3}-\dfrac{1}{2}+\dfrac{1}{9}-\dfrac{1}{4}+\dfrac{1}{27}-\dfrac{1}{8}+\cdots+\dfrac{1}{3^n}-\dfrac{1}{2^n}+\cdots$ 的和.

3. 求冪級數 $1+2x+x^2+2x^3+x^4+2x^5+\cdots+x^{2n}+2x^{2n+1}+\cdots$ 的收斂區間及和.

4. 求函數 $f(x)=\dfrac{7x-1}{3x^2+2x-1}$ 的收斂區間. [提示：將函數表成部分分式和.]

5. 證明 $\displaystyle\sum_{n=1}^{\infty}(-1)^{n-1}\dfrac{1}{n!}=\dfrac{e-1}{e}$.

6. 求 $\displaystyle\lim_{x\to 0}\dfrac{\sin x-\tan x}{x^3}$.

偏導函數

9.1 多變數函數

在平面上，利用描點可獲得曲線大致的形狀；然而，對三維空間中的曲面，一般言之，描點並非有幫助，因為需要太多的點以獲得曲面的概略圖形. 如果利用曲面與一些選取好的平面所相交的曲線去建構該曲面的形狀會更好. 一平面與一曲面所相交的曲線稱為該曲面在平面上的**軌跡** (trace).

在三維空間 $I\!R^3$ 中，含 x、y 與 z 的二次方程式

$$Ax^2+By^2+Cz^2+Dxy+Exz+Fyz+Gx+Hy+Iz+J=0 \qquad (9.1)$$

(其中 A、B 及 C 不全為零) 所表示的曲面稱為**二次曲面** (quadric surface). 我們僅給出幾種二次曲面的標準式如下：

一、橢球面 (ellipsoid)

$$\frac{x^2}{a^2}+\frac{y^2}{b^2}+\frac{z^2}{c^2}=1 \quad (a>0,\ b>0,\ c>0) \qquad (9.2)$$

此曲面在三坐標平面上的軌跡皆為橢圓. 例如，我們在 (9.2) 式中令 $z=0$，可得在 xy-平面上的軌跡為橢圓 $\frac{x^2}{a^2}+\frac{y^2}{b^2}=1$. 同理，可得在 xz-平面與 yz-平面上的軌跡也為橢圓. (9.2) 式的圖形如圖 9.1 所示.

若 $a=b=c$，則 (9.2) 式表示的橢球面化成半徑為 a 且球心在原點的球面.

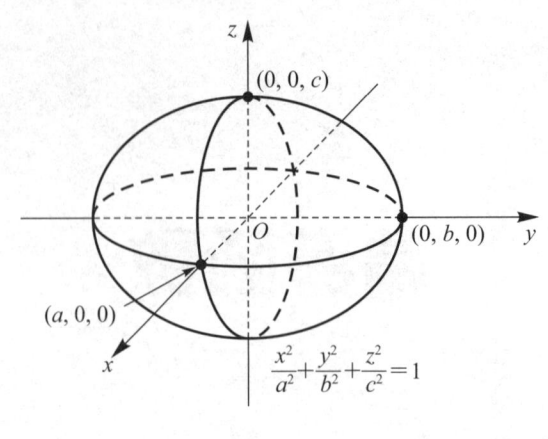

图 9.1

二、橢圓錐面 (elliptic cone)

$$z^2 = \frac{x^2}{a^2} + \frac{y^2}{b^2} \quad (a>0,\ b>0) \tag{9.3}$$

此曲面在 xy-平面上的軌跡為原點，在 yz-平面上的軌跡為一對相交直線 $z = \pm\frac{y}{b}$，在 xz-平面上的軌跡為一對相交直線 $z = \pm\frac{x}{a}$，在平行於 xy-平面之平面上的軌跡皆為橢圓. (何故？) (9.3) 式的圖形如圖 9.2 所示.

若 $a=b$，則橢圓錐面在平行於 xy-平面的平面上的所有軌跡皆為圓，故曲面為圓錐面 (circular cone).

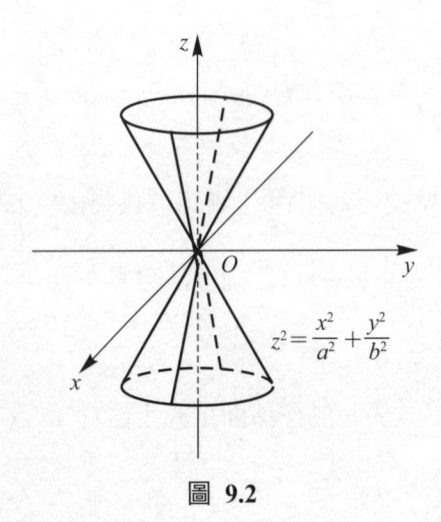

圖 9.2

三、橢圓拋物面 (elliptic paraboloid)

$$z = \frac{x^2}{a^2} + \frac{y^2}{b^2} \quad (a > 0, \ b > 0) \tag{9.4}$$

此曲面在 xy-平面上的軌跡為原點，在 yz-平面上的軌跡為拋物線 $z = \frac{y^2}{b^2}$，在 xz-平面上的軌跡為拋物線 $z = \frac{x^2}{a^2}$，在平行於 xy-平面之平面上的軌跡皆為橢圓，在平行於其他坐標平面之平面上的軌跡皆為拋物線．又因 $z \geq 0$，故曲面位於 xy-平面的上方．(9.4) 式的圖形如圖 9.3 所示．

若 $a = b$，則在平行於 xy-平面的平面上的所有軌跡皆為圓，故曲面為**圓拋物面** (circular paraboloid)．

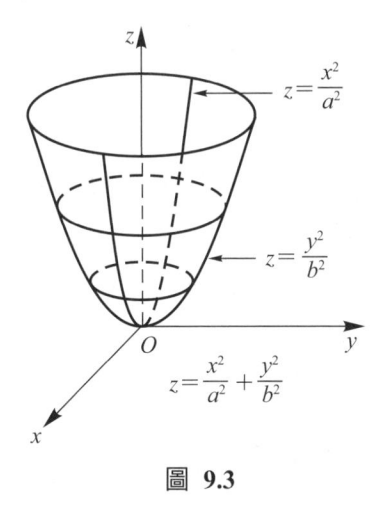

圖 9.3

四、雙曲拋物面 (hyperbolic paraboloid)

$$z = \frac{y^2}{b^2} - \frac{x^2}{a^2} \quad (a > 0, \ b > 0) \tag{9.5}$$

此曲面在 xy-平面上的軌跡為一對交於原點的直線 $\frac{y}{b} = \pm \frac{x}{a}$，在 yz-平面上的軌跡為拋物線 $z = \frac{y^2}{b^2}$，在 xz-平面上的軌跡為開口向下的拋物線 $z = -\frac{x^2}{a^2}$，在平行於 xy-平面之平面上的軌跡為雙曲線，在平行於其他坐標平面之平面上的軌跡為拋物線．讀者應注意，原點為此曲面在 yz-平面上之軌跡的最低點且為在 xz-平面上之軌跡的最高點，此點稱為曲面的**鞍點** (saddle point)．(9.5) 式的圖形如圖 9.4 所示．

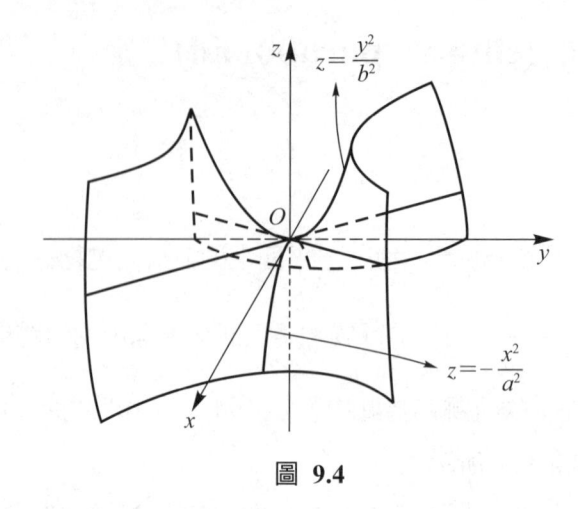

圖 9.4

五、單葉雙曲面 (hyperboloid of one sheet)

$$\frac{x^2}{a^2}+\frac{y^2}{b^2}-\frac{z^2}{c^2}=1 \tag{9.6}$$

此曲面在 xy-平面上的軌跡為橢圓 $\frac{x^2}{a^2}+\frac{y^2}{b^2}=1$，在 yz-平面上的軌跡為雙曲線 $\frac{y^2}{b^2}-\frac{z^2}{c^2}=1$，在 xz-平面上的軌跡為雙曲線 $\frac{x^2}{a^2}-\frac{z^2}{c^2}=1$，在平行於 xy-平面之平面上的軌跡為橢圓，在平行於其他坐標平面之平面上的軌跡為雙曲線. (9.6) 式的圖形如圖 9.5 所示.

單葉雙曲面的方程式尚有下面兩種形式：

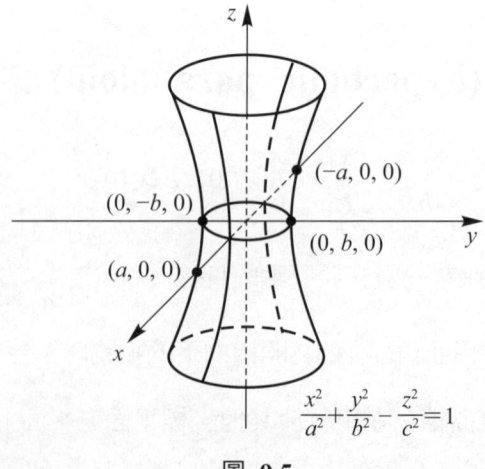

圖 9.5

$$\frac{x^2}{a^2}-\frac{y^2}{b^2}+\frac{z^2}{c^2}=1 \quad \text{與} \quad \frac{x^2}{a^2}-\frac{y^2}{b^2}-\frac{z^2}{c^2}=-1 \tag{9.7}$$

六、雙葉雙曲面 (hyperboloid of two sheets)

$$\frac{x^2}{a^2}+\frac{y^2}{b^2}-\frac{z^2}{c^2}=-1 \tag{9.8}$$

此曲面在 xy-平面上無軌跡，在 yz-平面上的軌跡為雙曲線 $\frac{z^2}{c^2}-\frac{y^2}{b^2}=1$，在 xz-平面上的軌跡也為雙曲線 $\frac{z^2}{c^2}-\frac{x^2}{a^2}=1$，在平行於 xy-平面之平面上的軌跡為橢圓，在平行於其他坐標平面之平面上的軌跡為雙曲線. 讀者應注意此曲面包含兩部分，一部分的曲面位於 $z \geq c$ 上方，而另一部分的曲面位於 $z \leq -c$ 下方. (9.8) 式的圖形如圖 9.6 所示. 另圖形如圖 9.7 所示者係 $x \geq a$ 或 $x \leq -a$ 所示的曲面.

雙葉雙曲面的方程式尚有下面兩種形式：

$$\frac{x^2}{a^2}-\frac{y^2}{b^2}-\frac{z^2}{c^2}=1 \quad \text{與} \quad \frac{x^2}{a^2}-\frac{y^2}{b^2}+\frac{z^2}{c^2}=-1 \tag{9.9}$$

另外尚有三種二次曲面，稱為**柱面** (cylinder).

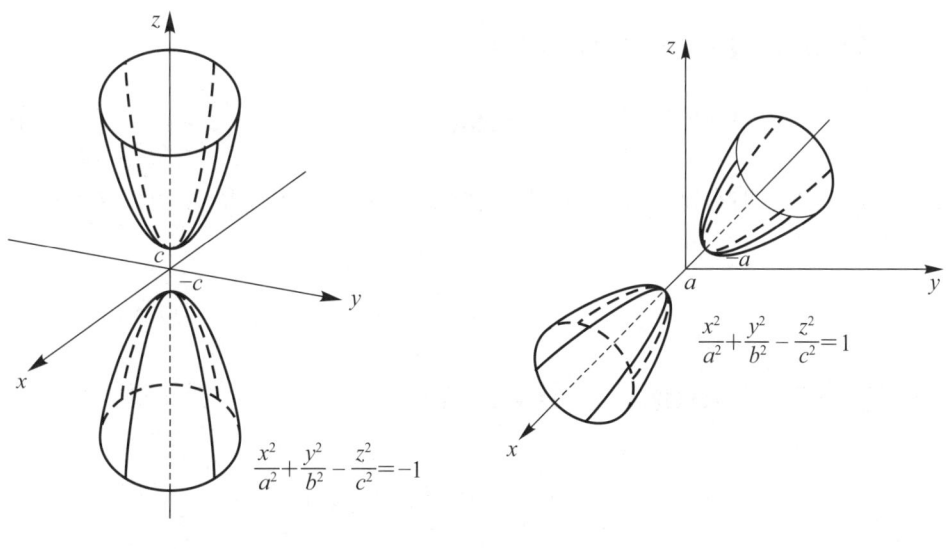

圖 9.6

圖 9.7

定義 9.1

若 C 為平面上的曲線且 L 為不在此平面上的直線，則所有交於 C 且平行於 L 之直線上的點之集合稱為**柱面**.

於上述定義中，曲線 C 稱為柱面的**準線** (directrix)，每一通過 C 且平行於 L 的直線為柱面的**母線** (generator). 例如，**正圓柱面** (right circular cylinder) 如圖 9.8 所示.

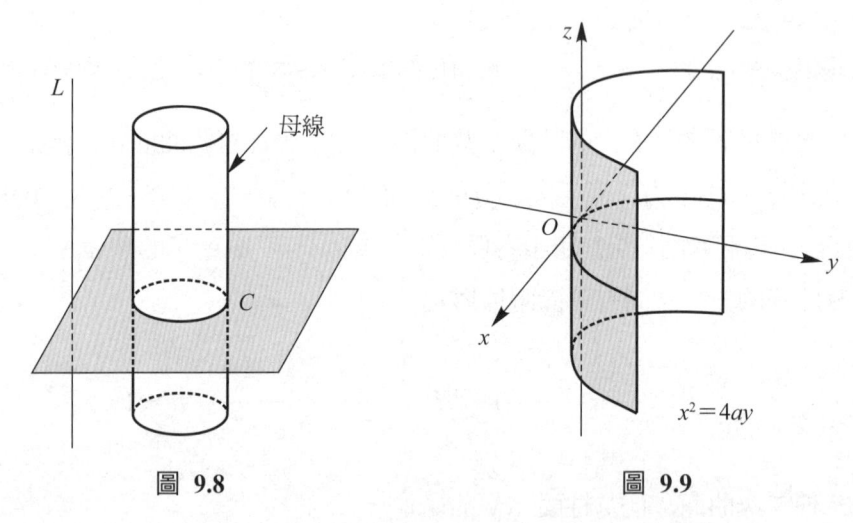

圖 9.8

圖 9.9

七、拋物柱面 (parabolic cylinder)

$$x^2 = 4ay \tag{9.10}$$

此曲面是由平行於 z-軸的直線 L 且沿著拋物線 $x^2 = 4ay$ 移動所形成者，如圖 9.9 所示.

八、橢圓柱面 (elliptic cylinder)

$$\frac{x^2}{a^2} + \frac{y^2}{b^2} = 1 \quad (a > 0,\ b > 0) \tag{9.11}$$

此曲面是由平行於 z-軸的直線 L 且沿著橢圓 $\dfrac{x^2}{a^2} + \dfrac{y^2}{b^2} = 1$ 移動所形成者，如圖

9.10 所示.

若 $a=b$，則在平行於 xy-平面的平面上的所有軌跡皆為圓，故曲面為**正圓柱面**.

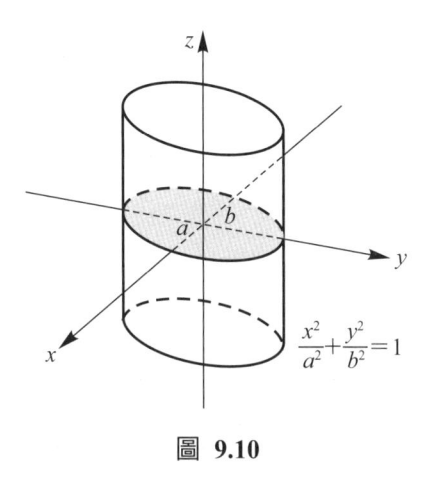

圖 9.10

九、雙曲柱面 (hyperbolic cylinder)

$$\frac{x^2}{a^2}-\frac{y^2}{b^2}=1 \tag{9.12}$$

此曲面是由平行於 z-軸的直線 L 且沿著雙曲線 $\frac{x^2}{a^2}-\frac{y^2}{b^2}=1$ 移動所形成者，如圖 9.11 所示.

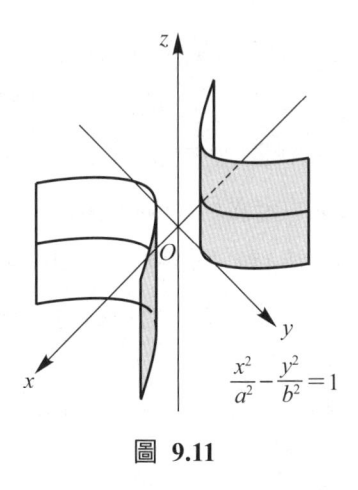

圖 9.11

到目前為止，我們所討論的函數僅僅涉及到一個自變數；然而，在許多應用裡，常常會出現二個或更多個自變數. 例如，正圓柱體的體積 V 與它的底半徑 r 及高度 h

有關，$V=\pi r^2 h$，我們稱 V 為二變數 r 與 h 的函數，寫成 $V(r, h)=\pi r^2 h$。矩形體的體積 V 與它的長度 l、寬度 w 及高度 h 有關，$V=lwh$，我們稱 V 為三變數 l、w 與 h 的函數。n 個數 $x_1, x_2, \cdots, x_n$ 的算術平均值 $\bar{x}$ 與它們有關，$\bar{x}=\dfrac{1}{n}(x_1+x_2+\cdots+x_n)$，我們稱 $\bar{x}$ 為 n 變數 $x_1, x_2, \cdots, x_n$ 的函數。

二個或更多個變數的函數的記號類似於單變數函數所使用者。例如，式子 $z=f(x, y)$ 意指 z 為 x 與 y 的函數，$w=f(x, y, z)$ 表示 w 為 x、y 與 z 的函數，而 $w=f(x_1, x_2, \cdots, x_n)$ 表示 w 為 $x_1, x_2, \cdots, x_n$ 的函數。

定義 9.2

二變數函數 (function of two variables) f 是由二維空間 $I\!R^2$ 的某集合 A 映到 $I\!R$ (可視為 z-軸) 中的某集合 B 的一種對應關係，其中對 A 中每一元素 (x, y)，在 B 中僅有唯一實數 z 與其對應，以符號

$$z=f(x, y)$$

表示之。集合 A 稱為函數 f 的定義域，$f(A)$ 稱為 f 的值域。x 與 y 皆稱為自變數，z 稱為因變數。

仿照二變數函數的定義，三變數 x、y 與 z 的函數 f 是對三維空間 $I\!R^3$ 中某集合的每一點 (x, y, z) 對應唯一實數 $f(x, y, z)$ 的一個法則，可寫成 $w=f(x, y, z)$。同理，n 變數 $x_1, x_2, \cdots, x_n$ 的函數 f 是對 n 維空間 $I\!R^3$ 中某集合的每一點 $(x_1, x_2, \cdots, x_n)$ 對應唯一實數 $f(x_1, x_2, \cdots, x_n)$ 的一個法則，可寫成 $w=f(x_1, x_2, \cdots, x_n)$。多變數函數的定義域是使該函數有意義的所有點的集合。若多變數函數是用式子表出且其定義域沒有特別指明，則其定義域是由會使該式子產生實數的所有點的集合。在本章及下一章裡，我們將只探討二變數及三變數的函數。

▶▶ **例題 1**：若一平面方程式為 $ax+by+cz=d$，$c \neq 0$，則

$$z=-\dfrac{a}{c}x-\dfrac{b}{c}y+\dfrac{d}{c} \text{ 或 } f(x, y)=-\dfrac{a}{c}x-\dfrac{b}{c}y+\dfrac{d}{c}$$

為一函數，其定義域為 $I\!R^2$。

▶▶ **例題 2**：確定函數 $f(x, y) = \sqrt{9-x^2-y^2}$ 的定義域與值域，並計算 $f(2, 2)$.

[提示：根號內必須為非負.]

解：欲使 $\sqrt{9-x^2-y^2}$ 的值有意義，必須是

$$9-x^2-y^2 \geq 0 \quad 或 \quad x^2+y^2 \leq 9$$

故 f 的定義域為 $\{(x, y) | x^2+y^2 \leq 9\}$，值域為 $[0, 3]$.

$$f(2, 2) = \sqrt{9-2^2-2^2} = 1.$$

▶▶ **例題 3**：確定函數 $f(x, y, z) = \dfrac{z}{\sqrt{9-x^2-y^2-z^2}}$ 的定義域，並計算 $f(1, 0, 2)$.

[提示：根號內必須為正.]

解：欲使函數 f 有定義，必須是

$$9-x^2-y^2-z^2 > 0 \quad 或 \quad x^2+y^2+z^2 < 9$$

故 f 的定義域為 $\{(x, y, z) | x^2+y^2+z^2 < 9\}$.

$$f(1, 0, 2) = \frac{2}{\sqrt{9-1-0-4}} = 1.$$

對於單變數函數 f 而言，$f(x)$ 的圖形定義為方程式 $y=f(x)$ 的圖形. 同理，若 f 為二變數函數，則我們定義 $f(x, y)$ 的圖形為方程式 $z=f(x, y)$ 的圖形，它是三維空間中的曲面 (包括平面).

水平面 $z=k$ 與曲面 $z=f(x, y)$ 的交線在 xy-平面上垂直投影稱為函數 f 的**等值線** (level curve)，其方程式為 $f(x, y)=k$ (k 在 f 的值域內)，如圖 9.12 所示.

例如，在天氣圖上，相同氣壓的等值線稱為**等壓線** (isobar)，相同氣溫的等值線稱為**等溫線** (isotherm).

水平面：$z=k$

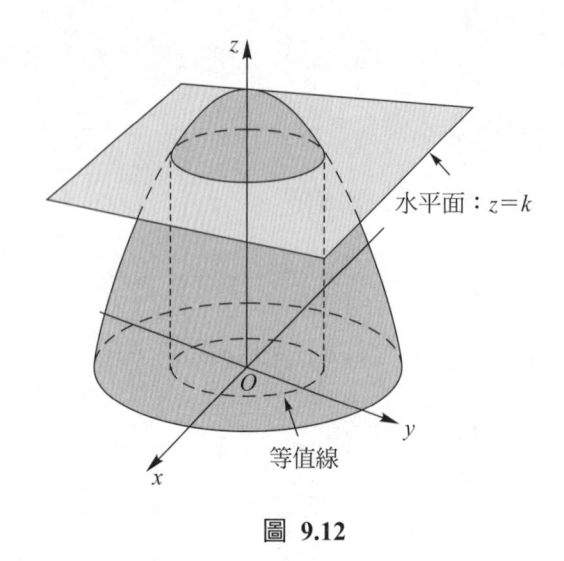

等值線

圖 9.12

▶ **例題 4**：繪出函數 $f(x, y) = 25 - x^2 - y^2$ 的等值線. [提示：等值線是圓.]

解：在 xy-平面上, 等值線是形如 $f(x, y) = k$ 之方程式的圖形, 亦即,

$$25 - x^2 - y^2 = k$$

或

$$x^2 + y^2 = 25 - k$$

這些皆是圓, 倘若 $0 \leq k < 25$. 在圖 9.13 中, 我們繪出對應於 $k = 24$、21、16、9 與 0 的等值線.

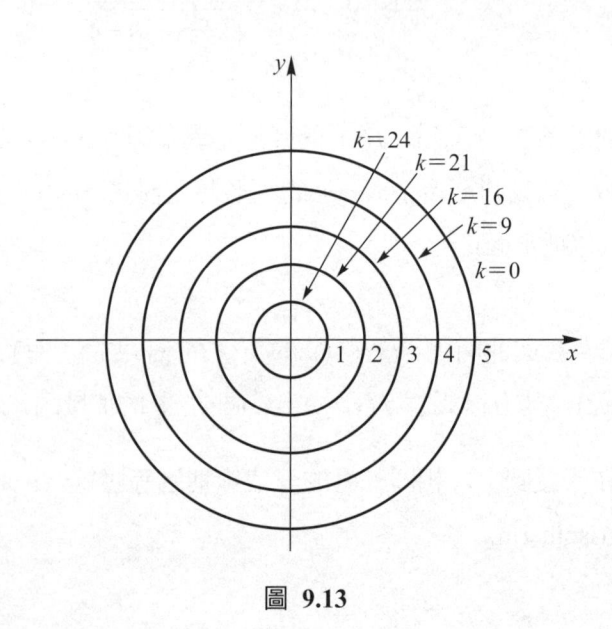

$k=24$
$k=21$
$k=16$
$k=9$
$k=0$

圖 9.13

若 f 為三變數 x、y 與 z 的函數，則 f 的**等值面** (level surface) 為 $f(x, y, z) = k$ 的圖形，此處 k 在 f 的值域內．如果我們令 $k = 0$、1 與 2，則分別得到曲面 S_0、S_1 與 S_2，如圖 9.14 所示．當一點 (x, y, z) 沿著其中一曲面上移動時，$f(x, y, z)$ 並不改變．

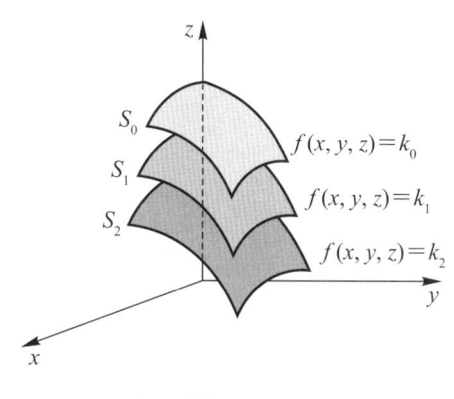

圖 9.14

在應用上，若 $f(x, y, z)$ 為在點 (x, y, z) 的溫度，則等值面稱為**等溫面** (isothermal surface)；若 $f(x, y, z)$ 代表電位，則等值面稱為**等電位面** (equipotential surface)．

▶ **例題 5**：描述 $f(x, y, z) = x^2 + y^2 + z^2$ 的等值面．[提示：等值面是球面．]

解：等值面的方程式形如 $x^2 + y^2 + z^2 = k$．對 $k > 0$，此方程式的圖形為球心在原點且半徑等於 $\sqrt{k}$ 的球面；對 $k = 0$，圖形為一點 $(0, 0, 0)$；對 $k < 0$，無等值曲面．

▶ **例題 6**：描述 $f(x, y, z) = z^2 - x^2 - y^2$ 的等值面．[提示：三種等值面．]

解：等值面的方程式形如 $z^2 - x^2 - y^2 = k$．若 $k > 0$，則此方程式的圖形代表雙葉雙曲面；若 $k = 0$，則為正圓錐面；對 $k < 0$，則代表單葉雙曲面．

多變數函數的四則運算的定義比照單變數函數的四則運算的定義．例如，若 f 與 g 皆為二變數 x 與 y 的函數，則 $f + g$、$f - g$ 與 $f \cdot g$ 定義為：

1. $(f+g)(x, y) = f(x, y) + g(x, y)$.
2. $(f-g)(x, y) = f(x, y) - g(x, y)$.
3. $(f \cdot g)(x, y) = f(x, y)g(x, y)$.
4. $(cf)(x, y) = cf(x, y)$, c 為常數.

$f+g$、$f-g$ 與 $f \cdot g$ 等函數的定義域為 f 與 g 的交集，cf 的定義域為 f 的定義域.

5. $\left(\dfrac{f}{g}\right)(x, y) = \dfrac{f(x, y)}{g(x, y)}$.

此商的定義域是由同時在 f 與 g 的定義域內使 $g(x, y) \neq 0$ 的有序數對所組成.

我們也可定義二變數函數的合成. 若 h 為二變數 x 與 y 的函數，g 為單變數函數，則作出合成函數 $(g \circ h)(x, y)$ 如下：

$$(g \circ h)(x, y) = g(h(x, y))$$

此合成函數的定義域是由在 h 的定義域內並可使得 $h(x, y)$ 在 g 的定義域內的所有 (x, y) 組成. 例如，函數 $f(x, y) = \sqrt{8-2x^2-y^2}$ 可看成二變數函數 $h(x, y) = 8-2x^2-y^2$ 與單變數函數 $g(u) = \sqrt{u}$ 的合成，f 的定義域為 $\{(x, y) \mid 2x^2+y^2 \leq 8\}$.

習題 9.1

確定 1～11 題各函數 f 的定義域.

1. $f(x, y) = \dfrac{y+2}{x}$
2. $f(x, y) = \dfrac{xy}{x-2y}$
3. $f(x, y) = \sqrt{x+y}$
4. $f(x, y) = \sqrt{x} + \sqrt{y}$
5. $f(x, y) = \dfrac{\sqrt{1-x^2-y^2}}{x^2}$
6. $f(x, y) = \sqrt{1-x} - e^{x/y}$
7. $f(x, y) = \ln(4-x-y)$
8. $f(x, y) = \sin^{-1}(x+y)$
9. $f(x, y, z) = \dfrac{xyz}{x+y+z}$
10. $f(x, y, z) = \dfrac{1}{\sqrt{x^2+y^2+z^2}}$
11. $f(x, y, z) = z + \ln(1-x^2-y^2)$

12. 設 $f(x, y)=xy^2+2$，求

(1) $f(1, 2)$ (2) $f(2, 1)$

(3) $f(-3, 1)$ (4) $f(a, 3a)$

(5) $f(a-b, ab)$

13. 設 $f(x, y)=x+\sqrt[3]{xy}-1$，求

(1) $f(t, t^2)$ (2) $f(x^2, x)$

14. 設 $f(x, y)=2xy+3$，求

(1) $f(x+y, x-y)$ (2) $f(xy, 2x^2y^3)$

15. 設 $f(x, y)=y \sin(x^2y)$，$u(x, y)=x^2y^3$，$v(x, y)=e^{xy}$，求
$f(u(x, y), v(x, y))$.

16. 設 $f(x, y, z)=xy^2z^3+1$，求

(1) $f(2, 1, 2)$ (2) $f(-3, 2, 1)$

(3) $f(a, a, a)$ (4) $f(t, t^2, -t)$

17. 設 $f(x, y, z)=z \sin xy$，$u(x, y, z)=x^2z^3$，$v(x, y, z)=\pi xyz$，$w(x, y, z)=\dfrac{xy}{z}$，
求 $f(u(x, y, z), v(x, y, z), w(x, y, z))$.

18. 設 $f(x, y, z)=x^2y^2z^4$，$x(t)=t^3$，$y(t)=t^2$，$z(t)=t$，求

(1) $f(x(t), y(t), z(t))$ (2) $f(x(1), y(1), z(1))$

19. 試繪 $f(x, y)=x-y^2$ 的等值線．

20. 試繪 $f(x, y)=x^2+\dfrac{y^2}{4}$ 的等值線．

21. 描述 $f(x, y, z)=z^2-x^2-y^2$ 的等值面．

9.2 極限與連續

多變數函數的極限與連續可由單變數函數的極限與連續的觀念推廣而得．

定義 9.3

設二變數函數 f 定義在以點 (a, b) 為圓心之圓的內部，可能在點 (a, b) 除外，L 為一實數。當點 (x, y) 趨近點 (a, b) 時，$f(x, y)$ 的極限為 L，記為：

$$\lim_{(x, y) \to (a, b)} f(x, y) = L$$

其意義為：若對每一 $\varepsilon > 0$，存在一 $\delta > 0$ 使得當 $0 < \sqrt{(x-a)^2 + (y-b)^2} < \delta$ 時，$|f(x, y) - L| < \varepsilon$ 恆成立。

定義 9.3 的說明如圖 9.15 所示。

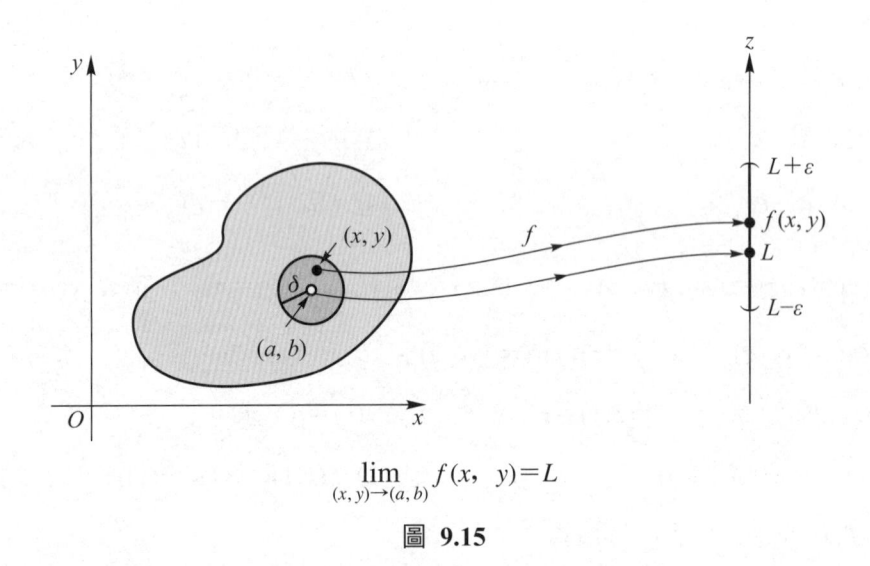

$$\lim_{(x, y) \to (a, b)} f(x, y) = L$$

圖 9.15

定理 9.1　唯一性

若 $\lim\limits_{(x, y) \to (a, b)} f(x, y) = L_1$ 且 $\lim\limits_{(x, y) \to (a, b)} f(x, y) = L_2$，則 $L_1 = L_2$。

有關單變數函數的一些極限性質可推廣到二或三變數函數，而二變數函數的極限定理如下：

定理 9.2

若 $\lim_{(x,y)\to(a,b)} f(x,y)=L$, $\lim_{(x,y)\to(a,b)} g(x,y)=M$, 此處 L 與 M 皆為實數, 則

(1) $\lim_{(x,y)\to(a,b)} [c\,f(x,y)] = c \lim_{(x,y)\to(a,b)} f(x,y) = cL$ (c 為常數)

(2) $\lim_{(x,y)\to(a,b)} [f(x,y) \pm g(x,y)] = \lim_{(x,y)\to(a,b)} f(x,y) \pm \lim_{(x,y)\to(a,b)} g(x,y) = L \pm M$

(3) $\lim_{(x,y)\to(a,b)} [f(x,y)g(x,y)] = [\lim_{(x,y)\to(a,b)} f(x,y)][\lim_{(x,y)\to(a,b)} g(x,y)] = LM$

(4) $\lim_{(x,y)\to(a,b)} \dfrac{f(x,y)}{g(x,y)} = \dfrac{\lim_{(x,y)\to(a,b)} f(x,y)}{\lim_{(x,y)\to(a,b)} g(x,y)} = \dfrac{L}{M}$, $M \neq 0$

(5) $\lim_{(x,y)\to(a,b)} [f(x,y)]^{\frac{m}{n}} = [\lim_{(x,y)\to(a,b)} f(x,y)]^{\frac{m}{n}} = L^{\frac{m}{n}}$ (m 與 n 皆為整數), 倘若 $L^{\frac{m}{n}}$ 為實數.

如同單變數函數, 定理 9.2 的 (2) 與 (3) 能夠分別推廣到有限個函數, 即,

- 和的極限為各極限的和.
- 積的極限為各極限的積.

像單變數一樣, 我們可得到

$$\lim_{(x,y)\to(a,b)} c = c \text{ (c 為常數)}$$

$$\lim_{(x,y)\to(a,b)} x = a$$

$$\lim_{(x,y)\to(a,b)} y = b.$$

讀者可以回憶, 在單變數函數的情形, $f(x)$ 在 $x=a$ 處的極限存在, 若且唯若 $\lim_{x\to a^-} f(x) = \lim_{x\to a^+} f(x) = L$. 但有關二變數函數的極限情況, 就比較複雜, 因為點 (x,y) 趨近點 (a,b) 就不像單一變數 x 趨近 a 那麼容易. 事實上, 在 xy-平面上, 點 (x,y) 能沿著無窮多的不同曲線趨近點 (a,b), 如圖 9.16 所示.

(i) 沿著通過點 (a, b) 的水平線與垂直線

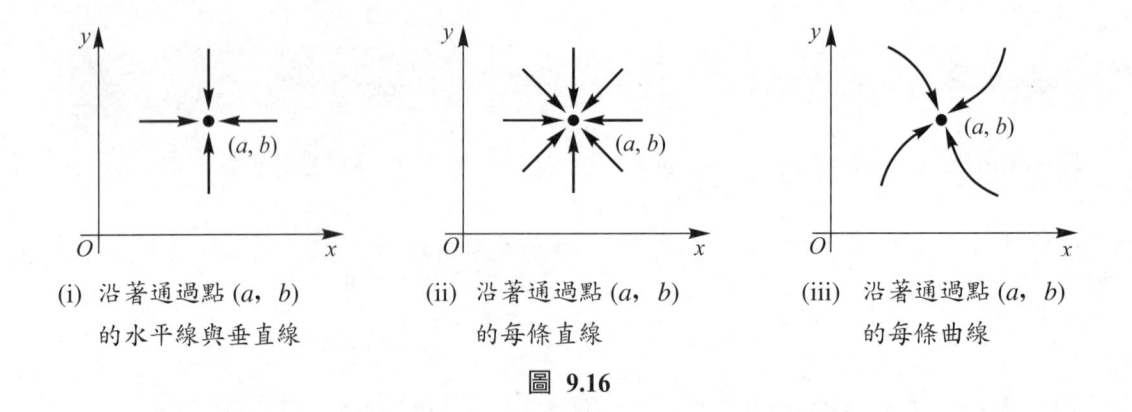

(ii) 沿著通過點 (a, b) 的每條直線

(iii) 沿著通過點 (a, b) 的每條曲線

圖 9.16

如果在坐標平面上，當點 (x, y) 沿著無數條不同曲線 [我們稱其為**路徑** (path)] 趨近點 (a, b) 時，所求得 $f(x, y)$ 的極限值皆為 L，則我們稱極限存在且

$$\lim_{(x, y) \to (a, b)} f(x, y) = L$$

反之，若點 (x, y) 沿著兩條以上不同的路徑趨近點 (a, b)，所求得的極限值不同，則 $\lim_{(x, y) \to (a, b)} f(x, y)$ 不存在．

▶▶ **例題 1**：若 $f(x, y) = \dfrac{xy}{x^2 + y^2}$，則 $\lim_{(x, y) \to (0, 0)} f(x, y)$ 是否存在？

[提示：取兩條不同直線．]

解：(i) 若點 (x, y) 沿著直線 $y = x$ 趨近點 $(0, 0)$，則

$$\lim_{(x, y) \to (0, 0)} \frac{xy}{x^2 + y^2} = \lim_{x \to 0} \frac{x^2}{x^2 + x^2} = \frac{1}{2}$$

(ii) 若點 (x, y) 沿著直線 $y = -x$ 趨近點 $(0, 0)$，則

$$\lim_{(x, y) \to (0, 0)} \frac{xy}{x^2 + y^2} = \lim_{x \to 0} \frac{-x^2}{x^2 + x^2} = -\frac{1}{2}$$

由 (i) 與 (ii)，可知 $\lim_{(x, y) \to (0, 0)} f(x, y)$ 不存在．

仿照定義 9.3，我們可以定義三變數函數的極限，如下：

定義 9.4

設三變數函數 f 定義在以點 (a, b, c) 為球心之球的內部，可能在點 (a, b, c) 除外，L 為一實數. 當點 (x, y, z) 趨近點 (a, b, c) 時，$f(x, y, z)$ 的極限為 L, 記為：

$$\lim_{(x,y,z)\to(a,b,c)} f(x, y, z) = L$$

其意義為：對每一 $\varepsilon > 0$, 存在一 $\delta > 0$ 使得當 $0 < \sqrt{(x-a)^2+(y-b)^2+(z-c)^2} < \delta$ 時，$|f(x, y, z) - L| < \varepsilon$ 恆成立.

三變數函數的極限定理可仿照二變數函數的極限定理.

▶▶ **例題 2**：試問 $\displaystyle\lim_{(x,y,z)\to(0,0,0)} \frac{xy+yz+xz}{x^2+y^2+z^2}$ 是否存在？ [提示：取兩條不同直線.]

解：所予函數除了在點 $(0, 0, 0)$ 無定義外，其他各點皆有定義. 假設我們令點 (x, y, z) 沿著 x-軸趨近點 $(0, 0, 0)$, 則

$$\lim_{(x,y,z)\to(0,0,0)} \frac{xy+yz+xz}{x^2+y^2+z^2} = \lim_{(x,0,0)\to(0,0,0)} \frac{0+0+0}{x^2+0+0} = 0.$$

又令點 (x, y, z) 沿著直線 $x=t, y=t, z=t$, 趨近點 $(0, 0, 0)$, 則

$$\lim_{(x,y,z)\to(0,0,0)} \frac{xy+yz+xz}{x^2+y^2+z^2} = \lim_{(t,t,t)\to(0,0,0)} \frac{t^2+t^2+t^2}{t^2+t^2+t^2} = 1.$$

故知極限不存在.

二或三變數函數的連續性定義與單變數函數的連續性定義是類似的.

定義 9.5

若二變數函數 f 滿足下列條件：

(i) $f(a, b)$ 有定義

(ii) $\lim\limits_{(x, y) \to (a, b)} f(x, y)$ 存在

(iii) $\lim\limits_{(x, y) \to (a, b)} f(x, y) = f(a, b)$

則稱 f 在點 (a, b) 為**連續**.

若二變數函數在區域 R 的每一點皆為連續，則稱該函數在區域 R 為連續.

正如單變數函數一樣，連續的二變數函數的和、差與積也是連續，而連續函數的商是連續，其中分母為零除外.

若 $z = f(x, y)$ 為 x 與 y 的連續函數，$w = g(z)$ 為 z 的連續函數，則合成函數 $w = g(f(x, y)) = h(x, y)$ 為連續.

▶▶ **例題 3**：(1) 設 $f(x, y) = \ln(x - y - 3)$，則 f 在 $\{(x, y) | x - y > 3\}$ 為連續.

(2) 設 $f(x, y) = \sqrt{x} \cos \sqrt{x + y}$，則 f 在 $\{(x, y) | x, y \in \mathbb{R}, x \geq 0, x + y \geq 0\}$ 為連續.

二變數的多項式函數是由形如 $cx^m y^n$ (c 為常數，m 與 n 皆為非負整數) 的項相加而得；二變數的有理函數是兩個二變數的多項式函數之商. 例如，

$$f(x, y) = x^3 + 2x^2 y + xy^2 - 5$$

為多項式函數，而

$$g(x, y) = \frac{3xy - 6}{3x^2 + y^2}$$

為有理函數. 又，所有二變數的多項式函數在 $\mathbb{R}^2$ 為連續，二變數的有理函數在其定義域為連續.

▶▶ **例題 4**：計算 (1) $\lim_{(x,y)\to(1,2)}(x^2y^2+xy^2+3x-y)$ (2) $\lim_{(x,y)\to(-1,2)}\dfrac{xy}{x^2+y^2}$.

[提示：直接代入.]

解：(1) 因 $f(x, y)=x^2y^2+xy^2+3x-y$ 為處處連續，故直接代入可得

$$\lim_{(x,y)\to(1,2)}(x^2y^2+xy^2+3x-y)=(1^2)(2^2)+(1)(2^2)+(3)(1)-2=9$$

(2) 因 $f(x, y)=\dfrac{xy}{x^2+y^2}$ 在點 $(-1, 2)$ 為連續 (何故？)，故

$$\lim_{(x,y)\to(-1,2)}\dfrac{xy}{x^2+y^2}=\dfrac{(-1)(2)}{(-1)^2+2^2}=-\dfrac{2}{5}.$$

▶▶ **例題 5**：求 $\lim_{(x,y)\to(4,3)}\dfrac{\sqrt{x}-\sqrt{y+1}}{x-y-1}$. [提示：有理化分子.]

解：
$$\lim_{(x,y)\to(4,3)}\dfrac{\sqrt{x}-\sqrt{y+1}}{x-y-1}=\lim_{\substack{(x,y)\to(4,3)\\x-y\ne 1}}\dfrac{(\sqrt{x}-\sqrt{y+1})(\sqrt{x}+\sqrt{y+1})}{(x-y-1)(\sqrt{x}+\sqrt{y+1})}$$

$$=\lim_{(x,y)\to(4,3)}\dfrac{x-y-1}{(x-y-1)(\sqrt{x}+\sqrt{y+1})}$$

$$=\lim_{(x,y)\to(4,3)}\dfrac{1}{\sqrt{x}+\sqrt{y+1}}$$

$$=\dfrac{1}{\sqrt{4}+\sqrt{3+1}}=\dfrac{1}{4}.$$

定理 9.3

若二變數函數 h 在點 (x_0, y_0) 為連續且單變數函數 g 在 $h(x_0, y_0)$ 為連續，則合成函數 $(g\circ h)(x, y)=g(h(x, y))$ 在點 (x_0, y_0) 亦為連續，即，

$$\lim_{(x,y)\to(x_0,y_0)}g(h(x, y))=g(h(x_0, y_0)).$$

▶▶ **例題 6**：若 $f(x, y)=\tan^{-1}\left(\dfrac{x^2+2xy-y^2}{x^2+y^2+2}\right)$, 求 $\lim_{(x,y)\to(0,0)}f(x, y)$.

[提示：利用定理 9.3.]

解：$\lim\limits_{(x,y)\to(0,0)} f(x, y) = \lim\limits_{(x,y)\to(0,0)} \tan^{-1}\left(\dfrac{x^2+2xy-y^2}{x^2+y^2+2}\right)$

$= \tan^{-1}\left(\lim\limits_{(x,y)\to(0,0)} \dfrac{x^2+2xy-y^2}{x^2+y^2+2}\right) = \tan^{-1} 0 = 0.$

習題 ▶ 9.2

判斷 1～10 題的極限是否存在？若存在，則求之.

1. $\lim\limits_{(x,y)\to(-1,2)} \dfrac{xy-y^3}{(x+y+1)^2}$

2. $\lim\limits_{(x,y)\to(2,2)} \dfrac{x^3-y^3}{x^2-y^2}$

3. $\lim\limits_{(x,y)\to(0,0)} \dfrac{\tan(x^2+y^2)}{x^2+y^2}$

4. $\lim\limits_{(x,y)\to(0,0)} \dfrac{xy+y^3}{x^2+y^2}$

5. $\lim\limits_{(x,y)\to(0,0)} \dfrac{x^2-2xy+5y^2}{3x^2+4y^2}$

6. $\lim\limits_{(x,y)\to(0,0)} \dfrac{x-y}{x^2+y^2}$

7. $\lim\limits_{(x,y)\to(0,0)} \dfrac{1-\cos(x^2+y^2)}{x^2+y^2}$

8. $\lim\limits_{(x,y)\to(0,0)} \dfrac{x^2-xy}{\sqrt{x}-\sqrt{y}}$

9. $\lim\limits_{(x,y)\to(0,0)} \dfrac{\sin\sqrt{x^2+y^2}}{\sqrt{x^2+y^2}}$

10. $\lim\limits_{(x,y)\to(0,0)} \sin(\ln(1+x+y))$

討論 11～14 題各函數的連續性.

11. $f(x, y) = \ln(1-x^2-y^2)$

12. $f(x, y) = \dfrac{xy}{x^2-y^2}$

13. $f(x, y) = \dfrac{1}{\sqrt{4-x^2-y^2}}$

14. $f(x, y) = \begin{cases} \dfrac{\sin(xy)}{xy}, & xy \neq 0 \\ 1, & xy = 0 \end{cases}$

15. 設 $f(x, y) = \begin{cases} \dfrac{xy^4}{x^2+y^8}, & (x, y) \neq (0, 0) \\ 0, & (x, y) = (0, 0) \end{cases}$ 則 $f(x, y)$ 在點 $(0, 0)$ 是否連續？

9.3　偏導函數

對單變數 x 的函數 $f(x)$ 而言，當我們探討 $f(x)$ 對 x 的變化率時，並不含糊，因為 x 必受限制於 x-軸上移動；然而，當我們研究二變數函數變化率時，情況就變得複雜多了．例如，二變數函數 $z=f(x, y)$ 的定義域 D 為 xy-平面上的某區域，如圖 9.17 所示，若 $P(a, b)$ 為 $f(x, y)$ 的定義域內任一點，則便有無限多個方向可以趨近 P，所以我們可求函數 f 在 P 沿著這些方向中任一方向時的變化率.

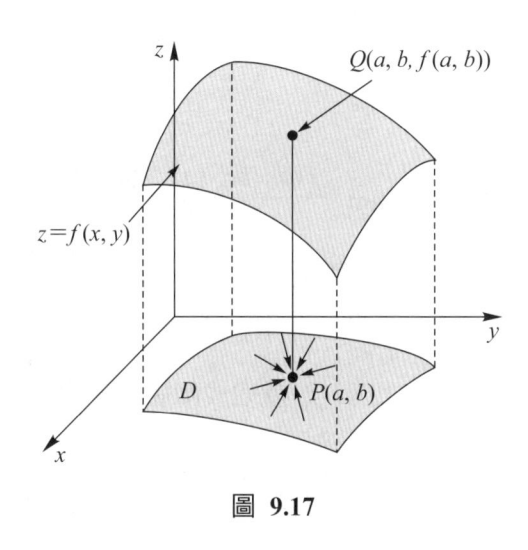

圖 9.17

然而，我們並不探討此一般性的問題，而僅研究 $f(x, y)$ 在 $P(a, b)$ 沿著 x-軸方向或 y-軸方向的變化率．令 $y=b$，而 b 為常數，則 $f(x, b)$ 就變成 x 的單變數函數，亦即，$g(x)=f(x, b)$．若函數 $g(x)$ 在 $x=a$ 有導數，則我們稱它為 **f 對 x 在點 (a, b) 的偏導數** [partial derivative of f with respect to x at point (a, b)]，記為 $f_x(a, b)$．於是，

$$f_x(a, b)=g'(a), \quad 此處 \ g(x)=f(x, b)$$

依導數的定義可知

$$g'(a)=\lim_{h \to 0} \frac{g(a+h)-g(a)}{h}$$

所以，

$$f_x(a, b) = \lim_{h \to 0} \frac{f(a+h, b) - f(a, b)}{h} \tag{9.13}$$

符號 $f_x(a, b)$ 亦可記為 $\left.\dfrac{\partial f}{\partial x}\right|_{(a, b)}$ 或 $\left.\dfrac{\partial z}{\partial x}\right|_{(a, b)}$. $\dfrac{\partial f}{\partial x}$ 唸成 "partial f partial x".

同理，令 $x=a$，則 $f(a, y)$ 就變成 y 的單變數函數，亦即，$h(y)=f(a, y)$. 若 $h(y)$ 在 $y=b$ 有導數，則我們稱它為 **f 對 y 在點 (a, b) 的偏導數** [partial derivative of f with respect to y at point (a, b)]，記為 $f_y(a, b)$. 於是，

$$f_y(a, b) = h'(b), \text{ 此處 } h(y) = f(a, y)$$

所以，

$$f_y(a, b) = \lim_{h \to 0} \frac{f(a, b+h) - f(a, b)}{h} \tag{9.14}$$

符號 $f_y(a, b)$ 亦可記為 $\left.\dfrac{\partial f}{\partial y}\right|_{(a, b)}$ 或 $\left.\dfrac{\partial z}{\partial y}\right|_{(a, b)}$.

如果我們讓點 (a, b) 變動，f_x 與 f_y 就變成兩個變數的函數.

▶▶ 例題 1：設 $f(x, y) = \begin{cases} \dfrac{xy}{x^2+y^2}, & (x, y) \neq (0, 0) \\ 0, & (x, y) = (0, 0) \end{cases}$，求 $f_x(0, 0)$ 與 $f_y(0, 0)$.

[提示：利用 (9.13) 式及 (9.14) 式.]

解：$f_x(0, 0) = \lim\limits_{h \to 0} \dfrac{f(h, 0) - f(0, 0)}{h} = \lim\limits_{h \to 0} \dfrac{0-0}{h} = 0$

$f_y(0, 0) = \lim\limits_{h \to 0} \dfrac{f(h, 0) - f(0, 0)}{h} = \lim\limits_{h \to 0} \dfrac{0-0}{h} = 0$

定義 9.6

若 $f(x, y)$ 為二變數函數，則 f 對 x 的偏導函數 (partial derivative) f_x 與 f 對 y 的偏導函數 f_y 分別定義如下：

$$f_x(x, y) = \lim_{h \to 0} \frac{f(x+h, y) - f(x, y)}{h} \quad (y \text{ 保持固定})$$

$$f_y(x, y) = \lim_{h \to 0} \frac{f(x, y+h) - f(x, y)}{h} \quad (x \text{ 保持固定})$$

倘若極限存在.

欲求 $f_x(x, y)$，我們視 y 為常數而依一般的方法將 $f(x, y)$ 對 x 微分；同理，欲求 $f_y(x, y)$，可視 x 為常數而將 $f(x, y)$ 對 y 微分. 例如，若 $f(x, y) = 3xy^2$，則 $f_x(x, y) = 3y^2$, $f_y(x, y) = 6xy$. 求偏導函數的過程稱為**偏微分** (partial differentiation).

其他偏導函數的記號為

$$f_x = \frac{\partial f}{\partial x}, \quad f_y = \frac{\partial f}{\partial y}$$

若 $z = f(x, y)$，則寫成

$$f_x(x, y) = \frac{\partial}{\partial x} f(x, y) = \frac{\partial z}{\partial x} = z_x$$

$$f_y(x, y) = \frac{\partial}{\partial y} f(x, y) = \frac{\partial z}{\partial y} = z_y.$$

定理 9.4

若 $u = u(x, y)$, $v = v(x, y)$, u 與 v 的偏導函數皆存在，r 為實數，則

(1) $\dfrac{\partial}{\partial x}(u \pm v) = \dfrac{\partial u}{\partial x} \pm \dfrac{\partial v}{\partial x}$ $\qquad \dfrac{\partial}{\partial y}(u \pm v) = \dfrac{\partial u}{\partial y} \pm \dfrac{\partial v}{\partial y}$

(2) $\dfrac{\partial}{\partial x}(cu) = c\dfrac{\partial u}{\partial x}$ $\qquad \dfrac{\partial}{\partial y}(cu) = c\dfrac{\partial u}{\partial y}$ (c 為常數)

(3) $\dfrac{\partial}{\partial x}(uv) = u\dfrac{\partial v}{\partial x} + v\dfrac{\partial u}{\partial x}$ $\qquad \dfrac{\partial}{\partial y}(uv) = u\dfrac{\partial v}{\partial y} + v\dfrac{\partial u}{\partial y}$

(4) $\dfrac{\partial}{\partial x}\left(\dfrac{u}{v}\right)=\dfrac{v\dfrac{\partial u}{\partial x}-u\dfrac{\partial v}{\partial x}}{v^2}$ $\qquad \dfrac{\partial}{\partial y}\left(\dfrac{u}{v}\right)=\dfrac{v\dfrac{\partial u}{\partial y}-u\dfrac{\partial v}{\partial y}}{v^2}$

(5) $\dfrac{\partial}{\partial x}(u^r)=ru^{r-1}\dfrac{\partial u}{\partial x}$ $\qquad \dfrac{\partial}{\partial y}(u^r)=ru^{r-1}\dfrac{\partial u}{\partial y}.$

▶▶ **例題 2**：已知函數 $f(x, y)=x^2-xy^2+y^3$，求 $f_x(1, 3)$ 與 $f_y(1, 3)$.
[提示：利用定理 9.4.]

解： $f_x(x, y)=\dfrac{\partial}{\partial x}(x^2-xy^2+y^3)=2x-y^2$

$f_y(x, y)=\dfrac{\partial}{\partial y}(x^2-xy^2+y^3)=-2xy+3y^2$

$$f_x(1, 3)=\dfrac{\partial f}{\partial x}\bigg|_{(1, 3)}=2-9=-7$$

$$f_y(1, 3)=\dfrac{\partial f}{\partial y}\bigg|_{(1, 3)}=-6+27=21.$$

▶▶ **例題 3**：若 $z=x^2\sin(xy^2)$，求 $\dfrac{\partial z}{\partial x}$ 與 $\dfrac{\partial z}{\partial y}$. [提示：利用定理 9.4.]

解： $\dfrac{\partial z}{\partial x}=\dfrac{\partial}{\partial x}[x^2\sin(xy^2)]=x^2\dfrac{\partial}{\partial x}\sin(xy^2)+\sin(xy^2)\dfrac{\partial}{\partial x}(x^2)$

$\qquad =x^2\cos(xy^2)y^2+\sin(xy^2)(2x)$

$\qquad =x^2y^2\cos(xy^2)+2x\sin(xy^2)$

$\dfrac{\partial z}{\partial y}=\dfrac{\partial}{\partial y}[x^2\sin(xy^2)]=x^2\dfrac{\partial}{\partial y}\sin(xy^2)+\sin(xy^2)\dfrac{\partial}{\partial y}(x^2)$

$\qquad =x^2\cos(xy^2)(2xy)$

$\qquad =2x^3y\cos(xy^2).$

▶▶ **例題 4**：根據理想氣體定律，氣體的壓力 P、絕對溫度 T 與體積 V 的關係為 $P=\dfrac{kT}{V}$. 假設對於某氣體，$k=10$.

(1) 若溫度為 80°K 且體積保持固定在 50 立方吋，求壓力 (磅／平方吋) 對溫度的變化率.

(2) 若體積為 50 立方吋且溫度保持固定在 80°K，求體積對壓力的變化率.

[提示：利用偏微分.]

解：(1) 依題意，$P = \dfrac{10T}{V}$，可得 $\dfrac{\partial P}{\partial T} = \dfrac{10}{V}$，

故 $\left.\dfrac{\partial P}{\partial T}\right|_{T=80,\ V=50} = \dfrac{10}{50} = \dfrac{1}{5}$.

(2) 依題意，$V = \dfrac{10T}{P}$，可得 $\dfrac{\partial V}{\partial P} = -\dfrac{10T}{P^2}$.

當 $V = 50$ 且 $T = 80$ 時，$P = \dfrac{800}{50} = 16$，

因此，$\left.\dfrac{\partial V}{\partial P}\right|_{T=80,\ P=16} = -\dfrac{800}{256} = -\dfrac{25}{8}$.

▶ **例題 5**：若方程式 $yz + \ln z = x - y$ 定義 z 為二自變數 x 與 y 的函數且偏導函數存在，求 $\dfrac{\partial z}{\partial x}$. [提示：利用隱偏微分法.]

解：

$$\dfrac{\partial}{\partial x}(yz + \ln z) = \dfrac{\partial}{\partial x}(x - y)$$

$$\dfrac{\partial}{\partial x}(yz) + \dfrac{\partial}{\partial x}\ln z = \dfrac{\partial x}{\partial x} - \dfrac{\partial y}{\partial x}$$

可得 $y\dfrac{\partial z}{\partial x} + \dfrac{1}{z}\dfrac{\partial z}{\partial x} = 1 - 0 = 1$

即，$\left(y + \dfrac{1}{z}\right)\dfrac{\partial z}{\partial x} = 1$

故 $\dfrac{\partial z}{\partial x} = \dfrac{z}{yz + 1}$.

▶▶ **例題 6**：電阻分別為 R_1 歐姆與 R_2 歐姆的兩個電阻器並聯後的總電阻為 R（以歐姆計），其關係如下：

$$\frac{1}{R}=\frac{1}{R_1}+\frac{1}{R_2}$$

若 $R_1=10$ 歐姆，$R_2=15$ 歐姆，求 R 對 R_2 的變化率. [提示：利用隱偏微分法.]

解：$\dfrac{\partial}{\partial R_2}\left(\dfrac{1}{R}\right)=\dfrac{\partial}{\partial R_2}\left(\dfrac{1}{R_1}+\dfrac{1}{R_2}\right)$，可得

$$-\frac{1}{R^2}\frac{\partial R}{\partial R_2}=-\frac{1}{R_2^2},$$

故

$$\frac{\partial R}{\partial R_2}=\frac{R^2}{R_2^2}=\left(\frac{R}{R_2}\right)^2.$$

當 $R_1=10$，$R_2=15$ 時，

$$\frac{1}{R}=\frac{1}{10}+\frac{1}{15}=\frac{5}{30}=\frac{1}{6}$$

可得 $R=6$，故

$$\left.\frac{\partial R}{\partial R_2}\right|_{R_2=15,\ R=6}=\left(\frac{6}{15}\right)^2=\left(\frac{2}{5}\right)^2=\frac{4}{25}.$$

就單變數函數 $y=f(x)$ 而言，在幾何上，$f'(x_0)$ 意指曲線 $y=f(x)$ 在點 (x_0, y_0) 之切線的斜率. 今討論二變數函數 $z=f(x, y)$ 之偏導數的幾何意義.

已知曲面 $z=f(x, y)$，若平面 $y=y_0$ 與曲面相交所成的曲線 C_1 通過 P 點，如圖 9.18 所示，則

$$f_x(x_0, y_0)=\lim_{h\to 0}\frac{f(x_0+h, y_0)-f(x_0, y_0)}{h}$$

代表曲線 C_1 在 $P(x_0, y_0, z_0)$ 沿著 x-方向之切線的斜率. 又 C_1 通過 P 點且在平面 $y=y_0$ 上，故它在 P 點之切線的方程式為

$$\begin{cases} y=y_0 \\ z-z_0=f_x(x_0, y_0)(x-x_0) \end{cases} \tag{9.15}$$

同理，若平面 $x=x_0$ 與曲面相交所成的曲線 C_2 通過 P 點，如圖 9.19 所示，則

$$f_y(x_0, y_0)=\lim_{h\to 0}\frac{f(x_0, y_0+h)-f(x_0, y_0)}{h}$$

代表曲線 C_2 在 $P(x_0, y_0, z_0)$ 沿著 y-方向之切線的斜率. 又 C_2 通過 P 點且在平面 $x=x_0$ 上，故它在 P 點之切線的方程式為

$$\begin{cases} x=x_0 \\ z-z_0=f_y(x_0, y_0)(y-y_0) \end{cases} \tag{9.16}$$

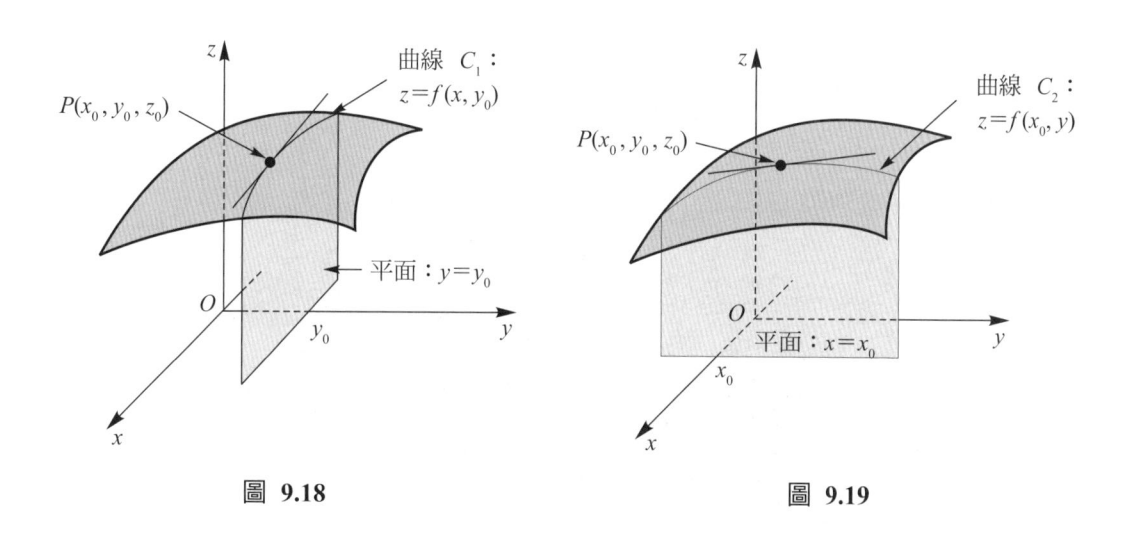

圖 9.18　　　　　　　　　　　　　　**圖 9.19**

▶▶ **例題 7**：求曲面 $z=f(x, y)=x^2-9y^2$ 與 (1) 平面 $x=3$, (2) 平面 $y=1$, 相交的曲線在點 $(3, 1, 0)$ 之切線的方程式. [提示：利用 (9.15) 式及 (9.16) 式.]

解：(1) 因 $f_y(x, y)=-18y$, 可知切線在點 $(3, 1, 0)$ 沿著 y-方向的斜率為 $f_y(3, 1)=-18$, 故切線方程式為

$$\begin{cases} x=3 \\ z-0=-18(y-1) \end{cases}$$

即，

$$\begin{cases} x=3 \\ 18y+z=18 \end{cases}$$

(2) 因 $f_x(x, y)=2x$, 可知切線在點 $(3, 1, 0)$ 沿著 x-方向的斜率為 $f_x(3, 1)=6$, 故切線方程式為

$$\begin{cases} y=1 \\ z-0=6(x-3) \end{cases}$$

即,
$$\begin{cases} y=1 \\ 6x-z=18. \end{cases}$$

假設函數 $f(x, y)$ 在 xy-平面上包含點 (x_0, y_0) 的某區域內部具有連續偏導函數, 則在曲面 $z=f(x, y)$ 上一點 $P(x_0, y_0, z_0)$ 的切平面為通過 P 點的平面且包含下列兩曲線 (如圖 9.20 所示)

$$z=f(x, y_0), \quad y=y_0 \tag{9.17}$$

與

$$z=f(x_0, y), \quad x=x_0 \tag{9.18}$$

的切線.

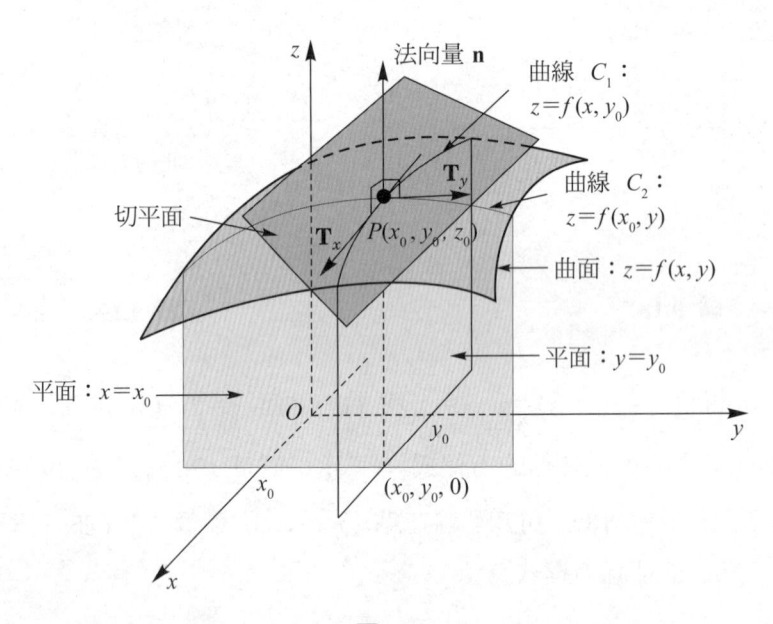

圖 9.20

為了求得切平面的方程式, 需要一向量 **n** 垂直於此切平面. 我們可利用曲線 (9.17) 與 (9.18) 在 P 點之切向量的叉積求得此向量, 此向量就稱為切平面的**法向量** (normal vector).

由於曲線 (9.17) 之切線的斜率為 $f_x(x_0, y_0)$, 故令

$$\mathbf{T}_x = \mathbf{i} + f_x(x_0, y_0)\mathbf{k}$$

圖 9.21

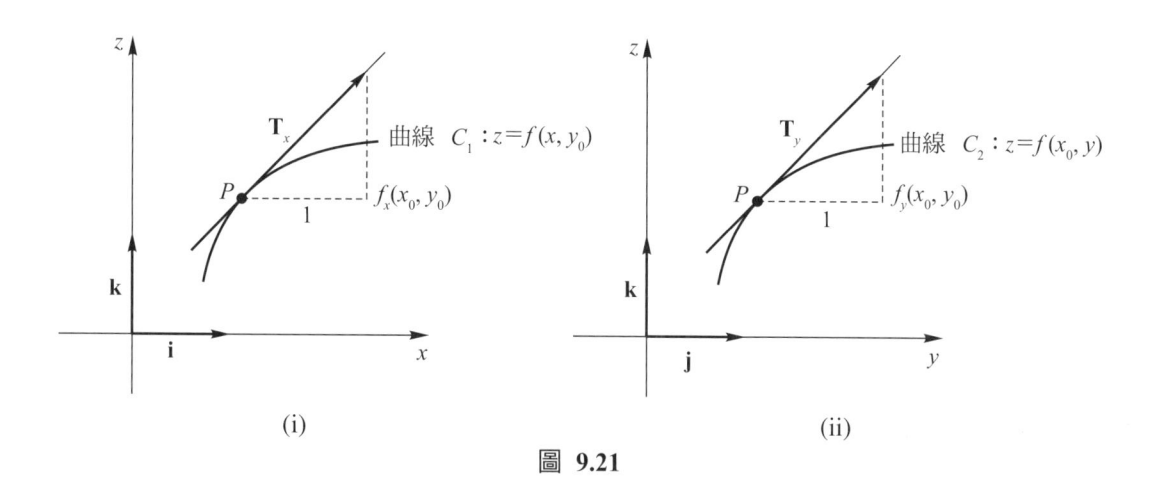

為在 P 點沿著 x-軸方向的切向量，如圖 9.21(i) 所示．

同理，曲線 (9.18) 之切線的斜率為 $f_y(x_0, y_0)$，故令

$$\mathbf{T}_y = \mathbf{j} + f_y(x_0, y_0)\mathbf{k}$$

為在 P 點沿著 y-軸方向的切向量，如圖 9.21(ii) 所示．

由兩向量叉積的定義知，$\mathbf{n} = \mathbf{T}_x \times \mathbf{T}_y$ 垂直於切平面．

$$\mathbf{n} = \begin{vmatrix} \mathbf{i} & \mathbf{j} & \mathbf{k} \\ 1 & 0 & f_x(x_0, y_0) \\ 0 & 1 & f_y(x_0, y_0) \end{vmatrix} = -f_x(x_0, y_0)\mathbf{i} - f_y(x_0, y_0)\mathbf{j} + \mathbf{k}$$

故切平面的法向量 $\mathbf{n}$ 為

$$\langle -f_x(x_0, y_0), -f_y(x_0, y_0), 1 \rangle$$

或

$$\langle f_x(x_0, y_0), f_y(x_0, y_0), -1 \rangle .$$

定理 9.5

曲面 $z = f(x, y)$ 在點 (x_0, y_0, z_0) 的切平面的方程式為

$$z - z_0 = f_x(x_0, y_0)(x - x_0) + f_y(x_0, y_0)(y - y_0)$$

法線方程式為

$$\frac{x-x_0}{f_x(x_0,\ y_0)}=\frac{y-y_0}{f_y(x_0,\ y_0)}=\frac{z-z_0}{-1}$$

或

$$x=x_0+f_x(x_0,\ y_0)\,t$$
$$y=y_0+f_y(x_0,\ y_0)\,t,\quad t\in I\!R.$$
$$z=z_0-t$$

▶▶ **例題 8**：求曲面 $z=f(x,\ y)=x\cos y-ye^x$ 在點 $(0,\ 0,\ 0)$ 的切平面與法線的方程式. [提示：利用定理 9.5.]

解：因 $\quad f_x(x,\ y)=\cos y-ye^x,\ f_y(x,\ y)=-x\sin y-e^x$

可得 $\quad f_x(0,\ 0)=1,\ f_y(0,\ 0)=-1$

故切平面方程式為

$$x-y-z=0.$$

法線方程式為

$$\frac{x}{1}=\frac{y}{-1}=\frac{z}{-1}$$

或

$$x=t$$
$$y=-t,\quad t\in I\!R.$$
$$z=-t$$

由於一階偏導函數 f_x 與 f_y 皆為 x 與 y 的函數，所以，可以再對 x 或 y 微分. f_x 與 f_y 的偏導函數稱為 f 的**二階偏導函數** (second partial derivative)，如下所示：

$$(f_x)_x=f_{xx}=\frac{\partial f_x}{\partial x}=\frac{\partial}{\partial x}\left(\frac{\partial f}{\partial x}\right)=\frac{\partial^2 f}{\partial x^2}$$

$$(f_x)_y=f_{xy}=\frac{\partial f_x}{\partial y}=\frac{\partial}{\partial y}\left(\frac{\partial f}{\partial x}\right)=\frac{\partial^2 f}{\partial y\,\partial x}$$

$$(f_y)_x=f_{yx}=\frac{\partial f_y}{\partial x}=\frac{\partial}{\partial x}\left(\frac{\partial f}{\partial y}\right)=\frac{\partial^2 f}{\partial x\,\partial y}$$

$$(f_y)_y = f_{yy} = \frac{\partial f_y}{\partial y} = \frac{\partial}{\partial y}\left(\frac{\partial f}{\partial y}\right) = \frac{\partial^2 f}{\partial y^2}$$

讀者應注意，在 f_{xy} 中的 x 與 y 的順序是先對 x 作偏微分，再對 y 作偏微分. 但在 $\dfrac{\partial^2 f}{\partial x\,\partial y}$ 中，是先對 y 作偏微分，再對 x 作偏微分.

▶ **例題 9**：若 $f(x, y) = xy^2 + x^3 y$，則

$$\frac{\partial f}{\partial x} = y^2 + 3x^2 y, \quad \frac{\partial f}{\partial y} = 2xy + x^3$$

$$\frac{\partial^2 f}{\partial x^2} = \frac{\partial}{\partial x}\left(\frac{\partial f}{\partial x}\right) = \frac{\partial}{\partial x}(y^2 + 3x^2 y) = 6xy$$

$$\frac{\partial^2 f}{\partial y^2} = \frac{\partial}{\partial y}\left(\frac{\partial f}{\partial y}\right) = \frac{\partial}{\partial y}(2xy + x^3) = 2x$$

$$\frac{\partial^2 f}{\partial x\,\partial y} = \frac{\partial}{\partial x}\left(\frac{\partial f}{\partial y}\right) = \frac{\partial}{\partial x}(2xy + x^3) = 2y + 3x^2$$

$$\frac{\partial^2 f}{\partial y\,\partial x} = \frac{\partial}{\partial y}\left(\frac{\partial f}{\partial x}\right) = \frac{\partial}{\partial y}(y^2 + 3x^2 y) = 2y + 3x^2.$$

▶ **例題 10**：若 $w = e^x + x \ln y + y \ln x$，試證：$w_{xy} = w_{yx}$. [提示：逐次偏微分.]

解：

$$w_x = \frac{\partial}{\partial x}(e^x + x \ln y + y \ln x) = e^x + \ln y + \frac{y}{x}$$

$$w_{xy} = \frac{\partial}{\partial y}\left(e^x + \ln y + \frac{y}{x}\right) = \frac{1}{y} + \frac{1}{x}$$

$$w_y = \frac{\partial}{\partial y}(e^x + x \ln y + y \ln x) = \frac{x}{y} + \ln x$$

$$w_{yx} = \frac{\partial}{\partial x}\left(\frac{x}{y} + \ln x\right) = \frac{1}{y} + \frac{1}{x}$$

故 $w_{xy} = w_{yx}$.

下面定理給出二變數函數的混合二階偏導函數 (mixed second partial derivative) 相等的充分條件.

定理 9.6

設 f 為二變數 x 與 y 的函數, 若 f、f_x、f_y、f_{xy} 與 f_{yx} 在某區域的內部皆為連續, 則 f_{yx} 存在且 $f_{xy}=f_{yx}$ 在該區域的內部恆成立.

有關三階或更高階的偏導函數可仿照二階的情形, 依此類推. 例如:

$$f_{xxx}=\frac{\partial}{\partial x}\left(\frac{\partial^2 f}{\partial x^2}\right)=\frac{\partial^3 f}{\partial x^3}, \quad f_{xxy}=\frac{\partial}{\partial y}\left(\frac{\partial^2 f}{\partial x^2}\right)=\frac{\partial^3 f}{\partial y\,\partial x^2},$$

$$f_{xyy}=\frac{\partial}{\partial y}\left(\frac{\partial^2 f}{\partial y\,\partial x}\right)=\frac{\partial^3 f}{\partial y^2\,\partial x}, \quad f_{yyy}=\frac{\partial}{\partial y}\left(\frac{\partial^2 f}{\partial y^2}\right)=\frac{\partial^3 f}{\partial y^3}.$$

一般, 當二變數函數與其所有 n 階及較少階的偏導函數連續時, n 階偏導函數的微分順序可以改變而不會影響最後結果. 例如, 若 $f(x, y)$ 與其所有一階、二階及三階等偏導函數在某區域的內部皆連續, 則在該區域的內部, $f_{xyy}=f_{yxy}=f_{yyx}$ 恆成立.

▶▶ 例題 11: 若 $f(x, y)=x \ln y+ye^x$, 求 f_{xxy} 與 f_{yyx}. [提示: 逐次偏微分.]

解: $f_x=\dfrac{\partial}{\partial x}(x \ln y+ye^x)=\ln y+ye^x$ $\qquad f_{xx}=\dfrac{\partial}{\partial x}(\ln y+ye^x)=ye^x$

$f_{xxy}=\dfrac{\partial}{\partial y}(ye^x)=e^x$

$f_y=\dfrac{\partial}{\partial y}(x \ln y+ye^x)=\dfrac{x}{y}+e^x$ $\qquad f_{yy}=\dfrac{\partial}{\partial y}\left(\dfrac{x}{y}+e^x\right)=-\dfrac{x}{y^2}$

$f_{yyx}=\dfrac{\partial}{\partial x}\left(-\dfrac{x}{y^2}\right)=-\dfrac{1}{y^2}.$

對於三變數函數 $f(x, y, z)$ 而言, 欲求 $f_x(x, y, z)$, 我們視 y 與 z 為常數而將 $f(x, y, z)$ 對 x 微分; 欲求 $f_y(x, y, z)$, 可視 x 與 z 為常數而將 $f(x, y, z)$ 對 y 微分; 欲求 $f_z(x, y, z)$, 可視 x 與 y 為常數而將 $f(x, y, z)$ 對 z 微分.

▶▶ **例題 12**：若 $f(x, y, z) = x^2 \sin y + y e^{xz}$
則
$$f_x(x, y, z) = 2x \sin y + yz e^{xz}$$
$$f_y(x, y, z) = x^2 \cos y + e^{xz}$$
$$f_z(x, y, z) = xy e^{xz}$$
$$f_y(1, 0, 1) = 1 + e$$

若 $f(x, y, z)$ 為三變數函數且具有連續二階偏導函數，則

$$\frac{\partial^2 f}{\partial x \, \partial y} = \frac{\partial^2 f}{\partial y \, \partial x}, \quad \frac{\partial^2 f}{\partial x \, \partial z} = \frac{\partial^2 f}{\partial z \, \partial x}, \quad \frac{\partial^2 f}{\partial y \, \partial z} = \frac{\partial^2 f}{\partial z \, \partial y}.$$

▶▶ **例題 13**：若 $w = \rho^2 \cos \phi \sin \theta$，則

$$w_\rho = 2\rho \cos \phi \sin \theta, \qquad w_{\rho\phi} = -2\rho \sin \phi \sin \theta,$$
$$w_\phi = -\rho^2 \sin \phi \sin \theta, \qquad w_{\phi\rho} = -2\rho \sin \phi \sin \theta.$$

定理 9.6 可以類似地推廣到三個或更多個變數的函數，甚至於更高階的混合偏導函數。例如，若 $f(x, y, z) = xe^y + z \sin x$，則

$$f_x(x, y, z) = e^y + z \cos x, \quad f_z(x, y, z) = \sin x$$
$$f_{xz}(x, y, z) = \cos x, \qquad f_{zx}(x, y, z) = \cos x, \qquad f_{zz}(x, y, z) = 0$$
$$f_{xzz}(x, y, z) = 0, \qquad f_{zxz}(x, y, z) = 0, \qquad f_{zzx}(x, y, z) = 0$$

所以，$f_{xz} = f_{zx}$，$f_{xzz} = f_{zxz} = f_{zzx}$。

習題 ▶ 9.3

在 1～6 題求 $f_x(1, -1)$ 與 $f_y(-1, 1)$.

1. $f(x, y) = \sqrt{3x^2 + y^2}$

2. $f(x, y) = \dfrac{x+y}{x-y}$

3. $f(x, y) = \sin(\pi x^5 y^4)$

4. $f(x, y) = x^2 y \, e^{xy}$

5. $f(x, y) = \tan^{-1}\left(\dfrac{y^2}{x}\right)$

6. $f(x, y) = \displaystyle\int_x^y \dfrac{e^t}{t}\, dt$

在 7～10 題求 f_{xx}、f_{xy}、f_{yx} 與 f_{yy}.

7. $f(x, y) = 3x^2 - 6y^4 + y^5 + 2$

8. $f(x, y) = \sqrt{x^2 + y^2}$

9. $f(x, y) = e^y \cos x$

10. $f(x, y) = \ln(5x - 4y)$

11. 若 $f(x, y) = \sin(xy) + xe^y$，求 $f_{xy}(0, 3)$ 與 $f_{yy}(2, 0)$.

12. 已知 $z = (2x - 3y)^5$，求 $\dfrac{\partial^3 z}{\partial y\, \partial x\, \partial y}$、$\dfrac{\partial^3 z}{\partial y^2\, \partial x}$ 與 $\dfrac{\partial^3 z}{\partial x^2\, \partial y}$.

13. 已知 $f(x, y) = y^3 e^{-3x}$，求 $f_{xyy}(0, 1)$、$f_{xyx}(0, 1)$ 與 $f_{yyy}(0, 1)$.

14. 已知 $f(x, y, z) = xe^z - ye^x + ze^{-y}$，求 $f_{xy}(1, -1, 0)$、$f_{yz}(0, 1, 0)$ 與 $f_{zx}(0, 0, 1)$.

15. 若 $V = y \ln(x^2 + z^4)$，求 V_{zzy}.

16. 若 $w = \sin(xyz)$，求 $\dfrac{\partial^3 w}{\partial z\, \partial y\, \partial x}$.

17. 求曲面 $z = x^2 + 4y^2$ 與

(1) 平面 $x = -1$

(2) 平面 $y = 1$

相交的曲線在點 $(-1, 1, 5)$ 之切線的方程式.

18. 求上半球面 $z = \sqrt{9 - x^2 - y^2}$ 與平面 $x = 1$ 相交的曲線在點 $(1, 2, 2)$ 之切線的方程式.

19. 某質點沿著曲面 $z = x^2 + 3y^2$ 與平面 $x = 2$ 相交的曲線移動，當該質點在點 $(2, 1, 7)$ 時，z 對 y 的變化率為何？

在 20～25 題求所予方程式的圖形在指定點 P 的切平面與法線的方程式.

20. $z = \sqrt{x} + \sqrt{y}$，$P(4, 9, 5)$

21. $z = \sin(x + y)$，$P(1, -1, 0)$

22. $z = xe^{-y}$，$P(1, 0, 1)$

23. $z = e^{3x} \sin 3y$，$P\left(0, \dfrac{\pi}{6}, 1\right)$

24. $z = e^x \ln y$，$P(3, 1, 0)$

25. $z = \ln\sqrt{x^2 + y^2}$，$P(-1, 0, 0)$

26. 在絕對溫度 T、壓力 P 與體積 V 的情況下，理想氣體定律為：$PV = nRT$，此處 n 是氣體的莫耳數，R 是氣體常數. 試證：$\dfrac{\partial P}{\partial V} \dfrac{\partial V}{\partial T} \dfrac{\partial T}{\partial P} = -1$.

27. 電阻分別為 R_1 與 R_2 的兩個電阻器並聯後的總電阻 R（以歐姆計）為 $R = \dfrac{R_1 R_2}{R_1 + R_2}$，試證：$\left(\dfrac{\partial^2 R}{\partial R_1^2}\right)\left(\dfrac{\partial^2 R}{\partial R_2^2}\right) = \dfrac{4R^2}{(R_1+R_2)^4}$.

28. 試證：下列函數滿足**拉普拉斯方程式** (Laplace's equation) $\dfrac{\partial^2 f}{\partial x^2} + \dfrac{\partial^2 f}{\partial y^2} = 0$.

   (1) $f(x, y) = e^x \sin y + e^y \cos x$ (2) $f(x, y) = \tan^{-1} \dfrac{y}{x}$

   (3) $f(x, y) = \ln(x^2 + y^2)$

9.4 全微分

對單變數函數 $y = f(x)$ 而言，若 x 自 a 變至 $a + \Delta x$，則 y 的增量為
$$\Delta y = f(a + \Delta x) - f(a)$$
若 f 在 a 為可微分，則
$$f'(a) = \lim_{\Delta x \to 0} \dfrac{\Delta y}{\Delta x}$$
此式可寫成
$$\dfrac{\Delta y}{\Delta x} = f'(a) + \varepsilon$$
或
$$\Delta y = f'(a)\,\Delta x + \varepsilon\,\Delta x$$
其中當 $\Delta x \to 0$ 時，$\varepsilon \to 0$.

現在，考慮二變數函數 $z = f(x, y)$，若 x 自 a 變至 $a + \Delta x$，y 自 b 變至 $b + \Delta y$，則 z 的增量為
$$\Delta z = f(a + \Delta x, b + \Delta y) - f(a, b)$$

對單變數函數而言，"可微分"的意義為導數存在．至於二變數函數，我們使用下面定義中所述的較強條件．

定義 9.7

令 $z=f(x, y)$，若 Δz 可以表成

$$\Delta z = f_x(a, b)\Delta x + f_y(a, b)\Delta y + \varepsilon_1 \Delta x + \varepsilon_2 \Delta y,$$

則 f 在點 (a, b) 為可微分，此處 ε_1 與 ε_2 皆為 Δx 與 Δy 的函數，當 $(\Delta x, \Delta y) \to (0, 0)$ 時，$\varepsilon_1 \to 0$，$\varepsilon_2 \to 0$。

若二變數函數 f 在區域 R 的每一點皆為可微分，則稱 f 在區域 R 為可微分。

▶▶ **例題 1**：試證：函數 $z=f(x, y)=x^2-5xy$ 在點 $(1, 2)$ 為可微分。

[提示：利用定義 9.7。]

解：$\Delta z = f(1+\Delta x, 2+\Delta y) - f(1, 2) = (1+\Delta x)^2 - 5(1+\Delta x)(2+\Delta y) - (-9)$

$= 2\Delta x + (\Delta x)^2 - 5\Delta y - 10\Delta x - 5(\Delta x)(\Delta y)$

$= (2-10)\Delta x + (-5)\Delta y + (\Delta x)(\Delta x) + (-5\Delta x)(\Delta y)$

$= f_x(1, 2)\Delta x + f_y(1, 2)\Delta y + \varepsilon_1 \Delta x + \varepsilon_2 \Delta y.$

此處當 $(\Delta x, \Delta y) \to (0, 0)$ 時，$\varepsilon_1 = \Delta x$ 與 $\varepsilon_2 = -5\Delta x$ 皆趨近 0，故 $f(x, y) = x^2 - 5xy$ 在點 $(1, 2)$ 為可微分。

定理 9.7

若二變數函數 f 在點 (a, b) 為可微分，則 f 在點 (a, b) 為連續。

證：我們首先將定義 9.7 中的 Δz 寫成如下：

$$\Delta z = [f_x(a, b) + \varepsilon_1]\Delta x + [f_y(a, b) + \varepsilon_2]\Delta y$$

令 $x = a + \Delta x$，$y = b + \Delta y$，則

$$\Delta z = f(x, y) - f(a, b)$$
$$= [f_x(a, b) + \varepsilon_1](x-a) + [f_y(a, b) + \varepsilon_2](y-b)$$

所以，

$$\lim_{(x,y)\to(a,b)} [f(x, y)-f(a, b)]=0$$

或

$$\lim_{(x,y)\to(a,b)} f(x, y)=f(a, b)$$

因此，f 在點 (a, b) 為連續.

對單變數函數 f 而言，f 在 a 為可微分的意思就是 $f'(a)$ 存在；然而，就二變數函數 $f(x, y)$ 而言，$f_x(a, b)$ 與 $f_y(a, b)$ 的存在並不能保證 f 在點 (a, b) 為可微分.

定理 9.8 可微分的充分條件

設 f 為二變數 x 與 y 的函數，若 f_x 與 f_y 在包含點 (a, b) 的某區域內部每一點的值皆存在且在 (a, b) 皆為連續，則 f 在 (a, b) 為可微分.

定義 9.8

已知 $z=f(x, y)$ 且 $f_x(x, y)$ 與 $f_y(x, y)$ 皆存在，Δx 與 Δy 分別為 x 的增量與 y 的增量.

(1) 自變數 x 的微分 dx 與自變數 y 的微分 dy 分別定義為

$$dx=\Delta x, \quad dy=\Delta y$$

(2) 因變數 z 的**全微分** (total differential) 定義為

$$dz=\frac{\partial z}{\partial x}dx+\frac{\partial z}{\partial y}dy=f_x(x, y)\,dx+f_y(x, y)\,dy.$$

有時，記號 df 用來代替 dz.

若 $z=f(x, y)$ 在點 (a, b) 為可微分，則依定義 9.7

$$\Delta z=f_x(a, b)\,\Delta x+f_y(a, b)\,\Delta y+\varepsilon_1\,\Delta x+\varepsilon_2\,\Delta y$$

此處當 $(\Delta x, \Delta y)\to(0, 0)$ 時，$\varepsilon_1\to 0$，$\varepsilon_2\to 0$. 因此，在 $dx=\Delta x$ 與 $dy=\Delta y$ 的情形，可得

$$\Delta z = dz + \varepsilon_1 \Delta x + \varepsilon_2 \Delta y$$

於是，當 $\Delta x = dx \approx 0$ 與 $\Delta y = dy \approx 0$ 時，$dz \approx \Delta z$，即，

$$f(a+dx,\ b+dy) \approx f(a,\ b) + dz. \tag{9.19}$$

▶▶ **例題 2**：已知 $z = f(x,\ y) = x^3 + xy - y^2$，求全微分 dz. 若 x 由 2 變到 2.05 且 y 由 3 變到 2.96，計算 Δz 與 dz 的值. [提示：利用定義 9.8(2).]

解：$dz = \dfrac{\partial z}{\partial x} dx + \dfrac{\partial z}{\partial y} dy = (3x^2 + y) dx + (x - 2y) dy$

取 $x = 2,\ y = 3,\ dx = \Delta x = 0.05,\ dy = \Delta y = -0.04$，可得

$$\begin{aligned}\Delta z &= f(2.05,\ 2.96) - f(2,\ 3) \\ &= [(2.05)^3 + (2.05)(2.96) - (2.96)^2] - (8 + 6 - 9) \\ &= 0.921525\end{aligned}$$

$$\begin{aligned}dz &= f_x(2,\ 3)(0.05) + f_y(2,\ 3)(-0.04) \\ &= [3(2^2) + 3](0.05) + [2 - 2(3)](-0.04) \\ &= 0.91.\end{aligned}$$

▶▶ **例題 3**：求 $\sqrt{9(1.95)^2 + (8.1)^2}$ 的近似值. [提示：利用 (9.19) 式.]

解：令 $f(x,\ y) = \sqrt{9x^2 + y^2}$，則 $f_x(x,\ y) = \dfrac{9x}{\sqrt{9x^2 + y^2}}$，$f_y(x,\ y) = \dfrac{y}{\sqrt{9x^2 + y^2}}$.

取 $x = 2,\ y = 8,\ dx = \Delta x = -0.05,\ dy = \Delta y = 0.1$，可得

$$\begin{aligned}\sqrt{9(1.95)^2 + (8.1)^2} &= f(1.95,\ 8.1) \approx f(2,\ 8) + dz \\ &= f(2,\ 8) + f_x(2,\ 8) dx + f_y(2,\ 8) dy \\ &= 10 + \dfrac{9}{5}(-0.05) + \dfrac{4}{5}(0.1) = 9.99.\end{aligned}$$

▶▶ **例題 4**：已知一正圓柱體的底半徑與高分別測得 10 厘米與 15 厘米，可能的測量誤差皆為 ±0.05 厘米，求該圓柱體積之最大誤差的近似值。
[提示：利用全微分.]

解：底半徑為 r 且高為 h 的正圓柱體的體積為 $V = \pi r^2 h$. 因而

$$dV = \frac{\partial V}{\partial r} dr + \frac{\partial V}{\partial h} dh = 2\pi rh\, dr + \pi r^2\, dh$$

現在，取 $r = 10$，$h = 15$，$dr = dh = \pm 0.05$，圓柱體積的誤差 ΔV 近似於 dV.

所以，
$$|\Delta V| \approx |dV| = |300\pi(\pm 0.05) + 100\pi(\pm 0.05)|$$
$$\leq |300\pi(\pm 0.05)| + |100\pi(\pm 0.05)|$$
$$= 20\pi$$

於是，最大誤差約為 20π 立方厘米.

▶ **例題 5**：若測得某正圓柱體之半徑的誤差至多為 2%，高的誤差至多為 4%，則利用全微分估計所計算體積的最大百分誤差. [提示：利用全微分.]

解：令 r、h 與 V 分別為正圓柱體的真正半徑、高度與體積，又令 Δr、Δh 與 ΔV 分別為這些量的誤差. 已知

$$\left|\frac{\Delta r}{r}\right| \leq 0.02 \quad \text{與} \quad \left|\frac{\Delta h}{h}\right| \leq 0.04$$

我們求 $\left|\dfrac{\Delta V}{V}\right|$ 的最大值. 因圓柱體體積為 $V = \pi r^2 h$，故

$$dV = \frac{\partial V}{\partial r} dr + \frac{\partial V}{\partial h} dh = 2\pi rh\, dr + \pi r^2\, dh$$

若取 $dr = \Delta r$ 與 $dh = \Delta h$，則

$$\frac{\Delta V}{V} \approx \frac{dV}{V}$$

但
$$\frac{dV}{V} = \frac{2\pi rh\, dr + \pi r^2\, dh}{\pi r^2 h} = \frac{2\, dr}{r} + \frac{dh}{h}$$

可得
$$\left|\frac{dV}{V}\right| = \left|\frac{2\, dr}{r} + \frac{dh}{h}\right| \leq 2\left|\frac{dr}{r}\right| + \left|\frac{dh}{h}\right|$$
$$\leq 2(0.02) + 0.04 = 0.08$$

於是，體積的最大百分誤差為 8%.

全微分可用類似的方法，推廣到多於二個變數的函數．例如，已知 $w=f(x, y, z)$，則 w 的增量為

$$\Delta w = f(x+\Delta x, y+\Delta y, z+\Delta z) - f(x, y, z)$$

全微分 dw 定義為

$$dw = \frac{\partial w}{\partial x}dx + \frac{\partial w}{\partial y}dy + \frac{\partial w}{\partial z}dz$$

設 $dx=\Delta x \approx 0$，$dy=\Delta y \approx 0$，$dz=\Delta z \approx 0$，且 f 有連續的偏導函數，則 dw 可以用來近似 Δw．

▶▶ **例題 6**：若 $w=xy+yz+xz$，則

$$dw = \frac{\partial w}{\partial x}dx + \frac{\partial w}{\partial y}dy + \frac{\partial w}{\partial z}dz = (y+z)dx + (x+z)dy + (y+x)dz.$$

習題 ▶ 9.4

在 1～6 題求 dw．

1. $w = x\sin y + \dfrac{y}{x}$

2. $w = \tan^{-1}\dfrac{x}{y}$

3. $w = x^2 e^{xy} + \dfrac{x}{y^2}$

4. $w = \ln(x^2+y^2) + x\tan^{-1}y$

5. $w = \sqrt{x} + \sqrt{y} + \sqrt{z}$

6. $w = x^2 e^{yz} + y\ln z$

7. 已知 $z = x^2 y + xy^2 - 2xy + 3$，若 (x, y) 由 $(0, 1)$ 變到 $(-0.1, 1.1)$，求 Δz 與 dz．

8. 已知 $w = x^2 - 3xy^2 - 2y^3$，若 (x, y) 由 $(-2, 3)$ 變到 $(-2.02, 3.01)$，求 Δw 與 dw．

9. 利用全微分求 $\sqrt{5(0.98)^2 + (2.01)^2}$ 的近似值．

10. 兩電阻 R_1 與 R_2 並聯後的總電阻為

$$R = \frac{R_1 R_2}{R_1 + R_2}$$

設測得 R_1 與 R_2 分別為 200 歐姆與 400 歐姆，每一個測量的最大誤差為 2%，試利用全微分估計所計算 R 值的最大百分誤差.

11. 設測得某矩形的長與寬的誤差至多為 $r\%$，試利用全微分估計所計算對角線長的最大百分誤差.

12. 根據理想氣體定律，密閉氣體的壓力 P、溫度 T 與體積 V 的關係為 $P = \dfrac{kT}{V}$，此處 k 為常數. 若某氣體的溫度增加 3%，體積增加 5%，試利用全微分估計該氣體壓力的百分變化.

9.5 連鎖法則

在單變數函數中，我們曾藉 f 與 g 之導函數以表示合成函數 $f(g(t))$ 的導函數如下：

$$\frac{d}{dt} f(g(t)) = f'(g(t)) \, g'(t)$$

若令 $y = f(x)$ 且 $x = g(t)$，則依連鎖法則，

$$\frac{dy}{dt} = \frac{dy}{dx} \, \frac{dx}{dt}.$$

同理，多變數函數的合成函數也可利用連鎖法則求出偏導函數.

定理 9.9 連鎖法則

若 z 為 x 與 y 的可微分函數且 x 與 y 皆為 t 的可微分函數，則 z 為 t 的可微分函數，且

$$\frac{dz}{dt} = \frac{\partial z}{\partial x} \, \frac{dx}{dt} + \frac{\partial z}{\partial y} \, \frac{dy}{dt}.$$

定理 9.9 中的公式可用"樹形圖"(圖 9.22) 來幫助記憶.

同理，若 w 為三個自變數 x、y 與 z 的可微分函數且 x、y 與 z 又皆為 t 的

可微分函數，則 w 為 t 的可微分函數，且

$$\frac{dw}{dt}=\frac{\partial w}{\partial x}\frac{dx}{dt}+\frac{\partial w}{\partial y}\frac{dy}{dt}+\frac{\partial w}{\partial z}\frac{dz}{dt} \tag{9.20}$$

(9.20) 式的"樹形圖"如圖 9.23 所示.

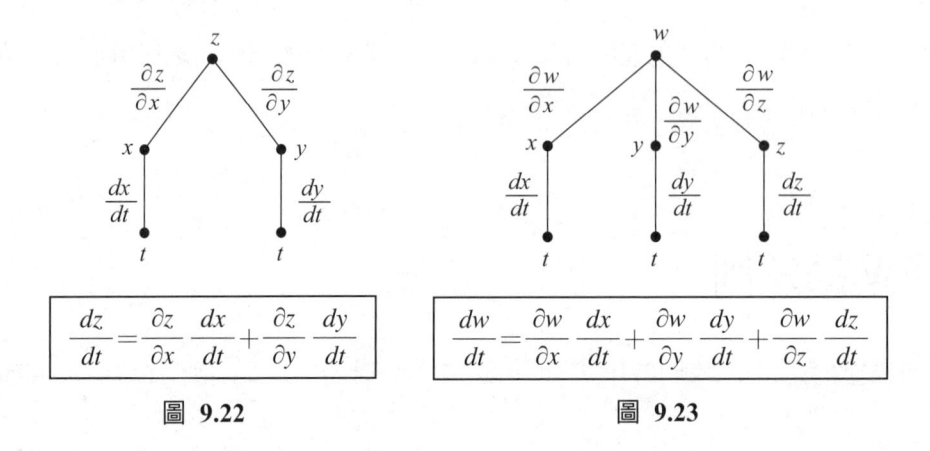

$$\frac{dz}{dt}=\frac{\partial z}{\partial x}\frac{dx}{dt}+\frac{\partial z}{\partial y}\frac{dy}{dt}$$

圖 9.22

$$\frac{dw}{dt}=\frac{\partial w}{\partial x}\frac{dx}{dt}+\frac{\partial w}{\partial y}\frac{dy}{dt}+\frac{\partial w}{\partial z}\frac{dz}{dt}$$

圖 9.23

▶▶ **例題 1**：若 $z=x^2y+e^y$, $x=\cos t$, $y=t^2$, 求 $\left.\dfrac{dz}{dt}\right|_{t=0}$. [提示：利用定理 9.9.]

解：
$$\frac{dz}{dt}=\frac{\partial z}{\partial x}\frac{dx}{dt}+\frac{\partial z}{\partial y}\frac{dy}{dt}$$
$$=(2xy)(-\sin t)+(x^2+e^y)(2t)$$
$$=-2t^2\sin t\cos t+2t(\cos^2 t+e^{t^2})$$

$$\left.\frac{dz}{dt}\right|_{t=0}=0+0=0.$$

▶▶ **例題 2**：設一正圓錐體的高為 100 厘米，每秒鐘縮減 1 厘米，其底半徑為 50 厘米，每秒鐘增加 0.5 厘米，求其體積的變化率. [提示：利用定理 9.9.]

解：設正圓錐體的高為 y, 底半徑為 x, 體積為 V, 則

$$V=\frac{1}{3}\pi x^2 y$$

可得 $\dfrac{\partial V}{\partial x}=\dfrac{2}{3}\pi xy$、$\dfrac{\partial V}{\partial y}=\dfrac{1}{3}\pi x^2$. 由連鎖法則可得

$$\frac{dV}{dt} = \frac{\partial V}{\partial x}\frac{dx}{dt} + \frac{\partial V}{\partial y}\frac{dy}{dt}$$

$$= \left(\frac{2}{3}\pi xy\right)\left(\frac{dx}{dt}\right) + \left(\frac{1}{3}\pi x^2\right)\left(\frac{dy}{dt}\right)$$

依題意，$x=50$、$y=100$、$\dfrac{dx}{dt}=0.5$、$\dfrac{dy}{dt}=-1$，代入上式可得

$$\frac{dV}{dt} = \frac{2}{3}\pi(50)(100)(0.5) + \frac{1}{3}\pi(50)^2(-1) = \frac{2500\pi}{3}$$

即，體積每秒鐘增加 $\dfrac{2500\pi}{3}$ 立方厘米.

定理 9.10

若 z 為 x 與 y 的可微分函數且 x 與 y 皆為 u 與 v 的可微分函數，則 z 為 u 與 v 的可微分函數，且

$$\frac{\partial z}{\partial u} = \frac{\partial z}{\partial x}\frac{\partial x}{\partial u} + \frac{\partial z}{\partial y}\frac{\partial y}{\partial u}$$

$$\frac{\partial z}{\partial v} = \frac{\partial z}{\partial x}\frac{\partial x}{\partial v} + \frac{\partial z}{\partial y}\frac{\partial y}{\partial v}.$$

定理 9.10 中的公式可用"樹形圖"(圖 9.24) 來幫助記憶.

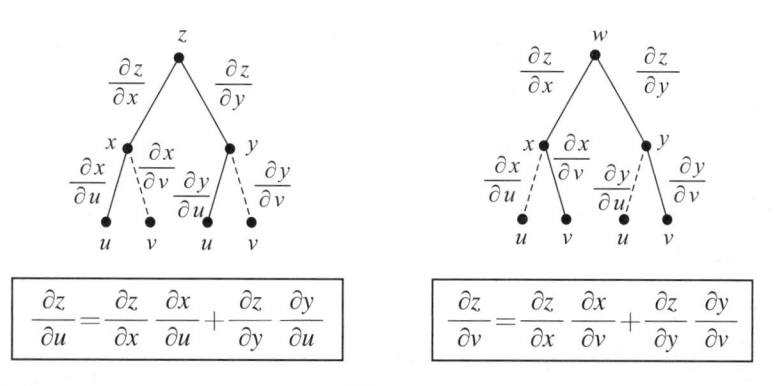

圖 9.24

同理，若 w 為自變數 $x_1, x_2, \cdots, x_n$ 的可微分函數且每一個 x_i 為 m 個變數 $t_1, t_2, \cdots, t_m$ 的可微分函數，則 w 為 $t_1, t_2, \cdots, t_m$ 的可微分函數，且

$$\frac{\partial w}{\partial t_i} = \frac{\partial w}{\partial x_1}\frac{\partial x_1}{\partial t_i} + \frac{\partial w}{\partial x_2}\frac{\partial x_2}{\partial x_i} + \cdots + \frac{\partial w}{\partial x_n}\frac{\partial x_n}{\partial t_i}, \quad 1 \le i \le m. \tag{9.21}$$

▶▶ **例題 3**：若 $z = xy + y^2$、$x = u\sin v$、$y = v\sin u$，求 $\dfrac{\partial z}{\partial u}$ 與 $\dfrac{\partial z}{\partial v}$.

[提示：利用定理 9.10.]

解：
$$\begin{aligned}
\frac{\partial z}{\partial u} &= \frac{\partial z}{\partial x}\frac{\partial x}{\partial u} + \frac{\partial z}{\partial y}\frac{\partial y}{\partial u} \\
&= y\sin v + (x+2y)v\cos u \\
&= v\sin u\sin v + v(u\sin v + 2v\sin u)\cos u \\
\frac{\partial z}{\partial v} &= \frac{\partial z}{\partial x}\frac{\partial x}{\partial v} + \frac{\partial z}{\partial y}\frac{\partial y}{\partial v} \\
&= yu\cos v + (x+2y)\sin u \\
&= uv\sin u\cos v + (u\sin v + 2v\sin u)\sin u.
\end{aligned}$$

▶▶ **例題 4**：若 $w = x^2 + y^2 - z^2$，$x = \rho\cos\theta\sin\phi$，$y = \rho\sin\theta\sin\phi$，$z = \rho\cos\phi$，求 $\dfrac{\partial w}{\partial \rho}$ 與 $\dfrac{\partial w}{\partial \theta}$．[提示：利用 (9.21) 式．]

解：
$$\begin{aligned}
\frac{\partial w}{\partial \rho} &= \frac{\partial w}{\partial x}\frac{\partial x}{\partial \rho} + \frac{\partial w}{\partial y}\frac{\partial y}{\partial \rho} + \frac{\partial w}{\partial z}\frac{\partial z}{\partial \rho} \\
&= 2x\cos\theta\sin\phi + 2y\sin\theta\sin\phi - 2z\cos\phi \\
&= 2\rho\cos^2\theta\sin^2\phi + 2\rho\sin^2\theta\sin^2\phi - 2\rho\cos^2\phi \\
&= 2\rho\sin^2\phi(\cos^2\theta + \sin^2\theta) - 2\rho\cos^2\phi \\
&= 2\rho(\sin^2\phi - \cos^2\phi) \\
&= -2\rho\cos 2\phi \\
\frac{\partial w}{\partial \theta} &= \frac{\partial w}{\partial x}\frac{\partial x}{\partial \theta} + \frac{\partial w}{\partial y}\frac{\partial y}{\partial \theta} + \frac{\partial w}{\partial z}\frac{\partial z}{\partial \theta}
\end{aligned}$$

$$= 2x(-\rho \sin\theta \sin\phi) + 2y\rho \cos\theta \sin\phi$$
$$= -2\rho^2 \sin\theta \cos\theta \sin^2\phi + 2\rho^2 \sin\theta \cos\theta \sin^2\phi$$
$$= 0.$$

▶▶ **例題 5**：若 $u = f(s-t, t-s)$ 且 f 為可微分，試證：$\dfrac{\partial u}{\partial s} + \dfrac{\partial u}{\partial t} = 0$

[提示：令 $x = s-t$, $y = t-s$.]

解：令 $x = s-t$, $y = t-s$，則 $u = f(x, y)$. 依連鎖法則，

$$\frac{\partial u}{\partial s} = \frac{\partial u}{\partial x}\frac{\partial x}{\partial s} + \frac{\partial u}{\partial y}\frac{\partial y}{\partial s} = \frac{\partial u}{\partial x} - \frac{\partial u}{\partial y}$$

$$\frac{\partial u}{\partial t} = \frac{\partial u}{\partial x}\frac{\partial x}{\partial t} + \frac{\partial u}{\partial y}\frac{\partial y}{\partial t} = -\frac{\partial u}{\partial x} + \frac{\partial u}{\partial y}$$

所以，
$$\frac{\partial u}{\partial s} + \frac{\partial u}{\partial t} = \left(\frac{\partial u}{\partial x} - \frac{\partial u}{\partial y}\right) + \left(-\frac{\partial u}{\partial x} + \frac{\partial u}{\partial y}\right) = 0.$$

▶▶ **例題 6**：若 $z = f(x+at) + g(x-at)$ (a 為常數) 且 f 與 g 皆有二階偏導函數，試證：z 滿足**波動方程式** (wave equation) $\dfrac{\partial^2 z}{\partial t^2} = a^2 \dfrac{\partial^2 z}{\partial x^2}$.

[提示：令 $u = x+at$, $v = x-at$.]

解：令 $u = x+at$, $v = x-at$，則 $z = f(u) + g(v)$，故

$$\frac{\partial z}{\partial u} = f'(u), \quad \frac{\partial z}{\partial v} = g'(v)$$

於是，
$$\frac{\partial z}{\partial t} = \frac{\partial z}{\partial u}\frac{\partial u}{\partial t} + \frac{\partial z}{\partial v}\frac{\partial v}{\partial t} = af'(u) - ag'(v)$$

$$\frac{\partial^2 z}{\partial t^2} = af''(u)\frac{\partial u}{\partial t} - ag''(v)\frac{\partial v}{\partial t} = a^2 f''(u) + a^2 g''(v)$$

同理，
$$\frac{\partial z}{\partial x} = f'(u)\frac{\partial u}{\partial x} + g'(v)\frac{\partial v}{\partial x} = f'(u) + g'(v)$$

$$\frac{\partial^2 z}{\partial x^2} = f''(u) + g''(v)$$

於是，
$$\frac{\partial^2 z}{\partial t^2} = a^2 \frac{\partial^2 z}{\partial x^2}.$$

定理 9.11

若方程式 $F(x, y)=0$ 定義 y 為 x 的可微分函數，則

$$\frac{dy}{dx} = -\frac{\dfrac{\partial F}{\partial x}}{\dfrac{\partial F}{\partial y}} \left(\text{其中 } \frac{\partial F}{\partial y} \neq 0\right).$$

證：因方程式 $F(x, y)=0$ 定義 y 為 x 的可微分函數，故將其等號兩邊對 x 微分，可得

$$\frac{\partial F}{\partial x}\frac{dx}{dx} + \frac{\partial F}{\partial y}\frac{dy}{dx} = 0$$

即，

$$\frac{\partial F}{\partial x} + \frac{\partial F}{\partial y}\frac{dy}{dx} = 0$$

若 $\dfrac{\partial F}{\partial y} \neq 0$，則

$$\frac{dy}{dx} = -\frac{\dfrac{\partial F}{\partial x}}{\dfrac{\partial F}{\partial y}}.$$

▶▶ **例題 7**：若 $y=f(x)$ 為滿足方程式 $x^2 y^4 + \sin y = 0$ 的可微分函數，求 $\dfrac{dy}{dx}$。

[提示：利用定理 9.11.]

解：令 $F(x, y) = x^2 y^4 + \sin y$，則 $F(x, y) = 0$.

因 $\dfrac{\partial F}{\partial x} = 2xy^4$，$\dfrac{\partial F}{\partial y} = 4x^2 y^3 + \cos y$，

故 $\dfrac{dy}{dx} = -\dfrac{\dfrac{\partial F}{\partial x}}{\dfrac{\partial F}{\partial y}} = -\dfrac{2xy^4}{4x^2 y^3 + \cos y}.$

定理 9.12

若方程式 $F(x, y, z)=0$ 定義 z 為二變數 x 與 y 的可微分函數，則

$$\frac{\partial z}{\partial x} = -\frac{\dfrac{\partial F}{\partial x}}{\dfrac{\partial F}{\partial z}},$$

$$\frac{\partial z}{\partial y} = -\frac{\dfrac{\partial F}{\partial y}}{\dfrac{\partial F}{\partial z}}.$$

$\left(\text{其中 } \dfrac{\partial F}{\partial z} \neq 0\right)$

證：因方程式 $F(x, y, z)=0$ 定義 z 為二變數 x 與 y 的可微分函數，故將其等號兩邊對 x 偏微分可得

$$\frac{\partial F}{\partial x}\frac{\partial x}{\partial x} + \frac{\partial F}{\partial y}\frac{\partial y}{\partial x} + \frac{\partial F}{\partial z}\frac{\partial z}{\partial x} = 0$$

但

$$\frac{\partial x}{\partial x} = 1, \quad \frac{\partial y}{\partial x} = 0,$$

於是，

$$\frac{\partial F}{\partial x} + \frac{\partial F}{\partial z}\frac{\partial z}{\partial x} = 0$$

若 $\dfrac{\partial F}{\partial z} \neq 0$，則

$$\frac{\partial z}{\partial x} = -\frac{\dfrac{\partial F}{\partial x}}{\dfrac{\partial F}{\partial z}}$$

同理，

$$\frac{\partial z}{\partial y} = -\frac{\dfrac{\partial F}{\partial y}}{\dfrac{\partial F}{\partial z}}.$$

▶▶ **例題 8**：若 $z=f(x, y)$ 為滿足方程式 $ye^{xz}+xe^{yz}-y^2+3x=5$ 的可微分函數，求 $\dfrac{\partial z}{\partial x}$ 與 $\dfrac{\partial z}{\partial y}$．[提示：利用定理 9.12.]

解：令 $F(x, y, z)=ye^{xz}+xe^{yz}-y^2+3x-5$，則 $F(x, y, z)=0$．

又
$$\frac{\partial F}{\partial x}=yze^{xz}+e^{yz}+3$$

$$\frac{\partial F}{\partial y}=e^{xz}+xze^{yz}-2y$$

$$\frac{\partial F}{\partial z}=xye^{xz}+xye^{yz}$$

可得

$$\frac{\partial z}{\partial x}=-\frac{\dfrac{\partial F}{\partial x}}{\dfrac{\partial F}{\partial z}}=-\frac{yze^{xz}+e^{yz}+3}{xy(e^{xz}+e^{yz})}$$

$$\frac{\partial z}{\partial y}=-\frac{\dfrac{\partial F}{\partial y}}{\dfrac{\partial F}{\partial z}}=-\frac{e^{xz}+xze^{yz}-2y}{xy(e^{xz}+e^{yz})}.$$

今假設曲面 S 的方程式為 $F(x, y, z)=k$，$P=(x_0, y_0, z_0)$ 為 S 上一點，C 為 S 上通過 P 的任一曲線，則 C 的**參數方程式**可表為

$$x=x(t),\ y=y(t),\ z=z(t) \tag{9.22}$$

我們可將 C 想像成在時間 t 的位置是 $(x(t), y(t), z(t))$ 的某運動質點所經過的路徑，所以，曲線 C 也可用位置向量表為

$$\mathbf{r}(t)=x(t)\mathbf{i}+y(t)\mathbf{j}+z(t)\mathbf{k}$$

將 (9.22) 式代入 $F(x, y, z)=k$ 中，

$$F(x(t), y(t), z(t))=k$$

將上式等號兩端對 t 微分可得

$$\frac{\partial F}{\partial x}\frac{dx}{dt}+\frac{\partial F}{\partial y}\frac{dy}{dt}+\frac{\partial F}{\partial z}\frac{dz}{dt}=0$$

$$\left(\frac{\partial F}{\partial x}\mathbf{i}+\frac{\partial F}{\partial y}\mathbf{j}+\frac{\partial F}{\partial z}\mathbf{k}\right)\cdot\left(\frac{dx}{dt}\mathbf{i}+\frac{dy}{dt}\mathbf{j}+\frac{dz}{dt}\mathbf{k}\right)=0$$

故 $$\nabla F\cdot\frac{d\mathbf{r}}{dt}=0$$

其中 $\nabla F=\dfrac{\partial F}{\partial x}\mathbf{i}+\dfrac{\partial F}{\partial y}\mathbf{j}+\dfrac{\partial F}{\partial z}\mathbf{k}$ 稱為 F 的**梯度** (gradient), $\dfrac{d\mathbf{r}}{dt}=\dfrac{dx}{dt}\mathbf{i}+\dfrac{dy}{dt}\mathbf{j}+\dfrac{dz}{dt}\mathbf{k}$ 為指向曲線的切線的**切向量** (tangent vector). 因曲線是在曲面上所任取, 故 ∇F 與通過 P 點的任意切線垂直, 即, ∇F 垂直於通過 P 點的切平面, 而 ∇F 的方向即為該曲面的法線方向, 即 ∇F 為法向量, 如圖 9.25 所示.

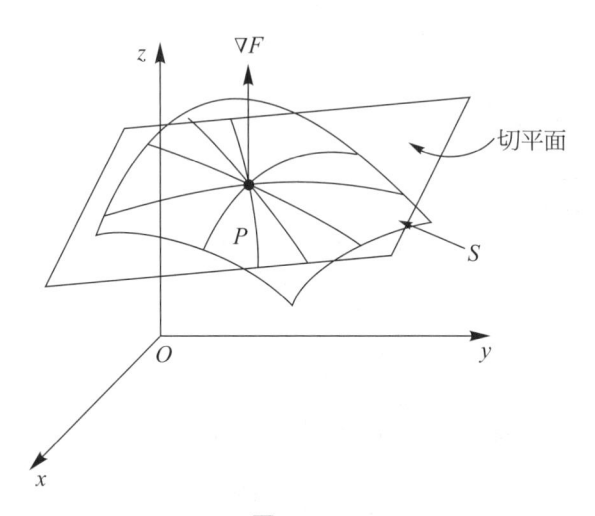

圖 9.25

定理 9.13

在曲面 $F(x, y, z)=0$ 上點 (x_0, y_0, z_0) 的切平面的方程式為

$$F_x(x_0, y_0, z_0)(x-x_0)+F_y(x_0, y_0, z_0)(y-y_0)+F_z(x_0, y_0, z_0)(z-z_0)=0$$

法線方程式為

$$\frac{x-x_0}{F_x(x_0,\ y_0,\ z_0)}=\frac{y-y_0}{F_y(x_0,\ y_0,\ z_0)}=\frac{z-z_0}{F_z(x_0,\ y_0,\ z_0)}$$

或

$$\begin{aligned}x&=x_0+F_x(x_0,\ y_0,\ z_0)t\\ y&=y_0+F_y(x_0,\ y_0,\ z_0)t,\ t\in\mathbb{R}.\\ z&=z_0+F_z(x_0,\ y_0,\ z_0)t\end{aligned}$$

▶ **例題 9**：求在曲面 $\cos\pi x - x^2 y + e^{xz} + yz = 4$ 上點 $(0,\ 1,\ 2)$ 的切平面與法線的方程式. [提示：利用定理 9.13.]

解：令

$$F(x,\ y,\ z)=\cos\pi x-x^2 y+e^{xz}+yz-4$$

則

$$F_x(x,\ y,\ z)=-\pi\sin\pi x-2xy+ze^{xz}$$
$$F_y(x,\ y,\ z)=-x^2+z$$
$$F_z(x,\ y,\ z)=xe^{xz}+y$$

因此,

$$F_x(0,\ 1,\ 2)=2,\quad F_y(0,\ 1,\ 2)=2,\quad F_z(0,\ 1,\ 2)=1$$

可得切平面方程式為

$$2(x-0)+2(y-1)+1(z-2)=0$$

即,

$$2x+2y+z=4$$

法線方程式為

$$\frac{x}{2}=\frac{y-1}{2}=\frac{z-2}{1}$$

或

$$\begin{aligned}x&=2t\\ y&=1+2t,\ t\in\mathbb{R}.\\ z&=2+t\end{aligned}$$

習題 ▶ 9.5

在 1～4 題求 $\dfrac{dw}{dt}$.

1. $w=x^3-y^3,\ x=\dfrac{1}{t+1},\ y=\dfrac{t}{t+1}$

2. $w=\ln\left(\dfrac{x}{y}\right),\ x=\tan t,\ y=\sec^2 t$

3. $w=\sqrt{x^2+y^2}$, $x=e^{2t}$, $y=e^{-2t}$

4. $w=r^2-s\tan v$, $r=\sin^2 t$, $s=\cos t$, $v=4t$

5. 設 $z=x\cos y+y\sin x$, $x=uv^2$, $y=u+v$, 求 $\dfrac{\partial z}{\partial u}$ 與 $\dfrac{\partial z}{\partial v}$.

6. 設 $w=\dfrac{u}{v}$, $u=x^2-y^2$, $v=4xy^3$, 求 $\dfrac{\partial w}{\partial x}$ 與 $\dfrac{\partial w}{\partial y}$.

7. 設 $z=3x-2y$, $x=s+t\ln s$, $y=s^2-t\ln t$, 求 $\dfrac{\partial z}{\partial s}$ 與 $\dfrac{\partial z}{\partial t}$.

8. 設 $z=\dfrac{xy}{x^2+y^2}$, $x=uv$, $y=u-2v$, 求 $\dfrac{\partial z}{\partial u}\bigg|_{u=1,\,v=1}$ 與 $\dfrac{\partial z}{\partial v}\bigg|_{u=1,\,v=1}$.

9. 設 $z=\ln(x^2+y^2)$, $x=re^\theta$, $y=\tan(r\theta)$, 求 $\dfrac{\partial z}{\partial \theta}\bigg|_{r=1,\,\theta=0}$.

10. 設 $z=\tan^{-1}(x^2+y^2)$, $x=e^r\sin\theta$, $y=e^r\cos\theta$, 求 $\dfrac{\partial z}{\partial r}$ 與 $\dfrac{\partial z}{\partial \theta}$.

11. 設 $w=x\sin(yz^2)$, $x=\cos t$, $y=t^2$, $z=e^t$, 求 $\dfrac{dw}{dt}\bigg|_{t=0}$.

12. 設 $w=xy+yz+zx$, $x=st$, $y=e^{st}$, $z=t^2$, 求 $\dfrac{\partial w}{\partial s}\bigg|_{s=0,\,t=1}$ 與 $\dfrac{\partial w}{\partial t}\bigg|_{s=0,\,t=1}$.

13. 已知 $z=xy+x+y$, $x=r+s+t$, $y=rst$, 求 $\dfrac{\partial z}{\partial s}\bigg|_{r=1,\,s=-1,\,t=2}$.

14. 若 $r=f(u-v,\,v-w,\,w-u)$ 為可微分函數,試證: $\dfrac{\partial r}{\partial u}+\dfrac{\partial r}{\partial v}+\dfrac{\partial r}{\partial w}=0$.

15. 已知 $z=f(x^2+y^2)$,試證: $y\dfrac{\partial z}{\partial x}-x\dfrac{\partial z}{\partial y}=0$.

16. 已知 $f(x,\,y,\,z)=0$,試證: $\left(\dfrac{\partial x}{\partial y}\right)\left(\dfrac{\partial y}{\partial z}\right)\left(\dfrac{\partial z}{\partial x}\right)=-1$.

在 17～19 題若 $y=f(x)$ 為滿足所予方程式的可微分函數,求 $\dfrac{dy}{dx}$.

17. $x\sin y+y\cos x=1$

18. $xy + e^{xy} = 3$

19. $x \ln y + \sin(x-y) = 6$

在 20～22 題若 $z = f(x, y)$ 為滿足所予方程式的可微分函數，求 $\dfrac{\partial z}{\partial x}$ 與 $\dfrac{\partial z}{\partial y}$.

20. $xz^2 + 2x^2y - 4y^2z + 3y = 2$

21. $x^2y + z^2 + \cos(xyz) = 5$

22. $\sin(x+y) + \sin(y+z) + \sin(x+z) = 0$

求下列各題所予曲面在點 P 的切平面與法線的方程式.

23. $xz + yz^2 - yz^3 = 2$, $P(2, -1, 1)$

24. $x^2 + y^2 + z^2 = 49$, $P(3, 2, -6)$

25. $9x^2 + 36y^2 + 4z^2 = 108$, $P(-2, 1, -3)$

26. $\sin xz - 3\cos yz = 3$, $P(\pi, \pi, 1)$

9.6 極大值與極小值

在第 3 章中，我們已學過如何求解單變數函數的極值問題，在本節中，我們將討論二變數函數的極值問題.

定義 9.9

設 f 為二變數 x 與 y 的函數.
(1) 若存在以 (a, b) 為圓心的一圓使得

$$f(a, b) \geq f(x, y)$$

對該圓內部所有點 (x, y) 皆成立，則稱 f 在點 (a, b) 有相對極大值（或局部極大值）.

(2) 若存在以 (a, b) 為圓心的一圓使得

$$f(a, b) \leq f(x, y)$$

對該圓內部所有點 (x, y) 皆成立，則稱 f 在點 (a, b) 有相對極小值（或局部極小值）.

仿照二變數函數相對極值的定義，我們可定義二變數函數的絕對極大值與絕對極小值．

定義 9.10

設二變數函數 f 定義在包含點 (a, b) 的區域 R．
若 $f(a, b) \geq f(x, y)$ 對 R 中所有點 (x, y) 皆成立，則稱 $f(a, b)$ 為 f 的絕對極大值．
若 $f(a, b) \leq f(x, y)$ 對 R 中所有點 (x, y) 皆成立，則稱 $f(a, b)$ 為 f 的絕對極小值．

在第 3 章裡，我們曾經討論過單變數函數 f 在可微分之處 c 有相對極值的必要條件為 $f'(c)=0$．對二變數函數 f 而言，也有這樣的類似結果．假設 $f(x, y)$ 在點 (a, b) 有相對極大值且 $f_x(a, b)$ 與 $f_y(a, b)$ 皆存在，則 $f_x(a, b)=0$，$f_y(a, b)=0$．在幾何上，曲面 $z=f(x, y)$ 與平面 $x=a$ 的交線 C_1 在點 (a, b) 有一條水平切線；曲面 $z=f(x, y)$ 與平面 $y=b$ 的交線 C_2 在點 (a, b) 有一條水平切線（見圖 9.26）．

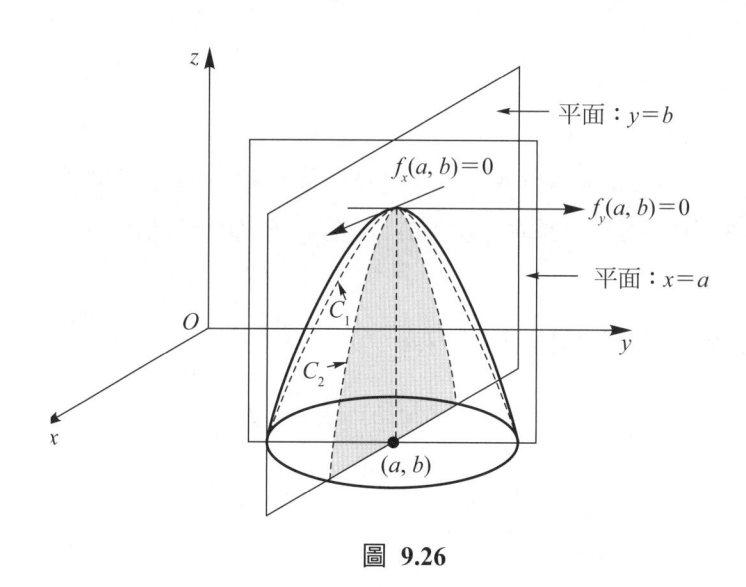

圖 9.26

定理 9.14

設函數 f 在點 (a, b) 有相對極大值或相對極小值且 $f_x(a, b)$ 與 $f_y(a, b)$ 皆存在，則

$$f_x(a, b) = f_y(a, b) = 0.$$

若函數 f 在點 (a, b) 恆有 $f_x(a, b) = f_y(a, b) = 0$，或 $f_x(a, b)$ 與 $f_y(a, b)$ 之中有一者不存在，則稱 (a, b) 為函數 f 的**臨界點** (critical point)。但在臨界點處並不一定有極值發生。使函數 f 沒有相對極值的臨界點稱為 f 的**鞍點** (saddle point)。

在定理 9.14 中，$f_x(a, b) = f_y(a, b) = 0$ 係 f 在點 (a, b) 有相對極值的必要條件。至於充分條件可由下述定理得知。

定理 9.15　二階偏導數檢驗法

設二變數函數 $f(x, y)$ 的二階偏導函數在以臨界點 (a, b) 為圓心的某圓內皆為連續，又令

$$D(a, b) = f_{xx}(a, b) f_{yy}(a, b) - [f_{xy}(a, b)]^2$$

(1) 若 $D(a, b) > 0$ 且 $f_{xx}(a, b) > 0$，則 $f(a, b)$ 為 f 的相對極小值。
(2) 若 $D(a, b) > 0$ 且 $f_{xx}(a, b) < 0$，則 $f(a, b)$ 為 f 的相對極大值。
(3) 若 $D(a, b) < 0$，則 f 在 (a, b) 無相對極值，(a, b) 為 f 的鞍點。
(4) 若 $D(a, b) = 0$，則無法確定 $f(a, b)$ 是否為 f 的相對極值。

註：為了方便記憶，在定理 9.15 中的 $D(a, b)$ 可以表成 2×2 行列式，如下：

$$D(a, b) = \begin{vmatrix} f_{xx}(a, b) & f_{xy}(a, b) \\ f_{yx}(a, b) & f_{yy}(a, b) \end{vmatrix}$$

其中 $f_{xy}(a, b) = f_{yx}(a, b)$.

▶ **例題 1**：求 $f(x, y) = x^2 + y^3 - 6y$ 的相對極值。[提示：利用二階偏導數檢驗法.]

解：$f_x(x, y) = 2x$，$f_{xx}(x, y) = 2$，$f_{xy}(x, y) = 0$，

$f_y(x, y) = 3y^2 - 6$, $f_{yy}(x, y) = 6y$.

令 $f_x(x, y) = 0$ 且 $f_y(x, y) = 0$，可得 $x = 0$，$y = \pm\sqrt{2}$。所以，臨界點為 $(0, \sqrt{2})$ 與 $(0, -\sqrt{2})$。

臨界點 (a, b)	$f_{xx}(a, b)$	$f_{yy}(a, b)$	$f_{xy}(a, b)$	$D(a, b)$
$(0, \sqrt{2})$	2	$6\sqrt{2}$	0	$12\sqrt{2}$
$(0, -\sqrt{2})$	2	$-6\sqrt{2}$	0	$-12\sqrt{2}$

依定理 9.15(1)，f 在點 $(0, \sqrt{2})$ 有相對極小值 $f(0, \sqrt{2}) = -4\sqrt{2}$)。

▶▶ **例題 2**：求 $f(x, y) = x^3 - 4xy + 2y^2$ 的相對極值。[提示：利用二階偏導數檢驗法。]

解：$f_x(x, y) = 3x^2 - 4y$，$f_{xx}(x, y) = 6x$，$f_{xy}(x, y) = -4$，

$f_y(x, y) = -4x + 4y$，$f_{yy}(x, y) = 4$。

令 $f_x(x, y) = 0$，$f_y(x, y) = 0$，

解方程組

$$\begin{cases} 3x^2 - 4y = 0 \\ -4x + 4y = 0 \end{cases}$$

可得 $\begin{cases} x = 0 \\ y = 0 \end{cases}$，$\begin{cases} x = \dfrac{4}{3} \\ y = \dfrac{4}{3} \end{cases}$。所以，臨界點為 $(0, 0)$ 與 $\left(\dfrac{4}{3}, \dfrac{4}{3}\right)$。

臨界點 (a, b)	$f_{xx}(a, b)$	$f_{yy}(a, b)$	$f_{xy}(a, b)$	$D(a, b)$
$(0, 0)$	0	4	-4	-16
$\left(\dfrac{4}{3}, \dfrac{4}{3}\right)$	8	4	-4	16

依定理 9.15(1)，$f\left(\dfrac{4}{3}, \dfrac{4}{3}\right) = -\dfrac{32}{27}$ 為 f 的相對極小值。

▶▶ **例題 3**：求三正數使它們的和為 48 且它們的乘積為最大。

[提示：利用二階偏導數檢驗法。]

解：設三正數 x、y、z，則 $x+y+z=48$，即，$z=48-x-y$.

令 $$f(x, y)=xy(48-x-y)=48xy-x^2y-xy^2,$$

則 $f_x(x, y)=48y-2xy-y^2,$

$$f_{xx}(x, y)=-2y, \qquad f_{xy}(x, y)=48-2x-2y,$$
$$f_y(x, y)=48x-x^2-2xy, \qquad f_{yy}(x, y)=-2x.$$

解方程組
$$\begin{cases} 48y-2xy-y^2=0 \\ 48x-x^2-2xy=0 \end{cases}$$

可得 $x=16$, $y=16$. ($x=0$ 與 $y=0$ 不合)

若 $x=16$, $y=16$, 則

$$D(16, 16)=f_{xx}(16, 16)f_{yy}(16, 16)-[f_{xy}(16, 16)]^2$$
$$=(-32)(-32)-(16)^2=768>0$$

$f_{xx}(16, 16)=-32<0$, 故 $x=y=z=16$ 時，乘積為最大.

▶ **例題 4**：求原點至曲面 $z^2=x^2y+4$ 的最短距離. [提示：利用二階偏導數檢驗法.]

解：設 $P(x, y, z)$ 為曲面上任一點，則原點至 P 的距離平方為 $d^2=x^2+y^2+z^2$，我們欲求 P 點的坐標使得 d^2 (d 亦是) 為最小值.

因 P 點在曲面上，故其坐標滿足曲面方程式. 將 $z^2=x^2y+4$ 代入 $d^2=x^2+y^2+z^2$ 中，並令

$$d^2=f(x, y)=x^2+y^2+x^2y+4$$

則 $$f_x(x, y)=2x+2xy, \quad f_y(x, y)=2y+x^2$$

$$f_{xx}(x, y)=2+2y, \quad f_{yy}(x, y)=2, \quad f_{xy}(x, y)=2x$$

令 $f_x(x, y)=0$, $f_y(x, y)=0.$

解方程組
$$\begin{cases} 2x+2xy=0 \\ 2y+x^2=0 \end{cases}$$

可得：$\begin{cases} x=0 \\ y=0 \end{cases}$, $\begin{cases} x=\sqrt{2} \\ y=-1 \end{cases}$, $\begin{cases} x=-\sqrt{2} \\ y=-1 \end{cases}$

臨界點 (a, b)	$f_{xx}(a, b)$	$f_{yy}(a, b)$	$f_{xy}(a, b)$	$D(a, b)$
$(0, 0)$	2	2	0	4
$(\sqrt{2}, -1)$	0	2	$2\sqrt{2}$	-8
$(-\sqrt{2}, -1)$	0	2	$-2\sqrt{2}$	-8

依定理 9.15(1)，$f(0, 0)=4$ 為最小值，故原點與已知曲面之間的最短距離為 2。

設 R 為 xy-平面上的平面區域，若圓心在點 (a, b) 的每一個圓區域包含 R 中的點與不在 R 中的點，則 (a, b) 稱為 R 的**邊界點** (boundary point)，R 的所有邊界點的集合稱為 R 的**邊界** (boundary)。同樣地，設 G 為三維空間 $I\!R^3$ 中的立體區域，若球心在點 (a, b, c) 的每一個球體包含 G 中的點與不在 G 中的點，則 (a, b, c) 稱為 G 的**邊界點**，G 的所有邊界點的集合稱為 G 的**邊界**。包含邊界的區域稱為**封閉區域** (closed region)。在 xy-平面上，位於某有限半徑的圓內的區域稱為**有界區域** (bounded region)；在三維空間 $I\!R^3$ 中，位於某有限半徑的球內的區域稱為**有界區域**。

我們曾在第 3 章裡談到單變數函數的極值定理；相對地，二變數函數的極值定理如下所述。

定理 9.16 極值定理

若二變數函數 f 在封閉且有界的區域 R 為連續，則 f 在 R 不但有絕對極大值 (即，最大值) 而且有絕對極小值 (即，最小值)。

若二變數函數 f 在封閉且有界的區域 R 為連續，則求其絕對極值的步驟如下：

步驟 1：在 R 的內部找出 f 的所有臨界點，並計算 f 在這些點的值。

步驟 2：在 R 的邊界找出可能會產生絕對極值的所有點，並計算 f 在這些點的值。

步驟 3：在步驟 1 與 2 中所計算的最大值即為絕對極大值，最小值即為絕對極小值。

▶▶ **例題 5**：已知 $f(x, y) = 3xy - 6x - 3y + 5$ 且 R 為具有三頂點 $(0, 0)$、$(0, 3)$ 與 $(5, 0)$ 的封閉三角形區域，求 f 在 R 的絕對極大值與絕對極小值.

[提示：利用求絕對極值的步驟.]

解：區域 R 如圖 9.27 所示.

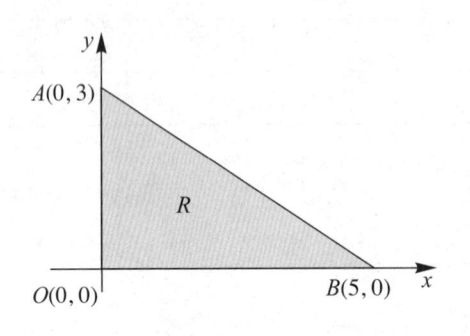

圖 9.27

$f_x(x, y) = 3y - 6$, $f_y(x, y) = 3x - 3$.

解方程組 $\begin{cases} 3y - 6 = 0 \\ 3x - 3 = 0 \end{cases}$，可得 $x = 1$, $y = 2$.

點 $(1, 2)$ 是 R 之內部的唯一臨界點.

(i) 在邊界 $\overline{OB}$ 上，$u(x) = f(x, 0) = -6x + 5$ $(0 \le x \le 5)$, $u'(x) = -6$ $(0 < x < 5)$. $u(x)$ 的極值發生於 $x = 0$ 與 $x = 5$，它們分別對應到 $O(0, 0)$ 與 $B(5, 0)$.

(ii) 在邊界 $\overline{OA}$ 上，$v(y) = f(0, y) = -3y + 5$ $(0 \le y \le 3)$, $v'(y) = -3$ $(0 < y < 3)$. $v(x)$ 的極值發生於 $y = 0$ 與 $y = 3$，它們分別對應到 $O(0, 0)$ 與 $A(0, 3)$.

(iii) $\overline{AB}$ 的方程式為 $y = -\dfrac{3}{5}x + 3$ $(0 \le x \le 5)$. 在邊界 $\overline{AB}$ 上，

$w(x) = f\left(x, -\dfrac{3}{5}x + 3\right) = -\dfrac{9}{5}x^2 + \dfrac{24}{5}x - 4$. 因 $w'(x) = -\dfrac{18}{5}x + \dfrac{24}{5}$,

可知在 $(0, 5)$ 中，w 的臨界數為 $\dfrac{4}{3}$. 於是，$w(x)$ 的極值發生於 $x = \dfrac{4}{3}$、

$x = 0$ 與 $x = 5$，它們分別對應到點 $\left(\dfrac{4}{3}, \dfrac{11}{5}\right)$、$O(0, 0)$ 與 $B(5, 0)$.

(x, y)	$(0, 0)$	$(5, 0)$	$(0, 3)$	$\left(\dfrac{4}{3}, \dfrac{11}{5}\right)$	$(1, 2)$
$f(x, y)$	5	-25	-4	$-\dfrac{4}{5}$	-1

我們從表中所列出 $f(x, y)$ 的值可得絕對極大值 5，絕對極小值 -25.

▶▶ <u>例題 6</u>：已知 $f(x, y) = x^2 + xy + y^2$ 且 R 為具頂點 $(1, 2)$、$(1, -2)$ 與 $(-1, -2)$ 的封閉三角形區域，求 f 在 R 的絕對極大值與絕對極小值.

[提示：利用求絕對極值的步驟.]

<u>解</u>：區域 R 如圖 9.28 所示.

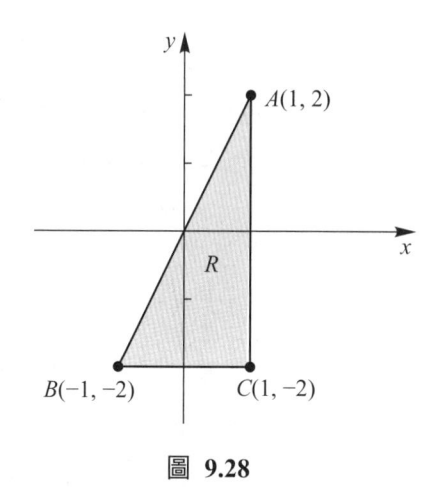

圖 9.28

$$f_x(x, y) = 2x + y, \qquad f_y(x, y) = x + 2y,$$

解方程組 $\begin{cases} 2x + y = 0 \\ x + 2y = 0 \end{cases}$，可得 $x = 0$，$y = 0$. 點 $(0, 0)$ 不在 R 的內部.

(i) 在邊界 $\overline{AB}$ 上，$y = 2x$，$u(x) = f(x, 2y) = 7x^2 (-1 \leq x \leq 1)$. 因 $u'(x) = 14x$ $(-1 \leq x \leq 1)$，可知在 $(-1, 1)$ 中，u 的臨界數為 0.

(ii) 在邊界 $\overline{BC}$ 上，$y = -2$，$v(x) = f(x, -2) = x^2 - 2x + 4 \ (-1 \leq x \leq 1)$. 因 $v'(x) = 2x - 2 \ (-1 < x < 1)$，可知在 $(-1, 1)$ 中，v 的臨界數為 1.

(iii) 在邊界 $\overline{AC}$ 上，$x = 1$，$w(y) = f(1, y) = 1 + y + y^2 \ (-2 \leq y \leq 2)$. 因 $w'(y) = 1$

$+2y$ $(-2 < y < 2)$，可知在 $(-2, 2)$ 中，w 的臨界數為 $-\dfrac{1}{2}$．

(x, y)	$(1, 2)$	$(-1, -2)$	$(1, -2)$	$(0, 0)$	$\left(1, -\dfrac{1}{2}\right)$
$f(x, y)$	7	7	3	0	$\dfrac{3}{4}$

比較表中各 $f(x, y)$ 的值可得絕對極大值 7，絕對極小值 0．

習題 ▶ 9.6

求 1～9 題各函數 f 的相對極值．若沒有，則指出何點為鞍點．

1. $f(x, y) = x^2 + 4y^2 - 2x + 8y - 5$
2. $f(x, y) = xy$
3. $f(x, y) = x^3 + y^3 - 6xy + 1$
4. $f(x, y) = x^3 - 3xy - y^3$
5. $f(x, y) = x^3 + y^3 - 3x - 3y + 2$
6. $f(x, y) = xy + \dfrac{1}{x} + \dfrac{2}{y}$
7. $f(x, y) = x^2 + y - e^y - 5$
8. $f(x, y) = 2x^2 - 4xy + y^4 + 1$
9. $f(x, y) = \sin x + \sin y$ $(0 < x < \pi, 0 < y < \pi)$

10. 求點 $(2, 1, -1)$ 到平面 $4x - 3y + z = 5$ 的最短距離．

11. 求三正數 x、y 與 z 使其和為 32 且使 $P = xy^2z$ 的值為最大．

12. 求三正數使它們的和為 27 且它們的平方和為最小．

13. 已知 $f(x, y) = x^2 + xy + y^2$ 且 R 為具有三頂點 $(1, 2)$、$(1, -2)$ 與 $(-1, -2)$ 的封閉三角形區域，求 f 在 R 的絕對極大值與絕對極小值．

14. 求函數 $f(x, y) = x^2 + y^2 - 2x - 2y - 2$ 在 x-軸、y-軸與直線 $x + y = 9$ 所圍封閉三角形區域的絕對極值．

15. 求二直線 $L_1 : \begin{cases} x = 3t \\ y = 2t \\ z = t \end{cases}$ 與 $L_2 : \begin{cases} x = 2t \\ y = 2t + 3 \\ z = 2t \end{cases}$

之間的最短距離．

綜合 習題

1. 設 $f(x, y, z) = xyz + 3$，求通過下列點的等值面的方程式.
   (1) $(1, 0, 2)$　　　　　　　　(2) $(-2, 4, 1)$

2. 試問 $\lim\limits_{(x, y) \to (0, 0)} \dfrac{8x^2 y^2}{x^4 + y^4}$ 是否存在？

3. 試問 $\lim\limits_{(x, y, z) \to (0, 0, 0)} \dfrac{yz}{x^2 + y^2 + z^2}$ 是否存在？

4. 求 $\lim\limits_{(x, y) \to (0, 0)} \dfrac{x^2 - xy}{\sqrt{x} - \sqrt{y}}$.

5. 已知 $f(x, y) = \sqrt{|xy|}$，求 $f_x(0, 0)$ 與 $f_y(0, 0)$.

6. 若 $f(x, y, z) = f(y^2 + z^2)^x$，求 f_x、f_y 與 f_z.

7. 求曲面 $z = \sqrt{x} + \sqrt{y}$ 在點 $(4, 9, 5)$ 的切平面與法線的方程式.

8. 已知測得某矩形體盒子的長、寬與高的誤差至多為 $r\%$，試利用全微分求體積計算值的百分誤差.

9. 在利用歐姆定律 $R = \dfrac{V}{I}$ 當中，設量得 V 與 I 的百分誤差分別為 3% 與 2%，試利用全微分來估計 R (以歐姆計) 之計算值的最大百分誤差.

10. 設 $w = \sqrt{x^2 + y^2 + z^2}$，$x = \cos 2y$，$z = \sqrt{y}$，求 $\dfrac{dw}{dy}$.

11. 在矩形體盒子的長、寬與高分別以 1 厘米／秒、2 厘米／秒與 3 厘米／秒的速率增加，當長為 2 厘米、寬為 3 厘米且高為 6 厘米時，求體積增加的速率.

12. 已知 $z = f(x, y)$，$x = r\cos\theta$，$y = r\sin\theta$，試證：
    $$\left(\dfrac{\partial z}{\partial x}\right)^2 + \left(\dfrac{\partial z}{\partial y}\right)^2 = \left(\dfrac{\partial z}{\partial r}\right)^2 + \dfrac{1}{r^2}\left(\dfrac{\partial z}{\partial \theta}\right)^2.$$

13. 求曲面 $x^2 y^3 z^4 + xyz = 2$ 在點 $(2, 1, -1)$ 的切平面與法線的方程式.

14. 求在橢球面 $\dfrac{x^2}{4} + y^2 + \dfrac{z^2}{9} = 3$ 上點 $(-2, 1, -3)$ 之切平面與法線的方程式.

15. 試證：在橢球面 $\dfrac{x^2}{a^2}+\dfrac{y^2}{b^2}+\dfrac{z^2}{c^2}=1$ 上點 (x_0, y_0, z_0) 之切平面的方程式為

$$\dfrac{x_0 x}{a^2}+\dfrac{y_0 y}{b^2}+\dfrac{z_0 z}{c^2}=1.$$

16. 試證：球面 $x^2+y^2+z^2=1$ 的每一條法線通過原點.

17. 設矩形體盒子底部之材料的成本是每平方吋為側面與頂的兩倍，若體積一定，則可使成本最低的相關尺寸為何？

18. 試證：在所有周長為 p 的平行四邊形當中，邊長為 $\dfrac{p}{4}$ 的正方形有最大面積.

重積分

10.1 二重積分

我們可將單變數函數的定積分觀念推廣到二個或更多個變數的積分，其觀念可用來計算體積、曲面面積、質量、形心、⋯ 等等. 二變數函數的積分是在 xy-平面上的某區域中進行，而往後我們假設所涉及到的平面區域為包含整個邊界（此為封閉曲線）的有界區域，即，閉區域.

今考慮許許多多的水平線與垂直線，將 xy-平面上的一區域 R 任意分割成許多小區域，並令那些完全落在 R 內部的小矩形區域為 R_1, R_2, R_3, ⋯, R_n，如圖 10.1 所示的陰影部分，而符號 ΔA_i 用來表示 R_i 的面積.

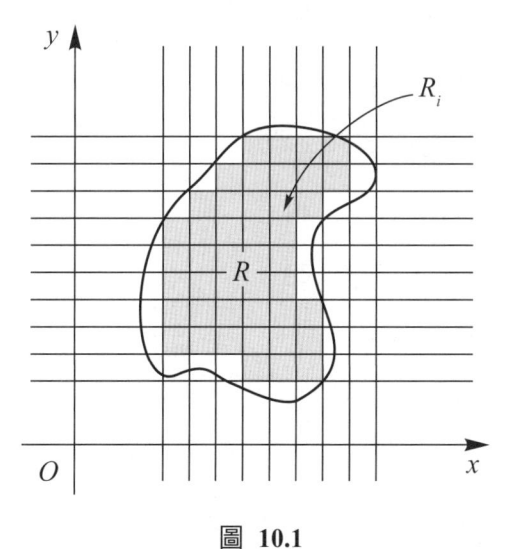

圖 10.1

定義 10.1

令 f 為定義在區域 R 的二變數函數，對 R_i 中任一點 (x_i, y_i)，作黎曼和 $\sum_{i=1}^{n} f(x_i, y_i) \Delta A_i$，若 $\lim_{\max \Delta A_i \to 0} \sum_{i=1}^{n} f(x_i, y_i) \Delta A_i$ 存在，則 f 在 R 的**二重積分** (double integral) $\iint_R f(x, y) \, dA$ 定義為

$$\iint_R f(x, y) \, dA = \lim_{\max \Delta A_i \to 0} \sum_{i=1}^{n} f(x_i, y_i) \Delta A_i.$$

若定義 10.1 的極限存在，則稱 f 在區域 R 為**可積分**．此外，若 f 在 R 為連續，則 f 在 R 為可積分．

▶▶ **例題 1**：令 R 是由頂點為 $(0, 0)$、$(4, 0)$、$(0, 8)$ 與 $(4, 8)$ 之矩形所圍的區域，R_i 是由具有 x-截距為 $0, 2, 4$ 的垂直線與具有 y-截距為 $0, 2, 4, 6, 8$ 的水平線所決定．若取 (x_i, y_i) 為 R_i 的中心點，求 $f(x, y) = x^2 - 3y$ 在區域 R 之二重積分的近似值． [提示：利用黎曼和．]

解：區域 R 如圖 10.2 所示.

R_i 的中心點坐標與函數在中心點的函數值分別為：

$(x_1, y_1) = (1, 1)$, $f(x_1, y_1) = -2$

$(x_2, y_2) = (1, 3)$, $f(x_2, y_2) = -8$

$(x_3, y_3) = (1, 5)$, $f(x_3, y_3) = -14$

$(x_4, y_4) = (1, 7)$, $f(x_4, y_4) = -20$

$(x_5, y_5) = (3, 1)$, $f(x_5, y_5) = 6$

$(x_6, y_6) = (3, 3)$, $f(x_6, y_6) = 0$

$(x_7, y_7) = (3, 5)$, $f(x_7, y_7) = -6$

$(x_8, y_8) = (3, 7)$, $f(x_8, y_8) = -12$

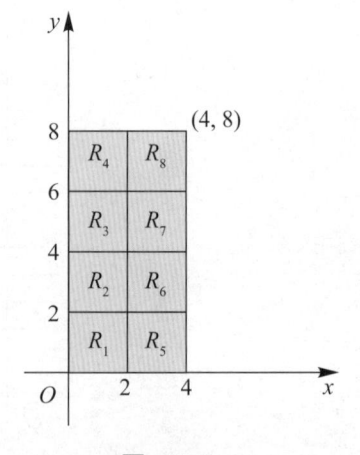

圖 10.2

則
$$\iint_R f(x, y)\, dA \approx \sum_{i=1}^{8} f(x_i, y_i)\, \Delta A_i$$

因每一個小正方形的面積為 $\Delta A_i = 4$, $i = 1, 2, 3, \cdots, 8$, 故

$$\sum_{i=1}^{8} f(x_i, y_i)\, \Delta A_i = 4 \sum_{i=1}^{8} f(x_i, y_i)$$
$$= 4(-2 - 8 - 14 - 20 + 6 + 0 - 6 - 12)$$
$$= -224$$

所以,
$$\iint_R f(x, y)\, dA \approx -224.$$

定理 10.1

若二變數函數 f 與 g 在區域 R 皆為連續, 則

(1) $\iint\limits_R c f(x, y)\, dA = c \iint\limits_R f(x, y)\, dA$, 此處 c 為常數.

(2) $\iint\limits_R [f(x, y) \pm g(x, y)]\, dA = \iint\limits_R f(x, y)\, dA \pm \iint\limits_R g(x, y)\, dA$.

(3) 若對整個 R 皆有 $f(x, y) \geq 0$, 則 $\iint\limits_R f(x, y)\, dA \geq 0$.

(4) 若對整個 R 皆有 $f(x, y) \geq g(x, y)$, 則
$$\iint\limits_R f(x, y)\, dA \geq \iint\limits_R g(x, y)\, dA.$$

(5) $\iint\limits_R f(x, y)\, dA = \iint\limits_{R_1} f(x, y)\, dA + \iint\limits_{R_2} f(x, y)\, dA$

此處 R 為兩個不重疊子區域 R_1 與 R_2 的聯集.

在整個區域 R 中，若 $f(x, y) \geq 0$，如圖 10.3 所示，則直立矩形柱體的體積 ΔV_i 為 $f(x_i, y_i) \Delta A_i$，故所有直立矩形柱體體積的和 $\sum_{i=1}^{n} f(x_i, y_i) \Delta A_i$ 為介於平面區域 R 與曲面 $z=f(x, y)$ 之間的立體體積 V 的近似值．當 $\max \Delta A_i \to 0$ 時，若黎曼和的極限存在，則其代表立體的體積，即，

$$V = \iint_R f(x, y)\, dA.$$

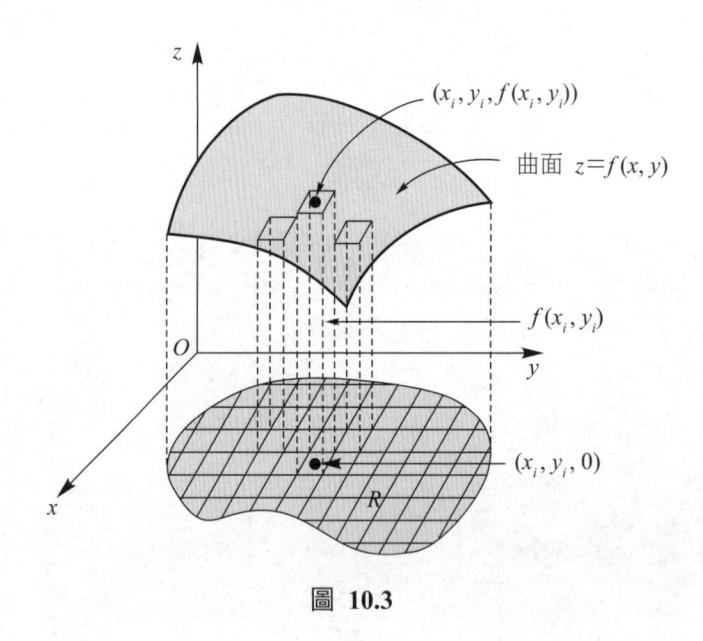

圖 10.3

在整個區域 R 中，若 $f(x, y) = 1$，則

$$\iint_R 1\, dA = \iint_R dA$$

代表在區域 R 上方且具有一定高度 1 之立體的體積．在數值上，此與區域 R 的面積相同．於是，

$$R \text{ 的面積} = \iint_R dA.$$

除了在非常簡單的情形之外，事實上，我們不可能由定義 10.1 去求二重積分的值．在本節裡，我們將討論如何使用微積分學基本定理去計算二重積分．

首先，我們僅討論 R 是矩形區域的情形．

針對偏微分的逆過程，我們可以定義**偏積分** (partial integration). 假設二變數函數 $f(x, y)$ 在矩形區域 $R=\{(x, y) | a \leq x \leq b, c \leq y \leq d\}$ 為連續. 符號 **$f(x, y)$** 對 **y** 的**偏積分** $\int_c^d f(x, y) dy$ 是依據使 x 保持固定並對 y 積分的方式去計算，而 $\int_c^d f(x, y) dy$ 的結果是 x 的函數. 同理，$\int_a^b f(x, y) dx$ 是 **$f(x, y)$** 對 **x** 的偏積分，它是依據使 y 保持固定並對 x 積分的方式去計算，而 $\int_a^b f(x, y) dx$ 的結果是 y 的函數. 基於這種情形，我們可以考慮下列的計算類型：

$$\int_a^b \left[\int_c^d f(x, y) dy \right] dx$$

$$\int_c^d \left[\int_a^b f(x, y) dx \right] dy$$

在第一個式子中，內積分 $\int_c^d f(x, y) dy$ 產生 x 的函數，然後在區間 $[a, b]$ 被積分；在第二個式子中，內積分 $\int_a^b f(x, y) dx$ 產生 y 的函數，然後在區間 $[c, d]$ 被積分. 這兩個式子皆稱為**累次積分** (interated integral) 或**疊積分** (repeated integral), 通常省略方括號而寫成

$$\int_a^b \int_c^d f(x, y) dy dx = \int_a^b \left[\int_c^d f(x, y) dy \right] dx \tag{10.1}$$

$$\int_c^d \int_a^b f(x, y) dx dy = \int_c^d \left[\int_a^b f(x, y) dx \right] dy. \tag{10.2}$$

▶▶ **例題 2**：計算 (1) $\int_0^{\frac{\pi}{2}} \int_0^{\frac{\pi}{2}} \sin(x+y) dy dx$ (2) $\int_1^2 \int_0^1 \frac{1}{(x+y)^2} dx dy$.

[提示：利用 (10.1) 式及 (10.2) 式.]

解：(1) $\int_0^{\frac{\pi}{2}} \int_0^{\frac{\pi}{2}} \sin(x+y)\, dy\, dx = -\int_0^{\frac{\pi}{2}} \left[\cos(x+y)\right]_0^{\frac{\pi}{2}} dx$

$= \int_0^{\frac{\pi}{2}} \left[\cos x - \cos\left(x + \frac{\pi}{2}\right)\right] dx = \int_0^{\frac{\pi}{2}} (\cos x + \sin x)\, dx$

$= \left[\sin x - \cos x\right]_0^{\frac{\pi}{2}}$

$= 1 - (-1) = 2.$

(2) $\int_1^2 \int_0^1 \frac{1}{(x+y)^2}\, dx\, dy = \int_1^2 \left[-\frac{1}{x+y}\right]_0^1 dy = \int_1^2 \left(\frac{1}{y} - \frac{1}{1+y}\right) dy$

$= \left[\ln|y| - \ln|1+y|\right]_1^2 = \ln 2 - \ln 3 + \ln 2$

$= \ln \frac{4}{3}.$

▶ **例題 3**：(1) 若 $f(x, y) = g(x)h(y)$ 且 g 與 h 皆為連續函數，試證：

$$\int_a^b \int_c^d f(x, y)\, dy\, dx = \left(\int_a^b g(x)\, dx\right)\left(\int_c^d h(y)\, dy\right).$$

(2) 利用 (1) 的結果計算 $\int_0^1 \int_0^1 xye^{x^2+y^2}\, dy\, dx.$

解：(1) $\int_a^b \int_c^d f(x, y)\, dy\, dx = \int_a^b \int_c^d g(x)h(y)\, dy\, dx = \int_a^b g(x)\left[\int_c^d h(y)\, dy\right] dx$

$= \left(\int_c^d h(y)\, dy\right)\left(\int_a^b g(x)\, dx\right)$

$= \left(\int_a^b g(x)\, dx\right)\left(\int_c^d h(y)\, dy\right)$

(2) $\int_0^1 \int_0^1 xye^{x^2+y^2}\, dy\, dx = \int_0^1 \int_0^1 \left(xe^{x^2}\right)\left(ye^{y^2}\right) dy\, dx = \left(\int_0^1 xe^{x^2} dx\right)\left(\int_0^1 ye^{y^2} dy\right)$

$= \left(\int_0^1 xe^{x^2} dx\right)^2 = \left(\left[\frac{1}{2} e^{x^2}\right]_0^1\right)^2 = \frac{1}{4}(e-1)^2.$

定理 10.2　富比尼定理（Fubini's theorem）

若函數 f 在矩形區域 $R = \{(x, y) \mid a \leq x \leq b,\ c \leq y \leq d\}$ 為連續，則

$$\iint_R f(x, y)\, dA = \int_c^d \int_a^b f(x, y)\, dx\, dy = \int_a^b \int_c^d f(x, y)\, dy\, dx.$$

我們現在以體積的觀念來說明此定理是成立的．若 $f(x, y) \geq 0$ 對所有 $(x, y) \in R$ 皆成立，則二重積分代表體積，故

$$V = \iint_R f(x, y)\, dA \tag{10.3}$$

利用平行於 xz-平面的平面將此立體截成薄片，此薄片的表面積為

$$A(y) = \int_a^b f(x, y)\, dx$$

如圖 10.4 所示．但此立體的體積為

$$V = \int_c^d A(y)\, dy$$

所以，
$$V = \int_c^d A(y)\, dy = \int_c^d \left[\int_a^b f(x, y)\, dx \right] dy \tag{10.4}$$

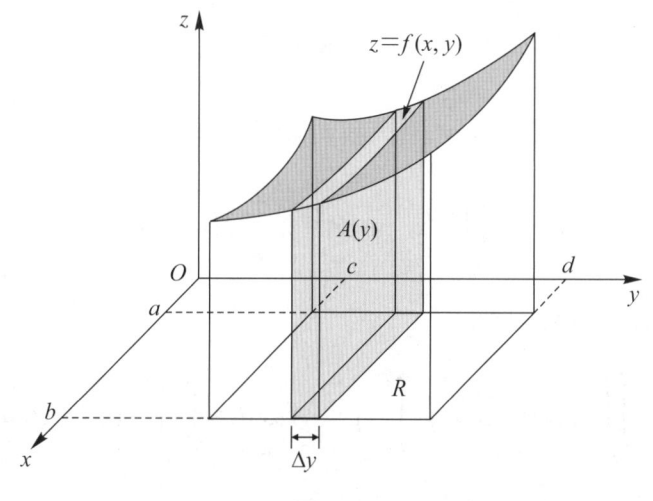

圖 10.4

當 (10.3) 式與 (10.4) 式同表 V 時，我們得到

$$\iint_R f(x,\ y)\ dA = \int_c^d \int_a^b f(x,\ y)\ dx\,dy \tag{10.5}$$

倘若我們利用平行於 yz-平面的平面將此立體截成很多薄片，則在 x 處之薄片的面積為

$$A(x) = \int_c^d f(x,\ y)\ dy$$

如圖 10.5 所示. 所以，此立體的體積為

$$V = \int_a^b A(x)\ dx = \int_a^b \left[\int_c^d f(x,\ y)\ dy \right] dx = \int_a^b \int_c^d f(x,\ y)\ dy\,dx \tag{10.6}$$

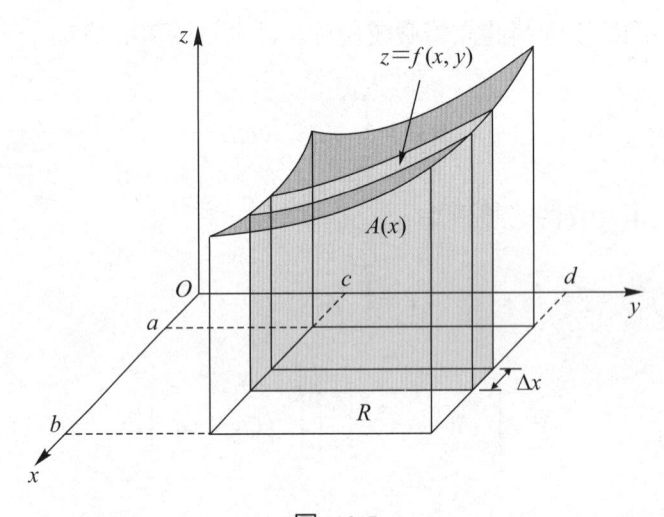

圖 10.5

當 (10.3) 式與 (10.6) 式同表 V 時，我們得到

$$\iint_R f(x,\ y)\ dA = \int_a^b \int_c^d f(x,\ y)\ dy\,dx \tag{10.7}$$

故由 (10.5) 式與 (10.7) 式知，

$$\iint_R f(x,\ y)\ dA = \int_c^d \int_a^b f(x,\ y)\ dx\,dy = \int_a^b \int_c^d f(x,\ y)\ dy\,dx.$$

▶ **例題 4**：求 $\iint_R xy^2\, dA$，其中 $R=\{(x,\ y)\,|-3\leq x\leq 2,\ 0\leq y\leq 1\}$.

[提示：利用富比尼定理.]

解：
$$\iint_R xy^2\, dA = \int_{-3}^{2}\int_0^1 xy^2\, dy\, dx = \int_{-3}^{2}\left[\frac{1}{3}xy^3\right]_0^1 dx$$
$$= \int_{-3}^{2} \frac{x}{3}\, dx = \left[\frac{x^2}{6}\right]_{-3}^{2} = -\frac{5}{6}$$

另解：
$$\iint_R xy^2\, dA = \int_0^1 \int_{-3}^{2} xy^2\, dx\, dy = \int_0^1 \left[\frac{1}{2}x^2 y^2\right]_{-3}^{2} dy$$
$$= \int_0^1 \left(-\frac{5}{2}y^2\, dy\right) = \left[-\frac{5}{6}y^3\right]_0^1 = -\frac{5}{6}.$$

▶ **例題 5**：求在平面 $z=4-x-y$ 下方且在矩形區域 $R=\{(x,\ y)|0\leq x\leq 1,\ 0\leq y\leq 2\}$ 上方之立體的體積. [提示：利用 (10.5) 式.]

解：體積 $V = \iint_R z\, dA = \int_0^2 \int_0^1 (4-x-y)\, dx\, dy$
$$= \int_0^2 \left[4x - \frac{x^2}{2} - xy\right]_0^1 dy = \int_0^2 \left(\frac{7}{2}-y\right) dy$$
$$= \left[\frac{7}{2}y - \frac{y^2}{2}\right]_0^2 = 5.$$

到目前為止，我們僅說明如何計算在矩形區域上的疊積分．現在，我們將計算推廣至在非矩形區域上的疊積分：

$$\int_a^b \int_{y_1(x)}^{y_2(x)} f(x,\ y)\, dy\, dx = \int_a^b \left[\int_{y_1(x)}^{y_2(x)} f(x,\ y)\, dy\right] dx \tag{10.8}$$

$$\int_c^d \int_{x_1(y)}^{x_2(y)} f(x,\ y)\, dx\, dy = \int_c^d \left[\int_{x_1(y)}^{x_2(y)} f(x,\ y)\, dx\right] dy. \tag{10.9}$$

▶▶ **例題 6**：計算

(1) $\int_1^5 \int_0^x \frac{3}{x^2+y^2} \, dy \, dx.$ (2) $\int_0^\pi \int_0^{\cos y} x \sin y \, dx \, dy.$

[提示：利用 (10.8) 式及 (10.9) 式.]

解：(1) $\int_1^5 \int_0^x \frac{3}{x^2+y^2} \, dy \, dx = \int_1^5 \left[\frac{3}{x} \tan^{-1} \frac{y}{x} \right]_0^x dx$

$$= \int_1^5 \frac{3\pi}{4} \, dx = \left[\frac{3\pi}{4} \ln |x| \right]_1^5 = \frac{3\pi}{4} \ln 5.$$

(2) $\int_0^\pi \int_0^{\cos y} x \sin y \, dx \, dy = \int_0^\pi \left[\frac{1}{2} x^2 \sin y \right]_0^{\cos y} dy = \frac{1}{2} \int_0^\pi \cos^2 y \sin y \, dy$

$$= -\frac{1}{2} \int_0^\pi \cos^2 y \, d(\cos y) = \left[-\frac{1}{6} \cos^3 y \right]_0^\pi$$

$$= \frac{1}{3}.$$

我們想直接由定義 10.1 計算二重積分的值，並非一件容易的事．現在，我們將討論如何利用累次積分計算二重積分的值．在討論累次積分與二重積分的關係之前，我們先討論如圖 10.6 所示 xy-平面上的各型區域．若區域 R 為

$$R = \{(x, y) \mid a \leq x \leq b, \ y_1(x) \leq y \leq y_2(x)\}$$

(i) 第 I 型區域　　　　　(ii) 第 II 型區域

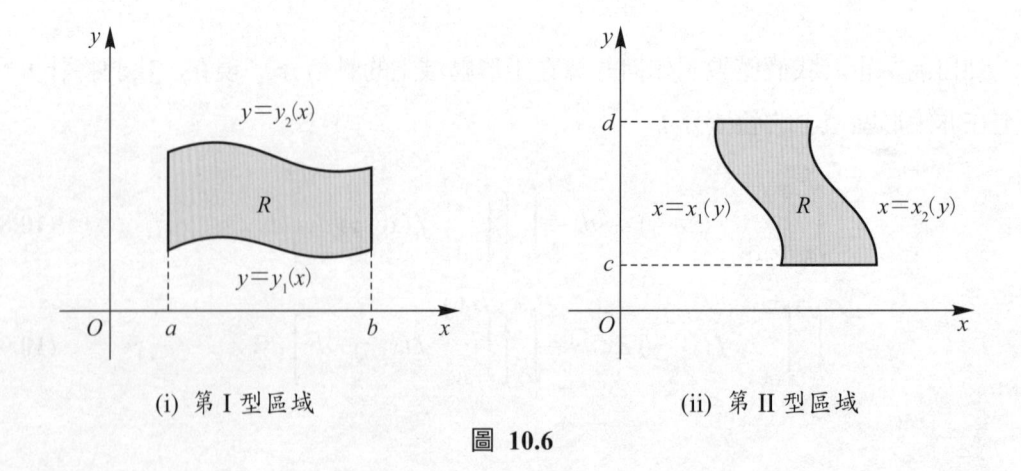

圖 **10.6**

其中函數 $y_1(x)$ 與 $y_2(x)$ 皆為連續函數，則我們稱它為**第 I 型區域** (region of type I)。又若 $R=\{(x, y) \mid x_1(y) \leq x \leq x_2(y), c \leq y \leq d\}$，其中 $x_1(y)$ 與 $x_2(y)$ 皆為連續函數，則稱它為**第 II 型區域** (region of type II)。

下面定理使我們能夠利用累次積分計算在第 I 型與第 II 型區域上的二重積分。

定理 10.3

假設 f 在區域 R 為連續，若 R 為第 I 型區域，則

$$\iint_R f(x, y)\, dA = \int_a^b \int_{y_1(x)}^{y_2(x)} f(x, y)\, dy\, dx$$

若 R 為第 II 型區域，則

$$\iint_R f(x, y)\, dA = \int_c^d \int_{x_1(y)}^{x_2(y)} f(x, y)\, dx\, dy.$$

欲應用定理 10.3，通常從區域 R 的平面圖形開始 [不需要作 $f(x, y)$ 的圖形]。若 R 為第 I 型區域，則

$$\iint_R f(x, y)\, dA = \int_a^b \int_{y_1(x)}^{y_2(x)} f(x, y)\, dy\, dx$$

R 中的積分界限可由下列步驟求得。

步驟 1：我們在任一點 x 畫出穿過區域 R 的一條垂直線（圖 10.7(i)），此直線交 R 的邊界兩次，最低交點在曲線 $y=y_1(x)$ 上，而最高交點在曲線 $y=y_2(x)$ 上，這些交點決定了公式中 y 的積分界限。

步驟 2：將在步驟 1 所畫出的直線先向左移動（圖 10.7(ii)），然後向右移動（圖 10.7(iii)），直線與區域 R 相交的最左邊位置為 $x=a$，而相交的最右邊位置為 $x=b$，由此可得公式中 x 的積分界限。

若 R 為第 II 型區域，則

$$\iint_R f(x, y)\, dA = \int_c^d \int_{x_1(y)}^{x_2(y)} f(x, y)\, dx\, dy$$

(i)   (ii)   (iii)

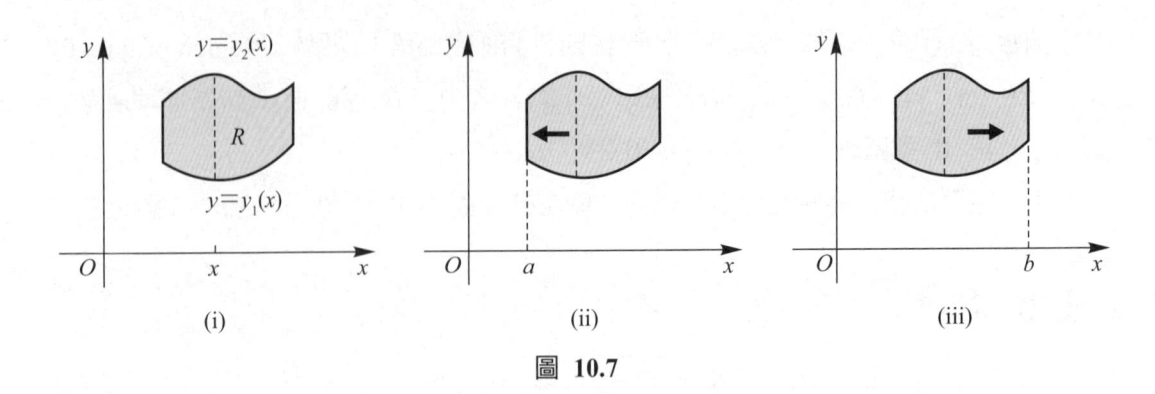

圖 10.7

R 中的積分界限可由下列步驟求得.

步驟 1：我們在任一點 y 畫出穿過區域 R 的一條水平線 (圖 10.8(i))，此直線交 R 的邊界兩次，最左邊的交點在曲線 $x=x_1(y)$ 上，而最右邊的交點在曲線 $x=x_2(y)$ 上，這些交點決定了公式中 x 的積分界限.

步驟 2：將在步驟 1 所畫出的直線先向下移動 (圖 10.8(ii))，然後向上移動 (圖 10.8(iii))，直線與區域 R 相交的最低位置為 $y=c$，而相交的最高位置為 $y=d$，由此可得公式中 y 的積分界限.

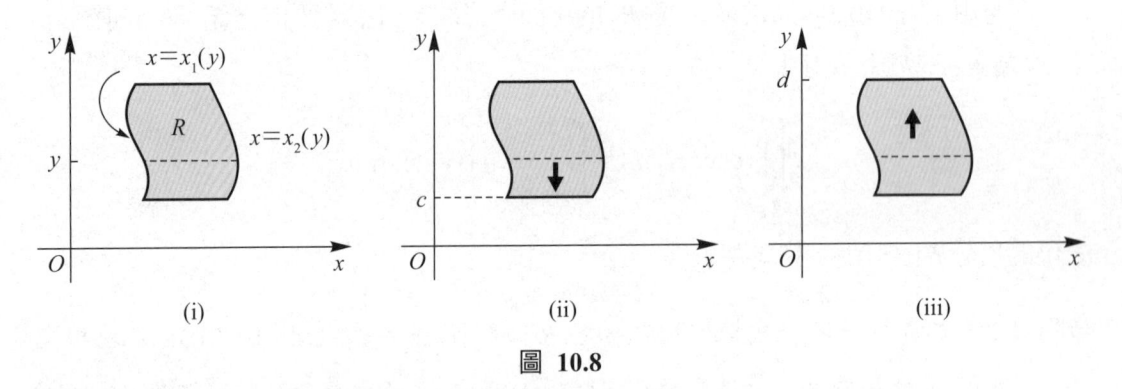

(i)   (ii)   (iii)

圖 10.8

▶▶ **例題 7**：求 $\iint\limits_{R} xy\, dA$，其中 R 是由曲線 $y=\sqrt{x}$ 與直線 $y=\dfrac{x}{2}$、$x=1$、$x=4$ 所圍的區域. [提示：採用第 I 型區域.]

解：如圖 10.9 所示，R 為第 I 型區域. 於是，

$$\iint\limits_{R} xy\, dA = \int_{1}^{4} \int_{\frac{x}{2}}^{\sqrt{x}} xy\, dy\, dx = \int_{1}^{4} \left[\frac{1}{2}xy^2\right]_{\frac{x}{2}}^{\sqrt{x}} dx$$

$$= \int_1^4 \left(\frac{x^2}{2} - \frac{x^3}{8} \right) dx = \left[\frac{x^3}{6} - \frac{x^4}{32} \right]_1^4$$

$$= \frac{32}{3} - 8 - \left(\frac{1}{6} - \frac{1}{32} \right) = \frac{81}{32}.$$

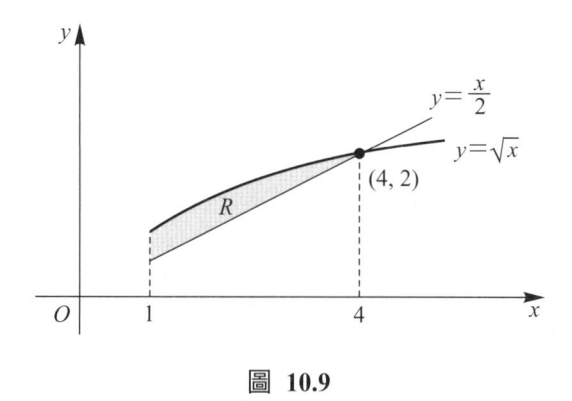

圖 10.9

▶ **例題 8**：求 $\iint_R (2x - y^2)\, dA$，其中 R 是由直線 $y = -x + 1$、$y = x + 1$ 與 $y = 3$ 所圍的三角形區域. [提示：採用第 II 型區域或第 I 型區域.]

解：視 R 為第 II 型區域，如圖 10.10 所示.

$$\iint_R (2x - y^2)\, dA = \int_1^3 \int_{1-y}^{y-1} (2x - y^2)\, dx\, dy = \int_1^3 \left[(x^2 - y^2 x) \right]_{1-y}^{y-1} dy$$

$$= \int_1^3 [(1 - 2y + 2y^2 - y^3) - (1 - 2y + y^3)]\, dy$$

$$= \int_1^3 (2y^2 - 2y^3)\, dy = \left[\frac{2y^3}{3} - \frac{y^4}{2} \right]_1^3 = -\frac{68}{3}.$$

另解：我們亦可將 R 視為兩個第 I 型區域 R_1 與 R_2 的聯集，如圖 10.11 所示.

$$\iint_R (2x - y^2)\, dA = \iint_{R_1} (2x - y^2)\, dA + \iint_{R_2} (2x - y^2)\, dA$$

$$= \int_{-2}^0 \int_{-x+1}^3 (2x - y^2)\, dy\, dx + \int_0^2 \int_{x+1}^3 (2x - y^2)\, dy\, dx$$

圖 10.10

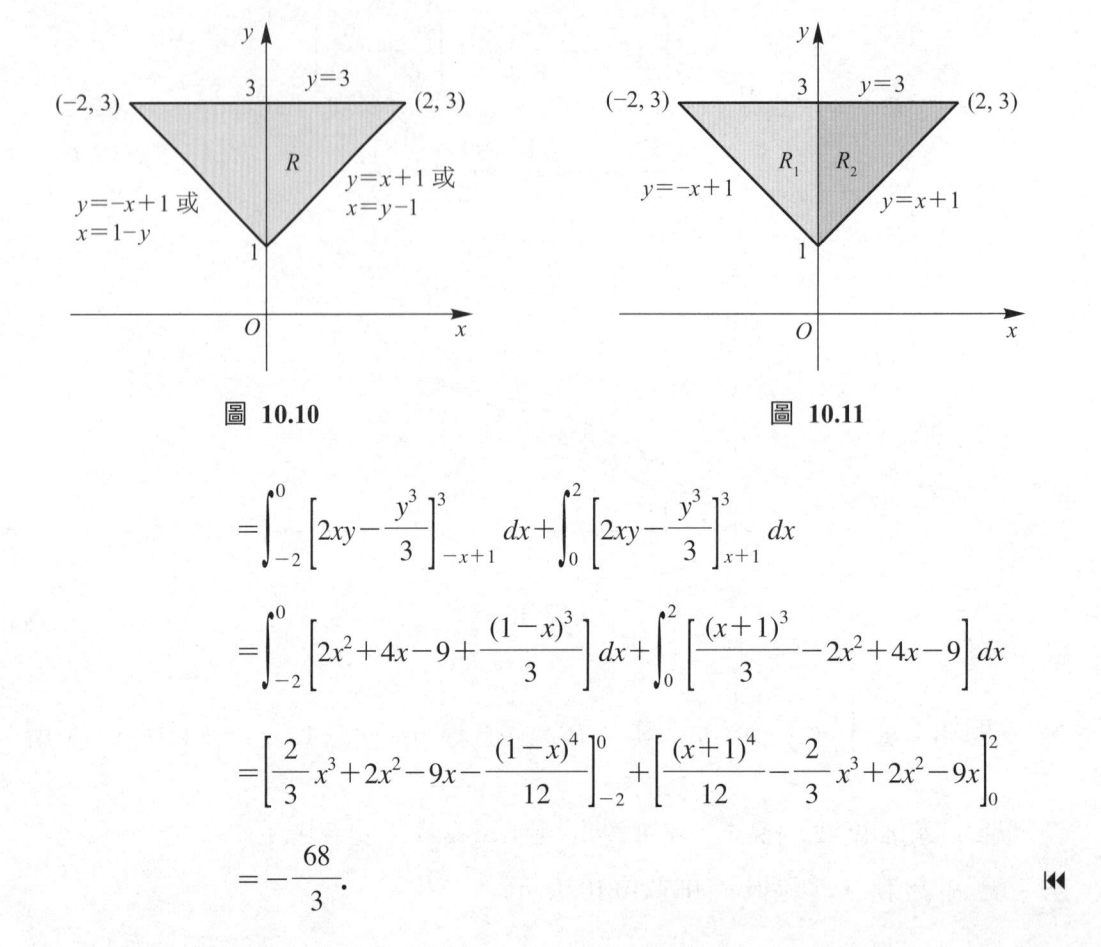

圖 10.11

$$= \int_{-2}^{0} \left[2xy - \frac{y^3}{3}\right]_{-x+1}^{3} dx + \int_{0}^{2} \left[2xy - \frac{y^3}{3}\right]_{x+1}^{3} dx$$

$$= \int_{-2}^{0} \left[2x^2 + 4x - 9 + \frac{(1-x)^3}{3}\right] dx + \int_{0}^{2} \left[\frac{(x+1)^3}{3} - 2x^2 + 4x - 9\right] dx$$

$$= \left[\frac{2}{3}x^3 + 2x^2 - 9x - \frac{(1-x)^4}{12}\right]_{-2}^{0} + \left[\frac{(x+1)^4}{12} - \frac{2}{3}x^3 + 2x^2 - 9x\right]_{0}^{2}$$

$$= -\frac{68}{3}.$$

　　雖然二重積分可利用定理 10.3 來計算，但是選擇 $dy\,dx$ 或 $dx\,dy$ 的積分順序往往與 $f(x, y)$ 的形式及區域 R 有關；有時，所予二重積分的計算非常地困難，或甚至不可能．然而，若變換 $dy\,dx$ 或 $dx\,dy$ 的積分順序，或許可能求得易於計算之等值的二重積分．

▶ **例題 9**：計算 $\int_{0}^{1} \int_{2x}^{2} e^{y^2}\,dy\,dx$．[提示：變換積分的順序．]

解：因所予的積分順序為 $dy\,dx$，故區域 R 為第 I 型區域：$y = 2x$ 至 $y = 2$，$x = 0$ 至 $x = 1$．今變換積分順序為 $dx\,dy$，則 x 自 0 至 $\frac{y}{2}$，y 自 0 至 2，如圖 10.12 所示．所以，

$$\int_0^1 \int_{2x}^2 e^{y^2}\,dy\,dx = \int_0^2 \int_0^{\frac{y}{2}} e^{y^2}\,dx\,dy = \int_0^2 \left[xe^{y^2}\right]_0^{\frac{y}{2}} dy = \int_0^2 \frac{1}{2} y e^{y^2}\,dy$$

$$= \frac{1}{4}\int_0^2 e^{y^2}\,d(y^2) = \frac{1}{4}\left[e^{y^2}\right]_0^2 = \frac{1}{4}(e^4 - 1).$$

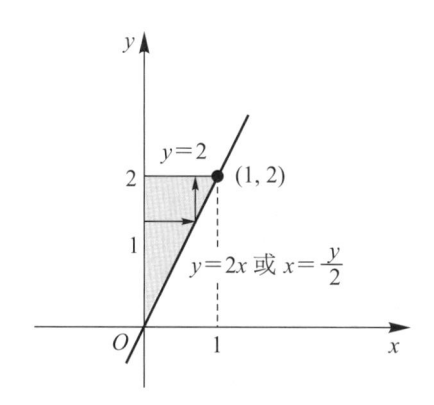

圖 10.12

▶▶ **例題 10**：求由兩拋物線 $y = x^2$ 與 $y = 8 - x^2$ 所圍區域的面積.

[提示：採用第 I 型區域.]

解：區域 R 如圖 10.13 所示，其為第 I 型區域. 所以，

$$R \text{ 的面積} = \iint_R dA = \int_{-2}^2 \int_{x^2}^{8-x^2} dy\,dx = \int_{-2}^2 \left[y\right]_{x^2}^{8-x^2} dx$$

$$= \int_{-2}^2 (8 - 2x^2)\,dx = \left[8x - \frac{2}{3}x^3\right]_{-2}^2 = \frac{64}{3}.$$

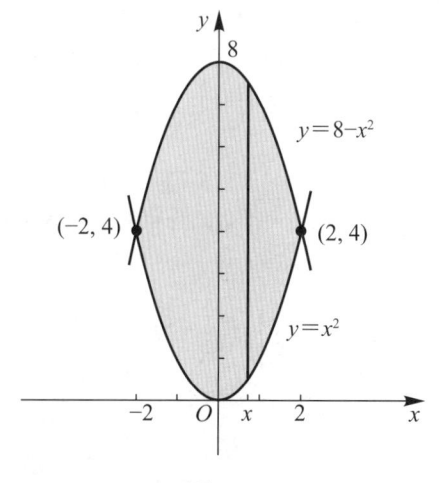

圖 10.13

▶▶ 例題 11：求由圓柱面 $x^2+y^2=4$ 與兩平面 $y+z=5$、$z=0$ 所圍立體的體積.

[提示：採用第 I 型區域.]

解：如圖 10.14 所示，該立體的上邊界為平面 $z=5-y$，而下邊界為位於圓 $x^2+y^2=4$ 內部的區域 R，視 R 為第 I 型區域，可得體積為

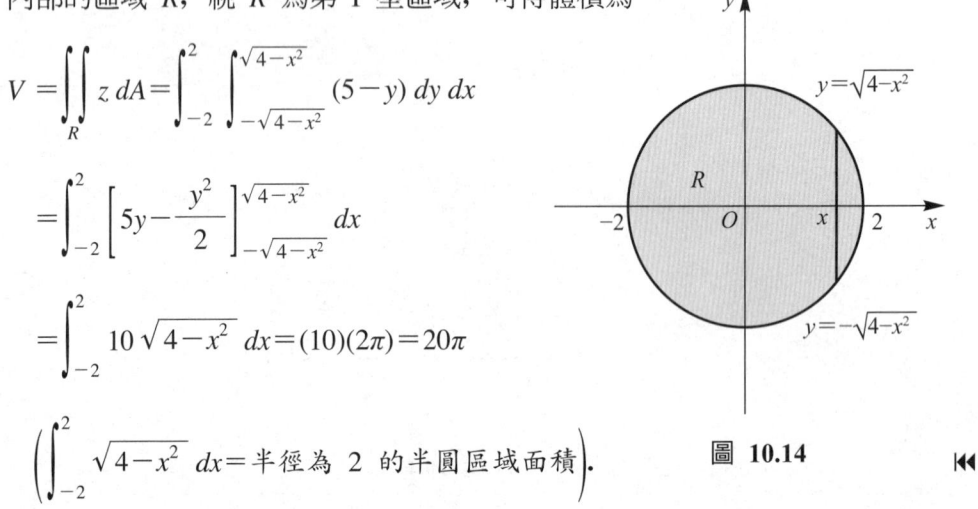

$$V = \iint_R z\,dA = \int_{-2}^{2} \int_{-\sqrt{4-x^2}}^{\sqrt{4-x^2}} (5-y)\,dy\,dx$$

$$= \int_{-2}^{2} \left[5y - \frac{y^2}{2}\right]_{-\sqrt{4-x^2}}^{\sqrt{4-x^2}} dx$$

$$= \int_{-2}^{2} 10\sqrt{4-x^2}\,dx = (10)(2\pi) = 20\pi$$

$\left(\int_{-2}^{2} \sqrt{4-x^2}\,dx = \text{半徑為 2 的半圓區域面積}\right)$.

圖 10.14

▶▶ 例題 12：求兩圓柱體 $x^2+y^2 \leq r^2$ 與 $x^2+z^2 \leq r^2$ ($r>0$) 所共有的體積.

[提示：採用第 I 型區域.]

解：兩圓柱體所共有的立體，僅繪出第一卦限的部分，如圖 10.15(i) 所示. 依對稱性，我們只要求出此部分的體積，然後將結果再乘以 8，即，

$$V = 8\iint_R z\,dA = 8\iint_R \sqrt{r^2-x^2}\,dA$$

此處 R 是位於第一象限內在圓 $x^2+y^2=r^2$ 內部的區域，如圖 10.15(ii) 所示. 所以，體積為

$$V = 8\int_0^r \int_0^{\sqrt{r^2-x^2}} \sqrt{r^2-x^2}\,dy\,dx = 8\int_0^r \left[y\sqrt{r^2-x^2}\right]_0^{\sqrt{r^2-x^2}} dx$$

$$= 8\int_0^r (r^2-x^2)\,dx = 8\left[r^2x - \frac{x^3}{3}\right]_0^r = \frac{16}{3}r^3.$$

(i)　　　　　　　　　　　　　(ii)

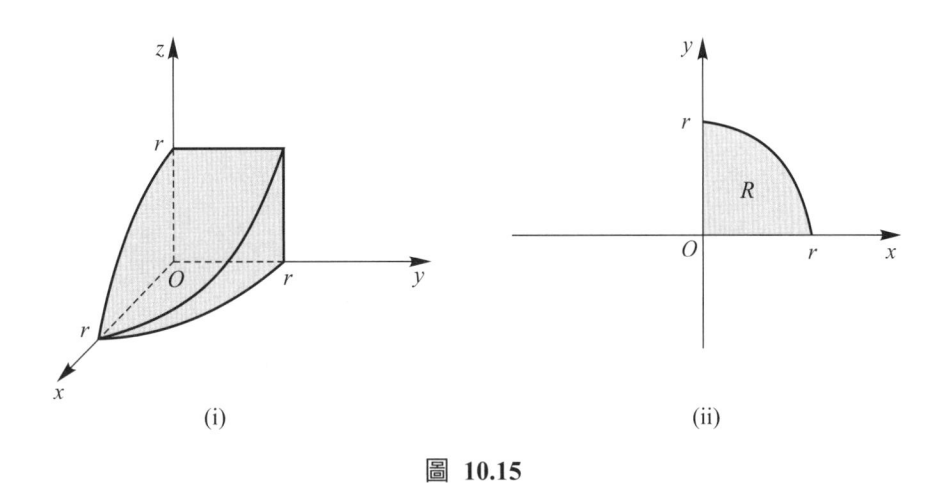

圖 10.15

習題 ▶ 10.1

1. 設 $R=\{(x, y) | 0 \leq x \leq 3, 0 \leq y \leq 3\}$，並定義

$$f(x, y)=\begin{cases} 1, & \text{若 } 0 \leq x \leq 3, \quad 0 \leq y < 1 \\ 2, & \text{若 } 0 \leq x \leq 3, \quad 1 \leq y < 2 \\ 3, & \text{若 } 0 \leq x \leq 3, \quad 2 \leq y \leq 3 \end{cases}$$

求 $\iint_R f(x, y)\, dA$.

2. 設 $m \leq f(x, y) \leq M$ 對所有 $(x, y) \in R$ 皆成立，試證：

$$mA(R) \leq \iint_R f(x, y)\, dA \leq MA(R).$$

3. 令 R 是由頂點為 $(0, 0)$、$(4, 4)$、$(8, 4)$ 與 $(12, 0)$ 之梯形所圍的區域，R_i 是由具有 x-截距為 $0, 2, 4, 6, 8, 10, 12$ 的垂直線與具有 y-截距為 $0, 2, 4$ 的水平線所決定. 若 $f(x, y)=xy$，取 (x_i, y_i) 為 R_i 的中心點，求黎曼和.

計算 4～24 題的積分.

4. $\displaystyle\int_{-1}^{2}\int_{1}^{4}(2x+6x^2y)\, dx\, dy$ 　　5. $\displaystyle\int_{0}^{\frac{\pi}{4}}\int_{0}^{2} x\cos y\, dx\, dy$

6. $\displaystyle\int_0^2 \int_0^{\frac{\pi}{2}} e^y \sin x \, dx \, dy$

7. $\displaystyle\int_1^2 \int_{-\frac{\pi}{2}}^{\frac{\pi}{2}} \frac{\sin y}{x} \, dy \, dx$

8. $\displaystyle\int_0^{\ln 3} \int_0^{\ln 2} e^{x+y} \, dy \, dx$

9. $\displaystyle\int_{-\frac{\pi}{3}}^{\frac{\pi}{4}} \int_0^1 x \cos y \, dx \, dy$

10. $\displaystyle\int_0^2 \int_0^{\sqrt{4-x^2}} (x+y) \, dy \, dx$

11. $\displaystyle\int_0^1 \int_y^1 \frac{1}{1+y^2} \, dx \, dy$

12. $\displaystyle\int_0^3 \int_0^y \sqrt{y^2+16} \, dx \, dy$

13. $\displaystyle\int_1^3 \int_{\frac{\pi}{6}}^{y^2} 2y \cos x \, dx \, dy$

14. $\displaystyle\int_1^3 \int_1^{y^2} 2y \, e^x \, dx \, dy$

15. $\displaystyle\int_1^2 \int_{x^3}^x e^{\frac{y}{x}} \, dy \, dx$

16. $\displaystyle\int_1^{e^2} \int_0^{\frac{1}{y}} e^{xy} \, dx \, dy$

17. $\displaystyle\int_2^3 \int_0^{\frac{1}{y}} \ln y \, dx \, dy$

18. $\displaystyle\int_1^2 \int_0^{\ln x} xe^y \, dy \, dx$

19. $\displaystyle\int_0^{\frac{\pi}{2}} \int_0^{\sin y} e^x \cos y \, dx \, dy$

20. $\displaystyle\int_0^1 \int_{\sqrt{y}}^1 \sqrt{x^3+1} \, dx \, dy$

21. $\displaystyle\int_0^1 \int_y^1 \frac{1}{1+x^4} \, dx \, dy$

22. $\displaystyle\int_0^2 \int_{y^2}^4 y \cos x^2 \, dx \, dy$

23. $\displaystyle\int_0^1 \int_{3y}^3 e^{x^2} \, dx \, dy$

24. $\displaystyle\int_0^2 \int_{\frac{y}{2}}^1 ye^{x^3} \, dx \, dy$

在 25～29 題求二重積分的值.

25. $\displaystyle\iint_R (2x+y) \, dA$；$R=\{(x, y) \mid -1 \leq x \leq 2, -1 \leq y \leq 4\}$.

26. $\displaystyle\iint_R (y-xy^2) \, dA$；$R=\{(x, y) \mid -y \leq x \leq y+1, 0 \leq y \leq 1\}$.

27. $\displaystyle\iint_R xy^2 \, dA$；$R$ 為具有三頂點 $(0, 0)$、$(3, 1)$ 與 $(-2, 1)$ 的三角形區域.

28. $\iint_R \dfrac{y}{1+x^2} dA$；$R$ 是由曲線 $y=\sqrt{x}$、x-軸與直線 $x=4$ 所圍的區域．

29. $\iint_R x \cos y \, dA$；R 是由拋物線 $y=x^2$、x-軸與直線 $x=1$ 所圍的區域．

利用二重積分求 30～31 題各方程式的圖形所圍區域的面積．

30. $y=x$，$y=3x$，$x+y=4$　　　　　　**31.** $y=\ln |x|$，$y=0$，$y=1$

32. 求由各坐標平面與平面 $x=5$、$y+2z-4=0$ 所圍立體的體積．

33. 求由各坐標平面與平面 $z=6-2x-3y$ 所圍四面體的體積．

34. 求圓柱面 $x^2+y^2=9$、xy-平面與平面 $z=3-x$ 所圍立體的體積．

35. 求上界為平面 $z=x+2y+2$ 且下界為 xy-平面以及側邊界為平面 $y=0$、拋物面 $y=1-x^2$ 的立體的體積．

36. 求拋物面 $y^2=x$、xy-平面與平面 $x+z=1$ 所圍立體的體積．

37. 求在第一卦限中由各坐標平面、平面 $x+2y-4=0$ 與平面 $x+8y-4z=0$ 所圍立體的體積．

10.2　用極坐標表二重積分

在極坐標平面上的區域 R 如圖 10.16 所示，它是由中心在極點而半徑為 r_1 與 r_2 的二圓弧以及由極點射出的二射線所圍成，稱為**極矩形區域**．若 $\Delta\theta$ 代表二射線之間夾角的弧度量且 $\Delta r = r_2 - r_1$，則該極矩形區域的面積 ΔA 為

$$\Delta A = \frac{1}{2} r_2^2 \, \Delta\theta - \frac{1}{2} r_1^2 \, \Delta\theta$$

$$= \frac{1}{2}(r_1+r_2)(r_2-r_1) \, \Delta\theta$$

若我們以 r^* 代表平均半徑 $\dfrac{1}{2}(r_1+r_2)$，則

$$\Delta A = r^* \Delta r \, \Delta\theta.$$

假設 f 為極坐標 r 與 θ 的函數且

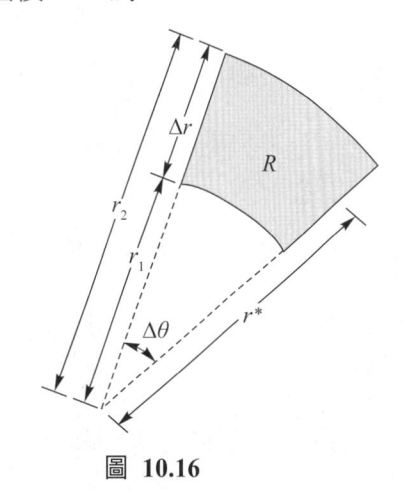

圖 10.16

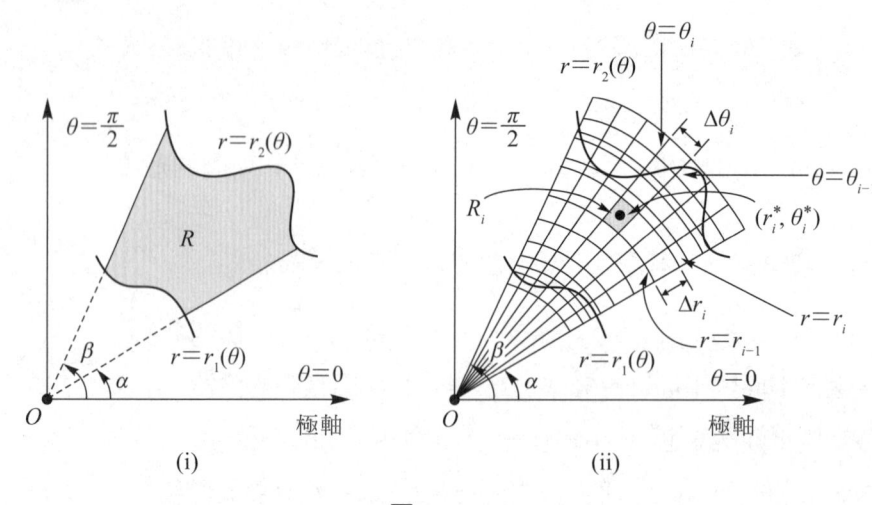

圖 10.17

在圖 10.17(i) 所示極區域

$$R=\{(r, \theta) \mid r_1(\theta) \leq r \leq r_2(\theta), \alpha \leq \theta \leq \beta\}$$

為連續，我們可仿照直角坐標黎曼和的極限，定義 f 在 R 的二重積分。

設函數 $r_1(\theta)$ 與 $r_2(\theta)$ 為連續函數，且對區間 $[\alpha, \beta]$ 中所有 θ 而言，$r_1(\theta) \leq r_2(\theta)$。若藉如圖 10.17(ii) 所示圓弧與射線將 R 再予以細分，則完全位於 R 內的小極矩形區域記為 $R_1, R_2, R_3, \cdots, R_n$。又在 R_i 內取一點 (r_i^*, θ_i^*) ($r_i^* = \dfrac{r_{i-1}+r_i}{2}$, $\theta_i^* = \dfrac{\theta_{i-1}+\theta_i}{2}$)，則 R_i 的面積 ΔA_i 為 $r_i^* \Delta r_i \Delta \theta_i$。若 f 為二變數 r 與 θ 的連續函數，則

$$\lim_{\max \Delta A_i \to 0} \sum_{i=1}^{n} f(r_i^*, \theta_i^*) \Delta A_i$$

存在，並定義

$$\iint_R f(r, \theta) \, dA = \lim_{\max \Delta A_i \to 0} \sum_{i=1}^{n} f(r_i^*, \theta_i^*) \Delta A_i \tag{10.10}$$

上式的二重積分可藉累次積分計算如下：

$$\iint_R f(r, \theta) \, dA = \int_{\alpha}^{\beta} \int_{r_1(\theta)}^{r_2(\theta)} f(r, \theta) \, r \, dr \, d\theta \tag{10.11}$$

另一方面，若區域 R 如圖 10.18 所示，則

图 10.18

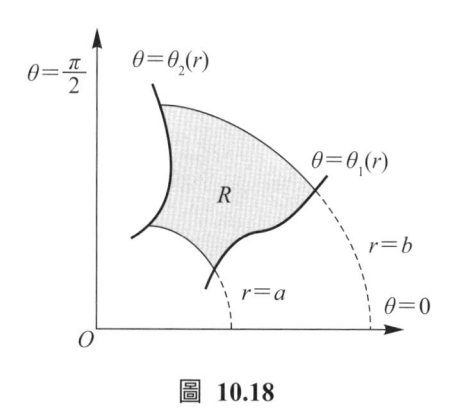

$$\iint_R f(r,\ \theta)\,dA = \int_a^b \int_{\theta_1(r)}^{\theta_2(r)} f(r,\ \theta)\,r\,d\theta\,dr. \tag{10.12}$$

有時，在適當的條件下，直角坐標的二重積分可以轉換成極坐標的二重積分．首先，將被積分函數中的變數 x 與 y 分別換成 $r\cos\theta$ 與 $r\sin\theta$；其次，將 $dy\,dx$（或 $dx\,dy$）換成 $r\,dr\,d\theta$（或 $r\,d\theta\,dr$），並將積分的界限變換到極坐標，即，

$$\iint_R f(x,\ y)\,dA = \int_\alpha^\beta \int_{r_1(\theta)}^{r_2(\theta)} f(r\cos\theta,\ r\sin\theta)\,r\,dr\,d\theta. \tag{10.13}$$

▶ **例題 1**：設 $R=\{(x,\ y)\mid \pi^2 \le x^2+y^2 \le 4\pi^2\}$，求 $\iint_R \sin\sqrt{x^2+y^2}\,dx\,dy$．

[提示：利用 (10.13) 式．]

解：$\displaystyle\iint_R \sin\sqrt{x^2+y^2}\,dx\,dy = \int_0^{2\pi}\int_\pi^{2\pi} r\sin r\,dr\,d\theta$

$$= \left(\int_0^{2\pi} d\theta\right)\left(\int_\pi^{2\pi} r\sin r\,dr\right) = 2\pi\int_\pi^{2\pi} r\sin r\,dr$$

令 $u=r,\ dv=\sin r\,dr$，則 $du=dr,\ v=-\cos r$，可得

$$\int_\pi^{2\pi} r\sin r\,dr = \Big[-r\cos r\Big]_\pi^{2\pi} + \int_\pi^{2\pi}\cos r\,dr$$

$$= -2\pi\cos 2\pi + \pi\cos\pi + \Big[\sin r\Big]_\pi^{2\pi} = -3\pi$$

故 $$\iint_R \sin\sqrt{x^2+y^2}\,dx\,dy = -6\pi^2.$$

▶▶ **例題 2**：求拋物面 $z=4-x^2-y^2$ 與 xy-平面所圍立體的體積.

[提示：利用 (10.13) 式.]

解：立體在第一卦限內的部分如圖 10.19 所示. 依對稱性, 只要求此部分的體積並將結果乘以 4 即可. 所以, 體積為

$$V = 4\iint_R (4-x^2-y^2)\,dA$$

$$= 4\int_0^2 \int_0^{\sqrt{4-x^2}} (4-x^2-y^2)\,dy\,dx$$

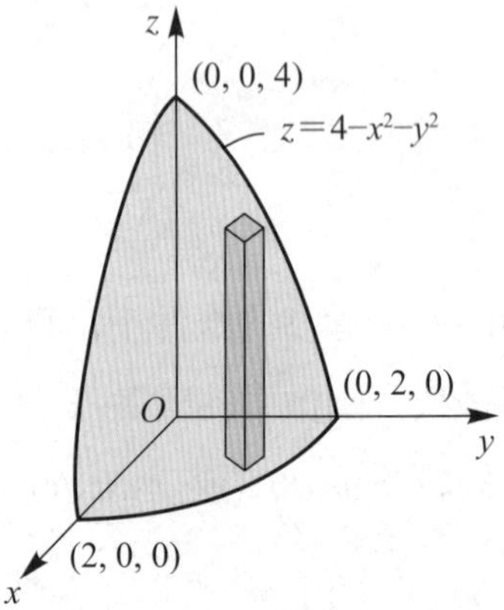

我們將上式轉換成極坐標可得

$$V = 4\int_0^{\frac{\pi}{2}} \int_0^2 (4-r^2)r\,dr\,d\theta$$

$$= 4\int_0^{\frac{\pi}{2}} \left[2r^2 - \frac{r^4}{4}\right]_0^2 d\theta = 16\int_0^{\frac{\pi}{2}} d\theta = 8\pi.$$

圖 **10.19**

▶▶ **例題 3**：(1) 令 R_a 是由圓 $x^2+y^2=a^2$ $(a>0)$ 所圍的區域, 若我們定義

$$\int_{-\infty}^{\infty} \int_{-\infty}^{\infty} e^{-(x^2+y^2)}\,dx\,dy = \lim_{a\to\infty} \iint_{R_a} e^{-(x^2+y^2)}\,dA$$

則計算此瑕積分. [提示：利用 (10.13) 式.]

(2) 利用

$$\int_{-\infty}^{\infty} \int_{-\infty}^{\infty} e^{-(x^2+y^2)}\,dx\,dy = \left(\int_{-\infty}^{\infty} e^{-x^2}\,dx\right)\left(\int_{-\infty}^{\infty} e^{-y^2}\,dy\right)$$

證明 $$\int_{-\infty}^{\infty} e^{-x^2}\,dx = \sqrt{\pi}$$

(3) 利用 (2) 證明：$\dfrac{1}{\sqrt{2\pi}}\displaystyle\int_{-\infty}^{\infty} e^{-\frac{x^2}{2}}\,dx = 1$

(此結果在統計學裡很重要).

解：(1) 隨著圓半徑的增加，其積分區域將為整個 xy-平面；事實上，我們亦以這整個平面上作積分. 若用極坐標表示，則

$$\int_{-\infty}^{\infty}\int_{-\infty}^{\infty} e^{-(x^2+y^2)}\,dx\,dy = \int_{0}^{2\pi}\int_{0}^{\infty} e^{-r^2}\,r\,dr\,d\theta$$

$$= 2\pi\int_{0}^{\infty} re^{-r^2}\,dr = 2\pi\lim_{a\to\infty}\int_{0}^{a} re^{-r^2}\,dr$$

$$= 2\pi\lim_{a\to\infty}\left[-\dfrac{1}{2}e^{-r^2}\right]_{0}^{a}$$

$$= -\pi\lim_{a\to\infty}(e^{-a^2}-1)$$

$$= -\pi(0-1) = \pi.$$

(2) 因 $\displaystyle\int_{-\infty}^{\infty} e^{-x^2}\,dx = \int_{-\infty}^{\infty} e^{-y^2}\,dy$, 可得

$$\int_{-\infty}^{\infty}\int_{-\infty}^{\infty} e^{-(x^2+y^2)}\,dx\,dy = \left(\int_{-\infty}^{\infty} e^{-x^2}\,dx\right)\left(\int_{-\infty}^{\infty} e^{-y^2}\,dy\right)$$

$$= \left(\int_{-\infty}^{\infty} e^{-x^2}\,dx\right)^2 = \pi$$

故 $\displaystyle\int_{-\infty}^{\infty} e^{-x^2}\,dx = \sqrt{\pi}.$

(3) 令 $u = \dfrac{x}{\sqrt{2}}$, 則 $du = \dfrac{dx}{\sqrt{2}}$, $dx = \sqrt{2}\,du$,

故 $\displaystyle\int_{-\infty}^{\infty} e^{-\frac{x^2}{2}}\,dx = \sqrt{2}\int_{-\infty}^{\infty} e^{-u^2}\,du = \sqrt{2\pi}$

即, $\dfrac{1}{\sqrt{2\pi}}\displaystyle\int_{-\infty}^{\infty} e^{-\frac{x^2}{2}}\,dx = 1.$

習題 10.2

計算 1～4 題的積分.

1. $\int_0^{\frac{\pi}{2}} \int_0^{\sin \theta} r \, dr \, d\theta$

2. $\int_0^{\frac{\pi}{2}} \int_0^{\cos \theta} r^2 \sin \theta \, dr \, d\theta$

3. $\int_0^{\pi} \int_0^{1-\cos \theta} r \sin \theta \, dr \, d\theta$

4. $\int_0^{\frac{\pi}{3}} \int_{\frac{\pi}{4}}^{3r} r^2 \sin \theta \, d\theta \, dr$

在 5～9 題先變換成極坐標再計算積分.

5. $\int_0^1 \int_0^{\sqrt{1-x^2}} \frac{1}{\sqrt{4-x^2-y^2}} \, dy \, dx$

6. $\int_0^1 \int_0^{\sqrt{1-x^2}} \frac{1}{\sqrt{x^2+y^2}} \, dy \, dx$

7. $\int_0^1 \int_0^{\sqrt{1-y^2}} \sin(x^2+y^2) \, dx \, dy$

8. $\int_{-2}^{2} \int_0^{\sqrt{4-x^2}} e^{-(x^2+y^2)} \, dy \, dx$

9. $\int_0^1 \int_0^{\sqrt{1-x^2}} e^{\sqrt{x^2+y^2}} \, dy \, dx$

10. 求 $\iint_R e^{x^2+y^2} \, dA$；$R = \{(x, y) \mid 0 \leq y \leq x,\ x^2+y^2 \leq 1\}$.

11. 求 $\iint_R \frac{1}{x^2+y^2} \, dA$；$R$ 是介於兩圓 $x^2+y^2=4$ 與 $x^2+y^2=9$ 之間的區域.

12. 求同時位於圓 $r=4\cos\theta$ 內部與圓 $r=2$ 外部之區域的面積.

13. 求心臟線 $r=6(1-\sin\theta)$ 所圍區域的面積.

14. 利用極坐標計算 $\iint_R \sqrt{4-x^2-y^2} \, dA$，其中 $R = \{(x, y) \mid x^2+y^2 \leq 4,\ 0 \leq y \leq x\}$.

15. 利用極坐標計算 $\iint_R \frac{1}{4+x^2+y^2} \, dA$，其中 R 如同上題.

16. 求兩圓拋物面 $z=3x^2+3y^2$ 與 $z=4-x^2-y^2$ 所圍立體的體積.

10.3 曲面面積

在 6.4 節中，我們已說明如何求出旋轉曲面的面積．在本節中，我們考慮更一般的**曲面面積** (surface area) 問題．

定理 10.4

若 xy-平面上的矩形區域 R 的邊長為 l 與 w 且在平面 $z=ax+by+c$ 上的一部分 Ω 正好投影到區域 R，則 Ω 的面積為 $S=\sqrt{1+a^2+b^2}\,lw$．

證：如圖 10.20 所示，Ω 是平行四邊形．若我們能找出構成平行四邊形 Ω 的兩鄰邊 $\mathbf{a}$ 與 $\mathbf{b}$，則由公式 $A=\|\mathbf{a}\times\mathbf{b}\|$ 可得 Ω 的面積．假設矩形 R 的四個頂點為 $E(x_0,\ y_0)$、$F(x_0+l,\ y_0)$、$G(x_0,\ y_0+w)$ 與 $H(x_0+l,\ y_0+w)$．在平面 $z=ax+by+c$ 上位於 E、F 與 G 上方的點為 $E'(x_0,\ y_0,\ ax_0+by_0+c)$、$F'(x_0+l,\ y_0,\ ax_0+by_0+al+c)$ 與 $G'(x_0,\ y_0+w,\ ax_0+by_0+aw+c)$，於是，兩向量

$$a=\overrightarrow{E'F'}=l\mathbf{i}+al\mathbf{k}$$

與

$$b=\overrightarrow{E'G'}=w\mathbf{j}+bw\mathbf{k}$$

構成 Ω 的兩鄰邊．因

$$\mathbf{a}\times\mathbf{b}=\begin{vmatrix} \mathbf{i} & \mathbf{j} & \mathbf{k} \\ l & 0 & al \\ 0 & w & bw \end{vmatrix}=-alw\mathbf{i}-blw\mathbf{j}+lw\mathbf{k}$$

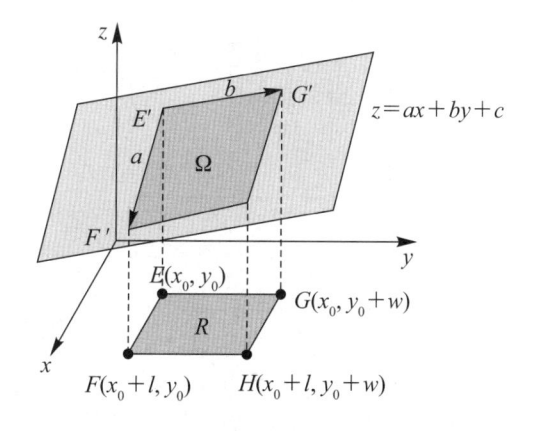

圖 10.20

故可得 $S = \|\mathbf{a} \times \mathbf{b}\| = \sqrt{(-alw)^2 + (-blw)^2 + (lw)^2} = \sqrt{1 + a^2 + b^2}\, lw.$

現在，我們提出曲面面積的求法如下：

1. 利用平行於 x-軸與 y-軸的直線將 R 任意分割成許多小區域，令那些完全落在 R 內部的小矩形區域分別表為 $R_1, R_2, \cdots, R_n$，並設矩形 R_i 的邊長為 Δx_i 與 Δy_i，如圖 10.21 所示.

2. 當各小矩形被投影到曲面 $z = f(x, y)$ 時，決定了曲面上一小片的面積 (圖 10.21). 若將這些小片的面積記為 $S_1, S_2, \cdots, S_n$，則以 $S_1 + S_2 + \cdots + S_n$ 近似全部曲面的面積，即，

$$S \approx S_1 + S_2 + \cdots + S_n.$$

3. 令 (x_i, y_i) 為第 i 個小矩形中任一點，並在此點上方作曲面 $z = f(x, y)$ 的切平面 (圖 10.21)，則可得此切平面的方程式為 $z = f_x(x_i, y_i)x + f_y(x_i, y_i)y + c$，此處 c 為適當常數. 若矩形 R_i 很小，則可利用在切平面上位於 R_i 上方的部分面積近似在曲面上第 i 片的面積 S_i (圖 10.21). 於是，依定理 10.4 可得

$$S_i = \sqrt{1 + [f_x(x_i, y_i)]^2 + [f_y(x_i, y_i)]^2}\, \Delta x_i\, \Delta y_i$$

因而

$$S \approx \sum_{i=1}^{n} \sqrt{1 + [f_x(x_i, y_i)]^2 + [f_y(x_i, y_i)]^2}\, \Delta A_i$$

當 $\max \Delta A_i \to 0$ 時，

圖 10.21

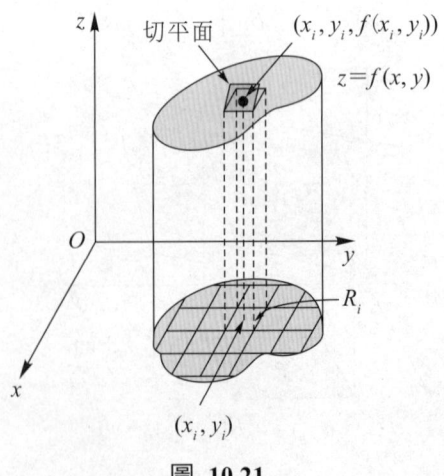

$$S = \lim_{\max \Delta A_i \to 0} \sum_{i=1}^{n} \sqrt{1 + [f_x(x_i, y_i)]^2 + [f_y(x_i, y_i)]^2}\, \Delta A_i$$

若上式的極限存在，則

$$S = \iint_R \sqrt{1 + \left(\frac{\partial f}{\partial x}\right)^2 + \left(\frac{\partial f}{\partial y}\right)^2}\, dA.$$

定理 10.5

若 f 在 xy-平面上的區域 R 有連續的一階偏導函數且曲面 $z = f(x, y)$ 的一部分投影到 R，則該部分的面積為

$$S = \iint_R \sqrt{1 + \left(\frac{\partial f}{\partial x}\right)^2 + \left(\frac{\partial f}{\partial y}\right)^2}\, dA.$$

▶ **例題 1**：求在 xy-平面上具有頂點 $(0, 0)$、$(2, 0)$、$(2, 3)$ 與 $(0, 3)$ 的矩形區域上方圓柱面 $x^2 + z^2 = 9$ 之部分的面積。[提示：利用定理 10.5.]

解：如圖 10.22 所示，$x^2 + z^2 = 9 \Rightarrow z = \sqrt{9 - x^2}$.

令 $f(x, y) = \sqrt{9 - x^2}$,

則 $\dfrac{\partial f}{\partial x} = -\dfrac{x}{\sqrt{9 - x^2}}$, $\dfrac{\partial f}{\partial y} = 0$,

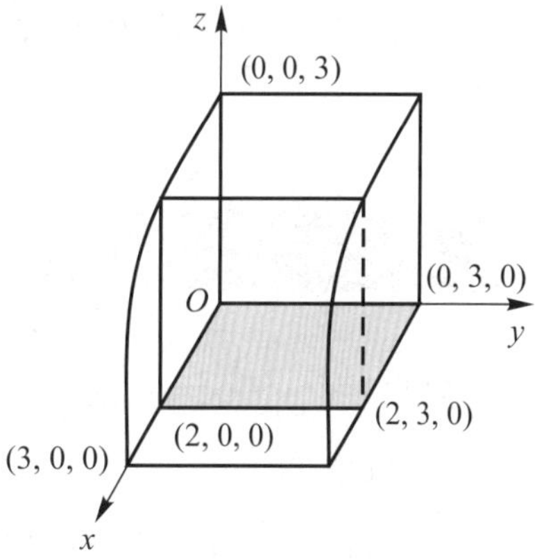

可得

$$\begin{aligned} S &= \iint_R \sqrt{1 + \left(\frac{\partial f}{\partial x}\right)^2 + \left(\frac{\partial f}{\partial y}\right)^2}\, dA \\ &= \iint_R \sqrt{1 + \left(-\frac{x}{\sqrt{9 - x^2}}\right)^2}\, dA \\ &= \iint_R \frac{3}{\sqrt{9 - x^2}}\, dA = \int_0^2 \int_0^3 \frac{3}{\sqrt{9 - x^2}}\, dy\, dx = \int_0^2 \left[\frac{3y}{\sqrt{9 - x^2}}\right]_0^3 dx \\ &= 9\int_0^2 \frac{dx}{\sqrt{9 - x^2}} = 9\left[\sin^{-1} \frac{x}{3}\right]_0^2 = 9 \sin^{-1} \frac{2}{3}. \end{aligned}$$

圖 10.22

▶▶ **例題 2**：求在拋物面 $z=x^2+y^2$ 上方與平面 $z=2$ 下方的部分曲面的面積.

[提示：利用定理 10.5.]

解：曲面如圖 10.23 所示，拋物面 $z=x^2+y^2$ 與平面 $z=2$ 相交的圓在 xy-平面上的投影的方程式為 $x^2+y^2=2$，因此，我們所要求的曲面面積，係由該曲面投影到由這個圓所圍的區域 R. 所以，

$$S = \iint_R \sqrt{1+\left(\frac{\partial f}{\partial x}\right)^2+\left(\frac{\partial f}{\partial y}\right)^2}\, dA$$

$$= \iint_R \sqrt{1+4x^2+4y^2}\, dA$$

$$= \int_0^{2\pi} \int_0^{\sqrt{2}} \sqrt{1+4r^2}\, r\, dr\, d\theta$$

$$= \int_0^{2\pi} \left[\frac{1}{12}(1+4r^2)^{\frac{3}{2}}\right]_0^{\sqrt{2}} d\theta$$

$$= \frac{1}{12}\int_0^{2\pi} 26\, d\theta = \frac{13\pi}{3}.$$

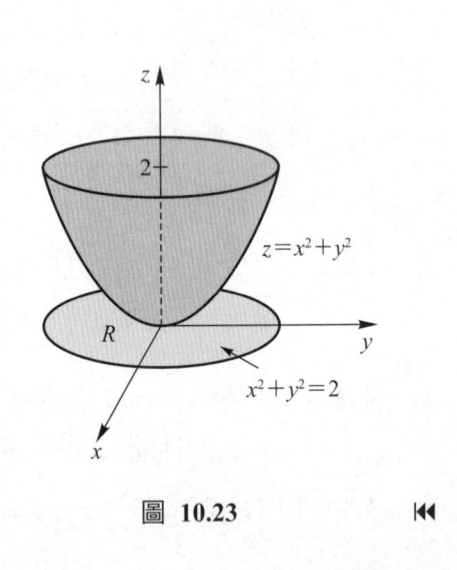

圖 10.23

習題 ▶ 10.3

1. 求圓柱面 $y^2+z^2=9$ 在長方形區域 $R=\{(x,\ y)\,|\,0\leq x\leq 2,\ -3\leq y\leq 3\}$ 上方的部分曲面面積.

2. 若圓柱面 $x^2+z^2=4$ 的一部分在 xy-平面上長方形區域 $R=\{(x,\ y)\,|\,0\leq x\leq 1,\ 0\leq y\leq 3\}$ 的上方，求該部分的面積.

3. 求曲面 $z=y^2-x^2$ 在圓柱體 $x^2+y^2\leq 1$ 內部的部分曲面面積.

4. 求圓錐面 $z=\sqrt{x^2+y^2}$ 位於圓柱體 $x^2+y^2\leq 2x$ 內部的部分曲面面積.

5. 求拋物面 $z=1-x^2-y^2$ 在 xy-平面上方的部分曲面面積.

6. 求曲面 $z=2x+y^2$ 在具有三頂點 $(0,\ 0)$、$(0,\ 1)$ 與 $(1,\ 1)$ 的三角形區域上方的部分曲面面積。

7. 設在第一象限內由直線 $y=\dfrac{x}{\sqrt{3}}$、$y=0$ 與圓 $x^2+y^2=9$ 所圍扇形區域為 R，求曲面 $z=xy$ 在 R 上方的部分曲面面積.

8. 求拋物面 $2z=x^2+y^2$ 在圓柱體 $x^2+y^2 \le 8$ 內部的部分曲面面積.

9. 求球面 $x^2+y^2+z^2=16$ 在平面 $z=1$ 與 $z=2$ 之間的部分曲面面積.

10. 利用二重積分導出半徑為 a 之球的表面積公式.

11. 求半球面 $f(x, y)=\sqrt{25-x^2-y^2}$ 在區域 $R=\{(x, y) | x^2+y^2 \le 9\}$ 上方的部分曲面面積.

12. 求圓柱體 $x^2+z^2 \le 16$ 與圓柱體 $x^2+y^2 \le 16$ 所共有部分立體的表面積.

10.4 三重積分

在本節中，我們將沿用二重積分的方法——累次積分，來討論三重積分，其計算也將仿照二重積分．但讀者應特別注意二重積分與三重積分基本上的不同為：二重積分中的函數是定義在平面區域上的二變數函數，而三重積分中的函數是定義在三維空間中的立體上的三變數函數．往後，我們所涉及到的立體區域為包含整個邊界的有界立體．

已知立體區域 $G=\{(x, y, z) | (x, y) \in R, z_1(x, y) \le z \le z_2(x, y)\}$，其中 R 為 G 在 xy-平面上的投影，它可以分割成第 I 型與第 II 型的子區域，z_1 與 z_2 皆為 x 與 y 的連續函數，如圖 10.24 所示．注意，立體 G 的上邊界為曲面 $z=z_2(x, y)$，而下邊界為曲面 $z=z_1(x, y)$.

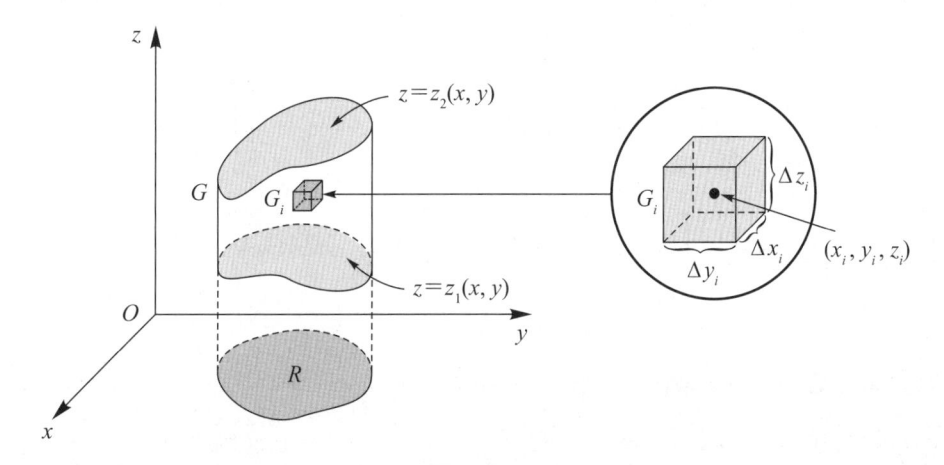

圖 10.24

假設利用平行於三個坐標平面的平面將 G 分割成完完整整位於 G 的內部的 n 個小矩形體 G_1, G_2, G_3, $\cdots$, G_n, 若 Δx_i、Δy_i 與 Δz_i 分別表 G_i 的尺寸，則 G_i 的體積為 $\Delta V_i = \Delta x_i \, \Delta y_i \, \Delta z_i$.

定義 10.2

設三變數函數定義在立體區域 $G=\{(x, y, z) \mid (x, y) \in R, z_1(x, y) \leq z \leq z_2(x, y)\}$ 上，對 G_i 中任一點 (x_i, y_i, z_i)，作黎曼和 $\sum_{i=1}^{n} f(x_i, y_i, z_i) \Delta V_i$，若 $\lim_{\max \Delta V_i \to 0} \sum_{i=1}^{n} f(x_i, y_i, z_i) \Delta V_i$ 存在，則 f 在 G 的**三重積分** (triple integral) $\iiint_G f(x, y, z) \, dV$ 定義為

$$\iiint_G f(x, y, z) \, dV = \lim_{\max \Delta V_i \to 0} \sum_{i=1}^{n} f(x_i, y_i, z_i) \Delta V_i.$$

在 $f(x, y, z) = 1$ 的特殊情形中，

$$G \text{ 的體積} = \iiint_G dV$$

三重積分具有單積分與二重積分的一些性質：

1. $\iiint_G c f(x, y, z) \, dV = c \iiint_G f(x, y, z) \, dV$ （c 為常數）

2. $\iiint_G [f(x, y, z) \pm g(x, y, z)] \, dV = \iiint_G f(x, y, z) \, dV \pm \iiint_G g(x, y, z) \, dV$

3. $\iiint_G f(x, y, z) \, dV = \iiint_{G_1} f(x, y, z) \, dV + \iiint_{G_2} f(x, y, z) \, dV$

其中立體區域 G 分割成兩個不重疊子區域 G_1 與 G_2.

若 f 在整個 G 為連續，則

$$\iiint_G f(x, y, z)\, dV = \iint_R \left[\int_{z_1(x,y)}^{z_2(x,y)} f(x, y, z)\, dz \right] dA \tag{10.14}$$

若區域 R 為第 I 型區域，則 (10.14) 式變成

$$\iiint_G f(x, y, z)\, dV = \int_a^b \int_{y_1(x)}^{y_2(x)} \int_{z_1(x,y)}^{z_2(x,y)} f(x, y, z)\, dz\, dy\, dx \tag{10.15}$$

上式等號的右邊稱為**累次積分**，其計算的步驟是 $f(x, y, z)$ 依 z、y、x 的順序作偏積分，再按一般方法代入所指定的界限而計算. 同理，若 R 為第 II 型區域，則 (10.14) 式變成

$$\iiint_G f(x, y, z)\, dV = \int_c^d \int_{x_1(y)}^{x_2(y)} \int_{z_1(x,y)}^{z_2(x,y)} f(x, y, z)\, dz\, dx\, dy \tag{10.16}$$

▶ **例題 1**：求由圓柱面 $x^2+y^2=9$ 與兩平面 $z=1$ 及 $x+z=5$ 所圍立體的體積.

[提示：利用 (10.15) 式.]

解：立體 G 與其在 xy-平面上的投影示於圖 10.25 中，此立體的上邊界為平面 $x+z=5$ 或 $z=5-x$，而下邊界為平面 $z=1$.

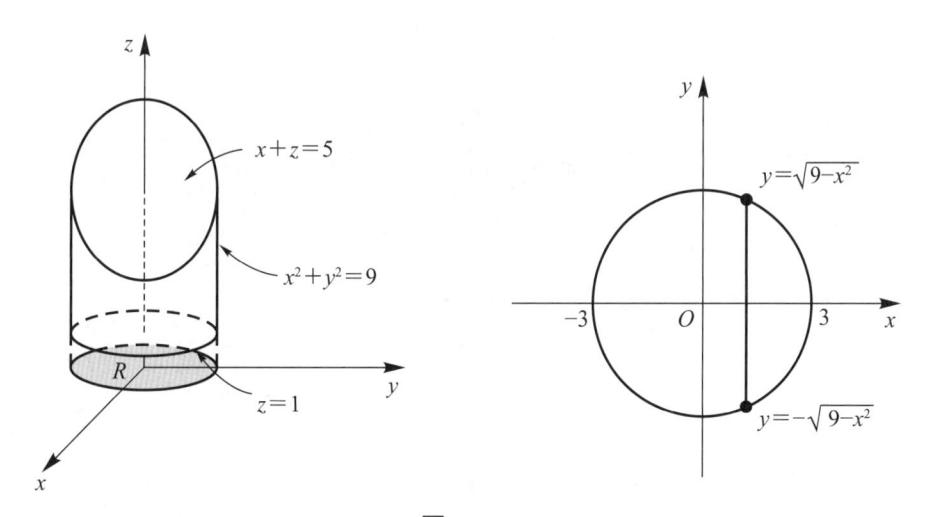

圖 10.25

$$G \text{ 的體積} = \iiint_G dV = \iint_R \left(\int_1^{5-x} dz \right) dA$$

$$= \int_{-3}^3 \int_{-\sqrt{9-x^2}}^{\sqrt{9-x^2}} \int_1^{5-x} dz\, dy\, dx = \int_{-3}^3 \int_{-\sqrt{9-x^2}}^{\sqrt{9-x^2}} \left[z \right]_1^{5-x} dy\, dx$$

$$= \int_{-3}^3 \int_{-\sqrt{9-x^2}}^{\sqrt{9-x^2}} (4-x)\, dy\, dx = \int_{-3}^3 (8-2x)\sqrt{9-x^2}\, dx$$

$$= 8\int_{-3}^3 \sqrt{9-x^2}\, dx - 2\int_{-3}^3 x\sqrt{9-x^2}\, dx$$

$$= 8\left(\frac{9\pi}{2}\right) - 0 = 36\pi.$$

對某些立體區域而言，計算三重積分時最好先對 x 或 y 積分而不是 z. 例如，若立體區域 $G=\{(x,\ y,\ z)\,|\,(x,\ z)\in R,\ y_1(x,\ z)\le y\le y_2(x,\ z)\}$，其中 R 為 G 在 xz-平面上的投影，如圖 10.26 所示，則可得

$$\iiint_G f(x,\ y,\ z)\, dV = \iint_R \left[\int_{y_1(x,\ z)}^{y_2(x,\ z)} f(x,\ y,\ z)\, dy \right] dA \tag{10.17}$$

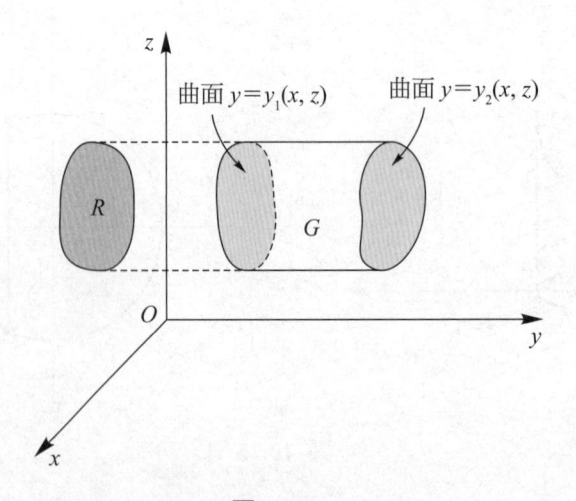

若 $R=\{(x,\ z)\,|\,a\le x\le b,\ z_1(x)\le z\le z_2(x)\}$，則 (10.17) 式變成

圖 **10.26**

$$\iiint_G f(x, y, z)\, dV = \int_a^b \int_{z_1(x)}^{z_2(x)} \int_{y_1(x, z)}^{y_2(x, z)} f(x, y, z)\, dy\, dz\, dx \tag{10.18}$$

若 $R = \{(x, z) \mid x_1(z) \leq x \leq x_2(z),\ k \leq z \leq l\}$，則 (10.17) 式變成

$$\iiint_G f(x, y, z)\, dV = \int_k^l \int_{x_1(z)}^{x_2(z)} \int_{y_1(x, z)}^{y_2(x, z)} f(x, y, z)\, dy\, dx\, dz \tag{10.19}$$

最後，若立體區域 $G = \{(x, y, z) \mid (y, z) \in R,\ x_1(y, z) \leq x \leq x_2(y, z)\}$，其中 R 為 G 在 yz-平面上的投影，如圖 10.27 所示，則可得

$$\iiint_G f(x, y, z)\, dV = \iint_R \left[\int_{x_1(y, z)}^{x_2(y, z)} f(x, y, z)\, dx \right] dA \tag{10.20}$$

若 $R = \{(y, z) \mid c \leq y \leq d,\ z_1(y) \leq z \leq z_2(y)\}$，則 (10.20) 式變成

$$\iiint_G f(x, y, z)\, dV = \int_c^d \int_{z_1(y)}^{z_2(y)} \int_{x_1(y, z)}^{x_2(y, z)} f(x, y, z)\, dx\, dz\, dy \tag{10.21}$$

若 $R = \{(y, z) \mid y_1(z) \leq y \leq y_2(z),\ k \leq z \leq l\}$，則 (10.20) 式變成

$$\iiint_G f(x, y, z)\, dV = \int_k^l \int_{y_1(z)}^{y_2(z)} \int_{x_1(y, z)}^{x_2(y, z)} f(x, y, z)\, dx\, dy\, dz. \tag{10.22}$$

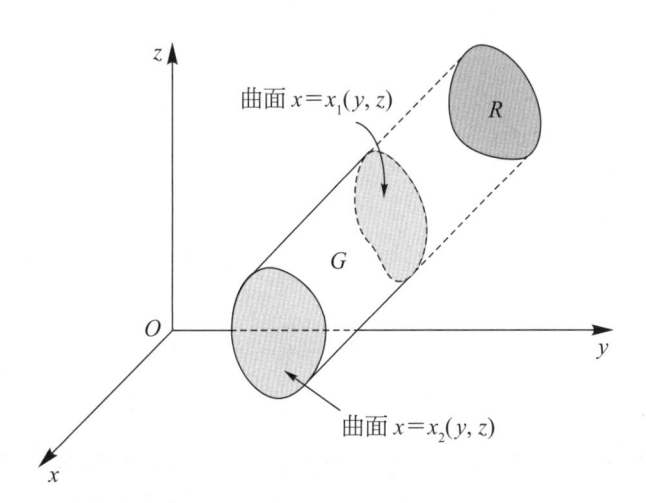

圖 10.27

▶▶ **例題 2**：計算 $\int_0^4 \int_0^1 \int_{2y}^2 \dfrac{4\cos(x^2)}{2\sqrt{z}} \, dx \, dy \, dz$. [提示：變換積分的順序.]

解：
$$\int_0^4 \int_0^1 \int_{2y}^2 \dfrac{4\cos(x^2)}{2\sqrt{z}} \, dx \, dy \, dz = \int_0^4 \int_0^2 \int_0^{x/2} \dfrac{4\cos(x^2)}{2\sqrt{z}} \, dy \, dx \, dz$$

$$= \int_0^4 \int_0^2 \dfrac{x\cos(x^2)}{\sqrt{z}} \, dx \, dz = \int_0^4 \left[\dfrac{\sin(x^2)}{2\sqrt{z}}\right]_0^2 dz$$

$$= \int_0^4 \dfrac{\sin 4}{2\sqrt{z}} \, dz = \left[(\sin 4)\sqrt{z}\right]_0^4$$

$$= 2\sin 4.$$

習題 ▶ 10.4

計算 1～7 題的積分.

1. $\int_0^2 \int_0^1 \int_1^2 x^2 yz \, dx \, dy \, dz$

2. $\int_{-3}^7 \int_0^{2x} \int_y^{x-1} dz \, dy \, dx$

3. $\int_0^{\pi/2} \int_0^z \int_0^y \sin(x+y+z) \, dx \, dy \, dz$

4. $\int_0^1 \int_0^{1-x^2} \int_3^{4-x^2-y} x \, dz \, dy \, dx$

5. $\int_2^3 \int_0^{3y} \int_1^{yz} (2x+y+z) \, dx \, dz \, dy$

6. $\int_0^1 \int_0^{\ln x} \int_0^{x+y} e^{x+y+z} \, dz \, dy \, dx$

7. $\int_1^2 \int_3^x \int_0^{\sqrt{3}y} \dfrac{y}{y^2+z^2} \, dz \, dy \, dx$

8. 求 $\iiint_G \dfrac{y}{(x+y+z+1)^3} \, dV$, 其中 $G = \{(x, y, z) \mid x \geq 0, y \geq 0, z \geq 0, x+y+z \leq 1\}$.

9. 求由方程式 $y = x^2$、$y+z = 4$、$x = 0$ 與 $z = 0$ 等圖形所圍立體的體積.

10. 求由兩拋物面 $x^2 = y$ 與 $z^2 = y$ 及平面 $y = 1$ 所圍立體的體積.

11. 求由拋物面 $y = x^2 + 2$ 與平面 $y = 4$、$z = 0$ 及 $3y - 4z = 0$ 所圍立體的體積.

12. 求兩圓拋物面 $z = x^2 + y^2$ 與 $z = 18 - x^2 - y^2$ 所圍立體的體積.

10.5 用柱面坐標與球面坐標表三重積分

一、用柱面坐標表三重積分

令三維空間 $I\!R^3$ 中一點 P 的直角坐標為 (x, y, z)，若將 P 點投影到 xy-平面上，其極坐標為 (r, θ)，則 P 點可藉有序三元組 (r, θ, z) 以決定其位置，(r, θ, z) 稱為 P 的柱面坐標 (cylindrical coordinate)，如圖 10.28 所示，此處 $r \geq 0$ 且 $0 \leq \theta \leq 2\pi$.

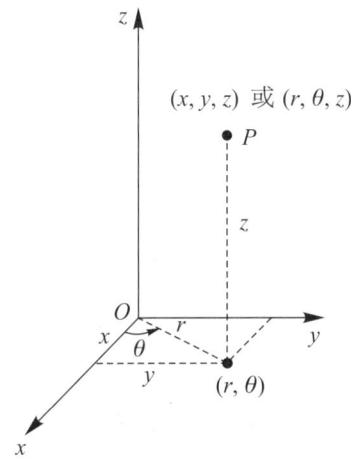

圖 10.28

我們從圖 10.28 可知，三維空間中點的柱面坐標 (r, θ, z) 可藉下式轉換成直角坐標 (x, y, z).

$$x = r\cos\theta, \quad y = r\sin\theta, \quad z = z \tag{10.23}$$

例如，柱面坐標為 $\left(6, \dfrac{\pi}{3}, -2\right)$ 的點的直角坐標為 $(3, 3\sqrt{3}, -2)$.

三維空間中點的直角坐標 (x, y, z) 可藉由下式轉換成柱面坐標 (r, θ, z).

$$r^2 = x^2 + y^2, \quad \tan\theta = \dfrac{y}{x}, \quad z = z \tag{10.24}$$

例如，直角坐標為 $(1, 1, 1)$ 的點的柱面坐標為 $\left(\sqrt{2}, \dfrac{\pi}{4}, 1\right)$.

我們已在 10.2 節中知道某些二重積分利用極坐標比較容易求值. 在本節中，我們將討論某些三重積分利用柱面坐標或球面坐標一樣會比較容易求值.

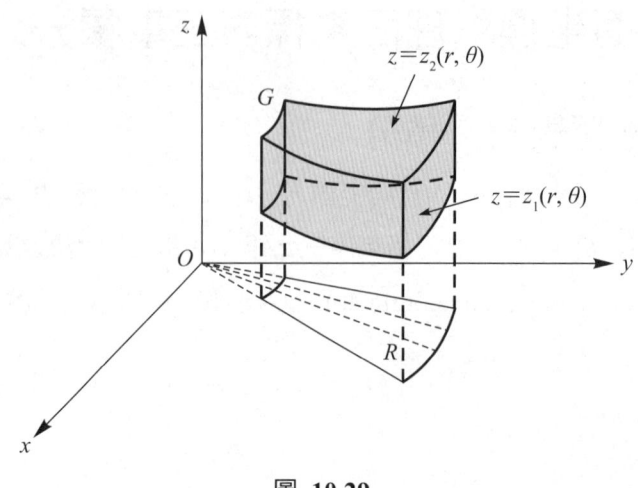

圖 10.29

已知立體區域 $G=\{(r, \theta, z)|(r, \theta) \in R, z_1(r, \theta) \leq z \leq z_2(r, \theta)\}$，其中 R 為立體 G 在 xy-平面上的投影而用極坐標表示，z_1 與 z_2 皆為連續函數，如圖 10.29 所示. 若 f 為柱面坐標 r、θ 與 z 的函數且在 G 為連續，則可得

$$\iiint_G f(r, \theta, z)\, dV = \iint_R \left[\int_{z_1(r, \theta)}^{z_2(r, \theta)} f(r, \theta, z)\, dz\right] dA \tag{10.25}$$

若 $R=\{(r, \theta)|\alpha \leq \theta \leq \beta, \theta_1(\theta) \leq r \leq \theta_2(\theta)\}$，則 (10.25) 式變成

$$\iiint_G f(r, \theta, z)\, dV = \int_\alpha^\beta \int_{r_1(\theta)}^{r_2(\theta)} \int_{z_1(r, \theta)}^{z_2(r, \theta)} f(r, \theta, z)\, r\, dz\, dr\, d\theta \tag{10.26}$$

若 $R=\{(r, \theta)|\theta_1(r) \leq \theta \leq \theta_2(r), a \leq r \leq b\}$，則 (10.25) 式變成

$$\iiint_G f(r, \theta, z)\, dV = \int_a^b \int_{\theta_1(r)}^{\theta_2(r)} \int_{z_1(r, \theta)}^{z_2(r, \theta)} f(r, \theta, z)\, r\, dz\, d\theta\, dr. \tag{10.27}$$

通常，在以直角坐標表示的三重積分中，若被積分函數或積分的界限含有形如 x^2+y^2 或 $\sqrt{x^2+y^2}$ 的式子時，我們用柱面坐標表示會比較容易計算，因 x^2+y^2 或 $\sqrt{x^2+y^2}$ 可用柱面坐標分別化成 r^2 或 r.

▶▶ **例題 1**：計算 $\int_{-1}^{1}\int_{-\sqrt{1-x^2}}^{\sqrt{1-x^2}}\int_{0}^{2\sqrt{1-x^2-y^2}} dz\,dy\,dx$. [提示：依順序 $dz\,dr\,d\theta$ 積分.]

解：我們由 z 的積分界限可知 G 為橢球體 $4x^2+4y^2+z^2 \leq 4$ 的上半部，由 x 與 y 的積分界限，在 xy-平面上的投影 R 是由圓 $x^2+y^2=1$ 所圍的區域，如圖 10.30 所示.

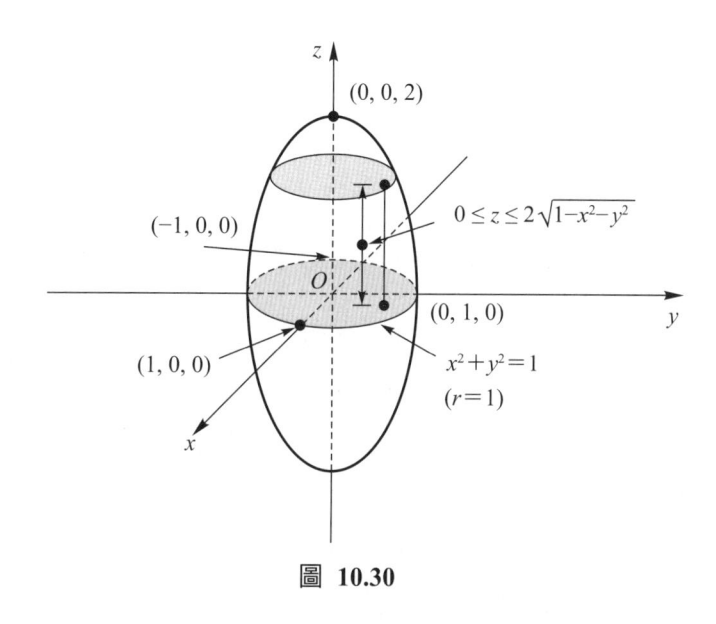

圖 10.30

積分的區域 G 與其在 xy-平面上的投影可用不等式敘述如下：

$$0 \leq z \leq 2\sqrt{1-x^2-y^2},\ -\sqrt{1-x^2} \leq y \leq \sqrt{1-x^2},\ -1 \leq x \leq 1$$

即，

$$G = \{(r,\ \theta,\ z) \mid 0 \leq r \leq 1,\ 0 \leq \theta \leq 2\pi,\ 0 \leq z \leq 2\sqrt{1-r^2}\}$$

於是，

$$\int_{-1}^{1}\int_{-\sqrt{1-x^2}}^{\sqrt{1-x^2}}\int_{0}^{2\sqrt{1-x^2-y^2}} dz\,dy\,dx = \int_{0}^{2\pi}\int_{0}^{1}\int_{0}^{2\sqrt{1-r^2}} r\,dz\,dr\,d\theta$$

$$= \int_{0}^{2\pi}\int_{0}^{1} \Big[zr\Big]_{0}^{2\sqrt{1-r^2}} dr\,d\theta = \int_{0}^{2\pi}\int_{0}^{1} 2r\sqrt{1-r^2}\,dr\,d\theta$$

$$= \int_{0}^{2\pi} \Big[-\frac{2}{3}(1-r^2)^{\frac{3}{2}}\Big]_{0}^{1} d\theta = \frac{4\pi}{3}.$$

二、用球面坐標表三重積分

假設 (x, y, z) 為三維空間 $I\!R^3$ 中一點 P (異於原點) 的直角坐標. 我們定義數 ρ、θ 與 ϕ 分別為

$\rho = d(O, P)$ (由 O 到 P 的距離)

$\theta = x$-軸的正方向與 $\overrightarrow{OP'}$ 之間的夾角, 此處 P' 為 P 在 xy-平面上的投影.

$\phi = z$-軸的正方向與 $\overrightarrow{OP}$ 之間的夾角, $0 \leq \phi \leq \pi$.

如圖 10.31(i) 所示, P 點可藉有序三元組 (ρ, θ, ϕ) 決定其位置, (ρ, θ, ϕ) 稱為 P 點的**球面坐標** (spherical coordinate).

我們從圖 10.31 可知空間中點 P 的球面坐標與直角坐標的關係式如下：

$$\begin{aligned} x &= \rho \sin \phi \cos \theta \\ y &= \rho \sin \phi \sin \theta \\ z &= \rho \cos \phi \end{aligned} \tag{10.28}$$

由上式可得

$$\rho = \sqrt{x^2 + y^2 + z^2}$$

$$\tan \theta = \frac{y}{x}$$

$$\cos \phi = \frac{z}{\rho} = \frac{z}{\sqrt{x^2 + y^2 + z^2}} \tag{10.29}$$

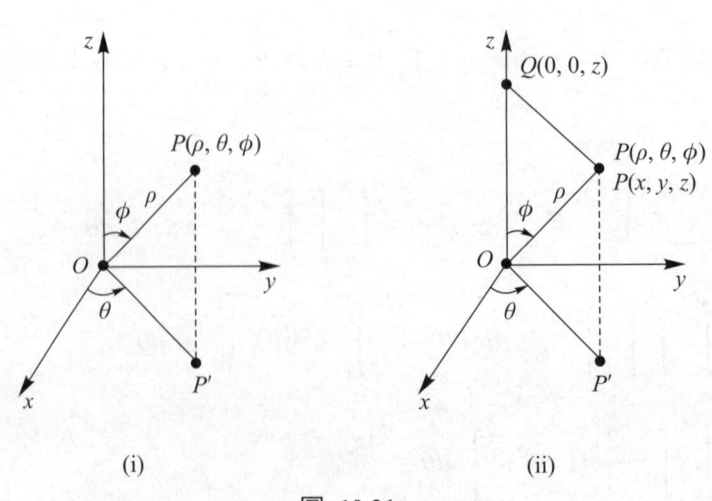

圖 10.31

在球面坐標系中，$\rho=\rho_0$（常數）表一球面，$\theta=\theta_0$（常數）表一半平面，$\phi=\phi_0$（常數）表一正圓錐面，如圖 10.32 所示.

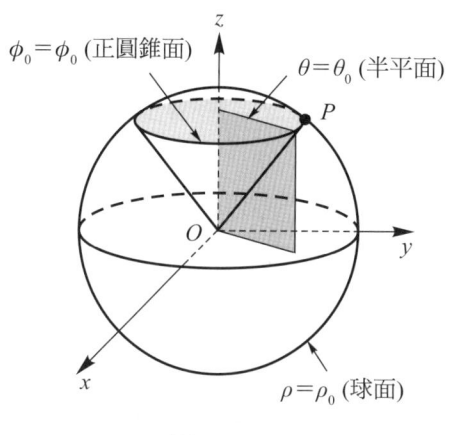

圖 10.32

▶▶ **例題 2**：已知三維空間一點 P 的球面坐標為 $\left(6, \dfrac{\pi}{3}, \dfrac{\pi}{4}\right)$，求其所對應的直角坐標與柱面坐標. [提示：利用 (10.28) 式.]

解：由於 $\rho=6$, $\theta=\dfrac{\pi}{3}$, $\phi=\dfrac{\pi}{4}$, 故

$$x=6\sin\dfrac{\pi}{4}\cos\dfrac{\pi}{3}=6\left(\dfrac{\sqrt{2}}{2}\right)\left(\dfrac{1}{2}\right)=\dfrac{3\sqrt{2}}{2}$$

$$y=6\sin\dfrac{\pi}{4}\sin\dfrac{\pi}{3}=6\left(\dfrac{\sqrt{2}}{2}\right)\left(\dfrac{\sqrt{3}}{2}\right)=\dfrac{3\sqrt{6}}{2}$$

$$z=6\cos\dfrac{\pi}{4}=6\left(\dfrac{\sqrt{2}}{2}\right)=3\sqrt{2}$$

於是，P 的直角坐標為 $\left(\dfrac{3\sqrt{2}}{2}, \dfrac{3\sqrt{6}}{2}, 3\sqrt{2}\right)$. 我們由 (10.24) 式可得，

$$r^2=\left(\dfrac{3\sqrt{2}}{2}\right)^2+\left(\dfrac{3\sqrt{6}}{2}\right)^2=18, \quad 故\ r=3\sqrt{2}.\ 因此，P\ 點的柱面坐標為$$

$\left(3\sqrt{2}, \dfrac{\pi}{3}, 3\sqrt{2}\right)$.

▶▶ **例題 3**：已知三維空間一點 P 的直角坐標為 $(1, \sqrt{3}, -2)$，求其所對應的球面坐標. [提示：利用 (10.29) 式.]

解：
$$\rho = \sqrt{x^2+y^2+z^2} = \sqrt{1+3+4} = 2\sqrt{2}$$

$$\tan\theta = \frac{y}{x} = \sqrt{3}, \quad \theta = \frac{\pi}{3}$$

$$\cos\phi = \frac{z}{\rho} = \frac{-1}{\sqrt{2}}, \quad \phi = \frac{3\pi}{4}$$

於是，P 點的球面坐標為 $\left(2\sqrt{2}, \frac{\pi}{3}, \frac{3\pi}{4}\right)$.

▶▶ **例題 4**：已知曲面的球面坐標方程式為 $\rho = \sin\theta\sin\phi$，求其直角坐標方程式.
[提示：利用 (10.28) 式及 (10.29) 式.]

解：
$$x^2+y^2+z^2 = \rho^2 = \rho\sin\theta\sin\phi = y$$

或
$$x^2 + \left(y - \frac{1}{2}\right)^2 + z^2 = \frac{1}{4}.$$

三重積分也可在球面坐標中考慮. 假設含 ρ、θ 與 ϕ 的函數 f 在形如 $G = \{(\rho, \theta, \phi) | a \leq \rho \leq b, \alpha \leq \theta \leq \beta, c \leq \phi \leq d\}$ 的區域為連續. 我們藉方程式 $\rho = \rho_i$、$\theta = \theta_i$ 及 $\phi = \phi_i$ 的圖形將 G 分割成 n 個球形楔 (spherical wedge) $G_1, G_2, \cdots, G_n$，一典型的球形楔如圖 10.33 所示.

若 ΔV_i 為 G_i 的體積，則

$$\Delta V_i \approx (\rho_i \Delta\phi_i)(\Delta\rho_i)(\rho_i \sin\phi_i \Delta\theta_i) = \rho_i^2 \sin\phi_i \Delta\rho_i \Delta\theta_i \Delta\phi_i$$

令 $(\rho_i, \theta_i, \phi_i)$ 為 G_i 中任一點，並計算 f 在該點的值，定義

$$\iiint_G f(\rho, \theta, \phi) \, dV = \lim_{\max \Delta V_i \to 0} \sum_{i=1}^n f(\rho_i, \theta_i, \phi_i) \Delta V_i$$

若 f 在 G 為連續，則可得

$$\iiint_G f(\rho, \theta, \phi) \, dV = \int_c^d \int_\alpha^\beta \int_a^b f(\rho, \theta, \phi) \rho^2 \sin\phi \, d\rho \, d\theta \, d\phi. \tag{10.30}$$

第 10 章　重積分　　533

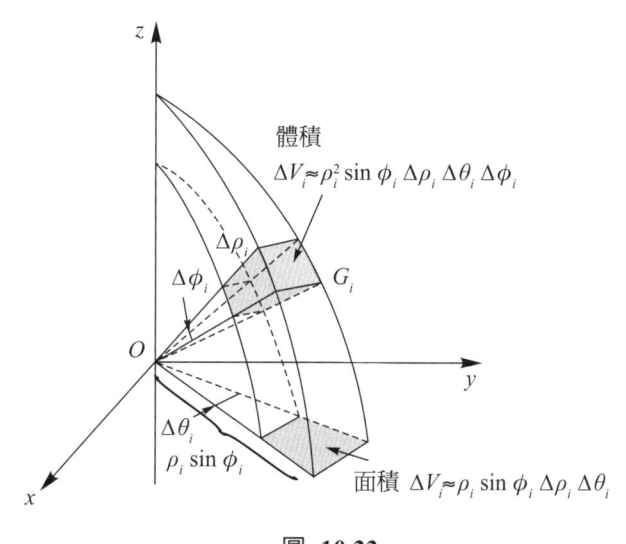

圖 10.33

若立體區域 $G = \{(\rho, \theta, \phi) | \rho_1(\theta, \phi) \leq \rho \leq \rho_2(\theta, \phi), \alpha \leq \theta \leq \beta, c \leq \phi \leq d\}$，則我們可將 (10.30) 式推廣如下：

$$\iiint_G f(\rho, \theta, \phi) \, dV = \int_c^d \int_\alpha^\beta \int_{\rho_1(\theta, \phi)}^{\rho_2(\theta, \phi)} f(\rho, \theta, \phi) \rho^2 \sin\phi \, d\rho \, d\theta \, d\phi \tag{10.31}$$

在三重積分中，當積分區域的邊界是由正圓錐面與球面所構成時，通常利用球面坐標去計算．

▶ **例題 5**：計算 $\displaystyle\int_{-3}^{3} \int_{-\sqrt{9-x^2}}^{\sqrt{9-x^2}} \int_0^{\sqrt{9-x^2-y^2}} z^2 \sqrt{x^2+y^2+z^2} \, dz \, dy \, dx$．

[提示：利用球面坐標．]

解：積分區域 G 的上邊界為半球面 $z = \sqrt{9-x^2-y^2}$，而下邊界為 xy-平面，即，$z = 0$．立體 G 在 xy-平面上的投影是由圓 $x^2+y^2=9$ 所圍的區域，如圖 10.34 所示．於是，

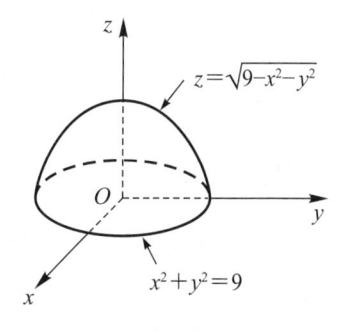

圖 10.34

$$\int_{-3}^{3}\int_{-\sqrt{9-x^2}}^{\sqrt{9-x^2}}\int_{0}^{\sqrt{9-x^2-y^2}} z^2\sqrt{x^2+y^2+z^2}\,dz\,dy\,dx = \iiint_{G} z^2\sqrt{x^2+y^2+z^2}\,dV$$

$$= \int_{0}^{\frac{\pi}{2}}\int_{0}^{2\pi}\int_{0}^{3} (\rho\cos\phi)^2 \rho \cdot \rho^2 \sin\phi\,d\rho\,d\theta\,d\phi$$

$$= \int_{0}^{\frac{\pi}{2}}\int_{0}^{2\pi}\int_{0}^{3} \rho^5 \cos^2\phi \sin\phi\,d\rho\,d\theta\,d\phi$$

$$= \int_{0}^{\frac{\pi}{2}}\int_{0}^{2\pi} \frac{243}{2} \cos^2\phi \sin\phi\,d\theta\,d\phi$$

$$= 243\pi \int_{0}^{\frac{\pi}{2}} \cos^2\phi \sin\phi\,d\phi = 243\pi \left[-\frac{1}{3}\cos^3\phi\right]_{0}^{\frac{\pi}{2}}$$

$$= 81\pi.$$

習題 ▶ 10.5

1. 已知下列各點的柱面坐標，求其所對應的直角坐標．

　　(1) $\left(2,\ \dfrac{2\pi}{3},\ 1\right)$　　(2) $\left(\sqrt{2},\ \dfrac{\pi}{4},\ \sqrt{2}\right)$　　(3) $\left(2,\ \dfrac{4\pi}{3},\ 8\right)$

2. 已知下列各點的直角坐標，求其所對應的柱面坐標．

　　(1) $(-1,\ 0,\ 0)$　　(2) $(\sqrt{3},\ 1,\ 4)$　　(3) $(4,\ 4,\ 4)$

3. 將下列的方程式以柱面坐標方程式表示．

　　(1) $x^2+y^2+z^2=16$　　(2) $x+2y+3z=6$　　(3) $x^2+y^2+z^2-2x=0$

4. 已知下列各點的球面坐標，求其所對應的直角坐標．

　　(1) $\left(2,\ \dfrac{\pi}{4},\ \dfrac{\pi}{3}\right)$　　(2) $\left(1,\ \dfrac{\pi}{6},\ \dfrac{\pi}{6}\right)$　　(3) $\left(2,\ \dfrac{\pi}{2},\ \dfrac{3\pi}{4}\right)$

5. 已知下列各點的直角坐標，求其所對應的球面坐標．

　　(1) $(1,\ 1,\ \sqrt{2})$　　(2) $(1,\ -1,\ -\sqrt{2})$

6. 若球的直角坐標方程式為 $x^2+y^2+z^2-2x=0$，求其球面坐標方程式．

計算 7～10 題的積分.

7. $\int_0^{\frac{\pi}{2}} \int_0^{2\sin\theta} \int_{-\sqrt{4-r^2}}^{\sqrt{4-r^2}} 2r \, dz \, dr \, d\theta$

8. $\int_{\frac{\pi}{6}}^{\frac{\pi}{2}} \int_0^3 \int_0^{r\sin\theta} r \csc^3\theta \, dz \, dr \, d\theta$

9. $\int_0^1 \int_0^{\sqrt{z}} \int_0^{2\pi} (r^2\cos^2\theta + z^2) r \, d\theta \, dr \, dz$

10. $\int_0^{2\pi} \int_0^{\frac{\pi}{4}} \int_0^{\sec\phi} \rho^3 \sin\phi \cos\phi \, d\rho \, d\phi \, d\theta$

11. 計算 $\iiint_G (x^2+y^2) \, dV$；其中 G 是由圓柱面 $x^2+y^2=4$ 與平面 $z=-1$ 及 $z=2$ 所圍的立體.

12. 求由圓拋物面 $z=x^2+y^2$ 與平面 $z=4$ 所圍立體的體積。

13. 求上邊界為球面 $x^2+y^2+z^2=8$ 且下邊界為圓拋物面 $2z=x^2+y^2$ 的立體的體積.

14. 求由 $z=x^2+y^2$、$x^2+y^2=4$ 與 $z=0$ 等圖形所圍立體的體積.

15. 求由 $x^2+y^2-z^2=0$ 與 $x^2+y^2=4$ 等圖形所圍立體的體積.

16. 計算 $\iiint_G e^{x^2+y^2} \, dV$；其中 G 是由圓柱面 $x^2+y^2=9$、xy-平面與平面 $z=5$ 所圍的立體.

17. 求同時在球 $x^2+y^2+z^2=16$ 內部、圓錐 $z=\sqrt{x^2+y^2}$ 外部與 xy-平面上方之立體的體積.

18. 計算 $\iiint_G \dfrac{z^2}{\sqrt{x^2+y^2+z^2}} \, dx \, dy \, dz$，其中 $G=\{(x, y, z) \mid 1 \leq x^2+y^2+z^2 \leq 4 \text{ 且 } z \geq 0\}$.

19. 先將直角坐標變換成柱面坐標再計算

$$\int_0^1 \int_0^{\sqrt{1-y^2}} \int_0^{\sqrt{4-x^2-y^2}} z \, dz \, dx \, dy.$$

20. 先將直角坐標變換成球面坐標再計算

$$\int_{-2}^2 \int_{-\sqrt{4-x^2}}^{\sqrt{4-x^2}} \int_{-\sqrt{x^2+y^2}}^{\sqrt{8-x^2-y^2}} (x^2+y^2+z^2) \, dz \, dy \, dx$$

10.6 重積分的應用

若一均勻（即，密度為常數）薄片的面積為 A 且 ρ 為其面積密度（即，每單位面積的質量），則它的質量為 $m=\rho A$. 一般，由於物質並非均勻，故面積密度是可變的. 假設一薄片可用 xy-平面上某一區域 R 來表示且其面積密度函數 $\rho=\rho(x, y)$ 在 R 為連續，如果欲求該薄片的**質量**，我們可使用二重積分.

首先，令 R 內部的小矩形區域為 R_1, R_2, $\cdots$, R_i, $\cdots$, R_n，面積分別為 ΔA_1, ΔA_2, $\cdots$, ΔA_i, $\cdots$, ΔA_n，若在 R_i 內任意選取一點 (x_i, y_i)，則對應於 R_i 的小薄片之質量的近似值為

$$(\text{面積密度}) \cdot (\text{面積}) = \rho(x_i, y_i)\Delta A_i$$

可得薄片的質量近似於

$$\sum_{i=1}^{n} \rho(x_i, y_i)\Delta A_i$$

若 $\max \Delta A_i \to 0$，則薄片的質量 m 為

$$m = \lim_{\max \Delta A_i \to 0} \sum_{i=1}^{n} \rho(x_i, y_i)\Delta A_i = \iint_R \rho(x, y)\, dA \tag{10.32}$$

由 (10.32) 式可知，若面積密度 ρ 為常數，則

$$m = \iint_R \rho\, dA = \rho \iint_R dA = \rho A$$

若一質量 m 的質點置於距定軸 L 的距離為 d，則對該軸的**力矩** M_L 為

$$M_L = md$$

假設一非均勻密度的薄片具有平面區域 R 的形狀且在點 (x, y) 的面積密度 $\rho(x, y)$ 在 R 為連續. 令 R 內部的小矩形區域為 R_1, R_2, $\cdots$, R_i, $\cdots$, R_n，面積分別為 ΔA_1, ΔA_2, $\cdots$, ΔA_i, $\cdots$, ΔA_n，在 R_i 內選取一點 (x_i, y_i)，如圖 10.35 所示. 又假設對應於 R_i 的小薄片的質量集中在點 (x_i, y_i)，則其對 x-軸的力矩為乘積 $y_i\rho(x_i, y_i)\Delta A_i$. 若將這些力矩相加且取 $\max \Delta A_i \to 0$ 時的極限，則整個薄片對 x-軸的力矩 M_x 為

$$M_x = \lim_{\max \Delta A_i \to 0} \sum_{i=1}^{n} y_i\rho(x_i, y_i)\Delta A_i = \iint_R y\rho(x, y)\, dA \tag{10.33}$$

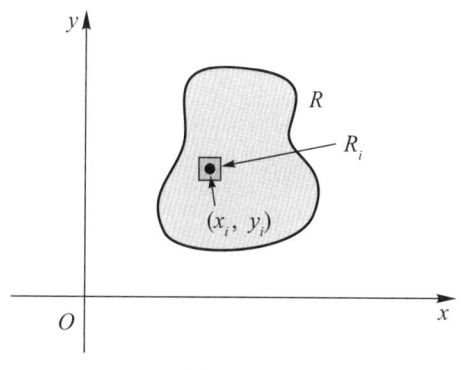

圖 10.35

同理，整個薄片對 y-軸的力矩 M_y 為

$$M_y = \lim_{\max \Delta A_i \to 0} \sum_{i=1}^{n} x_i \rho(x_i, y_i) \Delta A_i = \iint_R x \rho(x, y) \, dA \tag{10.34}$$

若我們定義薄片的**質心坐標**為

$$\bar{x} = \frac{M_y}{m}, \qquad \bar{y} = \frac{M_x}{m}$$

則

$$\bar{x} = \frac{\iint_R x \rho(x, y) \, dA}{\iint_R \rho(x, y) \, dA}, \qquad \bar{y} = \frac{\iint_R y \rho(x, y) \, dA}{\iint_R \rho(x, y) \, dA} \tag{10.35}$$

讀者應注意，若 $\rho(x, y)$ 為常數，則薄片的質心稱為**形心**。

▶▶ **例題 1**：設一薄片係位於第一象限內在 $y = \sin x$ 與 $y = \cos x$ 等圖形之間由 $x = 0$ 到 $x = \dfrac{\pi}{4}$ 的區域，若密度為 $\rho(x, y) = y$，求此薄片的質心。

[提示：利用 (10.35) 式。]

解：由圖 10.36 可知

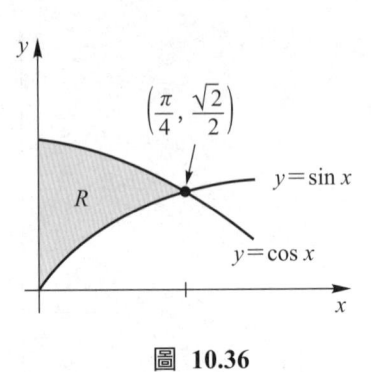

$$m = \iint_R y\, dA = \int_0^{\pi/4} \int_{\sin x}^{\cos x} y\, dy\, dx$$

$$= \int_0^{\pi/4} \left[\frac{y^2}{2}\right]_{\sin x}^{\cos x} dx$$

$$= \frac{1}{2} \int_0^{\pi/4} (\cos^2 x - \sin^2 x)\, dx$$

$$= \frac{1}{2} \int_0^{\pi/4} \cos 2x\, dx = \frac{1}{4} \Big[\sin 2x\Big]_0^{\pi/4} = \frac{1}{4}$$

現在，

$$M_y = \iint_R xy\, dA = \int_0^{\pi/4} \int_{\sin x}^{\cos x} xy\, dy\, dx = \int_0^{\pi/4} \left[\frac{1}{2} xy^2\right]_{\sin x}^{\cos x} dx$$

$$= \int_0^{\pi/4} \frac{1}{2} x \cos 2x\, dx = \left[\frac{1}{4} x \sin 2x + \frac{1}{8} \cos 2x\right]_0^{\pi/4} = \frac{\pi - 2}{16}$$

同理，

$$M_x = \iint_R y^2\, dA = \int_0^{\pi/4} \int_{\sin x}^{\cos x} y^2\, dy\, dx = \frac{1}{3} \int_0^{\pi/4} (\cos^3 x - \sin^3 x)\, dx$$

$$= \frac{1}{3} \int_0^{\pi/4} [\cos x (1 - \sin^2 x) - \sin x (1 - \cos^2 x)]\, dx$$

$$= \frac{1}{3} \left[\sin x - \frac{1}{3} \sin^3 x + \cos x - \frac{1}{3} \cos^3 x\right]_0^{\pi/4} = \frac{5\sqrt{2} - 4}{18}$$

因此，

$$\bar{x} = \frac{M_y}{m} = \frac{\frac{\pi - 2}{16}}{\frac{1}{4}} = \frac{\pi - 2}{4} \qquad \bar{y} = \frac{M_x}{m} = \frac{\frac{5\sqrt{2} - 4}{18}}{\frac{1}{4}} = \frac{10\sqrt{2} - 8}{9}$$

圖 10.36

於是，薄片的質心為 $\left(\dfrac{\pi-2}{4},\ \dfrac{10\sqrt{2}-8}{9}\right)$.

若一立體具有三維空間區域 G 的形狀，且在點 $(x,\ y,\ z)$ 的密度為 $\rho(x,\ y,\ z)$, 此處 ρ 在 G 為連續，則此立體 G 的質量為

$$m = \iiint_G \rho(x,\ y,\ z)\, dV \tag{10.36}$$

其對 xy-平面、xz-平面與 yz-平面的力矩分別為

$$M_{xy} = \iiint_G z\rho(x,\ y,\ z)\, dV$$

$$M_{xz} = \iiint_G y\rho(x,\ y,\ z)\, dV \tag{10.37}$$

$$M_{yz} = \iiint_G x\rho(x,\ y,\ z)\, dV$$

立體 G 之質心的坐標分別為

$$\bar{x} = \dfrac{M_{yz}}{m},\ \ \bar{y} = \dfrac{M_{xz}}{m},\ \ \bar{z} = \dfrac{M_{xy}}{m}. \tag{10.38}$$

▶ **例題 2**：某立體的形狀為底半徑 a 與高 h 的正圓柱，若在一點 P 的密度與由 P 到底面的距離成比例，求該立體的質心. [提示：利用 (10.38) 式.]

解：若我們引入如圖 10.37 的坐標系，則該立體是由 $x^2+y^2=a^2$、$z=0$ 與 $z=h$ 等圖形所圍. 依題意，假設在點 $(x,\ y,\ z)$ 的密度為 $\rho(x,\ y,\ z) = kz$，k 為比例常數. 顯然，質心在 z-軸上，所以，只要求 $\bar{z} = \dfrac{M_{xy}}{m}$ 即可. 再者，依 ρ 的形式與立體的對稱性，我們可以對第一卦限內的部分計算 m 與 M_{xy}，然後乘以 4. 利用 (10.36) 式可得

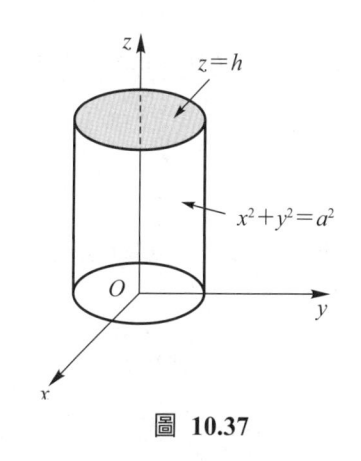

圖 10.37

$$m = 4\int_0^a \int_0^{\sqrt{a^2-x^2}} \int_0^h kz\, dz\, dy\, dx = 4k\int_0^a \int_0^{\sqrt{a^2-x^2}} \frac{h^2}{2} dy\, dx$$

$$= 2kh^2 \int_0^a \sqrt{a^2-x^2}\, dx = 2kh^2 \left(\frac{\pi a^2}{4}\right) = \frac{k\pi h^2 a^2}{2}$$

其次，利用 (10.37) 式可得

$$M_{xy} = 4\int_0^a \int_0^{\sqrt{a^2-x^2}} \int_0^h z(kz)\, dz\, dy\, dx = 4k\int_0^a \int_0^{\sqrt{a^2-x^2}} \frac{h^3}{3} dy\, dx$$

$$= \frac{4kh^3}{3}\int_0^a \sqrt{a^2-x^2}\, dx = \frac{4kh^3}{3}\left(\frac{\pi a^2}{4}\right) = \frac{k\pi h^3 a^2}{3}$$

於是，

$$\bar{z} = \frac{M_{xy}}{m} = \frac{k\pi h^3 a^2}{3}\left(\frac{2}{k\pi h^2 a^2}\right) = \frac{2}{3}h$$

因此，質心是在圓柱的中心軸上，距下底 $\frac{2}{3}$ 高度處.

若一質量 m 的質點距定軸 L 的距離為 d，則其對該軸的**轉動慣量** (moment of intertia) (或稱第二力矩) I_L 定義為

$$I_L = md^2$$

若一可變面積密度 $\rho(x, y)$ 的薄片可藉 xy-平面上的區域 R 表示，則其對 x-軸的轉動慣量為

$$I_x = \lim_{\max \Delta A_i \to 0} \sum_{i=1}^n \underbrace{[\rho(x_i, y_i)\, \Delta A_i]}_{\text{質量}} \underbrace{y_i^2}_{\substack{\text{距離的}\\\text{平 方}}} = \iint_R y^2 \rho(x, y)\, dA \tag{10.39}$$

同理，對 y-軸的轉動慣量 I_y 定義為

$$I_y = \lim_{\max \Delta A_i \to 0} \sum_{i=1}^n \underbrace{[\rho(x_i, y_i)\, \Delta A_i]}_{\text{質量}} \underbrace{x_i^2}_{\substack{\text{距離的}\\\text{平 方}}} = \iint_R x^2 \rho(x, y)\, dA \tag{10.40}$$

若我們將 $\rho(x_i, y_i) \Delta A_i$ 乘以自原點至點 (x_i, y_i) 的距離的平方和 $x_i^2+y_i^2$，並將這種項的和取極限，則可得薄片對原點的轉動慣量 I_o. 因此，

$$I_o = \lim_{\max \Delta A_i \to 0} \sum_{i=1}^{n} \underbrace{[\rho(x_i, y_i) \Delta A_i]}_{\text{質量}} \underbrace{(x_i^2+y_i^2)}_{\substack{\text{距離的} \\ \text{平 方}}} = \iint_R (x^2+y^2) \rho(x, y) \, dA \tag{10.41}$$

注意，$I_o = I_x + I_y$.

若 $\rho = \rho(x, y, z)$ 為立體 G 上的連續密度函數，則 G 對 x-軸、y-軸與 z-軸的轉動慣量分別為

$$I_x = \iiint_G (y^2+z^2) \, \rho(x, y, z) \, dV$$

$$I_y = \iiint_G (x^2+z^2) \, \rho(x, y, z) \, dV \tag{10.42}$$

$$I_z = \iiint_G (x^2+y^2) \, \rho(x, y, z) \, dV$$

若 I 為薄片對一已知軸的轉動慣量，則其對該軸的**迴轉半徑** (radius of gyration) 定義為

$$R_g = \sqrt{\frac{I}{m}}. \tag{10.43}$$

▶ **例題 3**：已知一薄片是半徑為 a 的半圓區域，若在點的密度與由該點到直徑的距離成比例，求薄片對直徑的轉動慣量. [提示：利用 (10.39) 式.]

解：如果我們引進如圖 10.38 的坐標系，則在點 (x, y) 的密度為 $\rho(x, y) = ky$. 所欲求的轉動慣量為

$$I_x = \int_{-a}^{a} \int_{0}^{\sqrt{a^2-x^2}} y^2(ky) \, dy \, dx$$

$$= k \int_{-a}^{a} \left[\frac{1}{4} y^4 \right]_{0}^{\sqrt{a^2-x^2}} dx$$

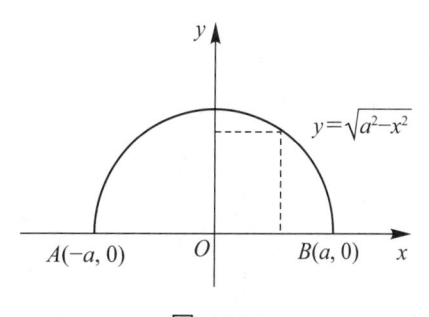

圖 10.38

$$= \frac{k}{4} \int_{-a}^{a} (a^4 - 2a^2 x^2 + x^4)\, dx = \frac{4ka^5}{15}.$$

▶▶ **例題 4**：求例題 2 中的立體對其對稱軸的轉動慣量與迴轉半徑.

[提示：利用 (10.42) 式.]

解：此立體繪於圖 10.37 中，其中 $\rho(x, y, z) = kz$.

$$I_z = 4 \int_0^a \int_0^{\sqrt{a^2 - x^2}} \int_0^h (x^2 + y^2) kz\, dz\, dy\, dx = 4k \int_0^a \int_0^{\sqrt{a^2 - x^2}} (x^2 + y^2) \frac{h^2}{2}\, dy\, dx$$

$$= 2kh^2 \int_0^a \left[x^2 y + \frac{y^3}{3} \right]_0^{\sqrt{a^2 - x^2}} dx = 2kh^2 \int_0^a \left[x^2 \sqrt{a^2 - x^2} + \frac{1}{3}(a^2 - x^2)^{\frac{3}{2}} \right] dx$$

最後的積分可以用三角代換或積分表來計算，可得出 $I_z = \frac{k\pi h^2 a^4}{4}$. 若 R_g 為迴轉半徑，則 $R_g^2 = \frac{I_z}{m}$. 利用例題 2 中的 m 值可得

$$R_g^2 = \frac{k\pi h^2 a^4}{4} \cdot \frac{2}{k\pi h^2 a^2} = \frac{a^2}{2}$$

因此，$R_g = \frac{a}{\sqrt{2}} \approx 0.7a$，即，迴轉半徑與圓柱的軸的距離大約為圓柱半徑的 $\frac{7}{10}$.

習題 ▶ 10.6

在 1～6 題求薄片的質量與質心 $(\bar{x}, \bar{y})$，其中該薄片具有所予方程式的圖形所圍區域的形狀與所指定的密度.

1. $x = 0$, $x = 4$, $y = 0$, $y = 3$, $\rho(x, y) = y + 1$.
2. $y = 0$, $y = \sqrt{4 - x^2}$, $\rho(x, y) = y$.
3. $y = 0$, $y = \sin x$, $0 \le x \le \pi$, $\rho(x, y) = y$.
4. $y = x^2$, $y = 4$, $\rho(x, y) = |x|$.
5. $y = e^{-x^2}$, $y = 0$, $x = -1$, $x = 1$, $\rho(x, y) = |xy|$.

6. $r = 1 + \cos\theta$, $\rho(r, \theta) = r$.

7. 若密度是與點的坐標之和成比例，求由平面 $x+y+z=1$、$x=0$、$y=0$ 與 $z=0$ 所圍四面體的質心。

8. 若密度是與離原點距離的平方成比例，求由圓柱面 $x^2+y^2=9$ 與平面 $z=0$ 及 $z=4$ 所圍立體的質心.

9. 求由球面 $x^2+y^2+z^2=a^2$ $(a>0)$ 與各坐標平面在第一卦限內所圍均勻立體的質心.

10. 求由 $z=x^2+y^2$、$x^2+y^2=4$ 與 $z=0$ 等圖形所圍立體的質心.

11. 若密度與離球心的距離成比例，求半徑為 a 之半球體的質心.

12. 若在 P 點的密度與由球心到 P 的距離平方成比例，求位於球 $x^2+y^2+z^2=1$ 外部與球 $x^2+y^2+z^2=2$ 內部之立體的質量.

13. 若一薄片係由方程式 $y=x^{\frac{1}{3}}$、$x=8$ 與 $y=0$ 等圖形所圍的區域且密度為 $\rho(x,y)=y^2$，求此薄片的 I_x、I_y 與 I_o.

14. 設一薄片的形狀為三角形，其頂點為 $(0,0)$、$(0,a)$ 與 $(a,0)$，密度為 $\rho(x,y)=x^2+y^2$，求此薄片的 I_x、I_y 與 I_o.

15. 設一薄片的形狀為正方形，其頂點分別為 $(0,0)$、$(0,a)$、(a,a) 與 $(a,0)$，密度為 $\rho(x,y)=x+y$，求此薄片對 x-軸的迴轉半徑 $(a>0)$.

16. 求半徑為 a 的均勻（ρ 為常數）圓形薄片對一直徑的轉動慣量與迴轉半徑.

綜合習題

1. 計算 $\displaystyle\int_0^{\sqrt{\ln 2}} \int_0^1 \frac{xye^{x^2}}{1+y^2} \, dy \, dx$.

2. 計算 $\displaystyle\int_1^e \int_0^x \ln x \, dy \, dx$.

3. 計算 $\displaystyle\int_1^e \int_0^{\ln x} y \, dy \, dx$.

4. 計算 $\displaystyle\int_0^{2\pi} \int_0^{\frac{\pi}{4}} \int_0^{a\sec\phi} \rho^2 \sin\phi \, d\rho \, d\phi \, d\theta$.

5. 求球體 $x^2+y^2+z^2 \leq 9$ 與圓柱體 $x^2+y^2 \leq 1$ 共有的體積.

6. 曲面 $z=\dfrac{h}{a}\sqrt{x^2+y^2}$ $(a>0, h>0)$ 在 xy-平面與平面 $z=h$ 之間的部分是高為 h 且半徑為 a 的正圓錐面, 利用二重積分證明此圓錐的側表面積為 $S=\pi a\sqrt{a^2+h^2}$.

7. 利用三重積分求橢球體 $\dfrac{x^2}{a^2}+\dfrac{y^2}{b^2}+\dfrac{z^2}{c^2} \leq 1$ $(a>0, b>0, c>0)$ 的體積.

8. 求上界與下界皆為球面 $x^2+y^2+z^2=9$ 且側面為圓柱面 $x^2+y^2=4$ 之立體的體積.

9. 利用

(1) 柱面坐標

(2) 球面坐標

求球體 $x^2+y^2+z^2 \leq a^2$ $(a>0)$ 的體積.

10. 設球體 $x^2+y^2+z^2 \leq 4$ 在第一卦限中的部分為 G, 利用

(1) 直角坐標

(2) 柱面坐標

(3) 球面坐標

計算 $\iiint\limits_{G} xyz\, dV$.

11. 設平面 $\dfrac{x}{a}+\dfrac{y}{b}+\dfrac{z}{c}=1$ 與各坐標平面所圍立體 G 的密度為 $\rho(x, y, z)=kz$, 其中 $a>0, b>0, c>0, k$ 為常數, 求 G 的質量.

積分表

基本積分

1. $\int du = u + C$

2. $\int k\, du = ku + C$

3. $\int [f(u) \pm g(u)]\, du = \int f(u)\, du \pm \int g(u)\, du$

4. $\int u^n\, du = \dfrac{u^{n+1}}{n+1} + C,\ n \neq 1$

5. $\int \dfrac{du}{u} = \ln|u| + C$

含 $a+bu$ 的積分

6. $\int \dfrac{u\, du}{a+bu} = \dfrac{1}{b^2}[a+bu - a\ln|a+bu|] + C$

7. $\int \dfrac{du}{u(a+bu)} = \dfrac{1}{a}\ln\left|\dfrac{u}{a+bu}\right| + C$

含 $a^2 + u^2$ 的積分

8. $\int \dfrac{du}{a^2+u^2} = \dfrac{1}{a}\tan^{-1}\dfrac{u}{a} + C$

9. $\int \dfrac{du}{a^2-u^2} = \dfrac{1}{2a}\ln\left|\dfrac{u+a}{u-a}\right| + C$

10. $\int \dfrac{du}{u^2-a^2} = \dfrac{1}{2a}\ln\left|\dfrac{u-a}{u+a}\right| + C$

含 $\sqrt{u^2 \pm a^2}$ 的積分

11. $\int \sqrt{u^2 \pm a^2}\, du = \dfrac{u}{2}\sqrt{u^2 \pm a^2} \pm \dfrac{a^2}{2}\ln|u + \sqrt{u^2 \pm a^2}| + C$

12. $\int \dfrac{du}{\sqrt{u^2 \pm a^2}} = \ln|u + \sqrt{u^2 \pm a^2}| + C$

13. $\int \dfrac{du}{u\sqrt{u^2 + a^2}} = -\dfrac{1}{a}\ln\left|\dfrac{a + \sqrt{u^2+a^2}}{u}\right| + C$

14. $\int \dfrac{du}{u\sqrt{u^2-a^2}} = \dfrac{1}{a}\sec^{-1}\left|\dfrac{u}{a}\right| + C$

15. $\int \dfrac{\sqrt{u^2+a^2}}{u}\, du = \sqrt{u^2+a^2} - a\ln\left|\dfrac{a+\sqrt{u^2+a^2}}{u}\right| + C$

16. $\int \dfrac{\sqrt{u^2-a^2}}{u}\, du = \sqrt{u^2-a^2} - a\sec^{-1}\left|\dfrac{u}{a}\right| + C$

含 $\sqrt{a^2-u^2}$ 的積分

17. $\displaystyle\int \frac{du}{\sqrt{a^2-u^2}} = \sin^{-1}\frac{u}{a} + C$

18. $\displaystyle\int \sqrt{a^2-u^2}\, du = \frac{u}{2}\sqrt{a^2-u^2} + \frac{a^2}{2}\sin^{-1}\frac{u}{a} + C$

19. $\displaystyle\int \frac{du}{u\sqrt{a^2-u^2}} = -\frac{1}{a}\ln\left|\frac{a+\sqrt{a^2-u^2}}{u}\right| + C = -\frac{1}{a}\cosh^{-1}\frac{a}{u} + C$

20. $\displaystyle\int \frac{\sqrt{a^2-u^2}}{u}\, du = \sqrt{a^2-u^2} - a\ln\left|\frac{a+\sqrt{a^2-u^2}}{u}\right| + C = \sqrt{a^2-u^2} - a\cosh^{-1}\frac{a}{u} + C$

含三角函數的積分

21. $\displaystyle\int \sin u\, du = -\cos u + C$

22. $\displaystyle\int \cos u\, du = \sin u + C$

23. $\displaystyle\int \tan u\, du = \ln|\sec u| + C$

24. $\displaystyle\int \cot u\, du = \ln|\sin u| + C$

25. $\displaystyle\int \sec u\, du = \ln|\sec u + \tan u| + C = \ln\left|\tan\left(\frac{1}{4}\pi + \frac{1}{2}u\right)\right| + C$

26. $\displaystyle\int \csc u\, dt = \ln|\csc u - \cot u| + C = \ln\left|\tan\frac{1}{2}u\right| + C$

27. $\displaystyle\int \sec^2 u\, du = \tan u + C$

28. $\displaystyle\int \csc^2 u\, du = -\cot u + C$

29. $\displaystyle\int \sec u \tan u\, du = \sec u + C$

30. $\displaystyle\int \csc u \cot u\, dt = -\csc u + C$

31. $\displaystyle\int \sin^2 u\, du = \frac{1}{2}u - \frac{1}{4}\sin 2u + C$

32. $\displaystyle\int \cos^2 u\, du = \frac{1}{2}u + \frac{1}{4}\sin 2u + C$

33. $\displaystyle\int \tan^2 u\, du = \tan u - u + C$

34. $\displaystyle\int \cot^2 u\, du = -\cot u - u + C$

35. $\displaystyle\int \sin^n u\, du = -\frac{1}{n}\sin^{n-1} u \cos u + \frac{n-1}{n}\int \sin^{n-2} u\, du$

36. $\displaystyle\int \cos^n u\, du = \frac{1}{n}\cos^{n-1} u \sin u + \frac{n-1}{n}\int \cos^{n-2} u\, du$

37. $\displaystyle\int \tan^n u\, du = \frac{1}{n-1}\tan^{n-1} u - \int \tan^{n-2} u\, du$

38. $\displaystyle\int \cot^n u\,du = -\frac{1}{n-1}\cot^{n-1}u - \int \cot^{n-2}u\,du$

39. $\displaystyle\int \sec^n u\,du = \frac{1}{n-1}\sec^{n-2}u\tan u + \frac{n-2}{n-1}\int \sec^{n-2}u\,du$

40. $\displaystyle\int \csc^n u\,du = -\frac{1}{n-1}\csc^{n-2}u\cot u + \frac{n-2}{n-1}\int \csc^{n-2}u\,du$

41. $\displaystyle\int \sin mu\sin nu\,du = -\frac{\sin(m+n)u}{2(m+n)} + \frac{\sin(m-n)u}{2(m-n)} + C$

42. $\displaystyle\int \cos mu\cos nu\,du = -\frac{\sin(m+n)u}{2(m+n)} + \frac{\sin(m-n)u}{2(m-n)} + C$

43. $\displaystyle\int \sin mu\cos nu\,du = -\frac{\cos(m+n)u}{2(m+n)} - \frac{\cos(m-n)u}{2(m-n)} + C$

44. $\displaystyle\int u\sin u\,du = \sin u - u\cos u + C$ 　　45. $\displaystyle\int u\cos u\,du = \cos u + u\sin u + C$

46. $\displaystyle\int u^n\sin u\,du = -u^n\cos u + n\int u^{n-1}\cos u\,du$

47. $\displaystyle\int u^n\cos u\,du = u^n\sin u - n\int u^{n-1}\sin u\,du$

48. $\displaystyle\int \sin^m u\cos^n u\,du = -\frac{\sin^{m-1}n\sin^{n+1}u}{m+n} + \frac{m-1}{m+n}\int \sin^{m-2}u\cos^n u\,du$

$\displaystyle\qquad\qquad\qquad\quad = \frac{\sin^{m+1}u\cos^{n-1}u}{m+n} + \frac{m-1}{m+n}\int \sin^m u\cos^{n-2}u\,du$

含反三角函數的積分

49. $\displaystyle\int \sin^{-1}u\,du = u\sin^{-1}u + \sqrt{1-u^2} + C$ 　　50. $\displaystyle\int \cos^{-1}u\,du = u\cos^{-1}u + \sqrt{1-u^2} + C$

51. $\displaystyle\int \tan^{-1}u\,du = u\tan^{-1}u - \ln\sqrt{1+u^2} + C$

52. $\displaystyle\int \cot^{-1}u\,du = u\cot^{-1}u + \ln\sqrt{1+u^2} + C$

53. $\displaystyle\int \sec^{-1}u\,du = u\sec^{-1}u - \ln|u+\sqrt{u^2-1}| + C = u\sec^{-1}u - \cosh^{-1}u + C$

54. $\int \csc^{-1} u \, du = u \csc^{-1} u + \ln|u + \sqrt{u^2 - 1}| + C = u \csc^{-1} u + \cosh^{-1} u + C$

含指數函數與對數函數的積分

55. $\int e^u \, du = e^u + C$ **56.** $\int a^u \, du = \dfrac{a^u}{\ln a} + C$

57. $\int u e^u \, du = e^u (u - 1) + C$ **58.** $\int u^n e^u \, du = u^n e^u - n \int u^{n-1} e^u \, du$

59. $\int u^n a^u \, du = \dfrac{u^n a^u}{\ln a} - \dfrac{n}{\ln a} \int u^{n-1} a^u \, du$

60. $\int \ln u \, du = u \ln u - u + C$

61. $\int u^n \ln u \, du = \dfrac{u^{n+1}}{(n+1)^2} [(n+1) \ln u - 1] + C$

62. $\int \dfrac{du}{u \ln u} = \ln|\ln u| + C$

63. $\int e^{au} \sin nu \, du = \dfrac{e^{au}}{a^2 + n^2} (a \sin nu - n \cos nu) + C$

64. $\int e^{au} \cos nu \, du = \dfrac{e^{au}}{a^2 + n^2} (a \cos nu + n \sin nu) + C$

含雙曲線函數的積分

65. $\int \sinh u \, du = \cosh u + C$ **66.** $\int \cosh u \, du = \sinh u + C$

67. $\int \tanh u \, du = \ln|\cosh u| + C$ **68.** $\int \coth u \, du = \ln|\sinh u| + C$

69. $\int \text{sech } u \, du = \tan^{-1}(\text{sech } u) + C$ **70.** $\int \text{csch } u \, du = \ln\left|\tanh \dfrac{1}{2} u\right| + C$

71. $\int \text{sech}^2 u \, du = \tanh u + C$ **72.** $\int \text{csch}^2 u \, du = -\coth u + C$

73. $\int \text{sech } u \tanh u \, du = -\text{sech } u + C$ **74.** $\int \text{csch } u \coth u \, du = -\text{csch } u + C$

索 引

2 劃

力矩 343
二次曲面 431
二重積分 494
二階偏導函數 460
二變數函數 438

3 劃

三明治定理 13

4 劃

不定積分常數 241
不連續 21
反曲點 166
切線近似 96
切薄片法 321
分部積分法 273
水平漸近線 44
牛頓法 202
心臟線 371

5 劃

右連續 25
右極限 15
右導數 59
左連續 25
左極限 15
左導數 59
可微分 56
可微分函數 59
加速度函數 76
正項級數 402

6 劃

交錯級數 406
全微分 467
收斂半徑 413
收斂區間 413

7 劃

夾擠定理 13
均值定理 149

形心　345
辛普森法則　265

8 劃

定積分　218
帕普斯定理　349
拉格蘭吉餘式　421
法向量　458
玫瑰線　372

9 劃

垂直切線　61
垂直漸近線　37
重心　343
封閉曲線　354
洛爾定理　149
相對誤差　99
相對極大值　144
相對極小值　144
相對極值　145
相關變化率　86
柱面　435
柱體　321
指數成長函數　247
指數衰變函數　247
首項　385

10 劃

高階導函數　69
差商　56

振幅　117
振動數列　393
泰勒公式　421
泰勒定理　421
通項　396

11 劃

條件收斂　407
偏積分　497
偏微分　453
偏導函數　453
參數方程式　354
常微分方程式　245
球面坐標　530
斜率　54
斜漸近線　46
旋轉軸　325
旋轉體　325
部分分式分解　293
累次積分　497
連鎖法則　78
連續　21
連續函數　27
速度函數　76
速率　76
麥克勞林級數　426

12 劃

最佳化問題　143
富比尼定理　499

單調　158
單邊連續　25
單邊極限　15
單邊導數　59
無窮不連續　21
無窮級數　396
無窮數列　385
梯形法則　263
梯度　479
幾何級數　399
絕對收斂　407
絕對極大值　143
絕對極小值　143
絕對極值　143
第一類型瑕積分　303
第二類型瑕積分　308
間斷點　21

13 劃

圓柱殼法　330
圓盤法　326
微分　58
微分方程式　245
微分算子　58
微分學　1
微積分學　1
微積分學基本定理　233
極值定理　144
極坐標　365
極限　6

極矩形區域　511
極軸　365
瑕積分　302
跳躍不連續　21

14 劃

對數微分法　127
遞增　158
遞減　158
鞍點　433

15 劃

黎曼和　217
黎曼積分　218
線性近似　96
質心　343
調和級數　404

16 劃

積分學　1
導函數　57
導數　56
頻率　116

17 劃

隱函數　82
隱微分法　82
臨界點　145

18 劃

雙曲線正弦函數　135
雙曲線函數　135
雙曲線餘弦函數　135
雙邊極限　6
簡單封閉曲線　354
簡諧運動　116
轉動慣量　540

19 劃

羅必達法則　189
顯函數　82

20 劃

懸鏈線　136